鸢尾花数学大系
从加减乘除到机器学习

数学要素

全彩图解 + 微课 + Python编程

姜伟生 著

清华大学出版社
北京

内容简介

数据科学和机器学习已经深度融合到我们生活的方方面面，而数学正是开启未来大门的钥匙。不是所有人生来都握有一副好牌，但是掌握“数学 + 编程 + 机器学习”绝对是王牌。这次，学习数学不再是为了考试、分数、升学，而是投资时间、自我实现、面向未来。为了让大家学数学、用数学，甚至爱上数学，在创作这套书时，作者尽量克服传统数学教材的各种弊端，让大家学习时有兴趣、看得懂、有思考、更自信、用得着。

本书打破数学板块的藩篱，将算术、代数、线性代数、几何、解析几何、概率统计、微积分、优化方法等板块有机结合在一起。从加、减、乘、除四则运算讲起，主要内容包括：第 1、2 章讲解向量和矩阵的基本运算；第 3 章讲解常用几何知识；第 4 章讲解代数知识；第 5、6 两章介绍坐标系；第 7、8、9 三章介绍解析几何；第 10 章到第 14 章都是围绕函数展开；第 15 章到第 19 章讲解微积分以及优化问题内容；第 20、21 两章是概率统计入门；本书最后四章以线性代数收尾。

本书内容编排上突出“图解 + 编程 + 机器学习应用”。讲解一些特定数学工具时，本书会穿插介绍其在数据科学和机器学习领域应用场景，让大家学以致用。

本书虽标榜“从加减乘除到机器学习”，但是建议读者至少具备高中数学知识。如果读者正在学习或曾经学过大学数学 (微积分、线性代数、概率统计)，就更容易读了。

本书读者群包括所有在工作中应用数学的朋友，尤其适用于初级程序员进阶，大学本科数学开窍，高级数据分析师，人工智能开发者。

图书在版编目(CIP)数据

数学要素：全彩图解 + 微课 +Python 编程 / 姜伟生著 . —北京：清华大学出版社，2023.6（2025.4重印）
（鸢尾花数学大系：从加减乘除到机器学习）
ISBN 978-7-302-62850-7

Ⅰ. ①数…　Ⅱ. ①姜…　Ⅲ. ①数学－普及读物　Ⅳ. ① O1-49

中国国家版本馆 CIP 数据核字 (2023) 第 060940 号

责任编辑： 栾大成
封面设计： 姜伟生　杨玉兰
责任校对： 徐俊伟
责任印制： 杨　艳

出版发行： 清华大学出版社
网　　址： https://www.tup.com.cn，https://www.wqxuetang.com
地　　址： 北京清华大学学研大厦 A 座　　**邮　　编：** 100084
社 总 机： 010-83470000　　**邮　　购：** 010-62786544
投稿与读者服务： 010-62776969，c-service@tup.tsinghua.edu.cn
质 量 反 馈： 010-62772015，zhiliang@tup.tsinghua.edu.cn
印 装 者： 涿州汇美亿浓印刷有限公司
经　　销： 全国新华书店
开　　本： 188mm×260mm　　**印　　张：** 32.25　　**字　　数：** 1022 千字
版　　次： 2023 年 6 月第 1 版　　**印　　次：** 2025 年 4 月第 5 次印刷
定　　价： 238.00 元

产品编号：096692-01

Preface

前言

感谢

首先感谢大家的信任。

作者仅仅是在学习应用数据科学和机器学习算法时，多读了几本数学书，多做了一些思考和知识整理而已。知者不言，言者不知。知者不博，博者不知。由于作者水平有限，斗胆把自己所学所思与大家分享，作者权当无知者无畏。希望大家在B站视频下方和Github多提意见，让这套书成为作者和读者共同参与创作的作品。

特别感谢清华大学出版社的栾大成老师。从选题策划、内容创作到装帧设计，栾老师事无巨细、一路陪伴。每次与栾老师交流，都能感受到他对优质作品的追求、对知识分享的热情。

出来混总是要还的

曾经，考试是我们学习数学的唯一动力。考试是头悬梁的绳，是锥刺股的锥。我们中的大多数人从小到大为各种考试埋头题海，数学味同嚼蜡，甚至让人恨之入骨。

数学给我们带来了无尽的“折磨”。我们甚至恐惧数学，憎恨数学，恨不得一走出校门就把数学抛之脑后，老死不相往来。

可悲可笑的是，我们很多人可能会在毕业的五年或十年以后，因为工作需要，不得不重新学习微积分、线性代数、概率统计，悔恨当初没有学好数学，甚至迁怒于教材和老师。

这一切不能都怪数学，值得反思的是我们学习数学的方法和目的。

再给自己一个学数学的理由

为考试而学数学，是被逼无奈的举动。而为数学而数学，则又太过高尚而遥不可及。

相信对于绝大部分的我们来说，数学是工具、是谋生手段，而不是目的。我们主动学数学，是想用数学工具解决具体问题。

现在，这套书给大家一个“学数学、用数学”的全新动力——数据科学、机器学习。

数据科学和机器学习已经深度融合到我们生活的方方面面，而数学正是开启未来大门的钥匙。不是所有人生来都握有一副好牌，但是掌握“数学 + 编程 + 机器学习”的知识绝对是王牌。这次，学习数学不再是为了考试、分数、升学，而是投资时间、自我实现、面向未来。

未来已来，你来不来？

本套鸢尾花书如何帮到你

为了让大家学数学、用数学，甚至爱上数学，作者可谓煞费心机。在创作这套书时，作者尽量克服传统数学教材的各种弊端，让大家学习时有兴趣、看得懂、有思考、更自信、用得着。

为此，丛书在内容创作上突出以下几个特点。

- **数学 + 艺术**——全彩图解，极致可视化，让数学思想跃然纸上、生动有趣、一看就懂，同时提高大家的数据思维、几何想象力、艺术感。
- **零基础**——从零开始学习Python编程，从写第一行代码到搭建数据科学和机器学习应用，尽量将陡峭学习曲线拉平。
- **知识网络**——打破数学板块之间的壁垒，让大家看到数学代数、几何、线性代数、微积分、概率统计等板块之间的联系，编织一张绵密的数学知识网络。
- **动手**——授人以鱼不如授人以渔，和大家一起写代码、创作数学动画、交互App。
- **学习生态**——构造自主探究式学习生态环境“微课视频 + 纸质图书 + 电子图书 + 代码文件 + 可视化工具 + 思维导图”，提供各种优质学习资源。
- **理论 + 实践**——从加减乘除到机器学习，丛书内容安排由浅入深、螺旋上升，兼顾理论和实践；在编程中学习数学，学习数学时解决实际问题。

虽然本书标榜“从加减乘除到机器学习”，但是建议读者朋友们至少具备高中数学知识。如果读者正在学习或曾经学过大学数学 (微积分、线性代数、概率统计)，这套书就更容易读懂了。

聊聊数学

数学是工具。锤子是工具，剪刀是工具，数学也是工具。

数学是思想。数学是人类思想高度抽象的结晶体。在其冷酷的外表之下，数学的内核实际上就是人类朴素的思想。学习数学时，知其然，更要知其所以然。不要死记硬背公式定理，理解背后的数学思想才是关键。如果你能画一幅图、用大白话描述清楚一个公式、一则定理，这就说明你真正理解了她。

数学是语言。就好比世界各地不同种族有自己的语言，数学则是人类共同的语言和逻辑。数学这门语言极其精准、高度抽象，放之四海而皆准。虽然我们中大多数人没有被数学“女神”选中，不能为人类对数学认知开疆扩土；但是，这丝毫不妨碍我们使用数学这门语言。就好比，我们不会成为语言学家，我们完全可以使用母语和外语交流。

数学是体系。代数、几何、线性代数、微积分、概率统计、优化方法等，看似一个个孤岛，实际上都是数学网络的一条条织线。建议大家学习时，特别关注不同数学板块之间的联系，见树，更要见林。

数学是基石。拿破仑曾说“数学的日臻完善和国强民富息息相关。”数学是科学进步的根基，是经济繁荣的支柱，是保家卫国的武器，是探索星辰大海的航船。

数学是艺术。数学和音乐、绘画、建筑一样，都是人类艺术体验。通过可视化工具，我们会在看似枯燥的公式、定理、数据背后，发现数学之美。

数学是历史，是人类共同记忆体。“历史是过去，又属于现在，同时在指引未来。”数学是人类的集体学习思考，它把人的思维符号化、形式化，进而记录、积累、传播、创新、发展。从甲骨、泥板、石板、竹简、木牍、纸草、羊皮卷、活字印刷、纸质书，到数字媒介，这一过程持续了数千年，至今绵延不息。

数学是无穷无尽的**想象力**，是人类的**好奇心**，是自我挑战的**毅力**，是一个接着一个的**问题**，是看似荒诞不经的**猜想**，是一次次胆大包天的**批判性思考**，是敢于站在前人臂膀之上的**勇气**，是孜孜不倦地延展人类认知边界的**不懈努力**。

家园、诗、远方

诺瓦利斯曾说：“哲学就是怀着一种乡愁的冲动到处去寻找家园。”

在纷繁复杂的尘世，数学纯粹得就像精神的世外桃源。数学是，一束光，一条巷，一团不灭的希望，一股磅礴的力量，一个值得寄托的避风港。

打破陈腐的锁链，把功利心暂放一边，我们一道怀揣一份乡愁，心存些许诗意，踩着艺术维度，投入数学张开的臂膀，驶入它色彩斑斓、变幻无穷的深港，感受久违的归属，一睹更美、更好的远方。

Acknowledgement
致谢

To my parents.
谨以此书献给我的母亲父亲。

How to Use the Book

使用本书

丛书资源

鸢尾花书提供的配套资源如下：

- 纸质图书。
- 每章提供思维导图，全书图解海报。
- Python代码文件，直接下载运行，或者复制、粘贴到Jupyter运行。
- Python代码中包含专门用Streamlit开发数学动画和交互App的文件。
- 微课视频，强调重点、讲解难点、聊聊天。

本书约定

书中为了方便阅读以及查找配套资源，特别设计了如下标识。

数学家、科学家、艺术家等大家语录
代码中核心Python库函数和讲解
思维导图总结本章脉络和核心内容
配套Python代码完成核心计算和制图
用Streamlit开发制作App应用
介绍数学工具与机器学习之间的联系
引出本书或本系列其他图书相关内容
提醒读者需要格外注意的知识点
配套微课视频二维码
相关数学家生平贡献介绍
每章总结或升华本章内容
核心参考和推荐阅读文献

微课视频

本书配套微课视频均发布在B站——生姜DrGinger。

◀ https://space.bilibili.com/513194466

微课视频是以“聊天”的方式，和大家探讨某个数学话题的重点内容，讲解代码中可能遇到的难点，甚至侃侃历史、说说时事、聊聊生活。

本书配套微课视频的目的是引导大家自主编程实践、探究式学习，并不是“照本宣科”。

纸质图书上已经写得很清楚的内容，视频课程只会强调重点。需要说明的是，图书内容不是视频的“逐字稿”。

App开发

本书配套多个用Streamlit开发的App，用来展示数学动画、数据分析、机器学习算法。

Streamlit是个开源的Python库，能够方便快捷地搭建、部署交互型网页App。Streamlit简单易用，很受欢迎。Streamlit兼容目前主流的Python数据分析库，比如NumPy、Pandas、Scikit-learn、PyTorch、TensorFlow等等。Streamlit还支持Plotly、Bokeh、Altair等交互可视化库。

本书中很多App设计都采用Streamlit + Plotly方案。此外，本书专门配套教学视频手把手和大家一起做App。安装完Anaconda后，大家需要自己安装Streamlit。打开Anaconda Prompt运行pip install streamlit即可。

大家可以参考如下页面，更多了解Streamlit：

◀ https://streamlit.io/gallery

◀ https://docs.streamlit.io/library/api-reference

实践平台

本书作者编写代码时采用的IDE (Integrated Development Environment) 是Spyder，目的是给大家提供简洁的Python代码文件。

但是，建议大家采用JupyterLab或Jupyter Notebook作为鸢尾花书配套学习工具。

简单来说，Jupyter集合“浏览器 + 编程 + 文档 + 绘图 + 多媒体 + 发布”众多功能于一身，非常适合探究式学习。

运行Jupyter无须IDE，只需要浏览器。Jupyter容易分块执行代码。Jupyter支持inline打印结果，直接将结果图片打印在分块代码下方。Jupyter还支持很多其他语言，如R和Julia。

使用Markdown文档编辑功能，可以编程同时写笔记，不需要额外创建文档。在Jupyter中插入图片和视频链接都很方便，此外还可以插入Latex公式。对于长文档，可以用边栏目录查找特定内容。

Jupyter发布功能很友好，方便打印成HTML、PDF等格式文件。

Jupyter也并不完美，目前尚待解决的问题有几个：Jupyter中代码调试不是特别方便。Jupyter没有variable explorer，可以inline打印数据，也可以将数据写到CSV或Excel文件中再打开。Matplotlib图像结果不具有交互性，如不能查看某个点的值或者旋转3D图形，此时可以考虑安装 (jupyter matplotlib)。注意，利用Altair或Plotly绘制的图像支持交互功能。对于自定义函数，目前没有快捷键直接跳转到其定义。但是，很多开发者针对这些问题正在开发或已经发布相应插件，请大家留意。

大家可以下载安装Anaconda。JupyterLab、Spyder、PyCharm等常用工具，都集成在Anaconda中。下载Anaconda的地址为：

◀ https://www.anaconda.com/

JupyterLab探究式学习视频：

代码文件

鸢尾花书的Python代码文件下载地址为：

同时也在如下GitHub地址备份更新：

◀ https://github.com/Visualize-ML

Python代码文件会不定期修改，请大家注意更新。图书原始创作版本PDF（未经审校和修订，内容和纸质版略有差异，方便移动终端碎片化学习以及对照代码）和纸质版本勘误也会上传到这个GitHub账户。因此，建议大家注册GitHub账户，给书稿文件夹标星 (Star) 或分支克隆 (Fork)。

考虑再三，作者还是决定不把代码全文印在纸质书中，以便减少篇幅，节约用纸。

本书编程实践例子中主要使用“鸢尾花数据集”，数据来源是Scikit-learn库、Seaborn库。要是给鸢尾花书起个昵称的话，作者乐见“**鸢尾花书**”。

学习指南

大家可以根据自己的偏好制定学习步骤，本书推荐如下步骤。

学完每章后，大家可以在社交媒体、技术论坛上发布自己的Jupyter笔记，进一步听取朋友们的意见，共同进步。这样做还可以提高自己学习的动力。

另外，建议大家采用纸质书和电子书配合阅读学习，学习主阵地在纸质书上，学习基础课程最重要的是沉下心来，认真阅读并记录笔记，电子书可以配合查看代码，相关实操性内容可以直接在电脑上开发、运行、感受，Jupyter笔记同步记录起来。

强调一点：**学习过程中遇到困难，要尝试自行研究解决，不要第一时间就去寻求他人帮助。**

意见建议

欢迎大家对鸢尾花书提意见和建议，丛书专属邮箱地址为：

◀ jiang.visualize.ml@gmail.com

也欢迎大家在B站视频下方留言互动。

Contents

目录

Introduction

绪论

图解+编程+实践+数学板块融合+历史+英文术语

0.1 本册在鸢尾花书的定位

“鸢尾花书”系列丛书有三大板块——编程、数学、实践。机器学习各种算法都离不开数学，而《数学要素》一册是“数学”板块的第一册。本书介绍的数学工具是整个“数学”板块的基础，当然也是数据科学和机器学习实践的基础。

本册《数学要素》中编程和可视化无处不在，限于篇幅，本书不会专门讲解编程基础内容。因此，建议编程零基础读者先学习《编程不难》和《可视之美》两册内容。当然，根据个人情况，平行学习《数学要素》《编程不难》和《可视之美》，也是可行的。

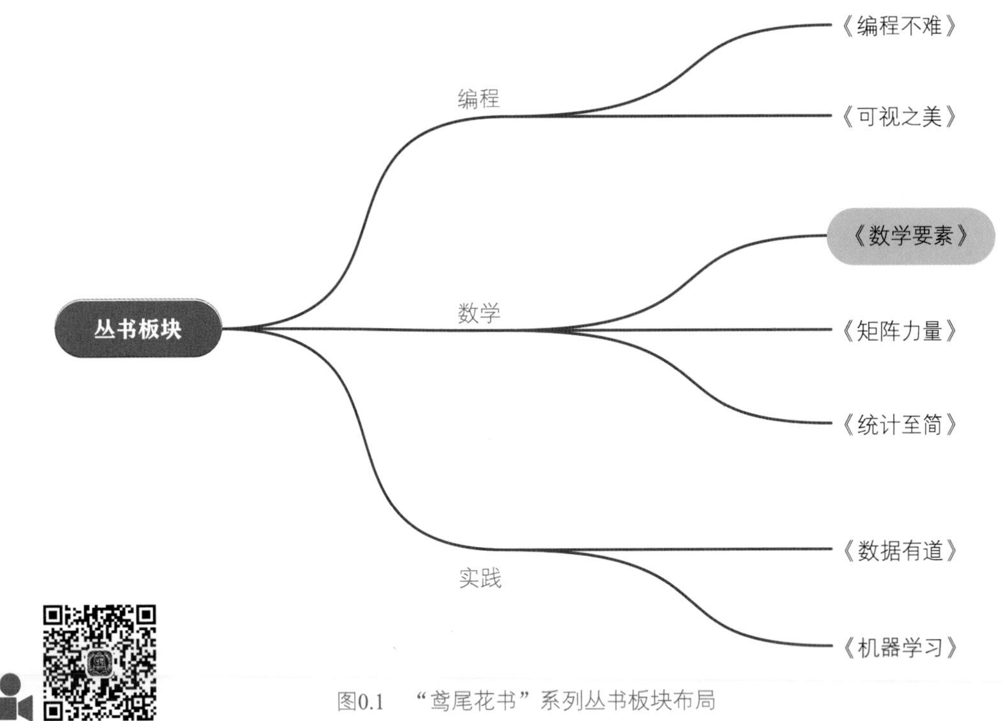

图0.1 “鸢尾花书”系列丛书板块布局

0.2 结构：七大板块

本书可以归纳为七大板块——基础、坐标系、解析几何、函数、微积分、概率统计、线性代数。

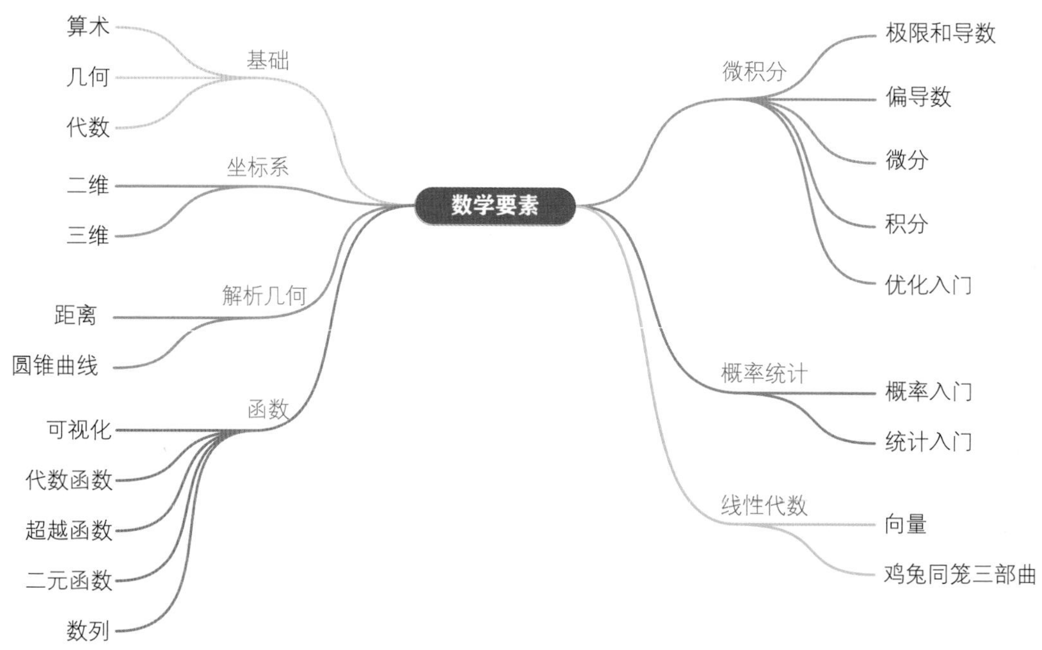

图0.2 《数学要素》板块布局

基础

基础部分从加、减、乘、除四则运算讲起。线性代数在机器学习中应用广泛，本书第1、2章开门见山地介绍向量和矩阵的基本运算，也会在本册各个板块见缝插针地介绍线性代数基础知识。

本书第3章回顾常用几何知识，几何视角是鸢尾花书的一大特色。这一章有一大亮点——圆周率估算。圆周率估算是本书的一条重要线索，本书会按时间先后顺序介绍如何用不同数学工具估算圆周率。

第4章回顾代数知识，其中有两个亮点值得大家特别注意：一个是杨辉三角，本书后面会将杨辉三角和概率统计、随机过程联系起来；另一个是鸡兔同笼问题，本书最后三章都围绕鸡兔同笼这个话题展开。

坐标系

笛卡儿坐标系让几何和代数走到一起，本书第5、6两章介绍坐标系有关内容。这两章的一大特色是——代数式可视化，几何体参数化。没有坐标系，就没有函数，也不会有微积分；因此，坐标系的地位毋庸置疑。

解析几何

第7、8、9三章介绍解析几何内容，其中有两大亮点——距离度量、椭圆。距离度量中，大家要善于用等距线这个可视化工具。此外，大家需要注意欧氏距离并不是唯一的距离度量。第二个亮点是椭圆，椭圆可谓“多面手”，相信大家很快会看到椭圆在概率统计、线性代数、数据科学、机器学习中大放异彩。

函数

第10章到第14章都是围绕函数展开。有几点值得强调：学习任何函数时，建议大家编程绘制函数线图，以便观察函数形状、变化趋势；此外，学会利用曲面、剖面线、等高线等可视化工具观察分析二元函数；再者，不同函数都有自身特定性质，对应独特应用场景。第14章讲解数列，数列可以视为特殊的函数。本章中，累加、极限这两个知识点特别值得关注，它们都是微积分基础。

微积分

第15章到第19章讲解微积分以及优化问题内容。牛顿和莱布尼兹分别发明微积分之后，整个数学王国的版图天翻地覆。导数、偏导数、微分、积分给我们提供了研究函数性质的量化工具。学好这四章的秘诀就是——几何图解。导数是切线斜率，偏导数是某个变量方向上切线斜率，微分是线性近似，泰勒展开是多项式函数叠加，积分是求面积，二重积分是求体积。数据科学、机器学习中所有算法都可以写成优化问题，而构造、求解优化问题离不开微积分。因此，本书在讲完微积分之后立刻安排了第19章，介绍优化问题入门知识。鸢尾花书后续还会在各册中不断介绍优化方法。

概率统计

第20、21两章是概率统计入门。鸢尾花书专门由《统计至简》一册系统讲解这个版块，但是这不意味着本书第20、21两章内容毫无出彩之处；相反，这两章亮点颇多。第20章概率内容实际上是代数部分杨辉三角的延伸，本章用二叉树这个知识点，将代数和概率统计串联在一起。第20章的最后还介绍了随机过程。第21章的关键词就是“图解”，用图像可视化数据，用图像展示概率统计定义。

线性代数

本书最后四章以线性代数收尾。第22章介绍可视化向量和向量运算。第23、24、25三章是“鸡兔同笼三部曲”，这三章虚构了一个世外桃源，讲述与世隔绝的村民如何利用舶来的线性代数知识，解决村民养鸡养兔时遇到的数学疑难杂症。这三章涉及线性方程组、向量空间、投影、最小二乘法线性回归、马尔科夫过程、特征值分解等内容。这三章一方面给大家展示了本书重要数学工具的应用，另外这三章也为鸢尾花书《矩阵力量》一册做了内容预告和铺垫。

0.3 特点：知识融合

《数学要素》打破了数学板块的藩篱，将算术、代数、线性代数、几何、解析几何、概率统计、微积分、优化方法等板块有机结合在一起。

作为鸢尾花书的核心特点，《数学要素》一册在内容编排上突出“图解 + 编程 + 机器学习应用”。讲解一些特定数学工具时，本书会穿插介绍其在数据科学和机器学习领域的应用场景，让大家学以致用。

《数学要素》一册还强调数学文化，内容安排上尽可能沿着数学发展先后脉络，为大家展现整幅历史图景。本书还介绍了数学史上的关键人物，让大家看到数学是如何薪火相传、接续发展的。

为了帮助大家阅读英文文献以及学术交流，本书还特别总结了常用数学知识的英文表述。

下面让我们一起开始《数学要素》一册的学习之旅吧。

01

Section 01

基　础

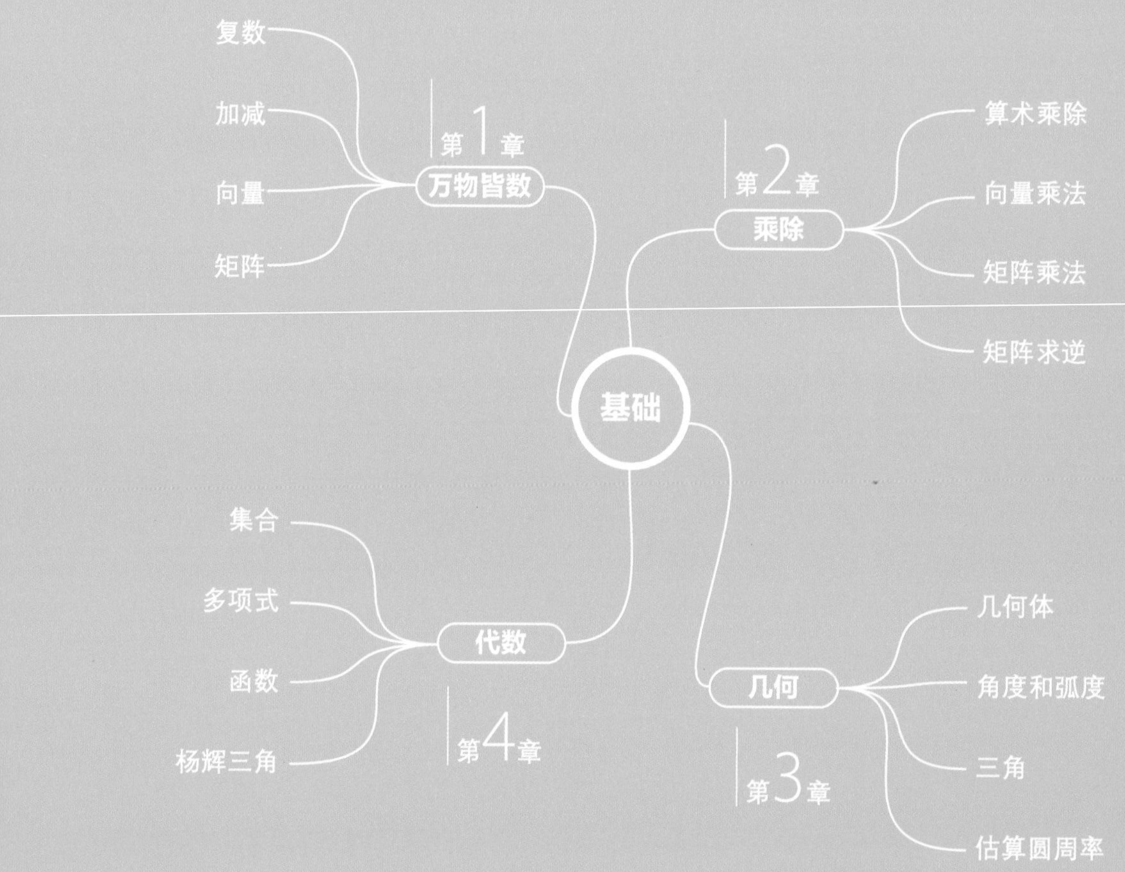
复数
加减
向量
矩阵
第1章
万物皆数
第2章
乘除
算术乘除
向量乘法
矩阵乘法
矩阵求逆
基础
集合
多项式
函数
杨辉三角
代数
第4章
几何
第3章
几何体
角度和弧度
三角
估算圆周率

学习地图 | 第1版块

All Is Number

万物皆数

数字统治万物

万物皆数。

All is Number.

—— 毕达哥拉斯 (Pythagoras) | 古希腊哲学家、数学家 | 570 B.C. — 495 B.C.

- `%` 求余数
- `float()` 将输入转化为浮点数
- `input()` 函数接受一个标准输入数据，返回为 string 类型
- `int()` 将输入转化为整数
- `is_integer()` 判断是否为整数
- `lambda` 构造匿名函数；匿名函数是指一类无须定义函数名的函数或子程序
- `len()` 返回序列或者数据帧的数据数量
- `math.e` math 库中的欧拉数
- `math.pi` math 库中的圆周率
- `math.sqrt(2)` math 库中计算 2 的平方根
- `mpmath.e` mpmath 库中的欧拉数
- `mpmath.pi` mpmath 库中的圆周率
- `mpmath.sqrt(2)` mpmath 库中计算 2 的平方根
- `numpy.add()` 向量或矩阵加法
- `numpy.array()` 构造数组、向量或矩阵
- `numpy.cumsum()` 计算累计求和
- `numpy.linspace()` 在指定的间隔内，返回固定步长数组
- `numpy.matrix()` 构造二维矩阵
- `print()` 在 console 打印
- `range()` 返回的是一个可迭代对象，`range(10)` 返回 0 ~ 9，等价于 `range(0, 10)`；`range(1, 11)` 返回 1 ~ 10；`range(0, -10, -1)` 返回 0 ~ -9；`range(0, 10, 3)` 返回 [0, 3, 6, 9]，步长为 3
- `zip(*)` 将可迭代的对象作为参数，让对象中对应的元素打包成一个个元组，然后返回由这些元组组成的列表。*代表解包，返回的每一个都是元组类型，而并非是原来的数据类型

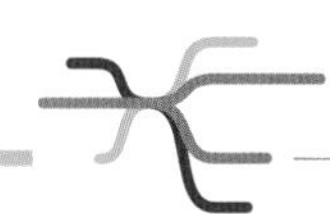

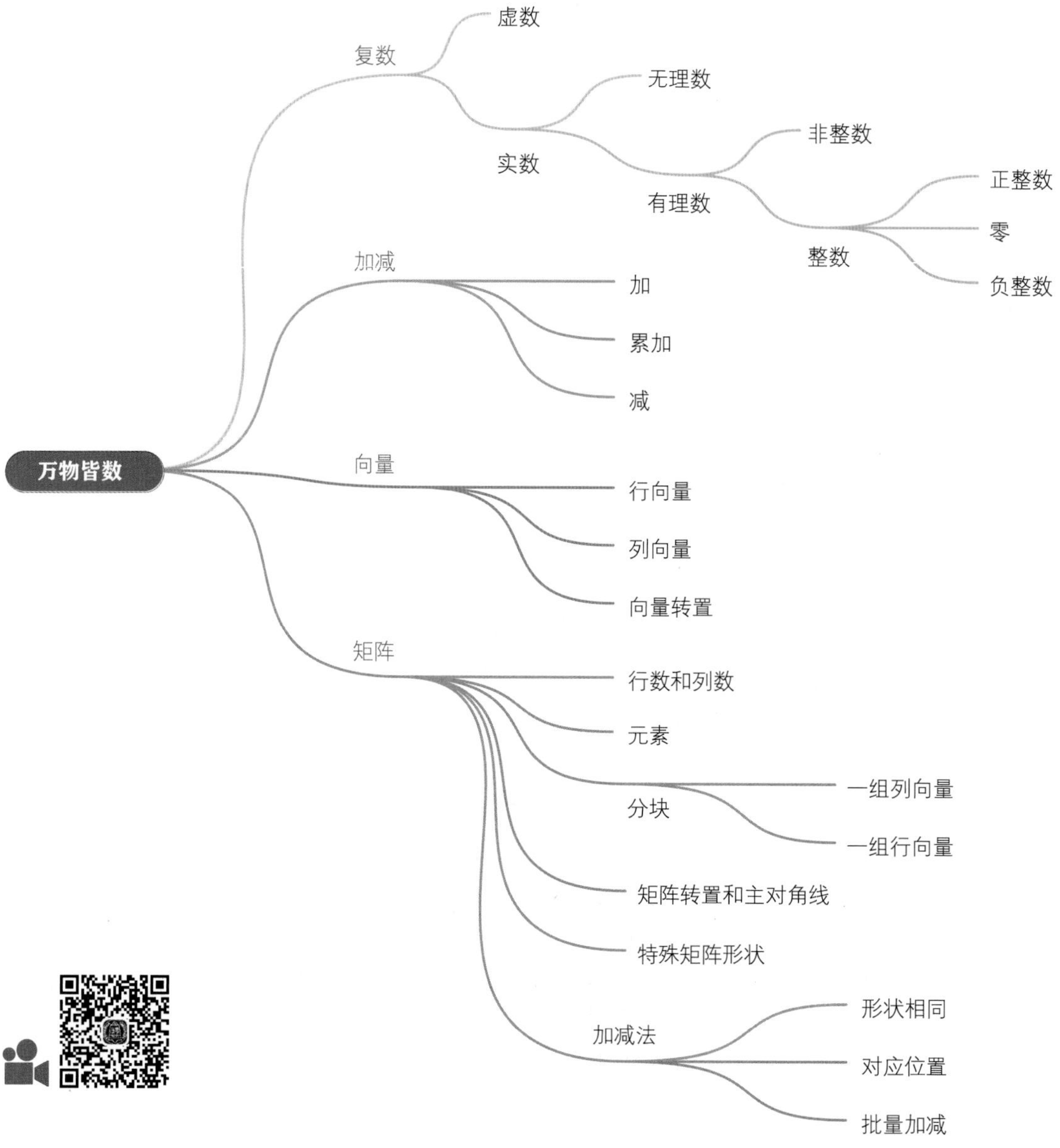

- **万物皆数**
  - 复数
    - 虚数
    - 实数
      - 无理数
      - 有理数
        - 非整数
        - 整数
          - 正整数
          - 零
          - 负整数
  - 加减
    - 加
    - 累加
    - 减
  - 向量
    - 行向量
    - 列向量
    - 向量转置
  - 矩阵
    - 行数和列数
    - 元素
    - 分块
      - 一组列向量
      - 一组行向量
    - 矩阵转置和主对角线
    - 特殊矩阵形状
    - 加减法
      - 形状相同
      - 对应位置
      - 批量加减

1.1 数字和运算：人类思想的伟大飞跃

数字，就是人类思想的空气，无处不在，不可或缺。

大家不妨停止阅读，用一分钟时间，看看自己身边哪里存在数字。

举目四望，你会发现，键盘上有数字，书本上印着数字，手机上显示数字，交易媒介充满了数字，食品有卡路里数值，时钟上的数字提醒我们时间，购物扫码本质上也是数字。一串串手机号码让人们联通，身份编号是我们的个体标签……

当下，数字已经融合到人类生活的方方面面。多数时候，数字像是空气，我们认为它理所应当，甚至忽略了它的存在。

数字是万物的绝对尺度，数字更是一种高阶的思维方式。远古时期，不同地域、不同族群的人类突然意识到，2只鸡、2只兔、2头猪，有一个共性，那就是——2。

2和更多数字，以及它们之间的加、减、乘、除和更多复杂运算被抽象出来，这是人类思想的一次伟大飞跃，如图1.1所示。

数字这一宝贵的人类遗产，在不同地区、不同种族之间薪火相传。

5000年前，古巴比伦人将各种数学计算，如倒数、平方、立方等刻在泥板上，如图1.2所示。古埃及则是将大量数学知识记录在纸草上。

图1.1 数字是人类抽象思维活动的产物　　图1.2 古巴比伦泥板 (图片来自Wikipedia)

古巴比伦采用六十进制。不谋而合的是，中国自古便发明了使用天干地支六十甲子为一个周期来纪年。

今人所说的“阿拉伯数字”实际上是古印度人创造的。古印度发明了**十进制** (decimal system)，而古阿拉伯人将它们发扬光大。中世纪末期，十进制传入欧洲，而后成为全世界的标准。中国古代也创造了十进制。

有学者认为，人类不约而同地发明并广泛使用十进制，是因为人类有十根手指。人们数数的时候，自然而然地用手指记录。

虽然十进制大行其道，但是其他进制依然广泛运用。比如，**二进制** (binary system)、**八进制** (octal system) 和**十六进制** (hexadecimal system) 经常在电子系统中使用。

日常生活中，我们不知不觉中也经常使用其他进制。**十二进制** (duodecimal system) 常常出现，比如十二小时制、一年十二个月、**黄道十二宫** (zodiac)、**十二地支** (Earthly Branches)、**十二生肖** (Chinese zodiac)。四进制也不罕见，如一年四个季度。二十四进制用在一天24小时、一年二十四节气。六十进制也很常用，如一分钟60秒、一小时60分钟。

随着科学技术持续发展，人类的计算也日趋复杂。零、负数、分数、小数、无理数、虚数被发明创造出来。与此同时，人类也在发明改进计算工具，让计算更快、更准。

算盘，作为一种原始的计算工具，现在已经基本绝迹。随着运算量和复杂度的不断提高，人们对运算速度、准确度的需求激增，人类亟需摆脱手工运算，计算器应运而生。

1622年，英国数学家**威廉·奥特雷德** (William Oughtred) 发明了计算尺。早期计算尺主要用于四则运算，而后发展到可以用于求对数和三角函数。直到二十世纪后期被便携式计算器代替之前，计算尺一度是科学和工程重要的计算工具。

1642年，法国数学家**帕斯卡** (Blaise Pascal) 发明了机械计算器，这台机器可以直接进行加减运算，如图1.3所示。难以想象，帕斯卡设计自己第一台计算器时未满19岁。

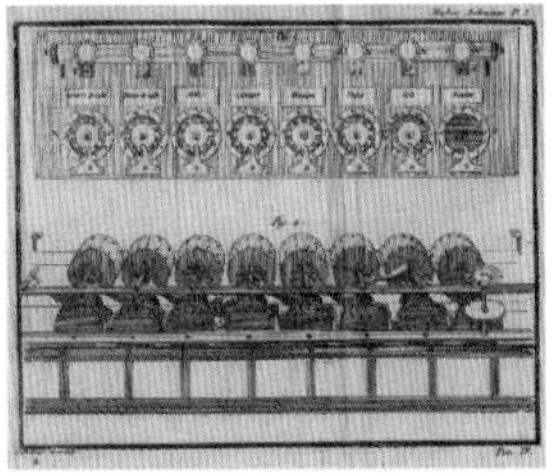

图1.3 帕斯卡机械计算器和原理图纸 (图片来自Wikipedia)

1822年前后，英国数学家**查尔斯·巴贝奇** (Charles Babbage)，设计完成了**差分机** (Difference Engine)。第一台差分机重达4吨，最高可以存16位数。差分机是以蒸汽机为动力的自动机械计算器，它已经很接近世界第一台计算机。因此，也有很多人将查尔斯·巴贝奇称为“计算器之父”。

1945年，ENIAC诞生。ENIAC的全称为**电子数值积分计算机** (Electronic Numerical Integrator And Computer)。ENIAC是一台真正意义上的电子计算机。ENIAC重达27吨，占地167平方米，如图1.4所示。

20世纪50年代电子计算机主要使用真空管制作，而后开始使用半导体晶体管制作。半导体使得计算机体积变得更小、成本更低、耗电更少、性能更可靠。进入20世纪，计算机器的更新迭代，让人目不暇接，甚至让人感觉窒息。

图1.4 ENIAC计算机 (图片来自Wikipedia)

20世纪70年代，集成电路和微处理器先后投入大规模使用，计算机和其他智能设备开始逐渐步入寻常百姓家。现如今，计算的竞赛愈演愈烈，量子计算机的研究进展如火如荼，如图1.5所示。

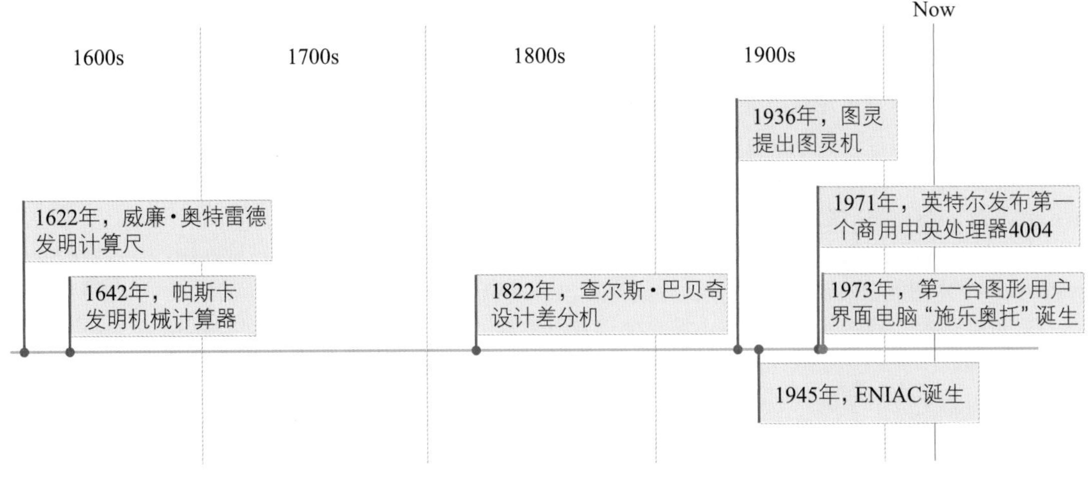

图1.5 计算器发展历史时间轴

到这里，不妨停下来，喘口气，回望来时的路。再去看看数字最朴素、最原始、最直觉的形态。

1.2 数字分类：从复数到自然数

本节介绍数字分类，介绍的数字类型如图1.6所示。

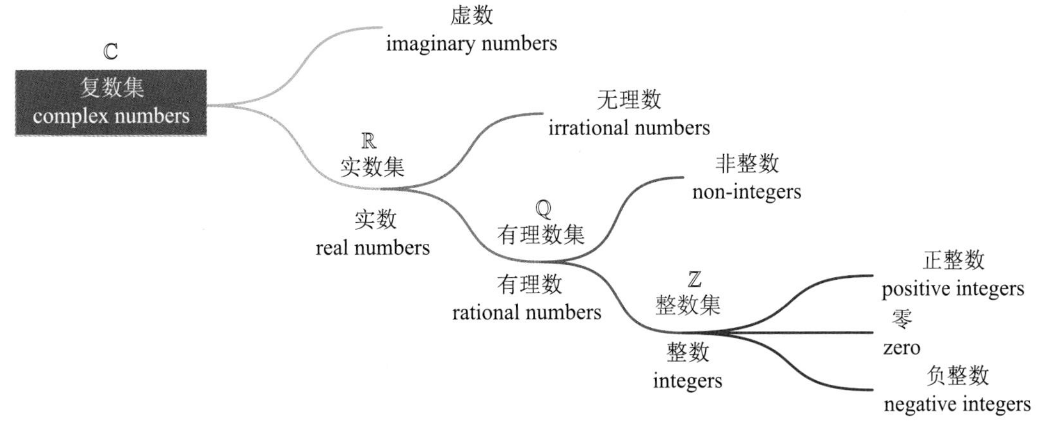

图1.6　数字分类

复数

复数 (complex number) 包括**实数** (real numbers) 和**虚数** (imaginary number)。**复数集** (the set of complex numbers) 的记号为 ℂ 。

集合 (set)，简称**集**，是指具有某种特定性质**元素** (element) 的总体。通俗地讲，集合就是一堆东西构成的整体。因此，复数集是所有复数构成的总体。

复数的具体形式为

$$a + b\mathrm{i} \tag{1.1}$$

其中：a 和 b 是实数。

式 (1.1) 中，i 是**虚数单位** (imaginary unit)，i 的平方等于 −1，即

$$\mathrm{i}^2 = -1 \tag{1.2}$$

笛卡儿 (René Descartes) 最先提出虚数这个概念。而后，**欧拉** (Leonhard Euler) 和**高斯** (Carl Friedrich Gauss) 等人对虚数做了深入研究。注意，根据ISO标准虚数单位i为正体，即非斜体。鸢尾花书《可视之美》专门介绍过复数运算可视化，请大家回顾。

有意思的是，不经意间，式 (1.1) 中便使用a 和 b来代表实数。用抽象字母来代表具体数值是代数的基础。**代数** (algebra) 的研究对象不仅是数字，还包括各种抽象化的结构。

实数

实数集 (the set of real numbers) 记号为 ℝ 。实数包括**有理数** (rational numbers) 和**无理数** (irrational numbers)。

式 (1.1) 中，$b = 0$时，得到的便是实数。如图1.7所示，实数集合可以用**实数轴** (real number line或real line) 来展示。

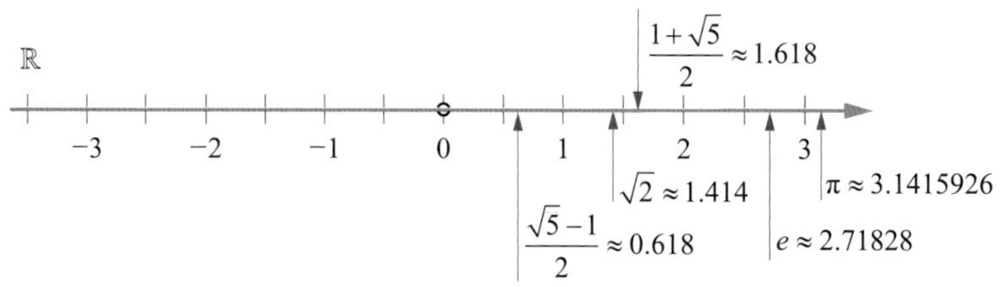

图1.7　实数轴

数轴和坐标系的发明让代数和几何前所未有地结合在了一起，这是本书第5、6章要介绍的内容。

无意之间，我们又用到了解析几何中重要的工具之一——**数轴** (number line)。图1.7这看似平凡无奇的一根数轴，实际上是人类的一个伟大发明创造。

数轴描述一维空间，两根垂直并相交于原点的数轴可以张成二维直角坐标系，即**二维笛卡儿坐标系** (Cartesian coordinate system)。在二维直角坐标系原点处升起一根垂直于平面的数轴，便张成了三维直角坐标系。

目前，数学被分割成一个个板块——算术、代数、几何、解析几何、线性代数、概率统计等。这种安排虽然有利于特定类别的数学工具学习，但是板块之间的联系被人为割裂。本书的重要任务之一就是强化各个板块之间的联系，让大家看见“森林”，而不是一棵棵“树”。

有理数

有理数集合用ℚ表示，有理数可以表达为**两个整数的商** (quotient of two integers)，形如

$$\frac{a}{b} \tag{1.3}$$

其中：a为**分子** (numerator)；b为**分母** (denominator)。式 (1.3) 中**分母不为零** (The denominator is not equal to zero)。

有理数可以表达为**有限小数** (finite decimal或terminating decimal)或者**无限循环小数** (repeating decimal或recurring decimal)。小数中的圆点叫作**小数点** (decimal separator)。

无理数

图1.7所示的实数轴上除有理数以外，都是无理数。无理数不能用一个整数或两个整数的商来表示。无理数也叫**无限不循环小数** (non-repeating decimal)。

很多重要的数值都是无理数，如图1.7所示数轴上的圆周率π (pi)、$\sqrt{2}$ (the square root of two)、**自然常数**e (exponential constant) 和**黄金分割比** (golden ratio) 等。自然常数e也叫**欧拉数** (Euler’s number)。

执行Bk3_Ch1_01.py代码，可以打印出π、e和$\sqrt{2}$的精确值。代码使用了math库中函数，math库是Python提供的内置数学函数库。

打印结果如下：

```
pi = 3.141592653589793
e = 2.718281828459045
sqrt(2) = 1.4142135623730951
```

下面，我们做一个有趣的实验——打印圆周率和自然常数e小数点后1,000位数字。图1.8所示为圆周率小数点后1,000位，图1.9所示采用热图的形式展示圆周率小数点后1,024位。图1.10所示为自然常数e小数点后1,000位。

中国古代南北朝时期数学家**祖冲之**（429—500）曾刷新圆周率估算纪录。他估算圆周率在3.1415926到3.1415927之间，这一记录在之后的约1,000年内无人撼动。圆周率的估算是本书的一条重要线索，我们将追随前人足迹，用不同的数学工具估算圆周率。

3.1415926535	8979323846	2643383279	5028841971	6939937510	
5820974944	5923078164	0628620899	8628034825	342117067⑨	100 digits
8214808651	3282306647	0938446095	5058223172	5359408128	
4811174502	8410270193	8521105559	6446229489	5493038196	200 digits
4428810975	6659334461	2847564823	3786783165	2712019091	
4564856692	3460348610	4543266482	1339360726	0249141273	300 digits
7245870066	0631558817	4881520920	9628292540	9171536436	
7892590360	0113305305	4882046652	1384146951	9415116094	400 digits
3305727036	5759591953	0921861173	8193261179	3105118548	
0744623799	6274956735	1885752724	8912279381	8301194912	500 digits
9833673362	4406566430	8602139494	6395224737	1907021798	
6094370277	0539217176	2931767523	8467481846	7669405132	600 digits
0005681271	4526356082	7785771342	7577896091	7363717872	
1468440901	2249534301	4654958537	1050792279	6892589235	700 digits
4201995611	2129021960	8640344181	5981362977	4771309960	
5187072113	4999999837	2978049951	0597317328	1609631859	800 digits
5024459455	3469083026	4252230825	3344685035	2619311881	
7101000313	7838752886	5875332083	8142061717	7669147303	900 digits
5982534904	2875546873	1159562863	8823537875	9375195778	
1857780532	1712268066	1300192787	6611195909	2164201989	1,000 digits

图1.8　圆周率小数点后1,000位

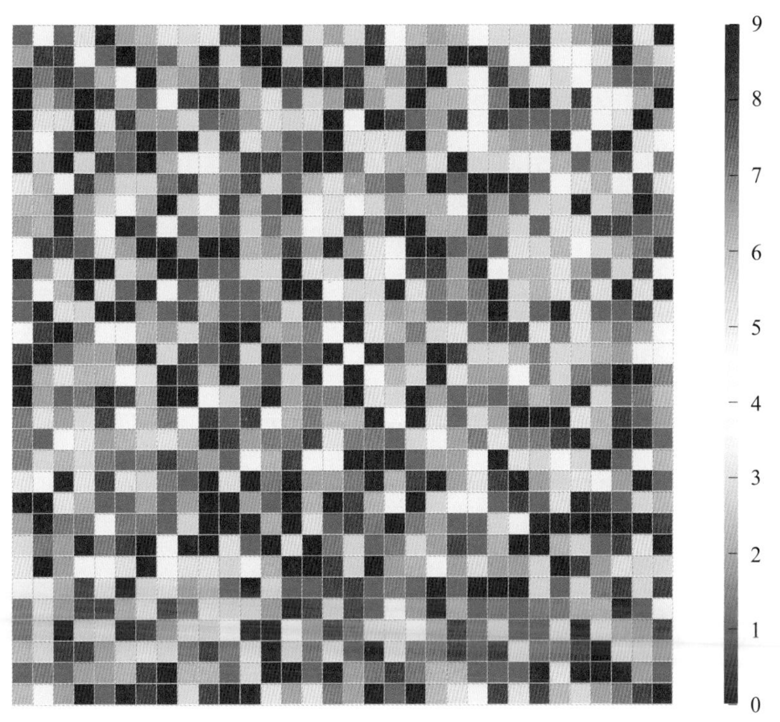

图1.9　圆周率小数点后1,024位热图

2.7182818284	5904523536	0287471352	6624977572	470936999	
9574966967	6277240766	3035354759	4571382178	525166427④	100 digits
2746639193	2003059921	8174135966	2904357290	033429526	
5956307381	3232862794	3490763233	8298807531	952510190①	200 digits
1573834187	9307021540	8914993488	4167509244	761460668	
8226480016	8477411853	7423454424	3710753907	774499206⑨	300 digits
5517027618	3860626133	1384583000	7520449338	265602976	
6737113200	7093287091	2744374704	7230696977	209310141⑥	400 digits
9283681902	5515108657	4637721112	5238978442	505695369	
7707854499	6996794686	4454905987	9316368892	300987931②	500 digits
7736178215	4249992295	7635148220	8269895193	668033182	
2886939849	6465105820	9392398294	8879332036	250944311⑦	600 digits
3012381970	6841614039	7019837679	3206832823	764648042	
5311802328	7825098194	5581530175	6717361332	069811250⑨	700 digits
9618188159	3041690351	5988885193	4580727386	673858942	
8792284998	9208680582	5749279610	4841984443	634632449⑥	800 digits
8487560233	6248270419	7862320900	2160990235	304369941	
4914631409	3431738143	6405462531	5209618369	088870701⑥	900 digits
7683964243	7814059271	4563549061	3031072085	103837505	
0115747704	1718986106	8739696552	1267154688	957035035④	1,000 digits

图1.10　自然常数e小数点后1,000位

Bk3_Ch1_02.py打印圆周率、$\sqrt{2}$和自然常数e，小数点后1,000位数字。mpmath是一个任意精度浮点运算库。

目前，背诵pi小数点后最多位数的吉尼斯世界纪录是70,000位。该纪录由印度人在2015年创造，用时近10小时。这一纪录需要背诵的数字量是图1.8所示的70倍，感兴趣的读者可以修改代码获取，并打印保存这些数字。计算取决于个人计算机的算力，这一过程可能要用时很久。

观察图1.8所示的圆周率小数点后1,000位数字，可以发现0～9这十个数字反复随机出现。这里，"随机(random)"是指偶然、随意、无法预测，《统计至简》将会大量使用"随机"这个概念。

大家能否凭直觉猜一下哪个数字出现的次数最多？圆周率小数点后10,000位、100,000位，乃至1,000,000位，0～9这十个数字出现的次数又会怎样？

答案就在Streamlit_Bk3_Ch1_02.py文件中。我们用Streamlit创作了一个数学动画App展示圆周率小数点后0～9这十个数出现的次数。

整数

整数 (integers) 包括**正整数** (positive integers)、**负整数** (negative integers) 和零 (zero)。正整数**大于零** (greater than zero)；负整数**小于零** (less than zero)。整数集用 ℤ 表示。

整数的重要性质之一是——整数相加、相减或相乘的结果还是整数。

奇偶性 (parity) 是整数另外一个重要性质。**能被2整除的整数称为偶数** (an integer is called an even integer if it is divisible by two)；否则，**该整数为奇数** (the integer is odd)。

利用以上原理，我们可以写一段Python代码，判断数字奇偶性。请大家参考Bk3_Ch1_03.py。代码中，% 用于求余数。

自然数

自然数 (natural number或counting number) 有时指的是正整数，有时指的是**非负整数** (nonnegative integer)，这时自然数集合包括“0”。“0”是否属于自然数尚未达成一致意见。

至此，我们回顾了常见数字类型。表1.1中总结了数字类型并给出了例子。

表1.1　不同种类数字及举例

英文表达	汉语表达	举例
Complex number	复数	7 + 2i
Imaginary number	虚数	2i
Real number	实数	7
Irrational number	无理数	π, e
Rational number	有理数	1.5
Integer	整数	−1, 0, 1
Natural number	自然数	9, 18

1.3 加减：最基本的数学运算

本节介绍加、减这两种最基本算术运算。

加法

加法 (addition) 的运算符为**加号** (plus sign或plus symbol)；加法运算式中，**等式** (equation) 的左边为**加数** (addend) 和**被加数** (augend或summand)，等式的右边是**和** (sum)，如图1.11所示。

加法的表达方式多种多样，如“**和** (summation)”“**加** (plus)”“**增长** (increase)”“**小计** (subtotal)”和“**总数** (total)”等。

图1.11　加法运算

图1.12所示是在数轴上可视化 $2 + 3 = 5$ 这一加法运算。

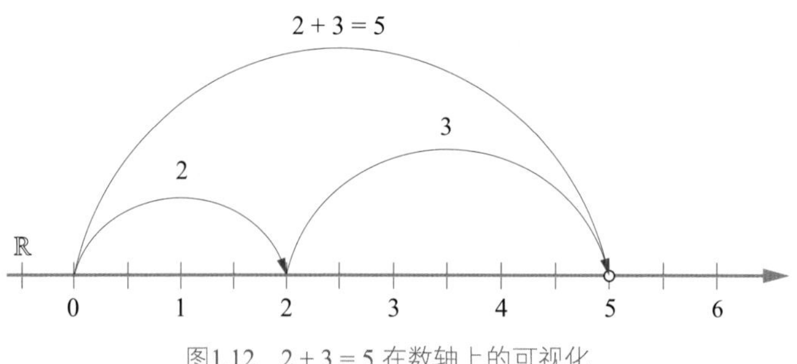

图1.12　2 + 3 = 5 在数轴上的可视化

Bk3_Ch1_04.py完成图1.12所示加法运算。

Bk3_Ch1_05.py对Bk3_Ch1_04.py稍作调整，利用input() 函数，让用户通过键盘输入数值。结果打印如下：

```
Enter first number: 2
Enter second number: 3
The sum of 2 and 3 is 5.0
```

表1.2总结了加法的常用英文表达。

表1.2　加法的英文表达

数学表达	英文表达
1 + 1 = 2	One plus one equals two. The sum of one and one is two. If you add one to one, you get two.
2 + 3 = 5	Two plus three equals five. Two plus three is equal to five. Three added to two makes five. If you add two to three, you get five.

累计求和

对于一行数字，**累计求和** (cumulative sum或cumulative total) 得到的结果不是一个总和，而是从左向右每加一个数值，得到的分步结果。比如，自然数1到10累计求和的结果为

$$1,\ 3,\ 6,\ 10,\ 15,\ 21,\ 28,\ 36,\ 45,\ 55 \tag{1.4}$$

式 (1.4) 累计求和计算过程为

$$\overbrace{\overbrace{\overbrace{\overbrace{\overbrace{\overbrace{1}^{1},\ 2}^{1+2=3},\ 3}^{1+2+3=6},\ 4}^{1+2+3+4=10},\ 5}^{1+2+3+4+5=15},\ 6}^{1+2+3+4+5+6=21},\ 7,\ 8,\ \dots \tag{1.5}$$

Bk3_Ch1_06.py利用numpy.linspace(1, 10, 10) 产生1 ~ 10 这十个自然数，然后利用numpy.cumsum()函数进行累计求和。NumPy是一个开源的Python库，鸢尾花书的大量线性代数运算都离不开NumPy。

减法

减法 (subtraction) 是**加法的逆运算** (inverse operation of addition)，运算符为**减号** (minus sign)。如图1.13所示，减法运算过程是，**被减数** (minuend) 减去**减数** (subtrahend) 得到**差** (difference)。

减法的其他表达方式包括“**减** (minus)”“**少** (less)”“**差** (difference)”“**减少** (decrease)”“**拿走** (take away)”和“**扣除** (deduct)”等。

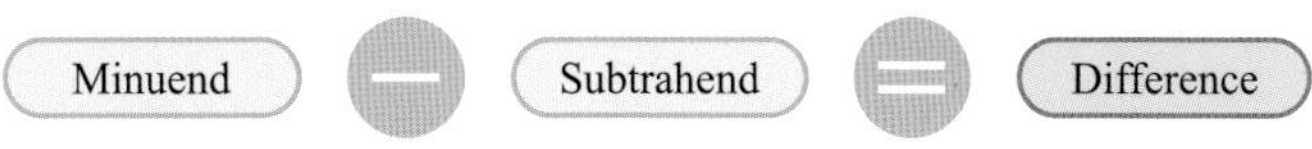

图1.13　减法运算

图1.14所示为在数轴上展示5 – 3 = 2的减法运算。

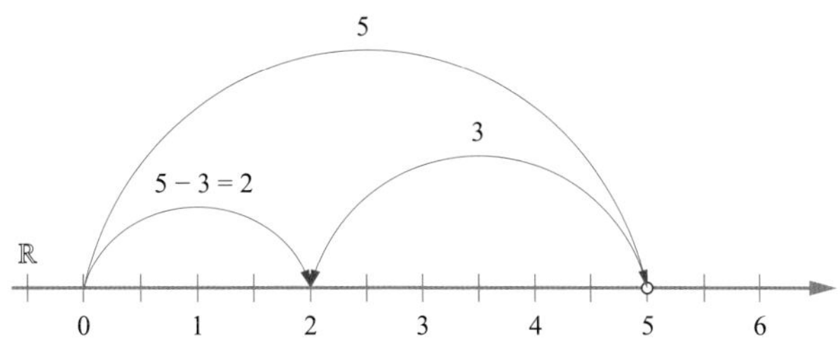

图1.14　5 – 3 = 2 在数轴上的可视化

Bk3_Ch1_07.py完成图1.14所示的减法运算。

相反数

求**相反数** (inverse number或additive inverse number) 的过程是**改变符号** (reverses its sign)，这样的操作常称做**变号** (sign change)。比如，5的相反数为-5 (negative five)。表1.3给出了减法常用的英文表达。

表1.3　减法常见英文表达

数学表达	英文表达
5 − 3 = 2	Five minus three equals two. Five minus three is equal to two. Three subtracted from five equals two. If you subtract three from five, you get two. If you take three from five, you get two.
4 − 6 = −2	Four minus six equals negative two. Four minus six is equal to negative two.

1.4 向量：数字排成行、列

到了本节读者会问，明明第一章讲的是算术，怎么一下扯到了“向量”这个线性代数的概念呢？

向量、矩阵等线性代数概念对于数据科学和机器学习至关重要。在机器学习中，数据几乎都以矩阵形式存储、运算。毫不夸张地说，没有线性代数就没有现代计算机运算。逐渐地，大家会发现算术、代数、解析几何、微积分、概率统计、优化方法并不是一个个孤岛，而线性代数正是连接它们的重要桥梁之一。

然而，部分初学者对向量、矩阵等概念却表现出了特别抗拒，甚至恐惧的态度。

基于以上考虑，本书把线性代数基础概念穿插到各个板块，以便突破大家对线性代数的恐惧，加强大家对这个数学工具的理解。

下面书归正传。

行向量、列向量

若干数字排成一行或一列，并且用中括号括起来，得到的数组叫作**向量** (vector)。

排成一行的叫作**行向量** (row vector)，排成一列的叫作**列向量** (column vector)。

通俗地讲，行向量就是表格的一行数字，列向量就是表格的一列数字。以下两例分别展示了行向量和列向量，即

$$\begin{bmatrix} 1 & 2 & 3 \end{bmatrix}_{1\times 3}, \quad \begin{bmatrix} 1 \\ 2 \\ 3 \end{bmatrix}_{3\times 1} \tag{1.6}$$

注意：用numpy.array()函数定义向量（数组）时如果只用一层中括号 []，比如numpy.array([1, 2, 3])，得到的结果只有一个维度；有两层中括号 [[ ]]，numpy.array([[1, 2, 3]]) 得到的结果有两个维度。这一点在NumPy库矩阵运算中非常重要。

式 (1.6) 中，下角标“1 × 3”代表“1行、3列”，“3 ×1”代表“3行、1列”。本书在给出向量和矩阵时，偶尔会以下角标形式展示其形状，如$\boldsymbol{X}_{150\times 4}$代表矩阵$\boldsymbol{X}$有150行、4列。

利用NumPy库，可以用numpy.array([[1, 2, 3]]) 定义式 (1.6) 中的行向量。用numpy.array([[1], [2], [3]]) 定义式 (1.6) 中的列向量。

转置

鸢尾花书采用的转置符号为上标“T”。行向量**转置** (transpose) 可得到列向量；同理，列向量转置可得到行向量。举例如下，有

$$\begin{bmatrix} 1 & 2 & 3 \end{bmatrix}^{\mathrm{T}} = \begin{bmatrix} 1 \\ 2 \\ 3 \end{bmatrix}, \quad \begin{bmatrix} 1 \\ 2 \\ 3 \end{bmatrix}^{\mathrm{T}} = \begin{bmatrix} 1 & 2 & 3 \end{bmatrix} \tag{1.7}$$

如图1.15所示，转置相当于镜像。图1.15中的红线就是镜像轴，红线从第1行、第1列元素出发，朝向右下方45°。

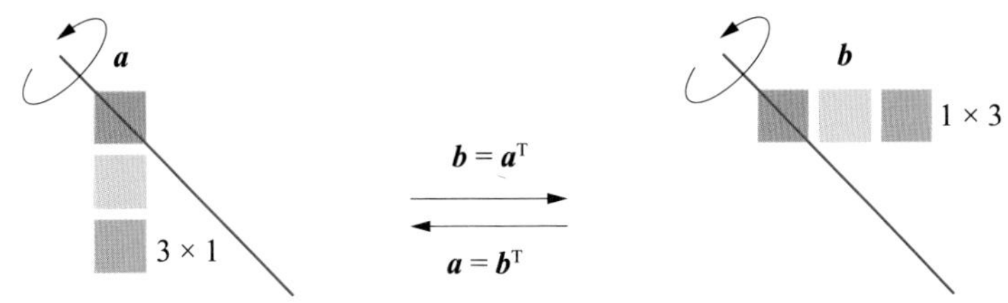

图1.15　向量转置

鸢尾花书用加粗、斜体小写字母来代表向量，如图1.15中的向量$\boldsymbol{a}$和向量$\boldsymbol{b}$。

给定如下行向量$\boldsymbol{a}$，$\boldsymbol{a}$有n个元素，元素本身用小写字母表示，如

$$\boldsymbol{a} = \begin{bmatrix} a_1 & a_2 & \cdots & a_n \end{bmatrix} \tag{1.8}$$

其中：下角标代表向量元素的序数。$[a_1, a_2, \cdots a_n]$ 读作 “n row vector, a sub one, a sub two, dot dot dot, a sub n”。

Bk3_Ch1_08.py定义行向量和列向量，并展示如何通过转置将行向量和列向量相互转换。

本书在介绍线性代数相关知识时，会尽量使用具体数字，而不是变量符号。这样做的考虑是，让读者构建向量和矩阵运算最直观的体验。这给鸢尾花书《矩阵力量》一册打下基础。

《矩阵力量》一册则系统讲解线性代数知识，以及线性代数与代数、解析几何、微积分、概率统计、优化方法、数据科学等板块的联系。

1.5 矩阵：数字排列成长方形

矩阵 (matrix) 将一系列数字以长方形方式排列，如

$$\begin{bmatrix} 1 & 2 & 3 \\ 4 & 5 & 6 \end{bmatrix}_{2\times3}, \quad \begin{bmatrix} 1 & 2 \\ 3 & 4 \\ 5 & 6 \end{bmatrix}_{3\times2}, \quad \begin{bmatrix} 1 & 2 \\ 3 & 4 \end{bmatrix}_{2\times2} \tag{1.9}$$

通俗地讲，矩阵将数字排列成表格，有行、有列。式 (1.9) 给出了三个矩阵，形状分别是2行3列 (记作2×3)、3行2列 (记作3×2) 和2行2列 (记作2×2)。

鸢尾花书用大写、斜体字母代表矩阵，比如矩阵$\boldsymbol{A}$和矩阵$\boldsymbol{B}$。

图1.16所示为一个$n \times D$ (n by capital D) 矩阵$\boldsymbol{X}$，n是**矩阵的行数** (number of rows in the matrix)，D是**矩阵的列数** (number of columns in the matrix)。$\boldsymbol{X}$可以展开写成表格形式，即

$$\boldsymbol{X}_{n\times D} = \begin{bmatrix} x_{1,1} & x_{1,2} & \cdots & x_{1,D} \\ x_{2,1} & x_{2,2} & \cdots & x_{2,D} \\ \vdots & \vdots & \ddots & \vdots \\ x_{n,1} & x_{n,2} & \cdots & x_{n,D} \end{bmatrix} \tag{1.10}$$

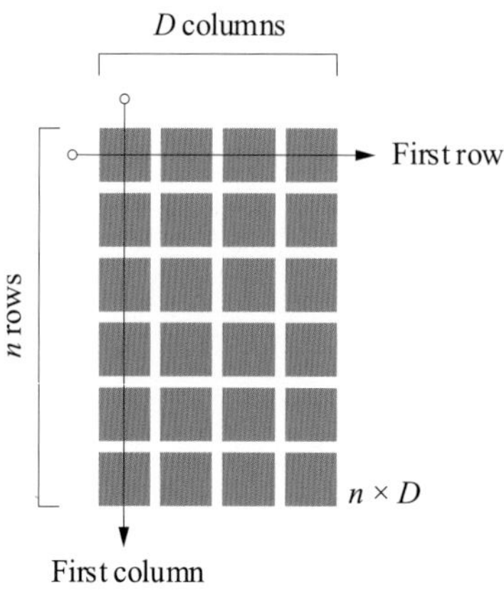

图1.16　$n \times D$矩阵$\boldsymbol{X}$

> 再次强调：先说行序号，再说列序号。鸢尾花书中，数据矩阵一般采用大写、粗体、斜体$\boldsymbol{X}$表达。

矩阵$\boldsymbol{X}$中，**元素** (element) $x_{i,j}$被称作i,j元素 (i j entry 或 i j element)，也可以说$x_{i,j}$出现在i行j列 (appears in row i and column j)。比如，$x_{n,1}$是矩阵$\boldsymbol{X}$的第n行、第1列元素。

表1.4总结了如何用英文读矩阵和矩阵元素。

表1.4　矩阵有关英文表达

数学表达	英文表达
$\begin{bmatrix} 1 & 2 \\ 3 & 4 \end{bmatrix}$	Two by two matrix, first row one two, second row three four
$\begin{bmatrix} a_{1,1} & a_{1,2} & \cdots & a_{1,n} \\ a_{2,1} & a_{2,2} & \cdots & a_{2,n} \\ \vdots & \vdots & \ddots & \vdots \\ a_{m,1} & a_{m,2} & \cdots & a_{m,n} \end{bmatrix}$	*m* by *n* matrix, first row *a* sub one one, *a* sub one two, dot dot dot, *a* sub one n, second row *a* sub two one, *a* sub two two, dot dot dot, *a* sub two *n* dot dot dot last row *a* sub *m* one, *a* sub *m* two, dot dot dot *a* sub *m n*
$a_{i,j}$	Lowercase (small) *a* sub *i* comma *j*
$a_{i,j+1}$	Lowercase *a* double subscript *i* comma *j* plus one
$a_{i,j-1}$	Lowercase *a* double subscript *i* comma *j* minus one

Bk3_Ch1_09.py利用numpy.array() 定义矩阵，并提取矩阵的某一列、某两列、某一行、某一个位置的具体值。

鸢尾花数据集

绝大多数情况，数据以矩阵形式存储、运算。举个例子，图1.17所示的鸢尾花卉数据集，全称为**安德森鸢尾花卉数据集** (Anderson's Iris data set)，是植物学家**埃德加·安德森** (Edgar Anderson) 在加拿大魁北克加斯帕半岛上采集的150个鸢尾花样本数据。这些数据都属于鸢尾属下的三个亚属。每一类鸢尾花收集了50条样本记录，共计150条。

图1.17中数据第一列是序号，不算作矩阵元素。但是它告诉我们，鸢尾花数据集有150个样本数据，即n = 150。紧随其后的是被用作样本定量分析的四个特征——**花萼长度** (sepal length)、**花萼宽度** (sepal width)、**花瓣长度** (petal length) 和**花瓣宽度** (petal width)。

图1.17中表格最后一列为鸢尾花分类，即**标签** (label)。三个标签分别为——**山鸢尾** (setosa)、**变色鸢尾** (versicolor) 和**维吉尼亚鸢尾** (virginica)。最后一列标签算在内，矩阵有5列，即D = 5。

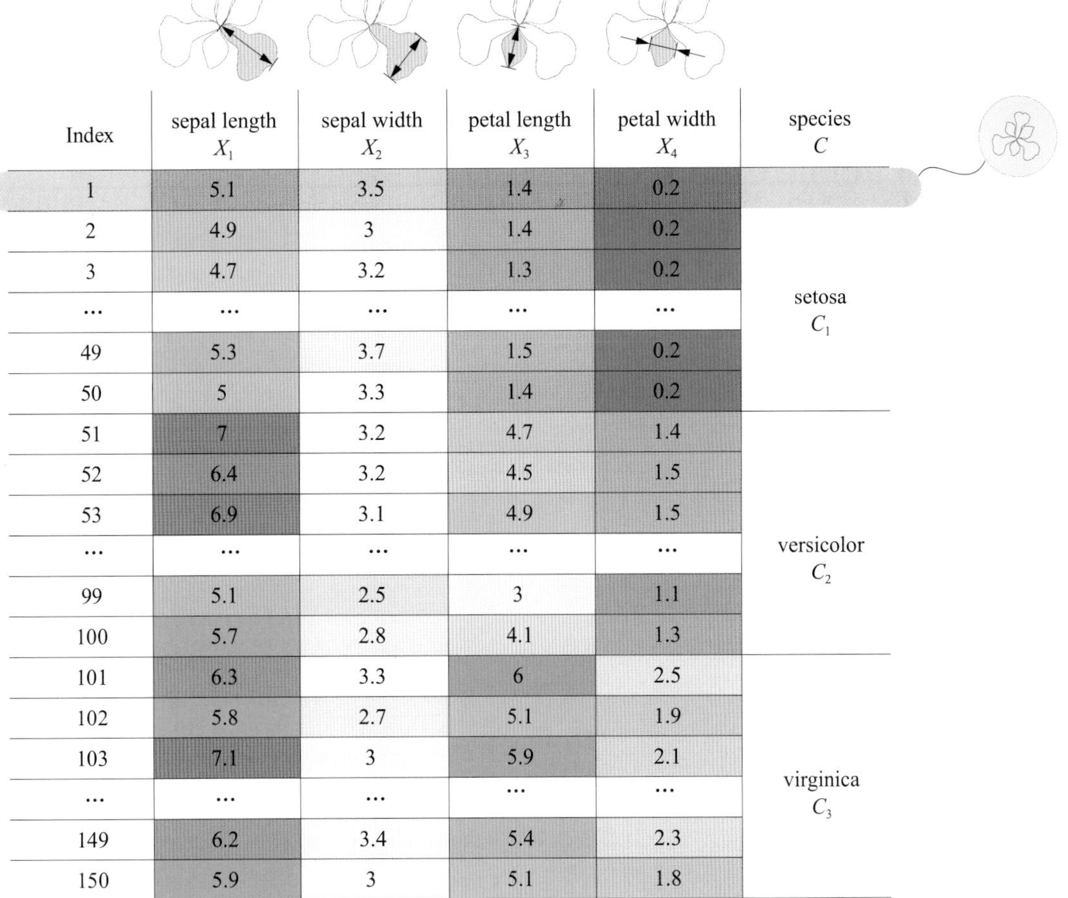

Index	sepal length X_1	sepal width X_2	petal length X_3	petal width X_4	species C
1	5.1	3.5	1.4	0.2	
2	4.9	3	1.4	0.2	
3	4.7	3.2	1.3	0.2	
…	…	…	…	…	setosa C_1
49	5.3	3.7	1.5	0.2	
50	5	3.3	1.4	0.2	
51	7	3.2	4.7	1.4	
52	6.4	3.2	4.5	1.5	
53	6.9	3.1	4.9	1.5	
…	…	…	…	…	versicolor C_2
99	5.1	2.5	3	1.1	
100	5.7	2.8	4.1	1.3	
101	6.3	3.3	6	2.5	
102	5.8	2.7	5.1	1.9	
103	7.1	3	5.9	2.1	
…	…	…	…	…	virginica C_3
149	6.2	3.4	5.4	2.3	
150	5.9	3	5.1	1.8	

图1.17　鸢尾花数据表格 (单位：cm)

这个 150 × 5的矩阵的每一列，即列向量为鸢尾花一个特征的样本数据。矩阵的每一行，即行向量，代表某一个特定的鸢尾花样本。

鸢尾花数据集可以说是鸢尾花书最重要的数据集，没有之一。我们将用各种数学工具从各种视角分析鸢尾花数据。图1.18所示给出了几个例子，鸢尾花书会陪着大家理解其中每幅图的含义。

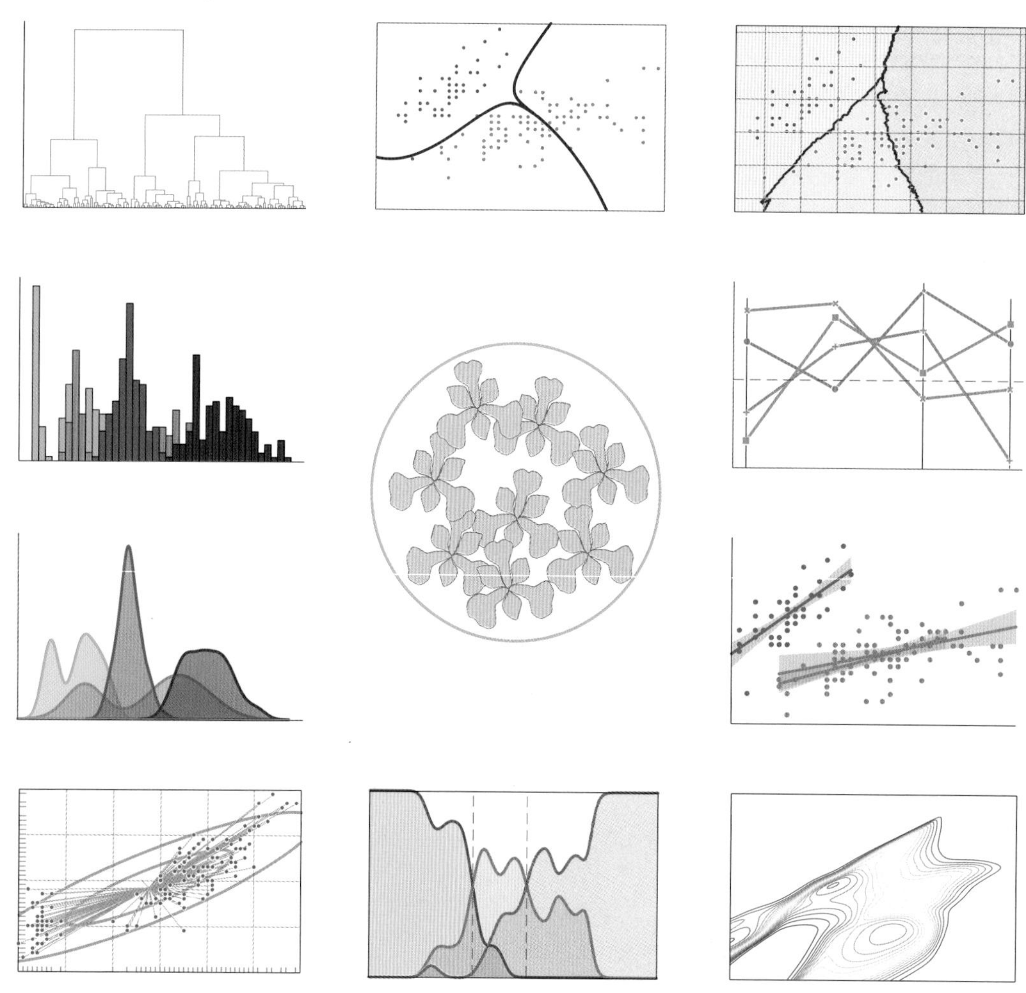

图1.18　用各种概率统计、数据科学、机器学习工具分析鸢尾花数据

矩阵形状记号

大部分数学教科书表达矩阵形状时采用$m \times n$；鸢尾花书表达样本数据矩阵形状时，一般用$n \times D$，n表示行数，D表示列数。

采用$n \times D$这种记号有以下几方面的考虑。

首先m和n这两个字母区分度不高。两者长相类似，而且发音相近，这会让初学者辨别行、列时有很大疑惑。而n和D，一个小写字母，一个大写字母，且发音有显著区别，很容易辨识。

此外，在处理数据时大家会发现，比如pandas.DataFrame定义的数据帧中，列代表特征，如性别、身高、体重、年龄等；行一般代表样本，如小张、小王、小姜等。而统计中，一般用n代表样本数，因此决定用n来代表矩阵的行数。字母D取自dimension (维度) 的首字母，方便记忆。

鸢尾花书横跨代数、线性代数、概率统计几个板块，$n \times D$这种记法方便大家把矩阵运算和统计知识联系起来。

本书编写之初，也有考虑用feature (特征) 的首字母F来表达矩阵的列数，但最终放弃。一方面，是因为鸢尾花书后续会用F代表一些特定函数；另一方面，n和F的发音区分度不如n和D那么高。

基于以上考虑，鸢尾花书后续在表达样本数据矩阵形状时都会默认采用$n \times D$这一记法，除非特别说明。

1.6 矩阵：一组列向量，或一组行向量

矩阵可以看作是，若干列向量左右排列，或者若干行向量上下叠放。比如，形状为2 × 3的矩阵可以看成是3个列向量左右排列，也可以看成是2个行向量上下叠放，如

$$\begin{bmatrix} 1 & 2 & 3 \\ 4 & 5 & 6 \end{bmatrix}_{2\times 3} = \left[\begin{bmatrix} 1 \\ 4 \end{bmatrix} \begin{bmatrix} 2 \\ 5 \end{bmatrix} \begin{bmatrix} 3 \\ 6 \end{bmatrix}\right] = \begin{bmatrix} [1 & 2 & 3] \\ [4 & 5 & 6] \end{bmatrix} \tag{1.11}$$

一般情况下，如图1.19所示，形状为$n \times D$的矩阵$\boldsymbol{X}$，可以写成D个左右排列的列向量，即

$$\boldsymbol{X}_{n\times D} = \begin{bmatrix} \boldsymbol{x}_1 & \boldsymbol{x}_2 & \cdots & \boldsymbol{x}_D \end{bmatrix} \tag{1.12}$$

$\boldsymbol{X}$也可以写成n个行向量上下叠放，即

$$\boldsymbol{X}_{n\times D} = \begin{bmatrix} \boldsymbol{x}^{(1)} \\ \boldsymbol{x}^{(2)} \\ \vdots \\ \boldsymbol{x}^{(n)} \end{bmatrix} \tag{1.13}$$

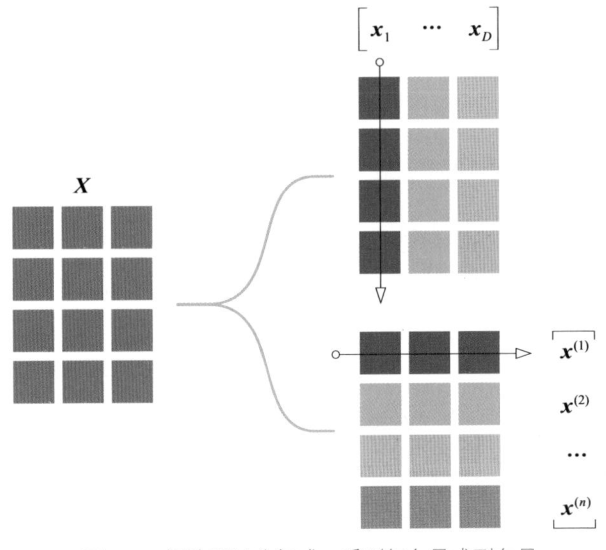

图1.19 矩阵可以分解成一系列行向量或列向量

实际上，式 (1.12) 和式 (1.13) 蕴含着一种重要的思想——**矩阵分块** (block matrix或partitioned matrix)。鸢尾花书《矩阵力量》一册会详细介绍矩阵分块及相关的运算规则。

注意：为了区分含序号的列向量和行向量，鸢尾花书将列向量的序号写成下角标，比如$\boldsymbol{x}_1$、$\boldsymbol{x}_2$、$\boldsymbol{x}_i$、$\boldsymbol{x}_D$等；将行向量的序号写成上角标加圆括号，比如$\boldsymbol{x}^{(1)}$、$\boldsymbol{x}^{(2)}$、$\boldsymbol{x}^{(i)}$、$\boldsymbol{x}^{(n)}$等。行索引一般用i，列索引一般用j。

矩阵转置

矩阵转置 (matrix transpose) 指的是将矩阵的行列互换得到的新矩阵，如

$$\begin{bmatrix} 1 & 2 \\ 3 & 4 \\ 5 & 6 \end{bmatrix}_{3\times 2}^{\mathrm{T}} = \begin{bmatrix} 1 & 3 & 5 \\ 2 & 4 & 6 \end{bmatrix}_{2\times 3} \tag{1.14}$$

式 (1.14) 中，3 × 2矩阵转置得到矩阵的形状为2 × 3。

图1.20所示为矩阵转置示意图，其中红色线为**主对角线** (main diagonal)。

再次强调，主对角线是从矩阵第1行、第1列元素出发向右下方倾斜45°斜线。

转置前后，矩阵主对角线元素位置不变，如式 (1.14) 的1、4两个元素。向量转置是矩阵转置的特殊形式。

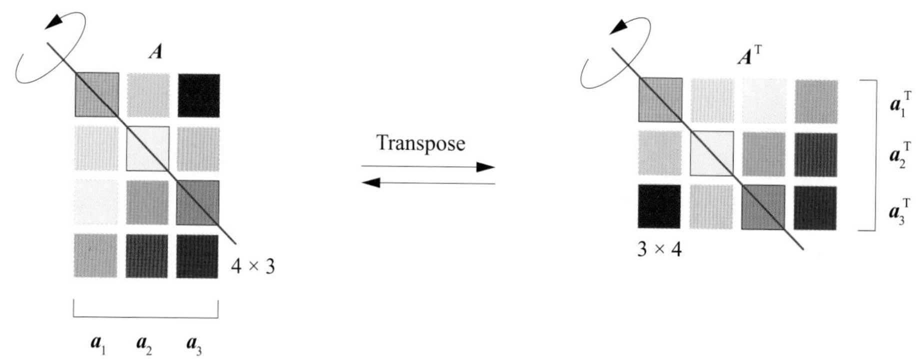

图1.20 矩阵转置

如图1.20所示，将矩阵$\boldsymbol{A}$写成三个列向量左右排列 $[\boldsymbol{a}_1, \boldsymbol{a}_2, \boldsymbol{a}_3]$，对$\boldsymbol{A}$转置得到的结果为

$$\boldsymbol{A}^{\mathrm{T}} = \begin{bmatrix} \boldsymbol{a}_1 & \boldsymbol{a}_2 & \boldsymbol{a}_3 \end{bmatrix}^{\mathrm{T}} = \begin{bmatrix} \boldsymbol{a}_1^{\mathrm{T}} \\ \boldsymbol{a}_2^{\mathrm{T}} \\ \boldsymbol{a}_3^{\mathrm{T}} \end{bmatrix} \tag{1.15}$$

这一点对于转置运算非常重要，再举个具体例子。给定以下矩阵，并将其写成左右排列的列向量。

$$\begin{bmatrix} 1 & 4 & 7 \\ 2 & 5 & 8 \\ 3 & 6 & 9 \end{bmatrix} = \begin{bmatrix} \begin{bmatrix} 1 \\ 2 \\ 3 \end{bmatrix} & \begin{bmatrix} 4 \\ 5 \\ 6 \end{bmatrix} & \begin{bmatrix} 7 \\ 8 \\ 9 \end{bmatrix} \end{bmatrix} \tag{1.16}$$

式 (1.16) 矩阵转置结果为

$$\begin{bmatrix} 1 & 4 & 7 \\ 2 & 5 & 8 \\ 3 & 6 & 9 \end{bmatrix}^{\mathrm{T}} = \begin{bmatrix} \begin{bmatrix} 1 \\ 2 \\ 3 \end{bmatrix} & \begin{bmatrix} 4 \\ 5 \\ 6 \end{bmatrix} & \begin{bmatrix} 7 \\ 8 \\ 9 \end{bmatrix} \end{bmatrix}^{\mathrm{T}} = \begin{bmatrix} \begin{bmatrix} 1 & 2 & 3 \end{bmatrix} \\ \begin{bmatrix} 4 & 5 & 6 \end{bmatrix} \\ \begin{bmatrix} 7 & 8 & 9 \end{bmatrix} \end{bmatrix} = \begin{bmatrix} 1 & 2 & 3 \\ 4 & 5 & 6 \\ 7 & 8 & 9 \end{bmatrix} \tag{1.17}$$

反之，将矩阵$\boldsymbol{A}$写成三个行向量上下叠放，对$\boldsymbol{A}$转置得到的结果为

$$\boldsymbol{A}^{\mathrm{T}} = \begin{bmatrix} \boldsymbol{a}^{(1)} \\ \boldsymbol{a}^{(2)} \\ \boldsymbol{a}^{(3)} \end{bmatrix}^{\mathrm{T}} = \begin{bmatrix} \boldsymbol{a}^{(1)\mathrm{T}} & \boldsymbol{a}^{(2)\mathrm{T}} & \boldsymbol{a}^{(3)\mathrm{T}} \end{bmatrix} \tag{1.18}$$

请大家根据上式，代入具体值自行完成类似式 (1.17) 的验算。

1.7 矩阵形状：每种形状都有特殊性质和用途

矩阵的一般形状为长方形，但是矩阵还有很多特殊形状。图1.21所示为常见的特殊形态矩阵。

很明显，列向量、行向量都是特殊矩阵。

如果列向量的元素都为1，一般记作$\boldsymbol{1}$。$\boldsymbol{1}$被称作全1列向量，简称**全1向量** (all-ones vector)。

如果列向量的元素都是0，这种列向量叫作**零向量** (zero vector)，记作$\boldsymbol{0}$。

行数和列数相同的矩阵叫**方阵** (square matrix)，如2 × 2矩阵。

对角矩阵 (diagonal matrix) 一般是一个主对角线之外的元素皆为0的方阵。

单位矩阵 (identity matrix) 是主对角线元素为1其余元素均为0的方阵，记作$\boldsymbol{I}$。

对称矩阵 (symmetric matrix) 是元素相对于主对角线轴对称的方阵。

零矩阵 (zero matrix或null matrix) 一般指所有元素皆为0的方阵，记作$\boldsymbol{O}$。

每一种特殊形状矩阵在线性代数舞台上都扮演着特殊的角色，鸢尾花书会慢慢讲给大家。

值得注意的是，大家会在鸢尾花书《矩阵力量》一本中发现，对角矩阵也可以不是方阵。此外，零矩阵也未必都是方阵。

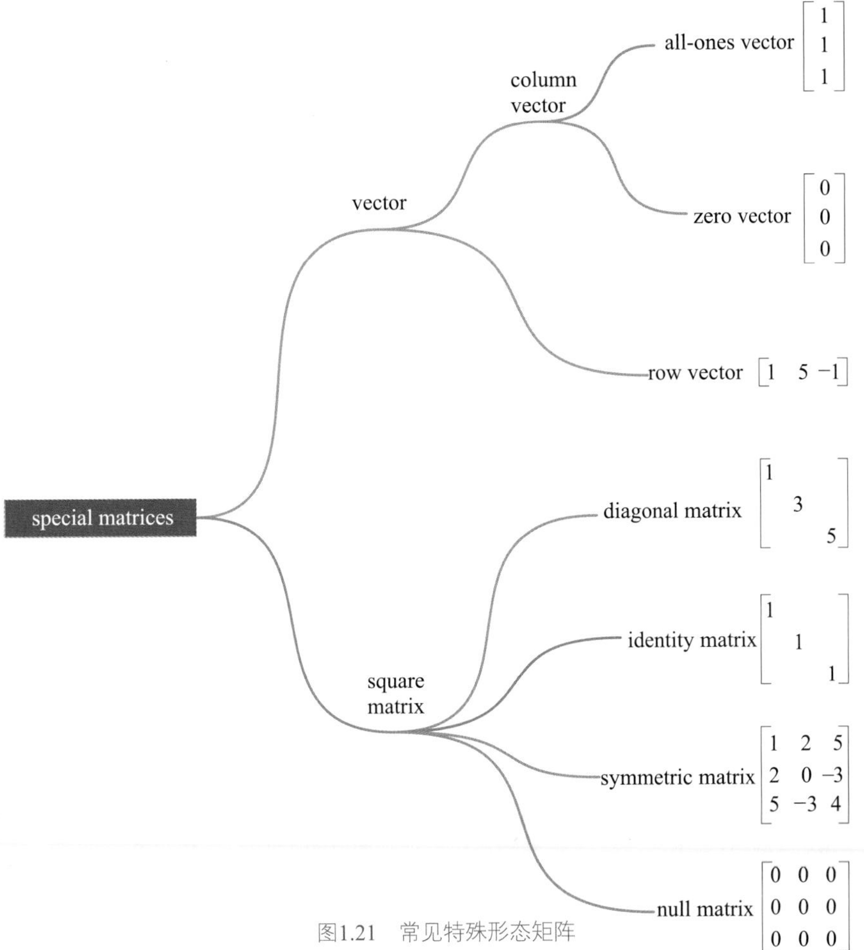

图1.21 常见特殊形态矩阵

1.8 矩阵加减：形状相同，对应位置，批量加减

本节介绍矩阵加减法。矩阵相加减就是批量化完成若干加减运算。矩阵加减可以视作四则运算中加减的高阶版本。

上一节说过，行向量和列向量是特殊的矩阵。两个等长的行向量相加，为对应元素相加，得到还是一个行向量，如

$$\begin{bmatrix}1 & 2 & 3\end{bmatrix}+\begin{bmatrix}4 & 5 & 6\end{bmatrix}=\begin{bmatrix}1+4 & 2+5 & 3+6\end{bmatrix}=\begin{bmatrix}5 & 7 & 9\end{bmatrix} \tag{1.19}$$

同理，两个等长行向量相减，就是对应元素相减，得到的也是相同长度的行向量，如

$$\begin{bmatrix}1 & 2 & 3\end{bmatrix}-\begin{bmatrix}4 & 5 & 6\end{bmatrix}=\begin{bmatrix}1-4 & 2-5 & 3-6\end{bmatrix}=\begin{bmatrix}-3 & -3 & -3\end{bmatrix} \tag{1.20}$$

式 (1.19) 和式 (1.20) 相当于一次性批量完成了三个加减法运算。

同理，两个等长的列向量相加，得到的仍然是一个列向量，如

$$\begin{bmatrix}1\\2\\3\end{bmatrix}+\begin{bmatrix}4\\5\\6\end{bmatrix}=\begin{bmatrix}5\\7\\9\end{bmatrix} \tag{1.21}$$

图1.22所示为两个数字相加的示意图。图1.23所示为向量求和。

⚠ 注意：两个矩阵能够完成加减运算的前提——形状相同。

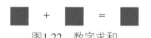

图1.22　数字求和

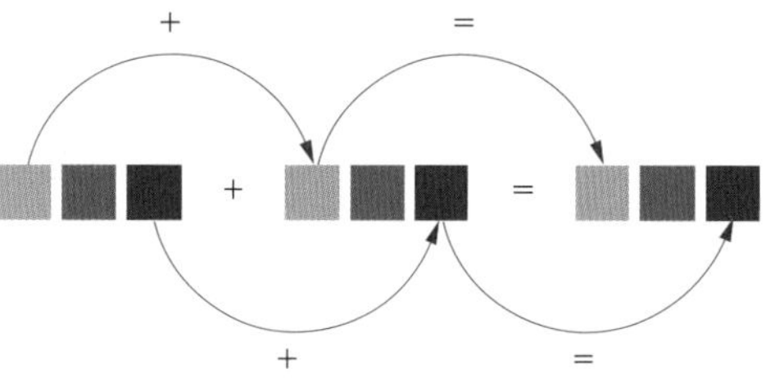

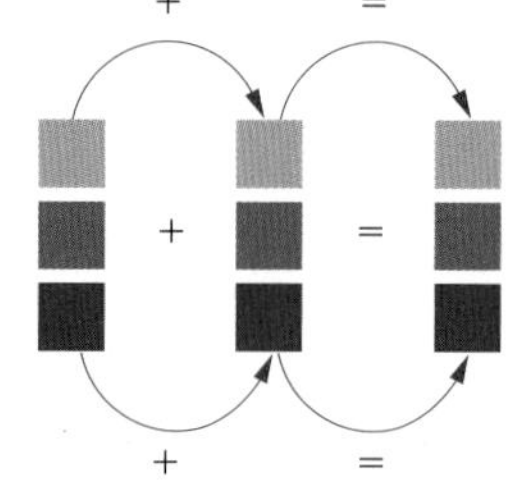

图1.23　向量求和

Bk3_Ch1_10.py展示了四种计算行向量相加的方式。这四种方法中，当然首推使用NumPy。

矩阵加减

形状相同的两个矩阵相加的结果还是矩阵。运算规则为，对应位置元素相加，形状不变，如

$$\begin{bmatrix}1 & 2 & 3\\4 & 5 & 6\end{bmatrix}_{2\times 3}+\begin{bmatrix}1 & 0 & 0\\0 & 1 & 0\end{bmatrix}_{2\times 3}=\begin{bmatrix}1+1 & 2+0 & 3+0\\4+0 & 5+1 & 6+0\end{bmatrix}_{2\times 3}=\begin{bmatrix}2 & 2 & 3\\4 & 6 & 6\end{bmatrix}_{2\times 3} \tag{1.22}$$

两个矩阵相减的运算原理完全相同，如

$$\begin{bmatrix}1 & 2 & 3\\4 & 5 & 6\end{bmatrix}_{2\times3}-\begin{bmatrix}1 & 0 & 0\\0 & 1 & 0\end{bmatrix}_{2\times3}=\begin{bmatrix}1-1 & 2 & 3\\4 & 5-1 & 6\end{bmatrix}_{2\times3}=\begin{bmatrix}0 & 2 & 3\\4 & 4 & 6\end{bmatrix}_{2\times3} \tag{1.23}$$

Bk3_Ch1_11.py用for循环完成矩阵加法运算，这种做法并不推荐！Bk3_Ch1_12.py利用NumPy完成矩阵加法。

注意：用for循环来解决矩阵相加是最费力的办法，比如Bk3_Ch1_11.py代码给出的例子。为了让代码运算效率提高，常用的方法之一就是——向量化（vectorize）。也就是说，尽量采用向量/矩阵运算，以避免循环。

数字和数学是抽象的，它们是人类总结的规律，是人类思想的产物。

“双兔傍地走”中的“双”就是2；2这个数字对人类有意义，对兔子自身没有意义；两只兔子自顾自地玩耍，一旁暗中观察的某个人在大脑中思维活动抽象产生了“双”这个数字概念，而且要进一步“辨雄雌”。

试想一个没人类的自然界。那里，天地始交，万物并秀，山川巍峨，江河奔涌，雨润如酥，暗香浮动，芳草萋萋，鹿鸣呦呦，鹰击长空，鱼翔浅底。

试问，这般香格里拉的梦幻世界和数字有什么关系？

然而，本书的读者很快就知道，微观世界中，自然界中，天体运行中，人类通过几千年的观察研究发现，数字、数学规律无处不在；只是天意从来高难问，大部分规律不为人所知罢了。

这让我们不禁追问，可感知世界万物是否仅仅是表象？世界万物创造动力和支配能量，是否就是数字和数学？我们听到的、看到的、触摸到的，是否都是数字化的，虚拟化的？整个物质世界仅仅是某个巨型计算机模拟的产物吗？这些问题让我们不寒而栗。

老子说：“大道无形，生育天地；大道无情，运行日月。”老子是否真的参透了世间万物？他口中的“大道”是否就是数字、数学规律？

推荐一本机器学习数学基础的好书，*Mathematics for Machine Learning*，剑桥大学出版社。这本书给了本书很多可视化灵感。该书作者提供全书免费下载，地址为：

◀ https://mml-book.github.io/book/mml-book.pdf

这本书横跨线性代数、微积分、概率统计三大板块。对于基础薄弱的读者，读这本书可能会存在很多困难。大家学完“鸢尾花书”数学板块的《数学要素》《矩阵力量》《统计至简》三册之后，大家就会发现*Mathematics for Machine Learning*变得好读多了。

Multiplication and Division
乘除
从九九乘法到矩阵乘法

大自然只使用最长的线来编织她的图景；因此，每根织线都能洞见整个大自然的锦绣图景。

Nature uses only the longest threads to weave her patterns, so that each small piece of her fabric reveals the organization of the entire tapestry.

—— 理查德・费曼 (Richard P. Feynman) | 美国理论物理学家 | 1918 — 1988

- ◀ `input()` 函数接受一个标准输入数据，返回为字符串`str`类型
- ◀ `int()` 将输入转化为整数
- ◀ `math.factorial()` 计算阶乘
- ◀ `numpy.cumprod()` 计算累计乘积
- ◀ `numpy.inner()` 计算行向量的内积，函数输入为两个列向量时得到的结果为张量积
- ◀ `numpy.linalg.inv()` 计算方阵的逆
- ◀ `numpy.linspace()` 在指定的间隔内，返回固定步长的数组
- ◀ `numpy.math.factorial()` 计算阶乘
- ◀ `numpy.random.seed()` 固定随机数发生器种子
- ◀ `numpy.random.uniform()` 产生满足连续均匀分布的随机数
- ◀ `numpy.sum()` 求和
- ◀ `scipy.special.factorial()` 计算阶乘
- ◀ `seaborn.heatmap()` 绘制热图

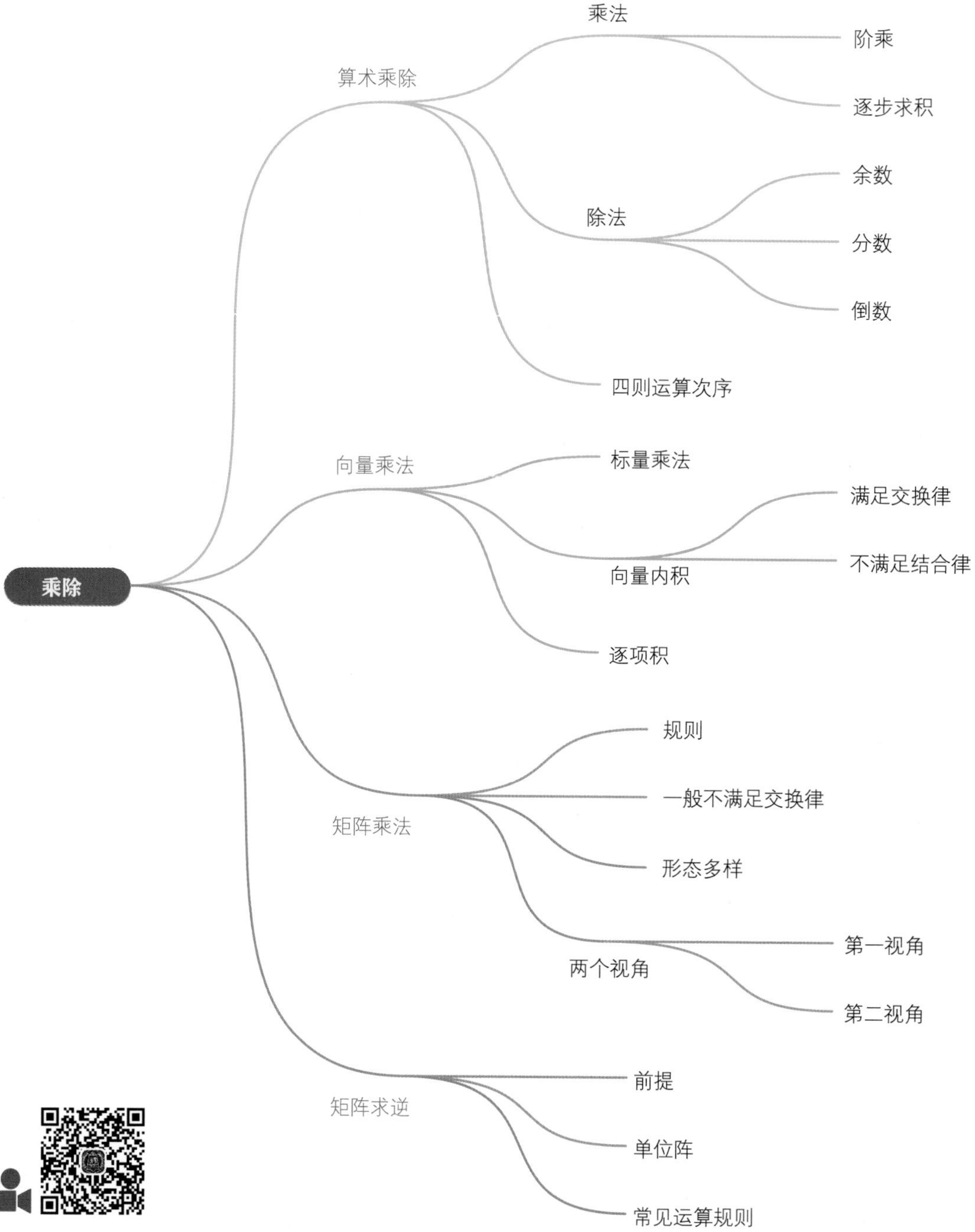

- 乘除
  - 算术乘除
    - 乘法
      - 阶乘
      - 逐步求积
    - 除法
      - 余数
      - 分数
      - 倒数
    - 四则运算次序
  - 向量乘法
    - 标量乘法
    - 向量内积
      - 满足交换律
      - 不满足结合律
    - 逐项积
  - 矩阵乘法
    - 规则
    - 一般不满足交换律
    - 形态多样
    - 两个视角
      - 第一视角
      - 第二视角
  - 矩阵求逆
    - 前提
    - 单位阵
    - 常见运算规则

2.1 算术乘除：先乘除，后加减，括号内先算

乘法

乘法 (multiplication) 算式等号左端是**被乘数** (multiplicand) 和**乘数** (multiplier)，右端是**乘积** (product)，如图2.1所示。乘法运算符读作**乘** (times或multiplied by)。**乘法表** (multiplication table或times table) 是数字乘法运算的基础。

图2.1 乘法运算

图2.2所示为在数轴上可视化 $2 \times 3 = 6$。

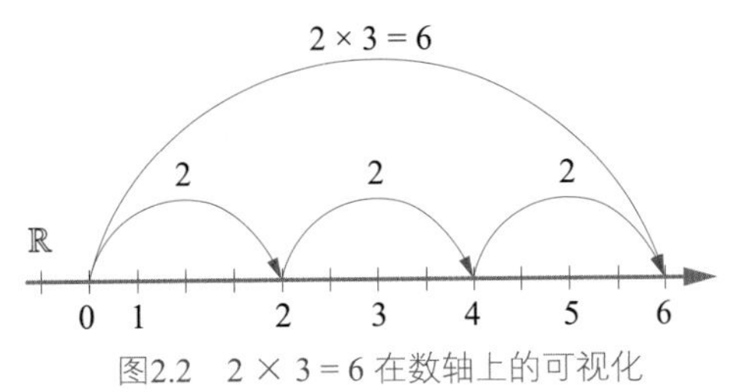

图2.2 $2 \times 3 = 6$ 在数轴上的可视化

介绍几个常用乘法符号。乘法符号 × 用于数字相乘，一般不用于两个变量相乘。而在线性代数中，× 表示**叉乘** (cross product或vector product)，完全是另外一回事。

在代数中，两个变量a和b相乘，可以写成ab；这种记法被称做**隐含乘法** (implied multiplication)。ab也可以写成$a \cdot b$。

通常，圆点 · 不用在数字相乘，因为它容易和**小数点** (decimal point) 混淆。线性代数中，$\boldsymbol{a} \cdot \boldsymbol{b}$ 表示$\boldsymbol{a}$和$\boldsymbol{b}$两个向量的**标量积** (scalar product)，这是本章后续要介绍的内容。

多提一嘴，乘法计算时，请大家多留意数值单位。举个例子，正方形的边长为1 m，其面积数值可以通过乘法运算$1 \times 1 = 1$获得，而结果单位为平方米 (m^2)。有一些数值本身**无单位** (unitless)，如个数、Z分数。Z分数也叫**标准分数** (standard score)，是概率统计中的一个概念，Z分数是一个数与平均数的差再除以标准差的结果。

> 鸢尾花书会在《统计至简》一册详细介绍Z分数这个概念。

与乘法相关的常用英文表达见表2.1。

表2.1 乘法相关英文表达

数学表达	英文表达
$2 \times 3 = 6$	Two times three equals six. Two multiplied by three equals six. Two cross three equals six. The product of two and three is six. If you multiply two by three, you get six.
$a \cdot b = c$	*a* times *b* equals *c*. *a* multiplied by *b* equals *c*. *a* dot *b* equals *c*. The product of *a* and *b* is *c*.

Bk3_Ch2_01.py完成两个数乘法。Python中两个数字相乘用 * (asterisk或star)。

阶乘

某个正整数的**阶乘** (factorial) 是所有小于及等于该数的正整数的积。比如，5的阶乘记作5!，对应的运算为

$$5! = 5 \times 4 \times 3 \times 2 \times 1 \tag{2.1}$$

特别地，定义0的阶乘为$0! = 1$。本书有两个重要的数学概念需要用到阶乘——排列组合和泰勒展开。

Python中可以用math.factorial()、scipy.special.factorial()、numpy.math.factorial() 计算阶乘。为了帮助大家理解，Bk3_Ch2_02.py自定义函数求解阶乘。

累计乘积

对于一组数字，**累计乘积** (cumulative product) 也叫**累积乘积**，得到的结果不仅仅是一个乘积，而是从左向右每乘一个数值得到的分步结果。比如，自然数1到10求累计乘积结果为

$$1,\ 2,\ 6,\ 24,\ 120,\ 720,\ 5040,\ 40320,\ 362880,\ 3628800 \tag{2.2}$$

对应的累计乘积过程为

$$\overbrace{\overbrace{\overbrace{\overbrace{\overbrace{\overbrace{1}^{1},\ 2}^{1\times2=2},\ 3}^{1\times2\times3=6},\ 4}^{1\times2\times3\times4=24},\ 5}^{1\times2\times3\times4\times5=120},\ 6}^{1\times2\times3\times4\times5\times6=720},\ 7,\ 8,\ \dots \tag{2.3}$$

Bk3_Ch2_03.py利用numpy.linspace(1, 10, 10) 产生1 ~ 10这十个自然数，然后利用numpy.cumprod()函数来求累计乘积。请大家自行研究如何使用numpy.arange()，并用这个函数生成1 ~ 10。

除法

除法 (division) 是**乘法的逆运算** (reverse operation of multiplication)。**被除数** (dividend或numerator) **除以** (over或divided by) **除数** (divisor或denominator) 得到**商** (quotient)，如图2.3所示。

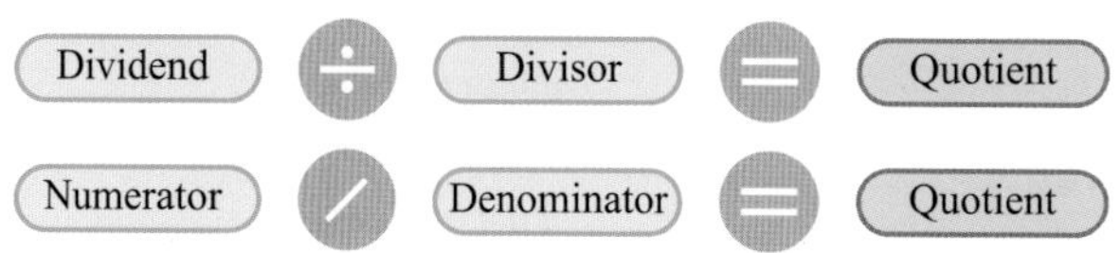

图2.3　除法运算

除法运算有时可以**除尽** (divisible)，如**6可以被3除尽** (six is divisible by three)。除法有时得到**余数** (remainder)，如7除以2余1。除法的结果一般用**分数** (fraction) 或**小数** (decimal) 来表达，详见表2.2。

表2.2　除法英文表达

数学表达	英文表达
$6 \div 3 = 2$	Six divided by three equals two. If you divide six by three you get two.
$7 \div 2 = 3R1$	Seven over two is three and the remainder is one. Seven divided by two equals three with a remainder of one. Seven divided by two equals three and the remainder is one.

Bk3_Ch2_04.py完成两个数的除法运算，除法运算符为正斜杠 /。
Bk3_Ch2_05.py介绍如何求余，求余数的运算符为 %。

分数

最常见的**分数** (fraction) 是**普通分数** (common fraction或simple fraction)，由**分母** (denominator) 和**分子** (numerator) 组成，分隔两者的是**分数线** (fraction bar) 或**正斜杠** (forward slash) /。

非零整数 (nonzero integer) a的**倒数** (reciprocal) 是$1/a$。分数 b/a 的倒数是a/b。a、b均不为0。

表2.3中总结了常用分数英文表达。

表2.3　分数相关英文表达

数学表达	英文表达
$\frac{1}{2}$， $1/2$	One half A half One over two
$1:2$	One to two
$-\frac{3}{2}$	Minus three-halves Negative three-halves
$\frac{1}{3}$， $1/3$	One over three One third
$\frac{1}{4}$， $1/4$	One over four One fourth One quarter One divided by four
$1\frac{1}{4}$	One and one fourth
$1/5$	One fifth
$3/5$	Three fifths
$\frac{1}{n}$， $1/n$	One over n
$\frac{a}{b}$， a/b	a over b a divided by b The ratio of a to b The numerator is a while the denominator is b

2.2 向量乘法：标量乘法、向量内积、逐项积

这一节介绍三种重要的向量乘法：① **标量乘法** (scalar multiplication)；② **向量内积** (inner product)；③ **逐项积** (piecewise product)。

标量乘法

标量乘法运算中，标量乘向量的结果还是向量，相当于缩放。

标量乘法运算规则很简单，向量$\boldsymbol{a}$乘以k，$\boldsymbol{a}$的每一个元素均与k相乘，如下例标量2乘行向量[1, 2, 3]

$$2\times\begin{bmatrix}1 & 2 & 3\end{bmatrix}=\begin{bmatrix}2\times1 & 2\times2 & 2\times3\end{bmatrix}=\begin{bmatrix}2 & 4 & 6\end{bmatrix} \tag{2.4}$$

再如，标量乘列向量如

$$2\times\begin{bmatrix}1\\2\\3\end{bmatrix}=\begin{bmatrix}2\times1\\2\times2\\2\times3\end{bmatrix}=\begin{bmatrix}2\\4\\6\end{bmatrix} \tag{2.5}$$

图2.4所示为标量乘法示意图。

图2.4　标量乘法

同理，标量k乘矩阵$\boldsymbol{A}$的结果是k与矩阵$\boldsymbol{A}$每一个元素相乘，比如

$$2\times\begin{bmatrix}1 & 2 & 3\\4 & 5 & 6\end{bmatrix}_{2\times3}=\begin{bmatrix}2\times1 & 2\times2 & 2\times3\\2\times4 & 2\times5 & 2\times6\end{bmatrix}_{2\times3}=\begin{bmatrix}2 & 4 & 6\\8 & 10 & 12\end{bmatrix}_{2\times3} \tag{2.6}$$

Bk3_Ch2_06.py完成向量和矩阵标量乘法。

向量内积

向量内积 (inner product) 的结果为标量。向量内积又叫**标量积** (scalar product) 或**点积** (dot product)。

向量内积的运算规则是：两个形状相同的向量，对应位置元素一一相乘后再求和。比如，下例计算两个行向量内积

$$\begin{bmatrix}1 & 2 & 3\end{bmatrix}\cdot\begin{bmatrix}4 & 3 & 2\end{bmatrix}=1\times4+2\times3+3\times2=4+6+6=16 \tag{2.7}$$

计算两个列向量内积，比如：

$$\begin{bmatrix}1\\2\\3\end{bmatrix}\cdot\begin{bmatrix}-1\\0\\1\end{bmatrix}=1\times(-1)+2\times0+3\times1=-1+0+3=2 \tag{2.8}$$

图2.5所示为向量内积规则的示意图。

图2.5　向量内积示意图

显然，向量内积满足**交换律** (commutative)，即

$$\boldsymbol{a}\cdot\boldsymbol{b}=\boldsymbol{b}\cdot\boldsymbol{a} \tag{2.9}$$

向量内积**对向量加法满足分配律** (distributive over vector addition)，即

$$\boldsymbol{a}\cdot(\boldsymbol{b}+\boldsymbol{c})=\boldsymbol{a}\cdot\boldsymbol{b}+\boldsymbol{a}\cdot\boldsymbol{c} \tag{2.10}$$

显然，向量内积不满足**结合律** (associative)，即

$$(\boldsymbol{a}\cdot\boldsymbol{b})\cdot\boldsymbol{c}\neq\boldsymbol{a}\cdot(\boldsymbol{b}\cdot\boldsymbol{c}) \tag{2.11}$$

Bk3_Ch2_07.py代码用numpy.inner() 计算行向量的内积；但是，numpy.inner() 函数输入为两个列向量时得到的结果为**张量积** (tensor product)。

机器学习和深度学习中，张量积是非常重要的向量运算，鸢尾花书将在《矩阵力量》一册中进行详细介绍。

下面举几个例子，让大家管窥标量积的用途。

给定以下五个数字，即

$$1,\quad 2,\quad 3,\quad 4,\quad 5 \tag{2.12}$$

这五个数字求和，可以用标量积计算得到，即

$$\begin{bmatrix}1 & 2 & 3 & 4 & 5\end{bmatrix}\cdot\begin{bmatrix}1 & 1 & 1 & 1 & 1\end{bmatrix}=1\times1+2\times1+3\times1+4\times1+5\times1=15 \tag{2.13}$$

前文提过，$[1, 1, 1, 1, 1]^{\mathrm{T}}$ 叫作全1向量。

这五个数字的平均值，也可以通过标量积得到，即

$$\begin{bmatrix}1 & 2 & 3 & 4 & 5\end{bmatrix}\cdot\begin{bmatrix}1/5 & 1/5 & 1/5 & 1/5 & 1/5\end{bmatrix}=1\times1/5+2\times1/5+3\times1/5+4\times1/5+5\times1/5=3 \tag{2.14}$$

计算五个数字的平方和，有

$$\begin{bmatrix}1 & 2 & 3 & 4 & 5\end{bmatrix}\cdot\begin{bmatrix}1 & 2 & 3 & 4 & 5\end{bmatrix}=1\times1+2\times2+3\times3+4\times4+5\times5=55 \tag{2.15}$$

此外，标量积还有重要的几何意义。本书后续将介绍这方面内容。

逐项积

逐项积 (element-wise product或entry-wise product)，也叫**阿达玛乘积** (hadamard product)。两个相同形状向量的逐项积为对应位置元素分别相乘，结果为相同形状的向量。

逐项积的运算符为 ⊙。逐项积相当于算术乘法的批量运算。

举个例子，两个行向量逐项积如

$$\begin{bmatrix}1 & 2 & 3\end{bmatrix}\odot\begin{bmatrix}4 & 5 & 6\end{bmatrix}=\begin{bmatrix}1\times4 & 2\times5 & 3\times6\end{bmatrix}=\begin{bmatrix}4 & 10 & 18\end{bmatrix} \tag{2.16}$$

图2.6所示为向量逐项积运算示意图。

图2.6　向量逐项积

同理，两个矩阵逐项积的运算前提是——矩阵形状相同。矩阵逐项积运算规则为对应元素相乘，结果形状不变，如

$$\begin{bmatrix}1 & 2 & 3\\4 & 5 & 6\end{bmatrix}_{2\times3}\odot\begin{bmatrix}1 & 2 & 3\\-1 & 0 & 1\end{bmatrix}_{2\times3}=\begin{bmatrix}1\times1 & 2\times2 & 3\times3\\4\times(-1) & 5\times0 & 6\times1\end{bmatrix}_{2\times3}=\begin{bmatrix}1 & 4 & 9\\-4 & 0 & 6\end{bmatrix}_{2\times3} \tag{2.17}$$

Python中，对于numpy.array() 定义的形状相同的向量或矩阵，逐项积可以通过 * 计算得到。请大家参考Bk3_Ch2_08.py。更多有关NumPy用法，请参考《编程不难》。

2.3 矩阵乘法：最重要的线性代数运算规则

矩阵乘法是最重要线性代数运算，没有之一——这句话并不夸张。

矩阵乘法规则可以视作算术“九九乘法表”的进阶版。

矩阵乘法规则

$\boldsymbol{A}$和$\boldsymbol{B}$两个矩阵相乘的前提是矩阵$\boldsymbol{A}$的列数和矩阵$\boldsymbol{B}$的行数相同。$\boldsymbol{A}$和$\boldsymbol{B}$的乘积一般写作$\boldsymbol{AB}$。

A和**B**两个矩阵相乘**AB**读作"matrix boldface capital **A** times matrix boldface capital **B**"或"the matrix product boldface capital **A** and boldface capital **B**"。

NumPy中，两个矩阵相乘的运算符为 @，鸢尾花书一部分矩阵乘法也会采用 @。比如，**AB**也记作**A@B**：

注意：**A**在左边，**B**在右边，不能随意改变顺序。也就是说，矩阵乘法一般情况下不满足交换律，即 $\boldsymbol{AB} \neq \boldsymbol{BA}$。

$$\boldsymbol{C}_{m\times n} = \boldsymbol{A}_{m\times p}\boldsymbol{B}_{p\times n} = \boldsymbol{A}_{m\times p} @ \boldsymbol{B}_{p\times n} \tag{2.18}$$

如图2.7所示，矩阵**A**的形状为m行、p列，矩阵**B**的形状为p行、n列。**A**和**B**相乘得到矩阵**C**，**C**的形状为m行、n列，相当于消去了p。

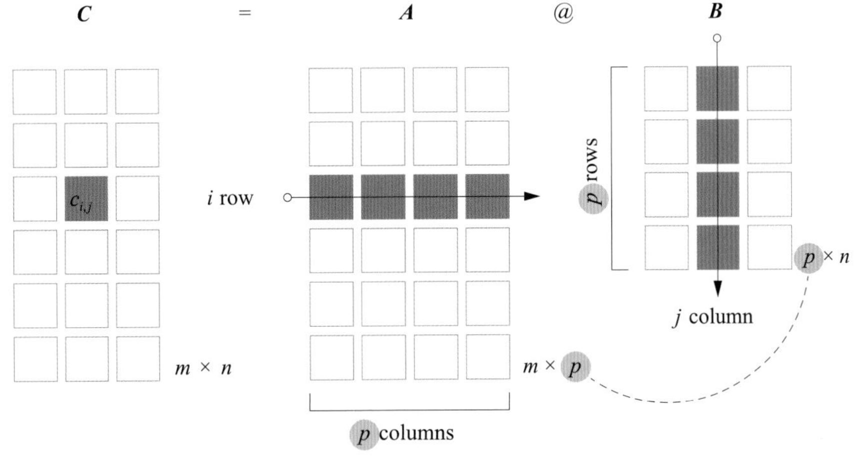

图2.7　矩阵乘法规则

再次强调，矩阵乘法不满足交换律。也就是说，一般情况下

$$\boldsymbol{A}_{m\times p}\boldsymbol{B}_{p\times n} \neq \boldsymbol{B}_{p\times n}\boldsymbol{A}_{m\times p} \tag{2.19}$$

首先，**B**的列数和**A**的行数很可能不匹配；也就是说，$n \neq m$，矩阵乘法**BA**没有定义。即便$n = m$，也就是**B**的列数等于**A**的行数，**BA**结果也很可能不等于**AB**。

两个 2×2 矩阵相乘

下面，用两个 2 × 2 矩阵相乘讲解矩阵乘法运算规则。

设矩阵**A**和**B**相乘结果为矩阵**C**，有

$$\boldsymbol{C} = \boldsymbol{AB} = \underbrace{\begin{bmatrix} 1 & 2 \\ 3 & 4 \end{bmatrix}}_{\boldsymbol{A}}\underbrace{\begin{bmatrix} 4 & 2 \\ 3 & 1 \end{bmatrix}}_{\boldsymbol{B}} = \underbrace{\begin{bmatrix} 1 & 2 \\ 3 & 4 \end{bmatrix}}_{\boldsymbol{A}} @ \underbrace{\begin{bmatrix} 4 & 2 \\ 3 & 1 \end{bmatrix}}_{\boldsymbol{B}} \tag{2.20}$$

图2.8所示为两个2 × 2矩阵相乘如何得到矩阵**C**的每一个元素。

矩阵**A**的第一行元素和矩阵**B**第一列对应元素分别相乘，再相加，结果为矩阵**C**的第一行、第一列元素$c_{1,1}$。

矩阵**A**的第一行元素和矩阵**B**第二列对应元素分别相乘，再相加，得到$c_{1,2}$。

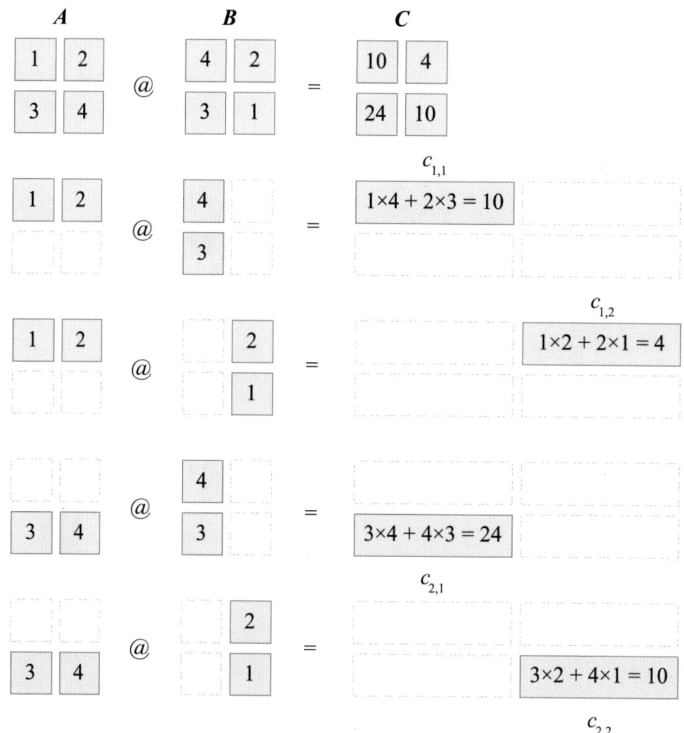

图2.8　矩阵乘法规则，两个2 × 2矩阵相乘为例

同理，依次获得矩阵$\boldsymbol{C}$的$c_{2,1}$和$c_{2,2}$两个元素。

总结来说，$\boldsymbol{A}$和$\boldsymbol{B}$乘积$\boldsymbol{C}$的第i行第j列的元素$c_{i,j}$等于矩阵$\boldsymbol{A}$的第i行的元素与矩阵$\boldsymbol{B}$的第j列对应元素乘积再求和。

注意：这个矩阵运算规则既是一种发明创造，也是一种约定成俗。也就是说，这种乘法规则在被法国数学家**雅克·菲利普·玛丽·比内** (Jacques Philippe Marie Binet, 1786 — 1856) 提出之后，在长期的数学实践中被广为接受。矩阵乘法可谓“成人版九九乘法表”。就像大家儿时背诵九九乘法表时一样，这里建议大家先把矩阵乘法规则背下来，熟能生巧，慢慢地大家就会通过不断学习认识到这个乘法规则的精妙之处。

Bk3_Ch2_09.py展示如何完成矩阵乘法运算。

矩阵乘法形态

图2.9所示给出了常见的多种矩阵乘法形态，每一种形态对应一类线性代数问题。图2.9中特别高亮显示出矩阵乘法中左侧矩阵的“列”和右侧矩阵的“行”。高亮的“维度”在矩阵乘法中被“消去”。鸢尾花书《矩阵力量》一册将会详细介绍图2.9每一种乘法形态。

这里特别提醒大家，初学者对矩阵乘法会产生一种错误印象，认为这些千奇百怪的矩阵乘法形态就是“奇技淫巧”。这是极其错误的想法！在不断学习中，大家会逐渐领略到每种矩阵乘法形态的力量所在。

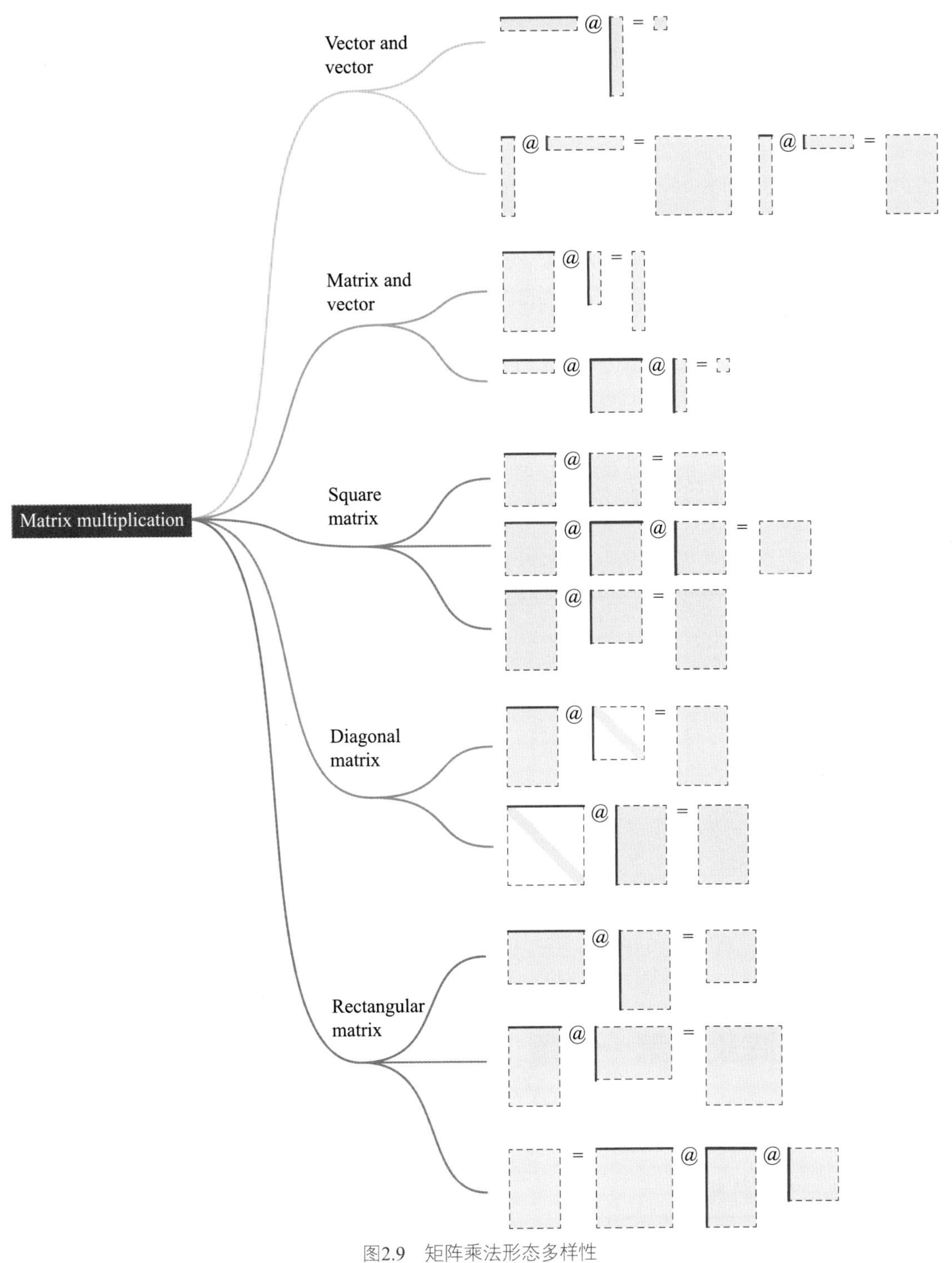

图2.9　矩阵乘法形态多样性

两个向量相乘

本节最后着重讲一下图2.9最上面两种向量的乘积。这两种特殊形态的矩阵乘法正是理解矩阵乘法规则的两个重要视角。

向量$\boldsymbol{a}$和$\boldsymbol{b}$为等长列向量，$\boldsymbol{a}$转置 ($\boldsymbol{a}^{\mathrm{T}}$) 乘$\boldsymbol{b}$为标量，等价于$\boldsymbol{a}$和$\boldsymbol{b}$的标量积，即

$$\boldsymbol{a}^{\mathrm{T}}\boldsymbol{b} = \boldsymbol{a}\cdot\boldsymbol{b} \tag{2.21}$$

举个例子：

$$\boldsymbol{a}^{\mathrm{T}}\boldsymbol{b} = \begin{bmatrix}1\\2\\3\end{bmatrix}_{3\times1}^{\mathrm{T}} @ \begin{bmatrix}4\\3\\2\end{bmatrix}_{3\times1} = \begin{bmatrix}1 & 2 & 3\end{bmatrix}_{1\times3} @ \begin{bmatrix}4\\3\\2\end{bmatrix}_{3\times1} = 16 \tag{2.22}$$

列向量$\boldsymbol{a}$乘$\boldsymbol{b}$转置 ($\boldsymbol{b}^{\mathrm{T}}$)，乘积结果$\boldsymbol{a}\boldsymbol{b}^{\mathrm{T}}$为方阵，也就是行数和列数相同的矩阵，即

$$\boldsymbol{a}\boldsymbol{b}^{\mathrm{T}} = \begin{bmatrix}1\\2\\3\end{bmatrix}_{3\times1} @ \begin{bmatrix}4\\3\\2\end{bmatrix}_{3\times1}^{\mathrm{T}} = \begin{bmatrix}1\\2\\3\end{bmatrix}_{3\times1} @ \begin{bmatrix}4 & 3 & 2\end{bmatrix}_{1\times3} = \begin{bmatrix}4 & 3 & 2\\8 & 6 & 4\\12 & 9 & 6\end{bmatrix}_{3\times3} \tag{2.23}$$

如果$\boldsymbol{a}$和$\boldsymbol{b}$分别为不等长列向量，请大家自行计算$\boldsymbol{a}\boldsymbol{b}^{\mathrm{T}}$的结果：

$$\boldsymbol{a} = \begin{bmatrix}1\\2\end{bmatrix}_{2\times1}, \quad \boldsymbol{b} = \begin{bmatrix}4\\3\\2\end{bmatrix}_{3\times1} \tag{2.24}$$

再次强调：使用numpy.array() 构造向量时，np.array([1,2]) 构造的是一维数组，不能算是矩阵。而np.array([[1,2]]) 构造得到的相当于1 × 2行向量，是一个特殊矩阵。注意，《编程不难》专门区分数组、向量、矩阵等概念。

np.array([[1],[2]]) 构造的是一个2 × 1列向量，也是个矩阵。鸢尾花书会在《矩阵力量》一册介绍更多构造行向量和列向量的方法。

2.4 矩阵乘法第一视角

这一节探讨矩阵乘法的第一视角。

两个 2 × 2 矩阵相乘

上一节最后介绍，$\boldsymbol{a}$和$\boldsymbol{b}$均是形状为n × 1的列向量，$\boldsymbol{a}^{\mathrm{T}}\boldsymbol{b}$结果为标量，相当于标量积$\boldsymbol{a}\cdot\boldsymbol{b}$。我们可以把式 (2.20) 中$\boldsymbol{A}$写成两个行向量$\boldsymbol{a}^{(1)}$ 和 $\boldsymbol{a}^{(2)}$，把$\boldsymbol{B}$写成两个列向量 $\boldsymbol{b}_1$和$\boldsymbol{b}_2$，即

$$\boldsymbol{A} = \begin{bmatrix}\underbrace{\begin{bmatrix}1 & 2\end{bmatrix}}_{\boldsymbol{a}^{(1)}}\\ \underbrace{\begin{bmatrix}3 & 4\end{bmatrix}}_{\boldsymbol{a}^{(2)}}\end{bmatrix}, \quad \boldsymbol{B} = \begin{bmatrix}\underbrace{\begin{bmatrix}4\\3\end{bmatrix}}_{\boldsymbol{b}_1} & \underbrace{\begin{bmatrix}2\\1\end{bmatrix}}_{\boldsymbol{b}_2}\end{bmatrix} \tag{2.25}$$

这样$\boldsymbol{AB}$矩阵乘积可以写成

$$\boldsymbol{A}@\boldsymbol{B}=\underbrace{\begin{bmatrix}\underbrace{\begin{bmatrix}1 & 2\end{bmatrix}}_{\boldsymbol{a}^{(1)}}\\ \underbrace{\begin{bmatrix}3 & 4\end{bmatrix}}_{\boldsymbol{a}^{(2)}}\end{bmatrix}}_{\boldsymbol{A}}@\underbrace{\begin{bmatrix}\underbrace{\begin{bmatrix}4\\3\end{bmatrix}}_{\boldsymbol{b}_1} & \underbrace{\begin{bmatrix}2\\1\end{bmatrix}}_{\boldsymbol{b}_2}\end{bmatrix}}_{\boldsymbol{B}}=\begin{bmatrix}\begin{bmatrix}1 & 2\end{bmatrix}@\begin{bmatrix}4\\3\end{bmatrix} & \begin{bmatrix}1 & 2\end{bmatrix}@\begin{bmatrix}2\\1\end{bmatrix}\\ \begin{bmatrix}3 & 4\end{bmatrix}@\begin{bmatrix}4\\3\end{bmatrix} & \begin{bmatrix}3 & 4\end{bmatrix}@\begin{bmatrix}2\\1\end{bmatrix}\end{bmatrix}=\begin{bmatrix}10 & 4\\24 & 10\end{bmatrix} \tag{2.26}$$

也就是说，将位于矩阵乘法左侧的$\boldsymbol{A}$写成行向量，右侧的$\boldsymbol{B}$写成列向量。然后，行向量和列向量逐步相乘，得到乘积每个位置的元素。

用符号代替具体数字，可以写成

$$\begin{aligned}\boldsymbol{A}@\boldsymbol{B}&=\begin{bmatrix}\begin{bmatrix}a_{1,1} & a_{1,2}\end{bmatrix}_{1\times 2}\\ \begin{bmatrix}a_{2,1} & a_{2,2}\end{bmatrix}_{1\times 2}\end{bmatrix}\begin{bmatrix}\begin{bmatrix}b_{1,1}\\ b_{2,1}\end{bmatrix}_{2\times 1} & \begin{bmatrix}b_{1,2}\\ b_{2,2}\end{bmatrix}_{2\times 1}\end{bmatrix}\\ &=\begin{bmatrix}\boldsymbol{a}^{(1)}\\ \boldsymbol{a}^{(2)}\end{bmatrix}_{2\times 1}\begin{bmatrix}\boldsymbol{b}_1 & \boldsymbol{b}_2\end{bmatrix}_{1\times 2}=\begin{bmatrix}\boldsymbol{a}^{(1)}\boldsymbol{b}_1 & \boldsymbol{a}^{(1)}\boldsymbol{b}_2\\ \boldsymbol{a}^{(2)}\boldsymbol{b}_1 & \boldsymbol{a}^{(2)}\boldsymbol{b}_2\end{bmatrix}_{2\times 2}=\begin{bmatrix}\left(\boldsymbol{a}^{(1)}\right)^{\mathrm{T}}\cdot\boldsymbol{b}_1 & \left(\boldsymbol{a}^{(1)}\right)^{\mathrm{T}}\cdot\boldsymbol{b}_2\\ \left(\boldsymbol{a}^{(2)}\right)^{\mathrm{T}}\cdot\boldsymbol{b}_1 & \left(\boldsymbol{a}^{(2)}\right)^{\mathrm{T}}\cdot\boldsymbol{b}_2\end{bmatrix}_{2\times 2}\end{aligned} \tag{2.27}$$

式 (2.27) 展示的是矩阵乘法的基本视角，它直接体现出来的是矩阵乘法规则。

> 再次强调：$\boldsymbol{a}^{(1)}$ 是行向量，$\boldsymbol{b}_1$ 是列向量。

更一般情况

矩阵乘积$\boldsymbol{AB}$中，左侧矩阵$\boldsymbol{A}$的形状为$m\times p$，将矩阵$\boldsymbol{A}$写成一组上下叠放的行向量$\boldsymbol{a}^{(i)}$，即

$$\boldsymbol{A}_{m\times p}=\begin{bmatrix}\boldsymbol{a}^{(1)}\\ \boldsymbol{a}^{(2)}\\ \vdots\\ \boldsymbol{a}^{(m)}\end{bmatrix}_{m\times 1} \tag{2.28}$$

其中：行向量$\boldsymbol{a}^{(i)}$列数为p，即有p个元素。

矩阵乘积$\boldsymbol{AB}$中，右侧矩阵$\boldsymbol{B}$的形状为$p\times n$列，将矩阵$\boldsymbol{B}$写成左右排列的列向量，即

$$\boldsymbol{B}_{p\times n}=\begin{bmatrix}\boldsymbol{b}_1 & \boldsymbol{b}_2 & \cdots & \boldsymbol{b}_n\end{bmatrix}_{1\times n} \tag{2.29}$$

其中：列向量$\boldsymbol{b}_j$行数为p，也有p个元素。

$\boldsymbol{A}$和$\boldsymbol{B}$相乘，可以展开写成

$$\boldsymbol{A}_{m\times p}@\boldsymbol{B}_{p\times n}=\begin{bmatrix}\boldsymbol{a}^{(1)}\\ \boldsymbol{a}^{(2)}\\ \vdots\\ \boldsymbol{a}^{(m)}\end{bmatrix}_{m\times 1}\begin{bmatrix}\boldsymbol{b}_1 & \boldsymbol{b}_2 & \cdots & \boldsymbol{b}_n\end{bmatrix}_{1\times n}=\begin{bmatrix}\boldsymbol{a}^{(1)}\boldsymbol{b}_1 & \boldsymbol{a}^{(1)}\boldsymbol{b}_2 & \cdots & \boldsymbol{a}^{(1)}\boldsymbol{b}_n\\ \boldsymbol{a}^{(2)}\boldsymbol{b}_1 & \boldsymbol{a}^{(2)}\boldsymbol{b}_2 & \cdots & \boldsymbol{a}^{(2)}\boldsymbol{b}_n\\ \vdots & \vdots & \ddots & \vdots\\ \boldsymbol{a}^{(m)}\boldsymbol{b}_1 & \boldsymbol{a}^{(m)}\boldsymbol{b}_2 & \cdots & \boldsymbol{a}^{(m)}\boldsymbol{b}_n\end{bmatrix}_{m\times n}=\boldsymbol{C}_{m\times n} \tag{2.30}$$

热图

图2.10所示为**热图** (heatmap)，也叫热力图，可视化矩阵乘法。

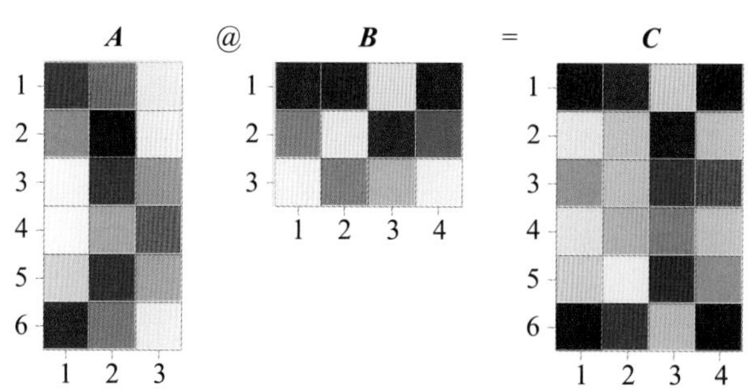

图2.10 矩阵乘法热图展示

具体如图2.11所示，$\boldsymbol{A}$中的第i行向量 $\boldsymbol{a}^{(i)}$ 乘以$\boldsymbol{B}$中的第j列向量 $\boldsymbol{b}_j$，得到标量$\boldsymbol{a}^{(i)}\boldsymbol{b}_j$，对应乘积矩阵$\boldsymbol{C}$中第$i$行、第$j$列元素$c_{i,j}$，即

$$c_{i,j} = \boldsymbol{a}^{(i)}\boldsymbol{b}_j \tag{2.31}$$

这就是矩阵乘法的第一视角。

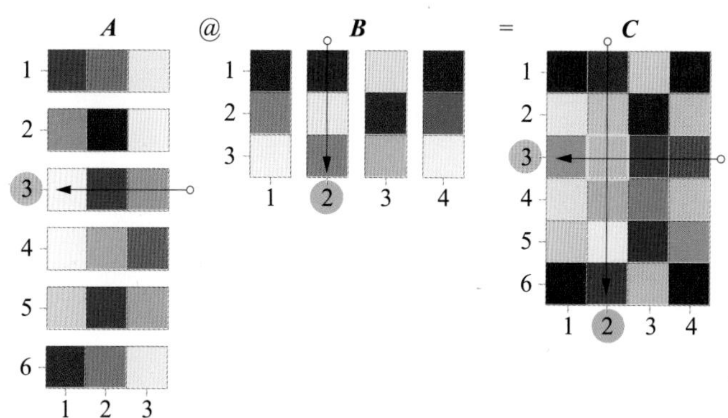

图2.11 矩阵乘法第一视角

代码文件Bk3_Ch2_10.py中Bk3_Ch2_10_A部分代码用于绘制图2.10。

代码用numpy.random.uniform() 函数产生满足连续均匀分布的随机数，并用seaborn.heatmap() 绘制热图。热图采用的colormap为'RdBu_r'，'Rd'是红色的意思，'Bu'是蓝色，'_r'代表“翻转”。

此外，我们还用Streamlit制作了展示矩阵乘法运算规则的App，请大家参考代码文件Streamlit_Bk3_Ch2_10.py。文件中还展示了如何使用try-except。

2.5 矩阵乘法第二视角

下面，我们聊一聊矩阵乘法的第二视角。

两个 2×2 矩阵相乘

还是以式 (2.20) 为例，$\boldsymbol{A}$和$\boldsymbol{B}$相乘，把左侧矩阵$\boldsymbol{A}$写成两个列向量$\boldsymbol{a}_1$ 和 $\boldsymbol{a}_2$，把右侧矩阵$\boldsymbol{B}$写成两个行向量 $\boldsymbol{b}^{(1)}$和$\boldsymbol{b}^{(2)}$，即

$$\boldsymbol{A} = \left[\underbrace{\begin{bmatrix} 1 \\ 3 \end{bmatrix}}_{\boldsymbol{a}_1} \quad \underbrace{\begin{bmatrix} 2 \\ 4 \end{bmatrix}}_{\boldsymbol{a}_2} \right], \quad \boldsymbol{B} = \begin{bmatrix} \underbrace{\begin{bmatrix} 4 & 2 \end{bmatrix}}_{\boldsymbol{b}^{(1)}} \\ \underbrace{\begin{bmatrix} 3 & 1 \end{bmatrix}}_{\boldsymbol{b}^{(2)}} \end{bmatrix} \tag{2.32}$$

这样$\boldsymbol{AB}$乘积可以展开写成

$$\boldsymbol{A} @ \boldsymbol{B} = \underbrace{\left[\underbrace{\begin{bmatrix} 1 \\ 3 \end{bmatrix}}_{\boldsymbol{a}_1} \quad \underbrace{\begin{bmatrix} 2 \\ 4 \end{bmatrix}}_{\boldsymbol{a}_2} \right]}_{\boldsymbol{A}} @ \underbrace{\begin{bmatrix} \underbrace{\begin{bmatrix} 4 & 2 \end{bmatrix}}_{\boldsymbol{b}^{(1)}} \\ \underbrace{\begin{bmatrix} 3 & 1 \end{bmatrix}}_{\boldsymbol{b}^{(2)}} \end{bmatrix}}_{\boldsymbol{B}} = \underbrace{\begin{bmatrix} 1 \\ 3 \end{bmatrix}}_{\boldsymbol{a}_1} @ \underbrace{\begin{bmatrix} 4 & 2 \end{bmatrix}}_{\boldsymbol{b}^{(1)}} + \underbrace{\begin{bmatrix} 2 \\ 4 \end{bmatrix}}_{\boldsymbol{a}_2} @ \underbrace{\begin{bmatrix} 3 & 1 \end{bmatrix}}_{\boldsymbol{b}^{(2)}} = \begin{bmatrix} 4 & 2 \\ 12 & 6 \end{bmatrix} + \begin{bmatrix} 6 & 2 \\ 12 & 4 \end{bmatrix} = \begin{bmatrix} 10 & 4 \\ 24 & 10 \end{bmatrix} \tag{2.33}$$

在这个视角下，我们惊奇地发现矩阵乘法竟然变成了“加法”！

用符号代替数字， 可以写成

$$\begin{aligned} \boldsymbol{A} @ \boldsymbol{B} &= \left[\begin{bmatrix} a_{1,1} \\ a_{2,1} \end{bmatrix}_{2\times 1} \quad \begin{bmatrix} a_{1,2} \\ a_{2,2} \end{bmatrix}_{2\times 1} \right] \begin{bmatrix} \begin{bmatrix} b_{1,1} & b_{1,2} \end{bmatrix}_{1\times 2} \\ \begin{bmatrix} b_{2,1} & b_{2,2} \end{bmatrix}_{1\times 2} \end{bmatrix} \\ &= \begin{bmatrix} \boldsymbol{a}_1 & \boldsymbol{a}_2 \end{bmatrix}_{1\times 2} \begin{bmatrix} \boldsymbol{b}^{(1)} \\ \boldsymbol{b}^{(2)} \end{bmatrix}_{2\times 1} = \boldsymbol{a}_1 \boldsymbol{b}^{(1)} + \boldsymbol{a}_2 \boldsymbol{b}^{(2)} \end{aligned} \tag{2.34}$$

更一般情况

将矩阵$\boldsymbol{A}_{m\times p}$写成一系列左右排列的列向量，即

$$\boldsymbol{A}_{m\times p} = \begin{bmatrix} \boldsymbol{a}_1 & \boldsymbol{a}_2 & \cdots & \boldsymbol{a}_p \end{bmatrix}_{1\times p} \tag{2.35}$$

其中：列向量$\boldsymbol{a}_i$元素数量为m，即行数为m。

将矩阵$\boldsymbol{B}_{p\times n}$写成上下叠放的行向量，即

$$\boldsymbol{B}_{p\times n} = \begin{bmatrix} \boldsymbol{b}^{(1)} \\ \boldsymbol{b}^{(2)} \\ \vdots \\ \boldsymbol{b}^{(p)} \end{bmatrix}_{p\times 1} \tag{2.36}$$

其中：行向量$\boldsymbol{b}^{(i)}$元素数量为n，即列数为n。

矩阵$\boldsymbol{A}$和矩阵$\boldsymbol{B}$相乘，可以展开写成p个 $m \times n$矩阵相加，即

$$\boldsymbol{A}_{m\times p} @ \boldsymbol{B}_{p\times n} = \begin{bmatrix} \boldsymbol{a}_1 & \boldsymbol{a}_2 & \cdots & \boldsymbol{a}_p \end{bmatrix}_{1\times p} \begin{bmatrix} \boldsymbol{b}^{(1)} \\ \boldsymbol{b}^{(2)} \\ \vdots \\ \boldsymbol{b}^{(p)} \end{bmatrix}_{p\times 1} = \underbrace{\boldsymbol{a}_1\boldsymbol{b}^{(1)} + \boldsymbol{a}_2\boldsymbol{b}^{(2)} + \cdots \boldsymbol{a}_p\boldsymbol{b}^{(p)}}_{p \text{ matrices with shape of } m\times n} = \boldsymbol{C}_{m\times n} \tag{2.37}$$

我们可以把$\boldsymbol{a}_k\boldsymbol{b}^{(k)}$ 的结果矩阵写成$\boldsymbol{C}_k$，这样$\boldsymbol{A}$和$\boldsymbol{B}$的乘积$\boldsymbol{C}$可以写成$\boldsymbol{C}_k$ $(k = 1, 2, \cdots, p)$ 之和，即

$$\boldsymbol{a}_1\boldsymbol{b}^{(1)} + \boldsymbol{a}_2\boldsymbol{b}^{(2)} + \cdots \boldsymbol{a}_p\boldsymbol{b}^{(p)} = \boldsymbol{C}_1 + \boldsymbol{C}_2 + \cdots + \boldsymbol{C}_p = \boldsymbol{C} \tag{2.38}$$

在这个视角下，矩阵的乘法变成了若干矩阵的叠加。这是一个非常重要的视角，数据科学和机器学习很多算法都离不开它。

热图

图2.12所示给出的是图2.11所示矩阵乘法第二视角的热图。图2.12中三个形状相同矩阵$\boldsymbol{C}_1$、$\boldsymbol{C}_2$、$\boldsymbol{C}_3$相加得到$\boldsymbol{C}$。

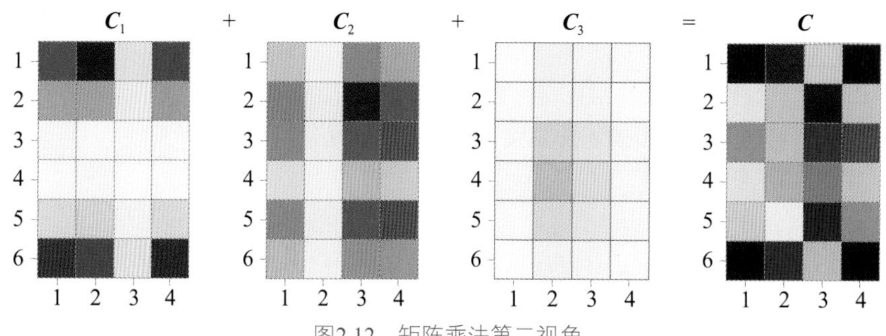

图2.12　矩阵乘法第二视角

如图2.13所示，从图像角度来看，好比若干形状相同的图片，经过层层叠加，最后获得了一幅完整的热图。式 (2.38) 中的p决定了参与叠加的矩阵层数。矩阵乘法中，p所在维度被“消去”，这也相当于一种“压缩”。

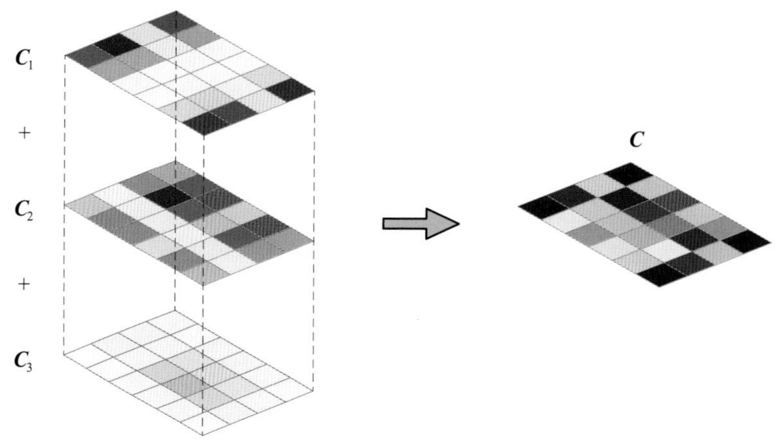

图2.13　三幅图像叠加得到矩阵$\boldsymbol{C}$热图

图2.14、图2.15、图2.16所示分别展示了如何获得图2.12中矩阵$\boldsymbol{C}_1$、$\boldsymbol{C}_2$、$\boldsymbol{C}_3$的热图。

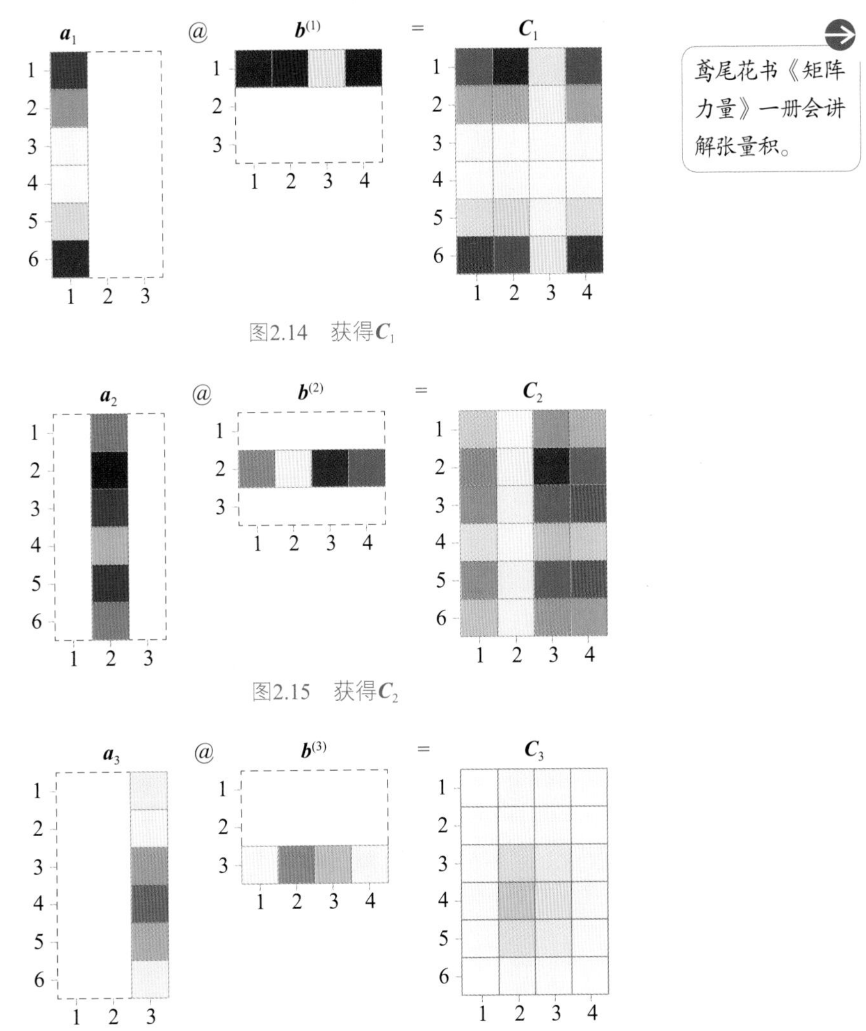

鸢尾花书《矩阵力量》一册会讲解张量积。

图2.14　获得$\boldsymbol{C}_1$

图2.15　获得$\boldsymbol{C}_2$

图2.16　获得$\boldsymbol{C}_3$

观察热图可以发现一个有意思的现象，列向量乘行向量好像张起了一幅平面。张量积用的就是类似于图2.14、图2.15、图2.16的运算思路。

代码文件Bk3_Ch2_10.py中Bk3_Ch2_10_B部分为绘制图2.12。

主成分分析 (Principal Component Analysis, PCA) 是机器学习中重要的降维算法。这种算法可以把可能存在线性相关的数据转化成线性不相关的数据，并提取数据中的主要特征。

图2.17中，$\boldsymbol{X}$为原始数据，$\boldsymbol{X}_1$、$\boldsymbol{X}_2$、$\boldsymbol{X}_3$分别为第一、第二、第三主成分。根据热图颜色色差可以看出：第一主成分解释了原始数据中最大的差异；第二成分则进一步解释剩余数据中最大的差异，以此类推。

图2.17实际上就是本节介绍的矩阵乘法第二视角。鸢尾花书会在《矩阵力量》《统计至简》《数据有道》三本书中以不同视角介绍主成分分析。

《矩阵力量》将从矩阵分解、空间、优化等视角讲解PCA；《统计至简》将从数据、中心化数据、Z分数、协方差矩阵、相关性系数矩阵这些统计视角来讨论PCA不同技术路线之间的差异；《数据有道》则侧重讲解如何在实践中使用PCA分析数据，并使用PCA结果进行回归分析。

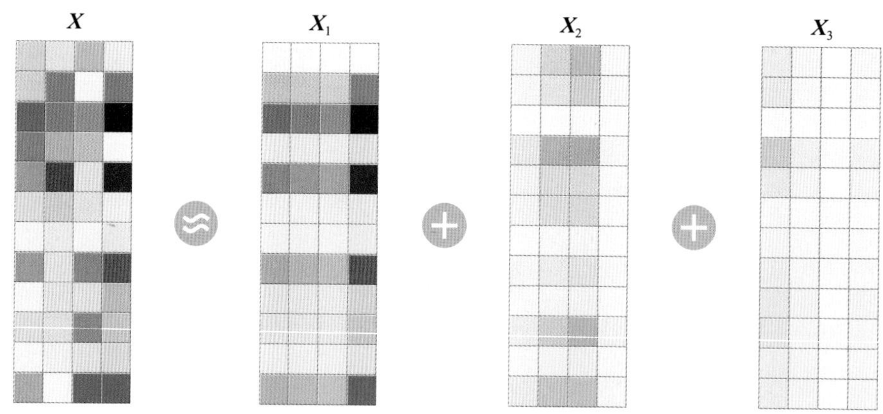

图2.17　用数据热图叠加看主成分分析

2.6 矩阵除法：计算逆矩阵

实际上，并不存在所谓的矩阵除法。所谓矩阵$\boldsymbol{B}$除以矩阵$\boldsymbol{A}$，实际上是将矩阵$\boldsymbol{A}$先转化逆矩阵$\boldsymbol{A}^{-1}$，然后计算$\boldsymbol{B}$和逆矩阵$\boldsymbol{A}^{-1}$乘积，即

$$\boldsymbol{B}\boldsymbol{A}^{-1} = \boldsymbol{B} @ \boldsymbol{A}^{-1} \tag{2.39}$$

$\boldsymbol{A}$如果**可逆** (invertible)，则仅当$\boldsymbol{A}$为方阵且存在矩阵$\boldsymbol{A}^{-1}$使得下式成立

$$\boldsymbol{A}\boldsymbol{A}^{-1} = \boldsymbol{A}^{-1}\boldsymbol{A} = \boldsymbol{I} \tag{2.40}$$

$\boldsymbol{A}^{-1}$叫作**矩阵$\boldsymbol{A}$的逆矩阵** (the inverse of matrix $\boldsymbol{A}$)。

式 (2.40) 中的$\boldsymbol{I}$就是前文介绍过的**单位矩阵** (identity matrix)。**n阶单位矩阵** (n-square identity matrix 或n-square unit matrix) 的特点是对角线上的元素为1，其他为0，即

$$\boldsymbol{I}_{n\times n} = \begin{bmatrix} 1 & 0 & \cdots & 0 \\ 0 & 1 & \cdots & 0 \\ \vdots & \vdots & \ddots & \vdots \\ 0 & 0 & \cdots & 1 \end{bmatrix} \tag{2.41}$$

我们可以用numpy.linalg.inv() 计算方阵的逆。

图2.18所示为方阵$\boldsymbol{A}$和逆矩阵$\boldsymbol{A}^{-1}$相乘得到单位矩阵$\boldsymbol{I}$的热图。

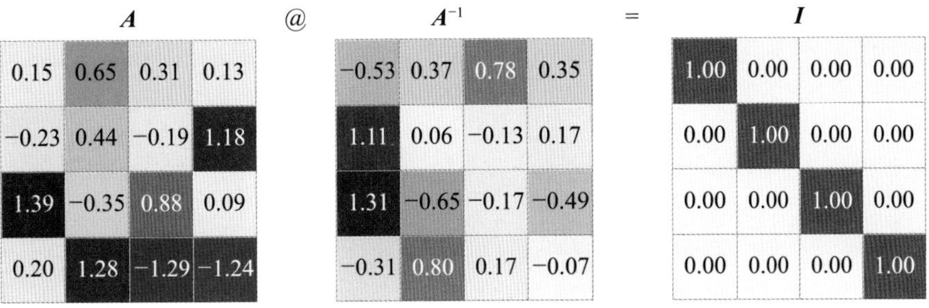

图2.18　方阵$\boldsymbol{A}$和逆矩阵$\boldsymbol{A}^{-1}$相乘

> ⚠ 注意图中数值仅保留小数点后两位，按图中数值相乘不能准确得到单位矩阵。

一般情况，

$$(\boldsymbol{A}+\boldsymbol{B})^{-1} \neq \boldsymbol{A}^{-1}+\boldsymbol{B}^{-1} \tag{2.42}$$

请大家注意以下和矩阵逆有关的运算规则：

$$\begin{aligned}
\left(\boldsymbol{A}^{\mathrm{T}}\right)^{-1} &= \left(\boldsymbol{A}^{-1}\right)^{\mathrm{T}} \\
(\boldsymbol{A}\boldsymbol{B})^{-1} &= \boldsymbol{B}^{-1}\boldsymbol{A}^{-1} \\
(\boldsymbol{A}\boldsymbol{B}\boldsymbol{C})^{-1} &= \boldsymbol{C}^{-1}\boldsymbol{B}^{-1}\boldsymbol{A}^{-1} \\
(k\boldsymbol{A})^{-1} &= \frac{1}{k}\boldsymbol{A}^{-1}
\end{aligned} \tag{2.43}$$

其中：假设$\boldsymbol{A}$、$\boldsymbol{B}$、$\boldsymbol{C}$、$\boldsymbol{AB}$和$\boldsymbol{ABC}$逆运算存在，且k不等于0。

表2.4总结常见矩阵逆相关的英文表达。

表2.4　和矩阵逆相关的英文表达

数学表达	英文表达
$\boldsymbol{A}^{-1}$	Inverse of the matrix boldface capital ***A***. Matrix boldface capital ***A*** inverse.
$(\boldsymbol{A}+\boldsymbol{B})^{-1}$	Left parenthesis boldface capital ***A*** plus boldface capital ***B*** right parenthesis superscript minus one. Inverse of the matrix sum boldface capital ***A*** plus boldface capital ***B***.
$(\boldsymbol{AB})^{-1}$	Left parenthesis boldface capital ***A*** times boldface capital ***B*** right parenthesis superscript minus one. Inverse of the matrix product boldface capital ***A*** and boldface capital ***B***.
$\boldsymbol{ABC}^{-1}$	The product of boldface capital ***A*** boldface capital ***B*** and boldface capital ***C*** inverse.

Bk3_Ch2_11.py计算并绘制图2.18。

如果学完这一章，大家对矩阵乘法规则还是一头雾水，我只有一个建议——死记硬背！

先别问为什么。就像背诵九九乘法口诀表一样，把矩阵乘法规则背下来。此外，再次强调矩阵乘法等运算不是“奇技淫巧”。后面，大家会逐步意识到矩阵乘法的洪荒伟力。

Geometry

几何

音乐之美由耳朵来感受，几何之美让眼睛去欣赏

不懂几何，勿入斯门。

Let no one destitute of geometry enter my doors.

—— 柏拉图 (Plato) | 古希腊哲学家 | 424/423B.C.— 348/347 B.C.

- ax.add_patch() 绘制图形
- math.degrees() 将弧度转换为角度
- math.radians() 将角度转换成弧度
- matplotlib.patches.Circle() 创建正圆图形
- matplotlib.patches.RegularPolygon() 创建正多边形图形
- numpy.arccos() 计算反余弦
- numpy.arcsin() 计算反正弦
- numpy.arctan() 计算反正切
- numpy.cos() 计算余弦值
- numpy.deg2rad() 将角度转化为弧度
- numpy.rad2deg() 将弧度转化为角度
- numpy.sin() 计算正弦值
- numpy.tan() 计算正切值

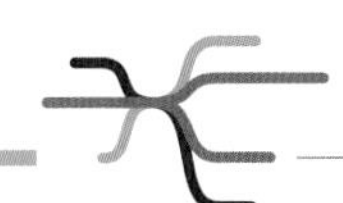

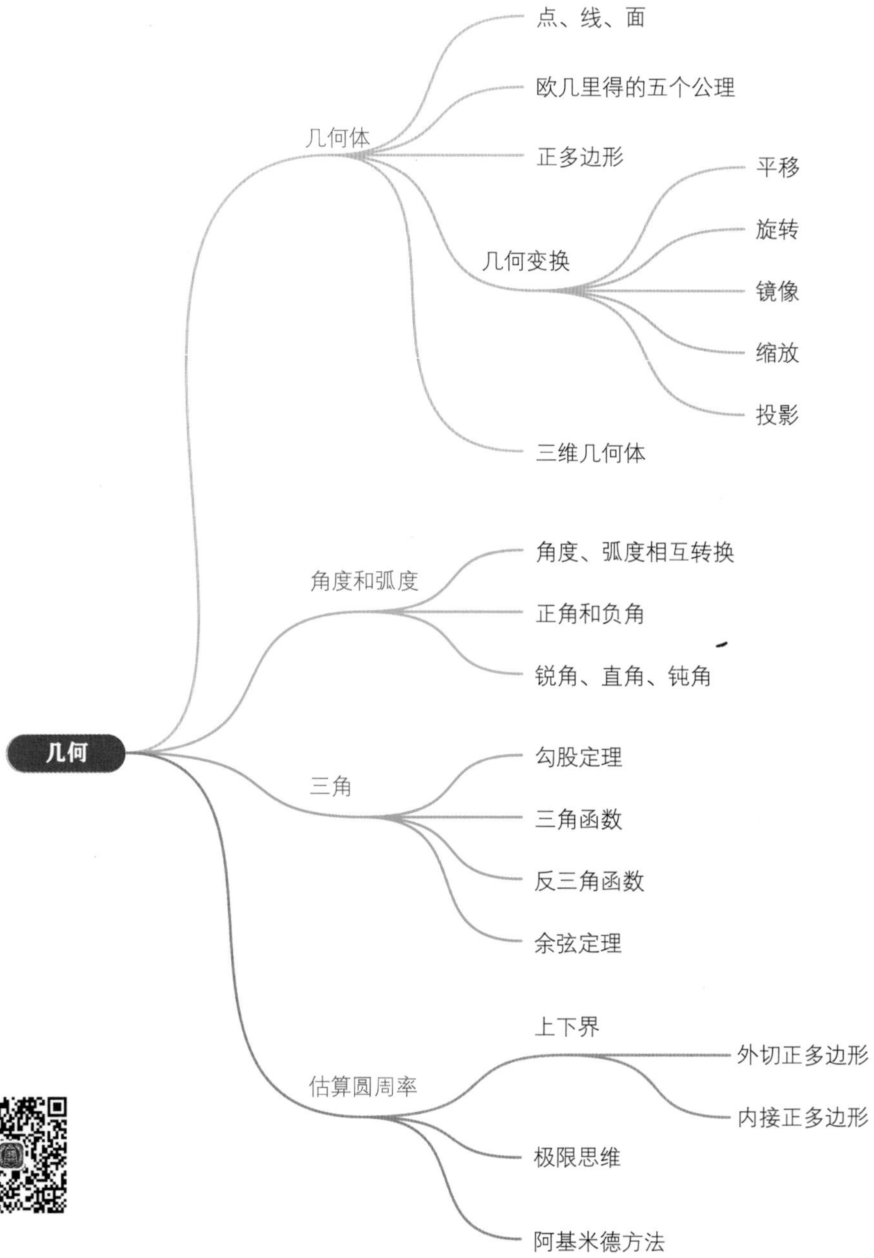

- 几何
  - 几何体
    - 点、线、面
    - 欧几里得的五个公理
    - 正多边形
    - 几何变换
      - 平移
      - 旋转
      - 镜像
      - 缩放
      - 投影
    - 三维几何体
  - 角度和弧度
    - 角度、弧度相互转换
    - 正角和负角
    - 锐角、直角、钝角
  - 三角
    - 勾股定理
    - 三角函数
    - 反三角函数
    - 余弦定理
  - 估算圆周率
    - 上下界
      - 外切正多边形
      - 内接正多边形
    - 极限思维
    - 阿基米德方法

3.1 几何缘起：根植大地，求索星空

毫不夸张地说，几何思维印刻在人类基因中。生而为人，时时刻刻看到的、接触到的都是各种各样的几何形体。大家现在不妨停下来看看、摸摸周围环境中的物体，相信你一定会惊奇地发现整个物质世界就是几何的世界。宏观如天体，微观至原子，几何无处不在。正如**约翰内斯·开普勒**(Johannes Kepler, 1571 — 1630) 所言：“但凡有物质的地方，就有几何。”

哪怕在遥远的古代文明，人类活动也离不开几何知识，丈量距离、测绘地形、估算面积、计算体积、营造房屋、设计工具、制作车轮、工艺美术……无处不需要几何这种数学工具。

如图3.1所示，几何滥觞于田间地头。在古埃及，尼罗河每年都要淹没河两岸。当洪水退去，留下的肥沃土壤让河流两岸平原的农作物生长，但是洪水同样冲走了标示不同耕地的界桩。

法老每年都要派大量测量员重新丈量土地。测绘员们用打结的绳子去丈量土地和角度，以便重置这些界桩。计算矩形、三角形农田的面积当然简单。而对于复杂的几何形体，测绘员经常将土地分割成矩形和三角形来估算土地面积。古埃及的几何知识则随着测量精度提高而不断累积精进。

无独有偶，中国古代重要的数学典籍之一《九章算术》的第一章名为“方田”。这一章多数题目以丈量土地为例，讲解如何计算长方形、三角形、梯形、圆形等各式几何形状的面积，如图3.2所示。

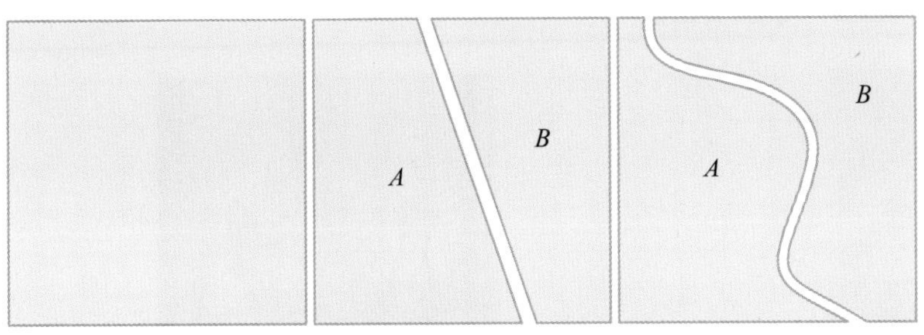

图3.1　各种形状田地地块

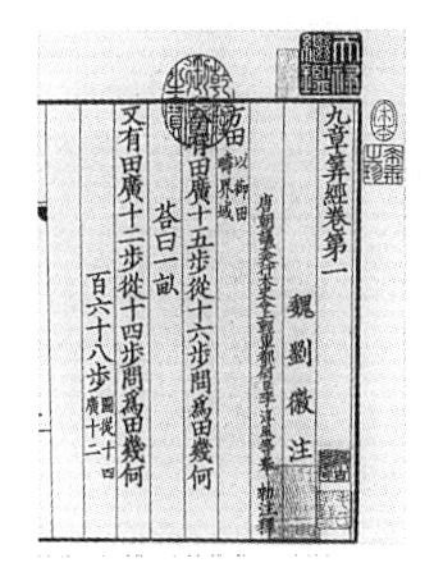

九章筭經卷第一

魏　劉徽　注

方田 以御田疇界域

今有田廣十五步從十六步問爲田幾何

荅曰一畝

又有田廣十二步從十四步問爲田幾何

百六十八步 圖從十四廣十二

图3.2　《九章算术》第一章开篇

几何学的重大飞跃来自于古希腊。古希腊人创造了几何geometron (英文单词为geometry) 这个词；“geo”在希腊语里是“大地”的意思，“metron”的意思是“测量”。

在古希腊，几何学受到高度重视。几何是博雅教育七艺的重要一门课程。据传说，柏拉图学院门口刻着这句话：“不懂几何者，不许入内。”图3.3所示为古希腊几何发展时间轴上重要的数学家，以及同时代的其他伟大思想家。值得注意的是，中国春秋时代的孔子和苏格拉底、柏拉图、亚里士多德，竟然是同属一个时代。东西方两条历史轴线给人以平行时空的错觉。

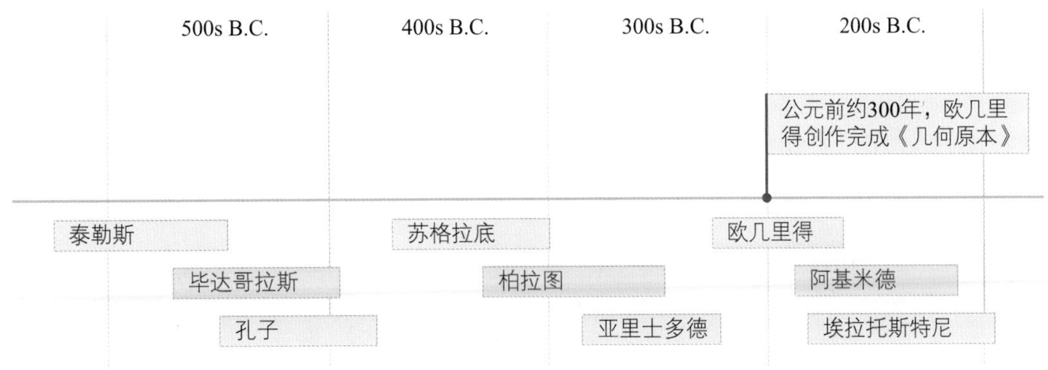

图3.3　古希腊几何发展历史时间轴

欧几里得 (Euclid)
古希腊数学家 | 约公元前330 — 公元前275
被称为几何之父，他的《几何原本》堪称西方现代数学的开山之作

古希腊数学家中关键人物是**欧几里得** (Euclid)，他的巨著**《几何原本》**(The *Elements*) 首次尝试将几何归纳成一个系统。

不夸张地说，欧几里得《几何原本》是整个人类历史上最成功、影响最深刻的数学教科书，没有之一。《几何原本》不是习题集，它引入严谨的推理，使得数学变得体系化。

古希腊的几何学发展要远远领先于其他数学门类，可以说古希腊的算术和代数知识也都是建立在几何学基础之上。而代数的大发展要归功于一位波斯数学家——花拉子密，这是下一章要介绍的人物。

中文“几何”一词源自于《几何原本》的翻译，如图3.4所示。1607年，明末科学家徐光启和意大利传教士**利玛窦** (Matteo Ricci) 共同翻译完成了《几何原本》前六章，如图3.5所示。

他们确定了包括“几何”“点”“直线”“角”等大量中文译名。“几何”一词的翻译特别精妙，发音取自geo，而“几何”二字的中文又有“大小如何”的含义。《九章算术》几乎所有的题目都以“几何”这一提问结束，比如：“问：为田几何？”

图3.4 《几何原本》1570年首次被翻译为英文版

图3.5 《中国图说》(*China Illustrata*) 中插图描绘利玛窦和徐光启

在估算圆周率的竞赛中，**阿基米德** (Archimedes) 写下了浓墨重彩的一笔。如图3.6所示，阿基米德利用圆内接正多边形和圆外切正多边形，估算圆周率在223/71和22/7之间，即3.140845和3.142857之间。

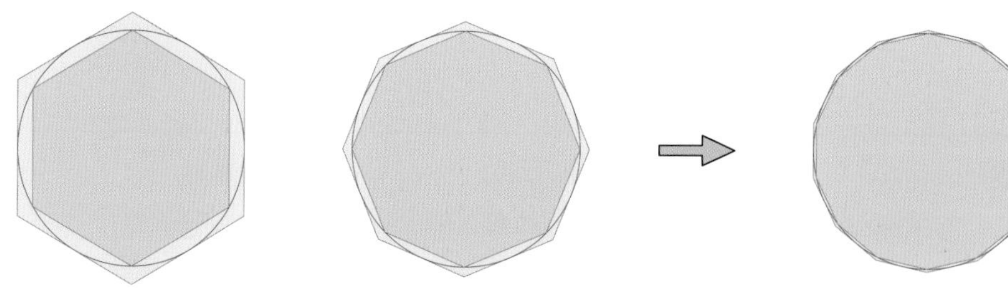

图3.6 圆形内接和外切正四、正八、正十六边形

阿基米德 (Archimedes)
古希腊数学家、物理学家 | 公元前287 — 公元前212
常被称作力学之父，估算圆周率

公元前212年，阿基米德的家乡被罗马军队攻陷时，他还在潜心研究几何问题。罗马士兵闯入他的家，阿基米德大声训斥这些不速之客，“别弄乱我的圆”。但是，罗马士兵还是踩坏了画在沙盘上的几何图形，并杀死了阿基米德。

几何学有纬地经天之功。比如，利用相似三角形原理，古希腊数学家**埃拉托斯特尼** (Eratosthenes) 估算出了地球直径：正午时分，在点A (阿斯旺) 太阳光垂直射入深井中，井底可见太阳倒影。此时，在点B (亚历山大港)，埃拉托斯特尼找人测量了一个石塔影子的长度。利用石塔的高度和影子的长度，埃拉托斯特尼计算得到图3.7中所示的$\theta = 7°$，也就是A和B两点的距离为整个地球圆周的7/360。埃拉托斯特尼恰好知道AB距离，从而估算出了地球的周长，进而计算得到地球周长在39,690 km到46,620 km之间，误差约为2%。

托勒密 (Claudius Ptolemy) 在约150年创作出了《天文学大成》 (*Almagest*)。这本书可以说是代表了古希腊天文学的最高水平，它也是古希腊几何思维在天文学领域的结晶。托勒密总结前人成果，在书中明确提出**地心说** (geocentric model)——地球位于宇宙中心，固定不动，星体绕地球运动，如图3.8所示。此外，《天文学大成》中给出了人类历史上第一个系统建立的三角函数表。

托勒密 (Claudius Ptolemy)
希腊数学家、天文学 | 公元前100 — 公元前170
创作《天文学大成》，系统提出地心说

然而，托勒密的地心说被宗教思想奉为圭臬，牢牢禁锢人类长达一千两百多年，直到**哥白尼** (Nicolaus Copernicus, 1473 — 1543) 唤醒人类沉睡的思想世界。正是利用古希腊发展的圆锥曲线知识，开普勒提出了行星运动的三定律。

> 圆锥曲线是本书第8、9章要介绍的内容。

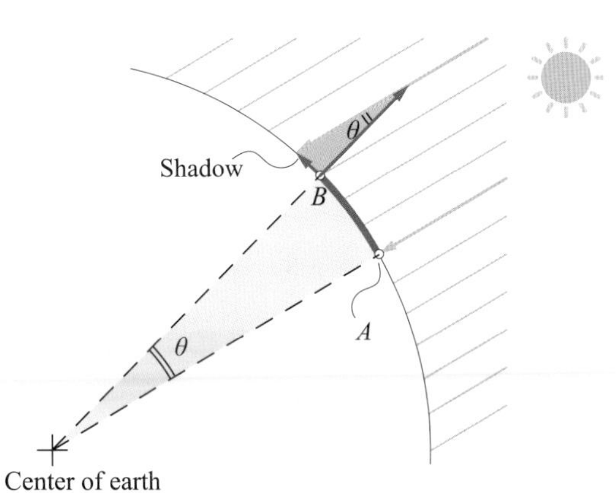

图3.7 埃拉托斯特尼计算地球直径用到的几何知识

图3.8 后人绘制的托勒密地心说模型

3.2 点动成线，线动成面，面动成体

点动成线，线动成面，面动成体——相信大家对这句话耳熟能详。点没有维度，线是一维，面是二维，体是三维，如图3.9所示。当然，在数学的世界中，四维乃至多维都是存在的。

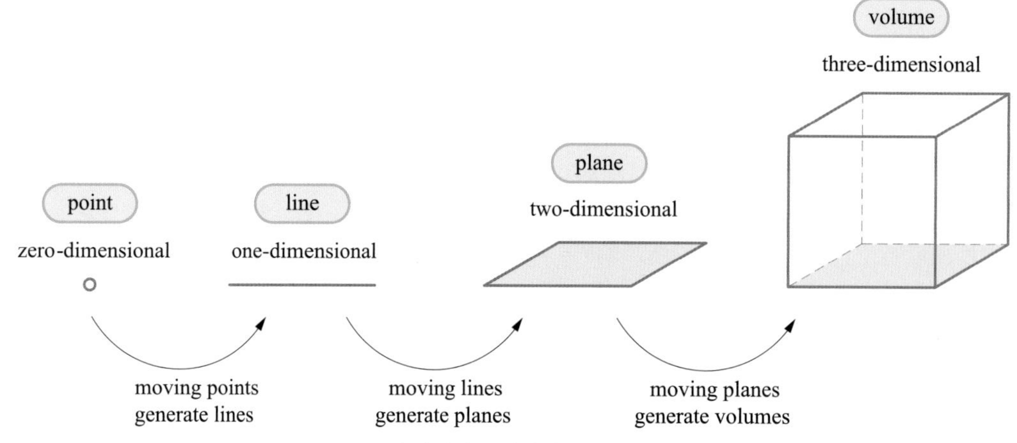

图3.9　点动成线，线动成面，面动成体

点

点确定空间的一个位置，点本身没有长度、面积等几何属性。

所有几何图形都离不开点，图3.10所示为常见的几种点——**端点** (endpoint)、**中点** (midpoint)、**起点** (initial point)、**终点** (terminal point)、**圆心** (center)、**切点** (point of tangency)、**顶点** (vertex)、**交点** (point of intersection)。点和点之间的线段长度叫**距离** (distance)。

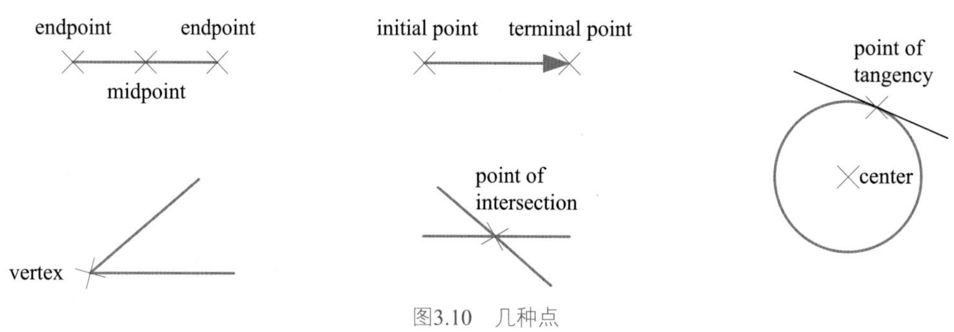

图3.10　几种点

线

如图3.11所示，**直线** (line) **沿两个方向无限延伸** (extends in both directions without end)，**没有端点** (has no endpoints)。

射线 (ray或half-line) 开始于一端点，仅沿一个方向无限延伸。

线段 (line segment) 有两个**端点** (endpoint)。

向量 (vector) 则是有方向的线段。

线段具有**长度** (length) 这种几何性质，但是没有面积这种性质。

给定参考系，线又可以分为**水平线** (horizontal line)、**斜线** (oblique line) 和**竖直线** (vertical line)。

图3.11还给出了其他几种线：**边** (edge)、**曲线** (curve或curved line)、**等高线** (contour line)、**法线** (normal line)、**切线** (tangent line)、**割线** (secant line) 等。

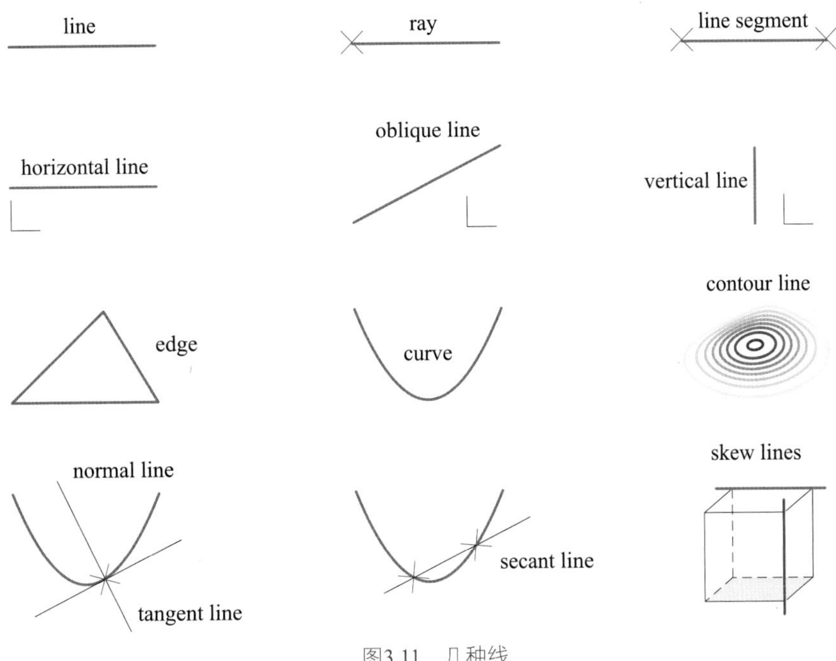

图3.11　几种线

在平面上，线与线之间有四种常见的关系：**平行** (parallel)、**相交** (intersecting)、**垂直** (perpendicular) 和**重合** (coinciding)，如图3.12所示。

两条线平行可以记作 $l_1 /\!/ l_2$ (读作line l sub one is parallel to the line l sub two)。l_1与l_2相交于点P可以读作“line l sub one intersects the line l sub two at point capital P”。两条线垂直可以记作 $l_1 \perp l_2$ (读作line l sub one is perpendicular to the line l sub two)。三维空间中，两条直线还可以互为**异面线** (skew line)。

如图3.13所示，可视化时还会用到不同样式的线型，如**实线** (solid line或continuous line)、**粗实线** (heavy solid line或continuous thick line)、**点虚线** (dotted line)、**短画线** (dashed line)、**点画线** (dash-dotted line) 等。

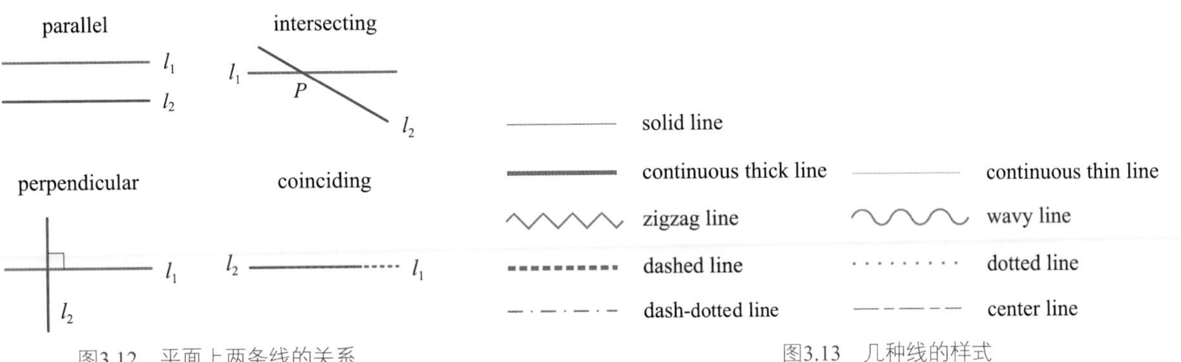

图3.12　平面上两条线的关系

图3.13　几种线的样式

欧几里得的五个公理

在《几何原本》中，欧几里得提出以下五个公理，如图3.14所示。

- 任意两点可以画一条直线；
- 任意线段都可以无限延伸成一条直线；
- 给定任意线段，以该线段为半径、一个端点为圆心，可以画一个圆；
- 所有直角都全等；
- 两直线被第三条直线所截，如果同侧两内角之和小于两个直角之和，则两条直线则会在该侧相交。

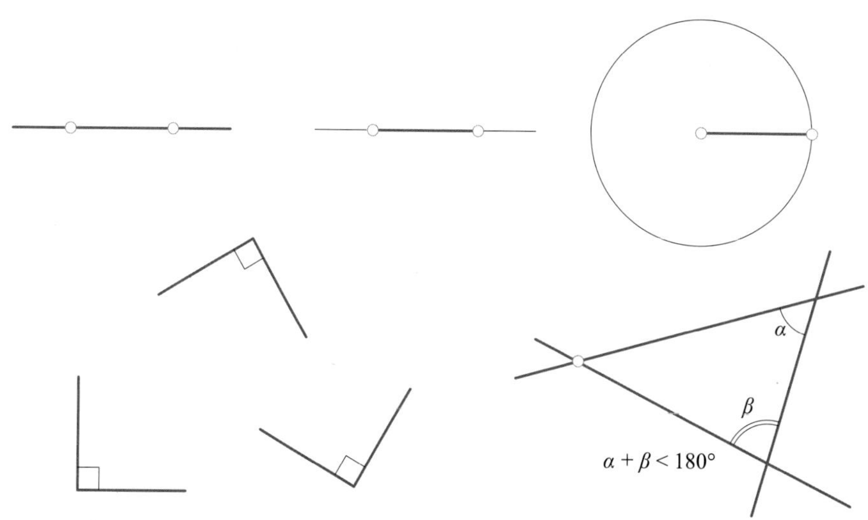

图3.14　欧几里得提出的五个几何公理

以五个公理为基础，欧几里得一步步建立起了几何学大厦。坚持第五条公理，我们在欧几里得几何体系之内。而去掉第五条公理，则进入非欧几里得几何体系。值得一提的是，非欧几里得几何中的黎曼几何为爱因斯坦的广义相对论提供了数学工具。

正多边形

正多边形 (regular polygons) 是边长相等的多边形，正多边形内角相等，如图3.15所示。我们将在圆周率估算中用到正多边形的相关知识。

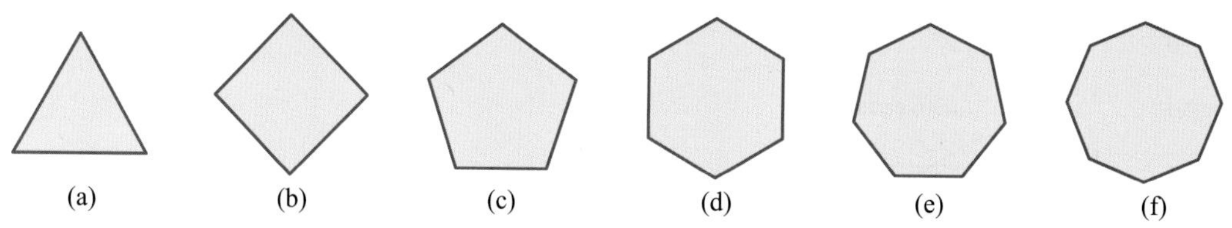

(a) equilateral triangle；(b) square；(c) pentagon；(d) hexagon；(e) heptagon；(f) octagon

图3.15　六个正多边形

Bk3_Ch3_01.py绘制图3.15中的六个正多边形。

三维几何体

图3.16所示为常见三维几何体，它们依次是：**正球形** (sphere)、**圆柱体** (cylinder)、**圆锥** (cone)、**锥台** (cone frustum)、**正方体/正六面体** (cube)、**长方体** (cuboid)、**平行六面体** (parallelepiped)、**四棱台** (square pyramid frustum)、**四棱锥** (square-based pyramid)、**三棱锥** (triangle-based pyramid)、**三棱柱** (triangular prism)、**四面体** (tetrahedron)、**八面体** (octahedron)、**五棱柱** (pentagonal prism)、**六棱柱** (hexagonal prism) 和**五棱锥** (pentagonal pyramid)。

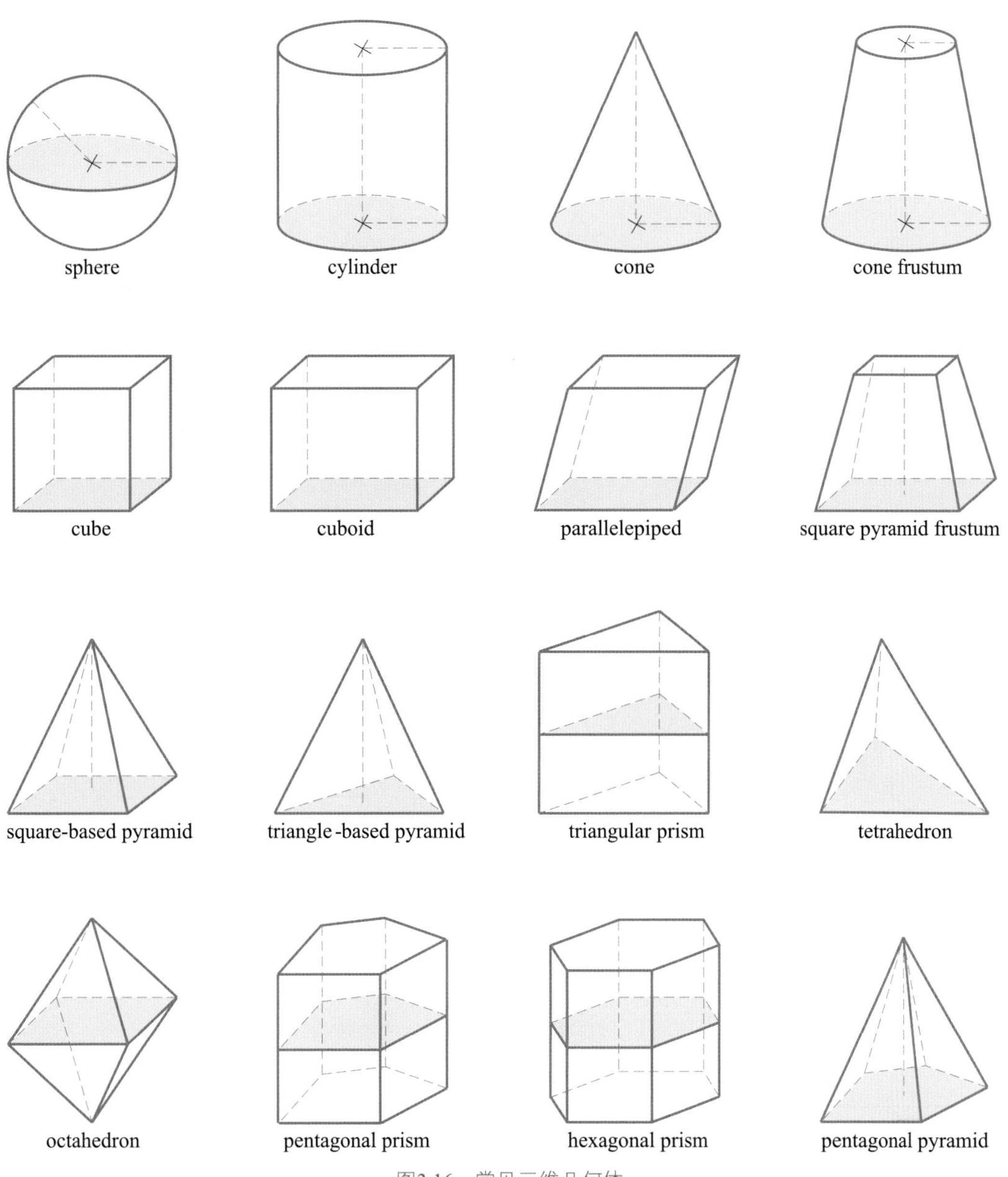

图3.16　常见三维几何体

柏拉图立体 (Platonic solid)，又称正多面体。图3.17所示为五个正多面体，包括**正四面体** (tetrahedron)、**正方体**、**正六面体** (cube)、**正八面体** (octahedron)、**正十二面体** (dodecahedron) 和**正二十面体** (icosahedron)。

正多面体的每个面全等，均为**正多边形** (regular polygons)。图3.18所示为五个正多面体展开得到的平面图形。表3.1总结了五个正多面体的结构特征。

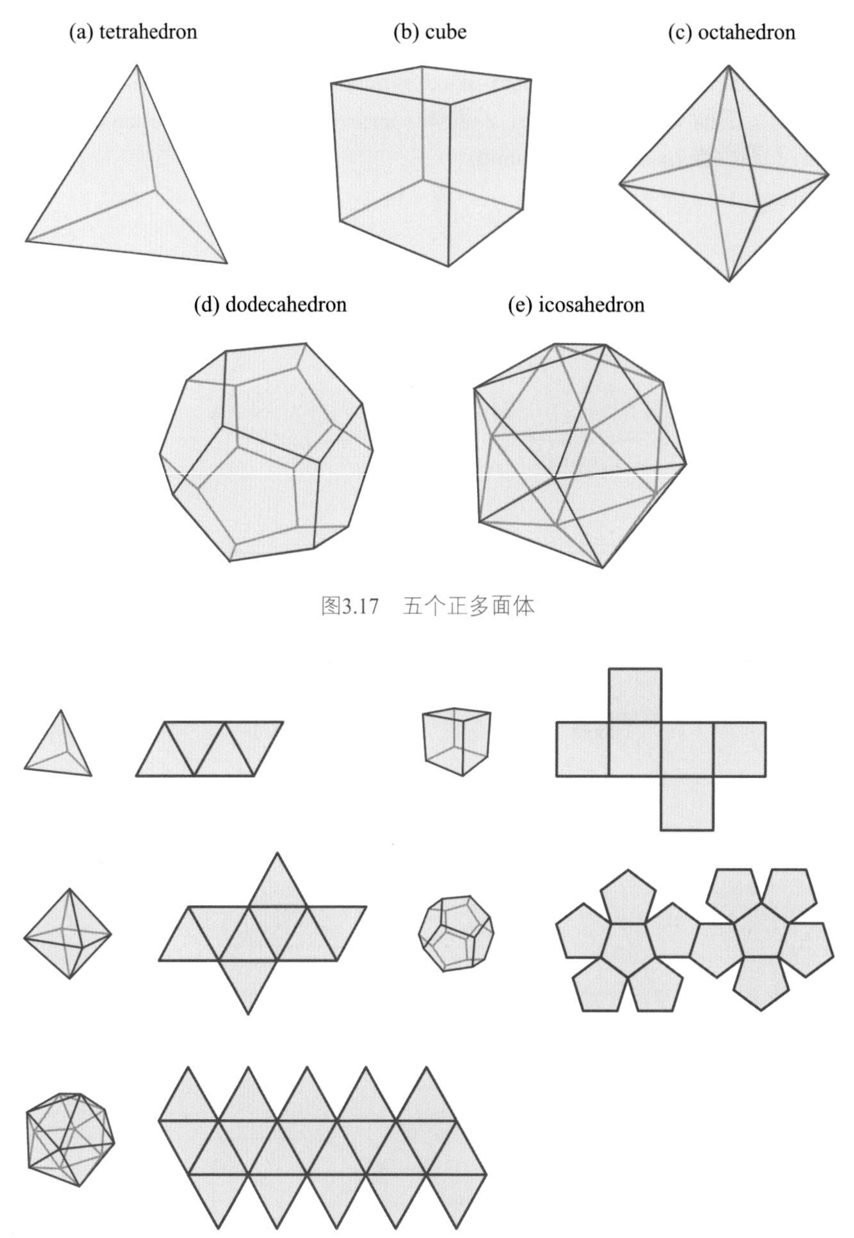

图3.17　五个正多面体

图3.18　五个正多面体展开得到的平面图形

表3.1　正多面体的特征

正多面体	顶点数	边数	面数	面形状
Tetrahedron	4	6	4	Equilateral triangle
Cube	8	12	6	Square
Octahedron	6	12	8	Equilateral triangle
Dodecahedron	20	30	12	Pentagon
Icosahedron	12	30	20	Equilateral triangle

几何变换

几何变换 (geometric transformation) 是鸢尾花书中的重要话题之一。我们将在函数变换、线性变换、多元高斯分布等话题中用到几何变换。鸢尾花书《可视之美》专门介绍平面、立体几何变换。

如图3.19所示，在平面上，可以通过**平移** (translate) 、**旋转** (rotation)、**镜像** (reflection)、**缩放** (scaling)、**投影** (projection) 将某个图形变换得到新的图形。这些几何变换还可以按一定顺序组合完成特定变换。

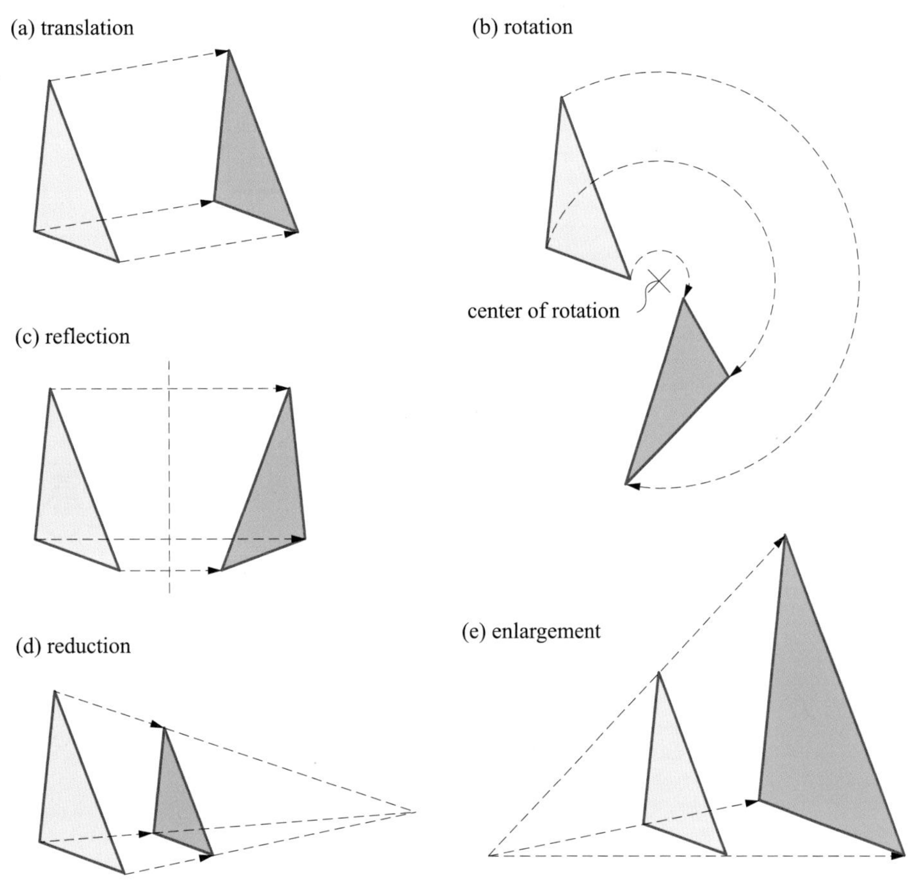

图3.19　常见几何变换

投影

大家平时一定见过阳光和灯光下各种物体留下的影子，这就是投影。比如，图3.20所示为一个马克杯在不同角度的投影。

几何中，投影指的是将图形的影子投到一个面或一条线上。如图3.21所示，点可以投影到直线或平面上，影子也是一个点；线段投影到平面上，得到的可以是线段。

数学中最常见的投影是正投影。正投影中，投影线 (见图3.21中虚线) 垂直于投影面。线性代数中，我们管这类投影叫**正交投影** (orthogonal projection) 。

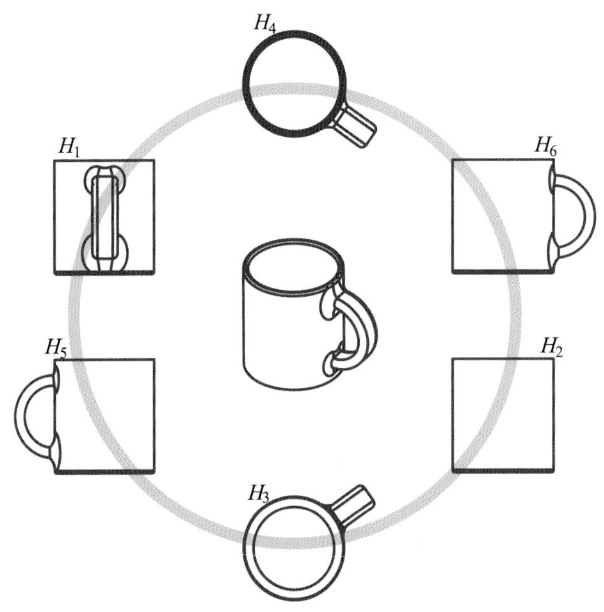

图3.20　马克杯在六个方向投影图像

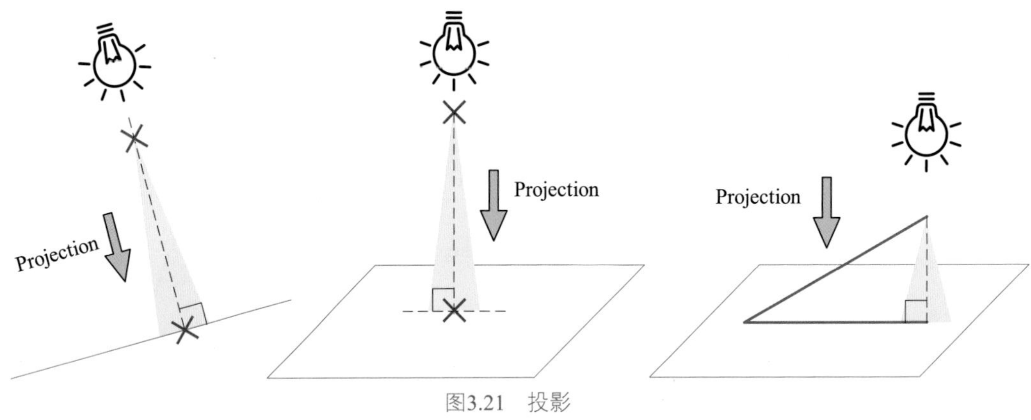

图3.21　投影

3.3 角度和弧度

角度

度 (degree) 是一种常用的角度度量单位。角度可以用**量角器** (protractor) 测量，如图3.22所示。**一周** (a full circle、one revolution或one rotation) 对应 360°。 1° 对应60**分** (minute)， 即 1° = 60′。 1′ 对应60**秒** (second)， 即 1′ = 60″。

形如25.1875°的角度被称做**小数角度** (decimal degree)，可以换算得到 25°11′15″ (twenty five degrees eleven minutes and fifteen seconds)。

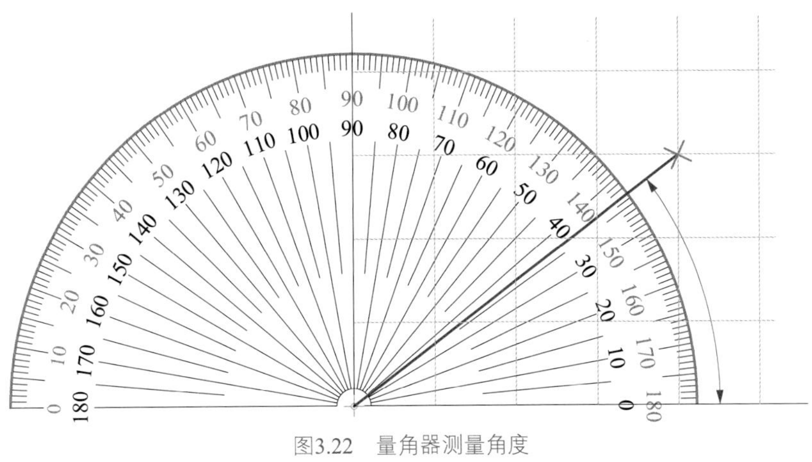

图3.22　量角器测量角度

弧度

弧度 (radian) 常简写作rad。1弧度相当于1 rad ≈ 57.2958°。

在math库中，math.radians() 函数将角度转换成弧度；math.degrees() 将弧度转换为角度。NumPy中，可以用numpy.rad2deg() 函数将弧度转化为角度，用numpy.deg2rad() 将角度转化为弧度。

常用弧度和角度的换算关系为

$$\begin{aligned}360^\circ &= 2\pi \text{ rad}\\180^\circ &= \pi \text{ rad}\\90^\circ &= \frac{\pi}{2} \text{ rad}\\45^\circ &= \frac{\pi}{4} \text{ rad}\\30^\circ &= \frac{\pi}{6} \text{ rad}\end{aligned} \tag{3.1}$$

正角和负角

如果旋转为**逆时针** (counter-clockwise)，则角度为**正角** (positive angle)；如果旋转为**顺时针** (clockwise)，则角度为**负角** (negative angle)，如图3.23所示。

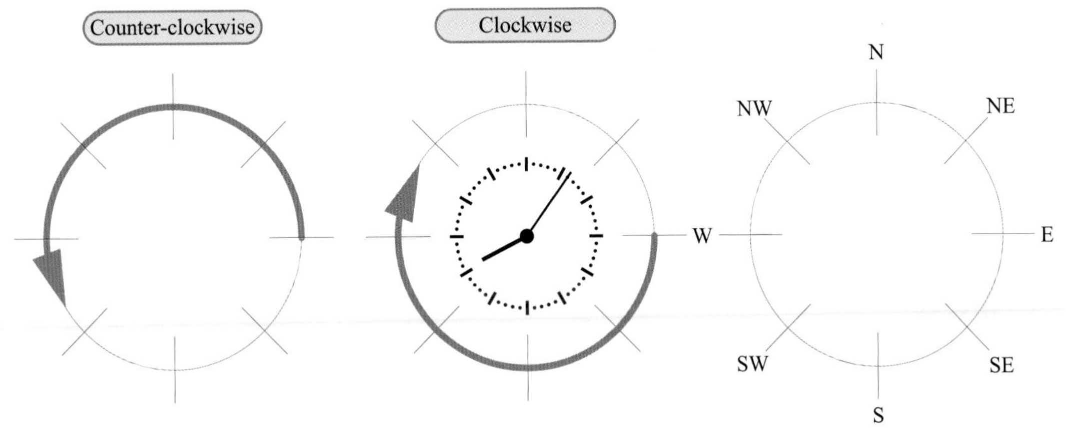

图3.23　逆时针、顺时针和方位

锐角、直角、钝角

锐角 (acute angle) 是指小于90°的角，**直角** (right angle) 是指等于90°的角，**钝角** (obtuse angle) 是指大于90°并且小于180°的角，如图3.24所示。

请大家特别注意这三个角度，在线性代数、数据科学中它们的内涵将得到不断丰富。

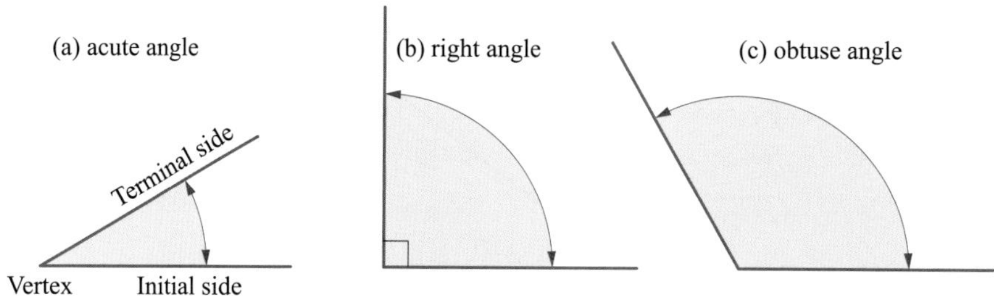

图3.24　锐角、直角和钝角

3.4 勾股定理到三角函数

勾股定理

《周髀算经》编写于公元前1世纪之前，其中记录着商高与周公的一段对话。商高说：“故折矩，勾广三，股修四，经隅五。”后人把这一发现简化成“勾三、股四、弦五”。《九章算术》的最后一章讲解的也是勾股定理。

满足勾股定理的一组整数，如 (3, 4, 5)，叫作勾股数。

在西方，勾股定理被称做**毕达哥拉斯定理** (Pythagorean Theorem)。

古代很多文明都独立发现了勾股定理。原因也不难理解，古时人们在丈量土地，建造房屋时，都离不开直角。

古埃及人善于使用绳索构造特定几何关系。比如，绳索等距打结，就可以充当带刻度的直尺。绳索一端固定，另外一段绕固定端旋转一周，就可以得到正圆。

古埃及人也发现3:4:5的直角三角形。据此，利用绳索可以轻松获得直角。绳索等距打13个结，形成12段等长线段。按照3:4:5比例分配等距线段，3等分和4等分的两边的夹角便是直角。

如图3.25所示，勾股定理的一般形式为

$$a^2 + b^2 = c^2 \tag{3.2}$$

其中：a和b为直角边；c为斜边；a^2、b^2、c^2分别为三个正方形的面积。

三角函数

三角函数 (trigonometric function) 的自变量为弧度角度，因变量为直角三角形斜边、邻边、对边中两个长度的比值。每个比值都有其特定的名称，如图3.26所示。

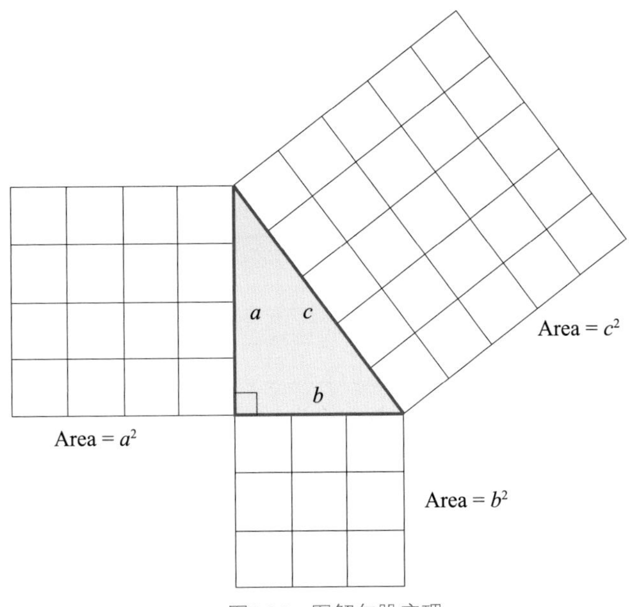

图3.25 图解勾股定理

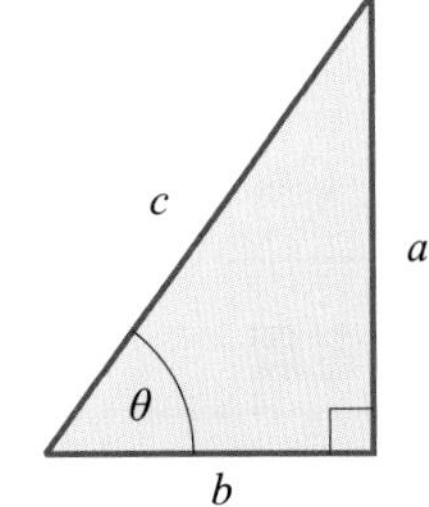

图3.26 直角三角形中定义三角函数

如图3.26所示，θ的**正弦** (sine) 是对边a与斜边c的比值，即

$$\sin\theta = \frac{a}{c} \tag{3.3}$$

numpy.sin() 可以用来计算正弦值，输入为弧度。

θ的**余弦** (cosine) 是邻边b与斜边c的比值，即

$$\cos\theta = \frac{b}{c} \tag{3.4}$$

numpy.cos() 可以用来计算余弦值，输入同样为弧度。

θ的**正切** (tangent) 是对边a与邻边b的比值，即

$$\tan\theta = \frac{a}{b} \tag{3.5}$$

numpy.tan() 可以用来计算正切值，输入也为弧度。

θ的**余切** (cotangent) 是邻边b与对边a的比值，是正切的倒数，即

$$\cot\theta = \frac{b}{a} = \frac{1}{\tan\theta} \tag{3.6}$$

θ的**正割** (secant) 是斜边c与邻边b的比值，是余弦的倒数，即

$$\sec\theta = \frac{c}{b} = \frac{1}{\cos\theta} \tag{3.7}$$

θ的**余割** (cosecant) 是斜边c与对边a的比值，是正弦的倒数，即

$$\csc\theta = \frac{c}{a} = \frac{1}{\sin\theta} \tag{3.8}$$

反三角函数

反三角函数 (inverse trigonometric function) 是通过三角函数值来反求弧度或角度。表3.2所列为三个常用反三角函数中英文名称、NumPy函数等。

表3.2 常用三个反三角函数

数学表达	英文表达	中文表达	NumPy函数
$\arcsin\theta$	arc sine theta inverse sine theta	反正弦	numpy.arcsin()
$\arccos\theta$	arc cosine theta inverse cosine theta	反余弦	numpy.arccos()
$\arctan\theta$	arc tangent theta inverse tangent theta	反正切	numpy.arctan()

余弦定理

本节最后简单介绍**余弦定理** (law of cosines)。给定如图3.27所示的三角形，余弦定理的三个等式为

$$\begin{cases} a^2 = b^2 + c^2 - 2bc \cdot \cos\alpha \\ b^2 = a^2 + c^2 - 2ac \cdot \cos\beta \\ c^2 = a^2 + b^2 - 2ab \cdot \cos\gamma \end{cases} \tag{3.9}$$

当α、β、γ三者之一为直角时，其中的一个等式就变换成勾股定理等式。

在机器学习和数据科学中，余弦定理格外重要。我们会在向量加减法，方差、协方差运算，余弦相似度等处看到余弦定理的影子。

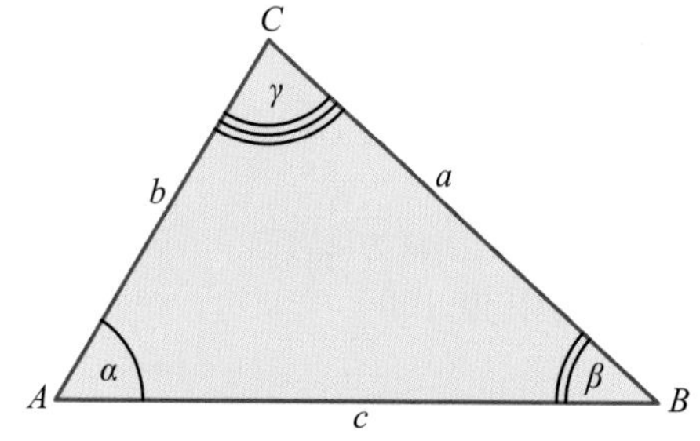

图3.27 余弦定理

3.5 圆周率估算初赛：割圆术

圆周率 (pi, π) 是圆的周长和直径之比。

估算圆周率可以看作是不同时空数学家之间的一场竞赛，这场竞赛的标准就是看谁估算圆周率的精度更准、效率更高。

利用不同的数学工具估算圆周率也是本书一条重要的线索，大家可以从时间维度上看到数学思维、数学工具的迭代发展。

本节介绍的数学方法相当于圆周率估算的“初赛”，这时期数学家使用的数学工具是从几何视角出发的割圆术，如图3.28所示。

古希腊阿基米德利用和圆内接正多边形和外切正多边形来估算π。阿基米德最后计算到正96边形，估算圆周率在3.1408到3.1429之间。

中国古代魏晋时期的数学家刘徽 (约公元225 — 公元295) 用不断增加内接多边形的方法估算圆周率，这种方法被称为割圆术。

刘徽也用割圆术，从直径为2尺的圆内接正六边形开始割圆，依次得正十二边形、正二十四边形、正四十八边形等。割得越细，正多边形面积和圆面积差别越小。引用他的原话：“割之弥细，所失弥少，割之又割，以至于不可割，则与圆周合体而无所失矣。”这句话中，我们可以体会到“逼近”“极限”这两个重要的数学思想。

最后，刘徽计算了正3072边形的周长，估算得到的圆周率为3.1416。

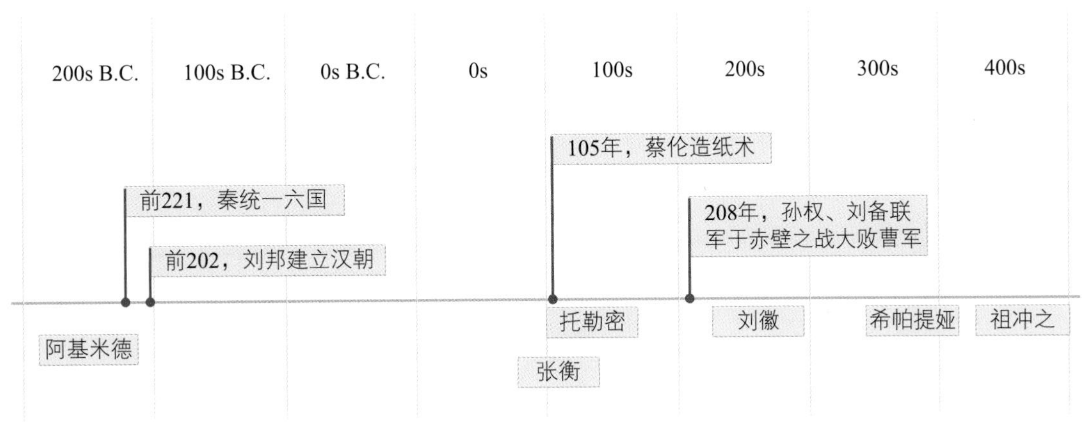

图3.28　圆周率估算的初赛

刘徽之后约200年，中国古代南北朝时期数学家祖冲之 (429 — 500) 也是采用割圆术，最后竟然达到正12288边形，估算圆周率在3.1415926到3.1415927之间。祖冲之再一次刷新了圆周率纪录，而这一纪录几乎保持了一千年，直到新的估算圆周率的数学工具横空出世。

内接和外切正多边形

图3.29所示为正圆内接和外切正六、八、十、十二、十四、十六边形。可以发现，正多边形的边数越多，内接和外切正多边形越靠近正圆。

观察图3.29，容易发现圆的周长大于圆内接正多边形的边长之和。也就是说，在估算圆周率时，内接正多边形的边长和可以作为圆周长的下边界。

而圆外切正多边形的边长之和大于圆的周长，则为圆周长的上边界。特别地，当正圆为单位圆时，单位圆的周长恰好为2π，这方便建立π与正多边形边长的联系。

代码文件Bk3_Ch3_02.py绘制图3.29。

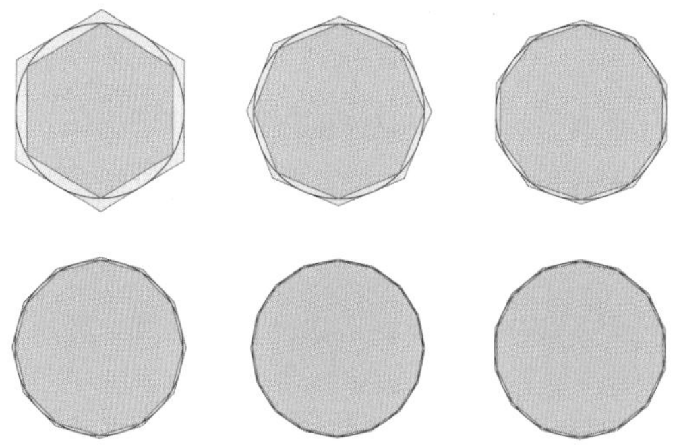

图3.29　正圆内接和外切正六、八、十、十二、十四、十六边形

估算圆周率上下界

图3.30所示给定一个单位圆，单位圆外切和内接相同边数的正多边形。两个正多边形都可以分割为$2n$个三角形，这样圆周360° (2π) 被均分为$2n$份，每一份对应的角度为

$$\theta = \frac{2\pi}{2n} = \frac{\pi}{n} \tag{3.10}$$

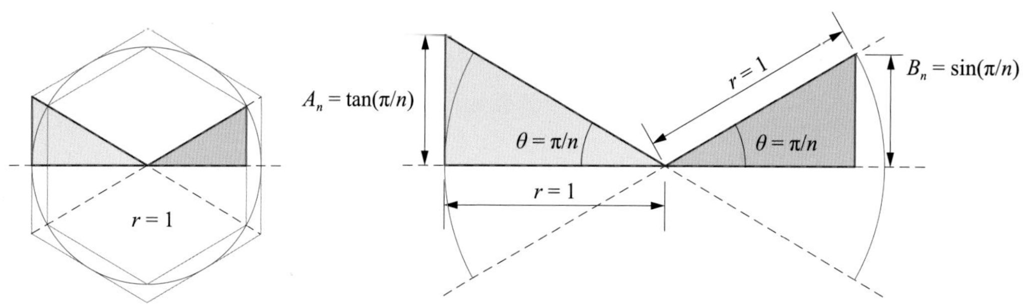

图3.30　圆形内接和外接估算圆周率

外切正多边形的周长是估算单位圆周长的上界，有

$$2\pi < 2n \cdot \tan\frac{\pi}{n} \tag{3.11}$$

即

$$\pi < n \cdot \tan\frac{\pi}{n} \tag{3.12}$$

内接正多边形的周长是估算单位圆周长的下界，有

$$2n \cdot \sin\frac{\pi}{n} < 2\pi \tag{3.13}$$

即

$$n \cdot \sin\frac{\pi}{n} < \pi \tag{3.14}$$

联合式 (3.12) 和式 (3.14)，可以得到圆周率估算的上下界为

$$n \cdot \sin\frac{\pi}{n} < \pi < n \cdot \tan\frac{\pi}{n} \tag{3.15}$$

如图3.31所示，随着正多边形边数的逐步增大，圆周率估算越精确。这张图中，n不断增大时，绿色和蓝色两条曲线不断**收敛** (converge) 于红色虚线，这个过程体现出**极限** (limit) 这一重要数学思想。

在数学上，收敛的意思可以是汇聚于一点、靠近一条线或向某一个值不断靠近。而逼近则是近似，代表高度相似，但是不完全相同。

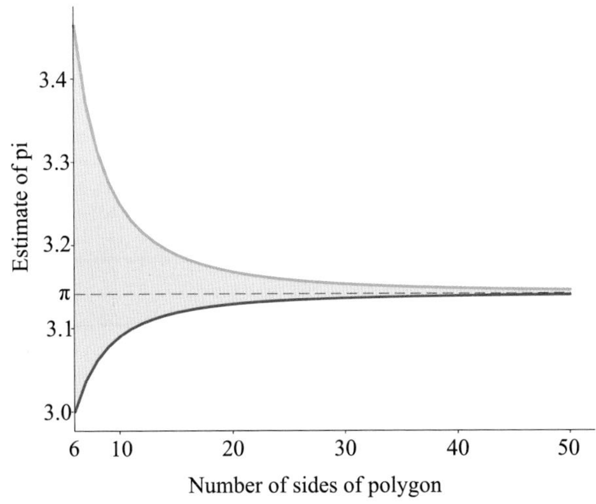

图3.31　随正多边形边数不断增大时圆周率的估算情况

代码文件Bk3_Ch3_03.py绘制图3.31。

此外，我们还结合Bk3_Ch3_02.py和Bk3_Ch3_03.py，用Streamlit制作了估算圆周率的App，请大家参考代码文件Streamlit_Bk3_Ch3_03.py。

阿基米德的方法

阿基米德采用另外一种方法，他先用外切和内接正六边形，然后逐次加倍边数，到正十二边形、正二十四边形、正四十八边形，最后到正九十六边形。

根据图3.30，对于正n边形，令

$$\begin{aligned} B_n &= n \cdot \sin\frac{\pi}{n} \\ A_n &= n \cdot \tan\frac{\pi}{n} \end{aligned} \tag{3.16}$$

其中：B_n为π的下限；A_n为π的上限。当多边形边数加倍时，即从正n边形加倍到正$2n$边形，阿基米德发现量化关系为

$$\begin{aligned} A_{2n} &= \frac{2A_nB_n}{A_n+B_n} \\ B_{2n} &= \sqrt{A_{2n}B_n} \end{aligned} \tag{3.17}$$

利用三角恒等式，式 (3.17) 中两式不难证明，本书此处省略推导过程。

图3.32所示为阿基米德估算圆周率的结果，可见阿基米德方法收敛过程中计算效率更高。

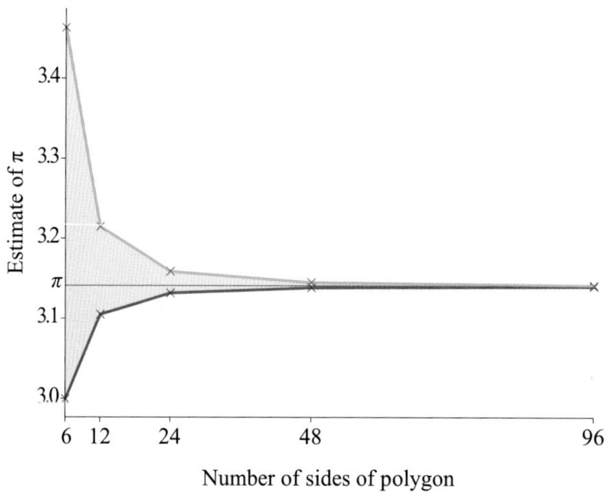

图3.32　阿基米德估算圆周率

几何思维是刻在人类基因中的思维方式，不难理解为什么不同时空、不同地域的数学家，在最开始估算圆周率时，都不约而同想到用正多边形来近似求解。圆周率估算的竞赛依然不断进行，随着数学思想和工具的不断进步，新的方法不断涌现。沿着数学发展历史的脉络，本书后续将会介绍更多圆周率的估算方法。

Bk3_Ch3_04.py绘制图3.32。

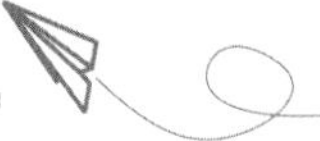

本章蜻蜓点水地介绍了本书后续内容会用到的几何概念。但是，本书要讲述的几何故事不止于此。

不久之后，在**笛卡儿** (René Descartes, 1596 — 1650) 手里，几何与代数将完美结合。圆锥曲线很快便革新人类对天体运行规律的认知，颠覆人类的世界观。

斯蒂芬·霍金 (Stephen Hawking, 1942 — 2018) 曾说：“等式是数学中最无聊的部分，我一直试图从几何视角理解数学。”本书作者也认为几何思维是人类的天然思维方式，因此在讲解数学概念、各种数据科学、机器学习算法时，我们都会给出几何视角，以强化理解。

04 Algebra 代数

代数不过是公式化的几何

代数不过是公式化的几何；几何不过是图形化的代数。

Algebra is but written geometry and geometry is but figured algebra.

—— 索菲·热尔曼 (Sophie Germain) | 法国女性数学家 | 1776 — 1831

- `difference()` 计算集合的相对补集
- `interaction()` 计算集合的交集
- `numpy.roots()` 多项式求根
- `set()` 构造集合
- `subs()` 符号代数式中替换
- `sympy.abc` 引入符号变量
- `sympy.collect()` 合并同类项
- `sympy.cos()` 符号运算中余弦
- `sympy.expand()` 展开代数式
- `sympy.factor()` 对代数式进行因式分解
- `sympy.simplify()` 简化代数式
- `sympy.sin()` 符号运算中正弦
- `sympy.solvers.solve()` 符号方程求根
- `sympy.symbols()` 定义符号变量
- `sympy.utilities.lambdify.lambdify()` 将符号代数式转化为函数
- `union()` 计算集合的并集

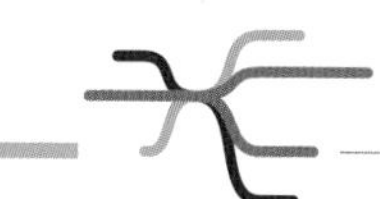

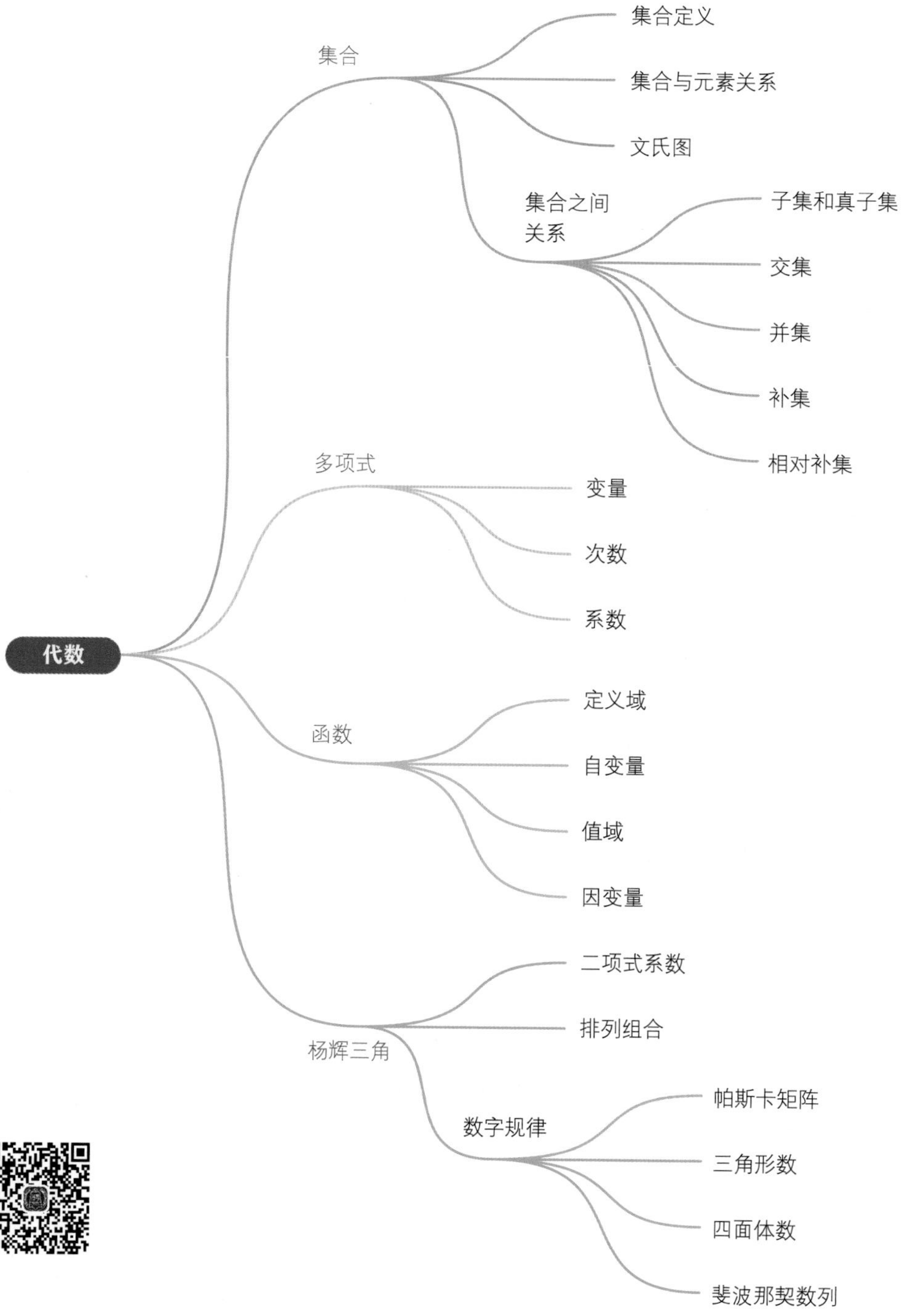

代数

- 集合
  - 集合定义
  - 集合与元素关系
  - 文氏图
  - 集合之间关系
    - 子集和真子集
    - 交集
    - 并集
    - 补集
    - 相对补集
- 多项式
  - 变量
  - 次数
  - 系数
- 函数
  - 定义域
  - 自变量
  - 值域
  - 因变量
- 杨辉三角
  - 二项式系数
  - 排列组合
  - 数字规律
    - 帕斯卡矩阵
    - 三角形数
    - 四面体数
    - 斐波那契数列

4.1 代数的前世今生：薪火相传

思想的传播像火种的接续传递——首先是星星之火，然后是闪烁的炬火，最后是燎原烈焰，排山倒海、势不可挡。位于埃及境内的亚历山大图书馆曾经一度是古希腊最重要的图书馆，同时也是古希腊的重要学术和文化中心。公元前47年，亚历山大图书馆失火，大部分馆藏经典被焚毁。公元529年，柏拉图学园和其他所有雅典学校都被迫关闭。

可以想象，柏拉图学园断壁残垣，杂草丛生，物是人非。巢倾卵破，数学家、哲学家们鸟兽散去，远走他乡，衣食无着，寄人篱下，晚景凄凉。古希腊学术圣火如风中之烛，渐渐燃灭，欧洲一步步陷入漫漫暗夜。庆幸的是，西方不亮东方亮；希腊典籍被翻译成阿拉伯语，人类思想的火种在另外一个避风港湾得以保全——巴格达“**智慧宫** (House of Wisdom)”。

在9世纪至13世纪，智慧宫可以说是全世界举足轻重的教育学术机构。在智慧宫，东西方科技知识交融发展。值得一提的是，印度的十进制数字系统就是在阿拉伯进一步发展，并引入欧洲的。因此，十进制数字也被称为阿拉伯数字。西方数学复兴时间轴如图4.1所示。

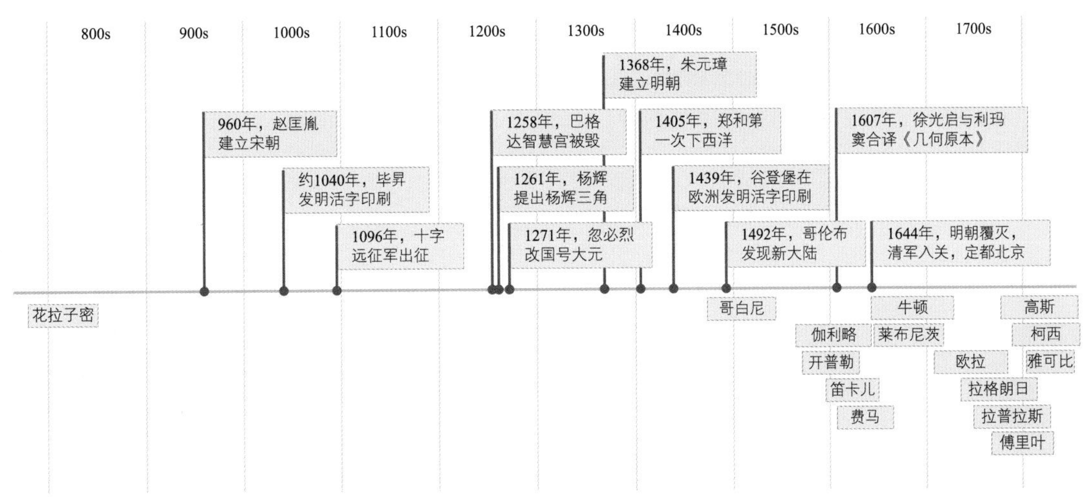

图4.1　西方数学复兴时间轴

花拉子密 (Muhammad ibn Musa al-Khwarizmi) 是一位波斯数学家、智慧宫的代表性学者。如图4.2所示，花拉子密在约820年，创作完成了《代数学》(*Al-Jabr*)，代数学自此成为一门独立学科。他第一次系统性求解一次方程及一元二次方程，因而被称为“代数之父”。英文中的代数algebra一词源自于*Al-Jabr*。值得一提的是，“算法”的英文algorithm一词来自于花拉子密 (al-Khwarizmi) 的名字。

图4.2　花拉子密《代数学》封面

好景不长，1258年蒙古帝国军队的铁蹄大张挞伐，洗劫巴格达，焚毁智慧宫。据说，智慧宫珍贵藏书被丢弃在了底格里斯河，河水被染黑长达六个月之久。

相比玉楼金殿、奇珍异宝，记录人类智慧的捆捆羊皮卷、叠叠莎草纸可能显得一分不值。这盏风中摇曳的烛火在两河流域被生生掐灭。

值得宽慰的是，11世纪开始，十字远征军一次次远征，从阿拉伯人手中取回科学的火种，翻译运动在欧洲兴起，欧洲也渐渐从几百年的暗夜中苏醒。

十字远征军带回来的不仅仅有古希腊的典籍，还有古印度的数学、古代中国的技术发明。这些科学知识在欧洲传播、发展，最终燃成人类思想的熊熊烈焰。

这片思想的火海中绽放出众多绚丽的“火焰”——伽利略、开普勒、笛卡儿、费马、帕斯卡、牛顿、莱布尼兹、伯努利、欧拉、拉格朗日、拉普拉斯、傅里叶、高斯、柯西 …… 鸢尾花书会提到他们的名字，以及他们给后世留下的宝贵知识火种。

4.2 集合：确定的一堆东西

本节回顾集合这个概念。相信本书读者对**集合** (set) 这个概念并不陌生，我们在本书第1章介绍过复数集、实数集、有理数集等，它们都是集合。

集合是由若干确定的**元素** (member或element) 所构成的整体。集合可以分为：**有限元素集合** (finite set)、**无限元素集合** (infinite set) 和**空集** (empty set或null set)。

集合与元素

如图4.3所示，集合与元素的关系有两种：① **属于** (belong to)，表示为 $\in$；② **不属于** (not belong to)，表示为 $\notin$。

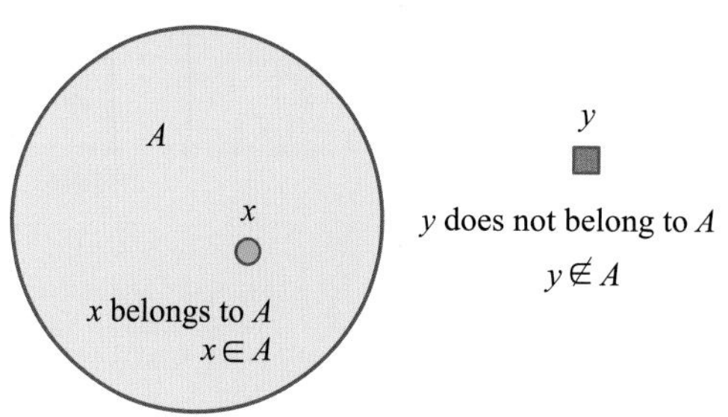

图4.3　属于和不属于

表4.1　集合与元素关系的中英文表达

英文表达	中文表达
x belongs to capital A.	x属于A
x is a member/element of the set capital A.	x是集合A的元素
x is/lies in the set capital A.	x在集合A之内
The set capital A includes x.	集合A包含x
y does not belong to the set capital A.	y不属于集合A
y is not a member of the set capital A.	y不是集合A的元素

集合与集合

如果集合A中的每一个元素也都是集合B中的元素，那么A是B的**子集** (subset)，记作 $A \subseteq B$。而B是A的**母集**，也称**超集** (superset)。

如果同时满足 $A \subseteq B$ 和 $A \neq B$，则称A是B的**真子集** (A is a proper subset of B)，记作 $A \subset B$。

给定A和B两个集合，由所有属于A且属于B的元素所组成的集合，叫作A与B的**交集** (intersection)，记作$A \cap B$。

A和B所有的元素合并组成的集合，叫作A和B的**并集** (union)，记作$A \cup B$。

补集 (complement) 一般指**绝对补集** (absolute complement)。设Ω是一个集合，A是Ω的一个子集，由Ω中所有不属于A的元素组成的集合，叫作子集A在Ω中的绝对补集。

A中B的**相对补集** (relative complement)，是所有属于A但不属于B的元素组成的集合，记作$A \backslash B$或$A-B$ (set difference of A and B)，也可以读作“B在A中的相对补集 (the relative complement of B with respect to set A)”。如表4.2所示。

表4.2　集合与集合关系英文表达

数学表达	英文表达
$A \subset B$	The set capital A is a subset of the set capital B. The set capital B is a superset of the set capital A. The set capital A is contained in the set capital B.
$A \subseteq B$	The set capital A is a subset of or equal to the set capital B.
$A \supset B$	The set capital A contains the set capital B.
$A \supseteq B$	The set capital A contains or is equal to the set capital B.
$A \cap B$	The intersection of the set capital A and the set capital B. A intersection B. The intersection of A and B.
$A \cup B$	The union of the set capital A and the set capital B. Capital A union capital B. The union of A and B.
$\overline{A}$	The complement of the set capital A.
$A-B$	The relative complement of the set capital B in the set capital A. The relative complement of set capital B with respect to set capital A.
$A \cap (B \cup C)$	The intersection of capital A and the set capital B union capital C.
$\overline{(A \cup B)}$	The complement of the set capital A union capital B.
$\overline{A} \cap \overline{B}$	The intersection of the complement of capital A and the complement of capital B.

文氏图

集合之间的关系也可以用**文氏图** (Venn diagram) 表示。图4.4所示为两个集合常见关系的文氏图。

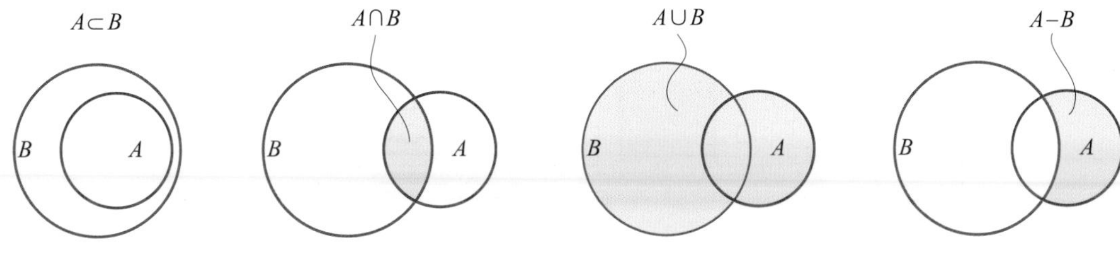

图4.4　两个集合关系文氏图

掷骰子

举个例子，如图4.5所示，掷一枚骰子，点数结果构成的集合Ω为

$$\Omega = \{1, 2, 3, 4, 5, 6\} \tag{4.1}$$

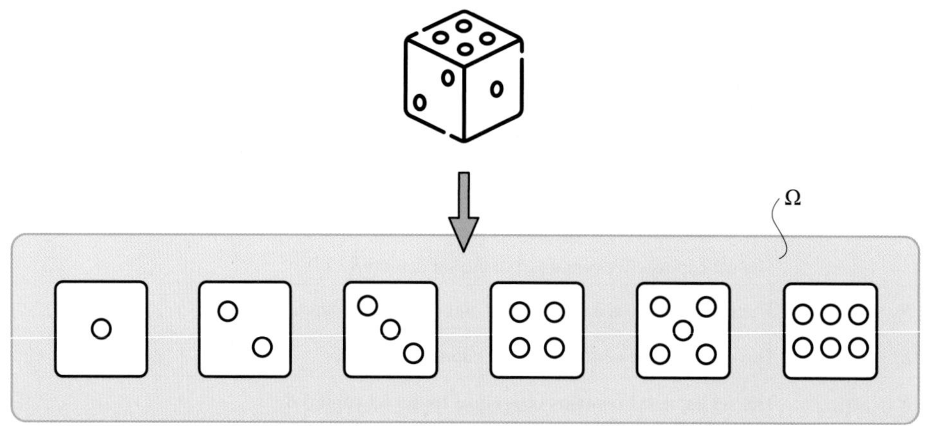

图4.5　投一枚骰子点数结果

定义集合A为骰子点数为奇数，有

$$A = \{1, 3, 5\} \tag{4.2}$$

集合B为骰子点数为偶数，有

$$B = \{2, 4, 6\} \tag{4.3}$$

集合C为骰子点数小于4，有

$$C = \{1, 2, 3\} \tag{4.4}$$

图4.6所示为A、B、C三个集合的关系。

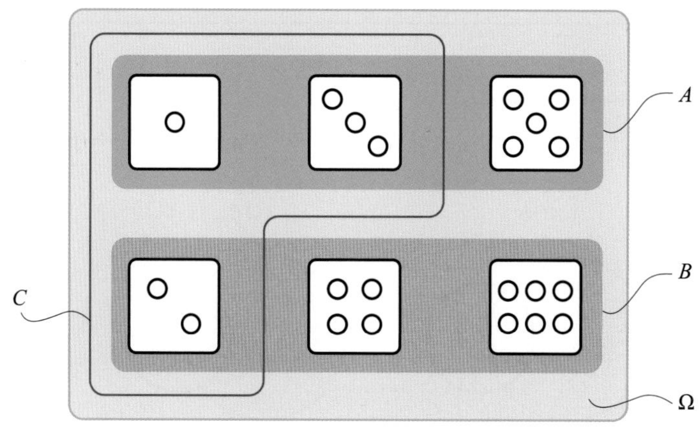

图4.6　骰子点数A、B、C三个集合关系

显然，A和B的交集为空，即

$$A \cap B = \varnothing \tag{4.5}$$

A和B的并集为全集Ω，即

$$A \cup B = \Omega = \{1,2,3,4,5,6\} \tag{4.6}$$

也就是说，A在Ω中的绝对补集为B。

A和C的交集有两个元素，即

$$A \cap C = \{1,3\} \tag{4.7}$$

A和C的并集有四个元素，即

$$A \cup C = \{1,2,3,5\} \tag{4.8}$$

A中C的相对补集为

$$A - C = \{5\} \tag{4.9}$$

C中A的相对补集为

$$C - A = \{2\} \tag{4.10}$$

代码文件Bk3_Ch4_01.py上述计算。

4.3 从代数式到函数

算术 (arithmetic) 基于**已知量** (known values)；而**代数** (algebra) 基于**未知量** (unknown values)，也称作**变量** (variables)。当然，代数中既有数字也有字母。

现代人一般用a、b、c等代表常数，用x、y、z等代表未知量。这种记法正是约400年前笛卡儿提出的。

引入未知量这种数学工具，有助于将数学问题抽象化、一般化。也就是说，2 + 1、6 + 12、100 + 150等算式，都可以抽象地写成$x + y$这个代数式。

如图4.7所示，这五个圆形大小明显不同。但是，引入半径r这个变量，这些圆形的周长都可以写成$2\pi r$，面积可以写成πr^2。将不同的r值代入代数式，便可以求得对应圆的周长和面积。

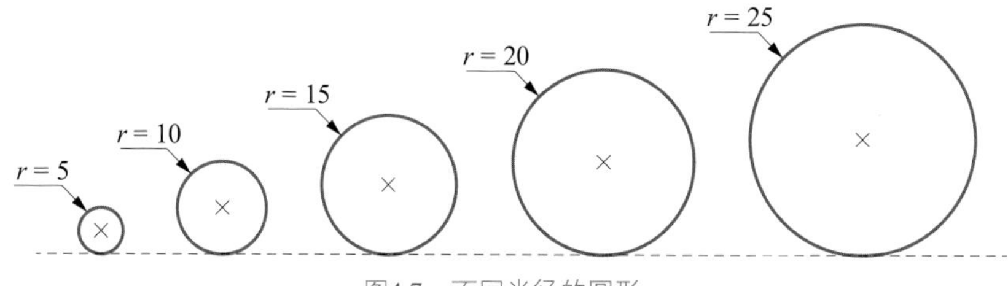

图4.7　不同半径的圆形

多项式

本书最常见的代数式是**多项式** (polynomial)，形如

$$a_n x^n + a_{n-1} x^{n-1} + \cdots + a_1 x + a_0 \tag{4.11}$$

其中：x为**变量** (variable)；n为**多项式次数** (degree of a polynomial)；a_0，a_1，⋯，a_n，为**系数** (coefficient)。

系数之所以会使用**下角标** (subscript)，是因为字母不够用。类似地，变量多时，x、y、z肯定不够用，鸢尾花书会用变量加下角标序号 (索引) 来表达变量，如x_1、x_2、x_3、x_i、x_j等。

由数和字母的积组成的代数式叫作**单项式** (monomial)，比如$a_n x^n$。单独的一个数或一个系数也叫作单项式，比如5或a_0。

一个单项式中，所有变量指数之和，叫作这个单项式的次数。比如，$3x^5$的次数是5，$2xy$的次数为2 (= 1 + 1)。

如式 (4.11) 所示，多项式则是由一个个单项式加减构成的。

只有一个变量的多项式称做**一元多项式** (univariate polynomial)。变量多于一个的多项式统称**多元多项式** (multivariate polynomials)。特别地，有两个变量的多项式常被称作**二元多项式** (bivariate polynomial)，比如$x + y + 8$或$x_1 + x_2 + 8$。

最高项次数较小的多项式都有特殊的名字，如**常数式** (constant equation)、**一次式** (linear equation)、**二次式** (quadratic equation)、**三次式** (cubic equation)、**四次式** (quartic equation) 和**五次式** (quintic equation) 等。常见多项式及名称总结于表4.3中。

表4.3　常见多项式举例

次数	英文名称	例子
1	linear	$ax + b, \quad a \neq 0$
2	quadratic	$ax^2 + bx + c, \quad a \neq 0$
3	cubic	$ax^3 + bx^2 + cx + d, \quad a \neq 0$
4	quartic	$ax^4 + bx^3 + cx^2 + dx + e, \quad a \neq 0$
5	quintic	$ax^5 + bx^4 + cx^3 + dx^2 + ex + f, \quad a \neq 0$

代入具体值

给定变量为x的三次式

$$x^3 + 2x^2 - x - 2 \tag{4.12}$$

令 $x=1$，代入式 (4.12)，得到结果为

$$1^3+2\times 1^2-1-2=0 \tag{4.13}$$

代码文件Bk3_Ch4_02.py中用SymPy中函数来完成上述计算。其中sympy.abc引入符号变量x和y。SymPy是重要的符号运算库，本书将会用到其中的代数式定义、求根、求极限、求导、求积分、级数展开等功能。此外，用户也可以使用sympy.symbols() 定义更复杂的符号变量。

同样地，可以利用.subs() 将式 (4.12) 中的x替换成其他符号变量、甚至代数表达式，如$x=\cos(y)$，此时有

$$\left(\cos(y)\right)^3+2\left(\cos(y)\right)^2-\cos(y)-2 \tag{4.14}$$

代码文件Bk3_Ch4_02.py还将x替换为$\cos(y)$。更多有关SymPy用法，请参考《编程不难》。

代码文件Bk3_Ch4_03.py介绍了SymPy中几个处理代数式的函数。sympy.simplify() 函数可以简化代数式。sympy.expand() 可以用于展开代数式。sympy.factor() 函数则可以对代数式进行因式分解。sympy.collect() 函数用于合并同类项。请大家自行学习。

表4.4中总结了常用代数式的英文表达。

表4.4 常用代数英文表达

数学表达	英文表达
$x-y$	x minus y.
$-x-y-z$	minus x minus y minus z.
$x-(y-z)$	x minus the quantity y minus z. x minus open parenthesis y minus z close parenthesis.
$x-(y+z)-t$	x minus the quantity y plus z end of quantity minus t. x minus open parenthesis minus y plus z close parenthesis minus t.
$x(x-y+z)$	x times the quantity x minus y plus z. x times open parenthesis x minus y plus z close parenthesis.
$(x+y)^2$	x plus y all squared.
x^3	x to the third. x to the third power. x raised to the power of three. x cubed.
$x^5+4x^3-2x^2$	x to the fifth plus four x to the third minus two x squared.
$(x+y)(z+t)$	The sum x plus y times the sum z plus t. The product of the sum x plus y and the sum z plus t. Open parenthesis x plus y close parenthesis times open parenthesis z plus t close parenthesis.
$\left(\frac{x}{y}\right)^2$	x over y all squared.

续表

数学表达	英文表达
$\frac{x+z}{y}$	The quantity of x plus z divided by y.
$x+\frac{z}{y}$	x plus the fraction z over y.
$t\left(z+\frac{x}{y}\right)$	t times the sum z plus the fraction x over y.

函数

函数 (function) 一词由**莱布尼兹** (Gottfried Wilhelm Leibniz) 引入。而 $f(x)$ 这个函数记号由**欧拉** (Leonhard Paul Euler) 发明。欧拉还引入了三角函数现代符号，他首创以e表记自然对数的底，用希腊字母Σ表记累加，以i表示虚数单位。

中文"函数"则是由清朝数学家李善兰 (1810 — 1882) 翻译。代数、系数、指数、多项式等数学名词中文翻译也是出自李善兰之手。

给定一个集合X，对X中元素x施加映射法则f，记作函数 $f(x)$。得到的结果$y = f(x)$ 属于集合Y。集合X称为**定义域** (domain)，Y称为**值域** (codomain)。x称为**自变量** (an argument of a function或an independent variable)，y称为**因变量** (dependent variable)。

大家应该已经发现，函数 $f: X \to Y$ 有三个关键要素：定义域X、值域Y和函数映射规则f，如图4.8所示。

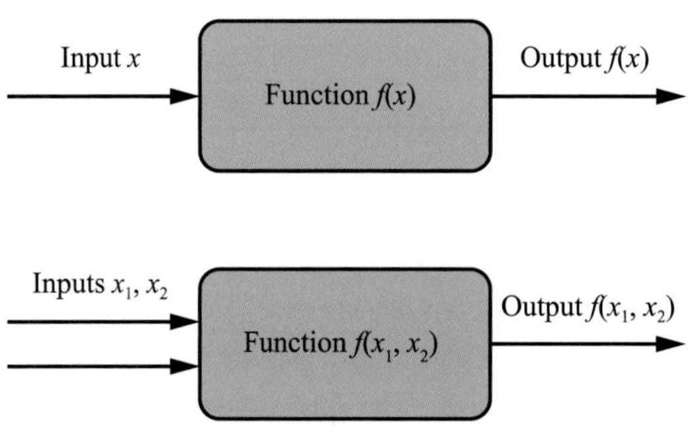

图4.8　一元函数、二元函数的映射

函数的自变量为两个或两个以上时，叫作**多元函数** (multivariate function)。鸢尾花书一般会使用x加下角标序号来表达多元函数中的自变量，如$f(x_1, x_2, \cdots, x_D)$ 函数有D个自变量。

为了方便将不同的x值代入，我们可以定义一个函数$f(x)$为

$$f(x) = x^3 + 2x^2 - x - 2 \tag{4.15}$$

Bk3_Ch4_04.py将代数式转化为函数，并给x赋值得到函数值。

表4.5给出了有关函数的常用英文表达。

表4.5 常用函数英文表达

数学表达	英文表达
$f(x)$	$f\,x$. f of x. The function f of x.
$f(g(x))$	f composed with g of x. f of g of x.
$f\circ g(x)$	f composed with g of x. f of g of x.
$f(x+a)$	f of the quantity x plus a.
$f(x,y)$	f of x, y.
$f(x_1,x_2,\ldots,x_n)$	f of x sub one, x sub two, dot dot dot, x sub n.
$f(x)=a_nx^n+a_{n-1}x^{n-1}+\cdots+a_1x+a_0$	f of x equals a sub n times x to the n, plus a sub n minus one times x to the n minus one, plus dot dot dot, plus a sub one times x, plus a sub zero. f of x equals a sub n times x raised to the power of n, plus a sub n minus one times x raised to the power of n minus one, plus dot dot dot, plus a sub one times x, plus a sub zero.
$f(x)=3x+5$	f of x equals three times x plus five.
$f(x)=x^2+2x+1$	f of x equals x squared plus two times x plus one.
$f(x)=x^3-x+1$	f of x equals x cubed minus x plus one.

为了进一步探讨函数性质，我们亟须一个重要的数学工具——**坐标系** (coordinate system)。坐标系是下一章探讨的内容。

4.4 杨辉三角：代数和几何的完美合体

杨辉三角，也称贾宪三角，又称**帕斯卡三角** (Pascal's triangle)，是二项式系数的一种写法。

二项式系数

将$(x+1)^n$展开后，按单项x的次数从高到低排列，发现单项式系数呈现出以下特定规律：

$$
\begin{aligned}
(x+1)^0 &= 1\\
(x+1)^1 &= x+1\\
(x+1)^2 &= x^2+2x+1\\
(x+1)^3 &= x^3+3x^2+3x+1\\
(x+1)^4 &= x^4+4x^3+6x^2+4x+1\\
(x+1)^5 &= x^5+5x^4+10x^3+10x^2+5x+1\\
(x+1)^6 &= x^6+6x^5+15x^4+20x^3+15x^2+6x+1\\
\cdots & \quad \cdots
\end{aligned}
\tag{4.16}
$$

图4.9所示将式 (4.16) 单项式系数以金字塔的结构展示，请读者注意以下规律。

- 三角形系数呈现对称性，第k行有$k+1$个系数；
- 三角形每一行左右最外侧系数为1；
- 除最外两侧系数以外，三角形内部任意系数为左上方和右上方两个系数之和；
- 第k行系数之和为2^k。

杨辉三角中，我们将会看到几何、代数、概率等知识的有趣联系。

注意：式 (4.16) 的第一层对应$k=0$。

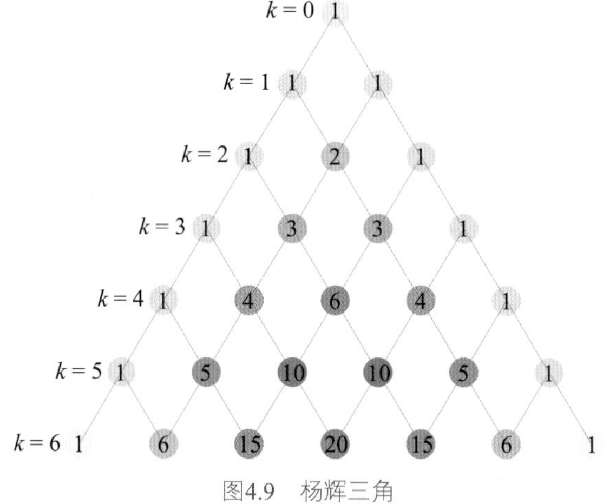

图4.9　杨辉三角

从杨辉三角到概率

比帕斯卡提前300年左右，杨辉在自己书中介绍了这个数字规律。杨辉也不是第一位发现者，他在书中也说得很清楚，这个规律引自贾宪的一部叫作《释锁算术》的数学作品。

按照时间先后顺序，贾宪在11世纪北宋时期就发现并推广了这一规律，杨辉只是在13世纪南宋时期再次解释。

而帕斯卡1655年才在自己的作品中介绍二项式系数规律。但是，帕斯卡创造性地将它用在解释概率运算，这对概率论的发展有开天辟地之功。

元代数学家朱世杰《四元玉鉴》中绘制的杨辉三角如图4.10所示。

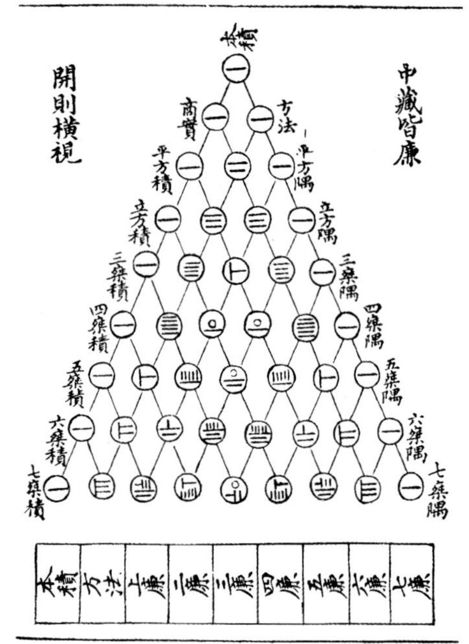

图4.10　元代数学家朱世杰《四元玉鉴》中绘制的杨辉三角

概率论是本书第20章要介绍的内容。鸢尾花书《统计至简》一册将专门介绍概率统计的相关内容。

火柴梗图

火柴梗图 (stem plot) 将杨辉三角每行单项式系数的规律可视化。图4.11所示为$n = 4$、8、12时，二项式展开单项系数规律。

火柴梗图明显呈现出中心对称性。n为偶数时，对称轴处系数最大。如图4.12所示，n为奇数时，对称轴附近两个系数为最大值。对称轴左右两侧系数先快速减小，然后再缓慢减小。

随着n增大，这一现象更加明显，如图4.13所示。连接图4.13中的实心点，我们发现一条优美的曲线呼之欲出，这条曲线就是**高斯函数** (gaussian function)。

本书第12章将介绍高斯函数。

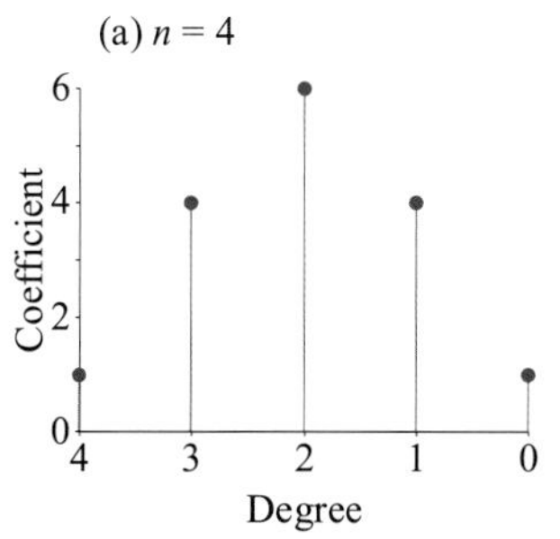

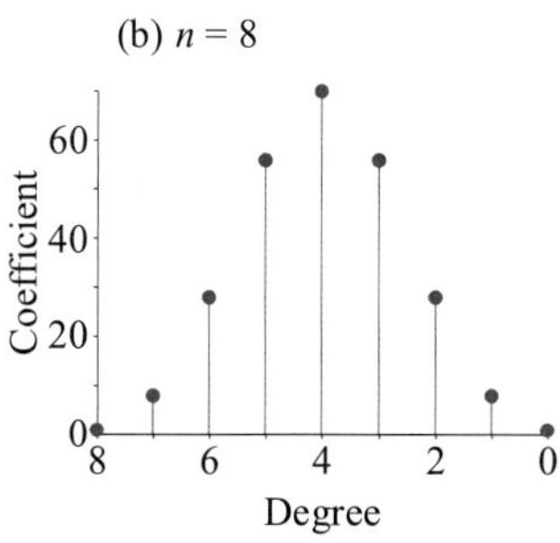

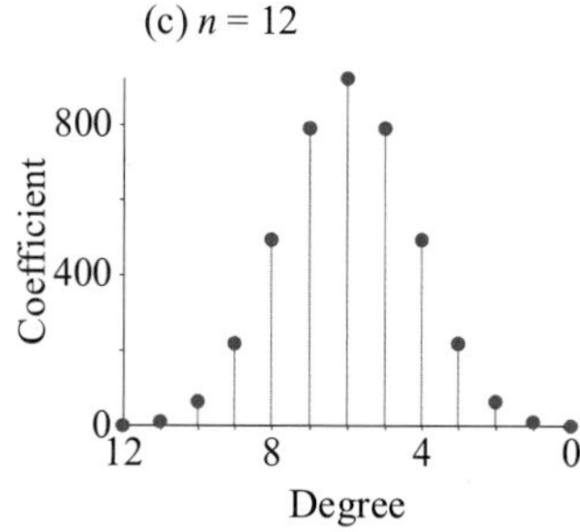

图4.11　$n = 4$、8、12等偶数时，二项式展开单项系数

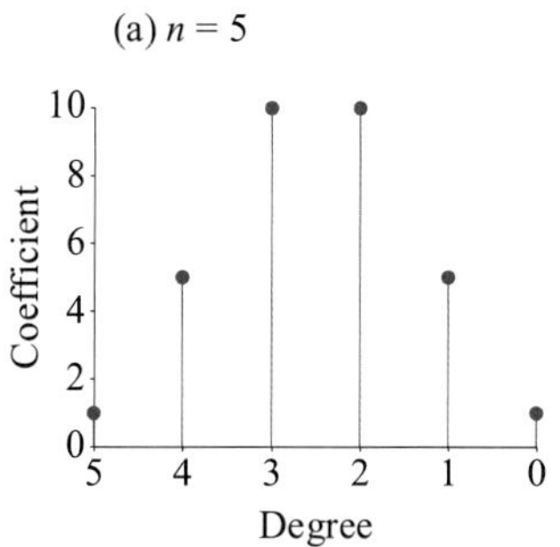

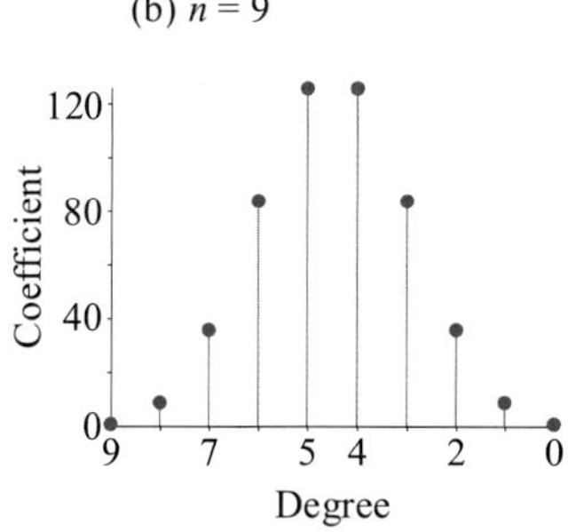

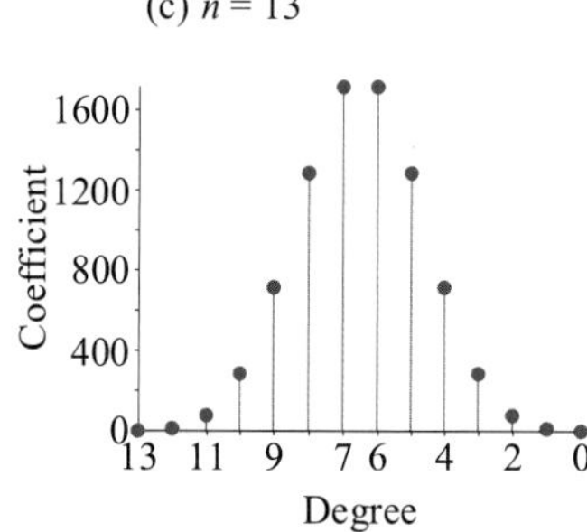

图4.12　$n = 5$、9、13等奇数时，二项式展开单项系数

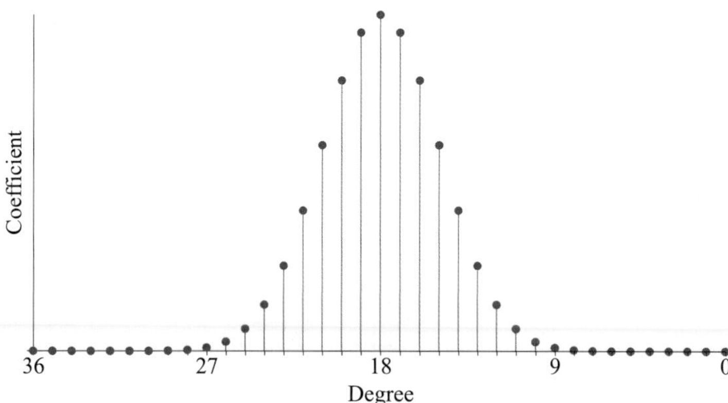

图4.13　$n = 36$时，二项式展开单项系数

代码文件Bk3_Ch4_05.py绘制图4.11和图4.13两图。

我们在Bk3_Ch4_05.py的基础上用Streamlit制作了展示二项式系数的App，请大家参考代码文件Streamlit_Bk3_Ch4_05.py。

4.5 排列组合让二项式系数更具意义

组合数

从n个不同元素中，取m ($m \leqslant n$) 个元素构成一组，称做n个不同元素中取出m个元素的一个**组合** (combination)。

注意，对于组合来说，组内的元素排序并不重要。

n个不同元素中取出m个元素的所有组合个数叫作组合数，常记作 C_n^m，则有

$$\mathrm{C}_n^m = \mathrm{C}(n,m) = \frac{n!}{(n-m)!m!} \tag{4.17}$$

其中：! 运算符就是本书第2章介绍的**阶乘** (factorial)。

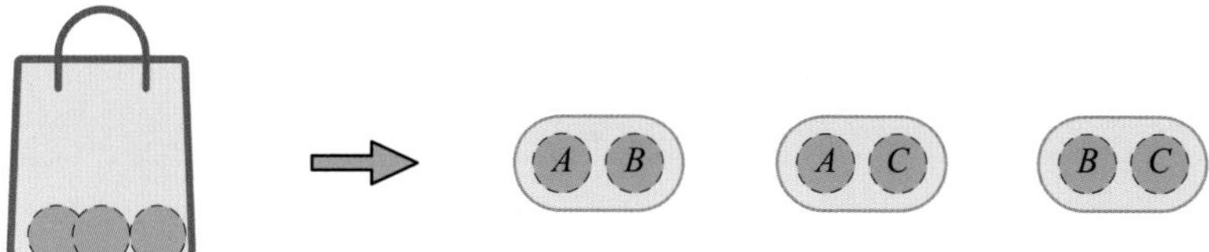

图4.14　A、B、C三个元素无放回抽取两个，结果有三种组合

举个例子，如图4.14所示，从A、B、C三个元素无放回地抽取两个，只要元素相同，不管次序是否相同都算作相同结果。结果有三种组合AB、AC、BC，对应的组合数为

$$\mathrm{C}_3^2 = \frac{3!}{(3-2)!2!} = \frac{6}{2} = 3 \tag{4.18}$$

逐个抽取个体时，每个被抽到的个体不再放回总体，也就是不再参加下一次抽取，这就是“无放回抽取”。无放回抽取中，总体在抽样过程中逐渐减小。

Bk3_Ch4_06.py完成上述无放回抽取组合实验。

结果如下。

```
('A', 'B')
('A', 'C')
('B', 'C')
```

组合数表达杨辉三角

用组合数将 $(x+y)^n$展开写成

$$(x+y)^n = C_n^0 x^n y^0 + C_n^1 x^{n-1} y^1 + C_n^2 x^{n-2} y^2 + \cdots + C_n^{n-2} x^2 y^{n-2} + C_n^{n-1} x^1 y^{n-1} + C_n^n x^0 y^n \tag{4.19}$$

因此，杨辉三角可以写成图4.15所示的形式。

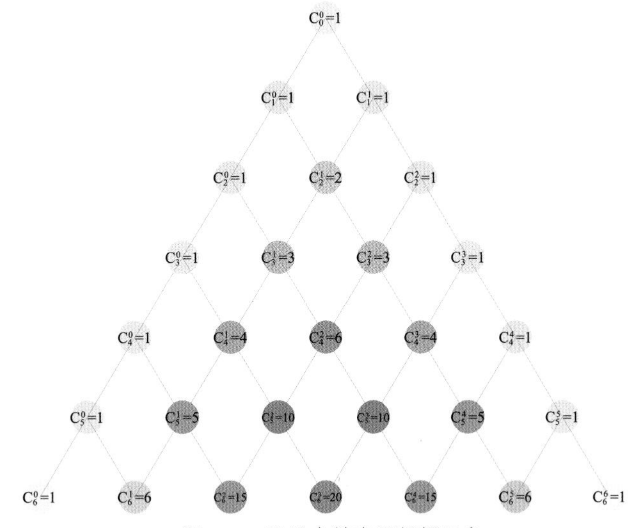

图4.15　用组合数来写杨辉三角

组合数方便解释式 (4.19) 中的各项系数。式 (4.19) 每一项x和y的次数之和为n，如果某一单项y的次数为k，x的次数为$n-k$，则这一项为 $C_n^k x^{n-k} y^k$。该项系数 C_n^k 相当于在n个x或y连乘中，选取k个为y。

将 $x=y=1$代入，可以发现组合数的一个重要规律，即

$$2^n = C_n^0 + C_n^1 + C_n^2 + \cdots + C_n^{n-2} + C_n^{n-1} + C_n^n \tag{4.20}$$

观察图4.15的对称性，容易发现另外一个组合数规律，即

$$C_n^k = C_n^{n-k} \tag{4.21}$$

排列数

从n个不同元素中，先后取m ($m \leqslant n$) 个元素排成一列，叫作从n个元素中取出m个元素的一个**排列** (permutation)。排列中，元素的排序很重要。

n个不同元素中取出m个元素的所有排列的个数叫作排列数，常记作 P_n^m ，有

$$\mathrm{P}_n^m = \mathrm{P}(n,m) = \frac{n!}{(n-m)!} \tag{4.22}$$

同样，如图4.16所示，从A、B、C三个元素无放回先后抽取两个，结果有6个排列AB、BA、AC、CA、BC、CB，即

$$\mathrm{P}_3^2 = \frac{3!}{(3-2)!} = 6 \tag{4.23}$$

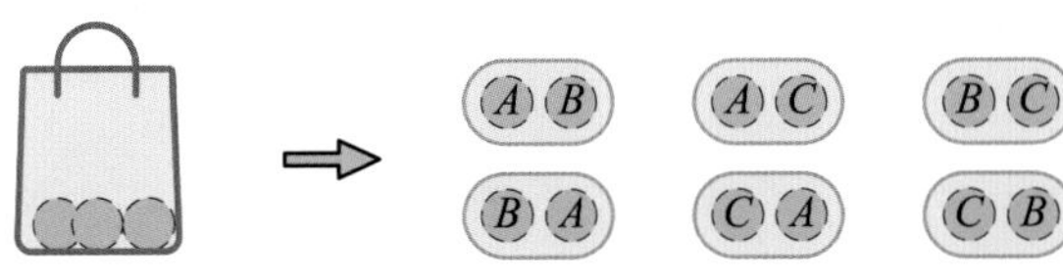

图4.16　A、B、C三个元素无放回抽取两个，结果有6种排列

Bk3_Ch4_07.py完成上述无放回排列实验。

结果为：

```
('A', 'B')
('A', 'C')
('B', 'A')
('B', 'C')
('C', 'A')
('C', 'B')
```

组合数和排列数

比较式 (4.17) 和式 (4.22)，发现排列和组合的关系为

$$\mathrm{P}_n^m = \mathrm{C}_n^m \cdot m! \tag{4.24}$$

可以这样解释式 (4.24)，先从n个元素取出m个进行组合，组合数为 C_n^m 。然后，把m个元素全部排列一遍 (也叫全排列)，排列数为$m!$。这样， C_n^m 和$m!$乘积便是n个元素取出m的排列数。

从A、B、C三个元素全排列的结果为ABC、ACB、BAC、BCA、CAB、CBA。代码文件Bk3_Ch4_08.py完成上述计算并打印全排列结果。

结果为：

```
('A', 'B', 'C')
('A', 'C', 'B')
('B', 'A', 'C')
('B', 'C', 'A')
('C', 'A', 'B')
('C', 'B', 'A')
```

4.6 杨辉三角隐藏的数字规律

本节简要探讨杨辉三角中隐藏的有趣数字规律。

帕斯卡矩阵

将杨辉三角数字左对齐，可以得到下列矩阵。这个矩阵常被称做**帕斯卡矩阵** (Pascal matrix)，即

$$\begin{bmatrix} 1 & & & & & & \\ 1 & 1 & & & & & \\ 1 & 2 & 1 & & & & \\ 1 & 3 & 3 & 1 & & & \\ 1 & 4 & 6 & 4 & 1 & & \\ 1 & 5 & 10 & 10 & 5 & 1 & \\ 1 & 6 & 15 & 20 & 15 & 6 & 1 \end{bmatrix} \tag{4.25}$$

三角形数

式 (4.25) 矩阵的第一列均为1，第二列为自然数，第三列为**三角形数** (triangular number)。

如图4.17所示，如果一定数量的圆形紧密排列，可以形成一个**等边三角形** (equilateral triangle)，这个数量就叫作三角形数。

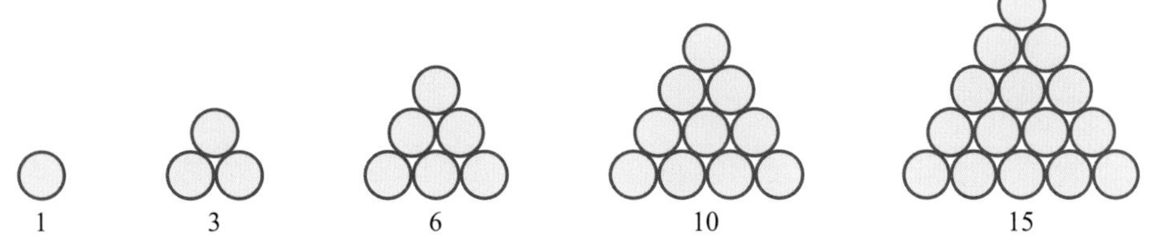

图4.17　三角形数

四面体数

式 (4.25) 第四列叫作**四面体数** (tetrahedral number或triangular pyramidal number)。

顾名思义，四面体数就是圆球紧密堆成四面体对应的数字。三角数从1累加便可以得到四面体数。也就是把图4.17中的圆形看成是圆球，将它们一层层摞起来，便可以得到正四面体。

斐波那契数列

按照图4.18所示浅黄色线条方向，将杨辉三角每一组数字相加，可以得到下列数字序列，即

$$1,\ 1,\ 2,\ 3,\ 5,\ 8,\ 13,\ 21,\ 34,\ 55 \tag{4.26}$$

这便是**斐波那契数列** (Fibonacci sequence)。

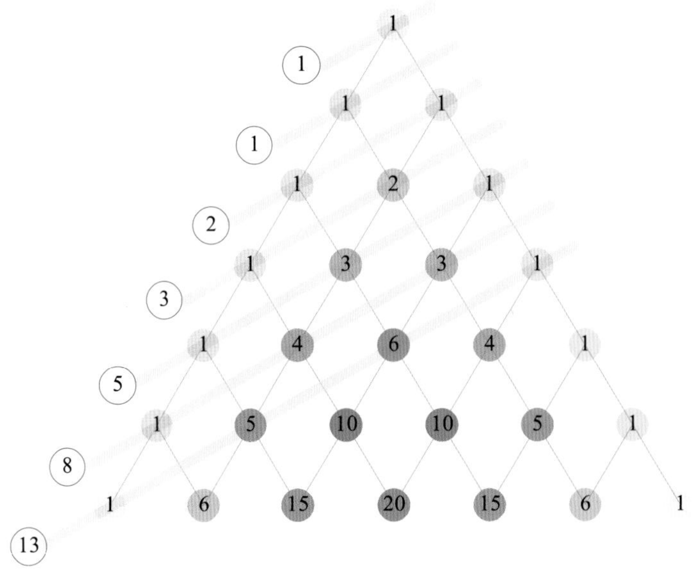

图4.18　杨辉三角和斐波那契数列关系

4.7 方程组：求解鸡兔同笼问题

方程

方程 (equation) 就是含有未知量的等式，如$x + 5 = 8$。使等式成立的未知量的值叫作方程的根 (root) 或解 (solution)。

一元一次方程 (linear equation in one variable) 可以写成

$$ax + b = c \tag{4.27}$$

其中：x为未知变量；a、b、c为实数，且$a \neq 0$。

二元一次方程 (linear equation in two variables) 可以写成

$$ax + by = c \tag{4.28}$$

其中：x和y为未知变量；a、b、c为实数，$a \neq 0$且$b \neq 0$。

用x_1和x_2作为未知量，二元一次方程也可以写成

$$ax_1 + bx_2 = c \tag{4.29}$$

方程组

方程组 (system of equations) 是指两个或两个以上的方程，一般也会对应两个或两个以上未知量。约1500年前成书的《孙子算经》中记载的“鸡兔同笼”就可以写成二元一次方程组。

鸡兔同笼问题原文是：“今有雉兔同笼，上有三十五头，下有九十四足，问雉兔各几何？”

用现代汉语来说就是：现在笼子里有鸡 (雉读做zhì) 和兔子在一起。从上面数一共有35个头，从下面数一共有94只脚，问一共有多少只鸡、多少只兔子？

用x代表鸡，y代表兔。有35个头对应方程式

$$x+y=35 \tag{4.30}$$

有94只脚对应方程式

$$2x+4y=94 \tag{4.31}$$

联立两个等式得到方程组

$$\begin{cases} x+y=35 \\ 2x+4y=94 \end{cases} \tag{4.32}$$

很容易求得

$$\begin{cases} x=23 \\ y=12 \end{cases} \tag{4.33}$$

也就是，笼子里有23只鸡，12只兔。

本书会在坐标系、线性代数这两个话题中继续有关鸡兔同笼故事。

一元二次方程

一元二次方程 (quadratic equation in one variable) 可以写成

$$ax^2+bx+c=0 \tag{4.34}$$

其中：a、b、c都是实数，且$a \neq 0$。

式 (4.34) 的求根公式可以写成

$$x_{1,2}=\frac{-b\pm\sqrt{b^2-4ac}}{2a} \tag{4.35}$$

式 (4.34) 的**判别式** (discriminant) 是

$$\varDelta=b^2-4ac \tag{4.36}$$

$\varDelta>0$，一元二次方程有两个实数根；$\varDelta=0$，一元二次方程有两个相同实数根；$\varDelta<0$，一元二次方程有两个不同的复数根，不存在实数根。

多项式求根

采用numpy.roots() 也可以计算多项式方程的根。给定多项式等式

$$a_nx^n+a_{n-1}x^{n-1}+\cdots+a_1x+a_0=0 \tag{4.37}$$

单项式次数从低到高各项系数作为输入，用numpy.roots([a_0, a_1, …, a_{n-1}, a_n]) 函数来求根。此外，sympy.solvers.solve() 函数也可以用于求根。

举个例子，给定三次多项式等式

$$-x^3+0\cdot x^2+x+0=0 \tag{4.38}$$

代码文件Bk3_Ch4_09.py求解式 (4.38) 的三个根。

表4.6所示为方程相关的英文表达。

表4.6 方程相关英文表达

方程	英文表达
$x(y+1)=5$	*x* times the quantity of *y* plus one equals five.
$(x+a)(x+b)=0$	The quantity of *x* plus a times the quantity of *x* plus *b* equals zero.
$2x+y=5$	Two *x* plus *y* equals five.
$2x^2+3x+4=0$	Two *x* squared plus three *x* plus four equals zero.
$2x^3+3x^2+4=0$	Two *x* cubed plus three *x* squared plus four equals zero.
$(x+y)/2x=0$	The quantity of *x* plus *y* over two *x* equals zero.
$(x+y)^n=1$	The quantity *x* plus *y* to the nth power equals one.
$x^n+x^{n-1}=5$	*x* to the *n*, plus *x* to the *n* minus one equals five.

有时候，知识的传播好似“随风潜入夜”。更多时候，是水火不容的碰撞和残酷血腥的争夺。然而，这场抢占知识高地的竞争从未偃旗息鼓，大有愈演愈烈之势。

拿破仑曾感叹“数学的发展与国运息息相关”。让数学思想之火熊熊燃烧的是一代代栋梁之才和保护炬火、席卷八荒的强大力量。两者互为给养、风雨同舟、荣辱与共。

在图4.2所示中西方代数复兴的时间轴上，一方面我们可以看到数学无国界，她在世界各地辗转腾挪、断续发展；另一方面，这个历史的脉络也让人们看到人才培养、聚集、转移，伴随着财富、军事、生产力、政治影响力此消彼长。

阿基米德的血肉之躯不能挡住罗马士兵的刀刃；但是，他的精巧发明曾一度让强敌闻之色变。知识不等同于汗牛充栋、蛛网尘封的藏书，两者可谓天壤之差、云泥之别。掌握、利用知识，让知识成为生产力，而生产力助力科技进步，迭代螺旋上升才是关键。

02

Section 02

坐标系

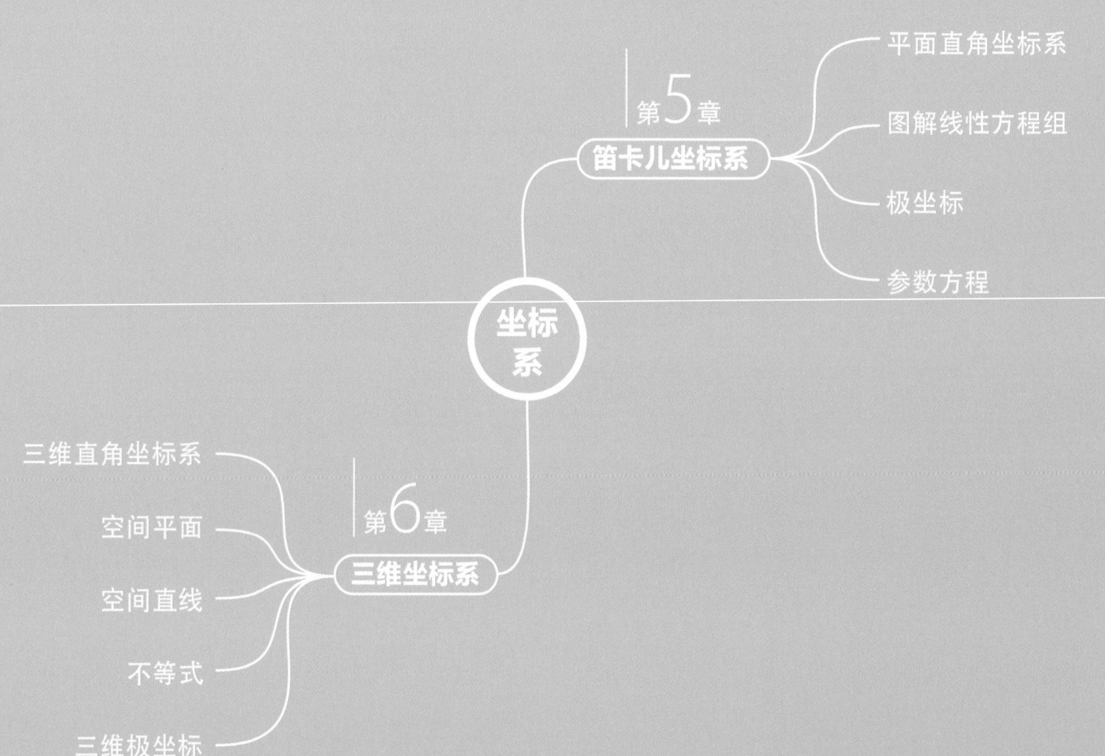

平面直角坐标系
第5章
图解线性方程组
笛卡儿坐标系
极坐标
参数方程
坐标系
三维直角坐标系
第6章
空间平面
三维坐标系
空间直线
不等式
三维极坐标

学习地图 | 第2版块

Cartesian Coordinate System

笛卡儿坐标系

几何代数一相逢，便胜却人间无数

我思，故我在。

I think, therefore I am.

Cogito ergo sum.

—— 勒内・笛卡儿 (René Descartes) | 法国哲学家、数学家、物理学家 | 1596 — 1650

- `Axes3D.plot_surface()` 绘制三维曲面
- `matplotlib.pyplot.axhline()` 绘制水平线
- `matplotlib.pyplot.axvline()` 绘制竖直线
- `matplotlib.pyplot.plot()` 绘制线图
- `matplotlib.pyplot.scatter()` 绘制散点图
- `matplotlib.pyplot.text()` 在图片上打印文字
- `numpy.meshgrid()` 生成网格数据
- `plot_parametric()` 绘制二维参数方程
- `plot3d_parametric_line()` 绘制三维参数方程
- `seaborn.pairplot()` 成对散点图
- `seaborn.scatterplot()` 绘制散点图
- `sympy.is_decreasing()` 判断符号函数的单调性

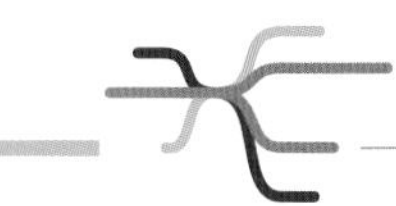

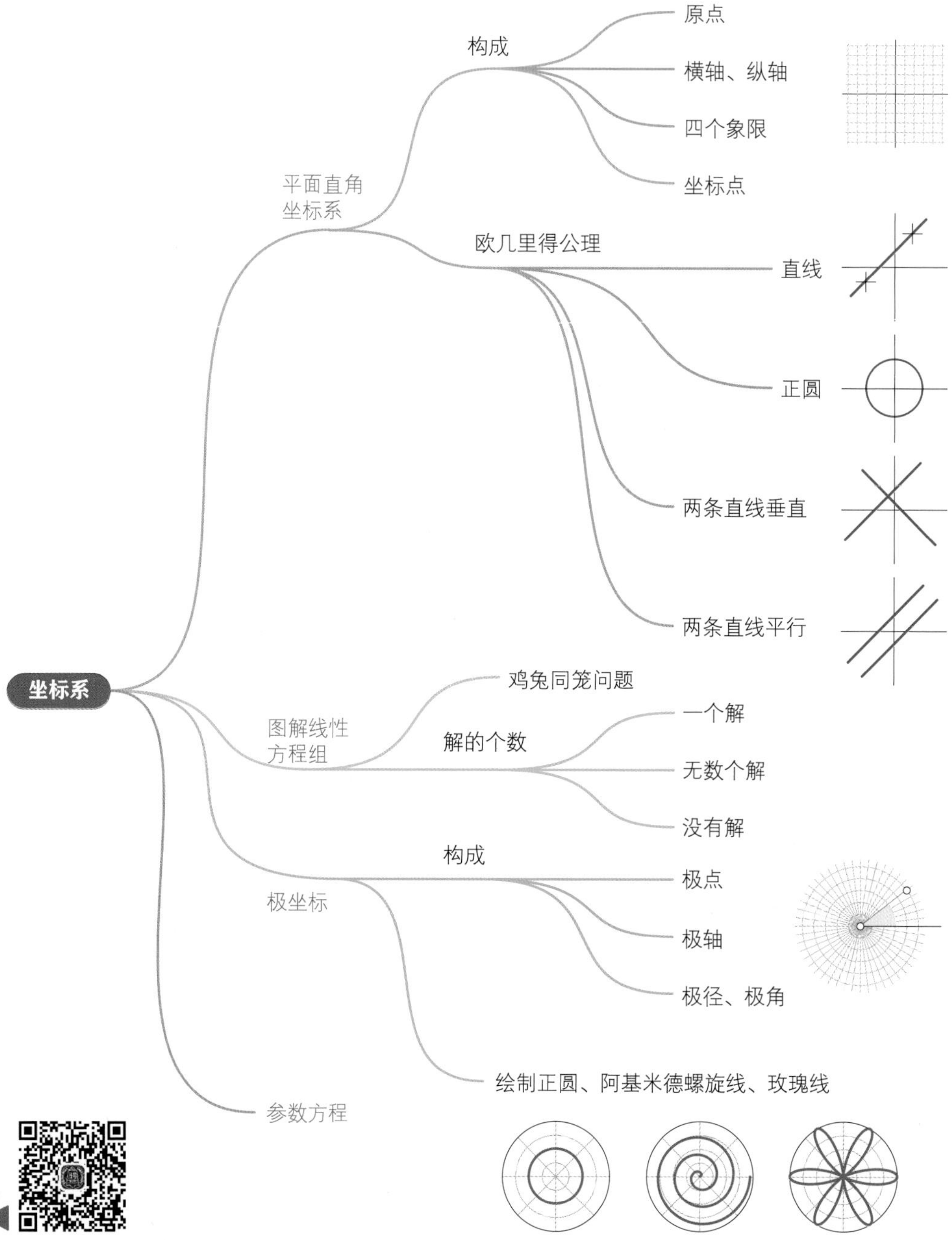

- 坐标系
  - 平面直角坐标系
    - 构成
      - 原点
      - 横轴、纵轴
      - 四个象限
      - 坐标点
    - 欧几里得公理
      - 直线
      - 正圆
      - 两条直线垂直
      - 两条直线平行
  - 图解线性方程组
    - 鸡兔同笼问题
    - 解的个数
      - 一个解
      - 无数个解
      - 没有解
  - 极坐标
    - 构成
      - 极点
      - 极轴
      - 极径、极角
    - 绘制正圆、阿基米德螺旋线、玫瑰线
  - 参数方程

5.1 笛卡儿：我思故我在

笛卡儿 (René Descartes) 在《方法论》(*Discourse on the Method*) 中写道："在我认为，任何事情都值得怀疑，但是这个正在思考的个体——我——一定存在。这样，我便得到第一条真理——我思故我在。"

勒内·笛卡儿 (René Descartes)
法国哲学家、数学家和科学家 | 1596 — 1650
解析几何之父

这一天，房间昏暗，笛卡儿躺在床上、百无聊赖，可能在思考"存在"的问题。一只不速之客闯入他的视野，笛卡儿把目光投向房顶，发现一只苍蝇飞来飞去、嘤嘤作响。

突然之间，一个念头在这个天才的大脑中闪过——要是在屋顶画上方格，我就可以追踪苍蝇的轨迹 (见图5.1)！

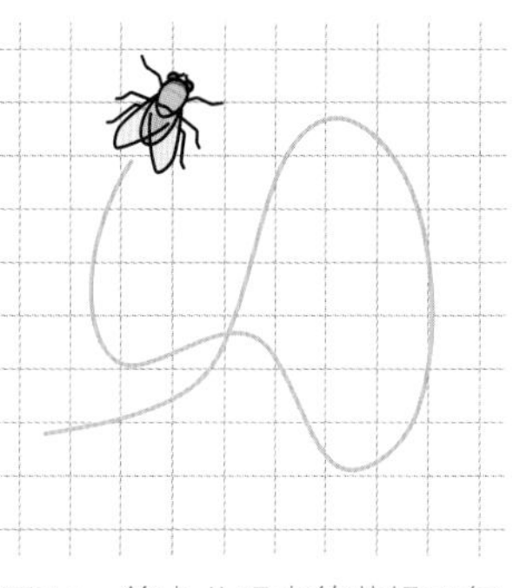

图5.1 笛卡儿眼中的苍蝇飞行

这个开创性的发明像一抹耀眼的光束，瞬间洒满整个屋顶，照亮昏暗的房间。它随即射入人类思想的夜空，改变了数学发展的路径。笛卡儿坐标系让几何和代数这两条平行线交织在一起，再也没有分开。

几何形体就像是暗夜中大海上游弋的航船。坐标系就是灯塔，就是指引方位的北斗。代数式每个符号原本瘦骨嶙峋、死气沉沉。坐标系让它们血肉丰满、生龙活虎。

毫不夸张地说，没有笛卡儿坐标系，就不会有函数，更不会有微积分。

笛卡儿时代时间轴如图5.2所示。

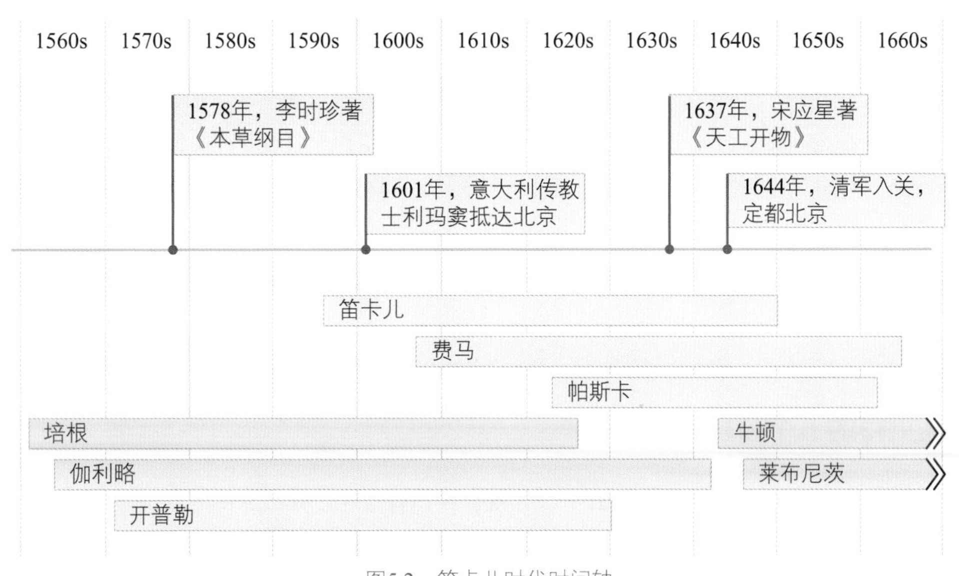

图5.2 笛卡儿时代时间轴

5.2 坐标系：代数可视化，几何参数化

平面直角坐标系

在平面上，**笛卡儿坐标系** (Cartesian coordinate system) 也叫平面直角坐标系。平面直角坐标系是两个相交于**原点** (origin) 相互垂直的实数轴。数学中，平面直角坐标系常记作$\mathbb{R}^2$。

注意：本书也常用x_1表示横轴，用x_2表示纵轴。

注意：象限不包括坐标轴。

如图5.3所示，平面直角坐标系是“横平竖直”的方格。**横轴** (horizontal number line) 常被称为x轴 (x-axis)，**纵轴** (vertical number line) 常被称为y轴 (y-axis)。

如图5.3所示，横纵轴将xy平面 (xy-plane) 分成四个**象限** (quadrants)。象限通常以**罗马数字** (Roman numeral) **逆时针方向** (counter-clockwise) 编号。

平面上的每个点都可以表示为坐标 (a, b)。a和b两个值分别为**横坐标** (x-coordinate) 和**纵坐标** (y-coordinate)。图5.4所示为平面直角坐标系中6个点对应的坐标，请大家自己标出每个点所在象限或横纵轴。

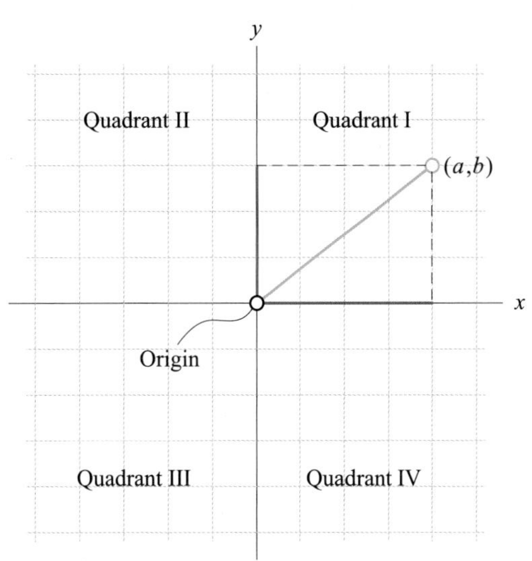

图5.3　笛卡儿坐标系

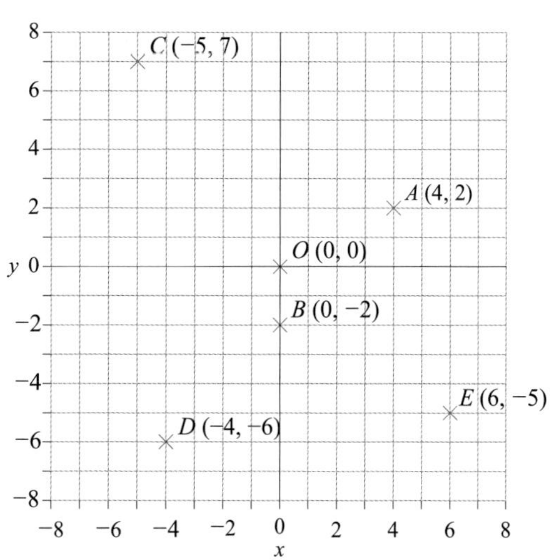

图5.4　平面直角坐标系中6个点的位置

代码文件Bk3_Ch5_01.py绘制图5.4所示平面直角坐标系网格和其中6个点，并打印坐标值。

欧几里得的五个公理

有了直角坐标系，欧几里得提出的五个公理就很容易被量化，如图5.5和图5.6所示。下面，我们展开讲解。

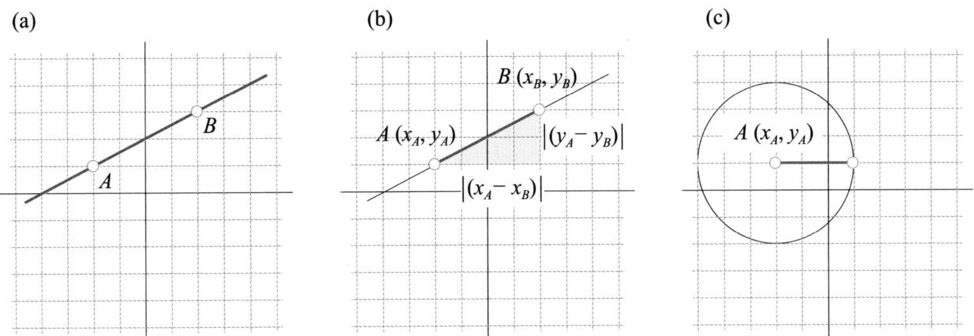

图5.5 在平面直角坐标系中展示直线、线段长度和圆

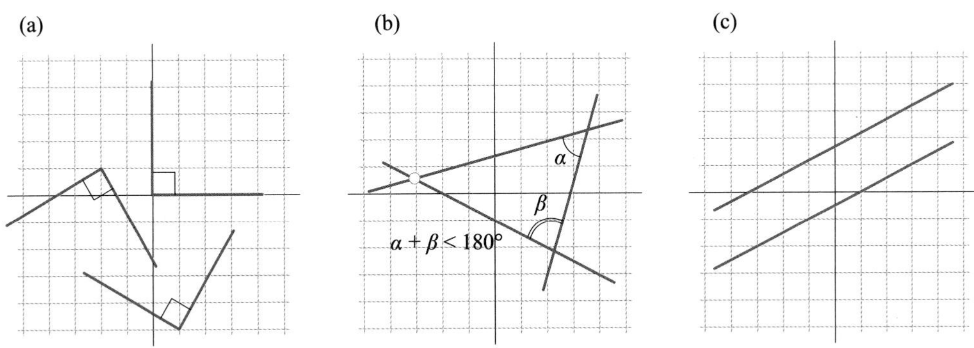

图5.6 在平面直角坐标系中展示直角、相交和平行

直线

如图5.5所示，平面直角坐标系中，过任意两点可以画一条直线，这条直线一般对应代数中的二元一次方程

$$ax + by + c = 0 \tag{5.1}$$

使用矩阵乘法，式 (5.1) 可以写成

$$\begin{bmatrix} a & b \end{bmatrix} \begin{bmatrix} x \\ y \end{bmatrix} + c = 0 \tag{5.2}$$

如图5.7 (a) 所示，特别地，当$a = 0$时，直线平行于横轴，有

$$by + c = 0 \tag{5.3}$$

如图5.7 (b) 所示，当$b = 0$时，直线平行于纵轴，有

$$ax + c = 0 \tag{5.4}$$

如图5.7 (c) 所示，如果a、b均不为0，式 (5.1) 可以写成

$$y = -\frac{a}{b}x - \frac{c}{b} \tag{5.5}$$

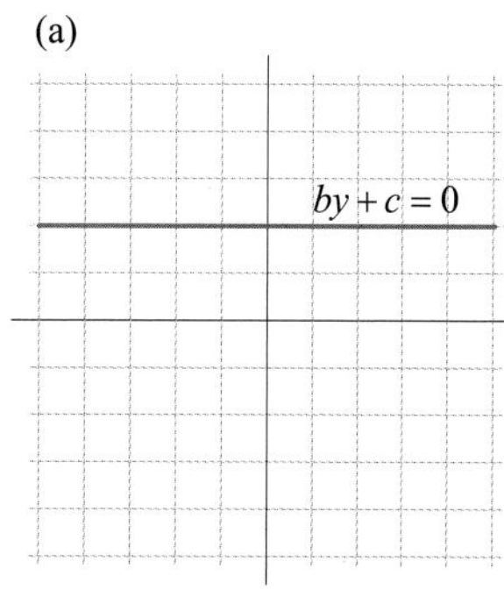

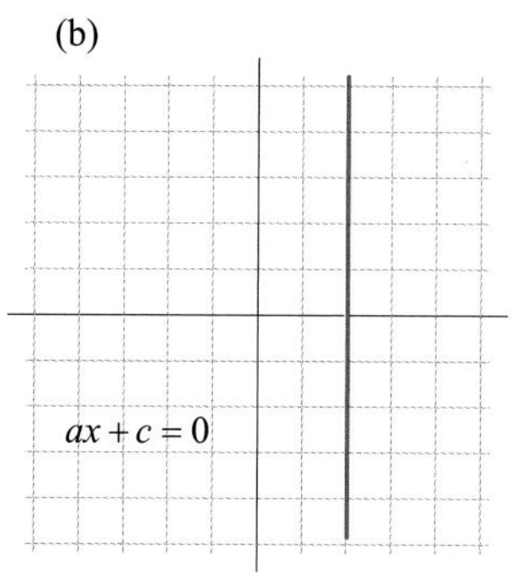

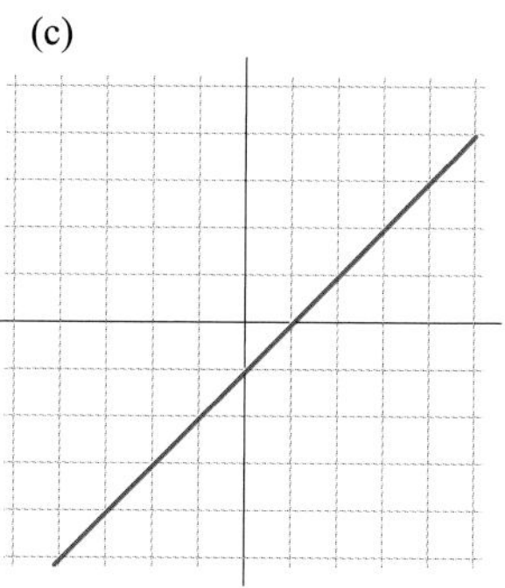

图5.7　平面直角坐标系中三类直线

当x为自变量、y为因变量时，式 (5.5) 实际上就变成了一元一次函数。其中，$-a/b$为直线**斜率** (slope)，$-c/b$为**纵轴截距** (y-intercept)。

两点距离

如图5.5 (b) 所示，A (x_A, y_A) 和B (x_B, y_B) 两点之间的直线距离可以用勾股定理求得，即

本书第11章将专门介绍一元一次函数图像。

$$AB = \sqrt{\left(x_A - x_B\right)^2 + \left(y_A - y_B\right)^2} \tag{5.6}$$

正圆

如图5.5 (c) 所示，以A (x_A, y_A) 点为圆心，r为半径画一个圆。圆上任意一点 (x, y) 到A (x_A, y_A) 点的距离为r，据此可以构造等式

$$\sqrt{\left(x - x_A\right)^2 + \left(y - y_A\right)^2} = r \tag{5.7}$$

式 (5.7) 两边平方得到图5.5 (c) 所示圆的解析式为

$$\left(x - x_A\right)^2 + \left(y - y_A\right)^2 = r^2 \tag{5.8}$$

使用矩阵乘法，式 (5.8) 可以写成

$$\begin{bmatrix} x - x_A & y - y_A \end{bmatrix} \begin{bmatrix} x - x_A \\ y - y_A \end{bmatrix} - r^2 = 0 \tag{5.9}$$

特别地，当圆心为原点 (0, 0)，半径 $r = 1$时，圆为**单位圆** (unit circle)，对应的解析式为

$$x^2 + y^2 = 1 \tag{5.10}$$

使用矩阵乘法，式 (5.10) 可以写成

$$\begin{bmatrix} x & y \end{bmatrix} \begin{bmatrix} x \\ y \end{bmatrix} - 1 = 0 \tag{5.11}$$

有了平面直角坐标系，单位圆和各种三角函数之间的联系就很容易可视化，具体如图5.8所示。请大家特别注意θ为$\pi/2$ (90°) 的倍数，即$\theta = k\pi/2$ (k为整数) 时，有些三角函数值为无穷，即没有

定义。比如$\theta = 0$ (0°) 时，点A在横轴正半轴上，图5.8中$\csc\theta$ 和$\cot\theta$ 均为无穷。又如$\theta = \pi/2$ (90°) 时，点A在纵轴正半轴上，图5.8中$\sec\theta$ 和$\tan\theta$ 均为无穷。图5.9所示为平面直角坐标系中，角度、弧度和常用三角函数的正负关系。

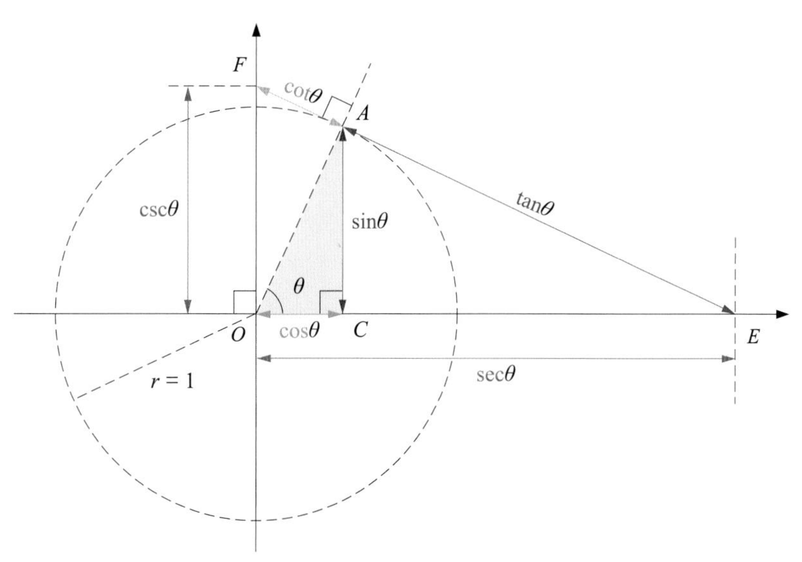

图5.8　三角函数和单位圆的关系

> 当θ连续变化时，几个三角函数值也会跟着连续变化，在平面直角坐标系中，我们可以画出三角函数图像。本书第11章将介绍常见三角函数的图像。

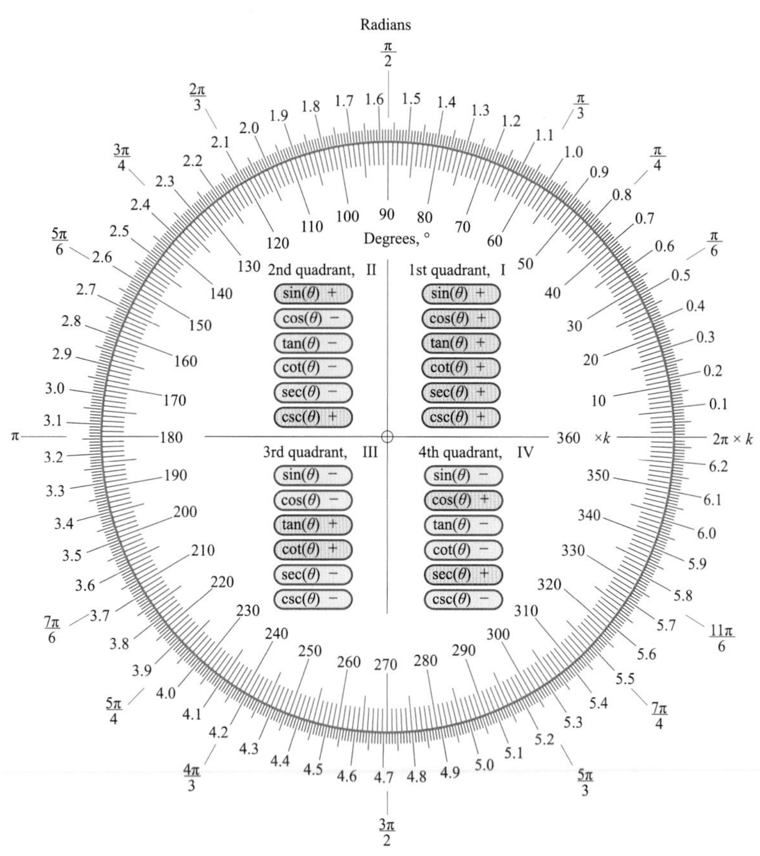

图5.9　平面直角坐标系中，角度、弧度和常用三角函数的正负关系

垂直

平面直角坐标系中，判断垂直变得更加简单。

给定 $ax + by + c = 0$ 和$\alpha x + \beta y + \gamma = 0$两条直线，两者垂直时满足条件

$$a\alpha + b\beta = 0 \tag{5.12}$$

如果系数a、b、α、β均不为0时，两条直线垂直，则两条直线斜率相乘为-1，即

$$\frac{a}{b}\frac{\alpha}{\beta} = -1 \tag{5.13}$$

图5.10 (a) 所示为两条垂直线，它们分别代表$y = 0.5x + 2$和$y = -2x - 1$这两个一次函数。显然两个一次函数斜率相乘为-1 (= 0.5×(-2))。

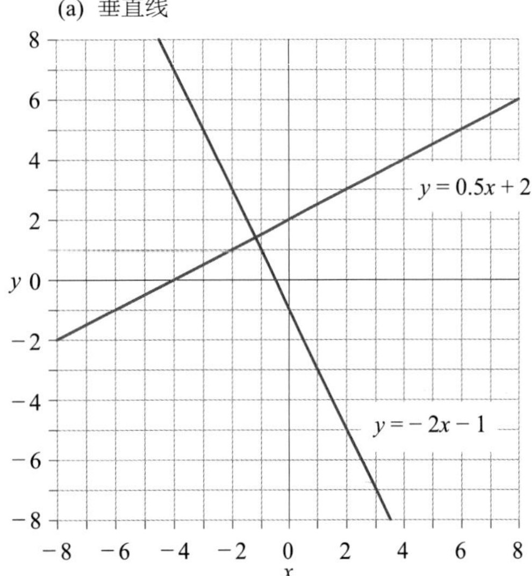

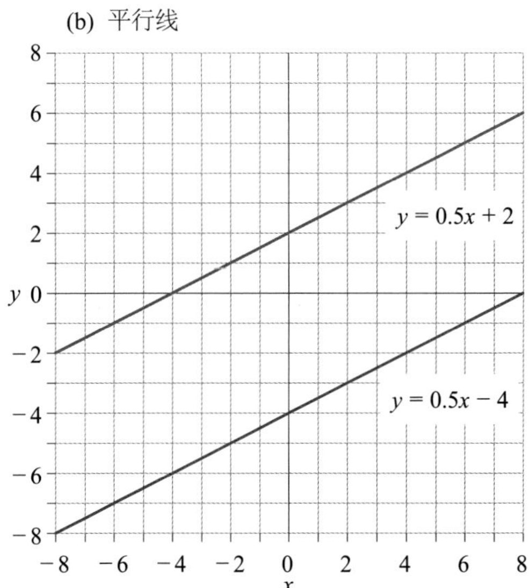

图5.10　两条垂直直线和两条平行线

平行

类似地，如果$ax + by + c = 0$ 和$\alpha x + \beta y + \gamma = 0$两条直线平行，则系数满足

$$a\beta - b\alpha = 0 \tag{5.14}$$

如果系数a、b、α、β均不为0时，两条直线平行或重合，则两条直线斜率相同，即

$$\frac{a}{b} = \frac{\alpha}{\beta} \tag{5.15}$$

图5.10 (b) 所示为两条平行线。图5.11 分别展示了两条水平线和两条竖直线。两条水平线可以视作常数函数，而两条竖直线则不是函数。

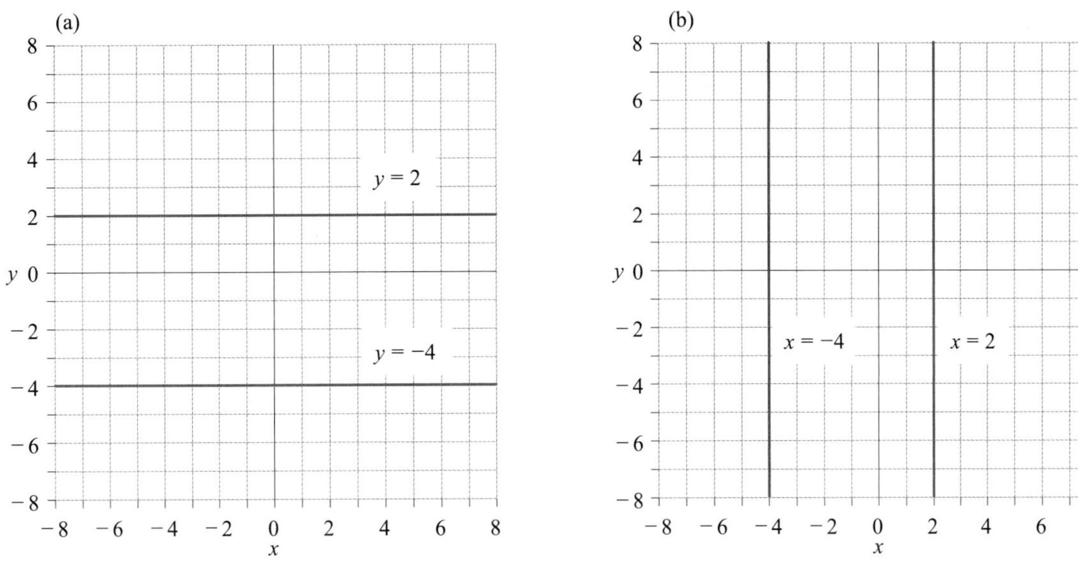

图5.11　两条水平线和两条竖直线

表5.1总结了有关坐标系的常用英文表达。

表5.1　有关坐标系的常用英文表达

数学或中文表达	英文表达
(a,b)	The point *a*, *b*
$P(a,b)$	The point capital *P* with coordinates *a* and *b*
$P(4,3)$	The *x*-coordinate of point *P* is 4; and the *y*-coordinate of point *P* is 3. The coordinates of point *P* are (4, 3). 4 is the *x*-coordinate and 3 is the *y*-coordinate *P* is 4 units to the right of and 3 units above the origin.
第一象限	First quadrant
*y*轴正方向	Positive direction of the *y*-axis
*y*轴负方向	Negative direction of the *y*-axis
*x*轴正方向	Positive direction of the *x*-axis
*x*轴负方向	Negative direction of the *x*-axis
关于*x*轴对称	To be symmetric about the *x*-axis
关于*y*轴对称	To be symmetric about the *y*-axis
关于原点对称	To be symmetric about the origin

代码文件Bk3_Ch5_02.py绘制图5.10和图5.11。

5.3 图解“鸡兔同笼”问题

图解法

有了平面直角坐标系，我们就可以图解本书第4章提到的鸡兔同笼问题。

首先构造二元一次方程组，这次用x_1代表鸡，x_2代表兔。

鸡、兔共有35个头，对应等式

$$x_1 + x_2 = 35 \tag{5.16}$$

鸡、兔共有94只足，对应等式

$$2x_1 + 4x_2 = 94 \tag{5.17}$$

联立两个等式，得到方程组

$$\begin{cases} x_1 + x_2 = 35 \\ 2x_1 + 4x_2 = 94 \end{cases} \tag{5.18}$$

用图解法，式 (5.16) 和式 (5.17) 分别代表平面直角坐标系中的两条直线，如图5.12所示。两条直线的交点就是解 (23, 12)。也就是说，笼子里有23只鸡，12只兔。

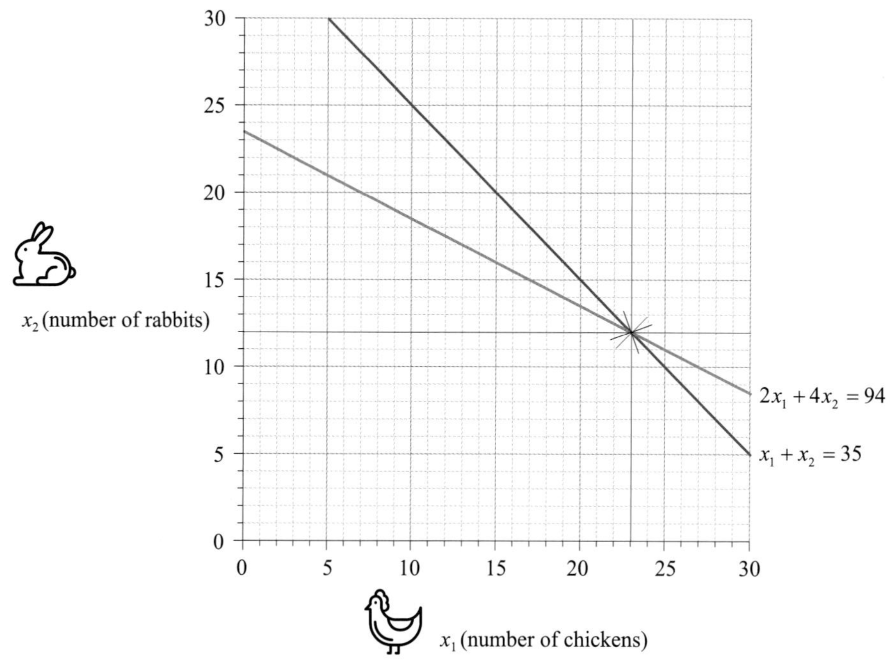

图5.12　鸡兔同笼问题方程组对应的图像

限制条件

实际上，图5.12所示的两条直线并不能准确表达鸡兔同笼问题的全部条件。

鸡兔同笼问题还隐含着限制条件——x_1和x_2均为非负整数。也就是说，鸡、兔的个数必须是0或正整数，不能是小数，更不能是负数。

有了这个条件作为限制，我们便可以获得如图5.13所示的这幅图像。可以看到，方程对应的图像不再是连续的直线，而是一个个点。图5.13的网格交点对应整数坐标点，可以看到所有的 × 点都在网格交点处。

图5.13中所有的点被限制在第一象限 (包含坐标轴)，这个区域对应不等式组

$$\begin{cases} x_1 \geqslant 0 \\ x_2 \geqslant 0 \end{cases} \tag{5.19}$$

不等式区域是下一章要探讨的话题。

从另外一个角度来看，图5.13中 × 和 × 两组点对应的横、纵轴坐标值分别构成**等差数列** (arithmetic progression)。

等差数列是指从第二项起，每一项与它的前一项的差等于同一个常数的一种数列。

注意：数列也可以看作是定义域离散的特殊函数。

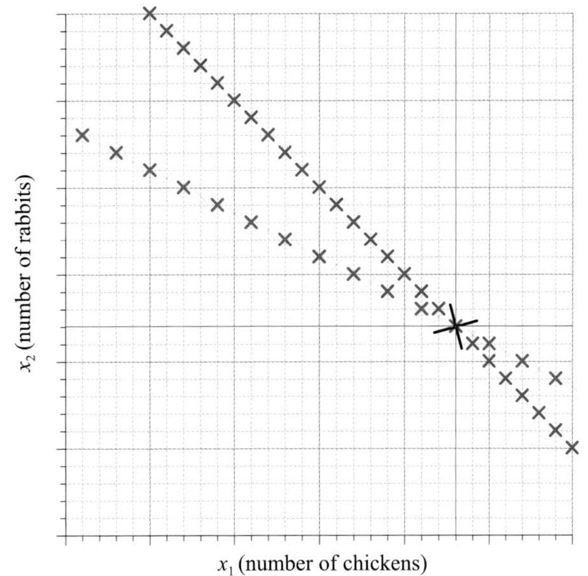

图5.13　鸡兔同笼问题方程组对应的非负整数图像

本书第14章将讲解数列相关内容。

二元一次方程组解的个数

两个二元一次方程构成的方程组可以有一个解、无数解或者没有解。

有了图像，这一点就很好理解了。图5.14 (a) 给出的两条直线相交于一点，也就是二元一次方程组有一个解。

图5.14 (b) 给出的两条直线相重合，也就是二元一次方程组有无数解。

图5.14 (c) 给出的两条直线平行，也就是二元一次方程组没有解。

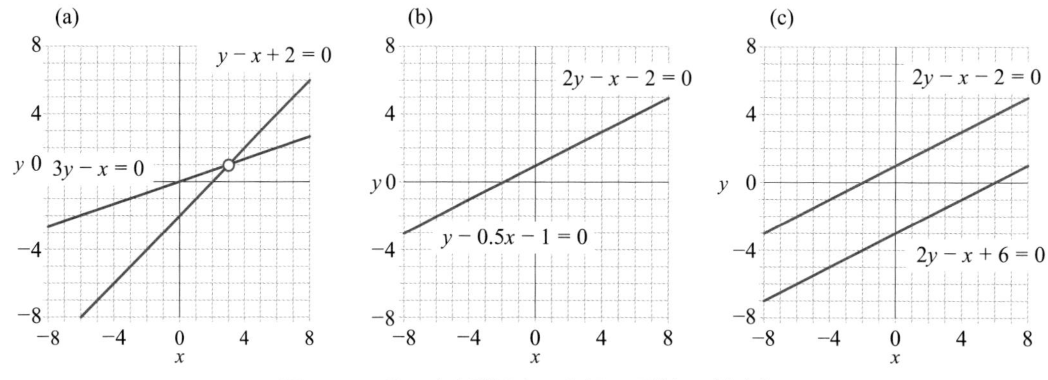

图5.14　二元一次方程组有一个解、无数解、没有解

代码文件Bk3_Ch5_03.py绘制图5.12。代码并没有直接计算出方程组的解，这个任务交给本书线性代数相关内容来解决。

我们在Bk3_Ch5_03.py基础上，用Streamlit制作了绘制平面直线的App，通过调整参数，请大家观察直线的位置变化。请参考代码文件Streamlit_Bk3_Ch5_03.py。

5.4 极坐标：距离和夹角

极坐标系 (polar coordinate system) 也是常用坐标系。如图5.15左图所示，平面直角坐标系中，位置由横、纵轴坐标值确定。而极坐标中，位置由一段距离r和一个夹角θ来确定。

如图5.15右图所示，O是极坐标系的**极点** (pole)，从O向右引一条射线作为**极轴** (polar axis)，规定逆时针角度为正。这样，平面上任意一点P的位置可以由线段OP的长度r和极轴到OP的角度θ来确定。(r, θ) 就是P点的极坐标。

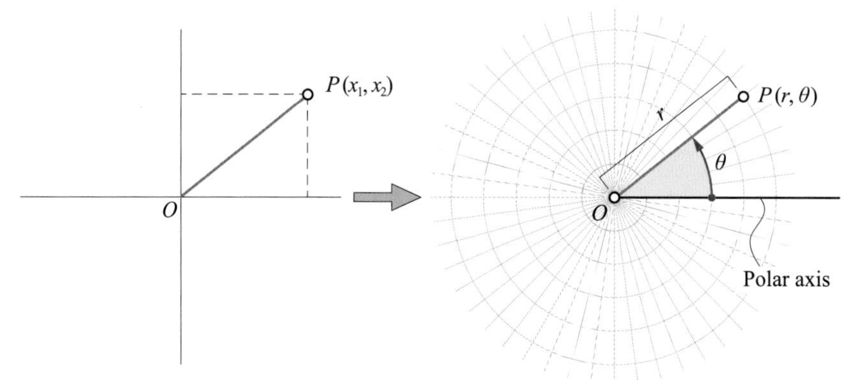

图5.15　从平面直角坐标系到极坐标系

一般，r称为**极径** (radial coordinate或radial distance)，θ称为**极角** (angular coordinate或polar angle或azimuth)。

平面上，极坐标 (r, θ) 可以转化为直角坐标系坐标 (x_1, x_2)，有

$$\begin{cases} x_1 = r \cdot \cos\theta \\ x_2 = r \cdot \sin\theta \end{cases} \tag{5.20}$$

平面极坐标让一些曲线可视化变得非常容易。图5.16 (a) 所示为极坐标系中绘制的正圆，图5.16 (b) 所示为**阿基米德螺线** (Archimedean spiral)，图5.16 (c) 所示为玫瑰线。

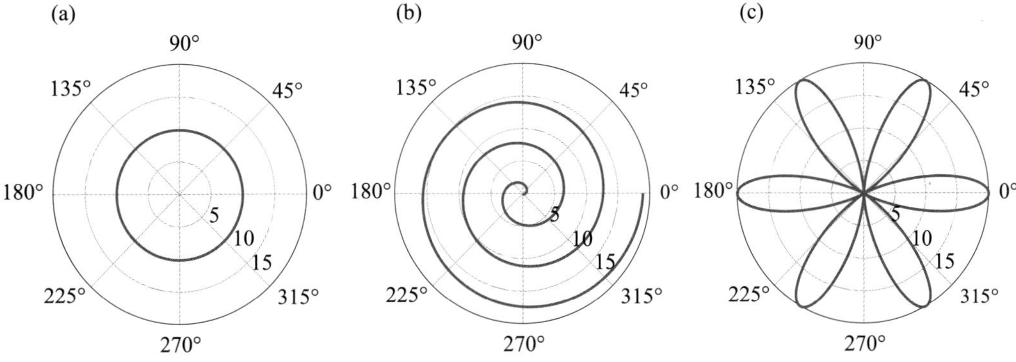

图5.16　平面极坐标系中可视化三个曲线

代码文件Bk3_Ch5_04.py绘制图5.16所示的三幅图像。

5.5 参数方程：引入一个参数

在平面直角坐标系中，如果曲线上任意一点坐标x_1、x_2都是某个参数 (如t) 的函数，对于参数任何取值，方程组确定的点 (x_1, x_2) 都在这条曲线上，那么这个方程就叫作曲线的**参数方程** (parametric equation)，比如

$$\begin{cases} x_1 = f(t) \\ x_2 = g(t) \end{cases} \tag{5.21}$$

图5.17所示为用参数方程法绘制的单位圆，对应的参数方程为

$$\begin{cases} x_1 = \cos(t) \\ x_2 = \sin(t) \end{cases} \tag{5.22}$$

其中：t为参数，取值范围为 $[0, 2\pi]$。

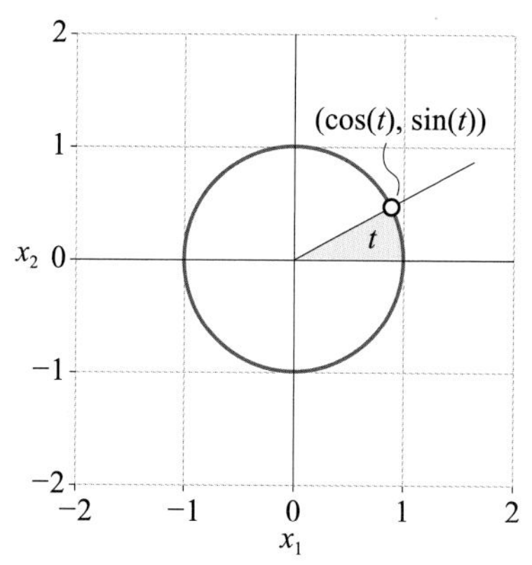

图5.17　参数方程绘制正圆

代码文件Bk3_Ch5_05.py用于绘制图5.17。

我们也可以采用sympy工具包中的plot_parametric() 函数绘制二维参数方程，代码文件Bk3_Ch5_06.py便是通过t = symbols('t') 先定义符号变量t。然后，利用plot_parametric() 函数绘制单位圆。

5.6 坐标系必须是“横平竖直的方格”？

本章最后聊一下“坐标系”的内涵。

从广义来说，坐标系就是一个定位系统。比如，地球表面可以用经纬度来唯一确定一点，显然经纬度网格不是横平竖直，它更像本章讲到的极坐标。

具体到某一个建筑内的位置时，我们在经纬度基础上加入楼层数这个定位参数。而航空、航天器定位时，会考虑海拔，如图5.18所示。

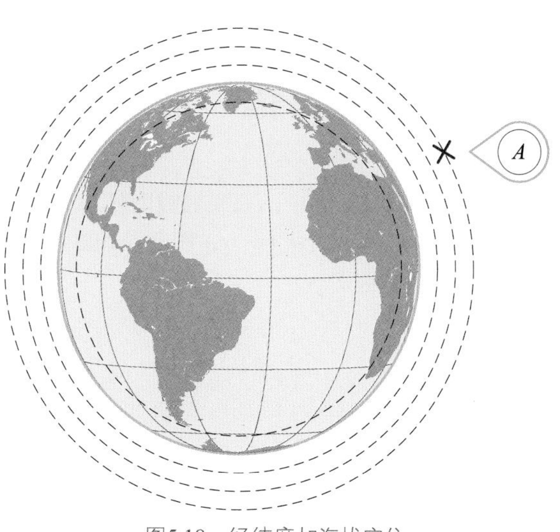

图5.18　经纬度加海拔定位

现在人类还是生存在地球“表面”。假想在不远的未来，人类可以大规模地在地下、海洋下方，甚至天空中生活，这时人们可能要自然而然地在经纬度基础上再加一个定位值，如距离地心距离或海拔。那时，三座城市很可能经纬度几乎一致，却分别位于地表、地下和半空中。

坐标系的定义应满足实际需求，根据约定俗成怎么方便怎么来。

笛卡儿坐标系是数学中定位平面一点最常用的坐标系。本章给出的直角坐标系都是横平竖直的“方格”，这是因为它们的横纵坐标轴垂直，且尺度完全一致。很多情况，直角坐标系的横纵坐标轴的数值尺度不同，这样我们便获得了“长方格”的直角坐标系。

如图5.19所示，横平竖直的方格，经过竖直或水平方向拉伸，得到两个不同长方格。大家会发现，当图像较复杂时，为了突出其细节，本书中很多图像并不绘制网格，而只提供坐标轴上的刻度线和对应刻度值。必要时，在竖直或水平轴具体位置加**参考线** (reference line)。

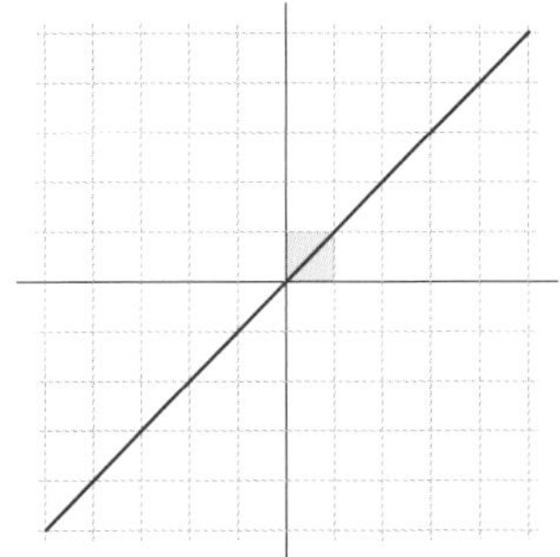
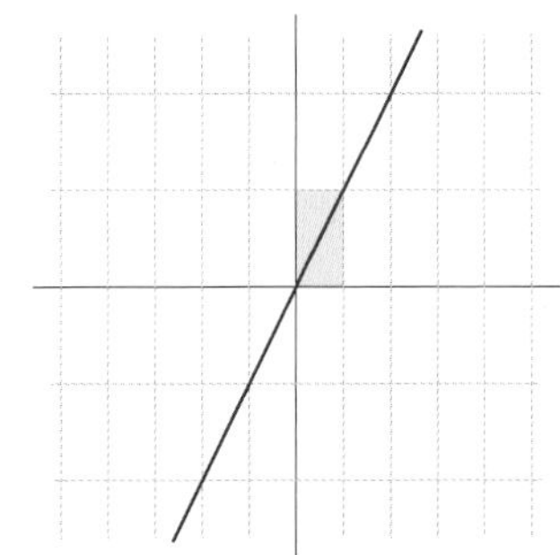
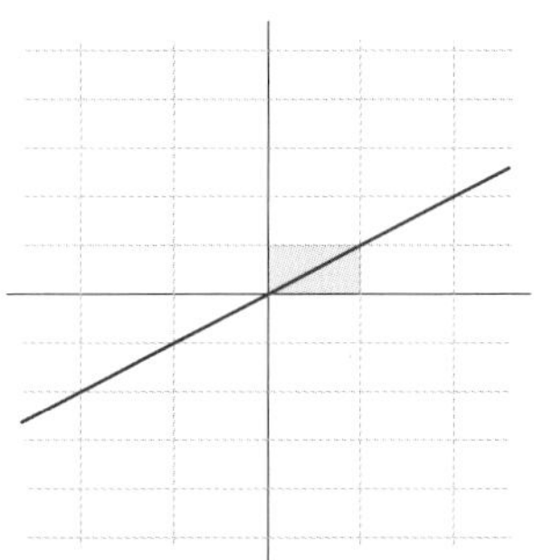

图5.19　直角坐标系 (方格到长方格)

图5.19中三个直角坐标系中方格的大小还是分别保持一致。有些应用场合，一幅图像中方格形状还可能不一致。如图5.20右图所示，图像的纵轴为**对数坐标刻度** (logarithmic scale)，这时坐标系方格大小就不再一致。

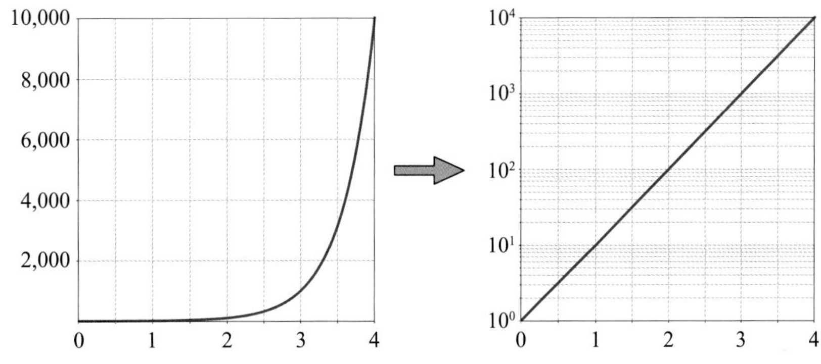

图5.20　直角坐标系纵轴为对数刻度

再退一步，不管怎么说，图5.20所示的刻度线还是“横平竖直”。有些时候，“横平竖直”这个限制也可以被打破。图5.21中 (a)、(b) 和 (c) 三幅图坐标网格还是横平竖直，而剩下六幅图网格则千奇百怪，对应独特的旋转、伸缩等几何操作。

即便如此，图5.21中九幅图都可以准确定位点A和点O的位置关系。大家可能已经发现，概括来说，图5.21中每幅图各自的网格都是全等的平行四边形。

本节展示的各种坐标系都束缚在同一个平面内。这个平面最根本的坐标系就是笛卡儿直角坐标系$\mathbb{R}^2$，而各种坐标系似乎都与笛卡儿坐标系$\mathbb{R}^2$存在某种量化联系。目前我们介绍的数学工具还不足够解析这些量化联系，鸢尾花书会讲解更多数学工具，慢慢给大家揭开不同坐标系和笛卡儿直角坐标系的关系。

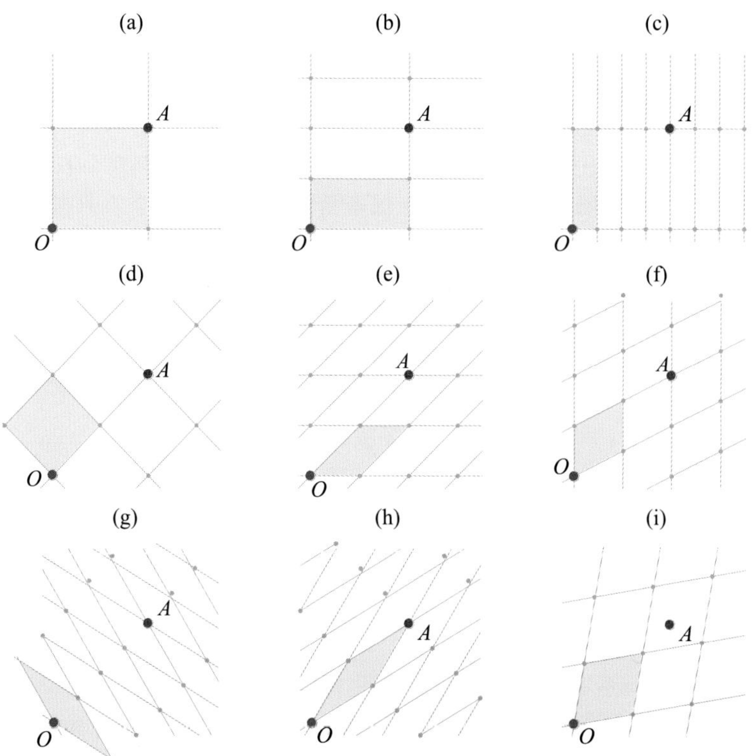

图5.21　不同形状平行四边形网格表达点A和点O的关系

笛卡儿的坐标系像极了太极八卦。

太极生两仪，两仪生四象，四象生八卦。如图5.22所示，坐标系的原点就是太极的极，两极阴阳为数轴负和正。横轴x和纵轴y张成平面$\mathbb{R}^2$，并将其分成为四个象限。

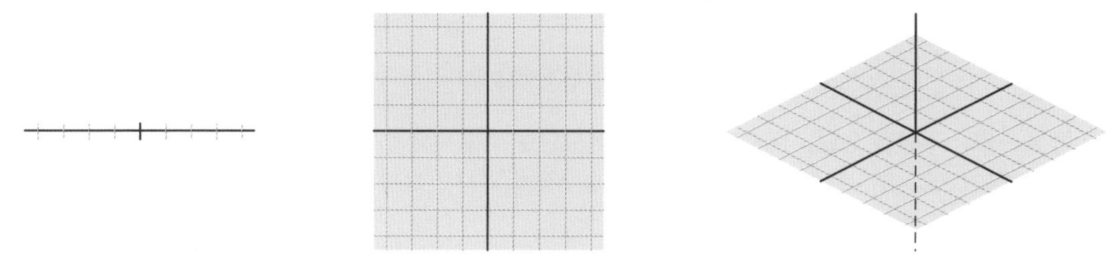
图5.22　数轴、平面直角坐标系、三维直角坐标系

垂直于$\mathbb{R}^2$平面再升起一个z轴，便生成一个三维空间$\mathbb{R}^3$。x、y和z轴将三维空间割裂成八个区块。这是下一章要介绍的内容。

坐标系看似有界，但又无界。正所谓大方无隅，大器晚成，大音希声，大象无形。

笛卡儿坐标系包罗万象，本章之后的所有数学知识和工具都包含在笛卡儿坐标系这个“大象”之中。

Three-Dimensional Coordinate System

三维坐标系

平面直角坐标系上升起一根竖轴

虚空无尽的蔚蓝，神秘深邃的苍穹，漫天飘舞的虫鸟 ……
时时刻刻在召唤，“腾空而起吧，人类！”
The blue distance, the mysterious Heavens, the example of birds and insects flying everywhere — are always beckoning Humanity to rise into the air.

—— 康斯坦丁・齐奥尔科夫斯基 (Konstantin Tsiolkovsky) | 航天之父 | 1857 — 1935

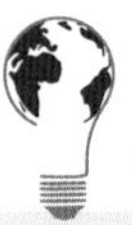

- ◀ `ax.plot_wireframe()` 绘制线框图
- ◀ `matplotlib.pyplot.contour()` 绘制平面等高线
- ◀ `matplotlib.pyplot.contourf()` 绘制平面填充等高线
- ◀ `numpy.meshgrid()` 产生网格化数据
- ◀ `numpy.outer()` 计算外积
- ◀ `plot_parametric()` 绘制二维参数方程
- ◀ `plot3d_parametric_line()` 绘制三维参数方程

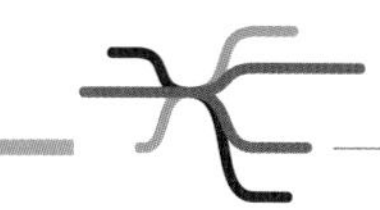

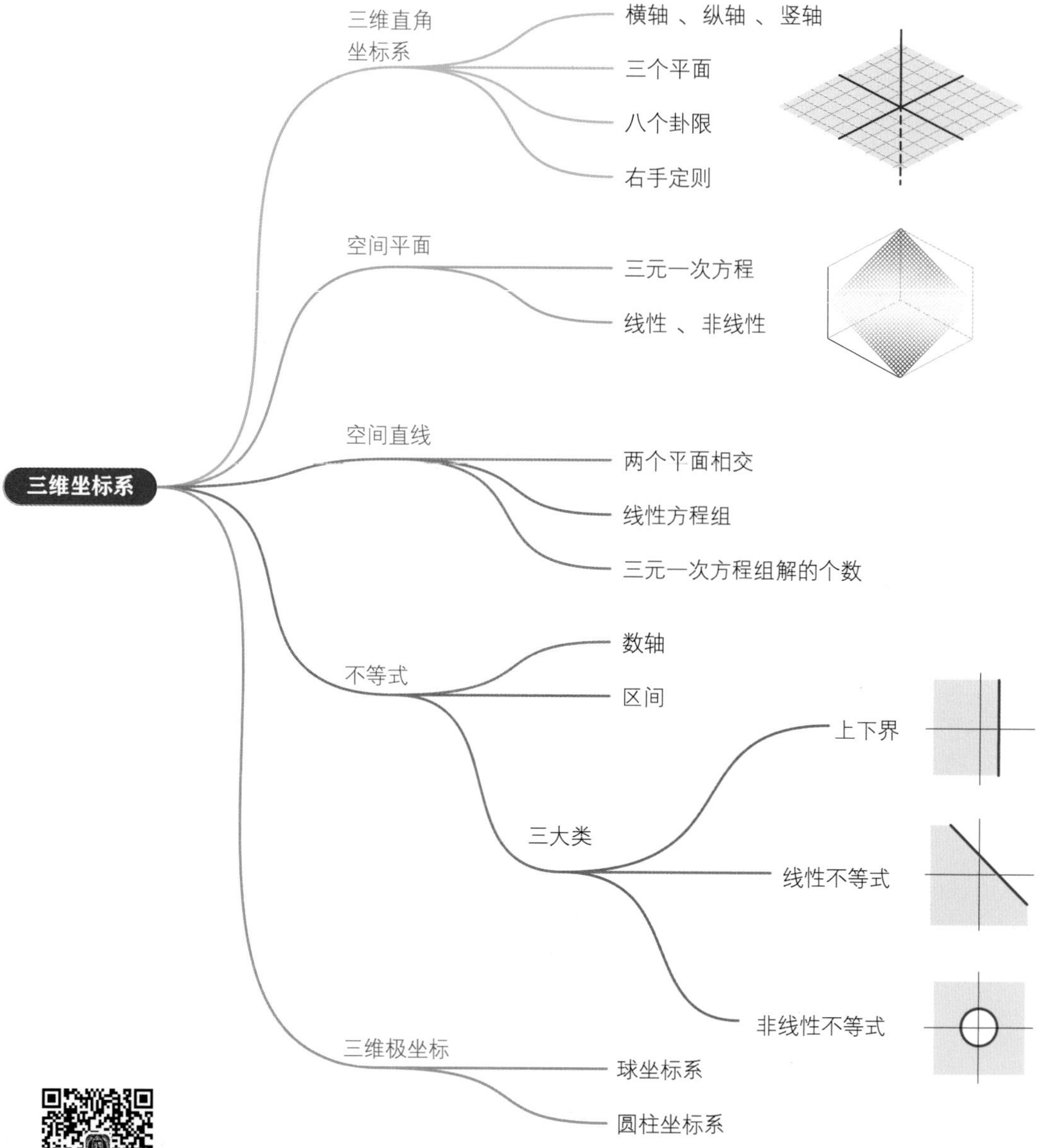

三维坐标系

- 三维直角坐标系
  - 横轴 、纵轴 、竖轴
  - 三个平面
  - 八个卦限
  - 右手定则
- 空间平面
  - 三元一次方程
  - 线性 、非线性
- 空间直线
  - 两个平面相交
  - 线性方程组
  - 三元一次方程组解的个数
- 不等式
  - 数轴
  - 区间
  - 三大类
    - 上下界
    - 线性不等式
    - 非线性不等式
- 三维极坐标
  - 球坐标系
  - 圆柱坐标系

6.1 三维直角坐标系

费马 (Pierre de Fermat) 不仅独立发明了平面直角坐标系，他还在xy平面坐标系上插上了z轴，创造了三维直角坐标系。

三维直角坐标系有三个坐标轴——x轴或**横轴** (x-axis)，y轴或**纵轴** (y-axis) 和z轴或**竖轴** (z-axis)。鸢尾花书也经常使用x_1、x_2、x_3来代表横轴、纵轴和竖轴。

图6.1所示的三维直角坐标系有三个平面：xy平面、yz平面、xz平面。x轴和y轴构成xy平面，z轴垂直于xy平面；y轴和z轴构成yz平面，x轴垂直于yz平面；x轴和z轴构成xz平面，y轴垂直于xz平面。这三个平面将三维空间分成了八个部分，称为**卦限** (octant)。

三维直角坐标系内的坐标点可以写成 (a, b, c)。

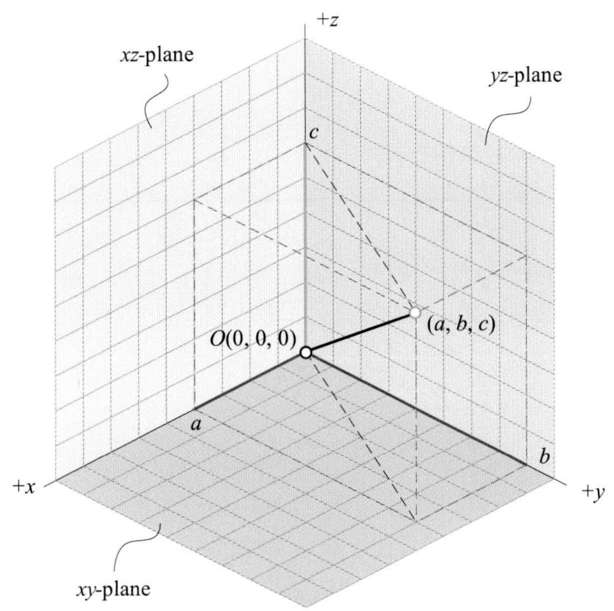

图6.1　三维直角坐标系和三个平面

图6.2所示给出了三种右手定则，用来确定三维直角坐标系x、y和z轴正方向。比较常用的是图6.2 (b) 所示的定则。

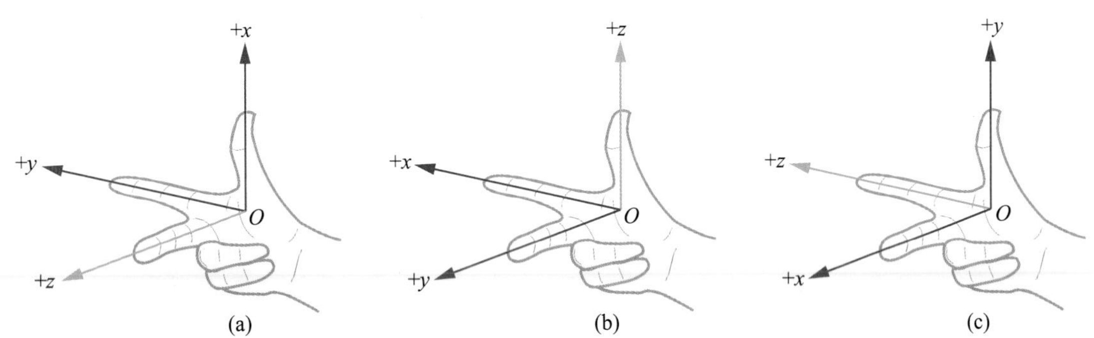

图6.2　右手定则确定三维直角坐标系x、y和z轴正方向

6.2 空间平面：三元一次方程

三维直角坐标系中，平面可以写成等式

$$ax + by + cz + d = 0 \tag{6.1}$$

其中：x、y、z为变量；a、b、c、d为参数。实际上，这个等式就是代数中的三元一次方程。

利用矩阵乘法，可以写成

$$\begin{bmatrix} a & b & c \end{bmatrix} \begin{bmatrix} x \\ y \\ z \end{bmatrix} + d = 0 \tag{6.2}$$

第一个平面

举个例子，图6.3所示平面对应的解析式为

$$x + y - z = 0 \tag{6.3}$$

图6.3中网格面的颜色对应z的数值。z越大，越靠近暖色系；z越小，越靠近冷色系。

以z作为因变量、x和y作为自变量，等价于二元函数

$$z = f(x, y) = x + y \tag{6.4}$$

第二个平面

图6.4所示平面对应的解析式为

$$y - z = 0 \tag{6.5}$$

图6.4中网格面平行于x轴，垂直于yz平面。从等式上来看，不管x取任何值，图6.4平面上的点对应的y和z都满足$y - z = 0$。

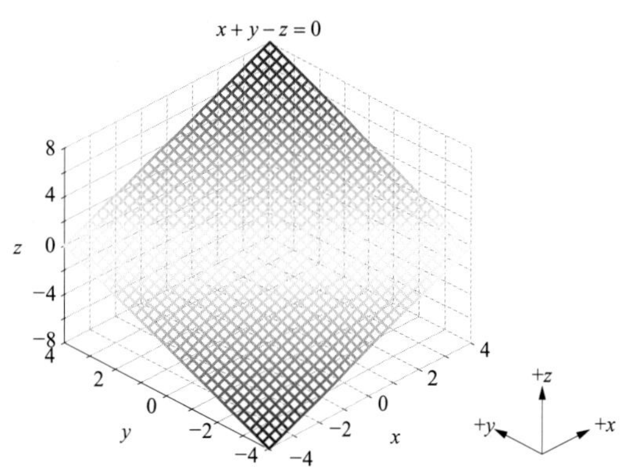

图6.3　等式$x + y - z = 0$对应的平面

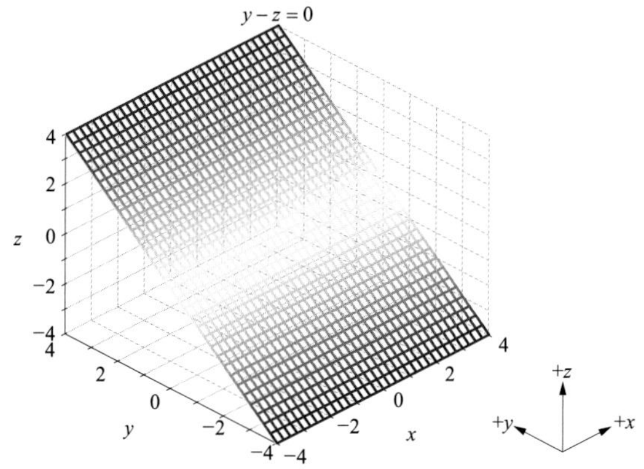

图6.4　等式$y - z = 0$对应的平面

第三个平面

图6.5所示平面对应的解析式为

$$x - z = 0 \tag{6.6}$$

图6.5中网格面平行于y轴，垂直于xz平面。不管y取任何值，图6.5平面上的点都满足$x - z = 0$。

第四个平面

图6.6所示平面对应的等式为$z - 2 = 0$，这个平面显然平行于xy平面，垂直于z轴。从函数角度，这个平面可以看作是二元常数函数，写成$f(x, y) = 2$。

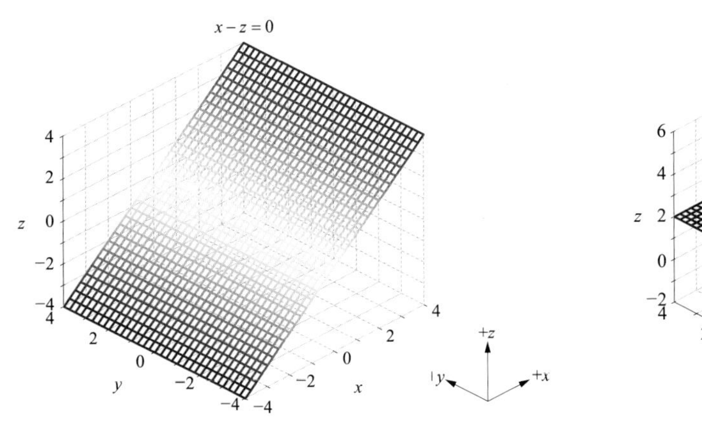

图6.5　等式$x - z = 0$对应的平面

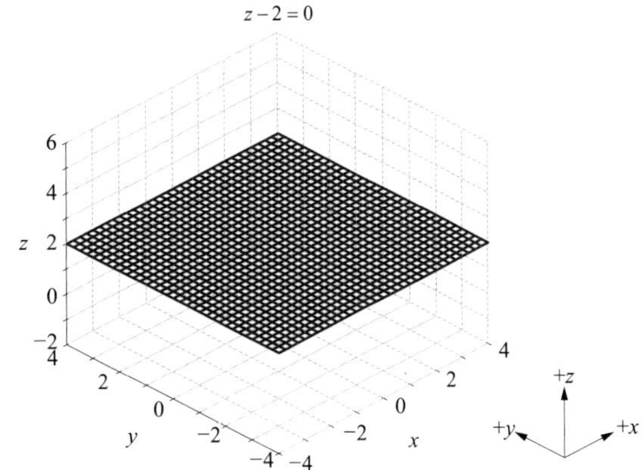

图6.6　等式$z - 2 = 0$对应的平面

最后三个例子

图6.7～图6.9所示的三幅图中，平面有一个共同特点，它们都垂直于xy平面。这三个平面，z的取值都不影响平面和xy平面的相对位置。三个平面都相当于，xy平面上一条直线沿z方向展开。反过来看，图6.7～图6.9三幅图中平面在xy平面上的投影均为一条直线。

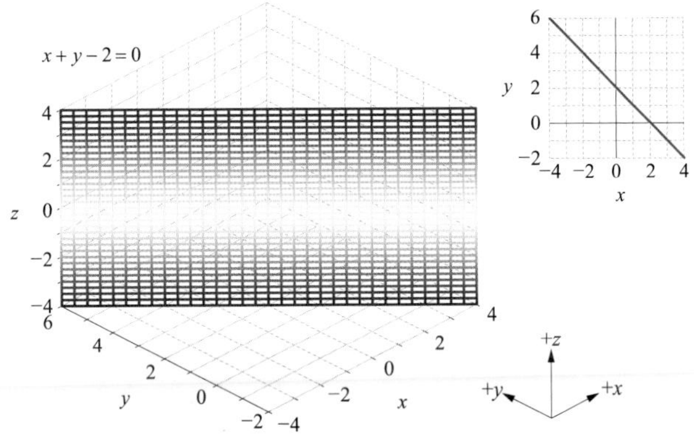

图6.7　等式$x + y - 2 = 0$对应的平面

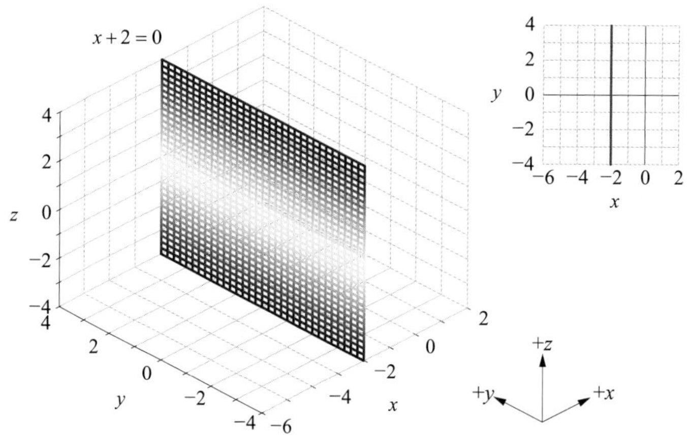

图6.8　等式$x + 2 = 0$对应的平面

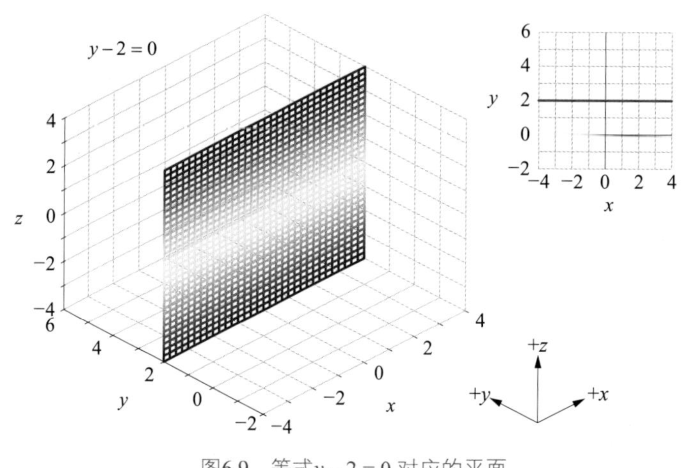

图6.9　等式$y - 2 = 0$对应的平面

Bk3_Ch6_01.py绘制本节几幅三维空间平面。

我们在Bk3_Ch6_01.py基础上，用Streamlit制作了绘制三维空间斜面的App，通过调整参数，请大家观察斜面位置变化。请参考代码文件Streamlit_Bk3_Ch6_01.py。

相信大家经常听到“线性”和“非线性”这两个词，下面简单区分两者。

在平面直角坐标系中，**线性** (linearity) 是指量与量之间的关系可以用一条斜线表示，比如$y = ax + b$。平面上，线性函数即一次函数，对应图像为一条斜线。

注意：严格来讲，如果以满足叠加性和齐次性为条件，只有正比例函数才是线性函数。

在三维直角坐标系中，“线性”对应的几何形式是斜面，也就是二元一次函数，比如$y = b_1x_1 + b_2x_2 + b_0$。

对于多元函数，线性的形式为$y = b_1x_1 + b_2x_2 + b_3x_3 + ... + b_nx_n + b_0$。在多维空间中，其对应图像是**超平面** (hyperplane)。

图6.10所示为线性关系三个例子。

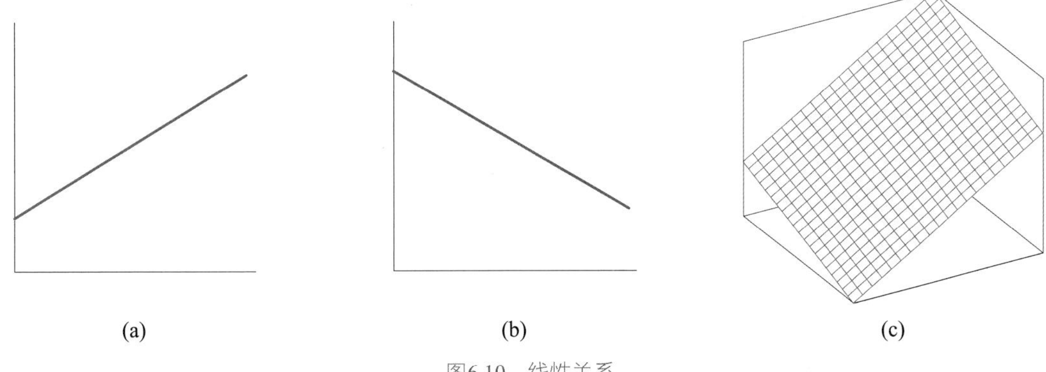

图6.10　线性关系

与线性相对的是**非线性** (nonlinearity)。“非线性”对应的图像不是直线、也不是平面、更不是超平面。平面上，非线性关系可以是曲线、折线，甚至不能用参数来描述。这种不能用参数描述的情况在数学上叫**非参数** (non-parametric)。图6.11所示为平面上非线性关系的例子。

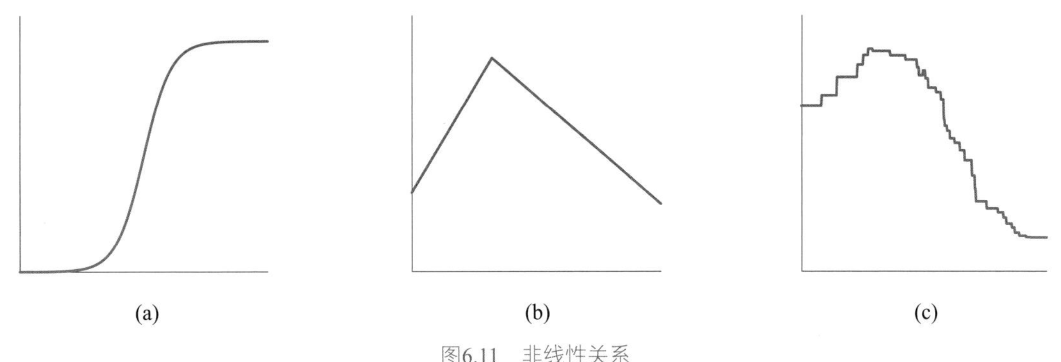

图6.11　非线性关系

机器学习中，回归模型是重要的**监督学习** (supervised learning)。回归模型研究变量和自变量之间关系，目的是分析预测。图6.12所示为三类回归模型，图6.12 (a) 所示为线性回归模型，图6.12 (b) (c) 则是非线性回归模型。

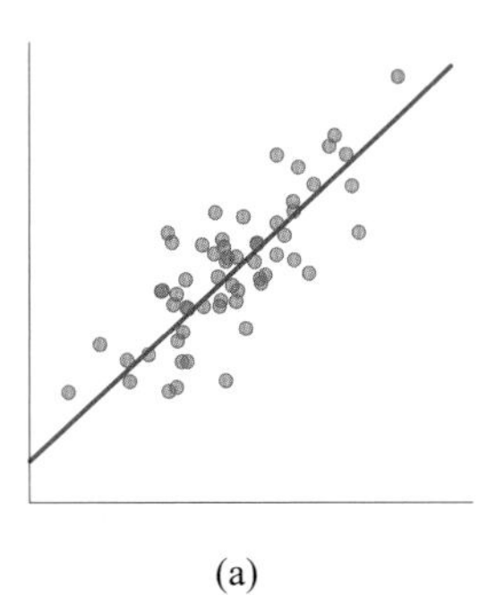
(a)

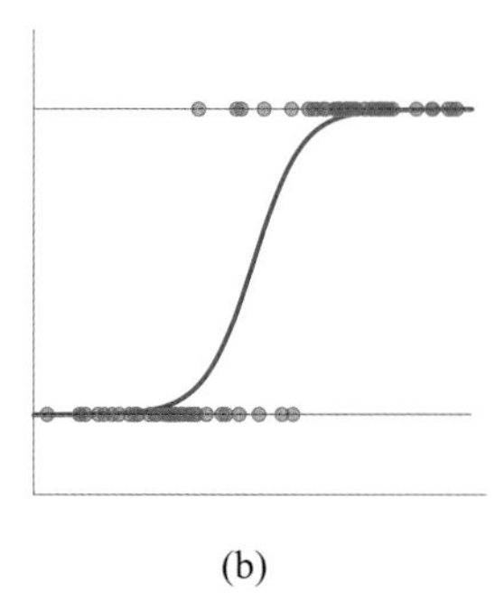
(b)

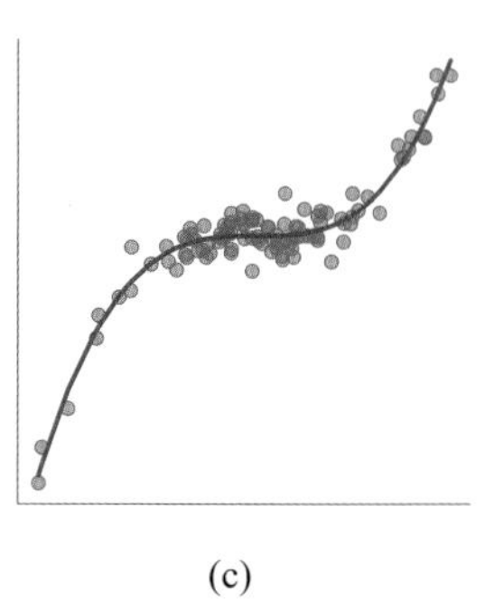
(c)

图6.12　机器学习中回归问题

监督学习中，二分类问题很常见，比如将图6.13中蓝色和红色数据点以某种方式分开，分割不同标签数据点的边界线叫**决策边界** (decision boundary)。二分类输出标签一般为0 (蓝色)、1 (红色)。图6.13 (a) 所示为用线性 (一根直线) 决策边界分割蓝色、红色数据点，图6.13 (b) (c) 所示为非线性决策边界。

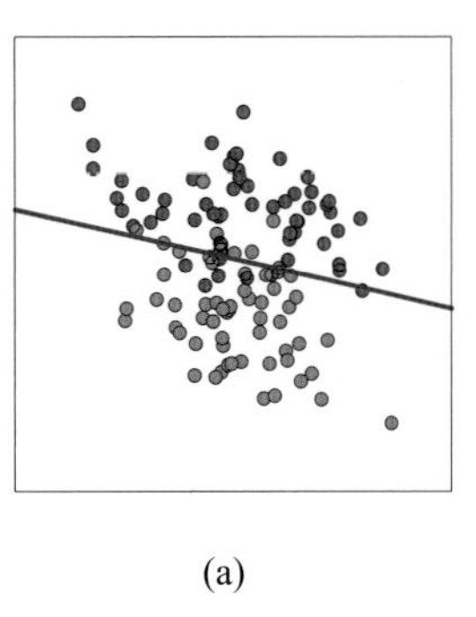
(a)

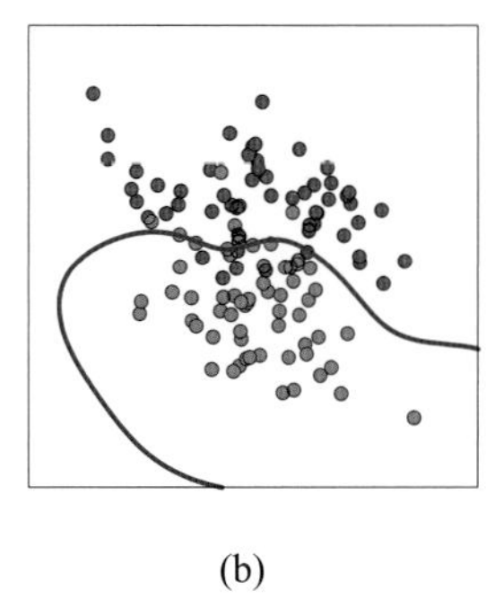
(b)

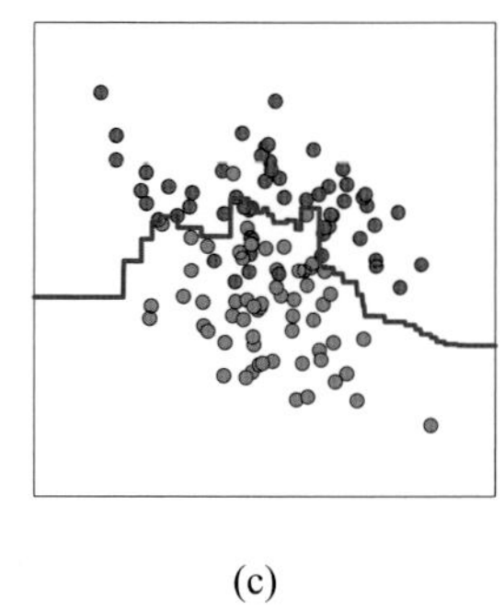
(c)

图6.13　机器学习中二分类问题

6.3 空间直线：三元一次方程组

有了三维空间平面，确定一条空间直线就变得很简单——两个平面相交便确定一条空间直线。也就是说，多数情况下，两个三元一次方程确定一条三维空间直线。

举个例子

比如，给出两个三元一次方程

$$\begin{cases} x+y-z=0 \\ 2x-y-z=0 \end{cases} \tag{6.7}$$

式 (6.7) 中，每个方程代表三维空间的一个平面。如图6.14所示，这两个平面相交得到一条直线。

从代数角度，可以这样理解式 (6.7)，即这两个三元一次方程构成的方程组有无数组解，这些解都在图6.14所示的黑色直线上。

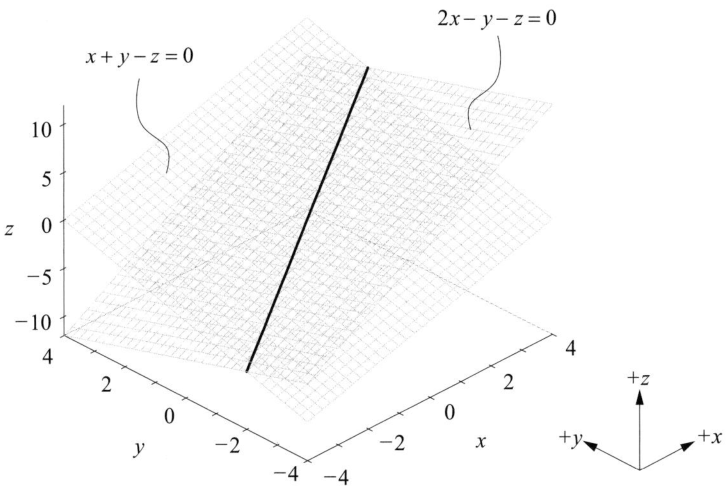

图6.14　两个相交平面确定一条直线

三个平面相交一点

在式 (6.7) 基础上，再加一个三元一次方程，得到方程组

$$\begin{cases} x+y-z=0 \\ 2x-y-z=0 \\ -x+2y-z+2=0 \end{cases} \tag{6.8}$$

如图6.15所示，这三个平面相交于一点。也就是说，式 (6.8) 这个三元一次方程组有唯一解。

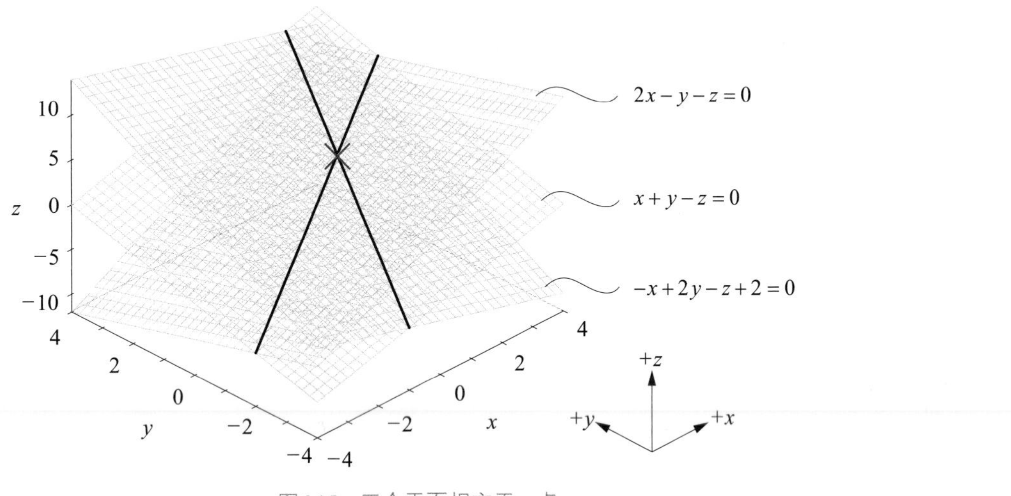

图6.15　三个平面相交于一点

矩阵形式

式 (6.8) 一般写成如下矩阵运算形式，即

$$\underbrace{\begin{bmatrix} 1 & 1 & -1 \\ 2 & -1 & -1 \\ -1 & 2 & -1 \end{bmatrix}}_{A} \underbrace{\begin{bmatrix} x \\ y \\ z \end{bmatrix}}_{x} = \underbrace{\begin{bmatrix} 0 \\ 0 \\ -2 \end{bmatrix}}_{b} \tag{6.9}$$

本书最后还会用“鸡兔同笼”问题再次讨论线性方程组。

式 (6.9) 这种形式叫作**线性方程组** (system of linear equations)，一般写成 $\boldsymbol{Ax} = \boldsymbol{b}$。可以想到，当线性方程组的方程数有几百、几千、甚至更多，$\boldsymbol{Ax} = \boldsymbol{b}$这种形式更规整，更便于计算。而且，对矩阵$\boldsymbol{A}$和增广矩阵 $[\boldsymbol{A}\ \boldsymbol{b}]$各种性质研究，可以判定线性方程组解的特点。

三元一次方程组解的个数

图6.16所示为三元一次方程组解的个数的几种可能性。

如图6.16 (a) 所示，当三个平面相交于一点时，方程组有且仅有一个解。

如图6.16 (b) 所示，当三个平面相交于一条线时，方程组有无数组解。无数组解还有其他情况，如两个平面重合再与第三个平面相交，再如三个平面重合。

图6.16 (c)~图6.16(e) 给出的是方程组无解的三种情况。图6.16 (c) 中，两个平面平行，分别和第三个平面相交，得到两条交线相互平行。图6.16 (d) 中，三个平面平行。图6.16 (e) 中，两个平面重合，与第三个平面平行。方程组还有其他无解的情况，如三个平面两两相交，得到三条交线，而三条交线相互平行。

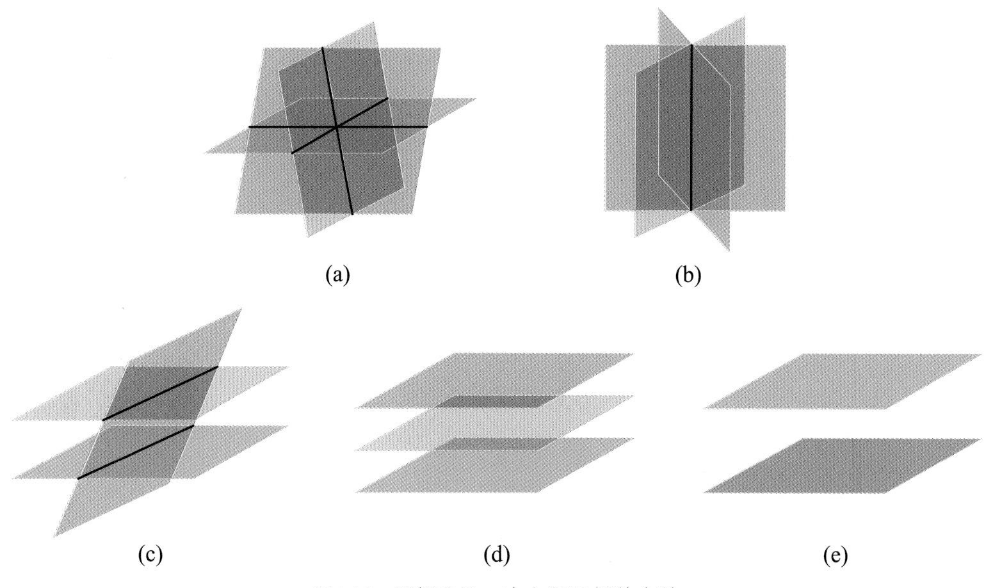

图6.16　图解三元一次方程组解的个数

Bk3_Ch6_02.py用于绘制图6.14。请大家自行修改代码绘制图6.15。

6.4 不等式：划定区域

如图6.17所示，代数中，**等式** (equality) 可以是确定的值 ($x = 1$)、确定的直线 ($x + y = 1$)、确定的曲线 ($x^2 + y^2 = 1$)、确定的平面 ($-x + y - z + 1 = 0$) 等。

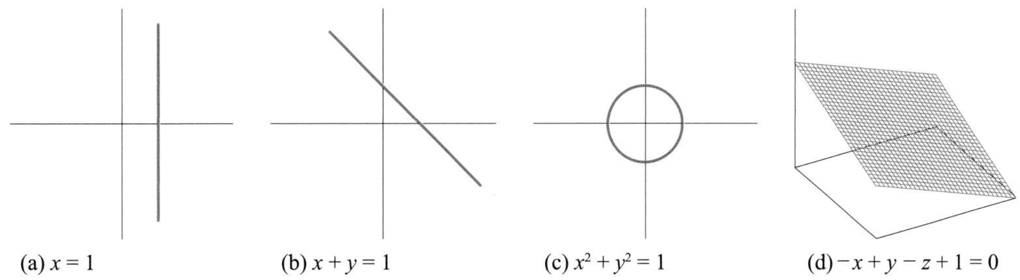

图6.17 等式的几何意义

然而，如图6.18所示，**不等式** (inequality) 的几何意义则是划定区域，如x的取值范围 ($x < 1$)、直线在平面上划定的区域 ($x + y \leqslant 1$)、曲线在平面上划定的区域 ($x^2 + y^2 > 1$)、平面分割三维空间 ($-x + y - z + 1 < 0$) 等。

图6.18中当边界为虚线时，意味着划定区域不包括蓝色边界线。

注意：图6.18中蓝色箭头指向满足不等式条件区域方向，蓝色箭头和**梯度向量** (gradient vector) 有关。鸢尾花书《矩阵力量》一册将专门介绍梯度向量相关内容。

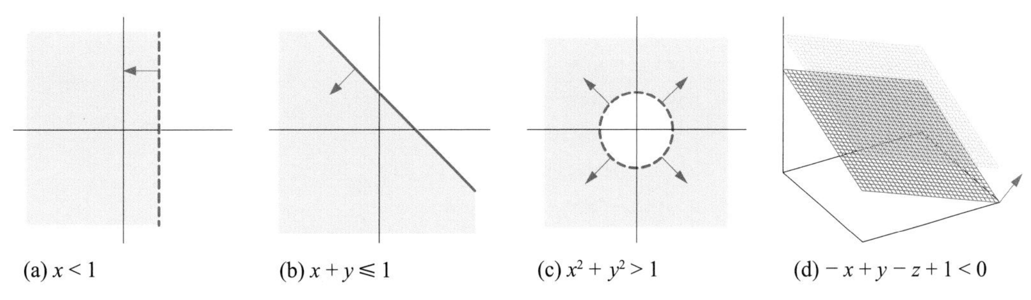

图6.18 不等式的几何意义

此外，图6.17和图6.18这两幅图告诉我们几何视角是理解代数式最直接的方式。本书在讲解每个数学工具时，都会给大家提供几何视角，以便加强理解，请大家格外留意。

数轴、绝对值、大小

为了理解不等式，让我们首先回顾数轴这个概念，数轴上的每一个点都对应一个实数，数轴上原点右侧的数为正数，原点左侧的数为负数。

某个数的**绝对值** (absolute value) 是指，数轴上该数与原点的距离。比如，$|-5| = 5$ (读作the absolute value of negative five equals five) 可以理解为−5距离原点的距离为5个单位长度。x的绝对值记作 $|x|$ (读作absolute value of x)。显然，实数绝对值为非负数，即 $|x| \geqslant 0$。

如果两个实数相等，这就意味着它们位于数轴同一点。当两个数不相等时，位于数轴左侧的数较小。如图6.19所示，实数a小于实数b，可以表达为$a < b$ (读作a is less than b)。也可以说，在数轴上a在b的左侧 (a is to the left of b on the number line)。

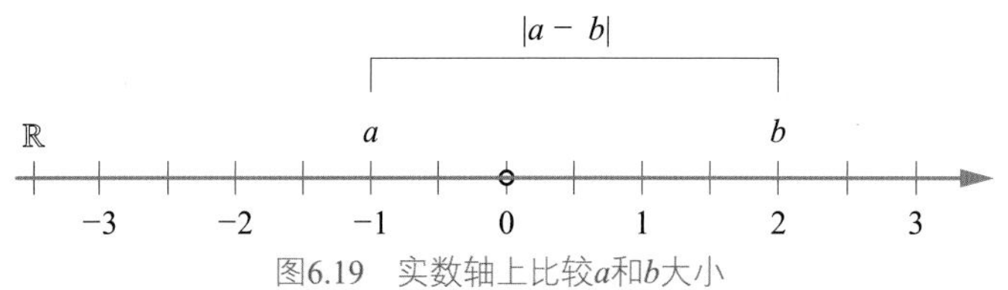

图6.19　实数轴上比较a和b大小

表6.1总结了六个不等式符号。这种用**不等号** (inequality sign) 表达的式子被称为不等式。不等式相关的英文表达如表6.2。

表6.1　六个不等式符号

数学表达	英文表达	汉语表达
$<$	less than	小于
$>$	greater than	大于
$\leqslant$	less than or equal to	小于等于
$\geqslant$	greater than or equal to	大于等于
$\ll$	much less than	远小于
$\gg$	much greater than	远大于

表6.2　不等式相关的英文表达

数学表达	英文表达
$4 > 3$	Four is greater than three. Three is less than four.
$y \leqslant 9$	Small y is less than or equal to nine.
$x \geqslant -1$	Small x is greater than or equal to minus one.
$-3 < x < 2$	Small x is greater than minus three and less than two.
$0 \leqslant x \leqslant 1$	x is greater than or equal to zero and less than or equal to one.
$a < b$	a is less than b.
$a > b$	a is greater than b.
$a \leqslant b$	a is less than or equal to b. a is not greater than b.
$a \geqslant b$	a is greater than or equal to b. a is not less than b.
$a \ll b$	a is much less than b.
$a \gg b$	a is much greater than b.
$a \approx b$	a is approximately equal to b.
$a \neq b$	a is not equal to b.

区间

在数学上，某个变量的上下界可以写成区间。从集合角度来看，**区间** (interval) 是指在一定范围内的数的集合。

通用的区间记号中，圆括号表示“排除”，方括号表示“包括”。

如图6.20 (a) 所示，**开区间** (open interval) 不包括区间左右端点，可以记作 (a, b)，两端均为**圆括号** (parentheses)。

如图6.20 (b) 所示，**闭区间** (closed interval) 包括区间两端端点，可以记作 $[a, b]$，两端均为**方括号** (square brackets)。

如图6.20 (c) 所示，**左开右闭区间** (left-open and right-closed)，可以记作 $(a, b]$，不包括区间左端点、包括右端点。

如图6.20 (d) 所示，**左闭右开区间** (right-open and left-closed)，可以记作 $[a, b)$，包括区间左端点、不包括右端点。

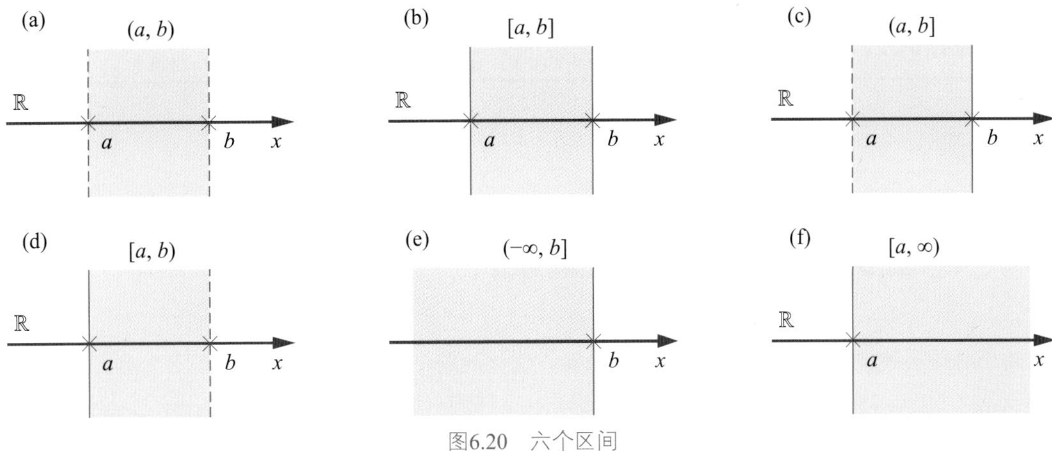

图6.20　六个区间

请大家特别注意：在优化问题求解中，如果变量两端均有界，一般只考虑闭区间，即可以取到区间端点数值。也就是，图6.20中 (a)、(b)、(c)、(d) 对应的四个区间在优化问题中等价，a叫作**下界** (lower bound)，b叫作**上界** (upper bound)。

此外，构造优化问题时，一般都将各种不等式符号调整为小于等于号，即“≤”。

区间两端可能**有界** (bounded) 或**无界** (unbounded)，也就是区间某侧可能没有端点，即为无穷。**正无穷** (infinity) 记作 ∞ 或 $+\infty$，**负无穷** (negative infinity) 记作 $-\infty$。

图6.20 (e) 所示为**左无界右有界** (left-unbounded and right-bounded) 区间，如 $(-\infty, b]$。

图6.20 (f) 所示为**左有界右无界** (left-bounded and right-unbounded) 区间，如 $[a, \infty)$。

> 本书后文将在第19章专门讲解优化问题和约束条件。

左右均无界 (unbounded at both ends)，即 $(-\infty, \infty)$，代表整根实数轴。

区间相关的英文表达见表6.3。

表6.3　区间相关的英文表达

数学表达	英文表达
(a, b) $\{x \in \mathbb{R} \mid a < x < b\}$	The open interval from a to b. The interval from a to b, exclusive. The values between a and b, but not including the endpoints. x is greater than a and less than b. The set of all x such that x is in between a and b, exclusive.
$[a, b]$ $\{x \in \mathbb{R} \mid a \leqslant x \leqslant b\}$	The closed interval from a to b. The interval from a to b, inclusive. The values between a and b, including the endpoints. x is greater than or equal to a and less than or equal to b. The set of all x such that x is in between a and b, inclusive.
$(a, b]$ $\{x \in \mathbb{R} \mid a < x \leqslant b\}$	The half-open interval from a to b, excluding a and including b. The values between a and b, excluding a and including b. The set of all x such that x is greater than a but less than or equal to b.

续表

数学表达	英文表达
$[a, b)$	The half-open interval from a to b, including a and excluding b.
$\{x \in \mathbb{R} \mid a \leqslant x < b\}$	The values between a and b, including a and excluding b. The set of all x such that x is greater than or equal to a but less than b.

6.5 三大类不等式：约束条件

本节介绍不等式的目的是服务优化问题求解，优化问题中不等式一般分为以下三大类。

- **上下界** (lower and upper bounds)，如$x > 2$；
- **线性不等式** (linear inequalities)，如$x + y \leqslant 1$；
- **非线性不等式** (nonlinear inequalities)，比如$x^2 + y^2 \geqslant 1$。

在优化问题中，这些不等式统称为**约束** (constraint)，即限制变量的取值范围。本节后续将采用三种可视化方案呈现不等式划定的区域。

上下界

举个例子，给定x_1的取值范围为

$$x_1 + 1 > 0 \tag{6.10}$$

首先将上式“大于号”调整为“小于号”，改写成

$$-x_1 - 1 < 0 \tag{6.11}$$

注意：本节后续不再区分 < 和 ≤。

根据关系，构造如下二元函数$f(x_1, x_2)$，有

$$f(x_1, x_2) = -x_1 - 1 \tag{6.12}$$

图6.21 (a) 所示为三维直角坐标系中 $f(x_1, x_2)$ 的**等高线图** (contour plot)。对于一个二元函数$f(x_1, x_2)$，等高线代表函数值相等的点连成的线，即满足$f(x_1, x_2) = c$。函数等高线类似地形图上海拔高度相同点连成曲线。等高线可以在三维空间展示，也可以在平面上绘制。

对于等高线这个概念陌生的读者不要怕，本书第10章将深入介绍等高线。此外，本书第13章将专门讲解常用二元函数，本节内容相当于热身。

图6.21 (a) 三维等高线采用“红黄蓝”色谱。暖色系颜色等高线对应$f(x_1, x_2) > 0$，即不满足式 (6.11)；冷色系颜色等高线对应$f(x_1, x_2) < 0$，满足式 (6.11)。值得注意的是，图6.21 (a) 中的等高线相互平行。

然后，我们做一个“二分类”转换，满足式 (6.11) 不等式的点 (x_1, x_2) 标签设为1 (即True)，不满足式 (6.11) 的点设为0 (即False)，这样我们获得图6.21 (b) 所示图形。相当于把 $f(x_1, x_2)$ 变成一个0-1 (False-True) 两值阶梯面。

再进一步，将图6.21 (a) 等高线投影在x_1x_2平面上，即可获得图6.21 (c) 所示的平面等高线。

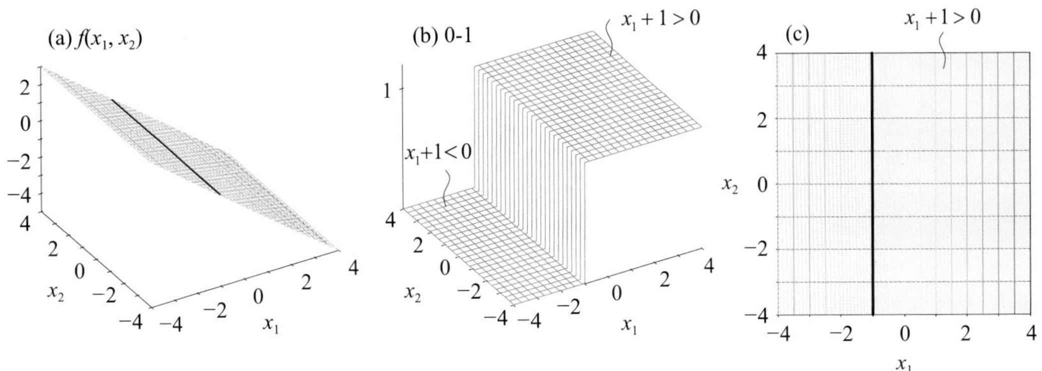

图6.21　$x_1+1>0$三个可视化方案

图6.21 (c) 中黑色线就是决策边界，它将整个x_1x_2平面划分成两个区域：一个满足式 (6.11)，一个不满足式 (6.11)。图6.21 (c) 中，蓝色阴影区域满足式 (6.11) 不等式，对应图6.21 (b) 中取值为1的区域。粉色阴影区域不满足式 (6.11) 不等式，对应图6.21 (b) 中取值为0的区域。

再举个例子，x_1的取值范围给定为

$$-1 < x_1 < 2 \tag{6.13}$$

其中：-1为下限，2为上限。

利用绝对值运算，将式 (6.13) 整理为

$$|x_1 - 0.5| - 1.5 < 0 \tag{6.14}$$

可以这样理解式 (6.14)，数轴上距离0.5小于1.5的所有点的集合。

注意：上式也可以看成是一个非线性不等式。

根据式 (6.14)，构造二元函数$f(x_1, x_2)$，有

$$f(x_1, x_2) = |x_1 - 0.5| - 1.5 \tag{6.15}$$

图6.22 (a) 所示为 $f(x_1, x_2)$ 函数在三维直角坐标系中图像，整个曲面呈现V字形。同样，蓝色等高线处满足式 (6.14)，而红色等高线处不满足式 (6.14)。图6.22 (b) 中取值1的区域满足式 (6.14) 。图6.22 (c) 中背景色为蓝色区域满足式 (6.14)。图6.22 (c) 中两条黑色线为决策边界，两者相互平行。

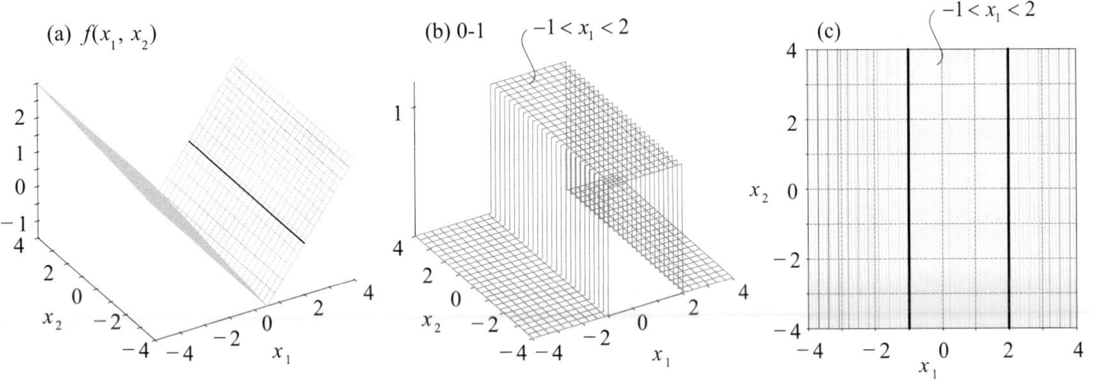

图6.22　$-1<x_1<2$三个可视化方案

再举个例子，给定x_2的取值范围为

$$x_2 < 0 \ \text{or} \ x_2 > 2 \tag{6.16}$$

注意：上式 (6.16) 可以看成两个区间构造而成。

将式 (6.16) 整理为

$$-|x_2 - 1| + 1 < 0 \tag{6.17}$$

可以这样理解式 (6.17)，数轴上距离1大于1的所有点的集合。

根据式 (6.17) 构造二元函数$f(x_1, x_2)$，有

$$f(x_1, x_2) = -|x_2 - 1| + 1 \tag{6.18}$$

图6.23 (a) 所示为二元函数$f(x_1, x_2)$ 在三维直角坐标系中的图像。

图6.23 (b) 中1表示满足式 (6.16)，0表示不满足式 (6.16)。

图6.23 (c) 中蓝色背景色区域满足式 (6.16)。

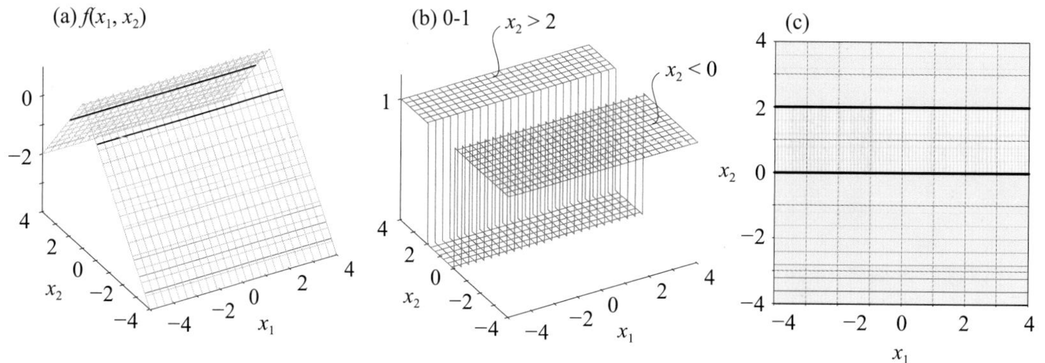

图6.23　$x_2 < 0$ 或 $x_2 > 2$三个可视化方案

而几个不等式可以叠加构成不等式组。比如，式 (6.13) 和式 (6.16) 叠加得到

$$\begin{cases} -1 < x_1 < 2 \\ x_2 < 0 \ \text{or} \ x_2 > 2 \end{cases} \tag{6.19}$$

这相当于在x_1x_2平面上，同时限定了x_1和x_2的取值范围。图6.24所示为同时满足式 (6.19) 两组不等式的区域。请大家根据本节文末代码，自行绘制这两幅图像。

此外，式 (6.16) 就相当于两个不等式叠加，请大家用不等式叠加的思路再来分析式 (6.16)。

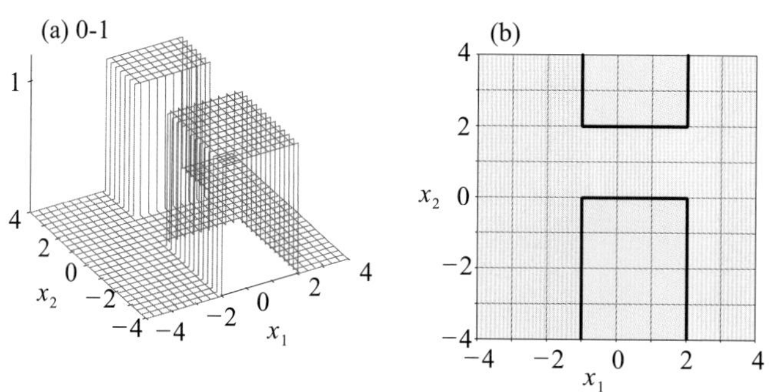

图6.24　同时满足$-1 < x_1 < 2$和$x_2 < 0$ 或 $x_2 > 2$对应区域

线性不等式

线性不等式就是一次不等式，也就是不等式中单项式的变量次数最高为一次。线性不等式中可以含有若干未知量。虽然上下界也可以看作是线性不等式，但是在构造优化问题时，我们还是将两类不等式分开处理。

举个例子，给定线性不等式

$$x_1 - x_2 < -1 \tag{6.20}$$

将式 (6.20) 整理为

$$x_1 - x_2 + 1 < 0 \tag{6.21}$$

构造二元函数$f(x_1, x_2)$，有

$$f(x_1, x_2) = x_1 - x_2 + 1 \tag{6.22}$$

图6.25 (a) 所示 $f(x_1, x_2)$ 在三维直角坐标系的图像为斜面。

图6.25 (b) 中取值为1的区域满足式 (6.21)。

图6.25 (c) 中蓝色阴影的区域满足式 (6.21)，黑色直线对应等式 $x_1 - x_2 + 1 = 0$。

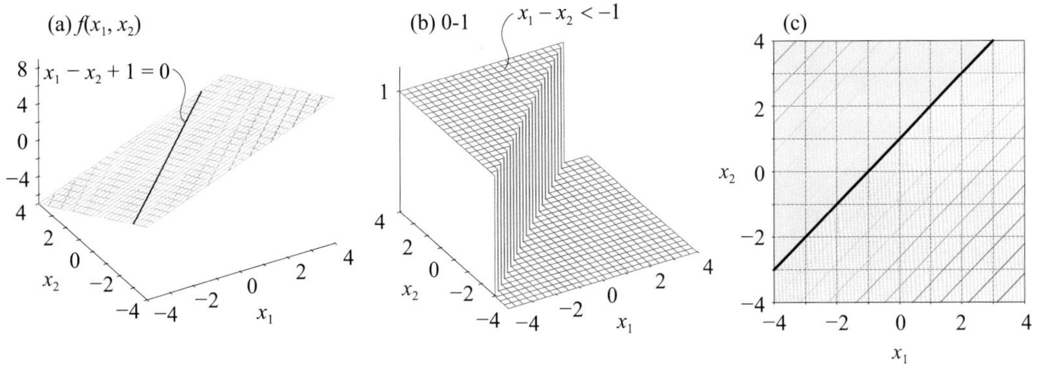

图6.25　$x_1 - x_2 < -1$三个可视化方案

再举一个例子，给定线性不等式

$$x_1 > 2x_2 \tag{6.23}$$

将式 (6.23) 整理为

$$-x_1 + 2x_2 < 0 \tag{6.24}$$

根据式 (6.24)，构造二元函数$f(x_1, x_2)$，有

$$f(x_1, x_2) = -x_1 + 2x_2 \tag{6.25}$$

图6.26 (a) 中蓝色等高线满足式 (6.23)，而红色等高线不满足式 (6.23)。

图6.26 (b) 中取值为1和图6.26 (c) 中蓝色阴影区域满足式 (6.23)。

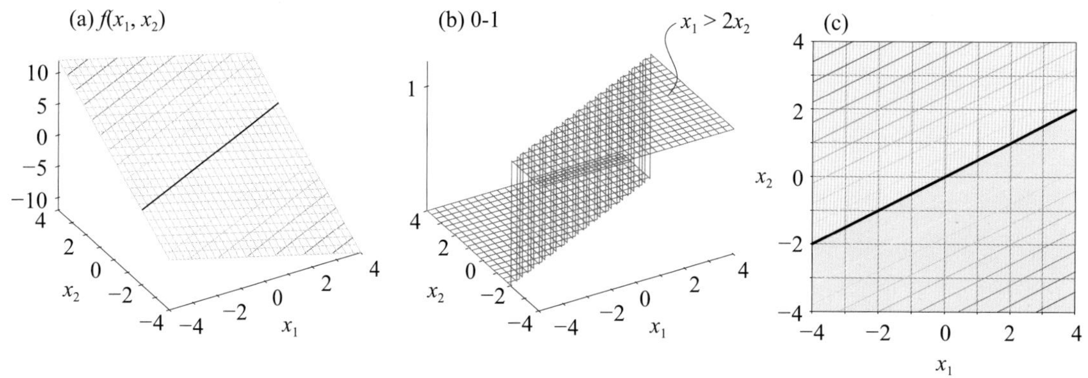

图6.26　$x_1 > 2x_2$三个可视化方案

请大家将式 (6.20) 和式 (6.23) 两个不等式叠加构造一个不等式组，并绘制类似图6.24的两图，可视化其划定的区域。

非线性不等式

除了线性不等式之外，其他各种形式的不等式都可以归类为非线性不等式。下面举三个例子。

给定绝对值构造的不等式

$$|x_1 + x_2| < 1 \tag{6.26}$$

将式 (6.26) 整理为

$$|x_1 + x_2| - 1 < 0 \tag{6.27}$$

构造二元函数$f(x_1, x_2)$，有

$$f(x_1, x_2) = |x_1 + x_2| - 1 \tag{6.28}$$

图6.27 (a) 所示为式 (6.28) 对应的三维直角坐标系图像。图6.27 (b) 中取值为1对应的区域和图6.27 (c) 中蓝色阴影区域满足式 (6.26)。

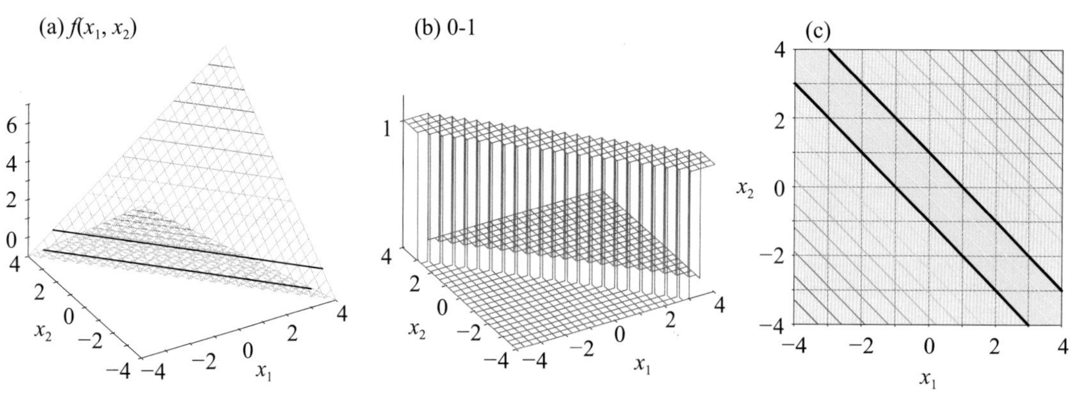

图6.27　$|x_1 + x_2| < 1$ 三个可视化方案

此外，式 (6.26) 等价于

$$(x_1+x_2)^2<1 \tag{6.29}$$

请大家自行绘制式 (6.29) 对应的三幅图像。

第二个例子，也用绝对值构造不等式

$$|x_1|+|x_2|<2 \tag{6.30}$$

将上式整理为

$$|x_1|+|x_2|-2<0 \tag{6.31}$$

构造二元函数$f(x_1, x_2)$，有

$$f(x_1,x_2)=|x_1|+|x_2|-2 \tag{6.32}$$

图6.28 (a) 所示为$f(x_1, x_2)$ 的等高线，有意思的是等高线为一个个旋转45°的正方形。大家还会在很多不同场合看到类似图像。图6.28 (b) 中取值为1对应的区域和图6.28 (c) 中蓝色阴影区域满足式 (6.30)。

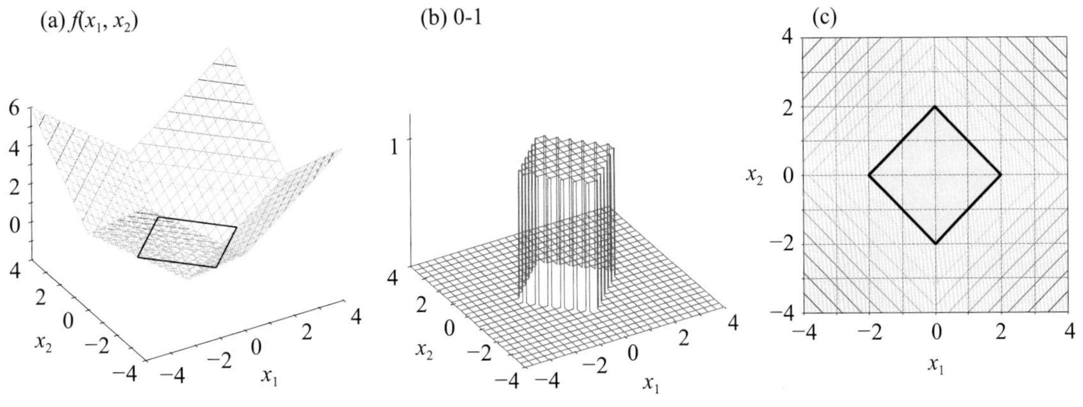

图6.28　$|x_1|+|x_2|<2$ 三个可视化方案

再看个例子，给定非线性不等式

$$x_1^2+x_2^2<4 \tag{6.33}$$

首先将其整理为

$$x_1^2+x_2^2-4<0 \tag{6.34}$$

在x_1x_2平面上，构造二元函数$f(x_1, x_2)$，有

$$f(x_1,x_2)=x_1^2+x_2^2-4 \tag{6.35}$$

图6.29 (a) 所示为式 (6.35) 中二元函数对应的曲面，曲面的等高线为同心圆。这种同心圆等高线还会在本书中反复出现，请大家留意。图6.29 (b) 中取值为1对应的区域和图6.28 (c) 中蓝色阴影区域满足式 (6.33)。

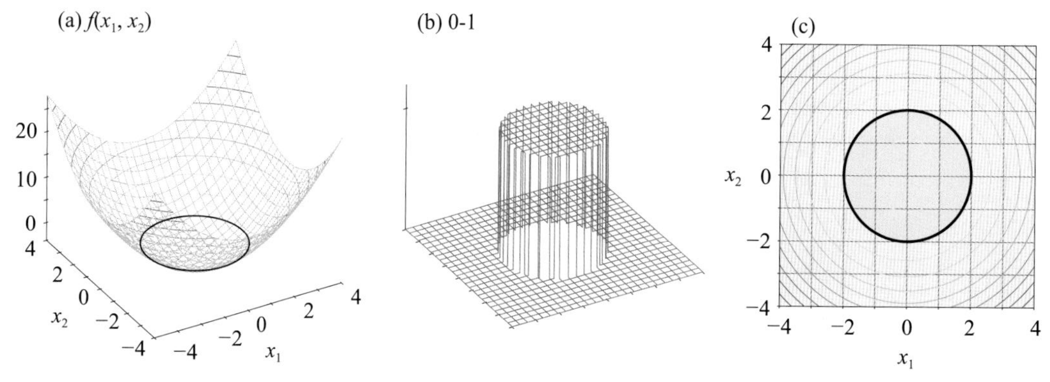

图6.29　$x_1^2 + x_2^2 < 4$ 三个可视化方案

此外，式 (6.33) 等价于

$$\sqrt{x_1^2 + x_2^2} < 2 \tag{6.36}$$

请大家自行绘制式 (6.36) 对应的三幅图像。另外，请将式 (6.26) 和式 (6.33) 两个不等式叠加构造不等式组，并绘制取值区域。

Bk3_Ch6_03.py绘制了本节大部分图像。

6.6 三维极坐标

三维空间中也可以构造类似平面极坐标的坐标系统，如图6.30 (a) 所示的**球坐标系** (spherical coordinate system) 和图6.30 (b) 所示的**圆柱坐标系** (cylindrical coordinate system)。

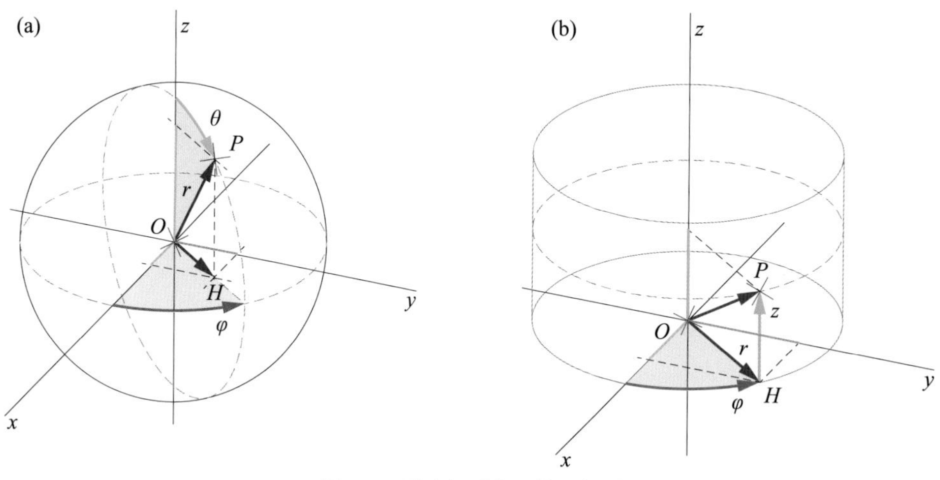

图6.30　球坐标系和圆柱坐标系

球坐标系

图6.30 (a) 所示，球坐标相当于由两个平面极坐标系构造而成。

球坐标系中定位点P用的是球坐标 (r, θ, φ)。其中：r为P与原点O之间距离，也叫**径向距离** (radial distance)；θ为OP连线和z轴正方向夹角，叫作**极角** (polar angle)；OP连线在xy平面投影线为OH，φ是OH和x轴正方向夹角，叫作**方位角** (azimuth angle)。大家对方位角应该不陌生，《可视之美》绘制三维图像时介绍过。

球坐标到三维直角坐标系坐标的转化关系为

$$\begin{cases} x = \underbrace{r\sin\theta}_{OH}\cdot\cos\varphi \\ y = \underbrace{r\sin\theta}_{OH}\cdot\sin\varphi \\ z = \underbrace{r\cos\theta}_{PH} \end{cases} \tag{6.37}$$

图6.31所示正圆球体对应的解析式为

$$x_1^2 + x_2^2 + x_3^2 = r^2 \tag{6.38}$$

其中：$r = 1$。在绘制图6.31所示的正圆球体时，采用的就是球坐标。

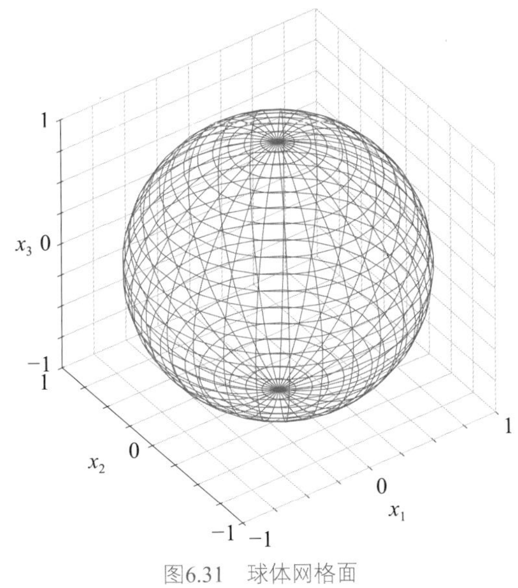

图6.31　球体网格面

Bk3_Ch6_04.py绘制图6.31。

圆柱坐标系

如图6.30 (b) 所示，圆柱坐标系相当于二维极坐标张成的平面上在极点处升起一根z轴。

在圆柱坐标系中，点P的坐标为 (r, φ, z)。这时，r是P点与z轴的垂直距离；φ还是OP在水平面的投影线OH与正x轴之间的夹角；z和三维直角坐标系的z一致。

从圆柱坐标到三维直角坐标系坐标转化关系为

$$\begin{cases} x = r\cos\varphi \\ y = r\sin\varphi \\ z = z \end{cases} \tag{6.39}$$

上一章介绍的参数方程可以扩展到三维乃至多维。plot3d_parametric_line() 函数可以用来绘制参数方程构造的三维线图。

图6.32所示三维线图的参数方程就是采用圆柱坐标，即

$$\begin{cases} x_1 = \cos(t) \\ x_2 = \sin(t) \\ x_3 = t \end{cases} \tag{6.40}$$

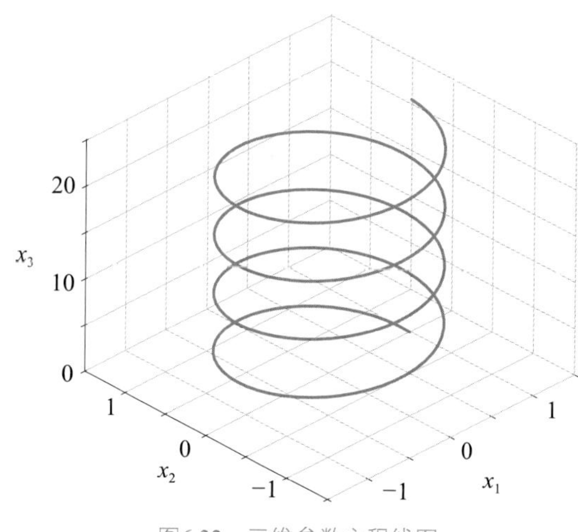

图6.32　三维参数方程线图

Bk3_Ch6_05.py绘制图6.32。图6.32也可以用plot3d_parametric_line() 函数绘制，代码文件为Bk3_Ch6_06.py。

坐标系让代数与几何紧密结合，坐标系使几何参数化，让代数可视化。

接下来第7、8、9三章，我们聊一聊解析几何相关内容。请大家特别注意距离、椭圆这两个数学工具的应用场合。

坐标系给一个个函数插上了翅膀，让它们能够在二维平面和三维空间中自由翱翔。函数是本书第10章到13章重点讲解的内容。

03 Section 03 解析几何

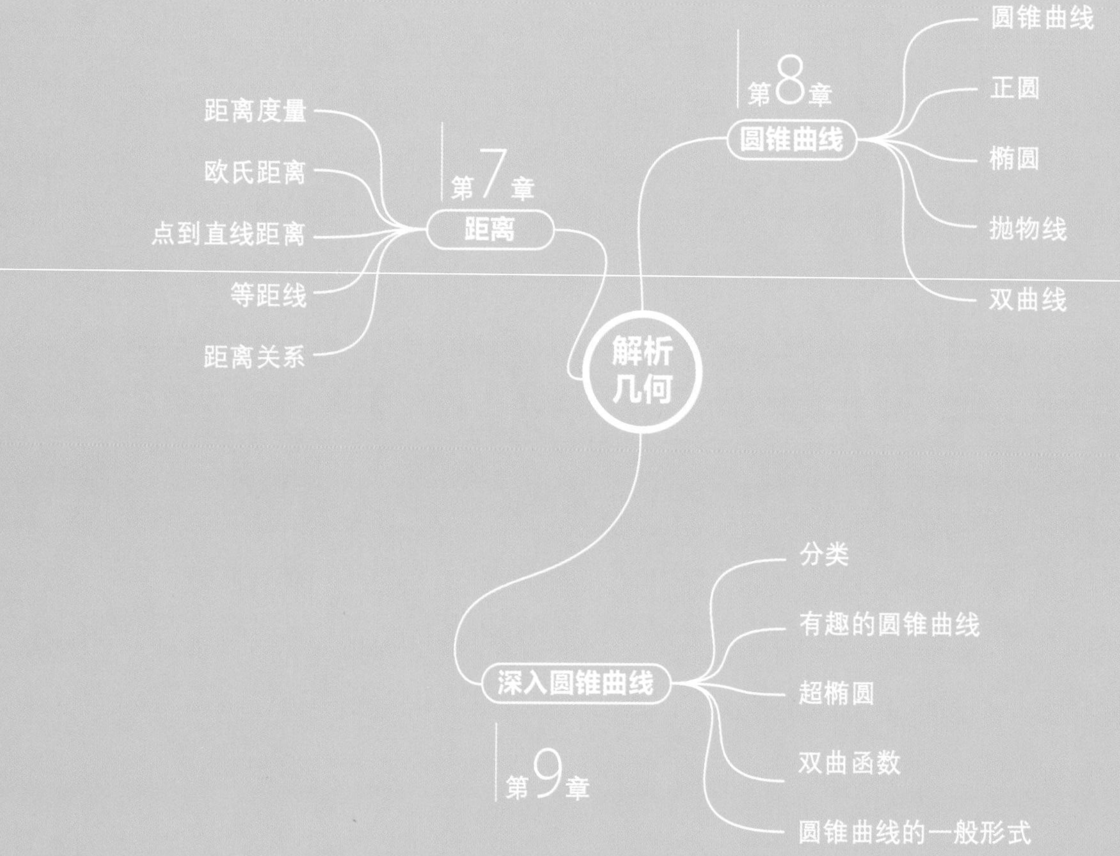

解析
几何
第7章
距离
距离度量
欧氏距离
点到直线距离
等距线
距离关系
第8章
圆锥曲线
圆锥曲线
正圆
椭圆
抛物线
双曲线
第9章
深入圆锥曲线
分类
有趣的圆锥曲线
超椭圆
双曲函数
圆锥曲线的一般形式

学习地图 | 第3版块

07 Distance 距离

人是万物的尺度

两点之间最短的路径是一条线段。

The shortest path between two points is a straight line.

—— 阿基米德 (Archimedes) | 古希腊数学家、物理学家 | 287 B.C. — 212 B.C.

- `matplotlib.pyplot.axhline()` 绘制水平线
- `matplotlib.pyplot.axvline()` 绘制竖直线
- `matplotlib.pyplot.contour()` 绘制等高线图
- `matplotlib.pyplot.contourf()` 绘制填充等高线图
- `np.abs()` 计算绝对值
- `numpy.meshgrid()` 获得网格化数据
- `plot_wireframe()` 绘制三维单色线框图
- `sympy.abc()` 引入符号变量
- `sympy.lambdify()` 将符号表达式转化为函数
- `scipy.spatial.distance.mahalanobis()` 计算马氏距离

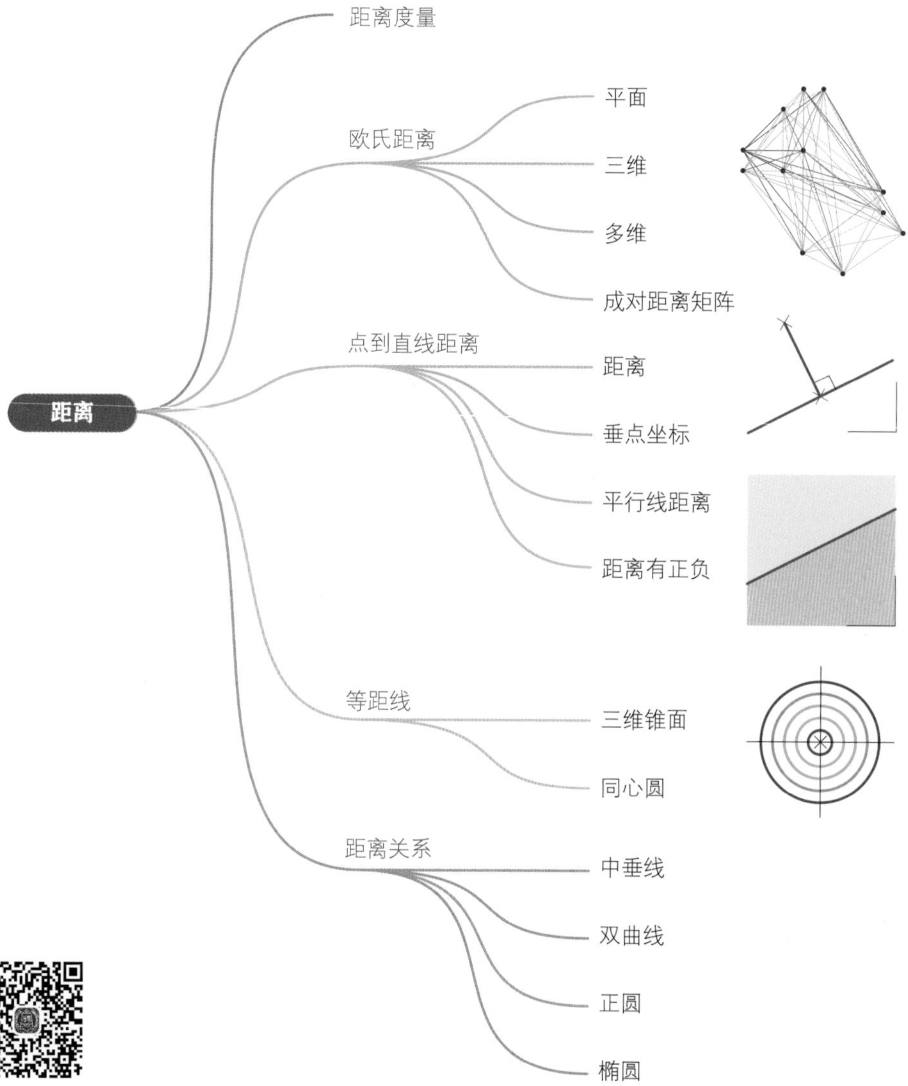

- 距离
  - 距离度量
  - 欧氏距离
    - 平面
    - 三维
    - 多维
    - 成对距离矩阵
  - 点到直线距离
    - 距离
    - 垂点坐标
    - 平行线距离
    - 距离有正负
  - 等距线
    - 三维锥面
    - 同心圆
  - 距离关系
    - 中垂线
    - 双曲线
    - 正圆
    - 椭圆

7.1 距离：未必是两点间最短线段

阿基米德说“两点之间最短的路径是一条线段”，这个道理看似再简单不过。扔个肉包子给狗，狗会径直冲向包子。它应该不会拐几个弯，跑出优美的曲线。

但是，哪怕最基本的生活经验也会告诉我们，两点之间最短的路径不能简单地用两点之间的线段来描述。图7.1和图7.2所示的四个路径规划就很好地说明了这一点。

如果城市街区以正方形方格规划，如图7.1 (a) 所示，从A点到B点，有很多路径可以选择。但是不管怎么选择路径，会发现这些路径都是由横平竖直的线段组合而成，而不是简单的“两点一线”。

图7.1 (b) 所示，若城市的街区都是整齐的平行四边形，那么从A点到B点的路径就要依照四边形边的走势来规划。尽管如此，规划得到的路径依然是直线段的组合。

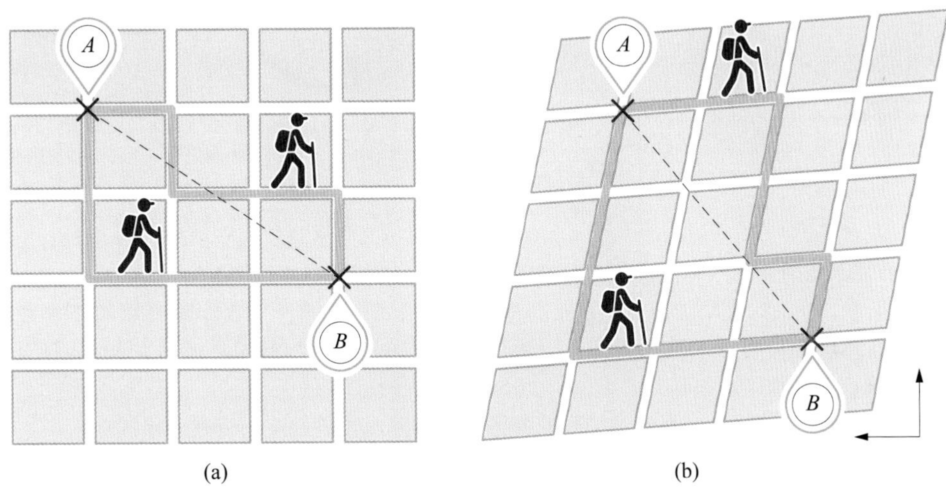

图7.1　两种直线段路径规划

有些城市街区的布置类似于极坐标，呈现放射性网状。如图7.2 (a) 所示，从A点到B点的路径，便是直线段和弧线段的结合。

更常见的情况是，路径可能是由不规则曲线、折线构造得到的。如图7.2 (b) 所示，从A点到B点别无选择，只能按照一段自由曲线行走。

上述路径规划还是在平面上，这都是理想化的情况。实际情况中度量“距离”要复杂得多。如图7.3所示，计算地球上相隔很远的两个大陆上两点的距离要考虑的是一段弧线的长度。

让我们再增加一些复杂性，考虑山势起伏，具体如图7.4所示。这时，规划A点到B点的路径难度会有进一步提高。

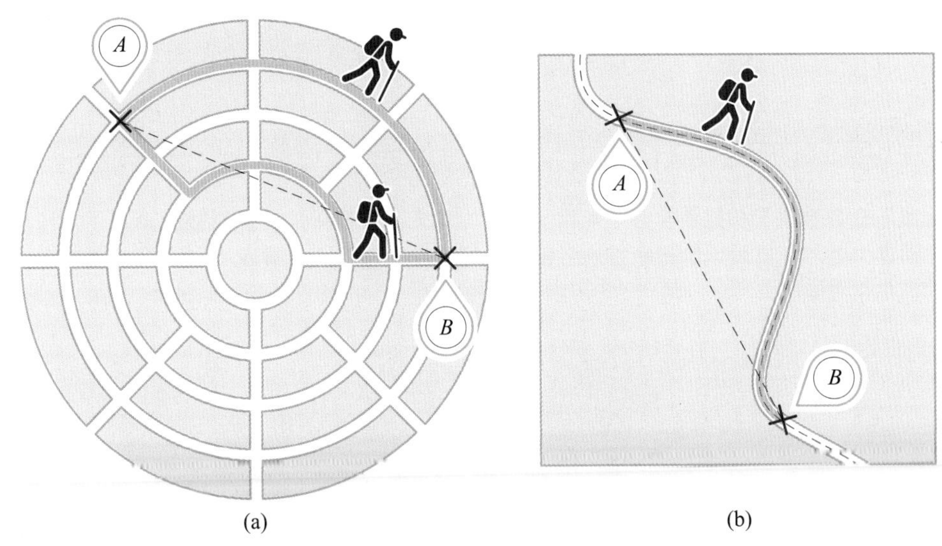

图7.2　两种非线性路径规划

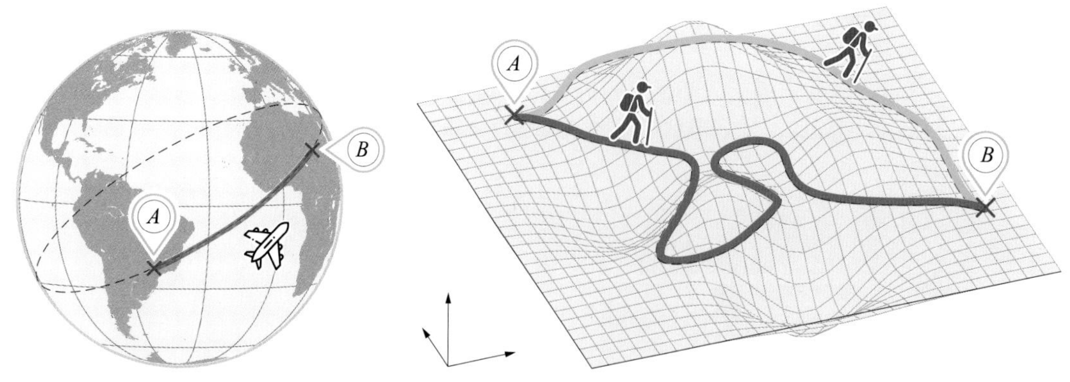

图7.3　地球表面两点距离　　　　图7.4　考虑山势起伏的路径规划

此外，计算距离时还可以考虑数据的分布因素，得到的距离即**统计距离** (statistical distance)。

如图7.5所示，A、B、C、D四点与Q点的直线距离相同。这个距离又叫欧几里得距离或欧氏距离。图7.5中蓝色散点代表样本数据的分布，考虑数据分布"紧密"情况，不难判断C点距离Q点最近，而D点距离Q点最远。

也就是说，地理上的相近，不代表关系的紧密——相隔万里的好友，近在咫尺的路人。

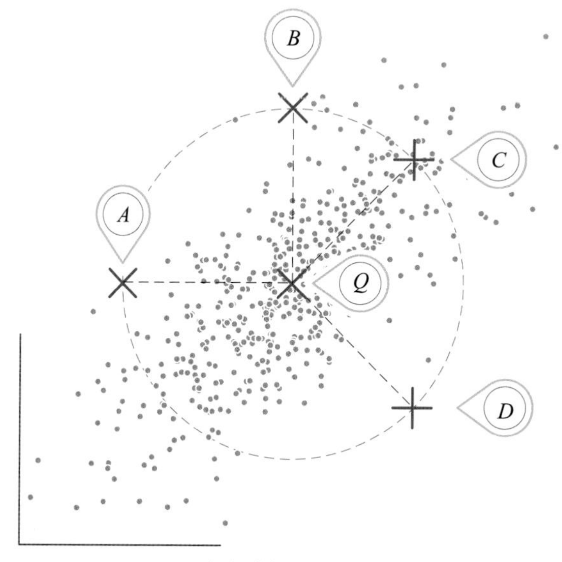

图7.5　考虑数据分布的距离度量

"距离"在数据科学和机器学习中非常重要。本章先从最简单的两点直线距离入手，和大家探讨距离这个话题。鸢尾花书后续会不断扩展丰富"距离"这个概念。鸢尾花书《可视之美》提供各种距离度量的可视化方案。

7.2 欧氏距离：两点间最短线段

两点之间的线段长度叫作**欧几里得距离** (Euclidean distance)或**欧氏距离**，它是最简单的距离度量。

本书前文讲过的绝对值实际上就是一维数轴上的两点距离。如图7.6所示，一维数轴上有A和B两点，它们的坐标值分别为x_A和x_B。A和B两点的欧氏距离就是x_A和x_B之差的绝对值，即

$$\text{dist}(A,B)=|x_A-x_B| \tag{7.1}$$

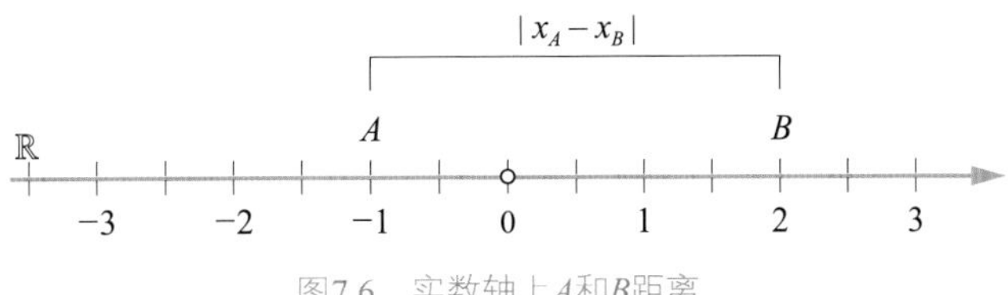

图7.6　实数轴上A和B距离

二维平面

平面直角坐标系中两点A (x_A, y_A) 和B (x_B, y_B) 的欧氏距离就是AB线段的长度，可以通过如下公式求得，即

$$\begin{aligned}\text{dist}(A,B)&=\sqrt{|x_A-x_B|^2+|y_A-y_B|^2}\\&=\sqrt{(x_A-x_B)^2+(y_A-y_B)^2}\end{aligned} \tag{7.2}$$

式 (7.2)用到的数学工具就是勾股定理。如图7.7所示，直角三角形的两个直角边边长为 $|x_A-x_B|$ 和 $|y_A-y_B|$。利用矩阵乘法，式 (7.2) 可以写成

$$\text{dist}(A,B)=\sqrt{\begin{bmatrix}x_A-x_B & y_A-y_B\end{bmatrix}@\begin{bmatrix}x_A-x_B\\y_A-y_B\end{bmatrix}} \tag{7.3}$$

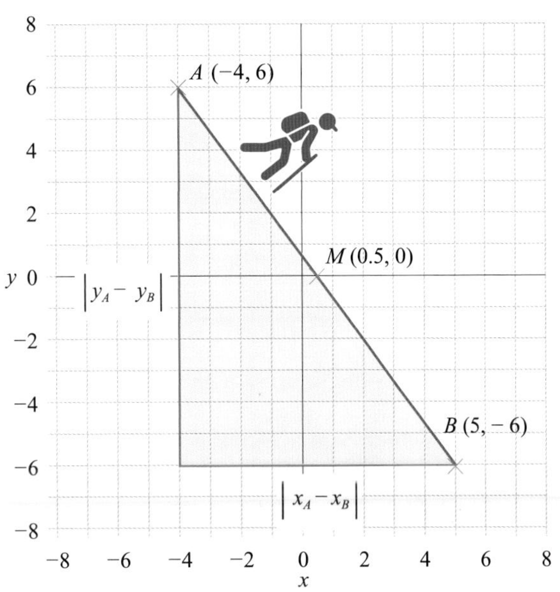

图7.7　平面直角坐标系表示两点之间距离

A和B点连线的**中点** (midpoint) M 的坐标为

$$M = \left(\frac{x_A + x_B}{2}, \frac{y_A + y_B}{2} \right) \tag{7.4}$$

Bk3_Ch7_01.py绘制图7.7。

三维空间

类似地，三维直角坐标系中两点A (x_A, y_A, z_A) 和B (x_B, y_B, z_B) 的距离可以通过如下公式求得，即

$$\text{dist}(A,B) = \sqrt{(x_A - x_B)^2 + (y_A - y_B)^2 + (z_A - z_B)^2} \tag{7.5}$$

图7.8所示为一个计算三维空间两点欧氏距离的例子。容易发现，计算过程两次使用了勾股定理。

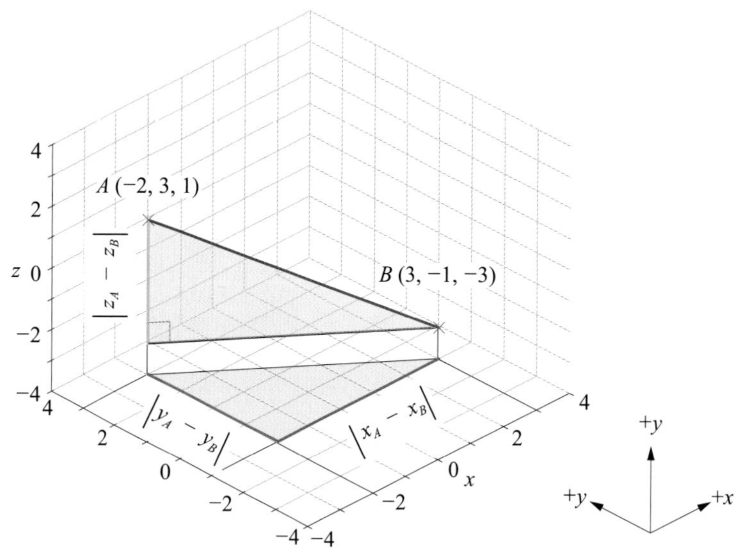

图7.8　三维直角坐标系表示两点之间距离

我们也可以把式 (7.5) 推广到多维。D维空间两点A $(x_{1,A}, x_{2,A}, \cdots, x_{D,A})$ 和B $(x_{1,B}, x_{2,B}, \cdots, x_{D,B})$ 的距离可以通过如下公式求得，即

$$\text{dist}(A,B) = \sqrt{(x_{1,A} - x_{1,B})^2 + (x_{2,A} - x_{2,B})^2 + \cdots + (x_{D,A} - x_{D,B})^2} \tag{7.6}$$

同样利用矩阵乘法，式 (7.6) 可以写成

$$\text{dist}(A,B) = \sqrt{\begin{bmatrix} x_{1,A} - x_{1,B} & x_{2,A} - x_{2,B} & \cdots & x_{D,A} - x_{D,B} \end{bmatrix} \begin{bmatrix} x_{1,A} - x_{1,B} \\ x_{2,A} - x_{2,B} \\ \vdots \\ x_{D,A} - x_{D,B} \end{bmatrix}} \tag{7.7}$$

对比式 (7.5) 和式 (7.7)，大家已经明白，为什么我们要用x加下角标作为变量，因为变量真的不够用。(x, y, z) 中利用了三个字母代表变量，如果空间的维度为100维，英文字母显然都不够用。而采用“变量 + 下角标索引”这种方式，100维空间坐标可以轻松写成 $(x_1, x_2, x_3, \cdots, x_{100})$。

Bk3_Ch7_02.py绘制图7.8。

成对距离

在数据科学和机器学习实践中，我们经常遇到如图7.9所示这种多点**成对距离** (pairwise distance) 的情况。在图7.9所示的平面上，一共有12个点。而这12点一共可以构造得到66 (C_{12}^2) 个两点距离。

用什么结构存储、运算及展示这些距离值，成了一个问题。

这时，矩阵就可以派上大用场！

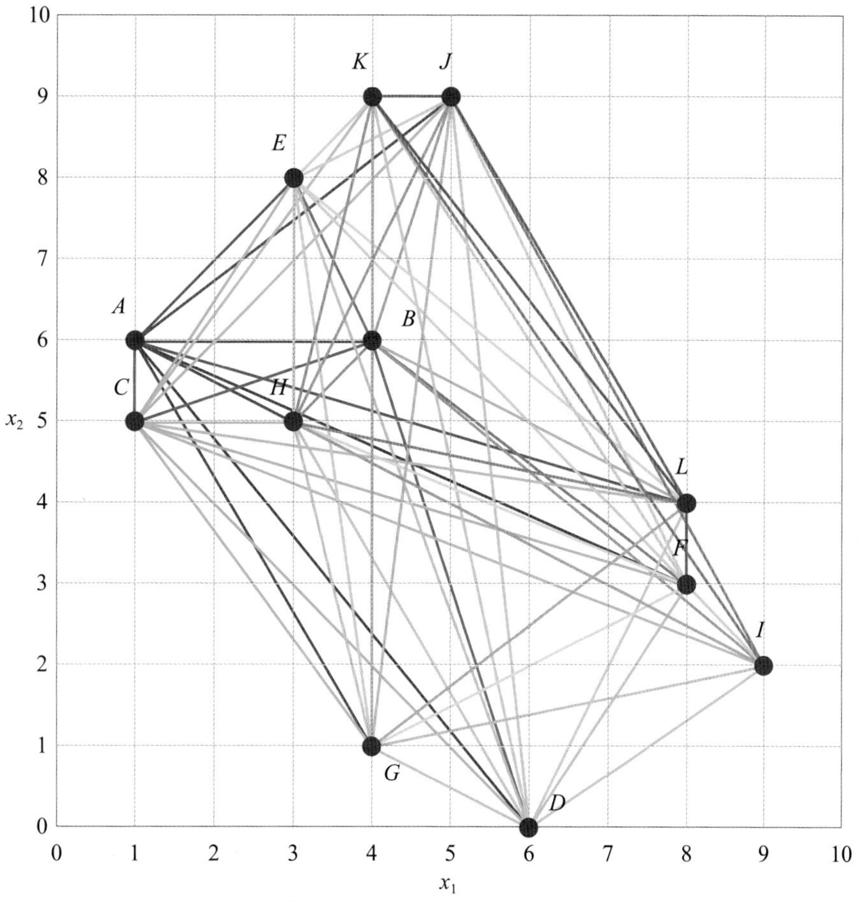

图7.9　平面上12个点表示成对距离

如图7.10所示，矩阵的形状为12 × 12，即12行、12列。矩阵的主对角线元素都是0，这是某点和自身的距离，矩阵非主对角线元素则代表成对距离。

很容易发现，这个矩阵关于主对角线对称。也就是说，我们只需要主对角线斜下方的66个元素，或者主对角线斜上方的66元素。这66个元素涵盖了我们要保存的所有两点距离。

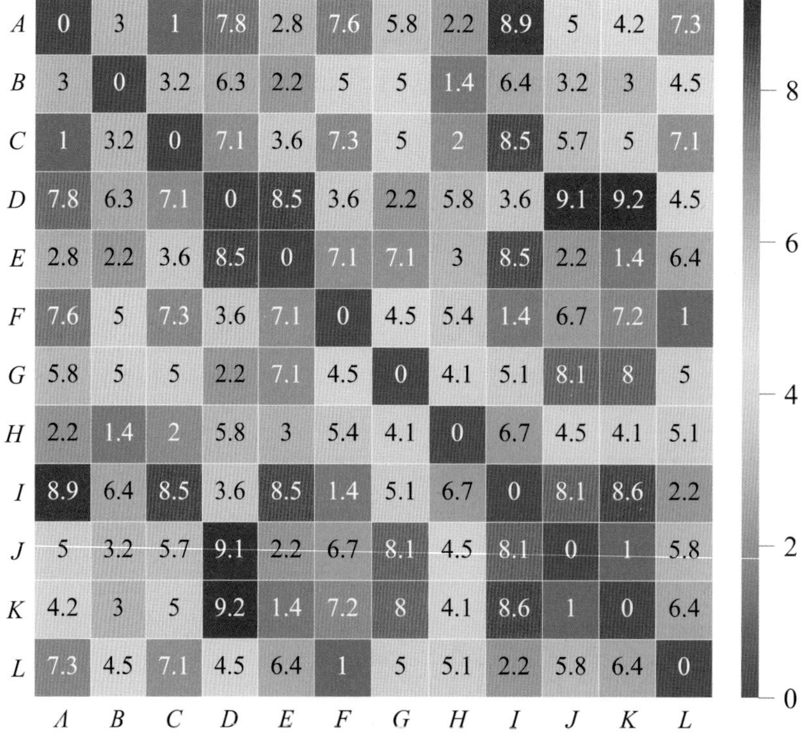

图7.10　成对距离矩阵

下三角矩阵、上三角矩阵

多讲一点，提取类似于图7.10方阵中主对角线及其左下方元素时，它们单独构成的矩阵叫作**下三角矩阵** (lower triangular matrix) $\boldsymbol{L}$。

而主对角线和其右上方元素单独构成的矩阵叫作**上三角矩阵** (upper triangular matrix) $\boldsymbol{R}$，其余元素为0。图7.11所示为下三角矩阵和上三角矩阵的示意图。下三角矩阵$\boldsymbol{L}$转置得到的$\boldsymbol{L}^{\mathrm{T}}$便是上三角矩阵$\boldsymbol{R}$。

注意：图7.11中绿色方框之外代表的元素均为0。

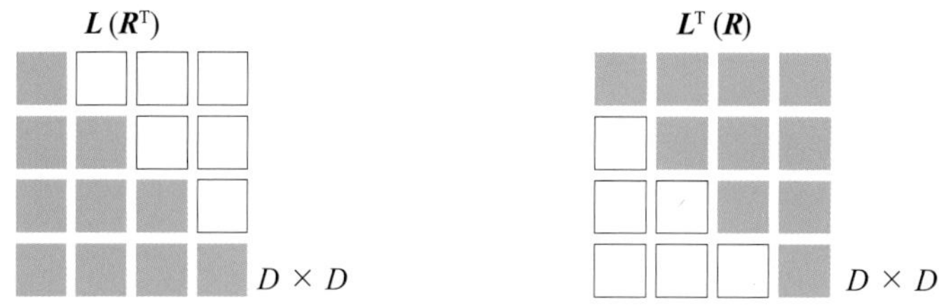

图7.11　下三角矩阵和上三角矩阵

Bk3_Ch7_03.py计算成对距离，并且绘制图7.9和图7.10。

机器学习很多算法中常常用到**亲近度** (affinity)，亲近度和距离正好相反。两点距离越远，两者亲近度越低；而距离越近，亲近度则越高。

我们假设亲近度的取值在 [0, 1] 这个区间。1代表两点重合，也就是距离为0，亲近度最大；亲近度为0代表两点相距无穷远。

摆在我们面前的一个数学问题就是，如何把距离转化成亲近度。如图7.12所示，我们需要某种“映射”关系，将“欧氏距离”和“亲密度”一一联系起来。

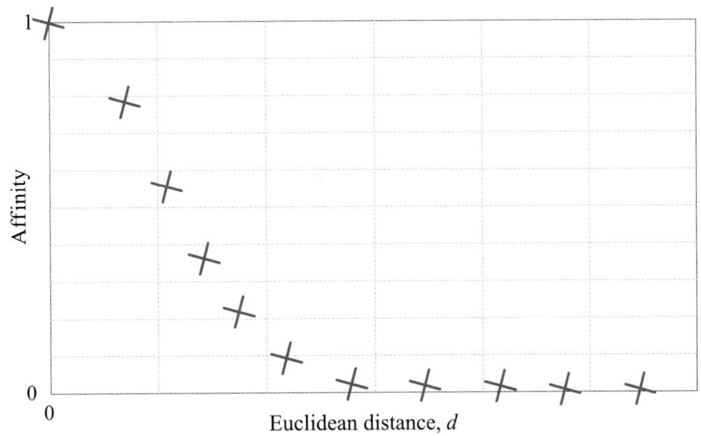

图7.12　如何设计“欧氏距离”到“亲密度”的映射关系

自然而然地，我们就会想到代数中的“函数”。函数就是映射，可以完成数据转换。

而众多函数当中，高斯函数便可以胜任这一映射要求。高斯函数的一般解析式为

$$f(d)=\exp\left(-\gamma d^{2}\right) \tag{7.8}$$

图7.13所示为参数γ影响高斯函数右半侧曲线形状。本书后续会介绍高斯函数性质。鸢尾花书在《机器学习》一册会专门介绍“亲近度”这个概念。

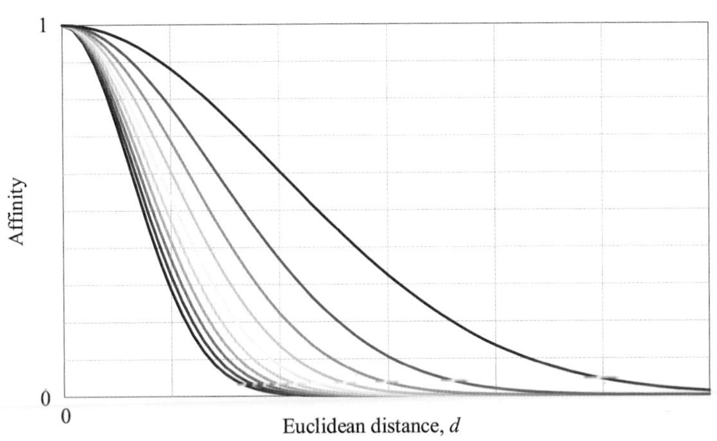

图7.13　参数γ影响高斯函数右半侧曲线形状

7.3 点到直线的距离

给定平面上一条直线l: $ax + by + c = 0$，直线外一点$A\ (x_A, y_A)$ 到该直线的距离为

$$\text{dist}(A,l)=\frac{|ax_A+by_A+c|}{\sqrt{a^2+b^2}} \tag{7.9}$$

直线l上距离A最近点的坐标为$H\ (x_H, y_H)$，有

$$\begin{aligned}x_H&=\frac{b(bx_A-ay_A)-ac}{a^2+b^2}\\ y_H&=\frac{a(-bx_A+ay_A)-bc}{a^2+b^2}\end{aligned} \tag{7.10}$$

A和H连线得到AH线段的长度就是式 (7.9)。

特别地，当$a = 0$时，直线l为水平线。$A\ (x_A, y_A)$ 到该直线的距离为

$$\text{dist}(A,l)=\frac{|by_A+c|}{|b|} \tag{7.11}$$

当$b = 0$时，直线l为竖直线。$A\ (x_A, y_A)$ 到该直线的距离为

$$\text{dist}(A,l)=\frac{|ax_A+c|}{|a|} \tag{7.12}$$

举个例子，图7.14所示给定直线$x - 2y - 4 = 0$，$A\ (-4, 6)$ 到直线距离的最近点为$H\ (0, -2)$。大家可以自己计算一下，A到直线的距离为8.944。

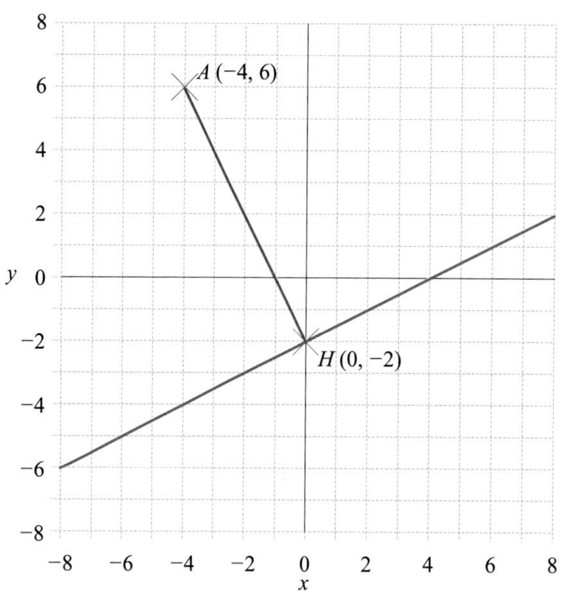

图7.14　平面直角坐标系表示点到直线距离

Bk3_Ch7_04.py计算点A到直线距离，并绘制图7.14。

平行线间距离

给定两条平行线l_1和l_2对应的解析式为

$$\begin{cases} ax+by+c_1=0 \\ ax+by+c_2=0 \end{cases} \tag{7.13}$$

其中：$c_1 \neq c_2$。

这两条平行线的距离为

$$\operatorname{dist}(l_1,l_2)=\frac{|c_1-c_2|}{\sqrt{a^2+b^2}} \tag{7.14}$$

距离也可以有"正负"

本章前文介绍的距离都是"非负值"；但是，在机器学习算法中，我们经常会给距离度量加个正负号。下面举几个例子。

如图7.15所示，在数轴上，以Q点作为比较的基准点，距离AQ和BQ的定义分别为

$$\begin{aligned} \operatorname{dist}(A,Q)&=|x_A-x_Q| \\ \operatorname{dist}(B,Q)&=|x_B-x_Q| \end{aligned} \tag{7.15}$$

在鸢尾花书《矩阵力量》一册，我们会利用线性代数运算工具来求解点到直线距离，及两条平行线之间的距离。

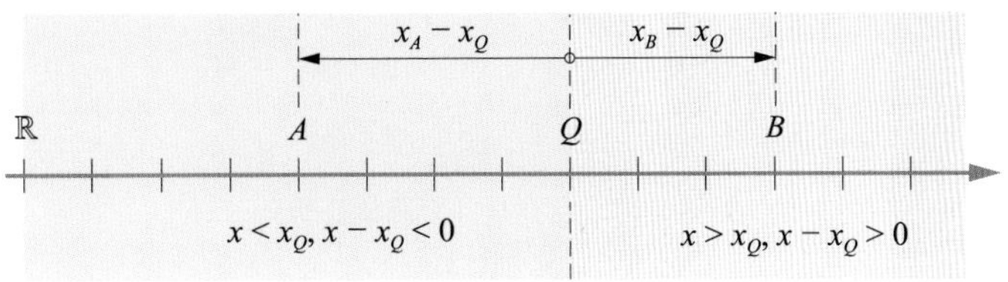

图7.15　一维数轴上距离的正负

将式 (7.15) 中的绝对值去掉，得到

$$\begin{aligned} \operatorname{dist}(A,Q)&=x_A-x_Q \\ \operatorname{dist}(B,Q)&=x_B-x_Q \end{aligned} \tag{7.16}$$

图7.15中，A在Q的左边，因此$x_A - x_Q < 0$，也就是距离为"负"；而B在Q的右边，因此$x_B - x_Q > 0$，也就是距离为"正"。

距离的绝对值告诉我们两点的远近，距离的"正负"符号多了相对位置这层信息。

上一章介绍的不等式有划定区域的作用。也就是说，式 (7.16) 这种含"正负"的距离把不等式"区域"这层信息也囊括进来了。

同理，将式 (7.9) 分子上的绝对值符号去掉，点A和直线l的距离为

$$\operatorname{dist}(A,l)=\frac{ax_A+by_A+c}{\sqrt{a^2+b^2}} \tag{7.17}$$

以图7.16为例，图中直线l的解析式为$x+y-1=0$；这条直线把平面直角坐标系划分成两个区域——$x+y-1>0$ (暖色背景) 和$x+y-1<0$ (冷色背景)。

根据式 (7.17)，计算A点和B点到直线l的含“正负”距离分别为

$$\operatorname{dist}(A,l)=\frac{3}{\sqrt{2}},\quad \operatorname{dist}(B,l)=\frac{-5}{\sqrt{2}} \tag{7.18}$$

根据距离的“正负”符号，可以判断A点在$x+y-1>0$这个区域，B点在$x+y-1<0$这个区域。请大家思考去掉式 (7.14) 分子中的绝对值符号后，两条平行线距离分别为正负值所代表的几何含义。

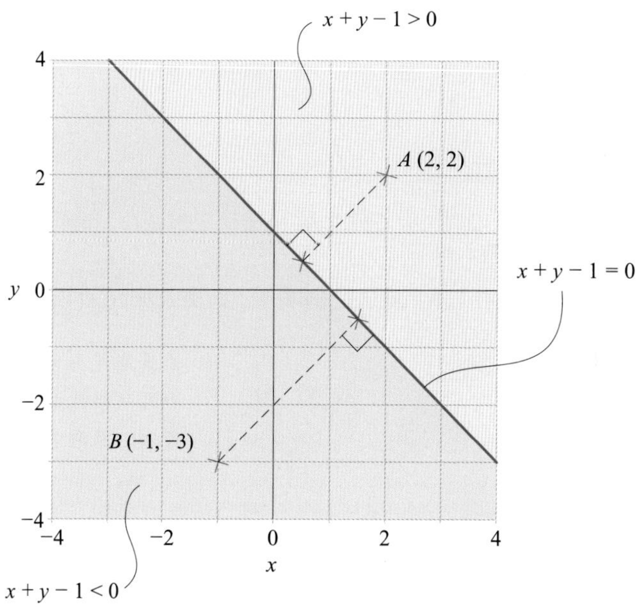

图7.16　点到直线距离的正负

支持向量机 (Support Vector Machine, SVM) 是非常经典的机器学习算法之一。支持向量机既可以用于分类，也可以用于处理回归问题。图7.17所示为支持向量机核心思路。

如图7.17所示，一片湖面左右散布着蓝色 ● 红色 ● 礁石，游戏规则是，皮划艇以直线路径穿越水道，保证船身恰好紧贴礁石。寻找一条直线路径，让该路径通过的皮划艇宽度最大，也就是图7.17中两条虚线之间宽度最大。这个宽度叫作**间隔** (margin)。

图7.17 (b) 中加黑圈 ○ 的五个点，就是所谓的**支持向量** (support vector)。图7.17中深蓝色线就是水道，叫作**决策边界** (decision boundary)。决策边界将标签分别为蓝色 ● 红色 ● 数据点“一分为二”，也就是分类。

很明显，图7.17 (b) 中规划的路径好于图7.17 (a)，因为图7.17 (b) 水道间隔明显更宽。而本节介绍的“距离”这个概念在支持向量机算法中扮演着重要角色。

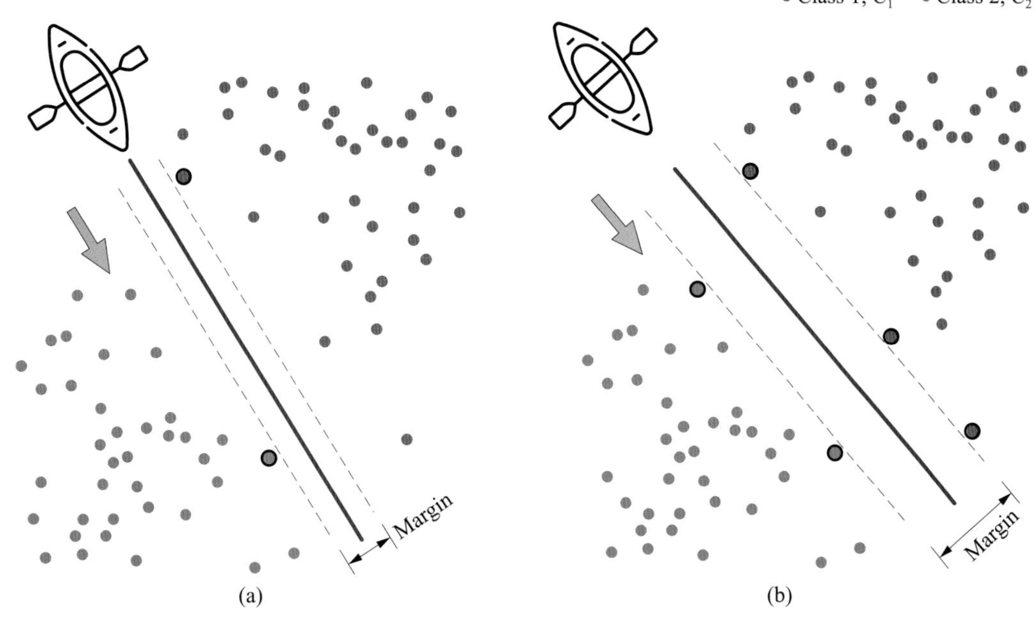

图7.17　支持向量机原理

如图7.18所示，计算“支持向量”A、B、C、D、E和“决策边界”的距离，用到的就是本节讲到的“点到直线距离”；计算l_1和l_2“间隔”宽度用到的是“平行线间距离”。

而图7.18中暖色和冷色两个区域就是通过不等式划定的区域。暖色区域的样本点分类为红色 ●，即C_1；冷色区域的样本点分类为蓝色 ●，即C_2。

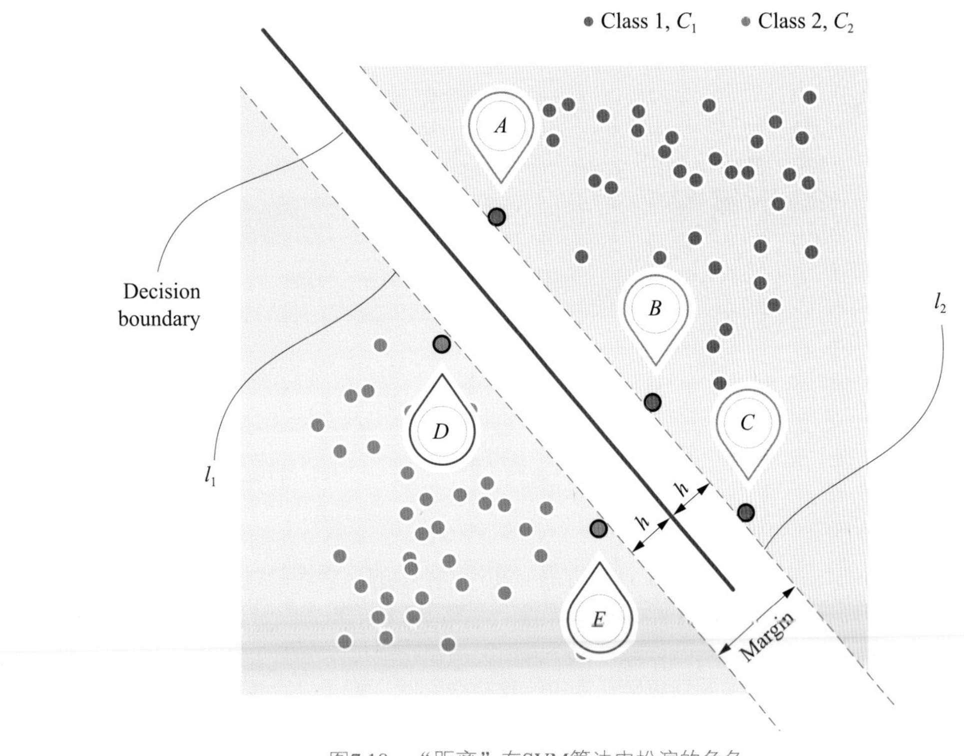

图7.18　“距离”在SVM算法中扮演的角色

7.4 等距线：换个视角看距离

任意一点$P(x, y)$距离原点$O(0, 0)$的欧氏距离为r，对应的解析式为

$$\operatorname{dist}(P,O)=\sqrt{x^2+y^2}=r \tag{7.19}$$

上式左右两侧平方得到

$$x^2+y^2=r^2 \tag{7.20}$$

这样，我们得到了一个圆心位于原点、半径为r的正圆的解析式。

利用矩阵乘法，式 (7.20) 可以写成

$$\begin{bmatrix} x & y \end{bmatrix}\begin{bmatrix} x \\ y \end{bmatrix}=r^2 \tag{7.21}$$

构造二元函数$f(x, y)$，有

$$f(x,y)=\sqrt{x^2+y^2} \tag{7.22}$$

其中：x和y为自变量。

图7.19所示为$f(x, y)$在三维直角坐标系的曲面形状，显然这个曲面为圆锥。曲面上我们还特地绘制了**等高线** (contour line或contour)。上一章介绍过，等高线指的是$f(x, y)$上值相等的相邻各点所连成的曲线。

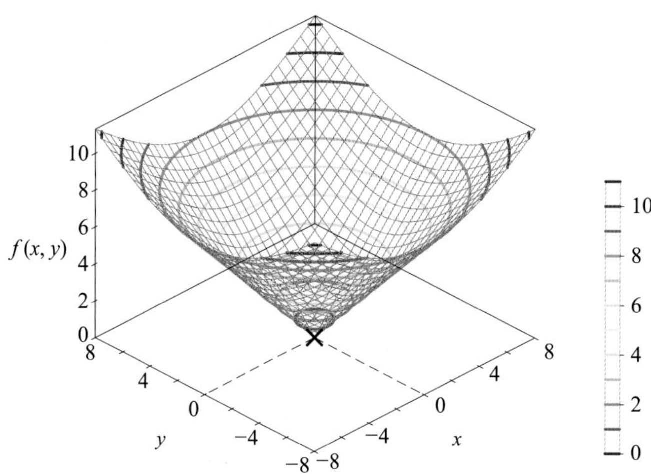

图7.19　三维直角坐标系表示$f(x, y)$函数曲面

将图7.19中的等高线投影到xy平面上，便得到如图7.20所示的平面等高线，我们管它叫等距线。图7.20中每条等距线对应的就是$f(x, y) = r$的截面图像。观察图7.19，很容易发现r取不同值时对应一系列同心圆。也就是说，距离原点O的欧氏距离取不同值时，等距线是一系列同心圆。

表7.1总结了常见距离度量平面直角坐标系中的等距线形状。鉴于“距离”的多样性，如果没有特别说明，本书中的“距离”一般指“欧氏距离”；如有必要则会专门说明距离度量是哪一种。鸢尾花书将一一揭开表7.1距离度量的面纱。

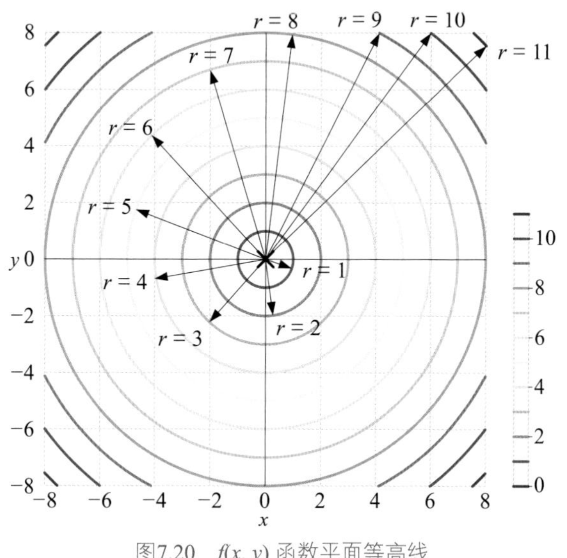

图7.20　$f(x, y)$ 函数平面等高线

> 再次强调，在机器学习中，欧氏距离是最基础的距离度量。鸢尾花书会和大家一起探讨各种距离度量，每种距离度量都有自己独特的“等距线”。

表7.1　常见距离定义及等距线形状

距离度量	平面直角坐标系中等距线形状
欧氏距离 (Euclidean distance)	
标准化欧氏距离 (standardized Euclidean distance)	
马氏距离 (Mahalanobis distance)	
城市街区距离 (city block distance)	
切比雪夫距离 (Chebyshev distance)	
闵氏距离 (Minkowski distance)	… … …

Bk3_Ch7_05.py绘制图7.19和图7.20。请大家修改代码绘制$f(x, y) = x^2 + y^2$这个函数的曲面三维等高线和平面等高线图。

7.5 距离间的量化关系

在平面直角坐标系中，给定A和B两点，任意一点P到点A和点B的距离分别为AP和BP。本节讨论AP和BP之间存在的一些常见量化关系，以及对应P的运动轨迹。这一节同时也引出本书下两章有关圆锥曲线的内容。

中垂线

如果AP和BP等距，那么得到的是A和B两点的中垂线，即有

$$AP = BP \tag{7.23}$$

如图7.21所示，A和B两点的中垂线垂直于AB线段，并且将AB等分。图7.21中的两组等高线，对应的是到A和B两点等距线，相同颜色代表相同距离。相同颜色等距线的交点显然都在中垂线上。

双曲线

再看一种情况，若AP和BP之差为定值，即

$$AP - BP = c \tag{7.24}$$

比如，AP比BP长3，即

$$AP - BP = 3 \tag{7.25}$$

如图7.22所示，我们发现满足式 (7.25) 这种数值关系的P构成了一条**双曲线** (hyperbola)。注意，根据三角形边之间的关系，图7.22中，$AP + BP \geq AB$。$AP + BP = AB$时，点A、P、B在一条直线上。双曲线等**圆锥曲线** (conic section) 是本书后续两章要介绍的重要内容。

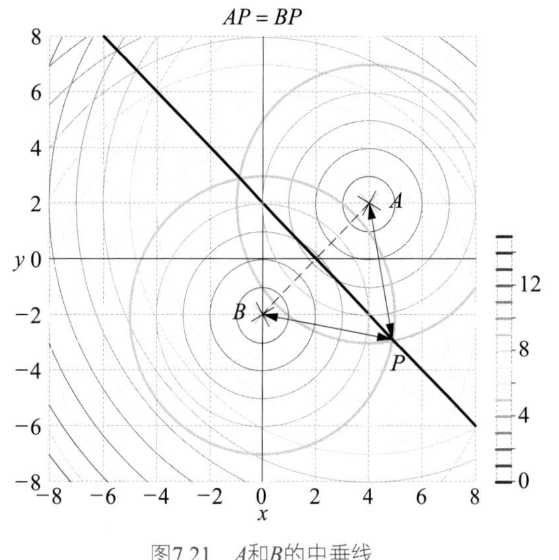

图7.21　A和B的中垂线

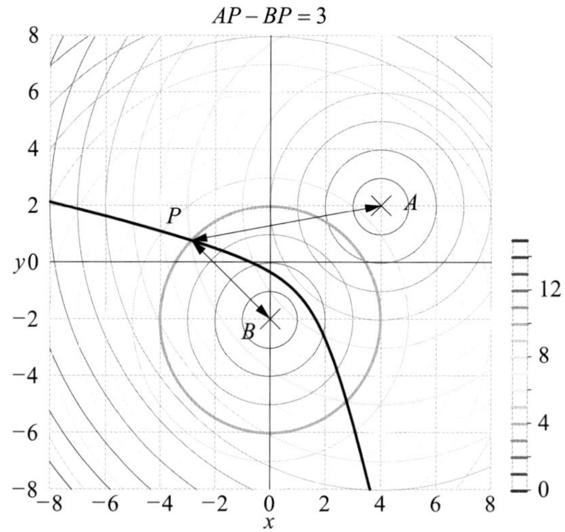

图7.22　$AP - BP = 3$距离关系构成双曲线左下方一条

将式 (7.25) 中的3变成−3，也就是说AP比BP短3，对应等式

$$AP - BP = -3 \tag{7.26}$$

图7.23所示为式 (7.26) 对应的图像，这时候P的轨迹是双曲线右上方的一条。图7.23中，$AP + BP \geq AB$。图7.22和图7.23构成了一对完整的双曲线。

正圆

若线段AP和BP满足倍数关系，即

$$AP = c \cdot BP \tag{7.27}$$

举个例子，若AP是BP的两倍，即

$$AP = 2BP \tag{7.28}$$

如图7.24所示，式 (7.28) 中P的轨迹对应的是正圆。有兴趣的读者可以推导这个正圆的解析式。

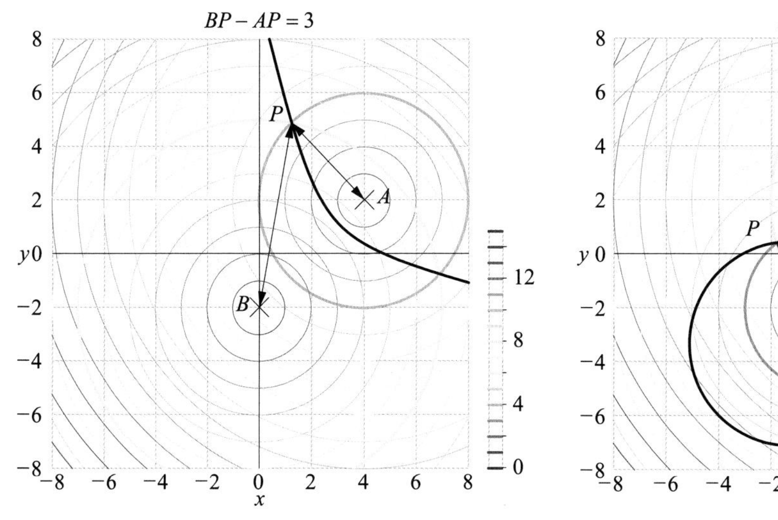

图7.23　$BP - AP = 3$距离关系构成双曲线右上方一条

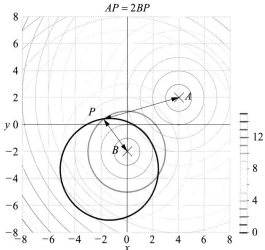

图7.24　$AP = 2BP$距离关系构成正圆

椭圆

再看一种情况，若AP和BP之和为定值，即

$$AP + BP = c \tag{7.29}$$

举个例子，若AP和BP之和为8，即

$$AP + BP = 8 \tag{7.30}$$

则P对应的轨迹为一个**椭圆** (ellipse)，如图7.25所示。注意，图7.25中，$AP + BP > AB$。$AP + BP = AB$时，椭圆退化为A和B两点之间的线段。

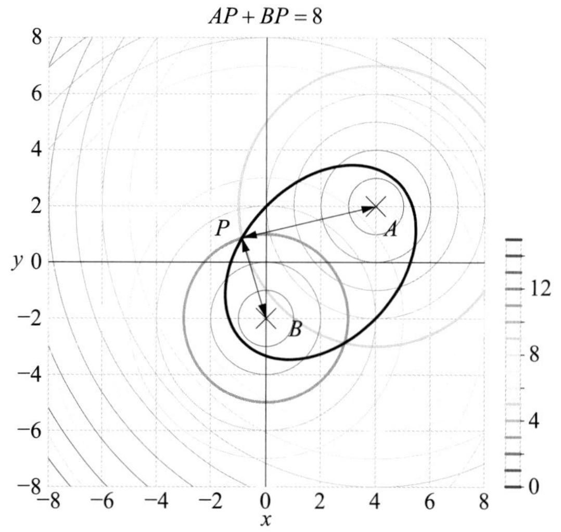

图7.25　$AP + BP = 8$距离关系构成椭圆

Bk3_Ch7_06.py绘制图7.21 ~ 图7.25。

我们把Bk3_Ch7_06.py转化成了展示不同平面形状的App，请大家参考代码文件Streamlit_Bk3_Ch7_06.py。

本章主要介绍了和欧氏距离相关的数学工具，也特别强调欧氏距离仅仅是众多距离度量之一。为了更好理解其他距离度量的概念和应用场合，需要大家具备解析几何、线性代数、统计学等知识。随着大家掌握了更多数学工具，鸢尾花书将慢慢揭开各种距离度量的面纱，以及它们在数据科学、机器学习中的重要作用。

Conic Sections

圆锥曲线

从解密天体运行，到探索星辰大海

可是，地球确实绕着太阳转。

And yet it moves

E pur si muove.

—— 伽利略·伽利莱 (Galileo Galilei) | 意大利物理学家、数学家及哲学家 | 1564 — 1642

- ax.plot_wireframe() 绘制三维网格图；其中，ax = fig.add_subplot(projection='3d')
- ax.view_init() 设置三维图像观察角度；其中，ax = fig.add_subplot(projection='3d')
- numpy.arange() 根据指定的范围以及设定的步长，生成一个等差数组
- numpy.cos() 计算余弦
- numpy.linspace(start,end,num) 生成等差数列，数列start和end之间 （注意，包括start和end两个数值），数列的元素个数为num个
- numpy.outer(u,v) 当u和v都为向量时，u的每一个值代表倍数，使得第二个向量每个值相应倍增。u决定结果的行数，v决定结果的列数；当u和v为多维向量时，按照先行后列展开为向量
- numpy.sin() 计算正弦
- sympy.Eq() 定义符号等式
- sympy.plot(sympy.sin(x)/x,(x,-15,15),show=True) 绘制符号函数表达式的图像
- sympy.plot_implicit() 绘制隐函数方程
- sympy.plot3d(f_xy_diff_x,(x,-2,2),(y,-2,2),show=False) 绘制函数的三维图
- sympy.plotting.plot.plot_parametric() 绘制二维参数方程
- sympy.plotting.plot.plot3d_parametric_line() 绘制三维参数方程
- sympy.symbols() 创建符号变量

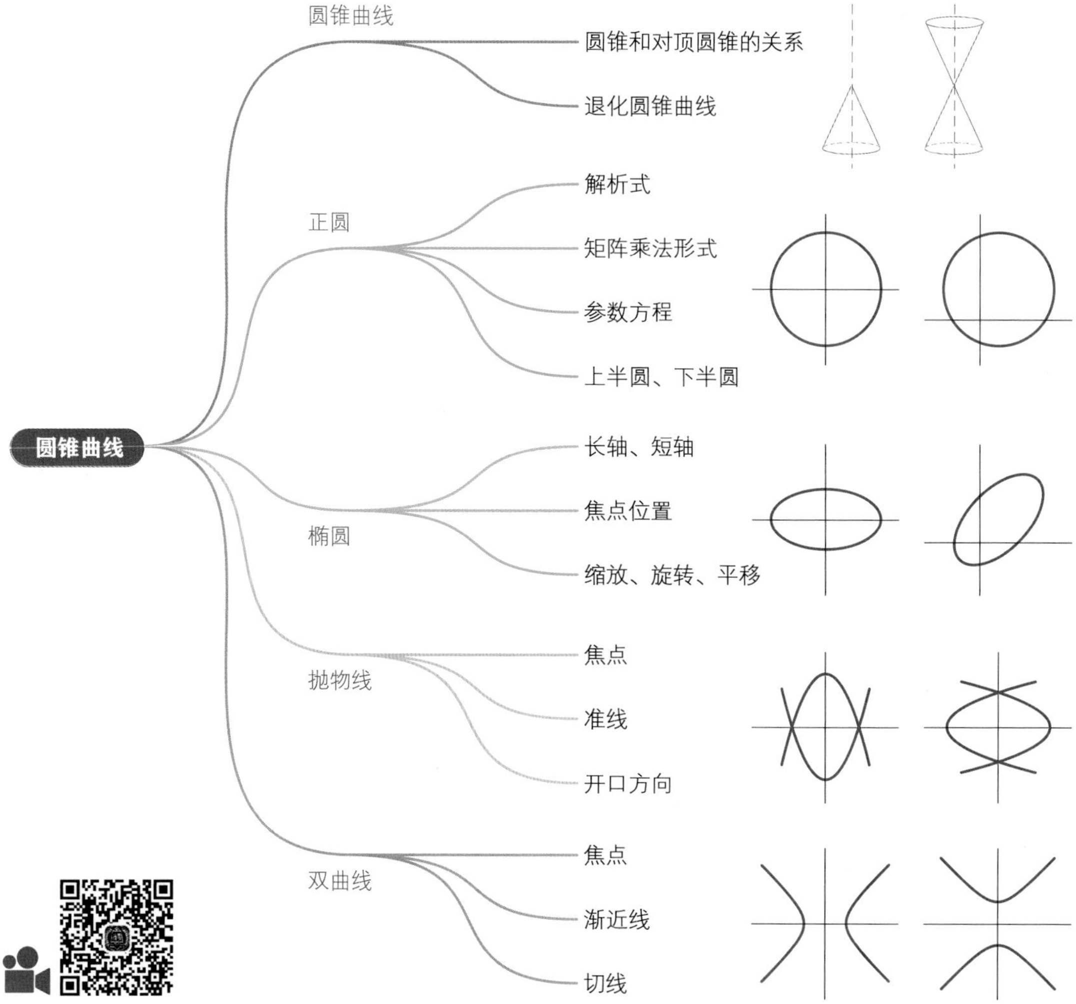

- 圆锥曲线
  - 圆锥曲线
    - 圆锥和对顶圆锥的关系
    - 退化圆锥曲线
  - 正圆
    - 解析式
    - 矩阵乘法形式
    - 参数方程
    - 上半圆、下半圆
  - 椭圆
    - 长轴、短轴
    - 焦点位置
    - 缩放、旋转、平移
  - 抛物线
    - 焦点
    - 准线
    - 开口方向
  - 双曲线
    - 焦点
    - 渐近线
    - 切线

8.1 圆锥曲线外传

自古以来，世界各地的人们在仰望神秘星空时，都会不禁感慨宇宙的浩渺和神秘。

2300年前，中国战国时期诗人屈原在《天问》中问到：“天何所沓？十二焉分？日月安属？列星安陈？”

在中国古代，“天圆地方”是权威的解释。比如，孔子曾说：“天道曰圆，地道曰方”。

但是，战国时期的法家创始人之一慎到认为天体是球形，他说：“天形如弹丸，半覆地上，半隐地下，其势斜倚”。

东汉张衡无疑推动了中国古代对天体运行规律的认知，他提出：“浑天如鸡子，天体圆如弹丸，地如鸡中黄，孤居于内，天大而地小”。

古希腊一众数学家和哲学家对天体运行规律有着相同的探索，其中具有代表性的是**毕达哥拉斯** (Pythagoras)、**亚里士多德** (Aristotle)、**埃拉托斯特尼** (Eratosthenes) 和**托勒密** (Ptolemy)。

古希腊数学家毕达哥拉斯在公元前6世纪，提出地球是球体这一概念。

亚里士多德则以实证的方法得出地球是球形这一结论。比如，他发现月食时，地球投影到月球上的形状为圆形。远航的船舰靠岸时，人们先看到桅杆，再看到船身，最后才能看到整个船身。亚里士多德还发现，越往北走，北极星越高；越往南走，北极星越低。

在地圆说基础上，托勒密建立了**地心说** (geocentric model)。地心说被罗马教会奉为圭臬，禁锢了欧洲思想逾千年。

解放人类对天体运行规律认知的数学工具正是圆锥曲线。

古希腊数学家，**梅内克谬斯** (Menaechmus, 380 B.C.— 320 B.C.)，开创了圆锥曲线研究。相传，梅内克谬斯是**亚历山大大帝** (Alexander the Great) 的数学老师。亚历山大大帝曾请教梅内克谬斯，想要找到学习几何的终南捷径。梅内克谬斯给出的回答却是：“学习几何无捷径”。

抽象的圆锥曲线理论在约1800年之后开花结果。这里我们主要介绍四个人物——哥白尼、布鲁诺、开普勒和伽利略，他们所处的时间轴如图8.1所示。

撼动地心说统治地位的第一人就是波兰天文学家**哥白尼** (Nicolaus Copernicus)。可以说哥白尼革命吹响了现代科学发展的集结号。

1543年，哥白尼在《天体运行论》 (*On the Revolutions of the Heavenly Spheres*) 提出**日心说** (Heliocentrism)。他认为行星运行轨道为正圆形。细心观察星象后，哥白尼基本上确定地球绕太阳运转，而且每24小时完成一周运转。

有趣的是，哥白尼实际上是业余的天文学家，这是典型的“业余”把“专业”干翻在地。

哥白尼 (Nicolaus Copernicus)
波兰数学家、天文学家 | 1473 — 1543
提出日心说

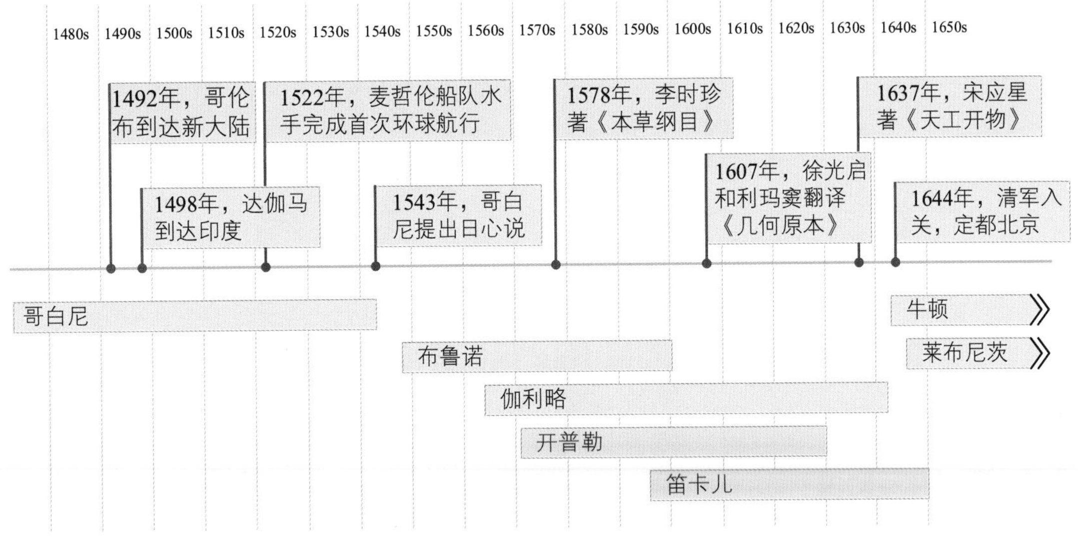

图8.1　哥白尼、布鲁诺、伽利略、开普勒所处的时间轴

这里需要提及的一个人是**布鲁诺** (Giordano Bruno)，他因为对抗教会、传播日心说，被判处长期监禁。1600年，布鲁诺在罗马鲜花广场被烧死在火刑柱上。

开普勒 (Johannes Kepler) 通过观察和推理提出行星运行轨道为椭圆形，继而提出行星运动三大定律。可以说，圆锥曲线理论是开普勒行星运行研究的核心数学工具。而开普勒的研究对科学技术发展，甚至人类文明进步产生了极大的推动作用。

开普勒 (Johannes Kepler)
德国天文学家、数学家 | 1571 — 1630
发现行星运行三大定律

伽利略 (Galileo Galilei) 创作的《关于托勒密和哥白尼两大世界体系的对话》(*Dialogue Concerning the Two Chief World Systems*) 一书中支持哥白尼的理论"地球不是宇宙的固定不动的中心"。

伽利略 (Galileo Galilei)
意大利天文学家、物理学家和工程师 | 1564 — 1642
现代物理学之父

因为支持哥白尼日心说，伽利略被罗马宗教裁判所判刑，余生被软禁家中。据传，在被迫放弃日心说主张时，伽利略喃喃自语："可是，地球确实绕着太阳转。"

1979年，教皇保罗二世代表教廷为伽利略公开平反昭雪，这一道歉迟到了300多年。

在伽利略的时代，亚里士多德的世界观处于权威地位。

根据亚里士多德的理论，较重的物体比较轻的物体下降快。在1800年时间里，这个观点从未被撼动，直到伽利略爬上比萨斜塔。伽利略将不同重量物体从塔顶抛下，结合之前的斜面试验结果，伽利略提出了著名的自由落体定律。

在天文学方面，伽利略首次用望远镜进行天文观测，他发现了太阳黑子、月球山系和木星四颗最大的卫星等。

不同于信仰的是，科学的魅力在于好奇、质疑、实验、推翻、重构，如此往复，迭代上升。

8.2 圆锥曲线：对顶圆锥和截面相交

圆锥、对顶圆锥

顾名思义，**圆锥曲线** (conic section) 和圆锥有直接关系。

图8.2所示为**圆锥** (cone) 和**对顶圆锥** (double cone)。圆锥相当于一个直角三角形 (图中蓝色阴影) 以**中轴** (axis) 所在直线旋转得到的形状，直角三角形斜边是圆锥**母线** (generatrix)。直白地说，两个全等圆锥，中轴重合、顶对顶安放，便得到了对顶圆锥。

反过来，两个全等圆锥，中轴重合、底对底安放，便得到了**双锥体** (bicone)。

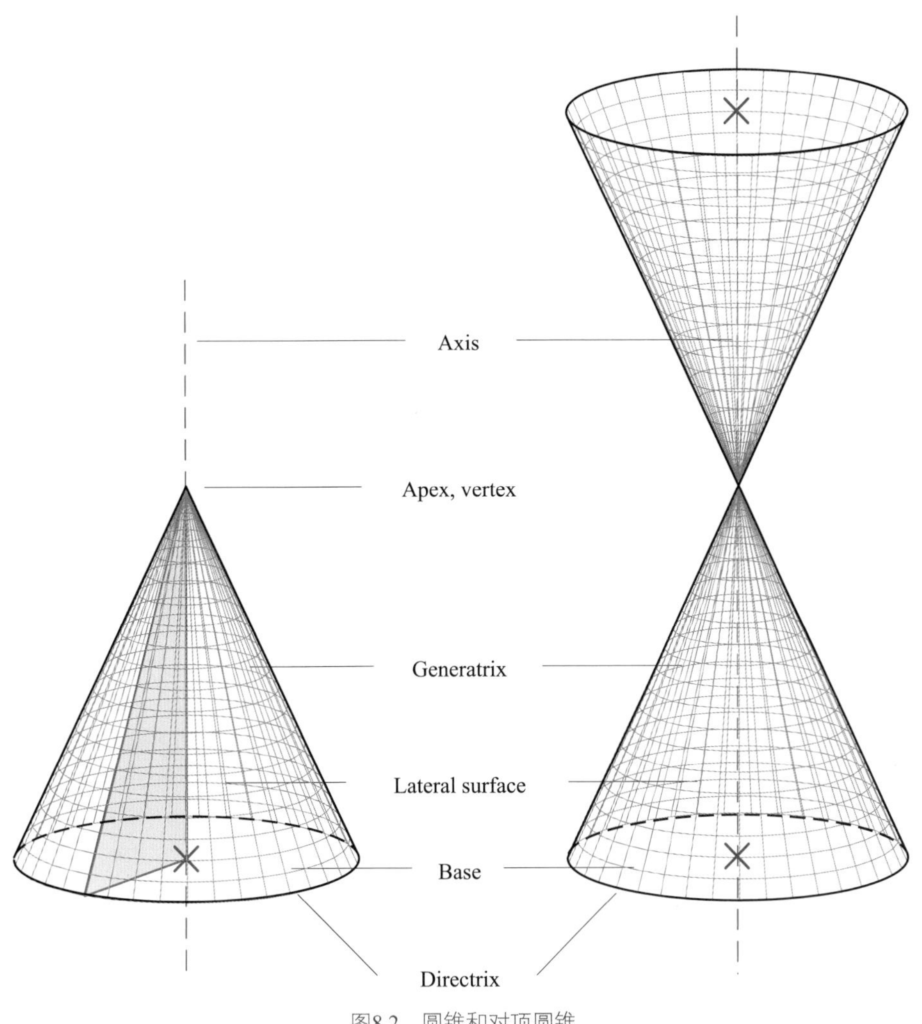

图8.2　圆锥和对顶圆锥

圆锥曲线

圆锥曲线是通过一个对顶圆锥和一个**截面** (cutting plane) 相交得到一系列曲线。圆锥曲线主要分为：**正圆** (circle)、**椭圆** (ellipse)、**抛物线** (parabola) 和**双曲线** (hyperbola)。正圆可以视作椭圆的特殊形态。

如图8.3 (a) 所示，当截面与圆锥中心对称轴垂直时，交线为正圆。

当斜面与圆锥相交，交线闭合且不过圆锥顶点时，交线为椭圆，如图8.3 (b) 所示。

当截面仅与圆锥面一条母线平行，交线仅出现在圆锥面一侧时，交线为抛物线，如图8.3 (c) 所示。

当截面与两侧圆锥都相交，并且截面不通过圆锥顶点时，得到的结果是双曲线，如图8.3 (d) 所示。

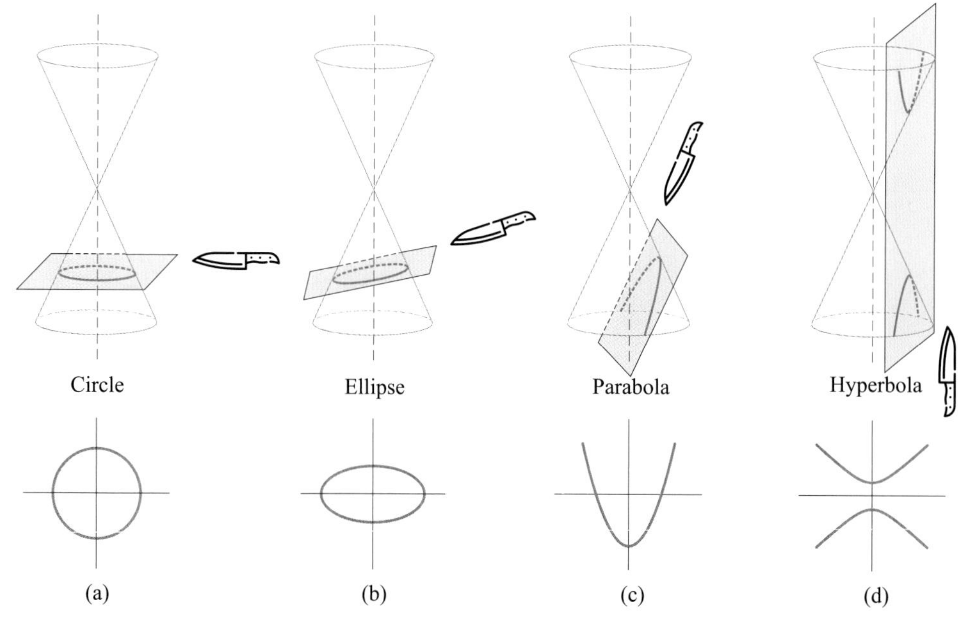

图8.3　四种圆锥曲线

退化圆锥曲线

此外，还有一类圆锥曲线特殊情况——**退化圆锥曲线** (degenerate conic)。
退化双曲线 (degenerate hyperbola) 为两条相交直线，如图8.4 (a) 所示。
退化抛物线 (degenerate parabola) 可以是一条直线 (见图8.4 (b)) 或者两条平行直线。
退化椭圆 (degenerate ellipse) 为一个点，如图8.4 (c) 所示。

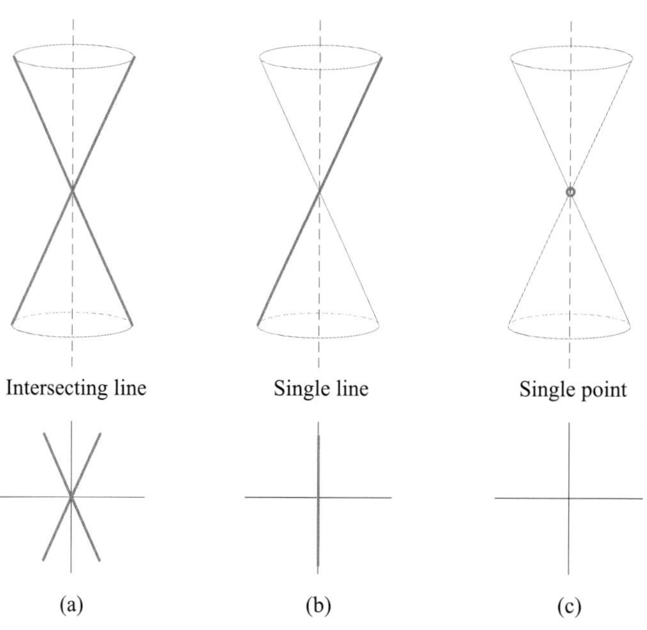

图8.4　三种退化圆锥曲线

8.3 正圆：特殊的椭圆

如图8.5 (a) 所示，在x_1x_2平面上，圆心位于原点的正圆解析式为

$$x_1^2 + x_2^2 = r^2 \tag{8.1}$$

其中：r为**半径** (radius)。

正圆的周长为$2\pi r$，正圆的面积为πr^2。

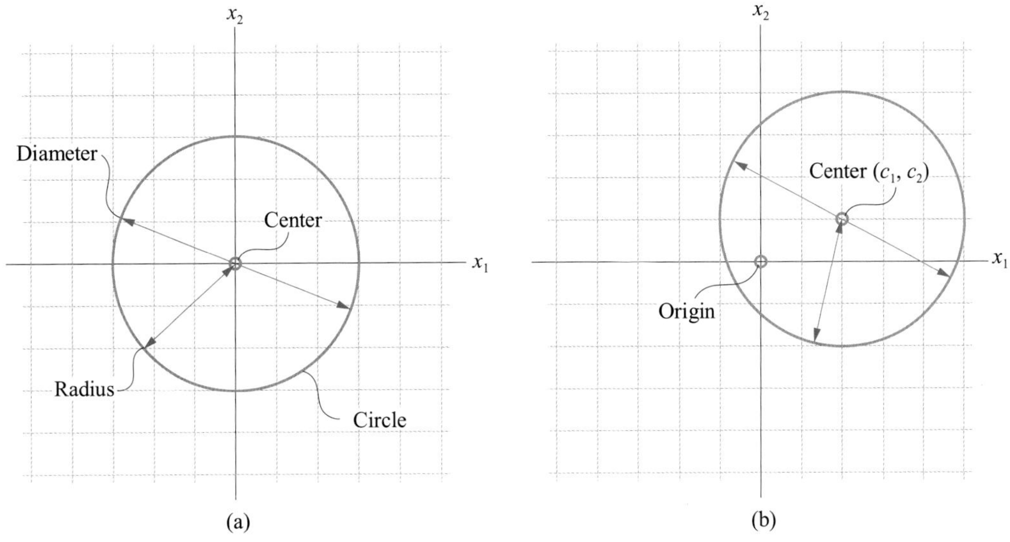

图8.5 正圆

式 (8.1) 也可以写成矩阵乘法形式，即

$$\boldsymbol{x}^{\mathrm{T}}\boldsymbol{x} = r^2 \tag{8.2}$$

其中

$$\boldsymbol{x} = \begin{bmatrix} x_1 \\ x_2 \end{bmatrix} \tag{8.3}$$

式 (8.1) 所示解析式对应的参数方程为

$$\begin{cases} x_1 = r\cos(t) \\ x_2 = r\sin(t) \end{cases} \tag{8.4}$$

这个正圆的参数方程也可以写成

$$\begin{cases} x_1 = \dfrac{1-t^2}{1+t^2}r \\ x_2 = \dfrac{2t}{1+t^2}r \end{cases} \tag{8.5}$$

如图8.5 (b) 所示，圆心位于 (c_1, c_2) 的正圆解析式为

$$(x_1 - c_1)^2 + (x_2 - c_2)^2 = r^2 \tag{8.6}$$

式 (8.6) 也可以写成矩阵乘法形式，即

$$(\boldsymbol{x} - \boldsymbol{c})^{\mathrm{T}} (\boldsymbol{x} - \boldsymbol{c}) = r^2 \tag{8.7}$$

其中

$$\boldsymbol{x} = \begin{bmatrix} x_1 \\ x_2 \end{bmatrix}, \quad \boldsymbol{c} = \begin{bmatrix} c_1 \\ c_2 \end{bmatrix} \tag{8.8}$$

式 (8.6) 对应的参数方程为

$$\begin{cases} x_1 = c_1 + r\cos(t) \\ x_2 = c_2 + r\sin(t) \end{cases} \tag{8.9}$$

上半圆、下半圆

图8.5 (a) 所示的图像并不是函数，因为一个自变量对应两个因变量的值，这显然不满足函数的定义。但是，我们可以用水平线把正圆一切为二，得到上下两个函数，如图8.6所示。正圆解析式的英文表达见表8.1。

图8.6 (a) 所示为**上半圆** (upper semicircle) 函数

$$f(x_1) = \sqrt{r^2 - x_1^2} \tag{8.10}$$

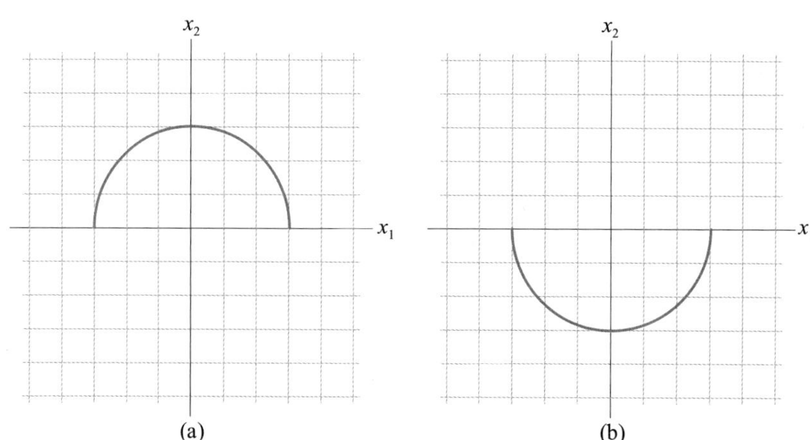

图8.6　上半圆和下半圆函数

图8.6 (b) 所示为**下半圆** (lower semicircle) 函数

$$f(x_1) = -\sqrt{r^2 - x_1^2} \tag{8.11}$$

请大家注意这两个函数的定义域。

表8.1　用英文读正圆解析式

数学表达	英文表达
$x^2+y^2=r^2$	*x* squared plus *y* squared equals *r* squared.
$y=\pm\sqrt{r^2-x^2}$	*y* equals plus or minus square root of the difference of *r* squared minus *x* squared.
$(x-h)^2+(y-k)^2=r^2$	The difference *x* minus *h* squared plus the difference *y* minus *k* squared equals *r* squared. The quantity *x* minus *h* squared plus the quantity *y* minus *k* squared equals *r* squared.

8.4 椭圆：机器学习的多面手

中心位于原点的正椭圆有两种基本形式，如图8.7所示。

图8.7 (a) 所示椭圆的**长轴** (major axis) 位于横轴x_1上，对应的解析式为

$$\frac{x_1^2}{a^2}+\frac{x_2^2}{b^2}=1 \tag{8.12}$$

其中：$a>b>0$。

长轴，是指通过椭圆中心连接椭圆上的两个点所能获得的最长线段，图8.7 (a) 所示椭圆长轴的长度为$2a$。

与之相反，**短轴** (minor axis) 是通过椭圆中心连接椭圆上的两个点所能获得的最短线段，图8.7 (a) 所示椭圆短轴长度为$2b$。一个椭圆的长轴和短轴相互垂直。

长轴的一半被称作**半长轴** (semi-major axis)，短轴的一半被称作**半短轴** (semi-minor axis)。

所谓正椭圆，是指椭圆的长轴位于水平方向或竖直方向。

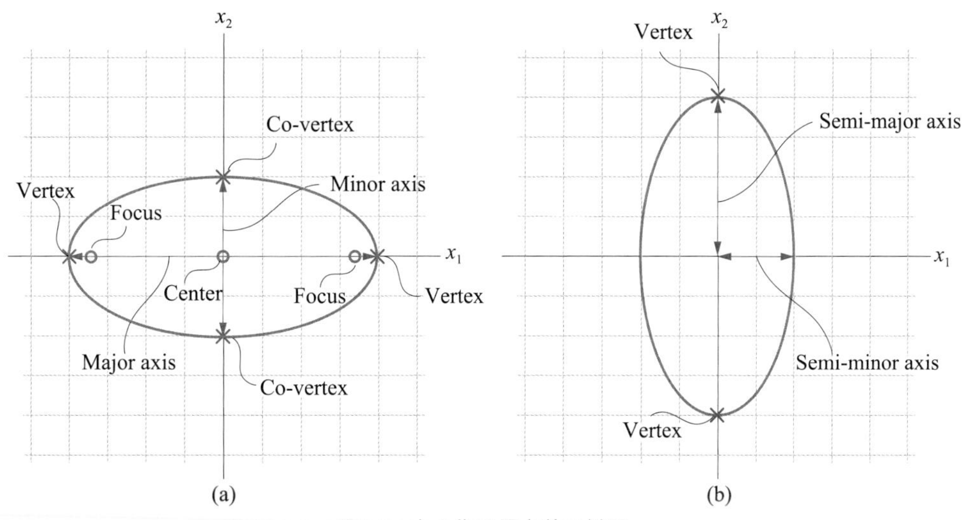

图8.7　中心位于原点的正椭圆

式 (8.12) 也可以写成矩阵乘法形式，即

$$\boldsymbol{x}^{\mathrm{T}}\begin{bmatrix}1/a^2 & 0\\ 0 & 1/b^2\end{bmatrix}\boldsymbol{x}=1 \tag{8.13}$$

如图8.8所示，椭圆可以看成是正圆朝某一个方向或两个方向缩放得到的结果。这一点从椭圆面积上很容易发现端倪。图8.8所示正圆的面积为πb^2，水平方向拉伸后得到椭圆，对应半长轴为a，椭圆面积为πab。椭圆解析式的英文表达见表8.2。

在鸢尾花书《矩阵力量》一册，大家会知道如下对角方阵对应的几何操作就是“缩放”，即

$$\begin{bmatrix} 1/a^2 & 0 \\ 0 & 1/b^2 \end{bmatrix} \tag{8.14}$$

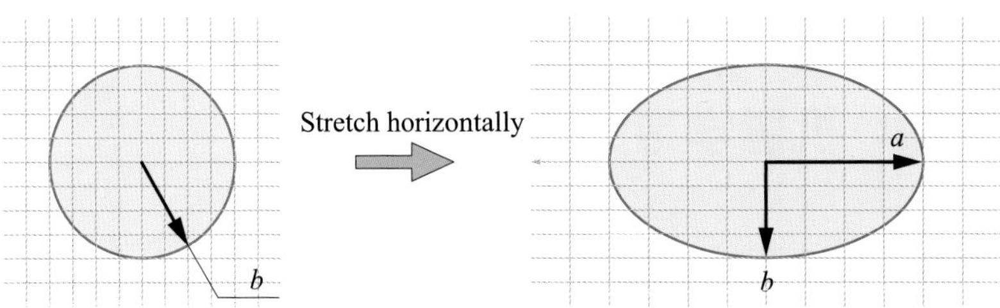

图8.8 椭圆和正圆的关系

式 (8.12) 对应的参数方程为

$$\begin{cases} x_1 = a\cos t \\ x_2 = b\sin t \end{cases} \tag{8.15}$$

该参数方程也可以写成

$$\begin{cases} x_1 = a\dfrac{1-t^2}{1+t^2} \\ x_2 = b\dfrac{2t}{1+t^2} \end{cases} \tag{8.16}$$

表8.2 用英文读椭圆解析式

数学表达	英文表达
$\frac{x^2}{a^2}+\frac{y^2}{b^2}=1$	The fraction *x* squared over *a* squared plus the fraction *y* squared over *b* squared equals one.

图8.7 (b) 所示椭圆的长轴位于纵轴x_2上，对应的解析式为

$$\frac{x_1^2}{b^2}+\frac{x_2^2}{a^2}=1 \tag{8.17}$$

同样：$a > b > 0$。

焦点

此外，椭圆的**焦点** (单数focus，复数foci) 位于椭圆长轴。对于式 (8.12)，该椭圆上任意一点P到两个焦点F_1和F_2的距离之和等于$2a$。如图8.9所示，上述关系可以通过下式表达，即

$$|PF_1|+|PF_2|=2a \tag{8.18}$$

两个焦点F_1和F_2之间的距离称为焦距$2c$，c可以通过下式计算得到，即

$$c=\sqrt{a^2-b^2} \tag{8.19}$$

由此可以得到，图8.7 (a) 所示椭圆两个焦点坐标分别为 $(-c, 0)$ 和 $(c, 0)$。图8.7 (b) 所示椭圆两个焦点坐标分别为 $(0, -c)$ 和 $(0, c)$。

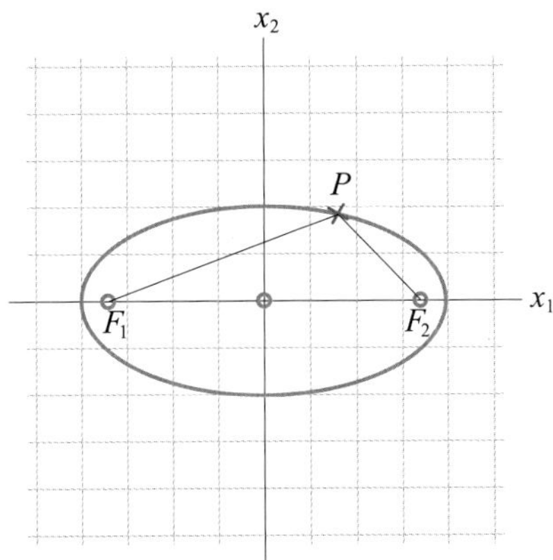

图8.9　椭圆焦点和椭圆的关系

中心移动

图8.10所示为中心在 (c_1, c_2) 的正椭圆。图8.10 (a) 所示椭圆的解析式为

$$\frac{(x_1-c_1)^2}{a^2}+\frac{(x_2-c_2)^2}{b^2}=1 \tag{8.20}$$

同样：$a>b>0$。图8.10 (b) 所示椭圆的解析式为

$$\frac{(x_1-c_1)^2}{b^2}+\frac{(x_2-c_2)^2}{a^2}=1 \tag{8.21}$$

图8.10中椭圆实际上是图8.7所示椭圆经过平移得到的。

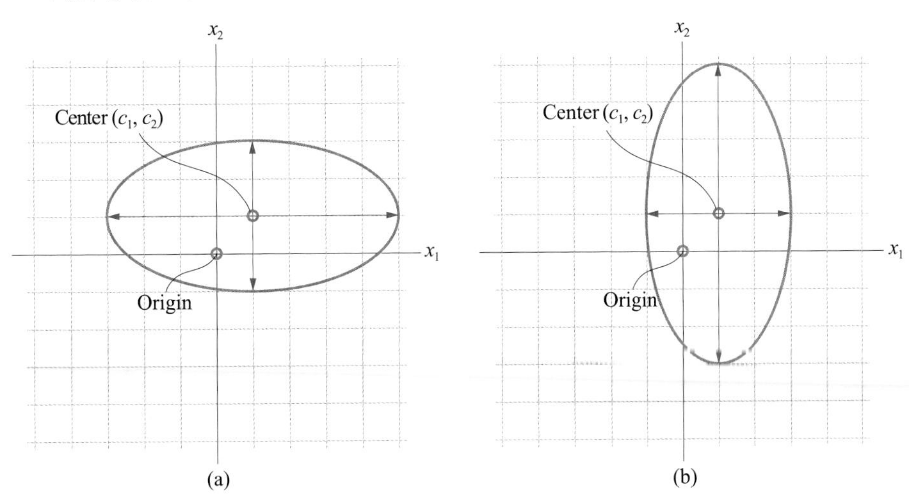

图8.10　中心偏离原点椭圆

8.5 旋转椭圆：几何变换的结果

式 (8.12) 椭圆逆时针旋转θ后得到椭圆对应的解析式为

$$\frac{\left[x_1\cos\theta+x_2\sin\theta\right]^2}{a^2}+\frac{\left[x_1\sin\theta-x_2\cos\theta\right]^2}{b^2}=1 \tag{8.22}$$

顺时针旋转θ后得到椭圆解析式为

$$\frac{\left[x_1\cos\theta-x_2\sin\theta\right]^2}{a^2}+\frac{\left[x_1\sin\theta+x_2\cos\theta\right]^2}{b^2}=1 \tag{8.23}$$

举个例子

中心位于原点，长轴位于横轴的正椭圆在旋转之前解析式为

$$\frac{x_1^2}{4}+x_2^2=1 \tag{8.24}$$

图8.11 (a) 所示为绕中心 (原点) 逆时针旋转$\theta=45°=\pi/4$获得的椭圆，长轴位于第一象限和第三象限。对应解析式为

$$\frac{\left[x_1\cos45°+x_2\sin45°\right]^2}{4}+\left[x_1\sin45°-x_2\cos45°\right]^2=1 \tag{8.25}$$

整理解析式得到

$$\frac{5x_1^2}{8}-\frac{3x_1x_2}{4}+\frac{5x_2^2}{8}=1 \tag{8.26}$$

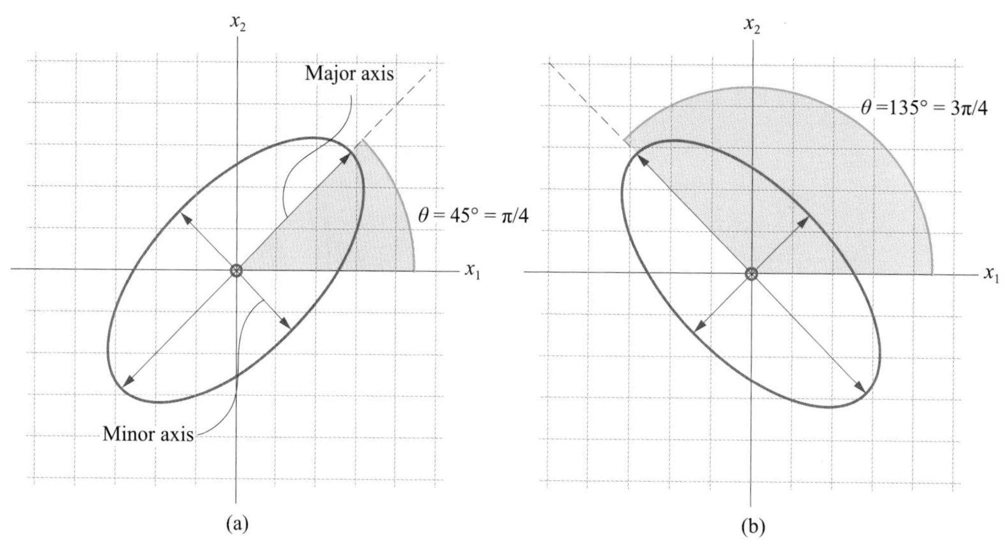

图8.11　旋转椭圆

图8.11 (b) 所示为绕中心 (原点) 逆时针旋转$\theta = 135° = 3\pi/4$获得的椭圆，它的长轴位于第二象限和第四象限。对应解析式为

$$\frac{\left[x_1\cos 135° + x_2\sin 135°\right]^2}{4} + \left[x_1\sin 135° - x_2\cos 135°\right]^2 = 1 \tag{8.27}$$

整理解析式得到

$$\frac{5x_1^2}{8} + \frac{3x_1x_2}{4} + \frac{5x_2^2}{8} = 1 \tag{8.28}$$

对比式 (8.26) 和式 (8.28)，发现解析式仅仅差在$3x_1x_2/4$项的正负号上。

单位圆到椭圆

平面上，对单位圆进行一系列几何变换操作，可以得到中心位于任意一点的旋转椭圆。

如图8.12所示，单位圆 (蓝色)首先经过缩放得到长轴位于横轴的椭圆 (绿色)，绕中心旋转之后得到旋转椭圆 (橙黄)，最后中心平移得到红色椭圆。

多提一嘴，椭圆的缩放、旋转、平移等操作，和鸢尾花书《矩阵力量》中仿射变换直接相关，请大家格外留意。

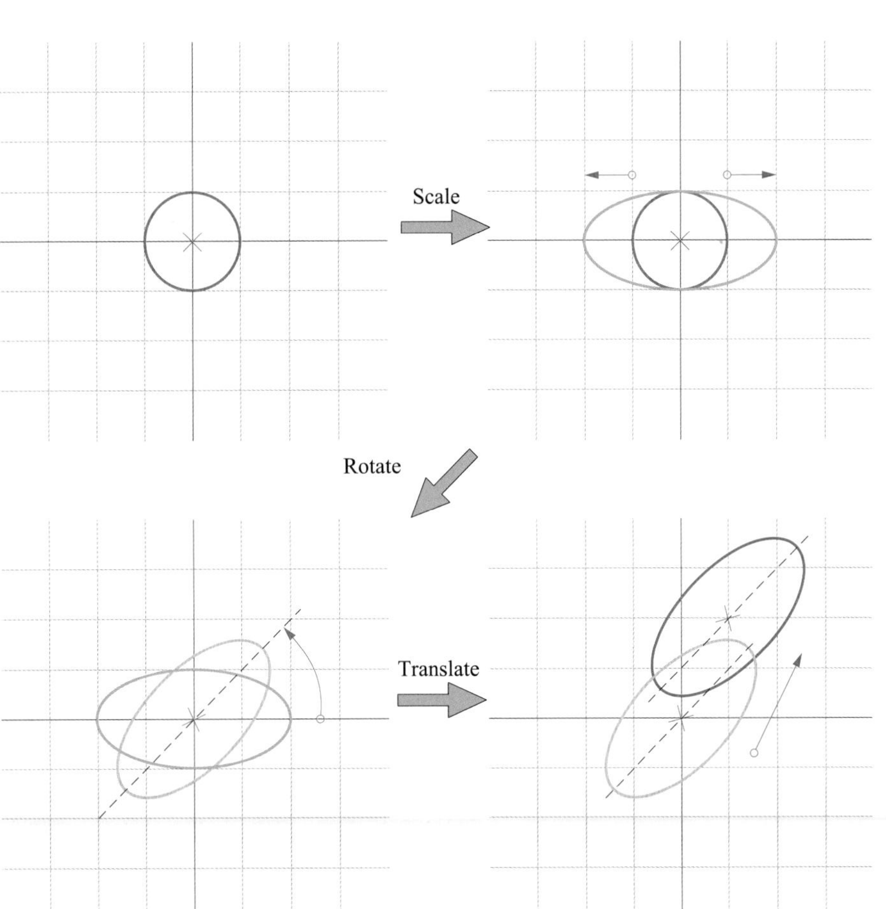

图8.12　正圆经过缩放、旋转和平移得到椭圆

Bk3_Ch8_01.py绘制平移和旋转椭圆。

椭圆，这个高中阶段学过的数学概念，与数据科学、机器学习有什么关系？

看似平淡无奇的椭圆，其实与数据科学和机器学习有着特别密切的关系。这里，我们蜻蜓点水地浅谈一下。

图8.13所示为不同相关性系数条件下，二元高斯分布PDF曲面和等高线。在平面等高线的图像中，我们看到的是一系列同心椭圆。PDF指的是概率密度函数 (Probability Density Function)。概率密度函数描述的是连续随机变量在某个取值附近的概率分布，其值越大表示该变量在该点附近出现的可能性越高。

不同相关性系数条件下，满足特定二元高斯分布的随机数可以看到椭圆的影子，具体如图8.14所示。

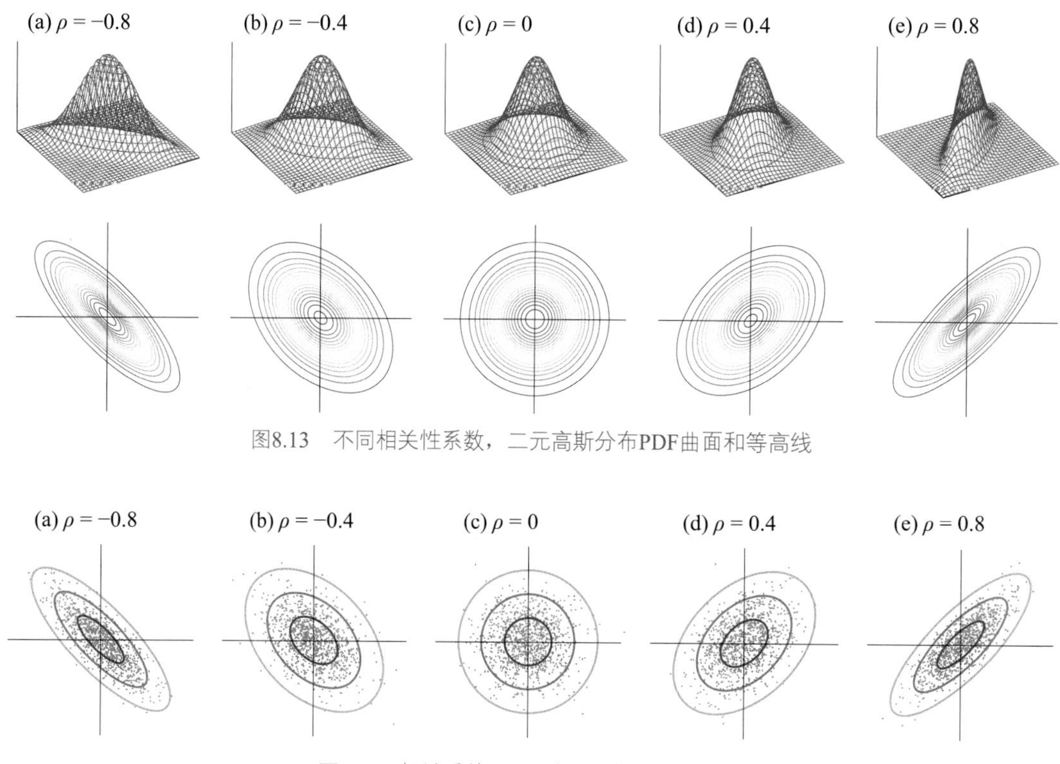

图8.13　不同相关性系数，二元高斯分布PDF曲面和等高线

图8.14　相关系数ρ不同时，散点和椭圆关系

上一章简单提到马氏距离这个距离度量。如图8.15所示，马氏距离的计算过程就是椭圆的几何变换过程。

本书前文提到的一元线性回归也与椭圆息息相关。从概率角度，线性回归的本质就是条件概率。图8.16所示为条件概率三维等高线，黑色斜线代表线性回归。我们也能看到椭圆身在其中。

主成分分析 (Principal Component Analysis, PCA) 是机器学习中重要的降维算法。如图8.17所示，从几何角度来看，主成分分析实际上就是在寻找椭圆的长轴。

在一些分类和聚类算法确定的决策边界中，我们也可以看到椭圆及其他圆锥曲线。图8.18所示为高斯朴素贝叶斯分类计算得到的决策边界。图8.19所示为高斯混合模型确定的决策边界。

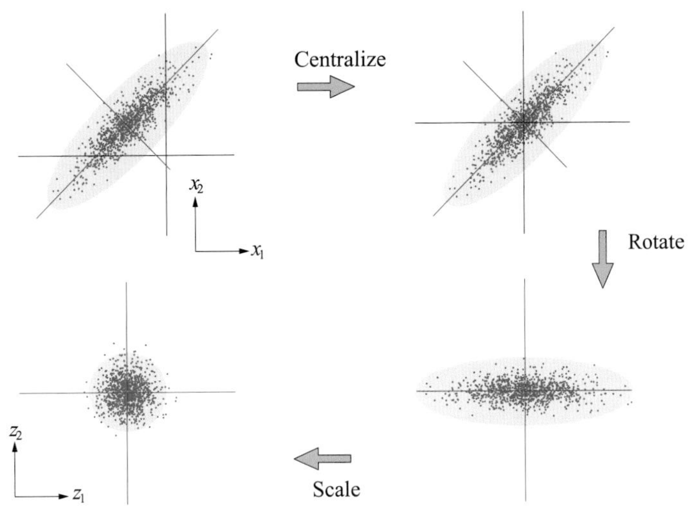

图8.15　马氏距离计算过程

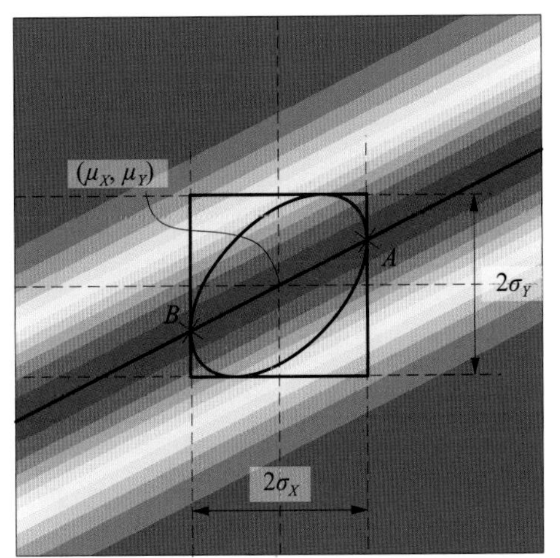

图8.16　条件概率三维等高线

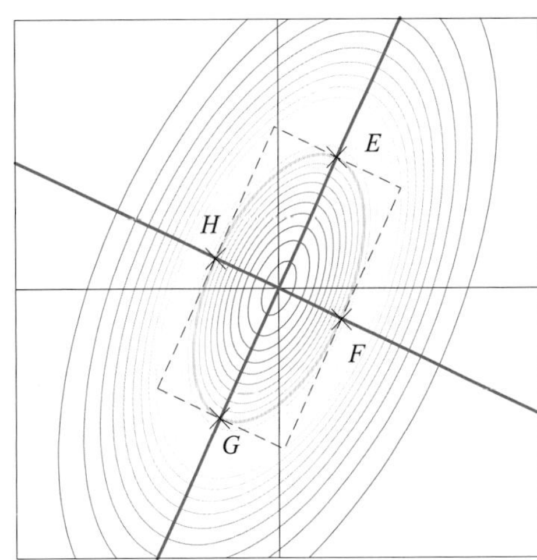

图8.17　主成分分析

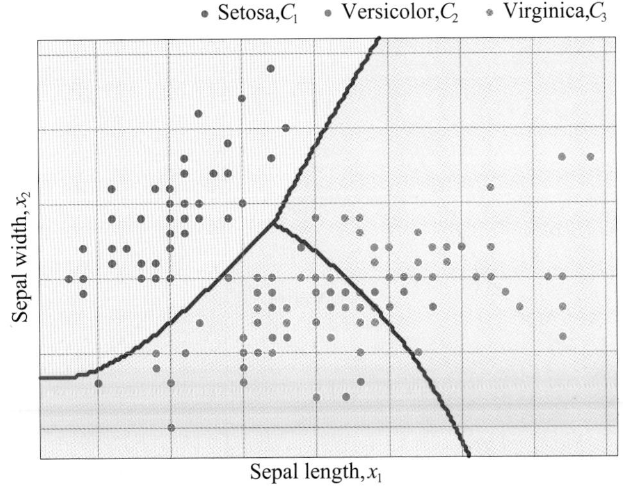

图8.18　高斯朴素贝叶斯分类确定的决策边界

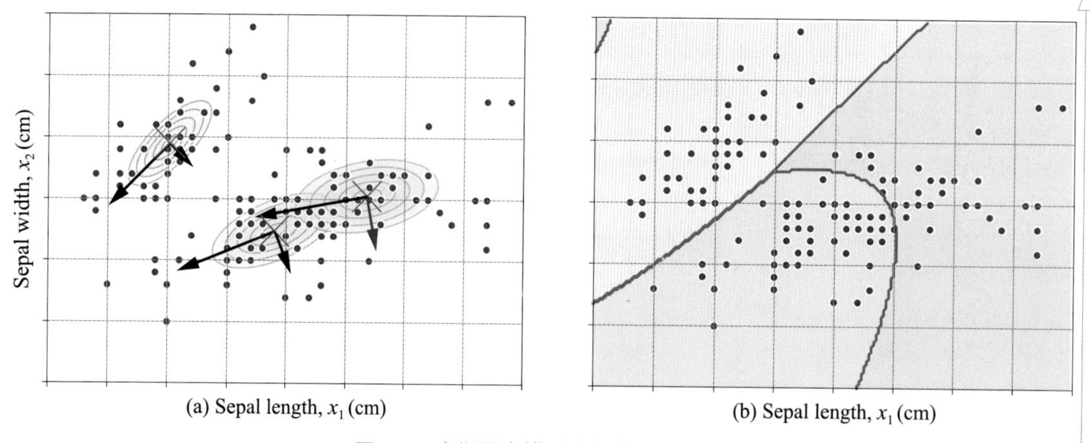

图8.19　高斯混合模型确定的决策边界

总而言之，椭圆在数据科学和机器学习这两个话题中有很多“戏份”，鸢尾花书将为大家一一讲述这些有关椭圆的故事。因此，也请大家耐心学完本章和下一章内容。

8.6 抛物线：不止是函数

如图8.20 (a) 所示，顶点在原点，对称轴位于x_2纵轴，开口向上的抛物线解析式为

$$4px_2 = x_1^2, \quad p > 0 \tag{8.29}$$

这条抛物线的顶点位于原点 (0, 0)，**焦点** (focus) 位于 (0, *p*)，**准线** (directrix) 位于 $x_2 = -p$。当p小于0时，形如式 (8.29) 的抛物线开口朝下。

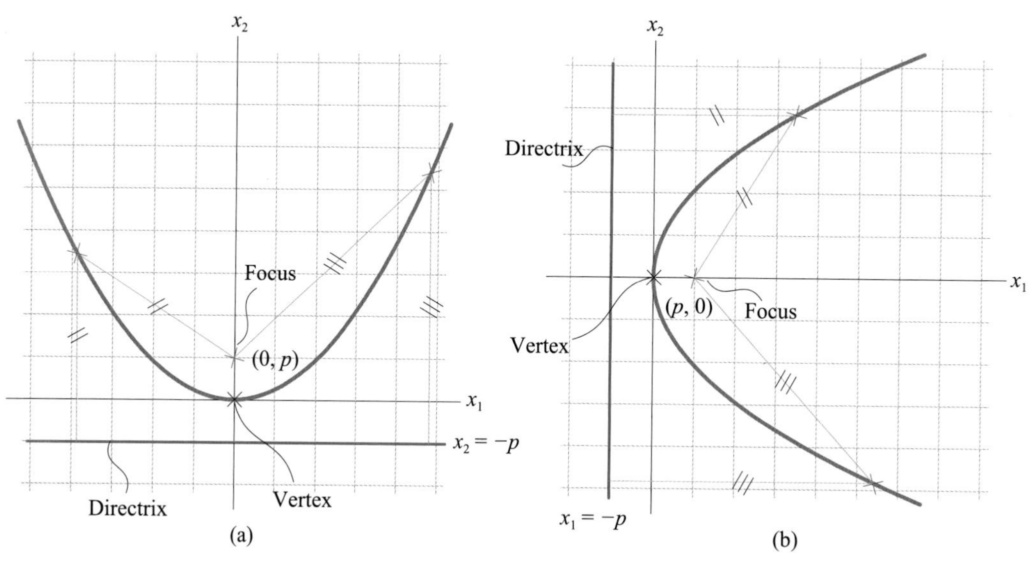

图8.20　抛物线

平面上，抛物线上每一点与焦点之间距离等于点和准线之间的距离。这一规律可以用来推导得到抛物线解析式。设抛物线任意一点为 (x_1, x_2)，该点与准线间距离等于该点和焦点间距离，则有

$$\begin{aligned}&x_2-(-p)=\sqrt{(x_1-0)^2+(x_2-p)^2},\quad p>0\\&\Rightarrow (x_2+p)^2=x_1^2+(x_2-p)^2\\&\Rightarrow 4px_2=x_1^2\end{aligned}\tag{8.30}$$

如图8.20 (b) 所示，顶点在原点，对称轴位于x_1横轴，开口向右抛物线解析式为

$$4px_1=x_2^2,\quad p>0\tag{8.31}$$

当p小于0时，形如式 (8.31) 的抛物线开口朝左。

平移

同样，抛物线也可以整体平移。形如下式的抛物线，顶点位于 (h, k)，开口朝上或朝下，具体方向由p正负决定，即

$$4p(x_2-k)=(x_1-h)^2\tag{8.32}$$

式 (8.32) 所示抛物线的对称轴为$x_1=h$，准线位于 $x_2=k-p$，焦点所在位置为 $(h, k+p)$。

如下抛物线，顶点同样位丁 (h, k)，p的正负决定开口朝左或朝右，即

$$4p(x_1-h)=(x_2-k)^2\tag{8.33}$$

式 (8.33) 所示抛物线对称轴为$x_2=k$，准线位于 $x_1=h-p$，焦点所在位置为 $(h+p, k)$。

图8.21所示为四种抛物线，请大家参考前文代码自行绘制图8.21。

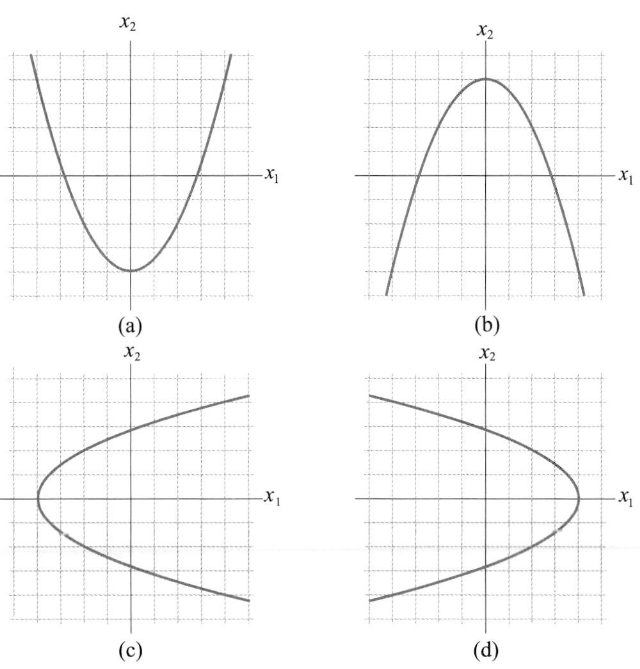

图8.21　四种抛物线

8.7 双曲线：引力弹弓的轨迹

图8.22 (a) 所示为焦点位于横轴、顶点位于原点的双曲线，对应解析式形式为

$$\frac{x_1^2}{a^2}-\frac{x_2^2}{b^2}=1 \qquad a,b>0 \tag{8.34}$$

如图8.22 (a) 所示，这个双曲线的焦点位于F_1 $(-c, 0)$ 和 F_2 $(c, 0)$，c可以通过下式计算得到，即

$$c^2=a^2+b^2,\ c>0 \tag{8.35}$$

双曲线上任意一点P到两个焦点F_1和 F_2距离差值为$2a$，则有

$$|PF_1|-|PF_2|=\pm 2a \tag{8.36}$$

图8.22 (b) 所示为焦点位于纵轴双曲线，上下开口。这种双曲线的标准式为

$$\frac{x_2^2}{b^2}-\frac{x_1^2}{a^2}=1 \qquad a,b>0 \tag{8.37}$$

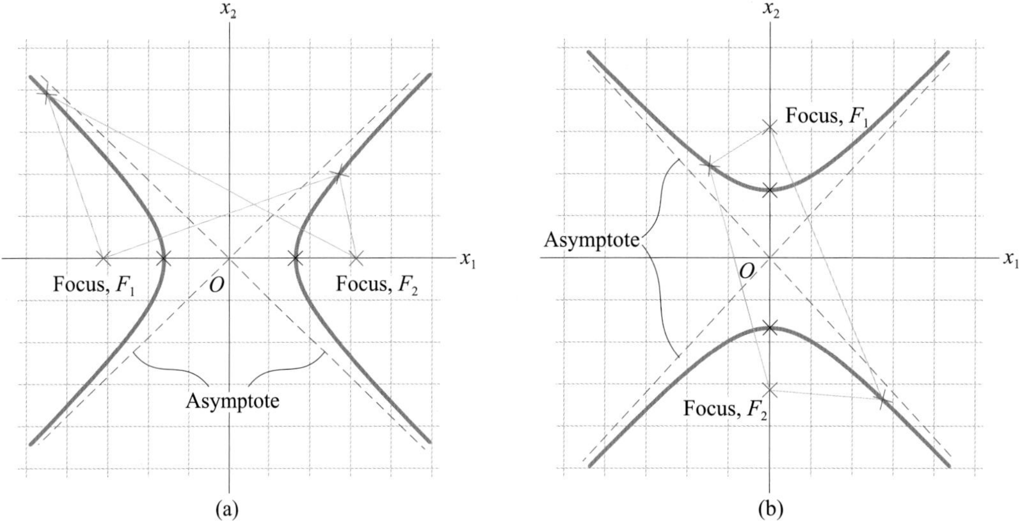

图8.22　两种标准双曲线形式

渐近线、切线斜率

图8.22 (a) 所示双曲线的两条**渐近线** (asymptote) 表达式为

$$x_2=\pm\frac{b}{a}x_1 \tag{8.38}$$

图8.23所示为左右开口双曲线右侧部分不同切点处的若干条渐变切线。容易发现，图8.23所示切线斜率，要么大于b/a，要么小于$-b/a$。也就是说，切线在 $(-\infty, -b/a)$ 和 $(b/a, +\infty)$ 两个区间之内。

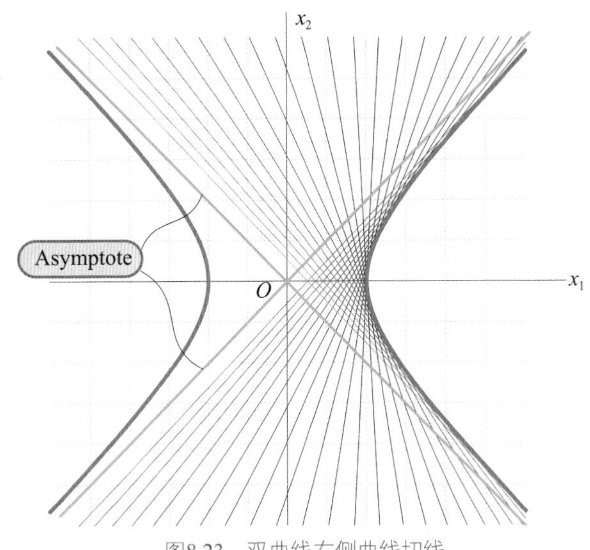

图8.23　双曲线右侧曲线切线

平移

双曲线中心也可以平移，比如将式 (8.34) 所示双曲线中心平移至 (h, k)，得到的双曲线解析式为

$$\frac{(x_1-h)^2}{a^2}-\frac{(x_2-k)^2}{b^2}=1 \quad a,b>0 \tag{8.39}$$

式 (8.39) 所示双曲线的两条渐近线解析式为

$$x_2=k\pm\frac{b}{a}(x_1-h) \tag{8.40}$$

圆锥曲线参数方程

表8.3总结了常见圆锥曲线的参数方程。

表8.3　常见圆锥曲线参数方程

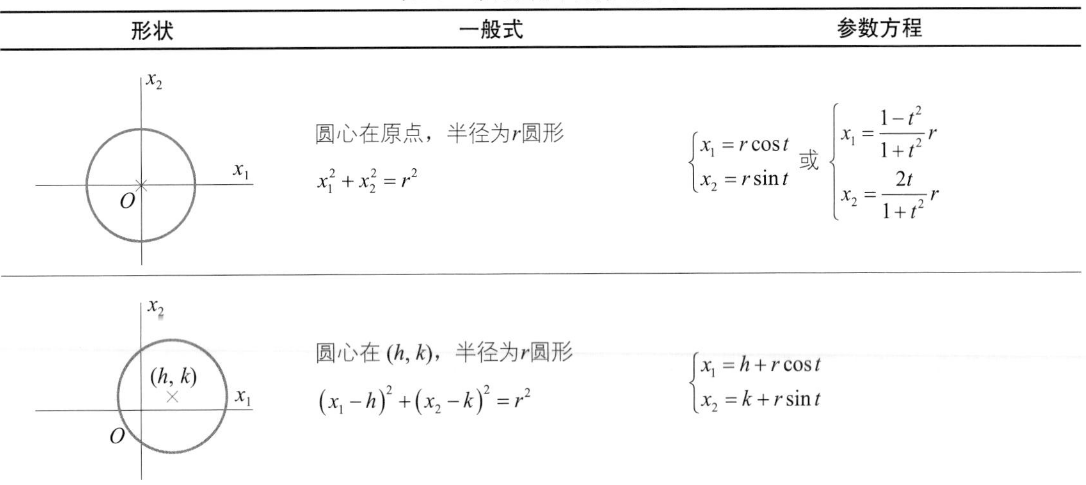

形状	一般式	参数方程
	圆心在原点，半径为r圆形 $x_1^2+x_2^2=r^2$	$\begin{cases}x_1=r\cos t\\x_2=r\sin t\end{cases}$ 或 $\begin{cases}x_1=\dfrac{1-t^2}{1+t^2}r\\x_2=\dfrac{2t}{1+t^2}r\end{cases}$
	圆心在 (h, k)，半径为r圆形 $(x_1-h)^2+(x_2-k)^2=r^2$	$\begin{cases}x_1=h+r\cos t\\x_2=k+r\sin t\end{cases}$

续表

形状	一般式	参数方程
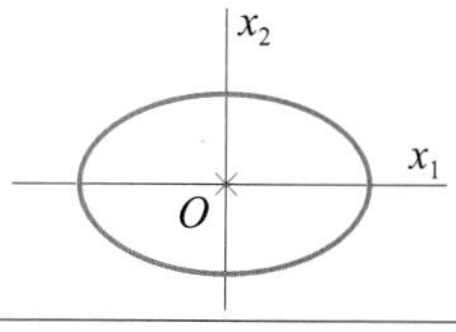	椭圆中心在原点，长轴和焦点位于横轴，半长轴为a，半短轴为b $\dfrac{x_1^2}{a^2}+\dfrac{x_2^2}{b^2}=1$	$\begin{cases}x_1=a\cos t\\x_2=b\sin t\end{cases}$ 或 $\begin{cases}x_1=a\dfrac{1-t^2}{1+t^2}\\x_2=b\dfrac{2t}{1+t^2}\end{cases}$
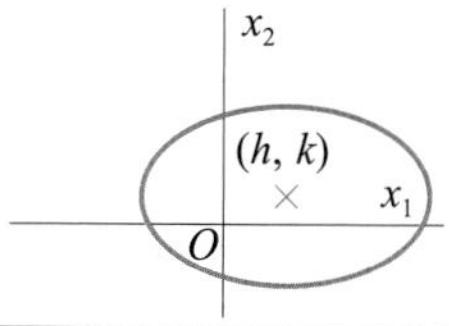	椭圆，中心在 (h, k)，半长轴为a，半短轴为b $\dfrac{(x_1-h)^2}{a^2}+\dfrac{(x_2-k)^2}{b^2}=1$	$\begin{cases}x_1=h+a\cos t\\x_2=k+b\sin t\end{cases}$
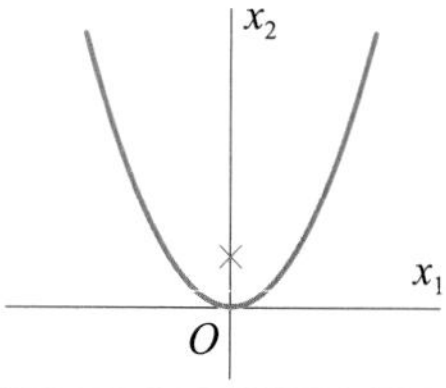	抛物线，焦点位于纵轴 $4px_2=x_1^2$，$p>0$	$\begin{cases}x_1=t\\x_2=\dfrac{t^2}{4p}\end{cases}$
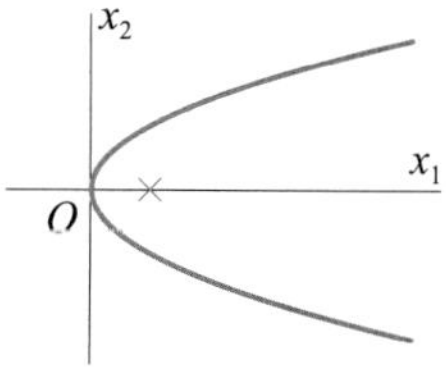	抛物线，焦点位于横轴 $4px_1=x_2^2$，$p>0$	$\begin{cases}x_1=\dfrac{t^2}{4p}\\x_2=t\end{cases}$
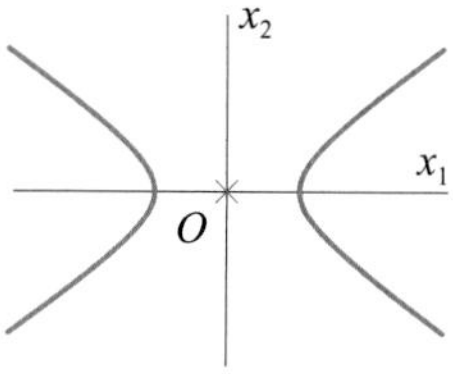	双曲线，焦点位于横轴 $\dfrac{x_1^2}{a^2}-\dfrac{x_2^2}{b^2}=1$	$\begin{cases}x_1=a\sec t\\x_2=b\tan t\end{cases}$ 或 $\begin{cases}x_1=a\dfrac{1+t^2}{1-t^2}\\x_2=b\dfrac{2t}{1-t^2}\end{cases}$
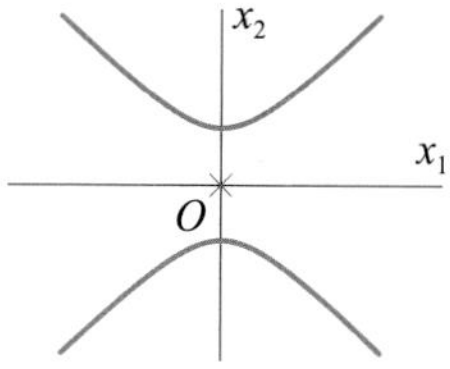	双曲线，焦点位于纵轴 $\dfrac{x_2^2}{b^2}-\dfrac{x_1^2}{a^2}=1$	$\begin{cases}x_1=a\tan t\\x_2=b\sec t\end{cases}$ 或 $\begin{cases}x_1=a\dfrac{2t}{1-t^2}\\x_2=b\dfrac{1+t^2}{1-t^2}\end{cases}$

科技进步发展从来不是正道坦途、一帆风顺，这条道路蜿蜒曲折、荆棘密布，很多人甚至为之付出了生命。

即便如此，某个科学思想一旦被提出，就像是一颗种子种在了人类思想的土壤中。这些种子们早晚会生根发芽，开花结果。圆锥曲线就是个很好的例子。

圆锥曲线提出千年以后，人们利用这个数学工具解密了天体运行规律。此后几百年，圆锥曲线就会助力人类飞出地球摇篮，探索无边的深空。

Dive into Conic Sections
深入圆锥曲线
探寻和数据科学、机器学习之间联系

地球是人类的摇篮，但我们不能永远生活在摇篮里。

Earth is the cradle of humanity, but one cannot live in a cradle forever.

—— 康斯坦丁·齐奥尔科夫斯基 (Konstantin Tsiolkovsky) | 俄罗斯火箭专家 | 1857 — 1935

- `matplotlib.patches.Rectangle()` 绘制通过定位点，以及设定宽度和高度的矩形
- `matplotlib.pyplot.contour()` 绘制等高线图
- `matplotlib.pyplot.contourf()` 绘制填充等高线图
- `numpy.cosh()` 双曲余弦函数
- `numpy.isinf()` 判断是否存在无穷
- `numpy.maximum()` 计算最大值
- `numpy.sinh()` 双曲正弦函数
- `numpy.tanh()` 双曲正切函数
- `sympy.Eq()` 定义符号等式
- `sympy.evalf()` 将符号解析式中未知量替换为具体数值
- `sympy.plot_implicit()` 绘制隐函数方程
- `sympy.symbols()` 定义符号变量

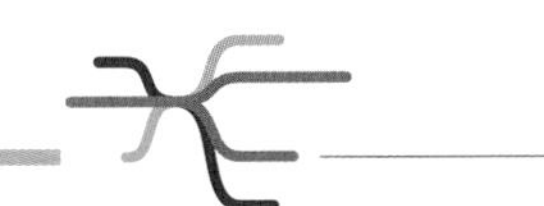

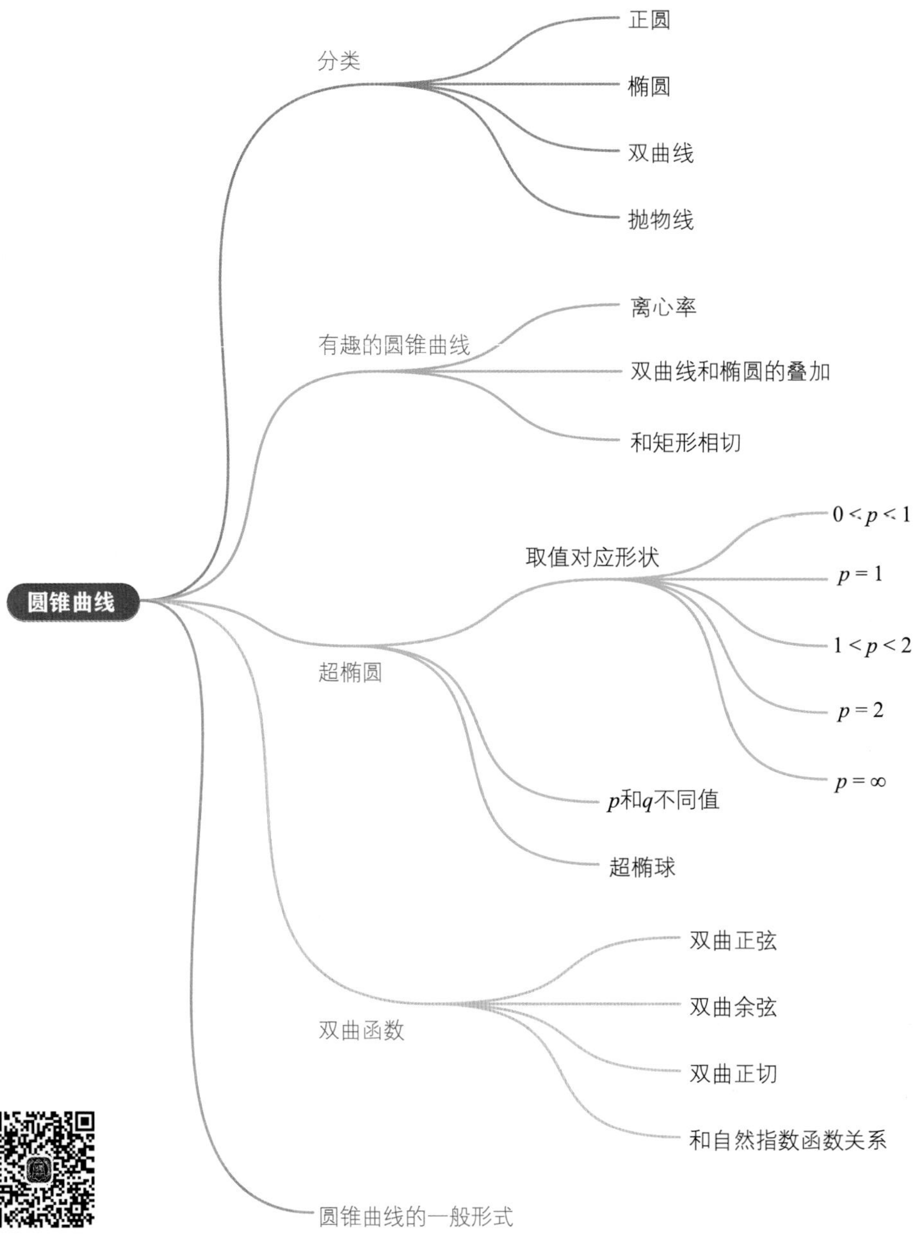

- **圆锥曲线**
  - 分类
    - 正圆
    - 椭圆
    - 双曲线
    - 抛物线
  - 有趣的圆锥曲线
    - 离心率
    - 双曲线和椭圆的叠加
    - 和矩形相切
  - 超椭圆
    - 取值对应形状
      - $0 < p < 1$
      - $p = 1$
      - $1 < p < 2$
      - $p = 2$
      - $p = \infty$
    - p和q不同值
    - 超椭球
  - 双曲函数
    - 双曲正弦
    - 双曲余弦
    - 双曲正切
    - 和自然指数函数关系
  - 圆锥曲线的一般形式

9.1 圆锥曲线：探索星辰大海

虽然正圆、椭圆、抛物线、双曲线这样的数学概念现在见诸于中学课本，但是现如今它们依旧展现着巨大能量。比如，在星辰大海的征途中，圆锥曲线扮演重要角色。

图9.1所示为四种航天器轨道。当航天器以**第一宇宙速度** (first cosmic velocity) 绕地运行时，运行的轨道为**正圆轨道** (circular orbit)，因此第一宇宙速度被称作**环绕速度** (orbit speed)。提高航天器绕行速度后，轨道会变为**椭圆轨道** (elliptical orbit)。

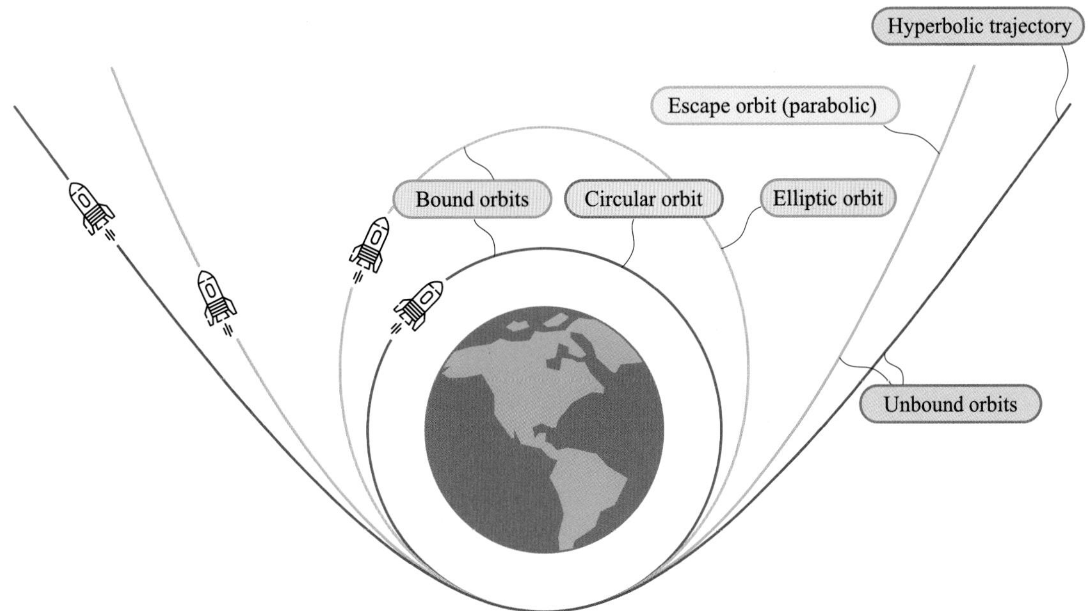

图9.1　航天器的几种轨道

继续提高绕行速度，当航天器速度达到**第二宇宙速度** (second cosmic velocity) 时，航天器便达到逃离地球所需的速度，这一速度也叫**逃逸速度** (escape velocity)。这时，航天器运行轨道变为**抛物线轨道** (parabolic trajectory) 或**双曲线轨道** (hyperbolic trajectory)。这种条件下，航天器可以脱离地球的引力场而成为围绕太阳运行的人造行星。

探索火星约每26个月有一个发射窗口，这是因为地球在低轨道绕太阳运行，而火星在高轨道绕行。地球和火星的公转周期不同，两个行星大约每26个月“相遇”一次，也就是说此时地球与火星之间的距离最近。

如图9.2所示，探索火星需要利用**霍曼转移轨道** (Hohmann transfer orbit)。简单来说，霍曼轨道是一条椭圆形的轨道，通过两次加速将航天器从地球所在的低轨道送入火星运动的高轨道。

航天器首先进入绕太阳圆周运动的低轨道。

太空船在低轨道A点处瞬间加速后，进入一个椭圆形的转移轨道。注意，加速瞬间火星位于B。太空船由此椭圆轨道的近拱点开始，抵达远拱点后再瞬间加速，进入火星所在的目标轨道。反过来，霍曼转移轨道亦可将太空船送往较低的轨道，不过是两次减速而非加速。

拱点 (apsis) 在天文学中是指椭圆轨道上运行天体 (如地球) 最接近或最远离它的引力中心 (如太阳) 的点。最靠近引力中心的点称为**近拱点** (periapsis)；而距离引力中心最远的点就称为**远拱点** (apoapsis)。

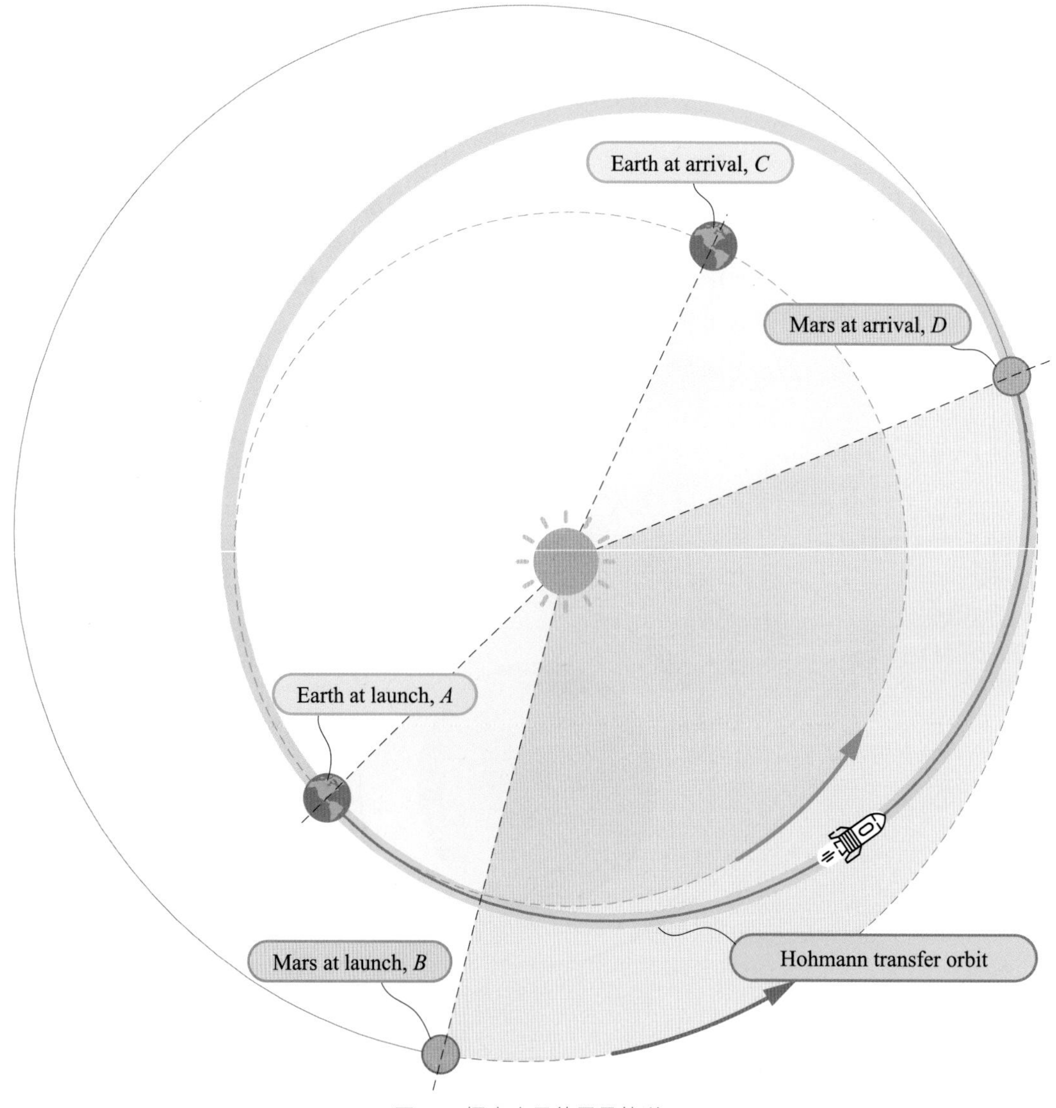

图9.2　探索火星的霍曼轨道

9.2 离心率：联系不同类型圆锥曲线

不同类型圆锥曲线可以通过同**离心率** (eccentricity) e联系起来，如

$$x_2^2 = 2px_1 + \left(e^2 - 1\right)x_1^2, \quad e \geqslant 0 \tag{9.1}$$

正圆的离心率$e = 0$，椭圆的离心率$0 < e < 1$，抛物线离心率$e = 1$，双曲线离心率$e > 1$。对应的这一组曲线共用 (0, 0) 这个顶点。

当 $p = 1$时，离心率e取不同数值，可以得到如图9.3所示的一组圆锥曲线。

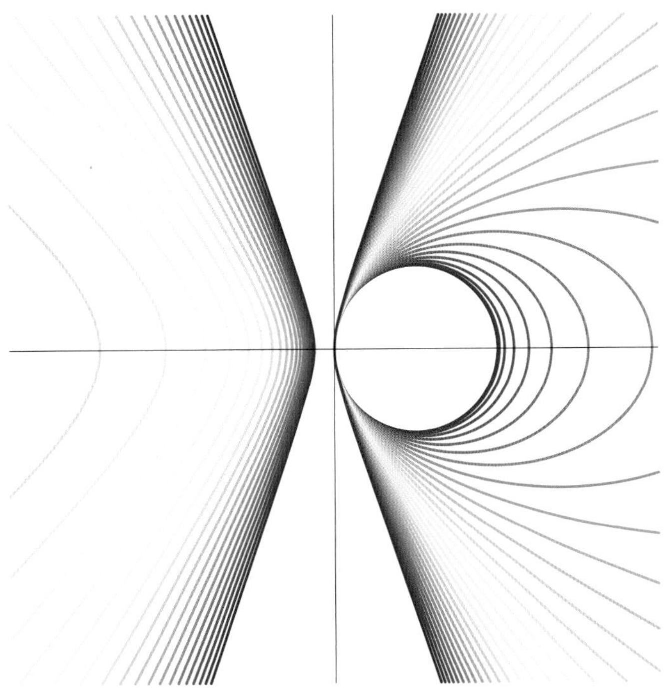

图9.3　离心率连续变化条件下一组圆锥曲线

Bk3_Ch9_01.py绘制图9.3。代码采用等高线方式可视化圆锥曲线。本书之后的圆锥曲线都会再用这种可视化方案。

9.3 一组有趣的圆锥曲线

本节介绍一组有趣的圆锥曲线，解析式为

$$\underbrace{\frac{x_1^2}{m^2}+\frac{x_2^2}{n^2}}_{\text{Ellipse}}\underbrace{-2\rho\frac{x_1x_2}{mn}}_{\text{Hyperbola}}=1 \tag{9.2}$$

其中：$m>0$，$n>0$。

上式可以看作是椭圆和双曲线的“叠加”。$x_1x_2 = 1$实际上是一个旋转双曲线。参数ρ可以看作调节双曲线“影响力”的参数，ρ的绝对值越大双曲线的影响越强。

点 $(\pm m, 0)$、$(0, \pm n)$ 都满足，也就是说这四个点都在圆锥曲线上。

图9.4所示为当$m = n = 1$且$\rho \geqslant 0$时，圆锥曲线随ρ的变化。而图9.5所示为当$m = n = 1$且$\rho \leqslant 0$时，圆锥曲线随ρ的变化。不难发现，$-1<\rho<1$时，椭圆的影响力占上风；而$|\rho|>1$时，双曲线影响力更大；当$\rho = \pm 1$时，椭圆和双曲线的影响力势均力敌。

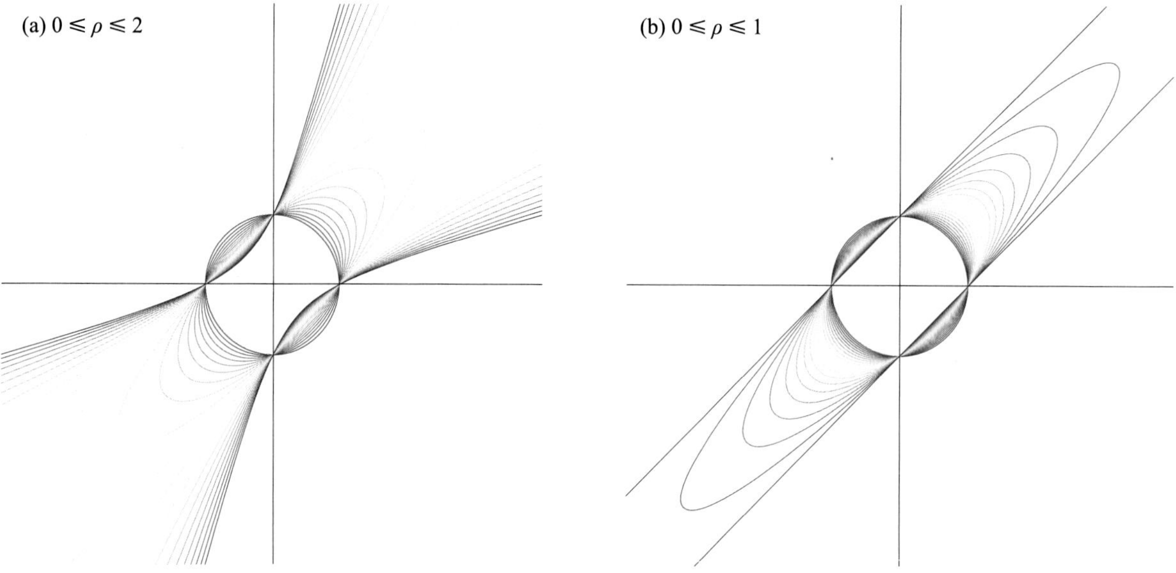

图9.4 $m = n = 1$，圆锥曲线随 ρ 变化，ρ 非负

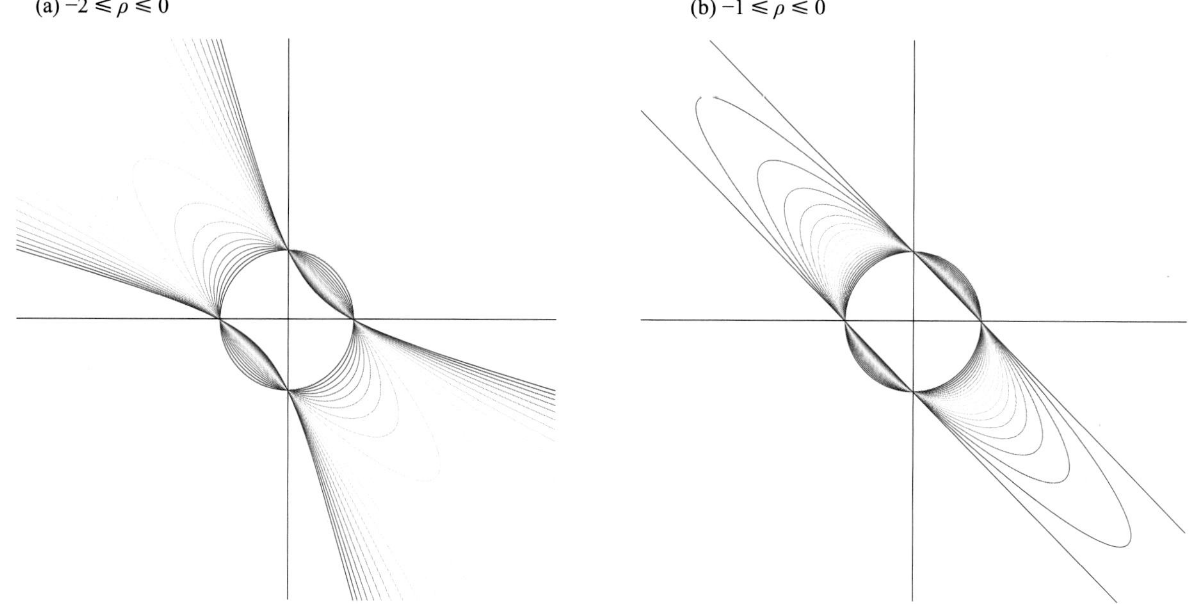

图9.5 $m = n = 1$，圆锥曲线随 ρ 变化，ρ 非正

当 $m = n = 1$ 时，且 $\rho = 1$ 时，式 (9.2) 为

$$(x-y)^2 = 1 \tag{9.3}$$

式 (9.3) 对应两条直线，即

$$x - y = 1, \quad x - y = -1 \tag{9.4}$$

当 $m = n = 1$ 时，且 $\rho = -1$ 时，式 (9.2) 也对应两条直线。

图9.6所示为 $m = 2$，$n = 1$ 时，圆锥曲线随 ρ 的变化，ρ 的变化范围为 [−2, 2]。

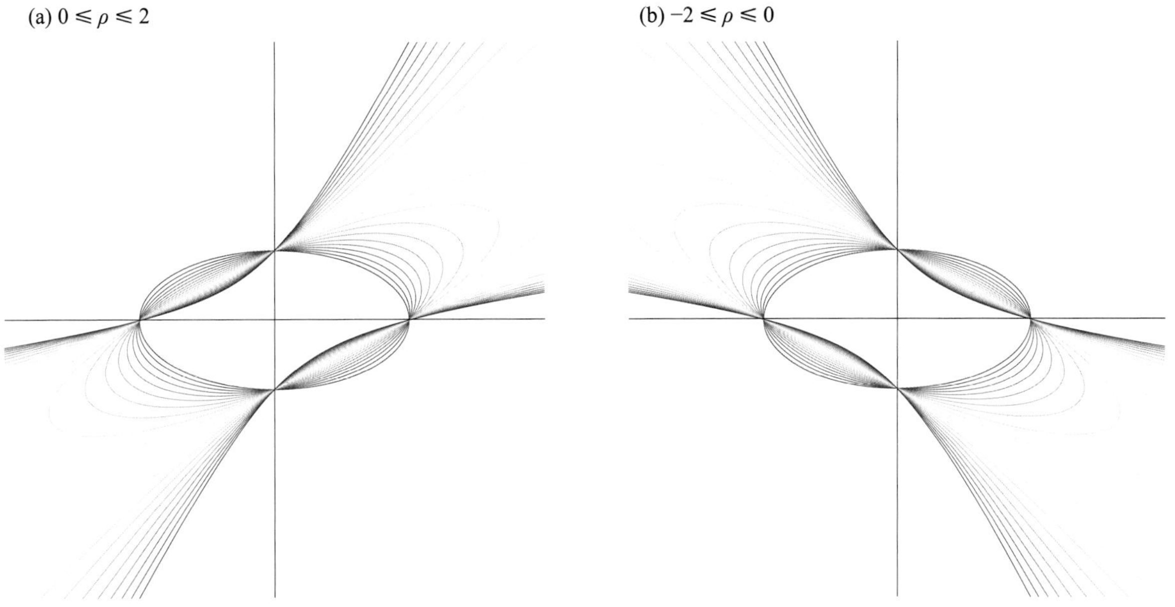

图9.6　$m = 2$，$n = 1$，圆锥曲线随ρ变化，ρ的变化范围为 $[-2, 2]$

Bk3_Ch9_02.py绘制图9.4、图9.5和图9.6几幅图像。

9.4 特殊椭圆：和给定矩形相切

这一节，我们要在特殊条件约束下绘制椭圆。

给定如图9.7所示的三类矩形，假定它们的中心都位于原点。本节绘制和矩形四个边相切的椭圆。椭圆可以是正椭圆，也可以是旋转椭圆。

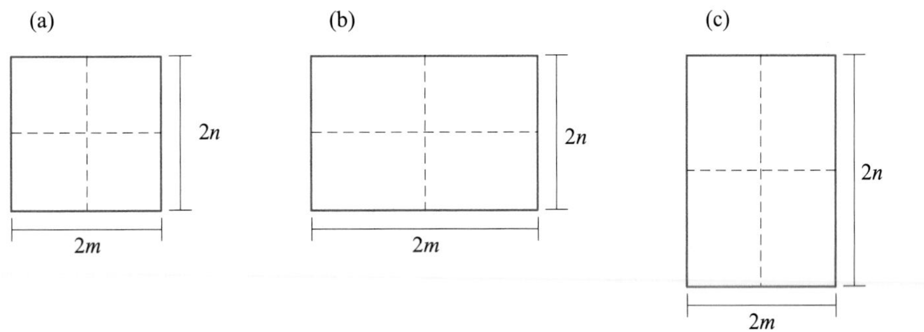

图9.7　m、n大小关系不同的矩形

对上一节式 (9.2) 稍作修改，得到解析式

$$\frac{x_1^2}{m^2}+\frac{x_2^2}{n^2}-\frac{2\rho x_1 x_2}{mn}=1-\rho^2 \tag{9.5}$$

其中：ρ取值范围在−1和1之间。大家很快就会发现参数ρ影响椭圆的倾斜程度。

式 (9.5) 可以进一步写成

$$\frac{1}{1-\rho^2}\left(\frac{x_1^2}{m^2}+\frac{x_2^2}{n^2}-\frac{2\rho x_1 x_2}{mn}\right)=1 \tag{9.6}$$

如图9.8所示，以矩形的中心为原点构造平面直角坐标系，容易计算得到矩形和椭圆相切的切点A、B、C、D的坐标为

$$A(m,\rho n),\quad B(\rho m,n),\quad C(-m,-\rho n),\quad D(-\rho m,-n) \tag{9.7}$$

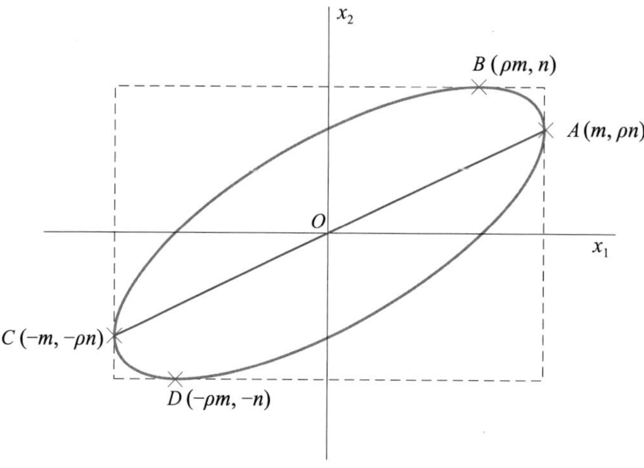

图9.8　四个切点的位置

> 请大家格外注意AC连线，我们将在鸢尾花书《统计至简》一书的条件概率和线性回归话题中谈到这条直线。

正椭圆

当$\rho=0$时，椭圆为正椭圆，即

$$\frac{x_1^2}{m^2}+\frac{x_2^2}{n^2}=1 \tag{9.8}$$

如图9.9所示，椭圆和矩形相切的四个切点A、B、C、D的坐标为

$$A(m,0),\quad B(0,n),\quad C(-m,0),\quad D(0,-n) \tag{9.9}$$

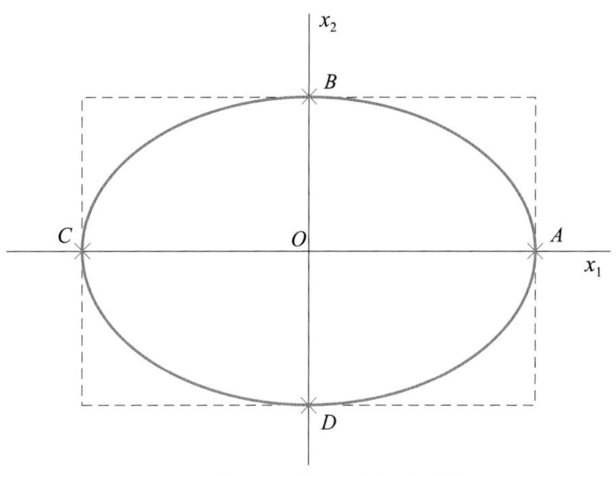

图9.9　当$\rho = 0$时，四个切点的位置

线段

当$\rho = 1$时，椭圆退化为一条线段，对应解析式为

$$\frac{x_1}{m} - \frac{x_2}{n} = 0 \tag{9.10}$$

当$\rho = -1$时，椭圆也是一条线段，对应解析式为

$$\frac{x_1}{m} + \frac{x_2}{n} = 0 \tag{9.11}$$

两种情况对应的图像如图9.10所示。

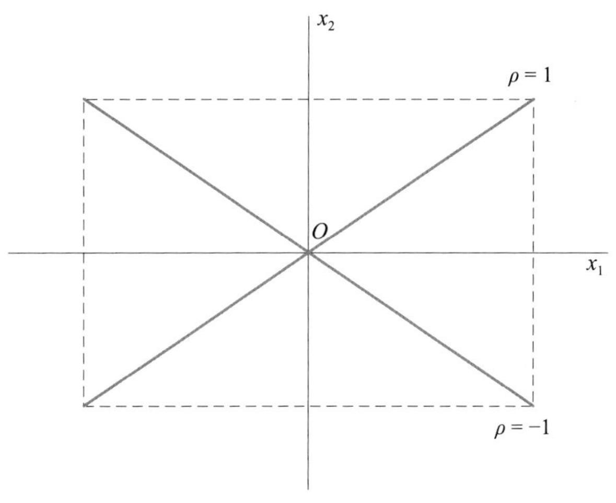

图9.10　当$\rho = \pm 1$时，椭圆退化成线段

旋转椭圆

图9.11所示为当 $m = n$时，椭圆形状随参数ρ的变化。当 ρ 越靠近0时，椭圆形状越接近正圆；ρ的绝对值越靠近1时，椭圆越扁，形状越接近线段。此外，请大家格外关注切点位置如何随ρ移动。

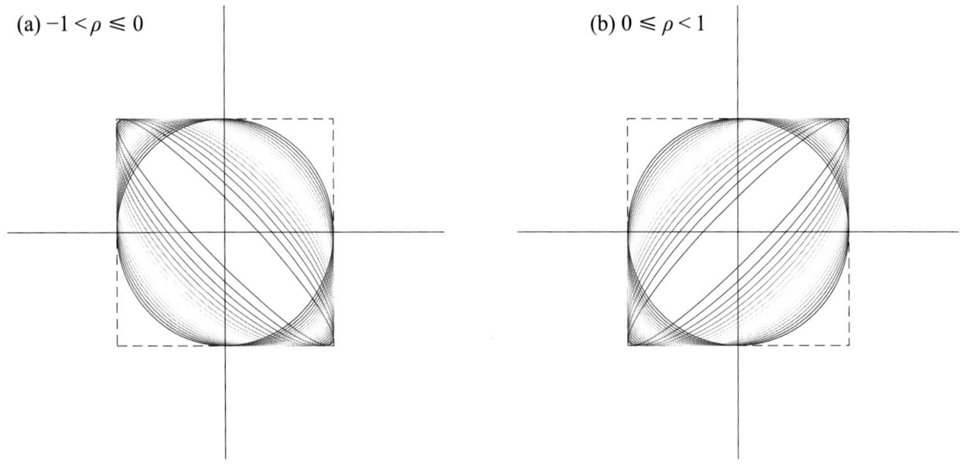

图9.11　$m=n$时，和给定正方形相切椭圆

图9.12和图9.13所示分别为$m>n$和$m<n$两种情况条件下，椭圆形状随ρ的变化。

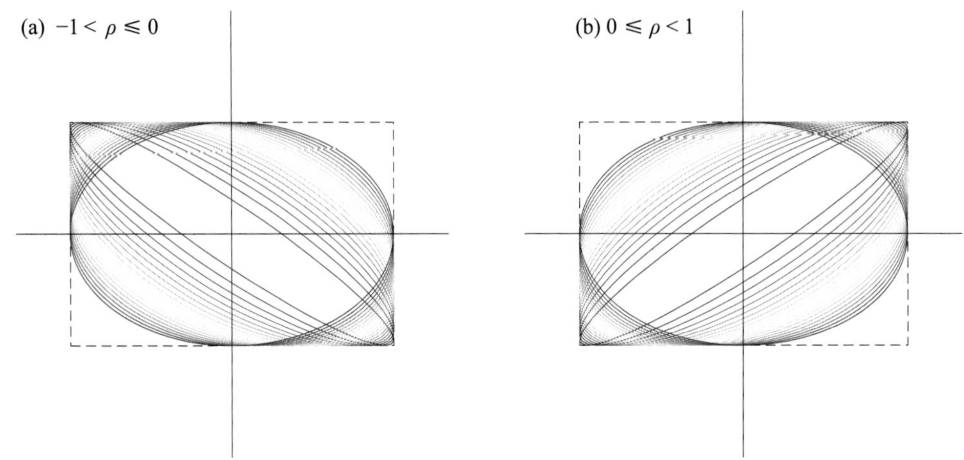

图9.12　$m>n$时，和给定矩形相切椭圆

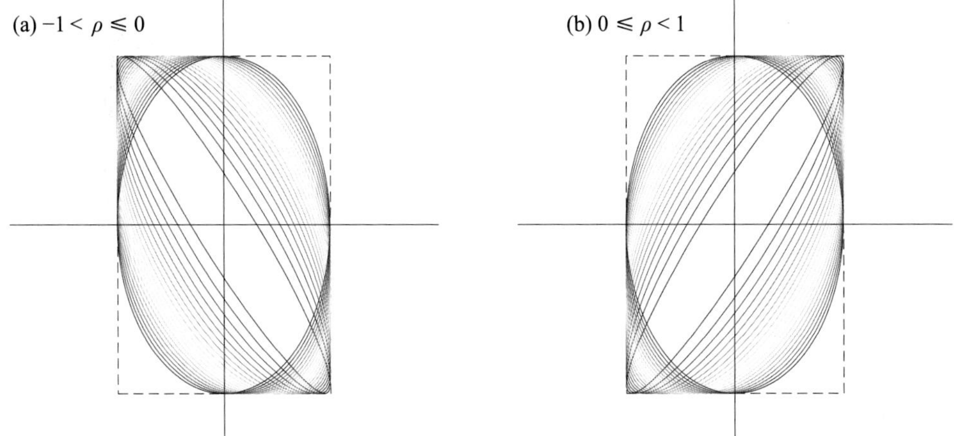

图9.13　$m<n$时，和给定矩形相切椭圆

二元高斯分布

我们之所以讨论这种特殊形态的椭圆，是因为它和二元高斯分布的概率密度函数直接相关。**二元高斯分布** (bivariate Gaussian distribution) 的概率密度函数$f_{X,Y}(x,y)$ 解析式为

$$f_{X,Y}(x,y)=\frac{1}{2\pi\sigma_X\sigma_Y\sqrt{1-\rho_{X,Y}^2}}\times\exp\left(\frac{-1}{2}\underbrace{\frac{1}{\left(1-\rho_{X,Y}^2\right)}\left(\left(\frac{x-\mu_X}{\sigma_X}\right)^2-2\rho_{X,Y}\left(\frac{x-\mu_X}{\sigma_X}\right)\left(\frac{y-\mu_Y}{\sigma_Y}\right)+\left(\frac{y-\mu_Y}{\sigma_Y}\right)^2\right)}_{\text{Ellipse}}\right) \tag{9.12}$$

其中：μ_X和μ_Y分别为随机变量X、Y的期望值；σ_X和σ_Y分别为随机变量X、Y的均方差；$\rho_{X,Y}$为X和Y线性相关系数，取值区间为 (−1, 1)。

相信大家已经在式 (9.12) 看到了式 (9.6)。

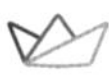

Bk3_Ch9_03.py绘制图9.11~图9.13。

我们把Bk3_Ch9_03.py转化成了一个App，大家可以调节不同参数观察椭圆形状变化，以及切点位置。请大家参考代码文件Streamlit_Bk3_Ch9_03.py。

9.5 超椭圆：和范数有关

超椭圆 (superellipse) 是对椭圆的拓展，最常见超椭圆的解析式为

$$\left|\frac{x_1}{a}\right|^p+\left|\frac{x_2}{b}\right|^p=1 \tag{9.13}$$

一般情况下，p为大于0的数值。

特别地，当 $p=2$时，式 (9.13) 所示为椭圆解析式。

还有两种特殊的情况，当$p=1$时，超椭圆图形为菱形，即

$$\left|\frac{x_1}{a}\right|+\left|\frac{x_2}{b}\right|=1 \tag{9.14}$$

当$p=+\infty$时，超椭圆图形为长方形，对应的解析式为

$$\max\left(\left|\frac{x_1}{a}\right|,\ \left|\frac{x_2}{b}\right|\right)=1 \tag{9.15}$$

第一个例子

当 $a=2$，$b=1$时，超椭圆的解析式为

$$\left|\frac{x_1}{2}\right|^p + \left|\frac{x_2}{1}\right|^p = 1 \tag{9.16}$$

图9.14所示为p取不同值时，超椭圆的形状。

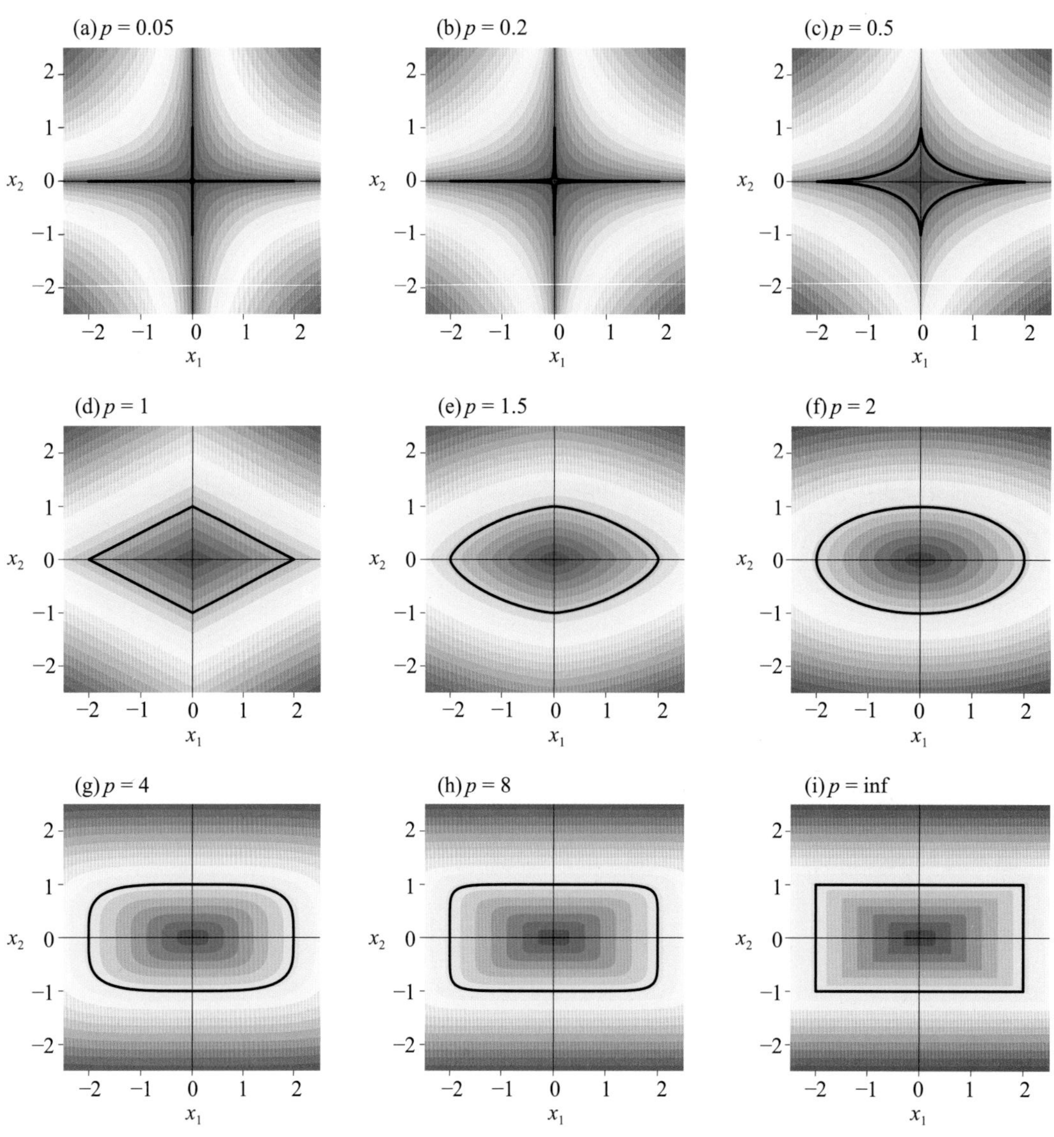

图9.14　超椭圆p取不同值时超椭圆的形状 ($a=2$，$b=1$)

第二个例子

当 $a=1$，$b=1$时，超椭圆的解析式为

$$|x_1|^p + |x_2|^p = 1 \tag{9.17}$$

图9.15所示为p取不同值时，超椭圆的形状。

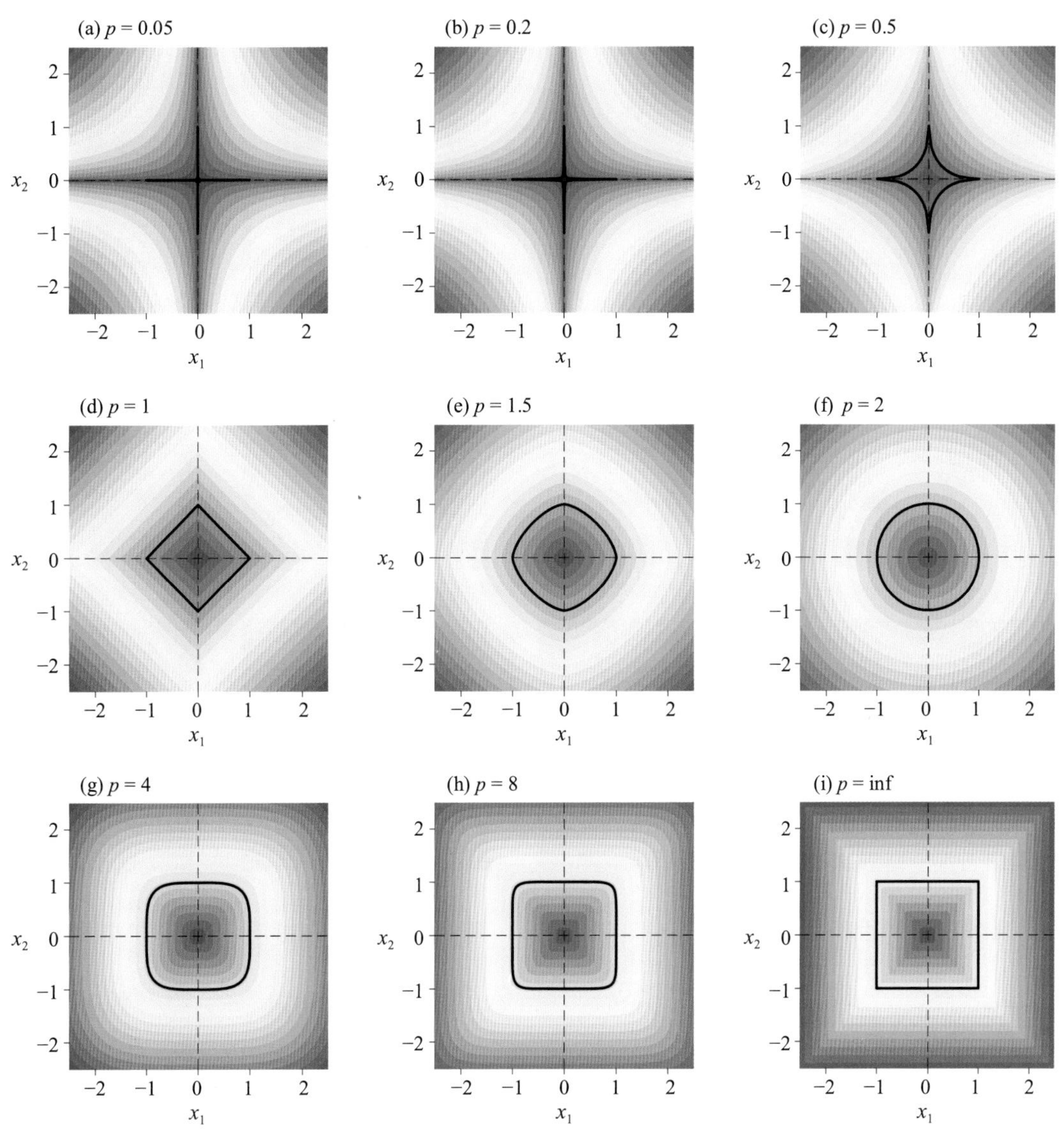

图9.15　超椭圆p取不同值时超椭圆的形状 ($a = 1$，$b = 1$)

p和q两个参数

将式 (9.13) 进一步推广，得到二维平面的超椭圆解析式为

$$\left|\frac{x_1}{a}\right|^p + \left|\frac{x_2}{b}\right|^q = 1 \tag{9.18}$$

其中：p和q为正数。

举个例子，当 $a = 1$，$b = 1$时，式 (9.18) 对应的超椭圆的解析式为

$$|x_1|^p + |x_2|^q = 1 \tag{9.19}$$

图9.16所示为p和q取不同值时，式 (9.19) 对应超椭圆的形状。

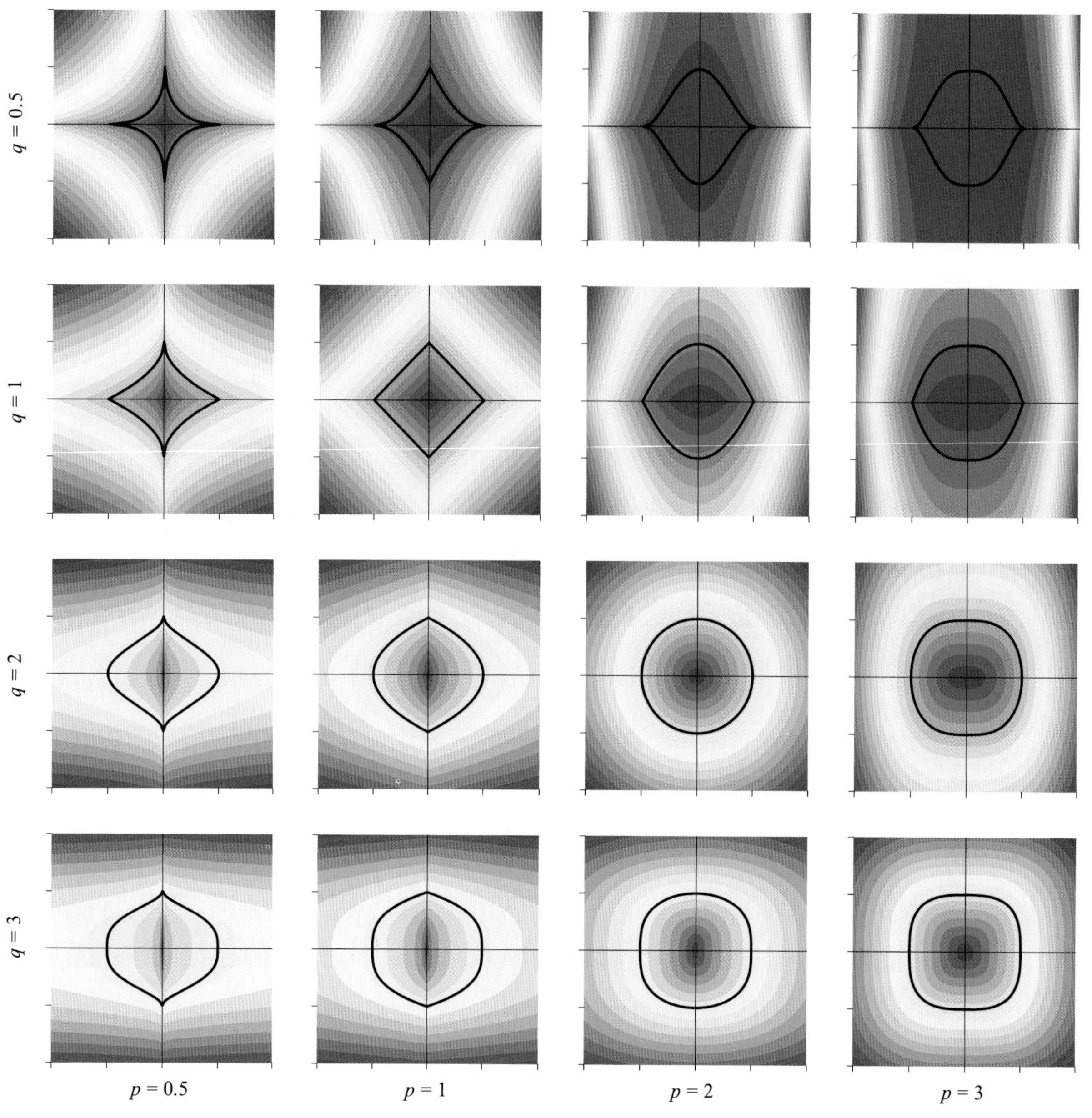

图9.16　p和q取不同值时超椭圆的形状 ($a = 1$，$b = 1$)

超椭球

从二维到三维，可以得到**超椭球** (superellipsoid) 的解析式为

$$\left(\left|\frac{x_1}{a}\right|^r + \left|\frac{x_2}{b}\right|^r\right)^{\frac{t}{r}} + \left|\frac{x_3}{c}\right|^t = 1 \tag{9.20}$$

图9.17所示为$a = 1$、$b = 1$、$c = 1$，t和r取不同值时超椭球的形状。

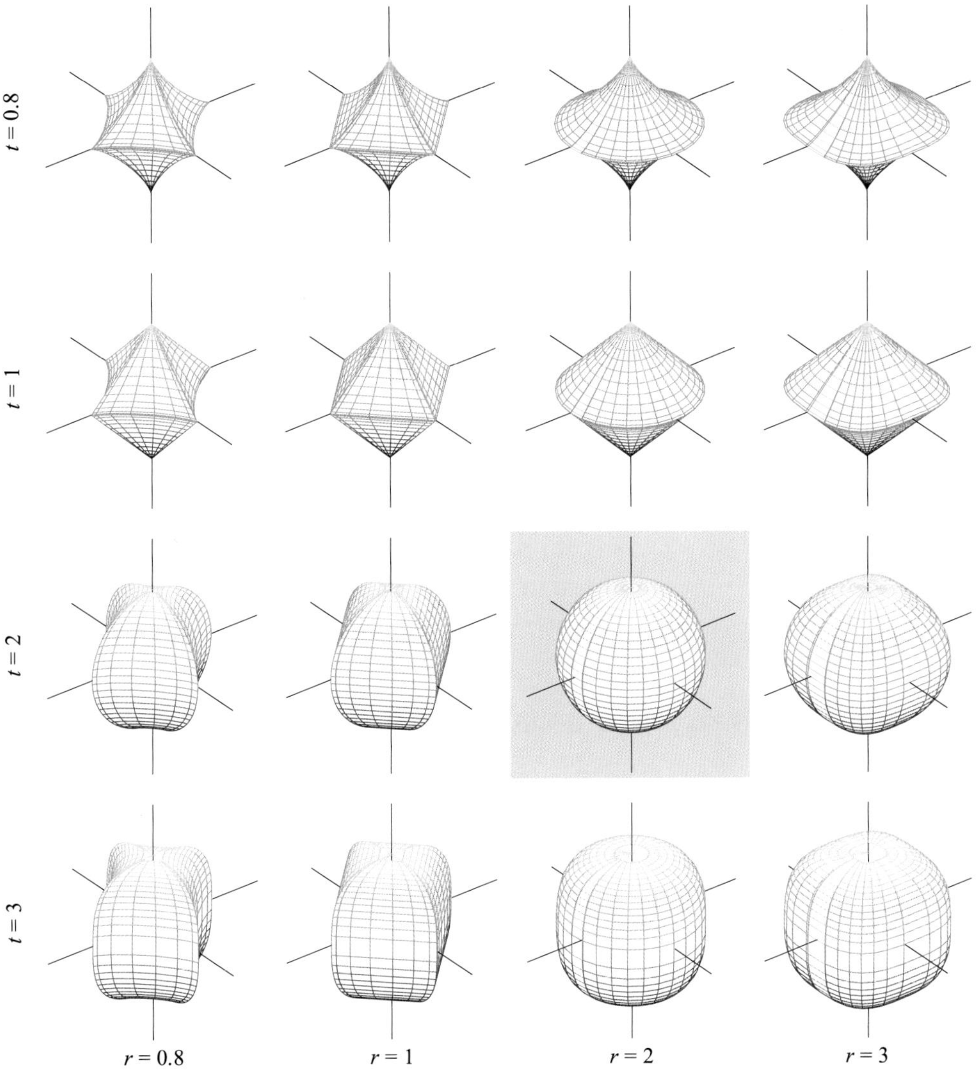

图9.17　t和r取不同值时超椭球的形状 ($a = 1$，$b = 1$，$c = 1$)

本节介绍的超椭圆和L_p范数紧密联系。L_p范数的定义如下：

$$\|\boldsymbol{x}\|_p = \left(|x_1|^p + |x_2|^p + \cdots + |x_D|^p\right)^{1/p} = \left(\sum_{i=1}^{D} |x_i|^p\right)^{1/p} \tag{9.21}$$

其中

$$\boldsymbol{x} = \begin{bmatrix} x_1 & x_2 & \cdots & x_D \end{bmatrix}^{\mathrm{T}} \tag{9.22}$$

图9.18所示为随着p增大，L_p范数等距线一层层包裹。在数据科学和机器学习中，L_p范数常用于度量距离。当$p = 2$，式 (9.21) 就是L_2范数，这便是前文介绍的欧氏距离。注意，只有$p \geqslant 1$时，式 (9.21) 才是范数。

鸢尾花书将在《矩阵力量》一册中系统性地讲解范数。

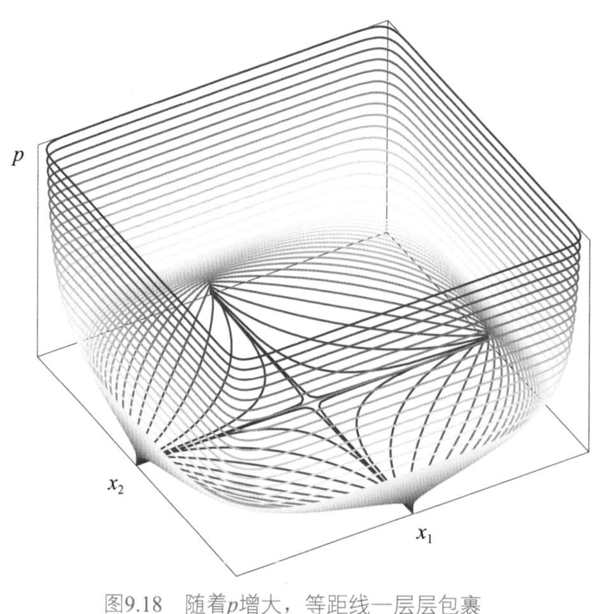

图9.18　随着p增大，等距线一层层包裹

Bk3_Ch9_04.py绘制图9.14、图9.15、图9.16。

在Bk3_Ch9_04.py的基础上，我们做了一个App，大家可以调节参数观察超椭圆形状变化。请大家参考代码文件Streamlit_Bk3_Ch9_04.py。

9.6 双曲函数：基于单位双曲线

当a = 1和b = 1时，双曲线为**单位双曲线** (unit hyperbola)，即

$$x_1^2 - x_2^2 = 1 \qquad a,b > 0 \tag{9.23}$$

双曲正切函数tanh() 是S型函数中重要的一种，本书第12章将深入介绍。

类似前文提到过的三角函数与单位圆之间的关系，单位双曲线可以用来定义**双曲函数** (hyperbolic function)。

如图9.19所示，最基本的双曲函数是双曲正弦函数sinh() 和双曲余弦函数cosh()。图中，浅蓝色阴影区域面积对应θ。

双曲正切tanh()，可以通过比例计算得到，即

$$\tanh\theta = \frac{\sinh\theta}{\cosh\theta} \tag{9.24}$$

图9.20所示为sinhθ、coshθ和tanhθ三个函数之间的图像关系。双曲函数的英文表达见表9.1。

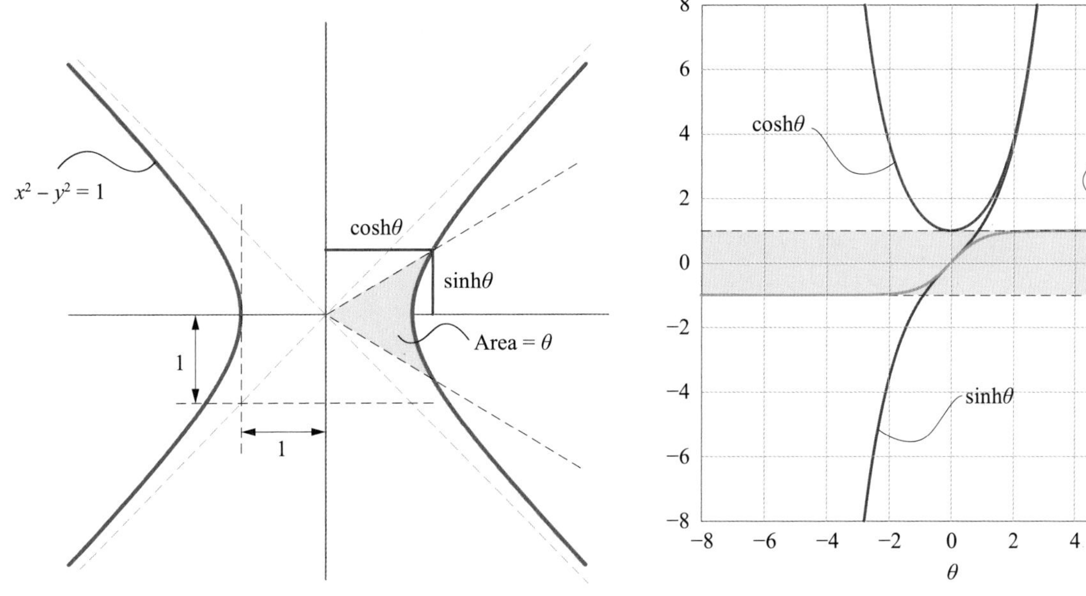

图9.19　单位双曲线和双曲函数的关系

图9.20　sinhθ、coshθ和tanhθ三者关系

表9.1　用英文表达双曲函数

数学表达	英文表达	中文表达
sinhθ	hyperbolic sine theta sinh /sɪntʃ/ theta	双曲正弦
coshθ	hyperbolic cosine theta cosh /kɒʃ/ theta	双曲余弦
tanhθ	hyperbolic tangent theta tanh /tæntʃ/ theta	双曲正切

和指数函数关系

此外，sinhθ、coshθ和tanhθ三个函数与指数函数exp(θ) 存在下列关系：

$$\begin{aligned}
\sinh\theta &= \frac{\exp(\theta)-\exp(-\theta)}{2} \\
\cosh\theta &= \frac{\exp(\theta)+\exp(-\theta)}{2} \\
\tanh\theta &= \frac{\sinh\theta}{\cosh\theta} = \frac{\exp(\theta)-\exp(-\theta)}{\exp(\theta)+\exp(-\theta)}
\end{aligned} \tag{9.25}$$

图9.21所示为sinhθ和coshθ与指数函数的关系。

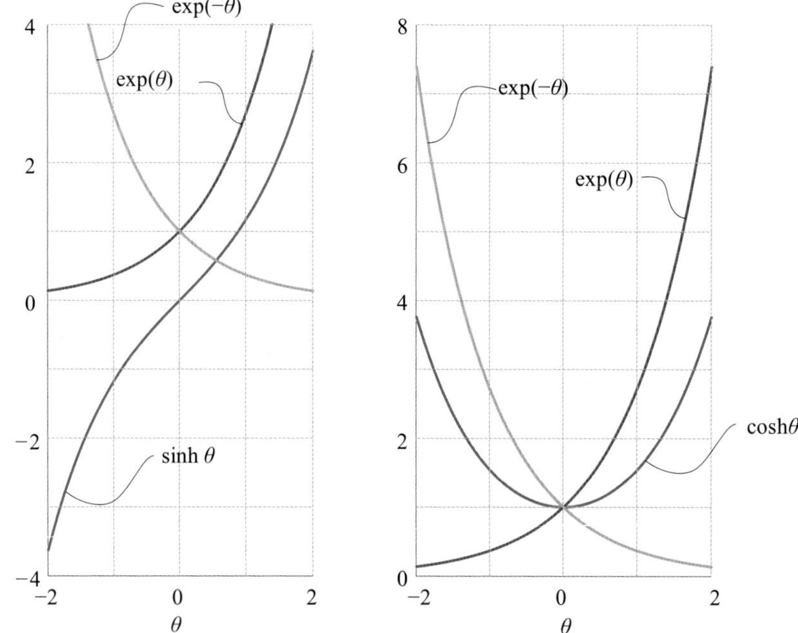

图9.21　sinhθ和coshθ与指数函数的关系

9.7 圆锥曲线的一般形式

圆锥曲线的一般形式为

$$Ax_1^2 + Bx_1x_2 + Cx_2^2 + Dx_1 + Ex_2 + F = 0 \tag{9.26}$$

满足下列条件时，圆锥曲线为正圆，即

$$Ax_1^2 + Cx_2^2 + Dx_1 + Ex_2 + F = 0,\quad A = C \tag{9.27}$$

满足下列条件时，圆锥曲线为正椭圆，即没有旋转，有

$$Ax_1^2 + Cx_2^2 + Dx_1 + Ex_2 + F = 0,\quad A \neq C,\quad AC > 0 \tag{9.28}$$

满足下列条件时，圆锥曲线为正双曲线，即

$$Ax_1^2 + Cx_2^2 + Dx_1 + Ex_2 + F = 0,\quad AC < 0 \tag{9.29}$$

满足下列任一等式时，圆锥曲线为正抛物线，即

$$\begin{cases} Ax_1^2 + Dx_1 + Ex_2 + F = 0 \\ Cx_2^2 + Dx_1 + Ex_2 + F = 0 \end{cases} \tag{9.30}$$

当$B^2-4AC<0$时，圆锥曲线为椭圆；当$B^2-4AC=0$时，圆锥曲线为抛物线；当$B^2-4AC>0$时，圆锥曲线为双曲线。

大家可能会问，为何要采用B^2-4AC来判断圆锥曲线类型呢？我们将在鸢尾花书《矩阵力量》一册中回答这个问题。

注意：当$B\neq 0$时，圆锥曲线存在旋转，需要通过B^2-4AC来判断圆锥曲线类型。

矩阵运算

把式 (9.26) 写成矩阵运算式，有

$$\frac{1}{2}\begin{bmatrix} x_1 \\ x_2 \end{bmatrix}^{\mathrm{T}}\begin{bmatrix} 2A & B \\ B & 2C \end{bmatrix}\begin{bmatrix} x_1 \\ x_2 \end{bmatrix}+\begin{bmatrix} D \\ E \end{bmatrix}^{\mathrm{T}}\begin{bmatrix} x_1 \\ x_2 \end{bmatrix}+F=0 \tag{9.31}$$

进一步写成

$$\frac{1}{2}\boldsymbol{x}^{\mathrm{T}}\boldsymbol{Q}\boldsymbol{x}+\boldsymbol{w}^{\mathrm{T}}\boldsymbol{x}+F=0 \tag{9.32}$$

其中

$$\boldsymbol{Q}=\begin{bmatrix} 2A & B \\ B & 2C \end{bmatrix},\quad \boldsymbol{w}=\begin{bmatrix} D \\ E \end{bmatrix} \tag{9.33}$$

目前不需要大家掌握式 (9.31) 这个矩阵运算式。我们也将在鸢尾花书《矩阵力量》一册深入分析这个等式。

正如牛顿所言：“我不知道世人看我的眼光。依我看来，我不过是一个在海边玩耍的孩子，不时找到几个光滑卵石、漂亮贝壳，而惊喜万分。而展现在我面前的是，真理的浩瀚海洋，静候探索。”

人类何尝不是在宇宙某个角落玩耍的一群孩子，手握的知识不过沧海一粟，却雄心万丈，一心要去探索星辰大海。

但也正是这群孩子将无数的不可能变成了可能，现在他们已经在地月系、甚至太阳系的边缘跃跃欲试。

今人不见古时月，今月曾经照古人。宇宙的星辰大海一直都在人类眼前，它从未走远。路漫漫其修远兮，吾将上下而求索。

地球不过是人类的摇篮，我们的征途是星辰大海。这句话含蓄而浪漫。刘慈欣《三体》中则说得更为露骨而冷酷：“我们都是阴沟里的虫子，但总还是得有人仰望星空。”

04

Section 04

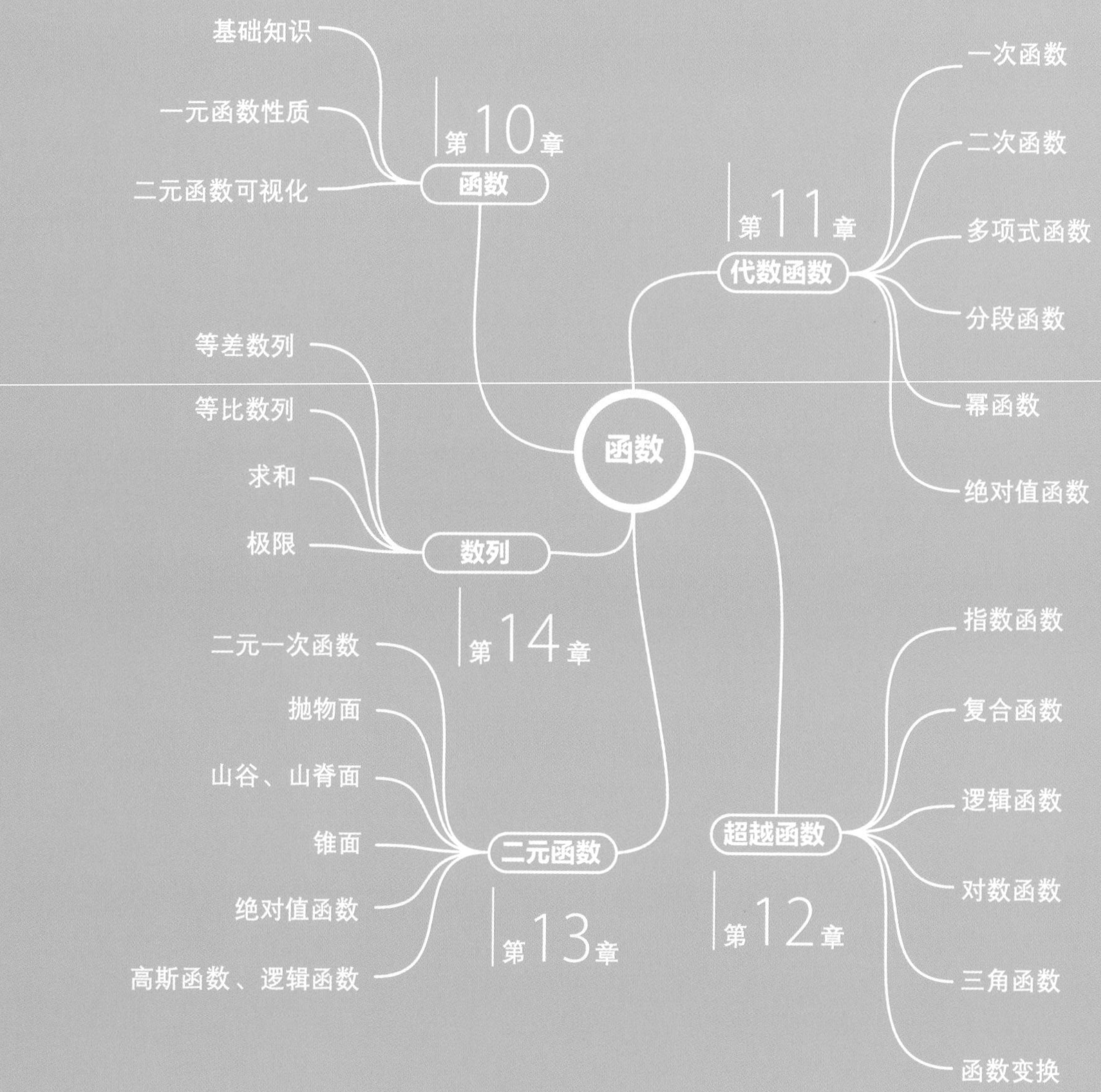

基础知识
一元函数性质
二元函数可视化
第10章
函数
第11章
代数函数
一次函数
二次函数
多项式函数
分段函数
幂函数
绝对值函数
等差数列
等比数列
求和
极限
函数
数列
第14章
二元一次函数
抛物面
山谷、山脊面
锥面
绝对值函数
高斯函数、逻辑函数
二元函数
第13章
超越函数
第12章
指数函数
复合函数
逻辑函数
对数函数
三角函数
函数变换

学习地图 | 第4版块

10 函数 从几何图形角度探究

Functions Meet Coordinate Systems

音乐是一种隐藏的数学实践，它是大脑潜意识下的计算。

Music is the hidden arithmetical exercise of a mind unconscious that it is calculating.

——戈特弗里德·莱布尼茨 (Gottfried Wilhelm Leibniz) | 德国数学家、哲学家 | 1646 — 1716

- matplotlib.pyplot.axhline() 绘制水平线
- matplotlib.pyplot.axvline() 绘制竖直线
- matplotlib.pyplot.contour() 绘制等高线图
- matplotlib.pyplot.contourf() 绘制填充等高线图
- numpy.linspace() 在指定的间隔内，返回固定步长的数据
- numpy.meshgrid() 获得网格数据
- plot_wireframe() 绘制三维单色线框图
- sympy.abc 引入符号变量
- sympy.diff() 对符号函数求导
- sympy.exp() 符号运算中以e为底的指数函数
- sympy.Interval 定义符号区间
- sympy.is_increasing 判断符号函数的单调性
- sympy.lambdify() 将符号表达式转化为函数

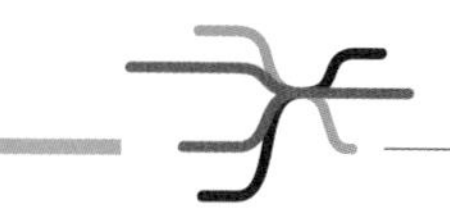

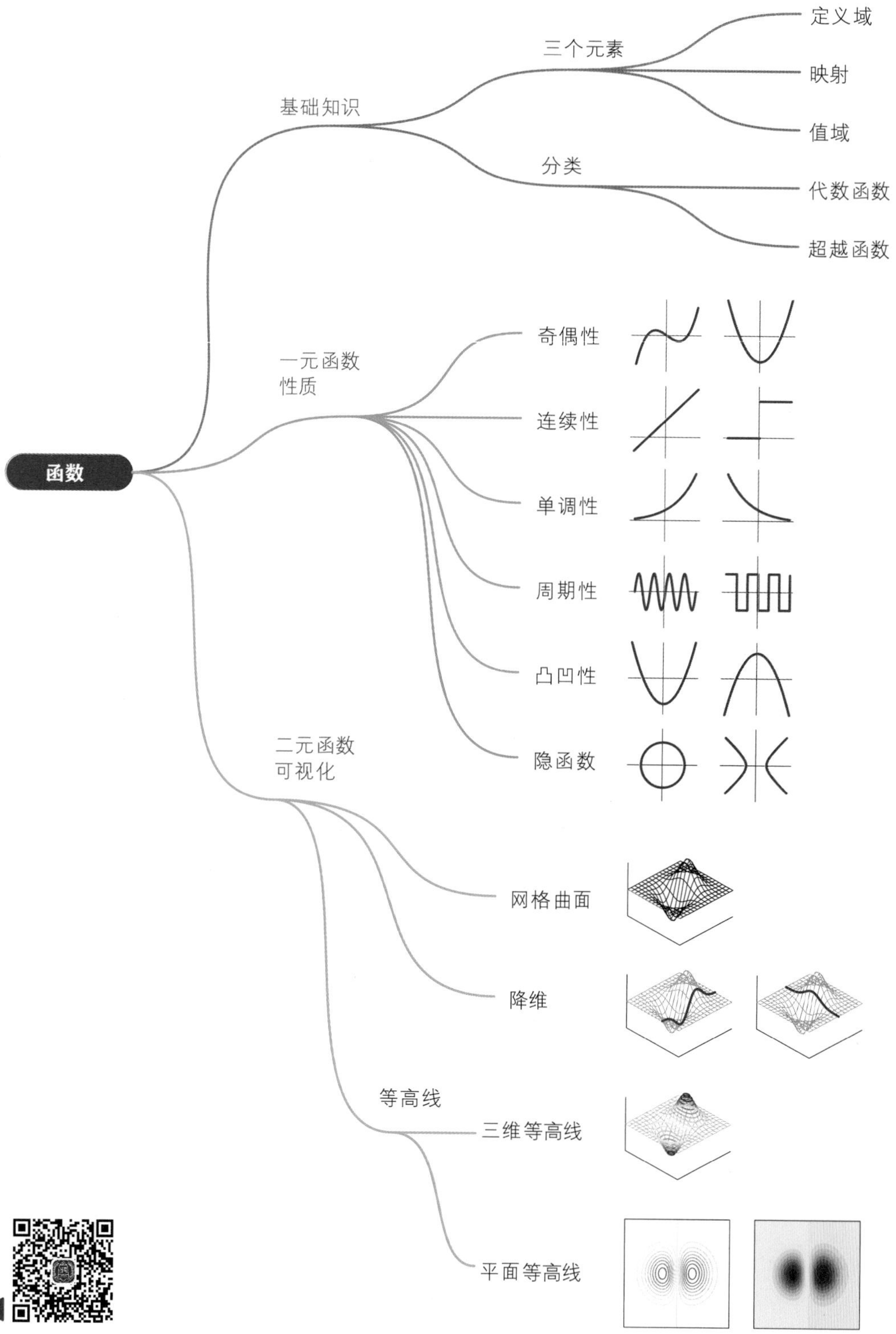

- 函数
  - 基础知识
    - 三个元素
      - 定义域
      - 映射
      - 值域
    - 分类
      - 代数函数
      - 超越函数
  - 一元函数性质
    - 奇偶性
    - 连续性
    - 单调性
    - 周期性
    - 凸凹性
    - 隐函数
  - 二元函数可视化
    - 网格曲面
    - 降维
    - 等高线
      - 三维等高线
      - 平面等高线

10.1 当代数式遇到坐标系

坐标系给每个冷冰冰的代数式赋予了生命。图10.1 ~ 图10.3所示给出了九幅图像，它们多数是函数，也有隐函数和参数方程。

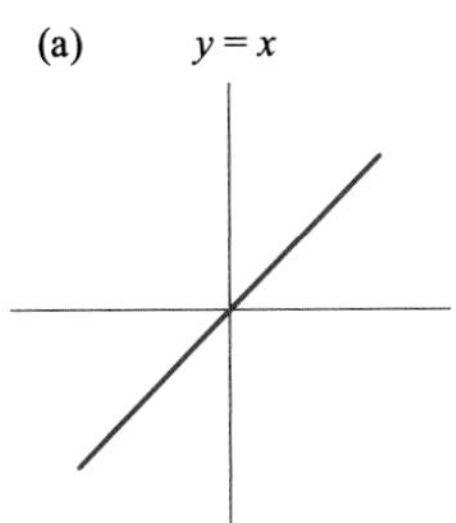

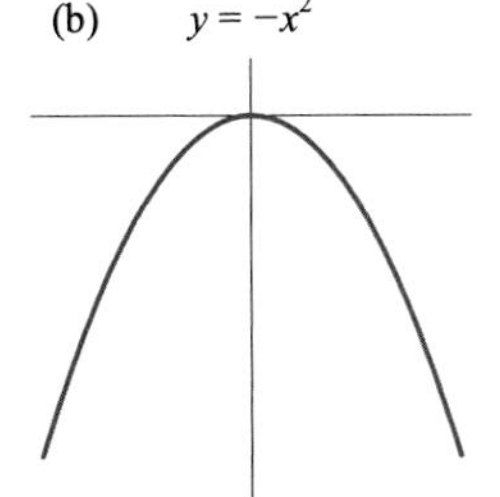

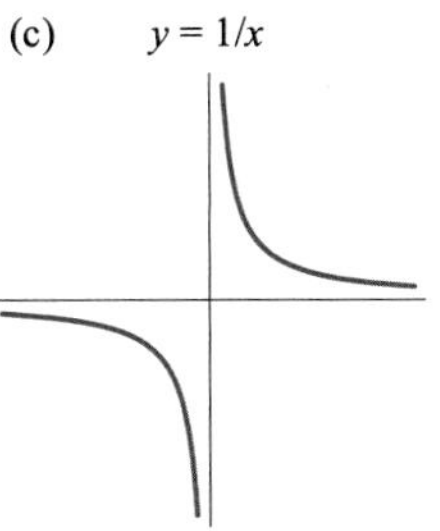

图10.1　一次函数、二次函数和反比例函数

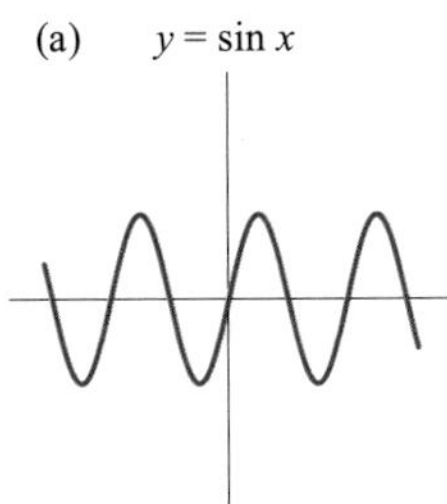

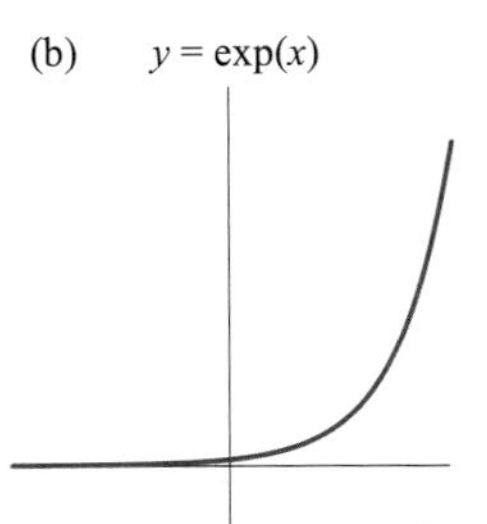

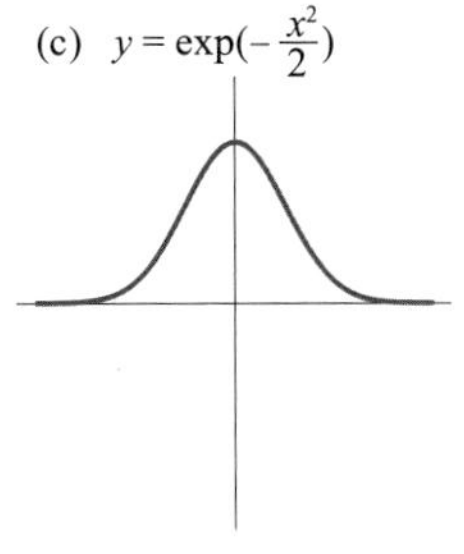

图10.2　正弦函数、指数函数和高斯函数

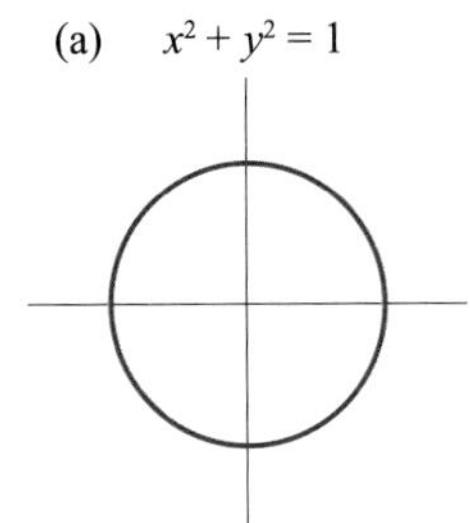

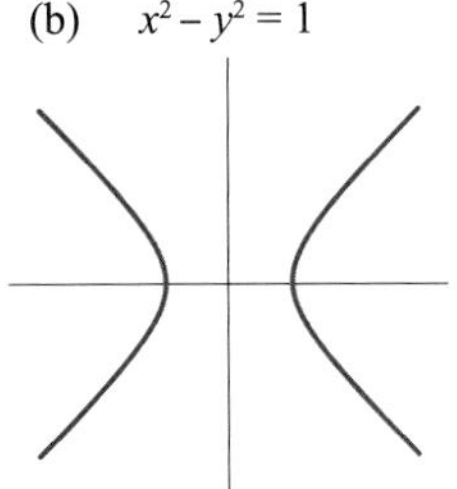

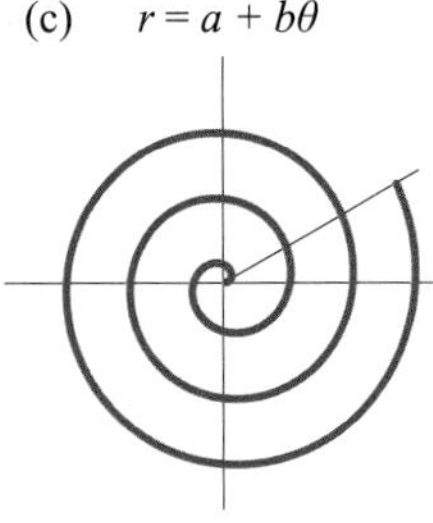

图10.3　正圆、双曲线和阿基米德螺旋线，非函数

建议大家盯着每幅图像看一会儿，你会惊奇地发现，坐标系给这些函数插上了翅膀，让它们在空间腾跃、讲述自己的故事。

线性函数$y = x$是个坚毅果敢、埋头苦干的家伙。你问它：“你要去哪？”它默不做声，自顾自地向着正负无穷无限延伸，直到世界尽头。

抛物线$y = -x^2$像一条腾出水面的锦鲤，在空中划出一道优美的弧线，它飞跃龙门修成正果。此岸到彼岸，离家越远，心就离家越近。

反比例函数$y = 1/x$像一个哲学家，他在讲述——太极者，无极而生，动静之机，阴阳之母也。物极必反，任何事物都有两面，而且两面会互相转化。

海水无风时，波涛安悠悠。正弦函数$y = \sin x$ 像是海浪，永远波涛澎湃。它代表着生命的律动，你仿佛能够听到它的脉搏砰砰作响。

指数函数$y = \exp(x)$就是那条巨龙。起初，它韬光养晦、潜龙勿用。万尺高楼起于累土，他不知疲倦、从未停歇。你看它，越飞越快，越升越高，如今飞龙在天。

君不见黄河之水天上来，奔流到海不复回。优雅而神秘，高斯函数$y = \exp(-x^2/2)$好比高山流水，上善若水，涓涓细流，利万物而不争。

海上生明月，天涯共此时。$x^2 + y^2 = 1$是挂在天上的白玉盘，是家里客厅的圆饭桌，是捧在手里的圆月饼。转了一圈，圆心是家。

人有悲欢离合，月有阴晴圆缺，此事古难全。造化弄人，将$x^2 + y^2 = 1$中的正号 (+) 改为负号 (−)，就变成双曲线$x^2 - y^2 = 1$。两条曲线隔空相望，如此近，又如此远，像牛郎和织女，盈盈一水间，脉脉不得语。

阿基米德螺旋线好似夜空中的银河星系，把我们的目光从人世的浮尘拉到深蓝的虚空，让我们片刻间忘却了这片土地的悲欢离合。

10.2 一元函数：一个自变量

如果函数f以x作为唯一输入值，输出值写作$y = f(x)$，则该函数是一元函数。也就是说，有一个自变量的函数叫作**一元函数** (univariate function)。

本书前文介绍过，函数输入值x构成的集合叫作定义域，函数输出值y构成的集合叫作值域。

> 注意：定义域中任一x在值域中有唯一对应的y。当然，不同x可以对应一样的函数值$f(x)$。

平面直角坐标系中，一般用**线图** (line plot或line chart) 作为函数的可视化方案。图10.4所示为一元函数的映射关系，以及几种一元函数示例。

通俗地讲，函数就是一种数值转化。本书第6章讲解不等式时，我们做过这样一个实验，给满足不等式条件的变量一个标签1 (True)；不满足不等式的变量结果为0 (False)。这实际上也是函数映射，输入为定义域内自变量的取值，输出为两值之一——0或1。

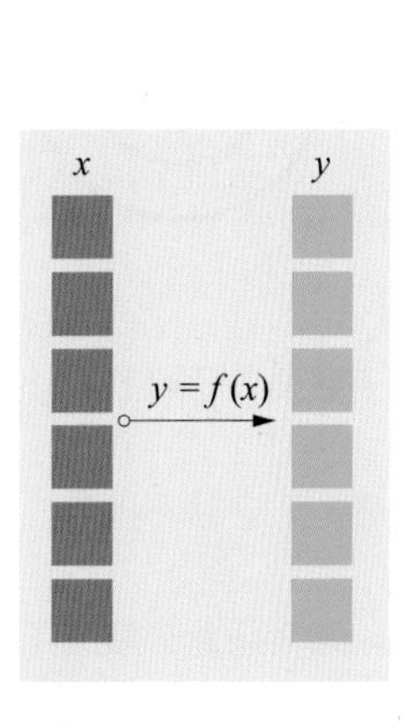

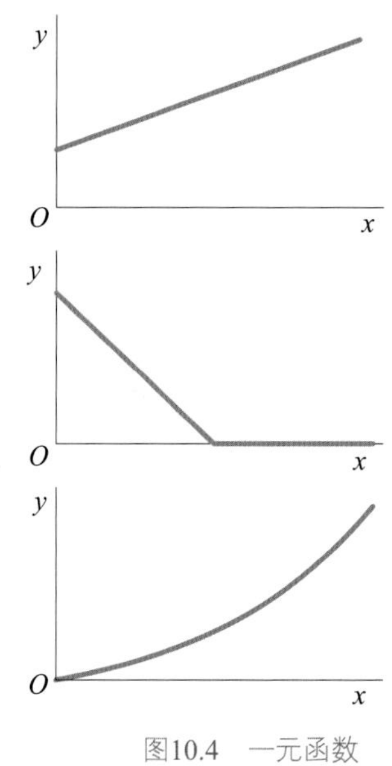

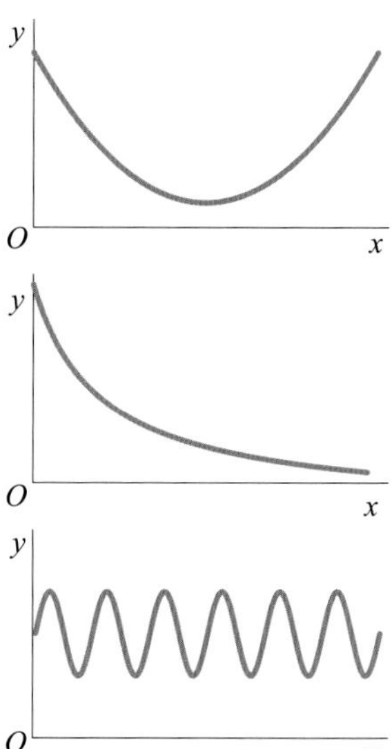

图10.4　一元函数

数据科学和机器学习中常用的函数一般分为**代数函数** (algebraic function) 和**超越函数** (transcendental function)。代数函数是指通过常数与自变量相互之间有限次的加、减、乘、除、有理指数幂和开方等运算构造的函数。本书将绝对值函数也归类到代数函数中。

超越函数指的是“超出”代数函数范畴的函数，如对数函数、指数函数、三角函数等。

常见函数的分类如图10.5所示。鸢尾花书《可视之美》专门介绍过二元、三元函数可视化，请大家参考。

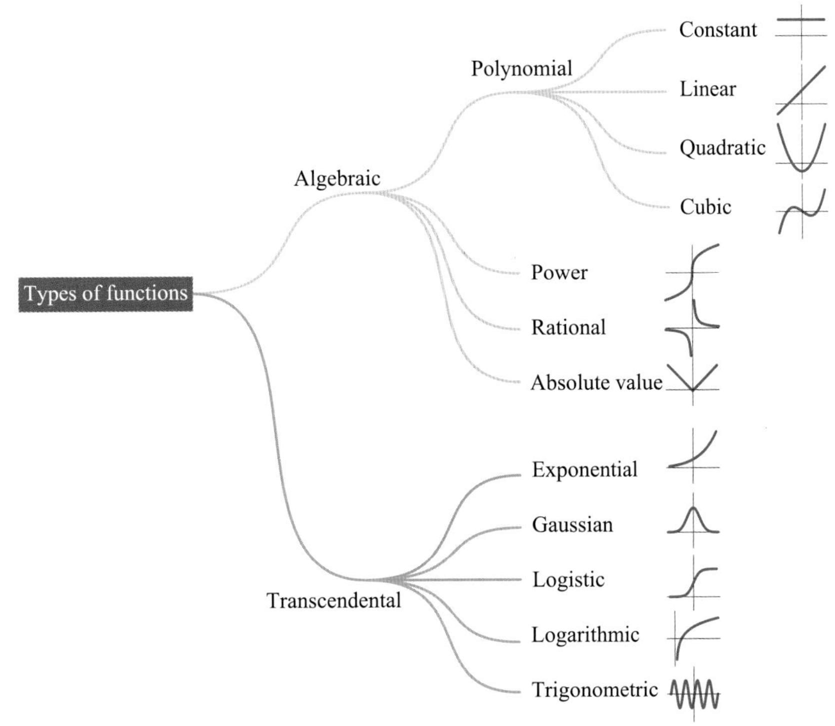

图10.5　常见函数分类

函数在机器学习中扮演着重要角色。下面以**神经网络** (neural network) 为例，简单介绍函数的作用。

神经网络的核心思想是模拟人脑**神经元** (neuron) 的工作原理。图10.6 所示为神经元基本生物学结构。神经元**细胞体** (cell body) 的核心是**细胞核** (nucleus)，细胞核周围围绕着**树突** (dendrite)。树突接受外部刺激，并将信号传递至神经元内部。

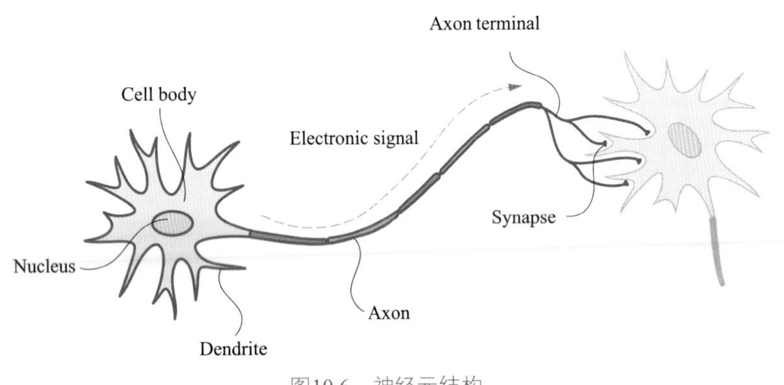

图10.6　神经元结构

细胞体汇总不同树突刺激，当刺激达到一定程度时，激发细胞兴奋状态；否则，细胞处于抑制状态。**轴突** (axon) 则负责将兴奋状态通过**轴突末端** (axon terminal) 的**突触** (synapse) 等结构传递到另一个神经元或组织细胞。

图10.7所示可看作是对神经元简单模仿。神经元模型的输入x_1, x_2, ⋯, x_D类似于神经元的树突，x_i取值为简单的0或1。这些输入分别乘以各自权重，再通过求和函数汇集到一起得到x。接着，x值再通过一个判别函数$f(\bullet)$ 得到最终的值y。

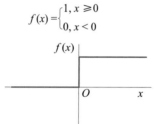

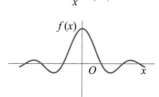

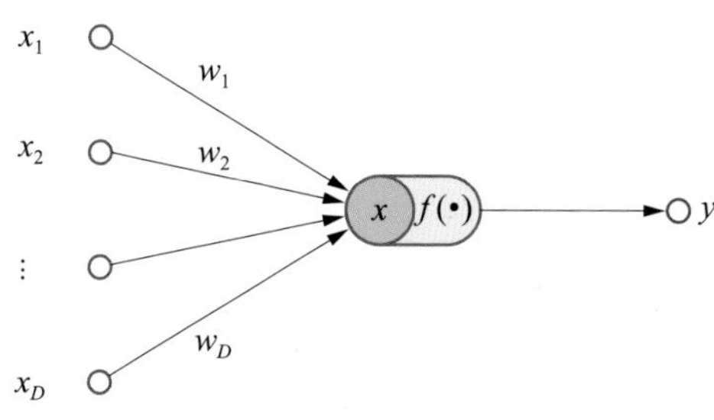

图10.7　最简单的神经网络模型

图10.8所示为几种常见的判别函数及其对应图像。

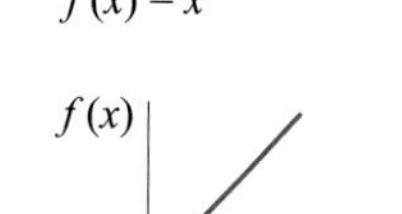
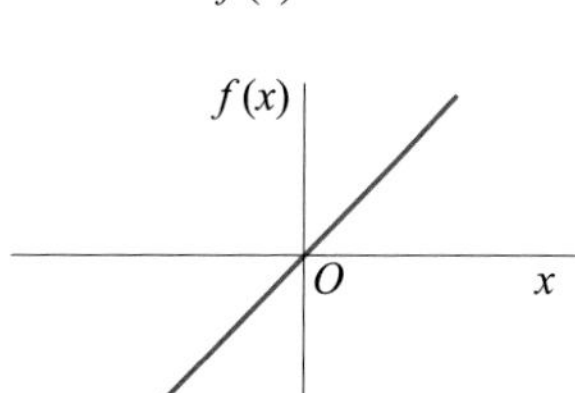
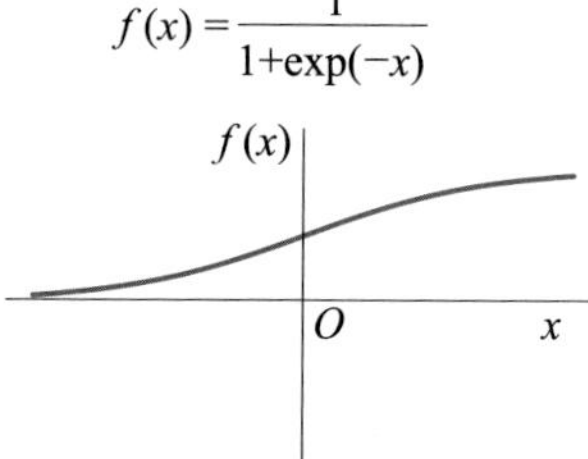
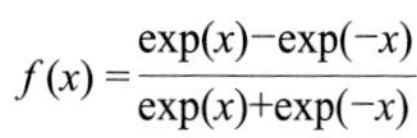
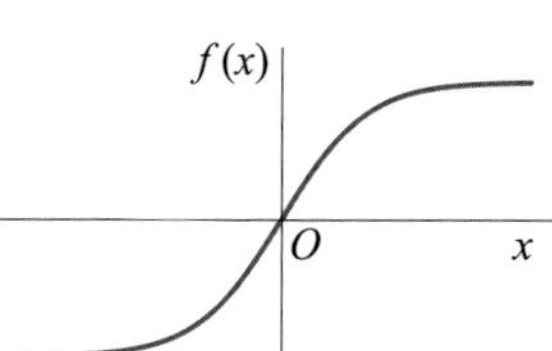
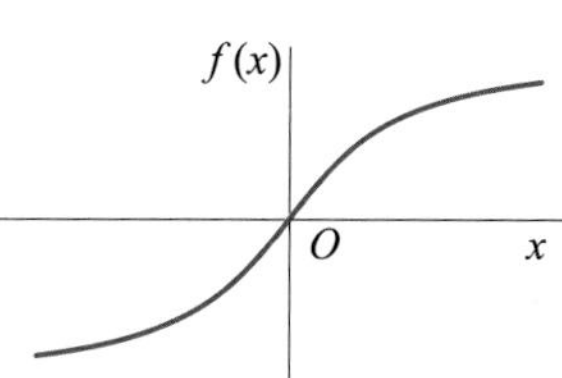
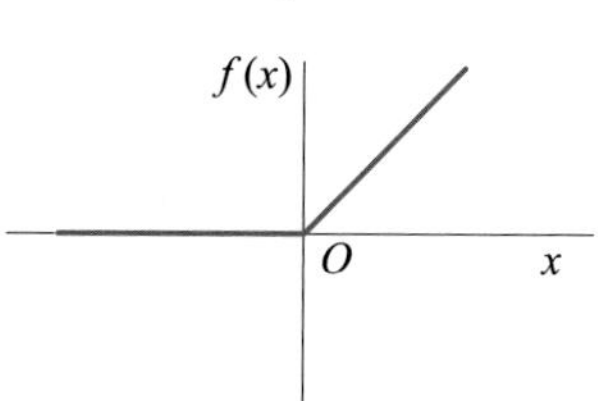
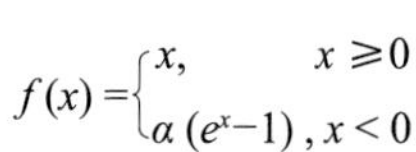
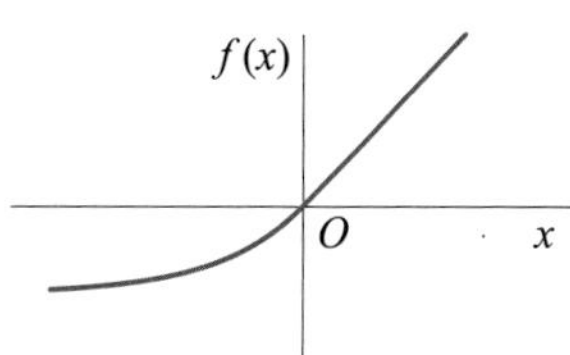
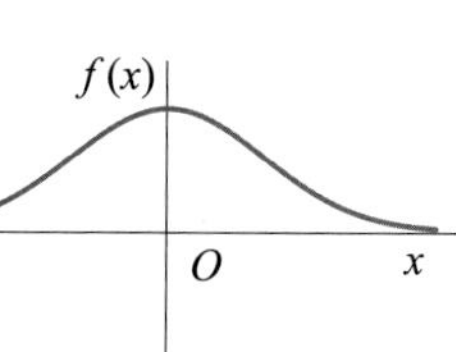

图10.8　几种神经网络中常见的判别函数

10.3 一元函数性质

学习函数时，请大家关注函数这几个特征：形状及变化趋势、自变量取值范围、函数值取值范围、函数性质等。

下面，本节利用图10.9介绍一元函数的常见性质。

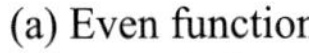

(a) Even function

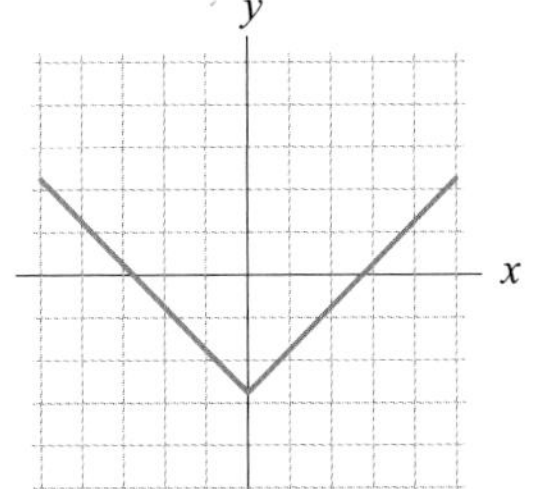

(b) Odd function

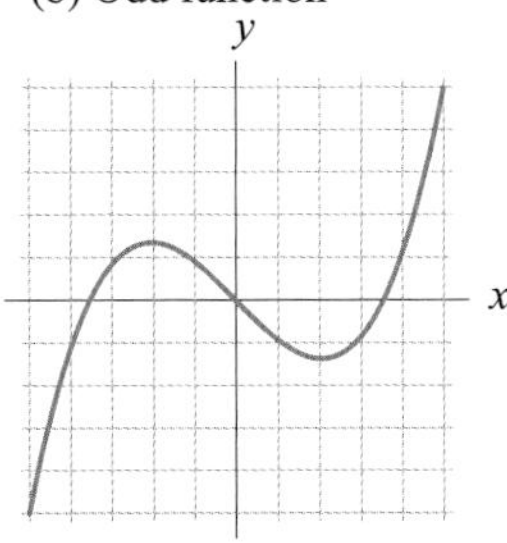

(c) Discontinuity

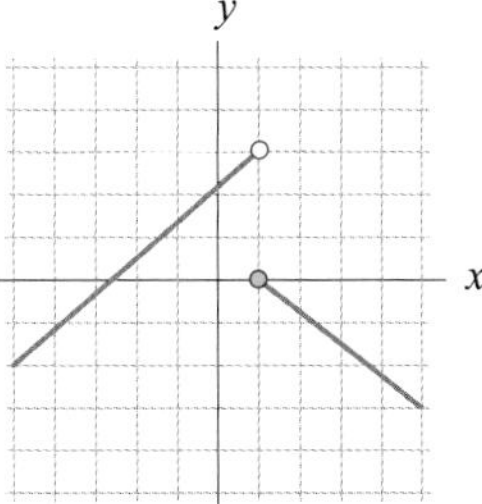

(d) Monotonically increasing

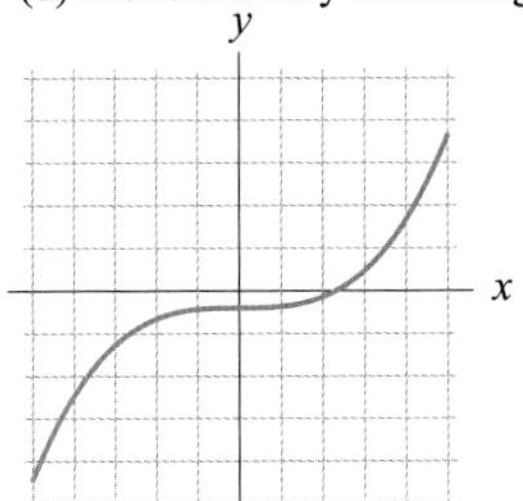

(e) Monotonically decreasing

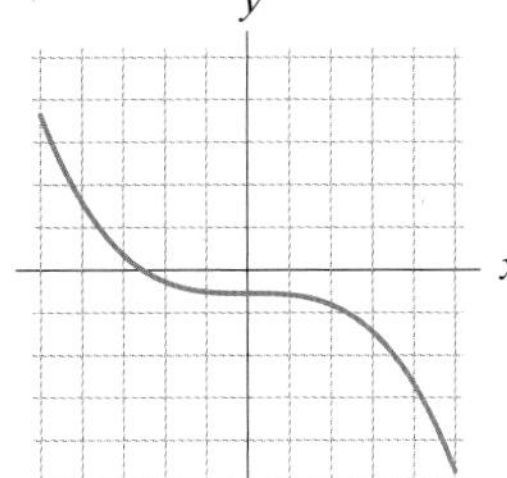

(f) Periodic function

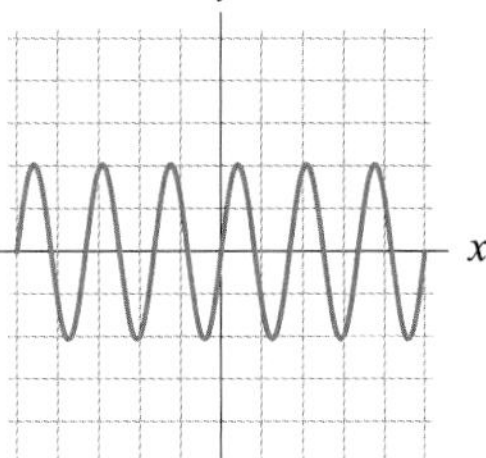

(g) Convex

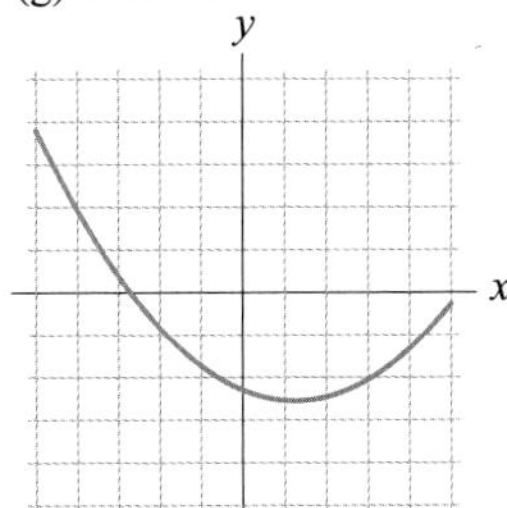

(h) Concave

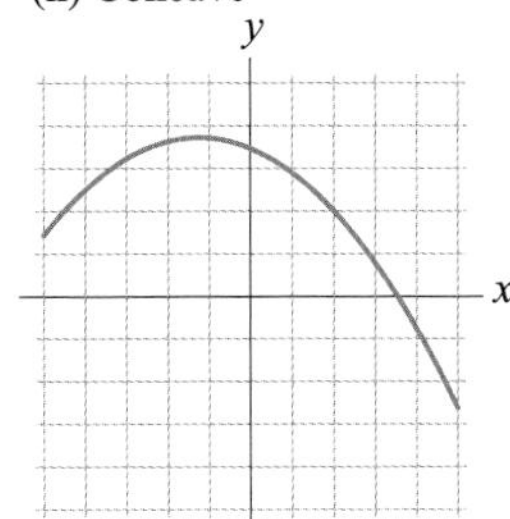

(i) Inverse function

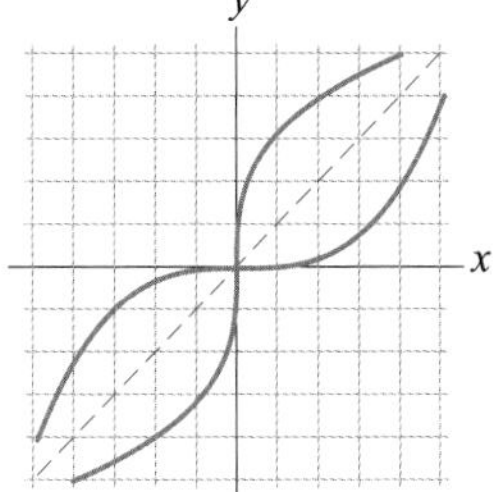

图10.9　一元函数常见性质

奇偶性

图10.9 (a) 所示函数为**偶函数** (even function)。

若$f(x)$为偶函数，则对于定义域内任意x如下关系都成立，即

$$f(x) = f(-x) \tag{10.1}$$

从几何角度，若$f(x)$为偶函数，则函数图像关于纵轴对称。

如图10.9 (b) 所示，如果$f(x)$为**奇函数** (odd function)，则对于定义域内任意x如下关系都成立，即

$$f(-x) = -f(x) \tag{10.2}$$

从几何角度，若$f(x)$为奇函数，则函数图像关于原点对称。

连续性

简单来说，**连续函数** (continuous function) 是指当函数$y = f(x)$ 自变量x的变化很小时，所引起的因变量y的变化也很小，即没有函数值突变。与之相对的就是**不连续函数** (discontinuous function)。图10.9 (c) 所示的函数存在**不连续** (discontinuity)。

如图10.10所示，不连续函数有几种：**渐近线间断** (asymptotic discontinuity)，**点间断** (point discontinuity)，以及**跳跃间断** (jump discontinuity)。

导数是本书第15章要讨论的内容。

在学习**极限** (limit) 之后，函数的**连续性** (continuity) 更容易被定义。此外，函数的连续性和**可导性** (differentiability) 有着密切联系。

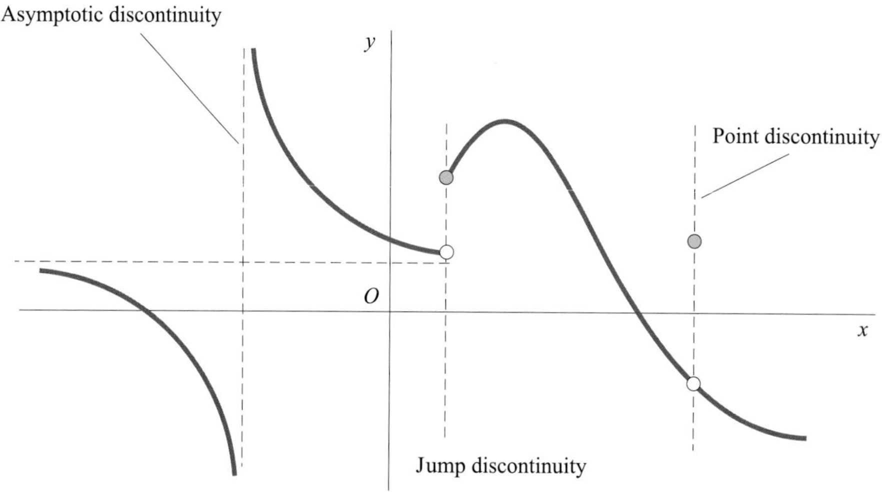

图10.10　几种不连续函数特征

单调性

图10.9 (d) 和图10.9 (e) 描述的是函数**单调性** (monotonicity)。图10.9 (d) 对应的函数为**单调递增** (monotonically increasing)，图10.9 (e) 对应的函数则是**单调递减** (monotonically decreasing)。

sympy.is_decreasing() 可以用来判断符号函数的单调性。Bk3_Ch10_01.py展示如何判断函数在不同区间内的单调性。

周期性

图10.9 (f) 所示函数具有**周期性** (periodicity)。如果函数f中不同位置x满足下式，则函数为周期函数 (periodic function)，即

$$f(x+T)=f(x) \tag{10.3}$$

其中：T为**周期** (period)。一般情况，周期函数的周期不止一个。如果一个周期函数的所有周期中存在一个最小正数，这个最小正数就叫做周期函数的最小正周期 (fundamental period或primitive period)。三角函数就是典型的周期函数。图10.11所示为其他四个周期函数的例子。

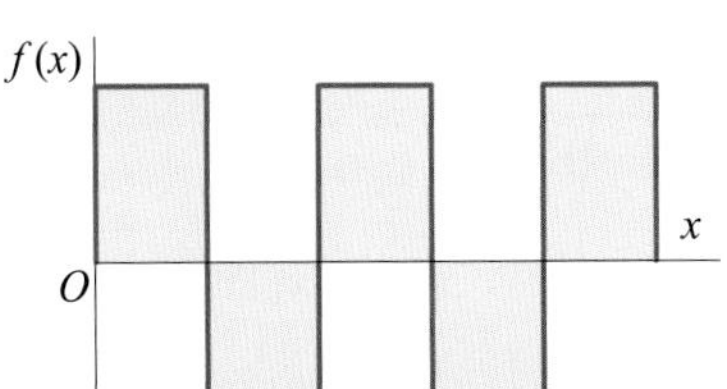

(b) triangular wave

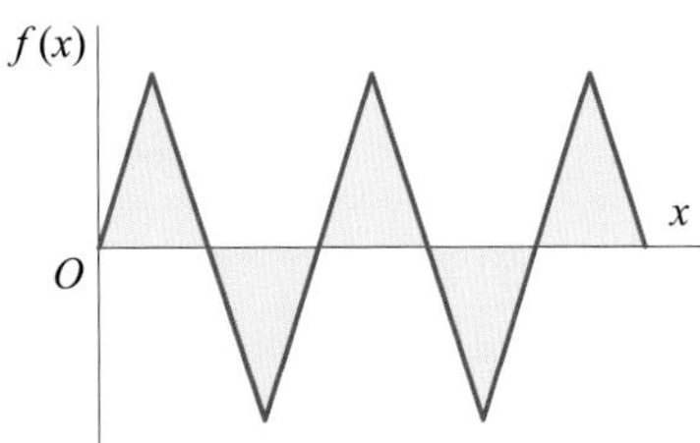

(c) sawtooth

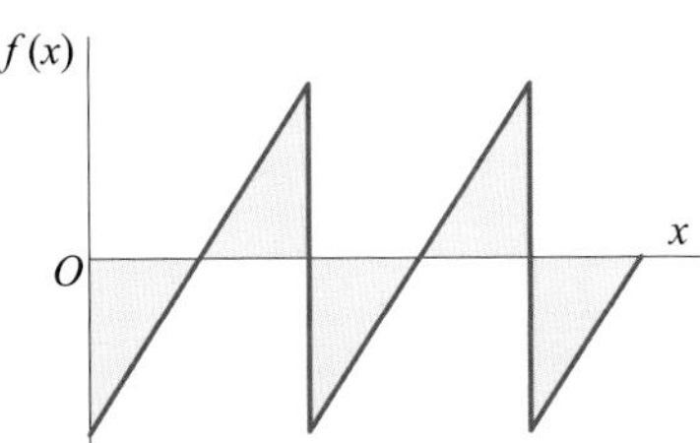

(d) complex wave

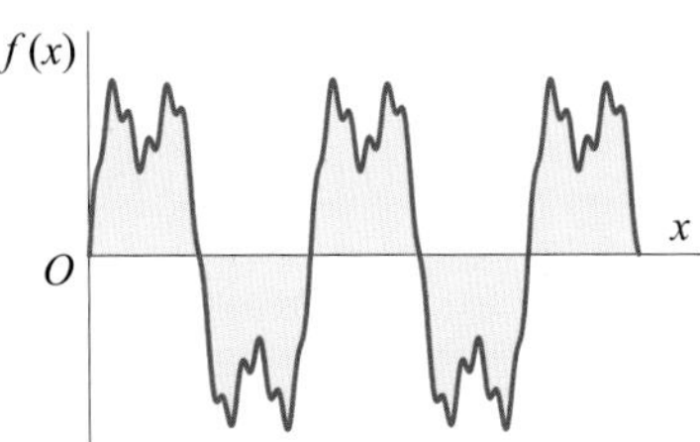

图10.11　四个周期函数

凸凹性

图10.9 (g) 所示为**凸函数** (convex function)，图10.9 (h) 所示为**凹函数** (concave function)。

下面介绍一下凸凹函数的确切定义和特点。

如图10.12 (a) 所示，若$f(x)$ 在区间I有定义，对于任意$a, b \in I$，且$a \neq b$，满足

$$f\left(\frac{a+b}{2}\right) \leqslant \frac{f(a)+f(b)}{2} \tag{10.4}$$

则称$f(x)$ 在该区间内为凸函数。如果将上式中 ≥ 改为 >，函数为严格凹函数 (strictly concave function)。

如图10.12 (b) 所示，如果对于任意$a, b \in I$，且$a \neq b$，满足

$$f\left(\frac{a+b}{2}\right) \geqslant \frac{f(a)+f(b)}{2} \tag{10.5}$$

则称$f(x)$ 在该区间内为凹函数。如果将上式中 ≥ 改为 >，函数为严格凹函数 (strictly concave function)。

(a)

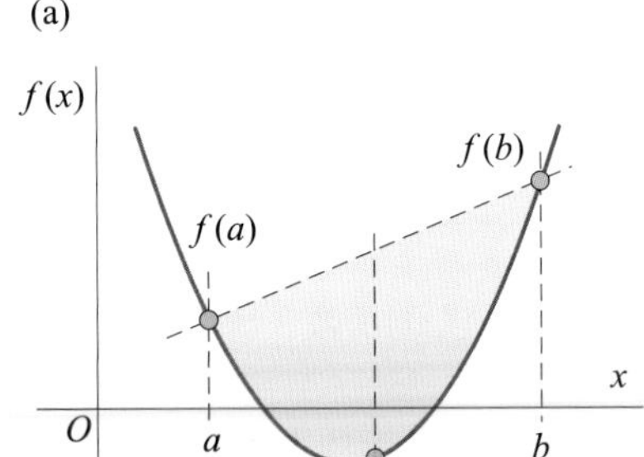

(b)

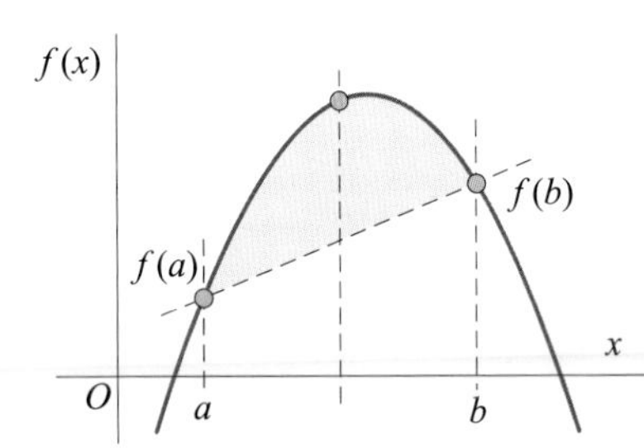

图10.12　函数凸凹性

> 注意：国内部分数学教材对凸凹的定义，可能和本书正好相反。

再从切线角度来看函数凸凹性。如图10.13所示，在 (a, b) 区间内一点 $x = c$，在函数上 $(c, f(c))$ 作一条切线，切线的解析式为

$$y = f(c) + k(x - c) \tag{10.6}$$

如图10.13 (a) 所示，如果函数为严格凸函数，则当 $x \neq c$ 时，函数 $f(x)$ 图像在切线上方，也就是说

$$f(x) > f(c) + k(x - c),\quad x \in (a, b), x \neq c \tag{10.7}$$

有人可能会问，式 (10.6) 和式 (10.7) 中的 k 是什么？具体值是什么？这里进行说明，k 是函数在 $x = c$ 处切线的斜率。

如图10.13 (b) 所示，如果函数为严格凹函数，则当 $x \neq c$，函数 $f(x)$ 图像在切线下方，即

$$f(x) < f(c) + k(x - c),\quad x \in (a, b), x \neq c \tag{10.8}$$

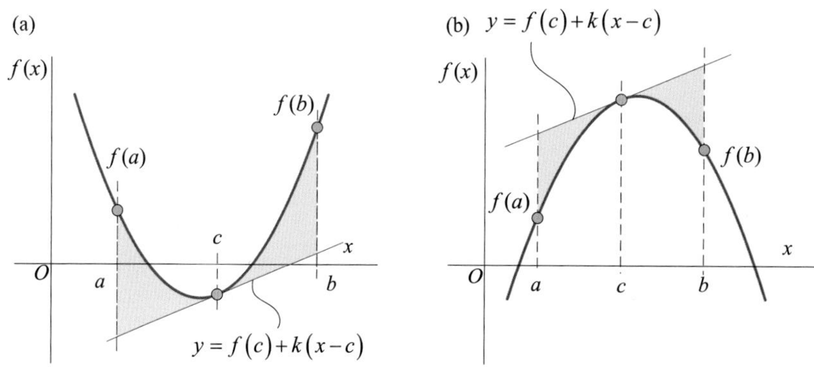

图10.13　切线角度看函数凸凹性

此外，函数的凸凹性和极值有着密切联系，本书第19章将进行介绍。

反函数

反函数 (inverse function) $x = f^{-1}(y)$ 的定义域、值域分别是函数 $y = f(x)$ 的值域、定义域。图10.9 (i) 给出的是函数 f 和其反函数 f^{-1}，两者关系为

$$f^{-1}(f(x)) = x \tag{10.9}$$

原函数和反函数的图像关于直线 $y = x$ 对称。此外，并不是所有函数都存在反函数。

隐函数

隐函数 (implicit function) 是由**隐式方程** (implicit equation) 所隐含定义的函数。比如，隐式方程 $f(x_1, x_2) = 0$ 描述 x_1 和 x_2 两者的关系。

不同于一般函数，很多隐函数较难分离自变量和因变量，如图10.14所示的两个例子。与函数一样，隐函数可以扩展到多元，如图10.15所示为三元隐函数的例子。后续，我们会专门介绍如何用Python绘制如图10.14所示的隐函数图像。鸢尾花书《可视之美》中提供了大量三元隐函数的图片，请大家参考。

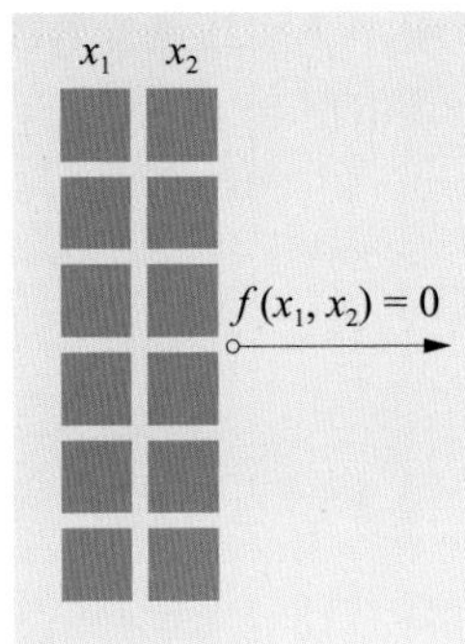

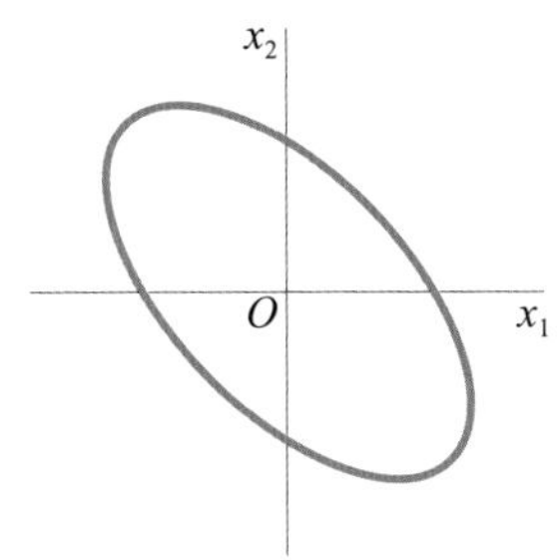

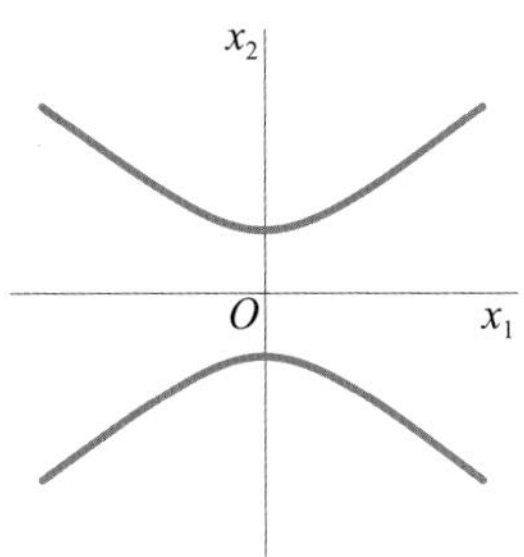

图10.14　二元隐函数

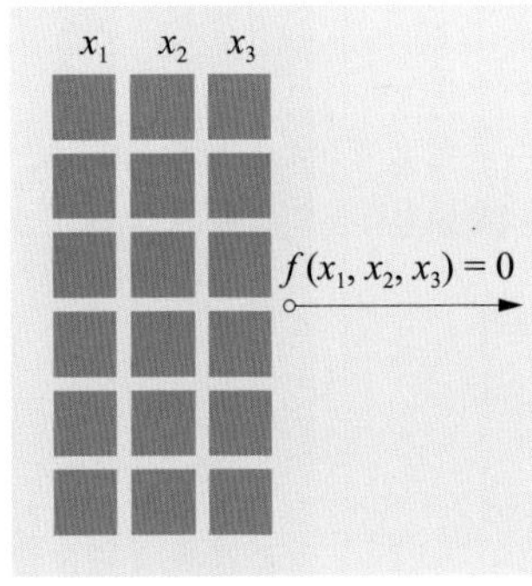

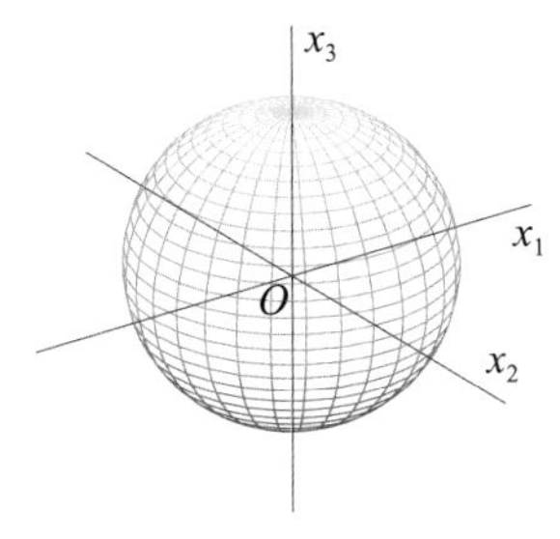

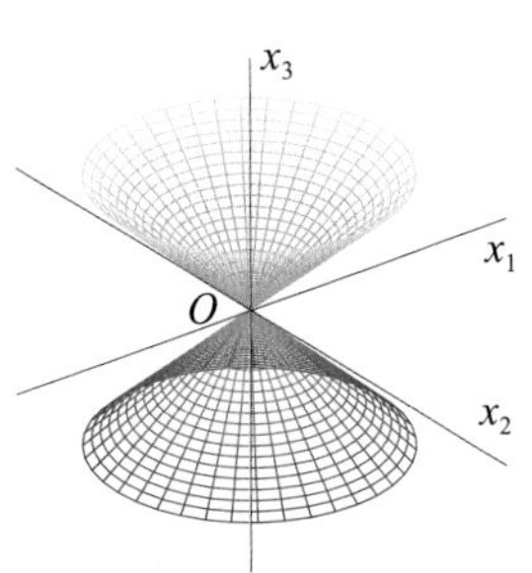

图10.15　三元隐函数

变化率和面积

很多数学问题要求我们准确地计算出函数的变化率。从几何角度讲，如图10.16 (a) 所示，函数上某一点切线的斜率正是函数的变化率。微积分中，这个函数变化率叫作**导数** (derivative)。

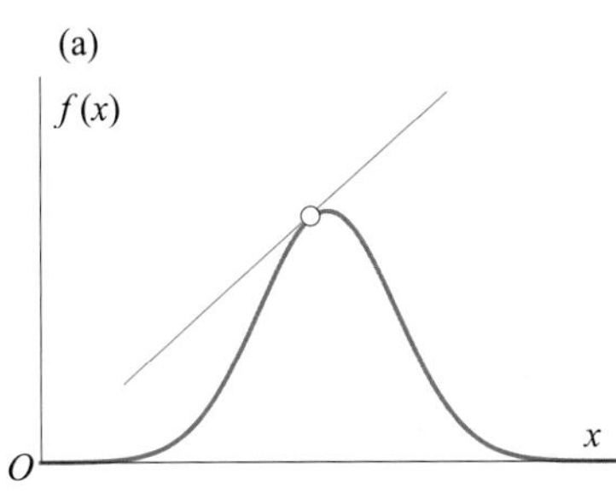

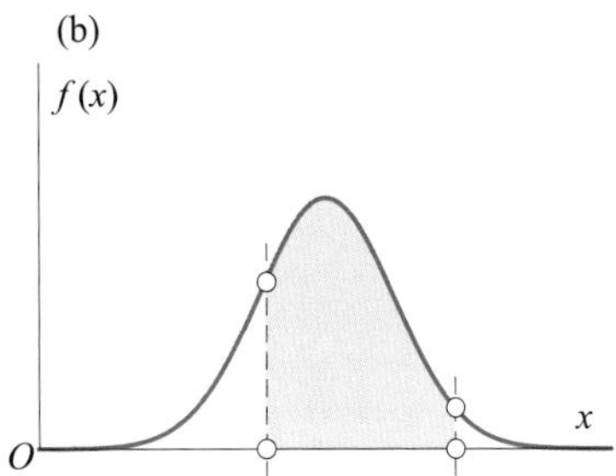

图10.16　函数的变化率和面积

进一步细看图10.16 (a) 给出的函数数值变化。如图10.17所示，很明显在A和B两个区域，随着x增大，$f(x)$ 也增大，也就是变化率为正。即A和B两个区域，在函数曲线上任意一点做切线，切线的斜率为正。

但是，在A这个区域，当x增大时，$f(x)$ 增速加快，也就是函数“变化率的变化率”为正；而在B这个区域，当x增大时，$f(x)$ 增速逐步放缓，即函数“变化率的变化率”为负。

再看C和D两个区域，随着x增大，$f(x)$ 减小，即变化率为负。也就是说，在这两个区域，函数曲线上任意一点作切线，切线的斜率为负。不同的是，在C区域，x增大时，$f(x)$ 加速下降；在D区域，x增大时，$f(x)$ 下降逐步放缓。

这个“变化率的变化率”就是二阶导数，这是本书第15章要介绍的内容。

大家试着在A、B、C和D区内函数曲线上分别找一点画切线，看一下切线是在函数曲线的“上方”，还是“下方”，并对应分析这个特征和“变化率的变化率”正负的关系。

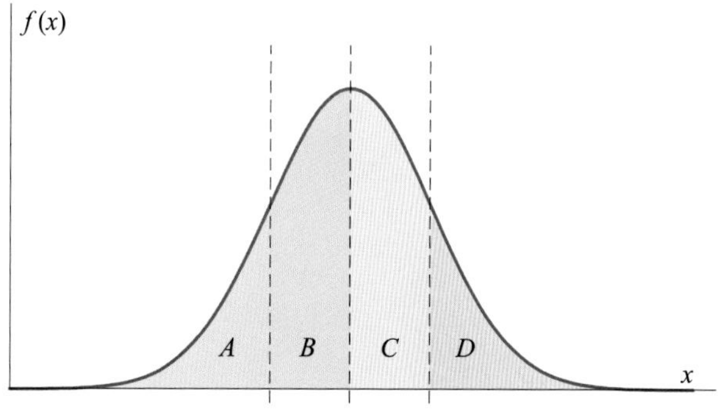

图10.17　细看函数的变化率

本书第15～18章会着重介绍导数和积分这两个数学工具。

如图10.16 (b) 所示，一些数学问题中求解面积时，需要计算某个函数图形在一定取值范围和横轴围成几何图形的面积，这就要求大家了解**积分** (integral) 这个数学工具。

10.4 二元函数：两个自变量

有两个自变量的函数叫作**二元函数** (bivariate function)，如 $y = f(x_1, x_2)$。本书常常借助三维直角坐标系可视化二元函数。图10.18所示为二元函数映射关系以及几个示例。

举个例子，二元一次函数$y = f(x_1, x_2) = x_1 + x_2$有$x_1$和$x_2$两个自变量。当$x_1$和$x_2$取值分别为 $x_1 = 2$，$x_2 = 4$时，函数值$f(x_1 = 2, x_2 = 4) = 2 + 4 = 6$。

此外，有多个自变量的函数叫作**多元函数** (multivariate function)，如 $y = f(x_1, x_2, \cdots, x_D)$ 有D个自变量。

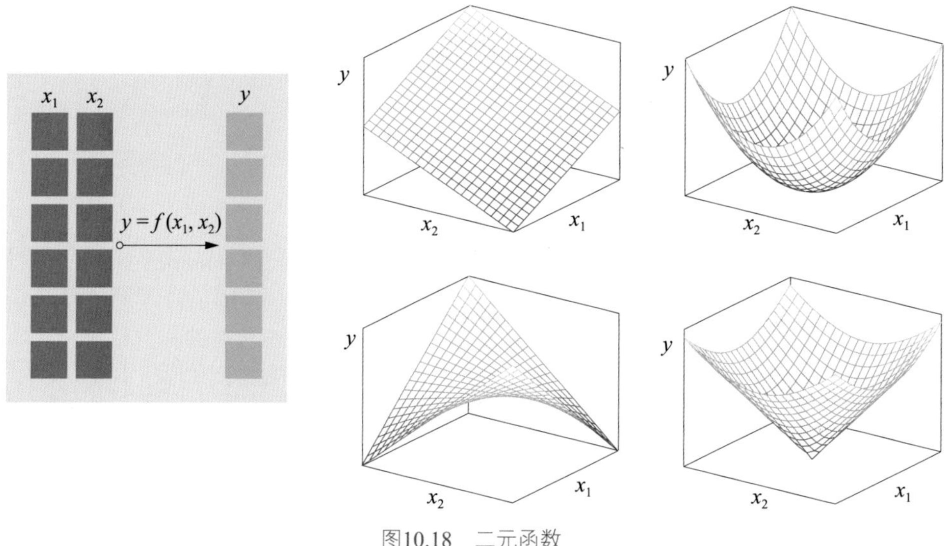

图10.18　二元函数

网格化数据

为了获得$f(x_1, x_2)$在三维空间的图形，需要提供一系列整齐的网格化坐标值(x_1, x_2)，如

$$
(x_1,x_2)=\begin{bmatrix} (-4,-4) & (-2,-4) & (0,-4) & (2,-4) & (4,-4) \\ (-4,-2) & (-2,-2) & (0,-2) & (2,-2) & (4,-2) \\ (-4,0) & (-2,0) & (0,0) & (2,0) & (4,0) \\ (-4,2) & (-2,2) & (0,2) & (2,2) & (4,2) \\ (-4,4) & (-2,4) & (0,4) & (2,4) & (4,4) \end{bmatrix} \tag{10.10}
$$

将上述坐标点x_1和x_2分离并写成两个矩阵形式，有

$$
x_1=\begin{bmatrix} -4 & -2 & 0 & 2 & 4 \\ -4 & -2 & 0 & 2 & 4 \\ -4 & -2 & 0 & 2 & 4 \\ -4 & -2 & 0 & 2 & 4 \\ -4 & -2 & 0 & 2 & 4 \end{bmatrix},\quad x_2=\begin{bmatrix} -4 & -4 & -4 & -4 & -4 \\ -2 & -2 & -2 & -2 & -2 \\ 0 & 0 & 0 & 0 & 0 \\ 2 & 2 & 2 & 2 & 2 \\ 4 & 4 & 4 & 4 & 4 \end{bmatrix} \tag{10.11}
$$

式中：x_1的每个值代表点的横坐标值；x_2的每个值代表点的纵坐标值。numpy.meshgrid()可以用来获得网格化数据。

> 注意：式 (10.11) 中x_1和x_2仅仅是示意，本书矩阵一般记号都是大写字母、粗体、斜体，如$\boldsymbol{A}$、$\boldsymbol{V}$、$\boldsymbol{X}$等。

$y = f(x_1, x_2) = x_1 + x_2$这个二元函数便是将式 (10.11) 相同位置的数值相加得到函数值$f(x_1, x_2)$的矩阵，即

$$
f(x_1,x_2)=x_1+x_2=\begin{bmatrix} -4 & -2 & 0 & 2 & 4 \\ -4 & -2 & 0 & 2 & 4 \\ -4 & -2 & 0 & 2 & 4 \\ -4 & -2 & 0 & 2 & 4 \\ -4 & -2 & 0 & 2 & 4 \end{bmatrix}+\begin{bmatrix} -4 & -4 & -4 & -4 & -4 \\ -2 & -2 & -2 & -2 & -2 \\ 0 & 0 & 0 & 0 & 0 \\ 2 & 2 & 2 & 2 & 2 \\ 4 & 4 & 4 & 4 & 4 \end{bmatrix}=\begin{bmatrix} -8 & -6 & -4 & -2 & 0 \\ -6 & -4 & -2 & 0 & 2 \\ -4 & -2 & 0 & 2 & 4 \\ -2 & 0 & 2 & 4 & 6 \\ 0 & 2 & 4 & 6 & 8 \end{bmatrix} \tag{10.12}
$$

图10.19所示为$f(x_1, x_2) = x_1 + x_2$对应的三维空间平面。函数$f()$则代表某种规则，将网格化数据从x_1x_2平面映射到三维空间。

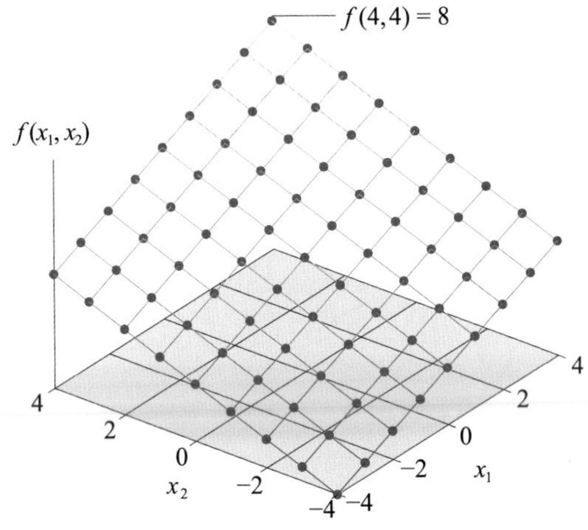

图10.19　$f(x_1, x_2) = x_1 + x_2$对应的三维空间平面

这就是前文说的，在绘制函数图像时，如二元函数曲面，实际上输入的函数值都是离散的、网格化的。当然，网格越密，函数曲面越精确。

实际应用中，网格的疏密可以根据函数的复杂度进行调整。比如，图10.19这幅平面图像很简单，因此可以用比较稀疏的网格来呈现图像；但是，对于比较复杂的函数，网格则需要设置得密一些，也就是步长小一些。

一个复杂曲面

下面我们来看一个复杂二元函数$f(x_1, x_2)$对应的曲面。

图10.20对应的函数解析式为

$$f(x_1,x_2)=3(1-x_1)^2\exp\left(-x_1^2-(x_2+1)^2\right)-10\left(\frac{x_1}{5}-x_1^3-x_2^5\right)\exp\left(-x_1^2-x_2^2\right)-\frac{1}{3}\exp\left(-(x_1+1)^2-x_2^2\right) \quad (10.13)$$

相对于图10.19，图10.20所示的网格更为密集，这是为了更准确地观察分析这个比较复杂曲面的各种特征。本章后续有关二元函数的可视化方案，都是以上述二元函数作为例子的。

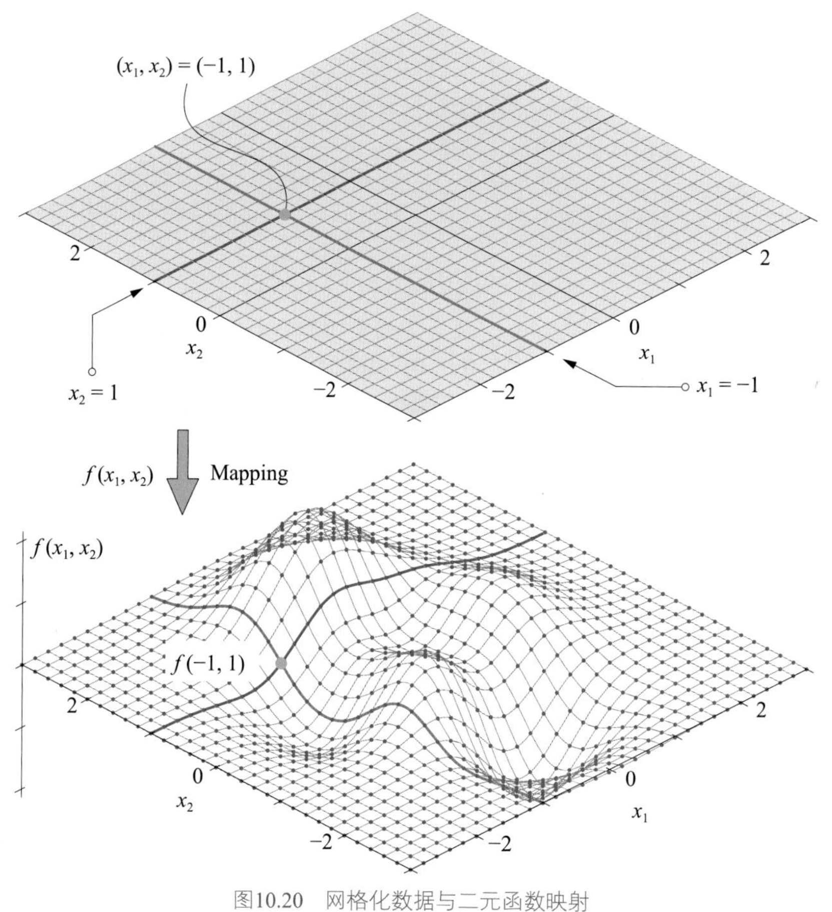

图10.20　网格化数据与二元函数映射

代码文件Bk3_Ch10_02.py中Bk3_Ch10_02_A部分绘制图10.20二元函数$f(x_1, x_2)$对应的网格曲面。

10.5 降维：二元函数切一刀得到一元函数

如图10.21所示为二元函数两种可视化工具——剖面线、等高线。

本节介绍剖面线，它相当于在曲面上沿着横轴或纵轴切一刀。我们关注的是截面处曲线的变化趋势，“切一刀”这个过程相当于降维。

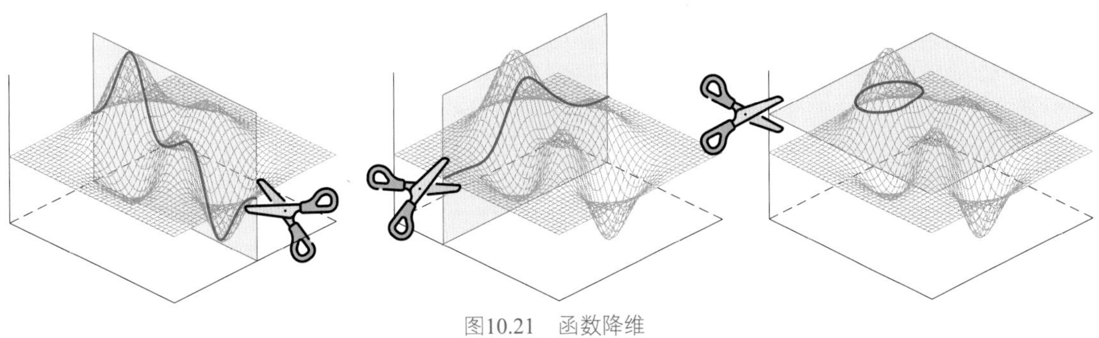

图10.21　函数降维

x_1y平面方向剖面线

以式 (10.13) 所示的二元函数$f(x_1, x_2)$ 为例，如果自变量x_2固定在$x_2 = c$，只有自变量x_1变化，则$f(x_1, x_2 = c)$ 相当于是x_1的一元函数。

图10.22中彩色曲线所示为x_2固定在几个具体值c时，$f(x_1, x_2 = c)$ 随x_1变化的剖面线。这些剖面线就是一元函数。

利用一元函数性质，我们可以分析曲面在不同位置的变化趋势。

如图10.23所示，将一系列$f(x_1, x_2 = c)$ 剖面线投影在x_1y平面上，给每条曲线涂上不同颜色，可以得到图10.24所示的平面投影图。

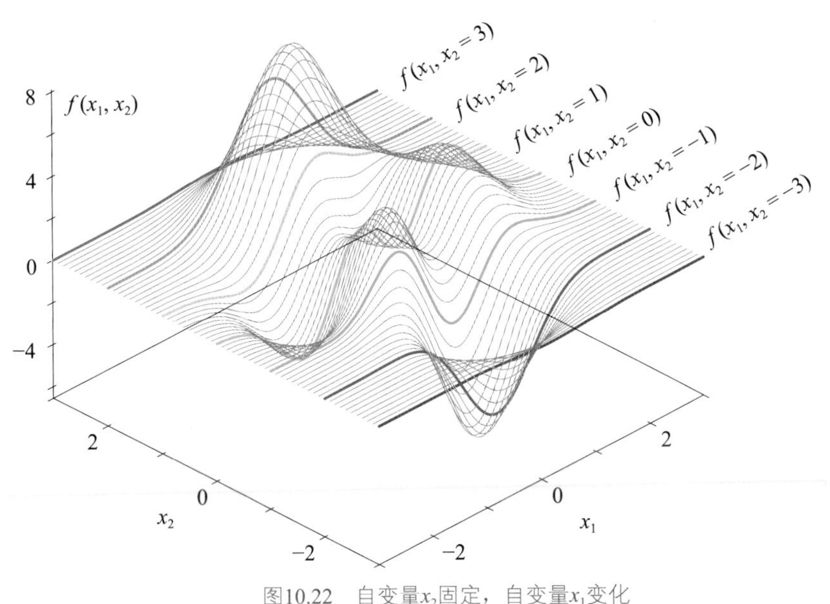

图10.22　自变量x_2固定，自变量x_1变化

本书第16章要介绍的**偏导数** (partial derivative) 就是研究这些剖面线变化率的数学工具。

注意：通过剖面线得出的“局部”结论不能推广到整个二元函数。

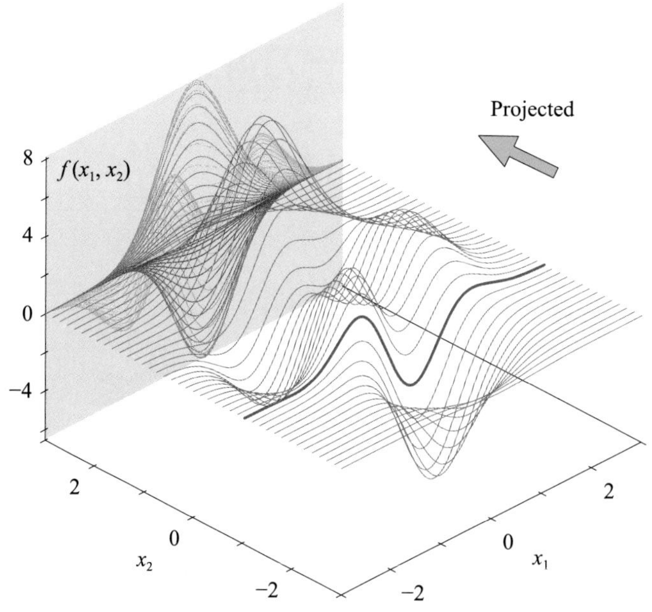

图10.23　将$f(x_1, x_2)$ 剖面线投影到x_1y平面

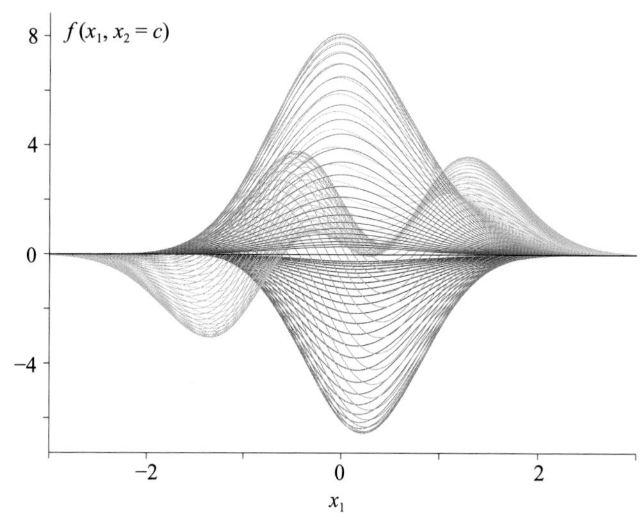

图10.24　剖面线在x_1y平面投影

代码文件Bk3_Ch10_02.py中Bk3_Ch10_02_B部分绘制图10.22、图10.23、图10.24。

x_2y平面方向剖面线

自变量x_1固定，只有自变量x_2变化时，$f(x_1, x_2)$ 相当于是x_2的一元函数。图10.25中彩色曲线所示为x_1固定在具体值c时，$f(x_1 = c, x_2)$ 随x_2的变化。

如图10.26所示，将$f(x_1 = c, x_2)$ 剖面线投影在x_2y平面上。给每条曲线涂上不同颜色，可以得到图10.27所示的平面投影图。

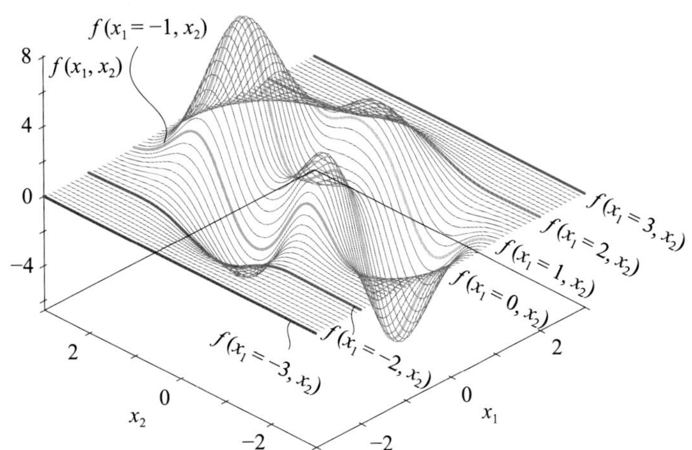

图10.25　自变量x_1固定，自变量x_2变化

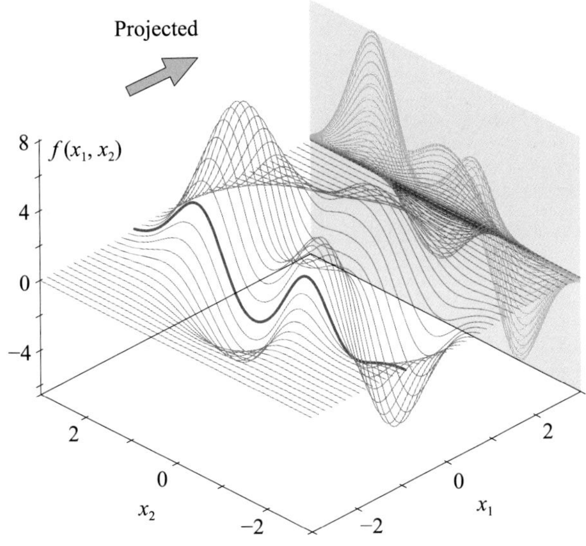

图10.26　将$f(x_1, x_2)$剖面线投影到x_2y平面

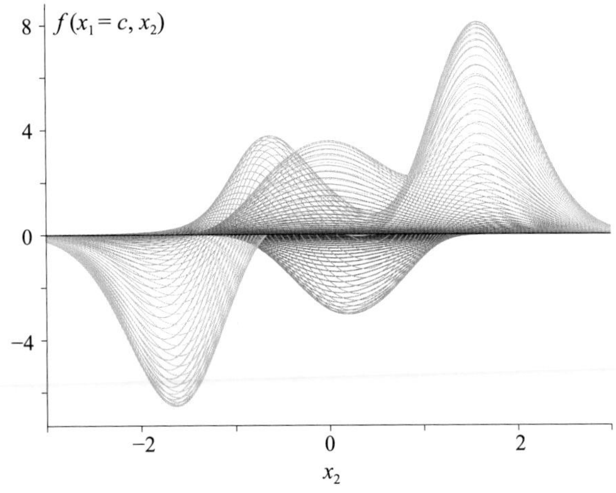

图10.27　剖面线在x_2y平面投影

代码文件Bk3_Ch10_02.py中Bk3_Ch10_02_C部分绘制图10.25、图10.26、图10.27。

10.6 等高线：由函数值相等点连成

把图10.28所示的$f(x_1, x_2)$ 曲面比作一座山峰，函数值越大，相当于山峰越高。图中用暖色色块表示山峰，用冷色色块表示山谷。

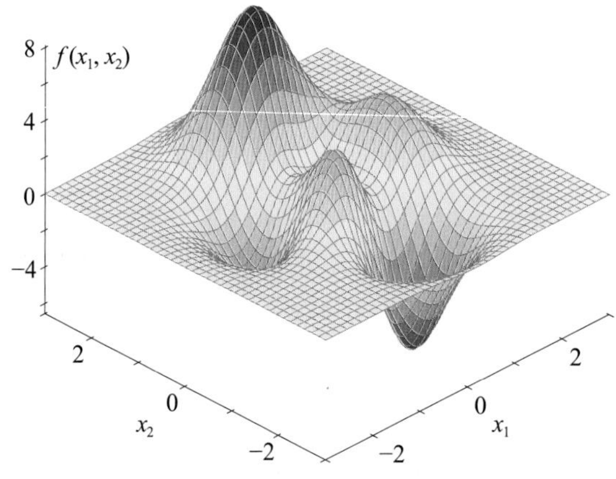

图10.28 用冷暖色表示函数的不同高度取值

等高线

三维**等高线** (contour line) 和平面等高线是研究二元函数重要的手段之一。上一章在讲不等式时，我们简单提过等高线。简单来说，曲面某一条等高线就是函数值 $f(x_1, x_2)$ 相同，即 $f(x_1, x_2) = c$ 的相邻点连接构成的曲线。

当c取不同值时，便可以得到一系列对应不同高度的等高线，获得的图像便是三维等高线图，如图10.29所示的彩色线。这些曲线可以是闭合曲线，也可以是非闭合的。

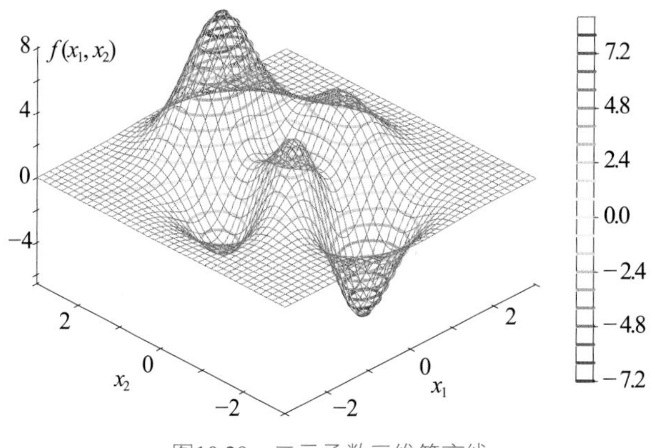

图10.29 二元函数三维等高线

将这些曲线垂直投影到水平面上，可以得到平面等高线图，如图10.30所示。

生活中，等高线有很多其他形式，如等温线、等压线、等降水线等。

图10.30所示的$f(x_1, x_2)$等高线相当于图10.29在x_1x_2平面上的投影结果。平面等高线图中，每条不同颜色的曲线代表一个具体函数取值。如果把二元函数比作山峰，则等高线越密集的区域，坡度越陡峭；相反，等高线越平缓的区域，坡面越平坦。

本书第16章将介绍的偏导数这个数学工具可以用来量化“陡峭”和“平坦”。

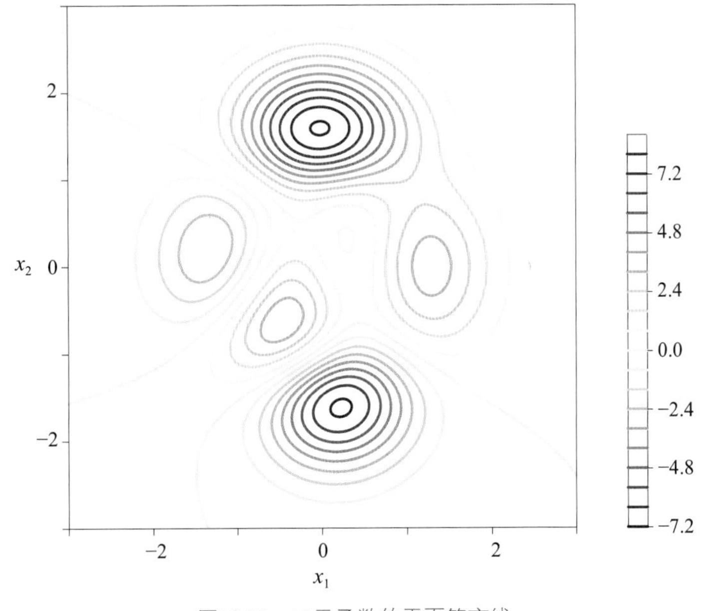

图10.30　二元函数的平面等高线

填充等高线

本书还常用填充等高线来可视化二元函数。

图10.31所示为$f(x_1, x_2)$三维坐标系中在高度为0的水平面上得到的平面填充等高线。图10.32所示就是填充等高线在x_1x_2平面上的投影结果。

注意：在填充等高线图中，同一个颜色色块代表函数范围在某一特定区间$[c_i, c_{i+1}]$内。

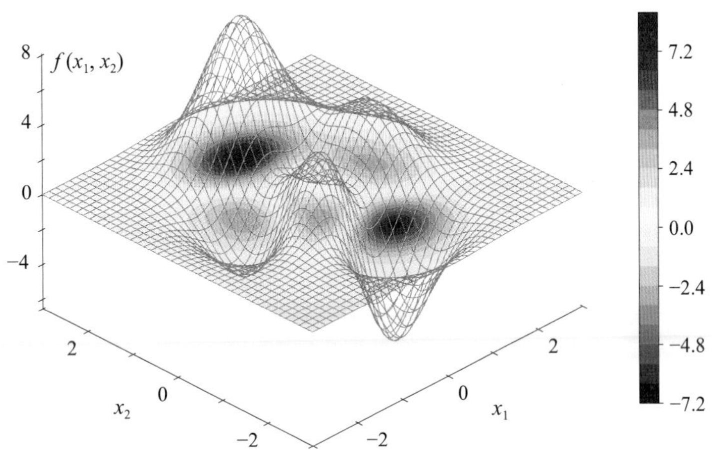

图10.31　三维曲面投影在水平面上得到平面填充等高线

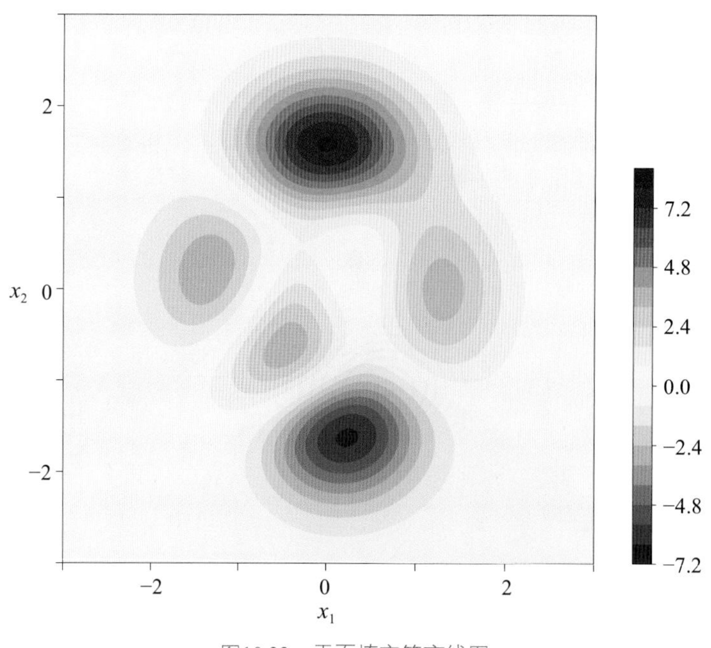

图10.32　平面填充等高线图

代码文件Bk3_Ch10_02.py中Bk3_Ch10_02_D部分绘制图10.28 ~ 图10.32。

在Bk3_Ch10_02.py基础上，我们做了一个App用来交互呈现曲面特征。请大家参考代码文件Streamlit_Bk3_Ch10_02.py。这个代码有个特别之处，我们用了Plotly库中的3D交互绘图函数。

没有坐标系，就没有函数。坐标系给函数以生命。希望大家在学习任何函数时，首先想到的是借助于坐标系。

特别强调，在描绘函数形状和变化趋势时，千万不能按自己审美偏好“手绘”函数图像！哪怕技艺再精湛，手绘函数也不能准确描绘函数的每一处细节。

函数图像必须通过编写代码可视化！而且得到的曲线，千万不要“手动”改变某点取值，否则即是篡改了数据！

即便是编程绘制的图像也不是百分之百准确无误，因为这些图像是散点连接而成的。只不过当这些点和点之间步长较小时，图像看上去会显得连续光滑罢了。

作者在很多数学教科书中，看到很多不负责任的“手绘”函数图像。作者本人特别不能容忍“手绘”高斯函数或高斯分布概率密度函数曲线，这简直就是暴殄天物！

11

Algebraic Functions

代数函数

自变量有限次加、减、乘、除、有理指数幂和开方

数学不分种族、不分地域；对于数学来说，其文化世界自成一国。

Mathematics knows no races or geographical boundaries; for mathematics, the cultural world is one country.

—— 大卫·希尔伯特 (David Hilbert) | 德国数学家 | 1862 — 1943

- ◄ `matplotlib.pyplot.axhline()` 绘制水平线
- ◄ `matplotlib.pyplot.axvline()` 绘制竖直线
- ◄ `matplotlib.pyplot.contour()` 绘制平面等高线
- ◄ `matplotlib.pyplot.contourf()` 绘制平面填充等高线
- ◄ `matplotlib.pyplot.grid()` 绘制网格
- ◄ `matplotlib.pyplot.plot()` 绘制线图
- ◄ `matplotlib.pyplot.show()` 显示图片
- ◄ `matplotlib.pyplot.xlabel()` 设定x轴标题
- ◄ `matplotlib.pyplot.ylabel()` 设定y轴标题
- ◄ `numpy.absolute()` 计算绝对值
- ◄ `numpy.array()` 创建array数据类型
- ◄ `numpy.cbrt()` 计算立方根
- ◄ `numpy.ceil()` 计算向上取整
- ◄ `numpy.floor()` 计算向下取整
- ◄ `numpy.linspace()` 产生连续均匀向量数值
- ◄ `numpy.meshgrid()` 创建网格化数据
- ◄ `numpy.sqrt()` 计算平方根

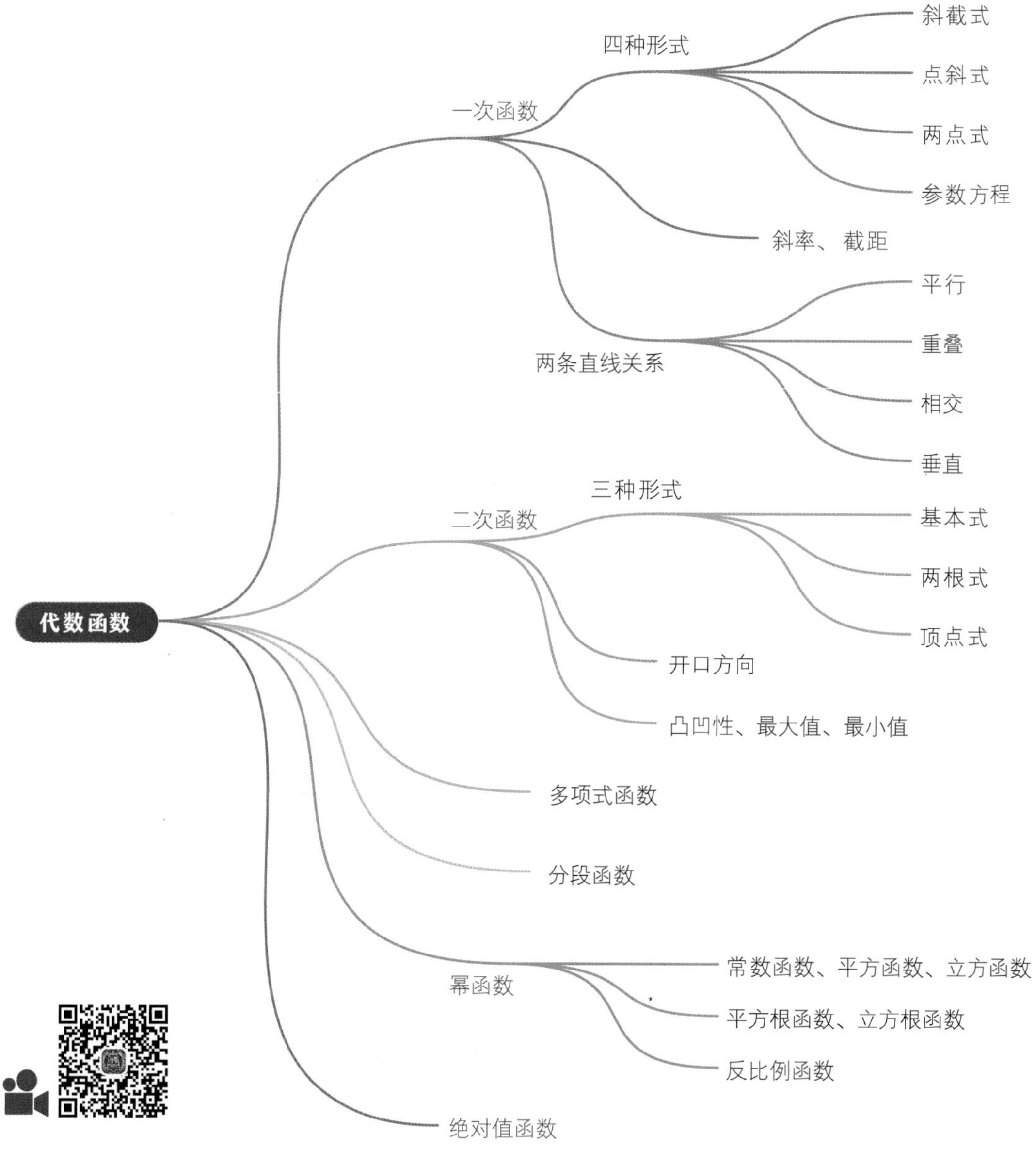

- 代数函数
  - 一次函数
    - 四种形式
      - 斜截式
      - 点斜式
      - 两点式
      - 参数方程
    - 斜率、截距
    - 两条直线关系
      - 平行
      - 重叠
      - 相交
      - 垂直
  - 二次函数
    - 三种形式
      - 基本式
      - 两根式
      - 顶点式
    - 开口方向
    - 凸凹性、最大值、最小值
  - 多项式函数
  - 分段函数
  - 幂函数
    - 常数函数、平方函数、立方函数
    - 平方根函数、立方根函数
    - 反比例函数
  - 绝对值函数

11.1 初等函数：数学模型的基础

大家在中学时代都接触过的初等函数是最朴实无华的数学模型，它们是复杂数学模型的基础。本节以二次函数为例介绍如何利用初等函数进行数学建模。

如图11.1 (a) 所示，斜向上方抛起一个小球，忽略空气阻力影响，小球在空中划出的一道曲线就可以用抛物线描述。这条抛物线就是二次函数。小球在空中不同时刻的位置，以及最终的落点，都可以通过二次函数这个模型计算得到。

同样的仰角，斜向上抛出一个纸飞机，纸飞机在空中的飞行轨迹就不得不考虑纸飞机外形、空气气流这些因素。如图11.1 (b) 所示，此时抛物线已经不足以描述纸飞机的轨迹。

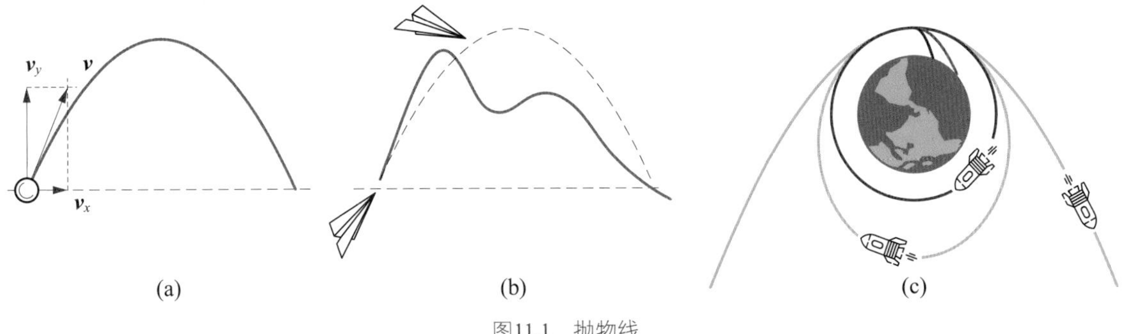

图11.1　抛物线

类似地，很多应用场景都需要对抛物线模型进行修正。比如，击打网球时，施加旋转可以改变网球的飞行轨迹。射击时，枪管膛线让子弹旋转飞行，这必然会让其行进轨迹发生变化。发射炮弹时，空气阻力与炮弹外形和飞行速度有密切关系，这显然会影响炮弹飞行的轨迹和落点。

此外，认为抛射物体轨迹为抛物线至少基于几个假设前提。比如，忽略空气阻力的影响；再比如，假设大地平坦；同时假设物体受到的地球引力垂直于大地，如图11.2 (a) 所示。

准确来说，抛射体受到的重力实际上是指向地心的，如图11.2 (b) 所示。也就是说物体在空中飞行时，加速度朝着地球中心，它的轨迹实际上是椭圆的一部分。

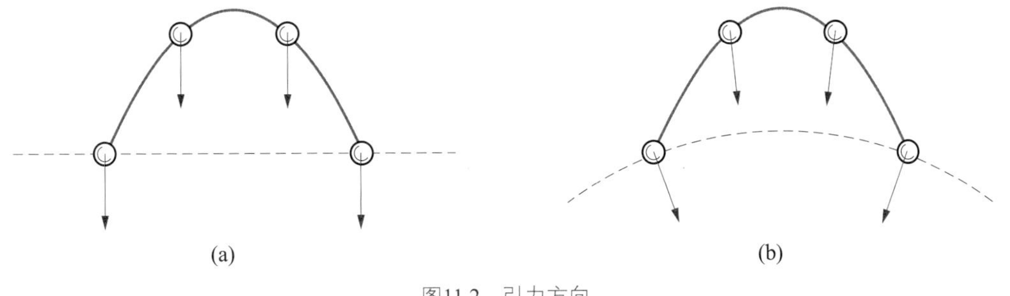

图11.2　引力方向

再进一步，远程炮弹飞行就需要考虑地心引力变化、地球自转等因素；深空探测时，飞行器轨迹还需要考虑不同星体之间的引力作用，甚至来自于太阳的光压等因素。

假设前提是每个数学模型应用基础。数学模型毕竟是对现实世界各种现象的高度抽象概括，必须忽略一些次要因素，设定必要的假设前提，才能把握主要矛盾。

算力有限时，对抛射一个实心小球建模时，显然不会考虑小球的气动因素，更不会考虑引力场因素。但是，模拟不同击打技巧对网球飞行轨迹的影响，就不得不考虑网球旋转和空气流动这些因素。

模拟洲际导弹弹道时，气动布局、空气流体、地球自转、引力场等因素就不再是次要因素，必须考虑这些因素才能准确判断炮弹飞行的轨迹以及落点。

人类在抛物线、空气动力学方面的进步，很大程度上来自于对弹道的研究。不得不承认，科学技术的确是把双刃剑，备战和战争有些时候是人类自然科学知识进步的加速器。

11.2 一次函数：一条斜线

四种形式

一次函数 (linear function) 有以下几种不同的形式构造：

- ◀ **斜截式** (slope-intercept form)，如图11.3 (a) 所示；
- ◀ **点斜式** (point-slope form)，如图11.3 (b) 所示；
- ◀ **两点式** (two-point form)，如图11.3 (c) 所示；
- ◀ **参数方程** (parametric equation)，如图11.3 (d) 所示。

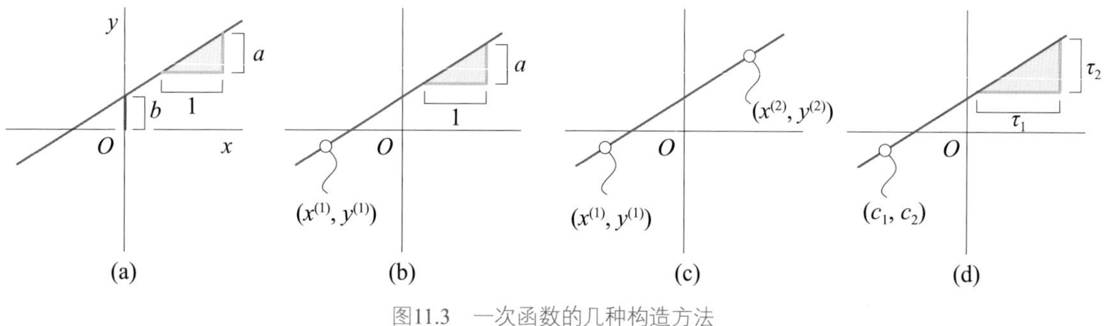

图11.3　一次函数的几种构造方法

斜截式

斜截式一次函数形式为

$$y = f(x) = ax + b \tag{11.1}$$

注意：对于一次函数，斜率 (*a*) 不能为0。

斜截式需要两个参数——斜率 (*a*) 和*y*轴截距 (*b*)。

当*a* = 0时， 函数为**常数函数** (constant function)。也就是说，**零斜率** (zero slope) 对应常数函数，即**水平线** (horizontal line)。注意，常数函数是一种特殊的周期函数。常数函数的周期可以是任意正数。严格来说，它没有一个“最小正周期”。

无定义斜率 (undefined slope) 代表一条**竖直线** (vertical line)，此时图像虽然是一条直线，垂直于横轴，但它并不是函数。

本书第24章将比较一次函数(含*y*轴截距)、比例函数(不含*y*轴截距) 两种形式的线性回归模型。

对于 (式11.1)，当 *b* = 0时，函数为**比例函数** (proportional function)，*a*叫作**比例常数** (constant ratio或proportionality constant)。比例函数是特殊的一次函数。

一次函数有两种斜率：**正斜率** (positive slope) 和**负斜率** (negative slope)。图11.4 (a) 所示一次函数斜率大于0，函数单调递增。图11.4 (b) 所示一次函数斜率小于0，函数单调递减。

简单函数通过叠加和复合可以得到更复杂的函数，这是分析理解函数的重要视角。如图11.5所示，$f(x) = x + 1$可以看成是比例函数$f_1(x) = x$和常数函数$f_2(x) = 1$叠加得到。$f(x) = -x + 1$可以看成是比例函数$f_1(x) = -x$和常数函数$f_2(x) = 1$叠加得到。

从几何视角来看，比例函数$f_1(x) = x$图像沿*y*轴向上移动1个单位就得到$f(x) = x + 1$。

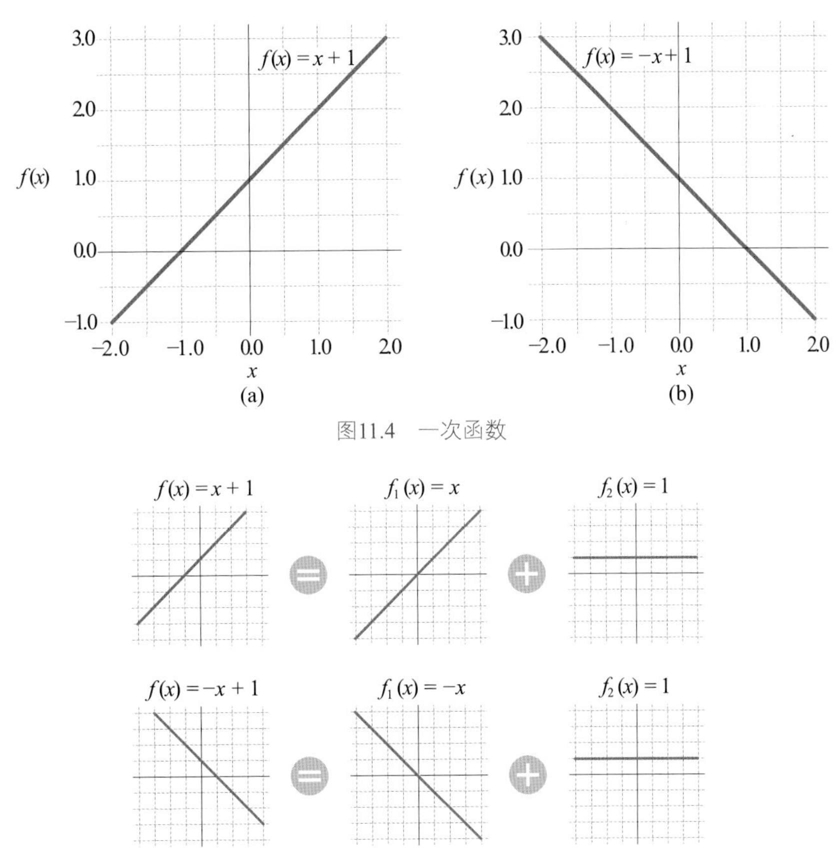

图11.4　一次函数

图11.5　函数叠加

斜率

图11.6所示为一次函数$y = w_1x$随斜率的变化，有些场合我们用w_1代表斜率。w_1的绝对值越大，一次函数的图像越陡峭。

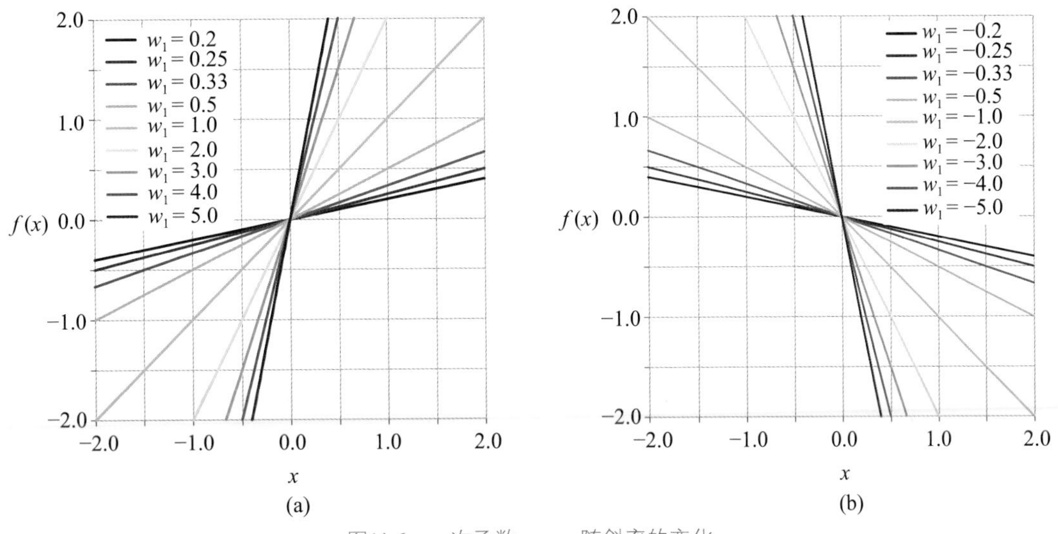

图11.6　一次函数$y = w_1x$随斜率的变化

截距

图11.7所示为一次函数随y轴截距变化的情况。调整一次函数y轴截距大小，相当于将图像上下平移。

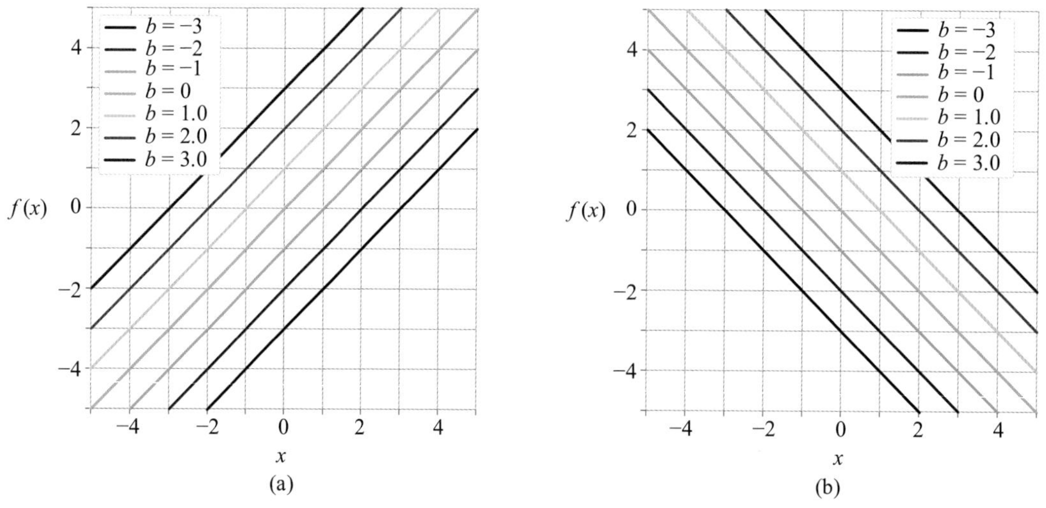

图11.7　一次函数随截距变化

两条直线关系

如果两条直线斜率相同，则它们相互**平行** (parallelize) 或**重合** (coincide)，如图11.8 (a) 和图11.8 (b) 所示。图11.8 (c) 所示为两条直线**相交** (intersect)，有唯一交点。

如果两个一次函数的斜率乘积为-1，则两条直线**垂直** (perpendicular)，如图11.8 (d) 所示。

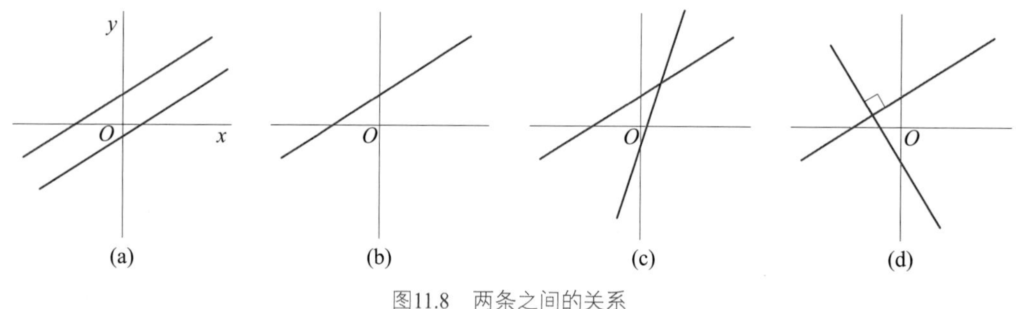

图11.8　两条之间的关系

点斜式

一次函数的第二种是点斜式

$$y - y^{(1)} = f(x) - y^{(1)} = a\left(x - x^{(1)}\right) \tag{11.2}$$

也就是说，给定斜率a和直线上的一个点 $(x^{(1)}, y^{(1)})$，便可以确定平面上的一条直线。

两点式

第三种形式是两点式，即两点确定一条直线。一次函数通过 $(x^{(1)}, y^{(1)})$ 和 $(x^{(2)}, y^{(2)})$ 两点，有

$$y - y^{(1)} = \underbrace{\frac{y^{(2)} - y^{(1)}}{x^{(2)} - x^{(1)}}}_{\text{Slope}}\left(x - x^{(1)}\right) \tag{11.3}$$

其中：$x^{(1)} \neq x^{(2)}$。

两点式可以展开写成

$$\left(y - y^{(1)}\right)\left(x^{(2)} - x^{(1)}\right) = \left(y^{(2)} - y^{(1)}\right)\left(x - x^{(1)}\right) \tag{11.4}$$

一次函数虽然看似简单，大家千万不要轻视。数据科学和机器学习中很多算法都离不开一次函数，如**简单线性回归** (Simple Linear Regression)。简单线性回归也叫一元线性回归模型，是指模型中只含有一个自变量和一个因变量，模型假设自变量和因变量之间存在线性关系。

人们常用有限的样本数据去探寻变量之间的规律，并以此作为分析或预测的工具。如图11.9所示，从给定的样本数据来看，x和y似乎存在某种线性关系。通过一些算法，我们可以找到图11.9中那条红色斜线，它就是简单线性回归模型。而简单线性回归采用的解析式便是一元函数的斜截式。

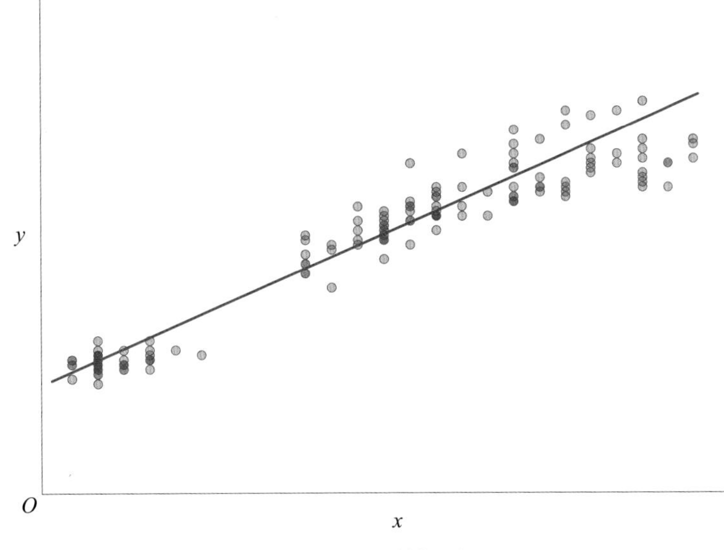

图11.9　简单线性回归

Bk3_Ch11_01.py绘制图11.6、图11.7。代码中一元函数自变量x的取值一般是等差数列。

numpy.linspace(start,end,num) 可以用于生成等差数列，数列start和end之间 (包括start和end两个端点数值)，数列的元素个数为num个，得到的结果数据类型为array。《编程不难》专门介绍过这个函数。

11.3 二次函数：一条抛物线

二次函数 (quadratic function) 是**二次多项式函数** (second order polynomial function或second degree polynomial function)。二次函数图像是**抛物线** (parabola)，可以**开口向上** (open upward) 或**开口向下** (open downward)，**对称轴平行于纵轴** (the axis of symmetry is parallel to the y-axis)。

三种形式

二次函数解析式有下列三种形式：

基本式 (standard form)，如图11.10 (a) 所示；
两根式 (factored form)，如图11.10 (b) 所示；
顶点式 (vertex form)，如图11.10 (c) 所示。

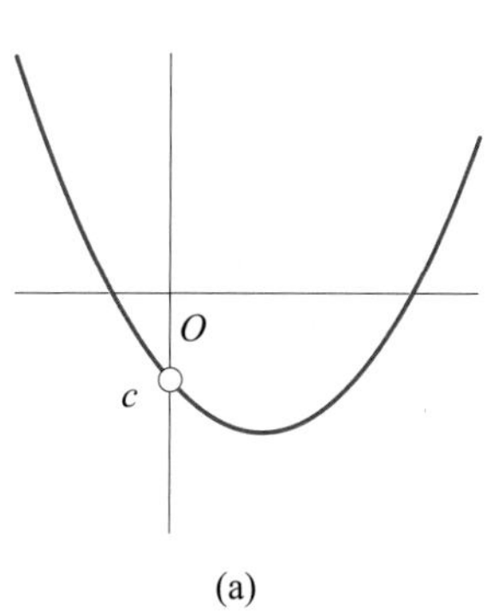

(a)

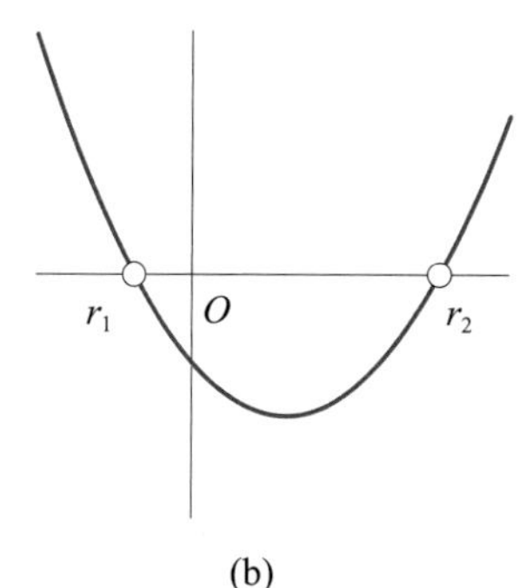

(b)

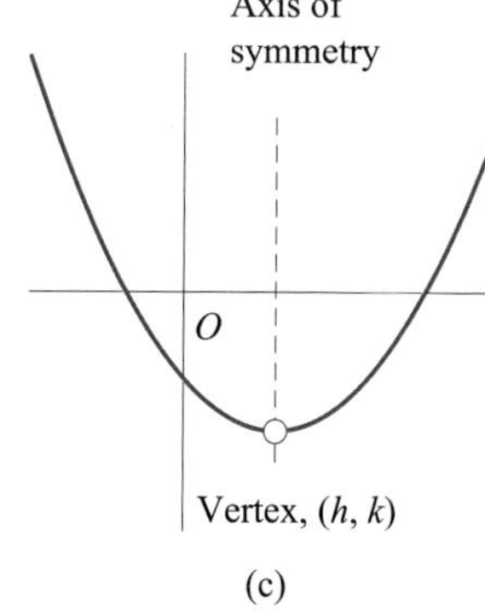

(c)

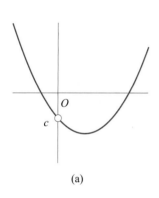

图11.10　二次函数的几种构造方法

基本式

二次函数的基本式为

$$f(x) = ax^2 + bx + c, \quad a \neq 0 \tag{11.5}$$

其中：a为**二次项系数** (quadratic coefficient)，且$a \neq 0$；b为**一次项系数** (linear coefficient)；c为**常数项** (constant term)，也叫y轴截距 (y-intercept)。

图11.11 (a) 所示二次函数开口向上，**顶点** (vertex) 位于y轴，对称轴为y轴。图11.11 (b) 所示二次函数开口向下。

图11.11 (a) 所示二次函数为凸函数，顶点位置对应函数**最小值** (minimum)。图11.11 (b) 所示二次函数为凹函数，顶点位置对应函数**最大值** (maximum)。

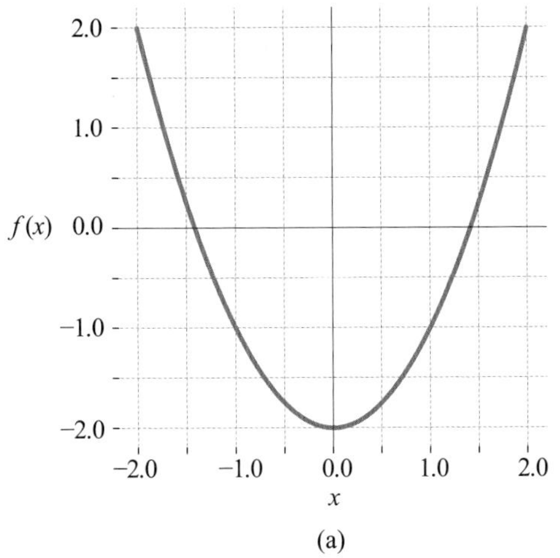

(a)

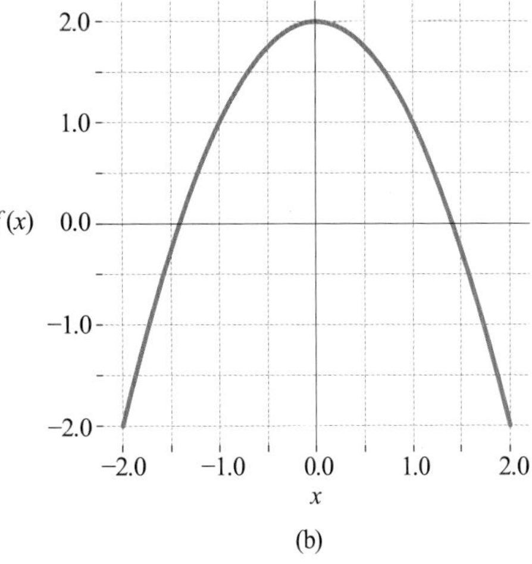

(b)

图11.11　不同开口方向二次函数

大家应该听过**极大值** (maxima或local maxima或relative maxima)、**极小值** (minima或local minima或relative minima)、**最大值** (maximum或global maximum或absolute maximum)、**最小值** (minimum或global minimum或absolute minimum) 等数学概念。

这里，我们用白话比较一下这几个概念，让大家有一个直观印象。

极大值和极小值统称**极值** (extrema或local extrema)，最大值和最小值统称**最值** (global extrema)。极值是就局部而言，而最值是整体来看。极值是局部的最大或最小值，而最值是整体的最大或最小值。

把图11.12所示的函数图像看成一座山峰，A、B、C、D、E、F都是极值，即山峰和山谷的总和。其中，A、B、C为极大值，即山峰；D、E、F为极小值，即山谷。

显然，B是最高的山峰，也就是最大值，也叫全局最大值；而E是最低的山谷，也就是最小值，也叫全局最小值。

回过头来再看图11.11，图11.11 (a) 中开口朝上抛物线的顶点对应最低的山谷，即全局最小值；图11.11 (b) 中开口朝下抛物线的顶点为最高的山峰，即全局最大值。

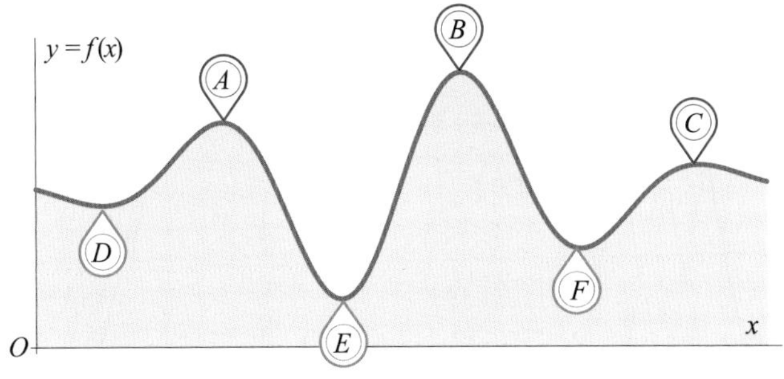

图11.12　极值和最值

开口大小

图11.13所示为二次函数图像开口大小随系数a的变化。a的绝对值越大，开口越小，对应二次函数图像变化越剧烈。

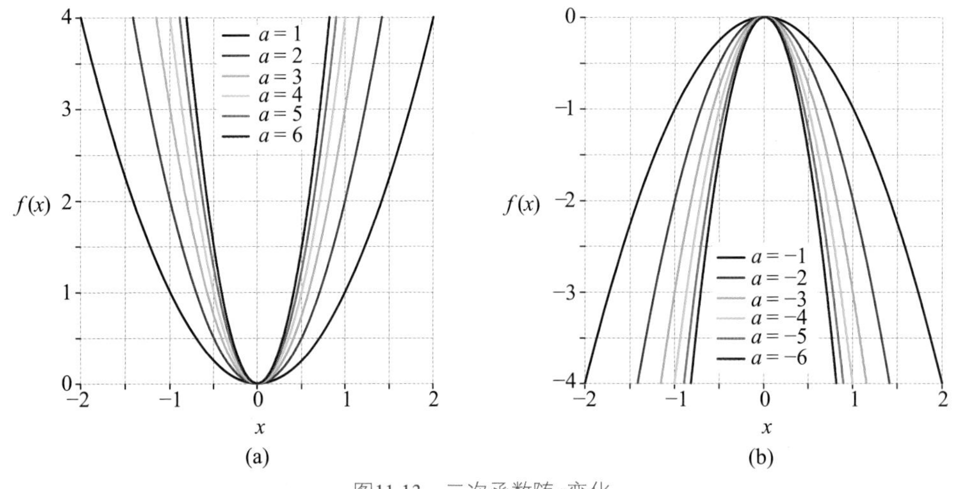

图11.13　二次函数随a变化

两根式

如果$f(x) = 0$存在两个实数根，则二次函数可以写成两根式

$$f(x) = a(x - r_1)(x - r_2), \quad a \neq 0 \tag{11.6}$$

其中：r_1和r_2为二次方程的根。

顶点式

二次函数另外一种常见的形式是顶点式，具体形式为

$$f(x) = a(x - h)^2 + k, \quad a \neq 0 \tag{11.7}$$

其中：h和k分别为顶点的横纵坐标值。

图11.14 (a) 所示为函数图像与h的关系，显然h对函数的影响在水平方向位置。图11.14 (b) 所示为函数图像与k的关系，k对函数的影响在竖直方向位置。

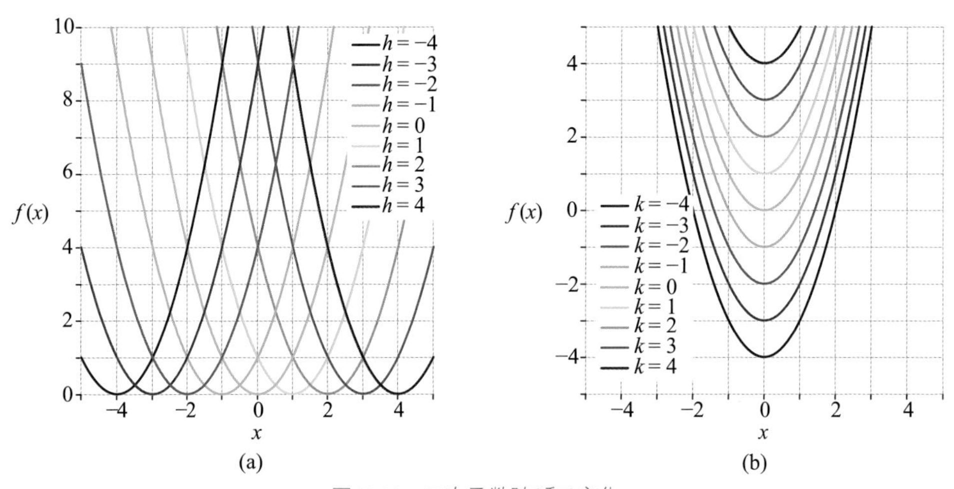

图11.14　二次函数随h和k变化

前文提到，二次函数的顶点可以是函数的最大值或最小值。该顶点也是函数**单调性** (monotonicity) 的分水岭，即**转向点** (turning point)。以h为界，二次函数的**单调区间** (intervals of monotonicity) 分别为 $(-\infty, h)$ 和 $(h, +\infty)$。

Bk3_Ch11_02.py绘制图11.13和图11.14。

11.4 多项式函数：从叠加角度来看

多项式函数 (polynomial function) 相当于一次函数和二次函数的推广，具体形式为

$$y = f(x) = a_K x^K + a_{K-1} x^{K-1} + \ldots + a_2 x^2 + a_1 x + a_0 = \sum_{i=0}^{K} a_i x^i \tag{11.8}$$

其中：最高次项系数a_K不为0；K为最高次项次数。

图11.15所示的几幅图分别展示了常数函数以及一次到五次函数的图像。可以这样理解，任何五次多项式函数都是图11.15所示的图像分别乘以相应系数叠加而成的。

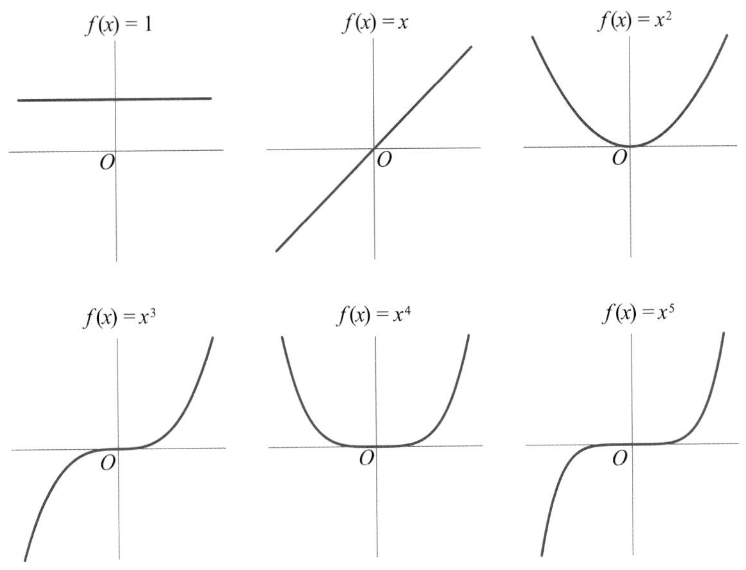

图11.15　常数函数到五次函数

三次函数

三次函数 (cubic function, polynomial function of degree 3) 的形式为

$$y = f(x) = a_3 x^3 + a_2 x^2 + a_1 x + a_0 \tag{11.9}$$

举两个三次函数的例子 (如图11.16所示)：

$$\begin{aligned} y &= f(x) = x^3 - x \\ y &= f(x) = -x^3 + x \end{aligned} \tag{11.10}$$

这两个三次函数可以看作是x^3和x经过加减运算组合而成的，如图11.17所示。

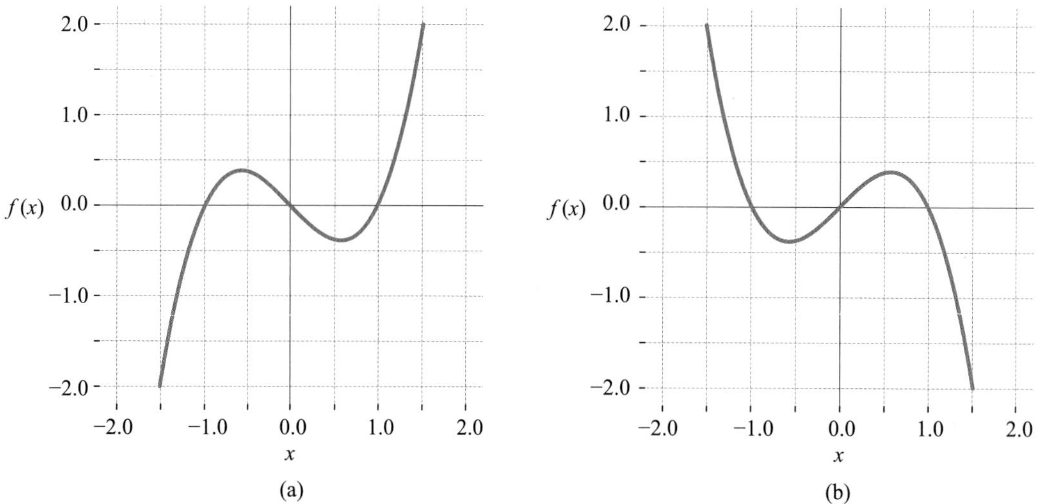

图11.16　两个三次函数

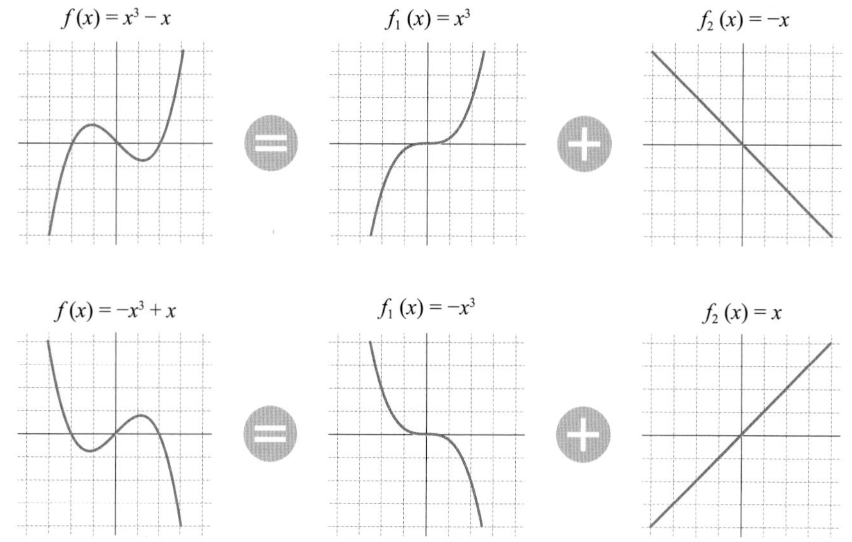

图11.17　函数叠加得到三次函数

前面讲过一次函数可以用于一元线性回归。线性回归虽然简单好用，但是并非万能。图11.18所示的数据具有明显的“非线性”特征，显然不适合用线性回归来描述。

多项式回归可以胜任很多非线性回归应用场合，多项式回归采用的数学模型就是多项式函数。

图11.19 (a)、(b)、(c) 比较了三条拟合曲线，它们分别采用二次到四次一元多项式回归模型拟合样本数据。多项式回归的最大优点就是可以通过增加自变量次数，达到对数据更好的拟合效果；但是，对于多项式回归，自变量次数越高，越容易产生**过度拟合** (overfitting) 问题，如图11.19 (d)所示。

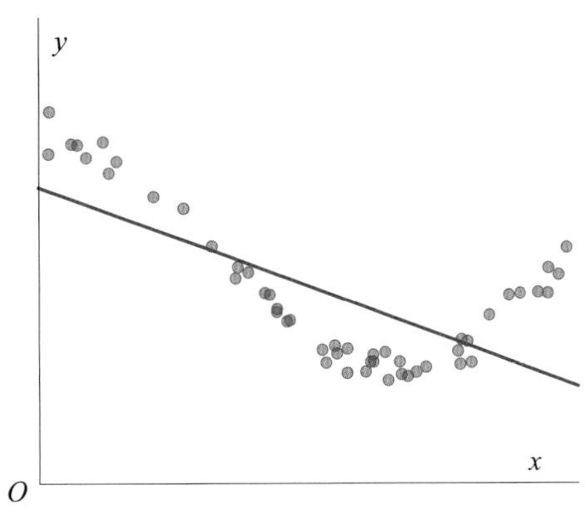

图11.18　线性回归失效的例子

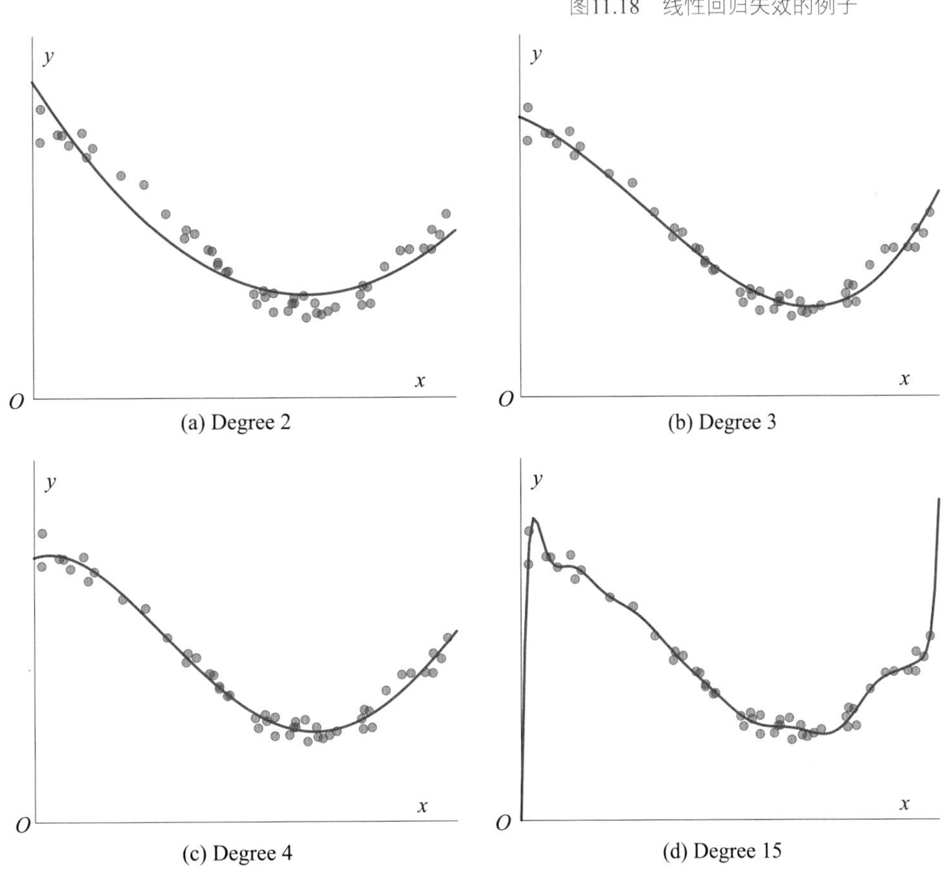

图11.19　逐渐增加多项式回归次数

使用过于复杂的模型是导致过拟合的重要原因之一。过拟合模型过度捕捉训练数据中的细节信息，甚至是噪声。但是，使用过拟合模型分析预测新样本数据时，往往结果较差。鸢尾花书会在《数据有道》一册专门讲解多项式回归。

Bk3_Ch11_03.py绘制图11.4、图11.11和图11.16。

在Bk3_Ch11_03.py的基础上，我们做了一个App展示不同次数单项式叠加。请大家参考代码文件Streamlit_Bk3_Ch11_03.py。代码文件使用了st.multiselect()函数用来完成交互多选操作。

11.5 幂函数：底数为自变量

幂函数 (power function) 是形如下式的函数，即

$$f(x)=k\cdot x^{p} \tag{11.11}$$

其中：自变量x为**底数** (base)；p为**指数** (exponent或power)。通俗地讲，幂就是一个数和它自己相乘的积，比如，$xx=x^2$是二次幂，$xxx=x^3$是三次幂，$xxxx=x^4$是四次幂。

表11.1总结了常用的幂函数，请大家关注不同函数的自变量取值范围。

表11.1　几个常用幂函数

幂函数	例子	图像
常数函数 (constant function)	$f(x)=1=x^0$	
恒等函数 (identity function)	$f(x)=x=x^1$	
平方函数 (square function)	$f(x)=x^2$	
立方函数 (cubic function)	$f(x)=x^3$	
反比例函数 (reciprocal function)	$f(x)=\dfrac{1}{x}=x^{-1}$ $x\neq 0$	
反比例平方函数 (reciprocal squared function)	$f(x)=\dfrac{1}{x^2}=x^{-2}$ $x\neq 0$	

续表

幂函数	例子	图像
平方根函数 (square root function)	$f(x)=\sqrt{x}=x^{\frac{1}{2}}$ $x \geqslant 0$	
立方根函数 (cubic root function)	$f(x)=\sqrt[3]{x}=x^{\frac{1}{3}}$	

平方根函数

图11.20 (a) 所示的红色曲线为**平方根函数** (square root function)，对应函数式为

$$y=f(x)=\sqrt{x}=x^{\frac{1}{2}} \tag{11.12}$$

numpy.sqrt(x) 可以用来计算平方根，也可以用x**(1/2)来计算。

图11.20 (a) 还比较了平方根函数与二次函数，两个函数的定义域显然不同。

注意：式 (11.12) 对应函数的定义域 $x \geqslant 0$，即非负实数；函数值域也是非负实数。

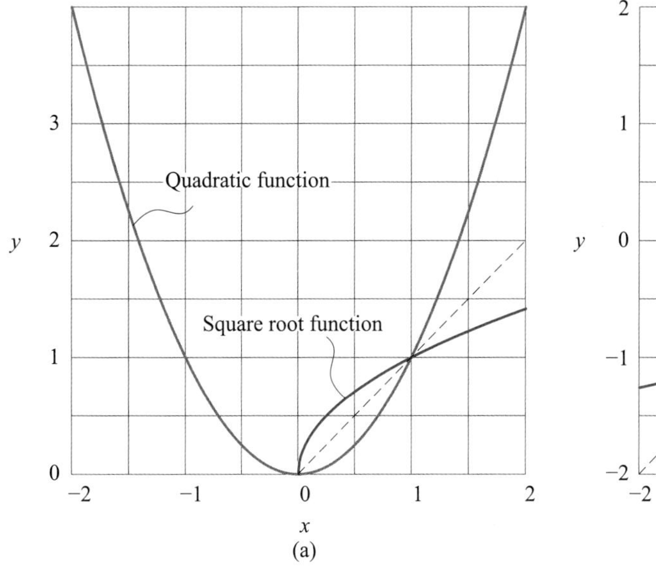

(a)

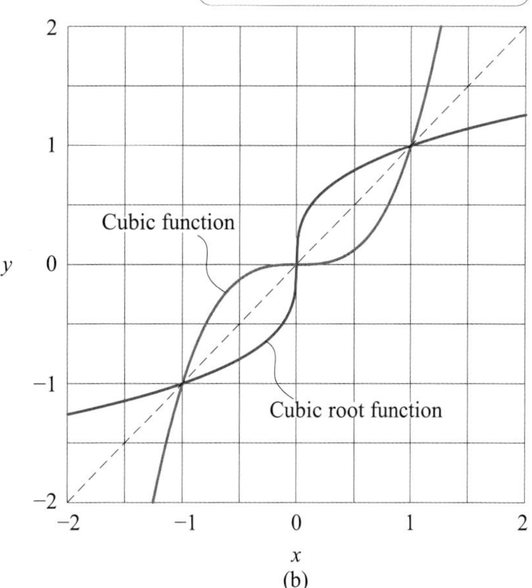

(b)

图11.20　平方根和立方根函数

立方根函数

图11.20 (b) 所示红色曲线为**立方根函数** (cubic root function)，对应函数式为

$$y=f(x)=\sqrt[3]{x}=x^{\frac{1}{3}} \tag{11.13}$$

numpy.cbrt(x) 可以用来计算立方根。Python中x**(1/3)不可以计算负数的立方根。

图11.20 (b) 还比较了立方根函数和三次函数 $f(x) = x^3$，显而易见，两者互为反函数。

奇偶性

如图11.21 (a) 所示，当p为偶数时，幂函数为偶函数，图像关于y轴对称。p值越大，x绝对值增大时，函数值越快速接近正无穷。

如图11.21 (b) 所示，当p为奇数时，幂函数为奇函数，图像关于原点对称。p值越大，x绝对值增大时，函数值越快速接近正无穷或负无穷。

此外，图11.21所示的两幅图中所有函数可以写作 $f(x) = x^p$，所有曲线都经过点 (1, 1)。

请大家修改前文代码自行绘制图11.21。乘幂的英文表达见表11.2。

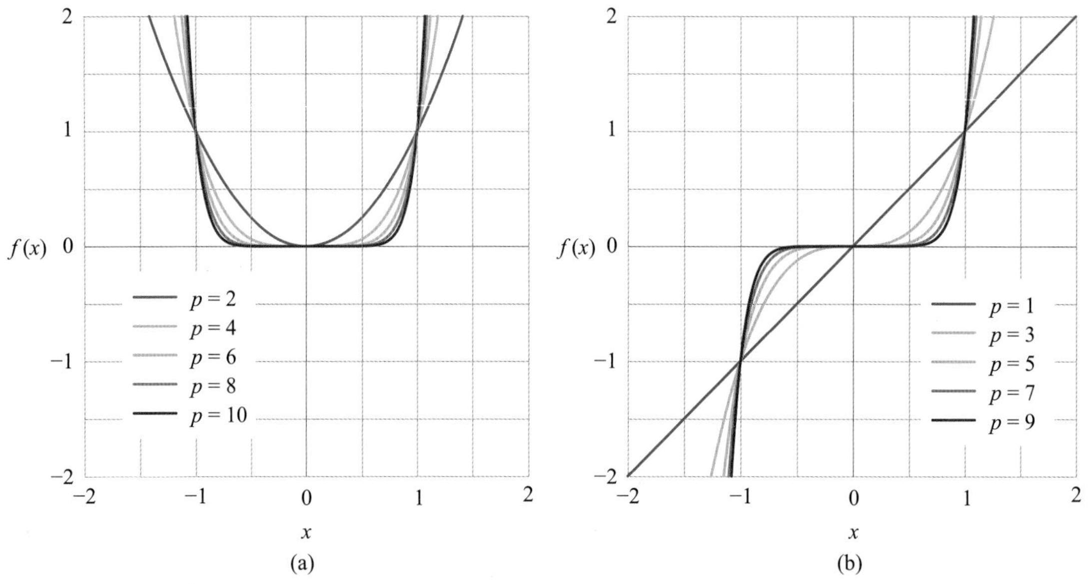

图11.21　幂函数p分别为偶数和奇数时，图像特征

表11.2　用英文读乘幂

数学表达	英文表达
x^n	x to the n x to the n-th x to the n-th power the n-th power of b x raised to the n-th power x raised to the power of n x raised by the exponent of n
a^2	a squared the square of a a raised to the second power a to the second
a^3	a cubed the cube of a a to the third

数学表达	英文表达
2^5	the fifth power of 2 2 raised to the fifth power 2 to the power of 5 2 to the fifth power 2 to the fifth 2 to the five
$y=2^x$	*y* equals 2 to the power of *x*
$\sqrt{2}=2^{\frac{1}{2}}$	square root of two
$\sqrt[3]{2}=2^{\frac{1}{3}}$	cube root of two cubic root of two
$\sqrt[2]{64}=8$	The square root of sixty four is eight.
$\sqrt[3]{64}=4$	The cube root of sixty four is four.
$\sqrt[6]{64}=2$	The sixth root of sixty four is two.
$\sqrt[c]{a^b}$	*c*-th root of *a* raised to the *b* power

反比例函数

反比例函数 (inversely proportional function) 的一般式为

$$y=f(x)=\frac{k}{x} \tag{11.14}$$

如图11.22所示，与$y=f(x)=1/x$相比，$|k|>1$ 时，双曲线朝远离原点方向拉伸；$|k|<1$ 时，双曲线向靠近原点方向压缩。

渐近线

如图11.22所示的反比例函数有两条**渐近线** (asymptote)，即**水平渐近线** (horizontal asymptote) $y=0$ 和**竖直渐近线** (vertical asymptote) $x=0$。

注意：反比例函数实际上是旋转的双曲线。

所谓渐近线是指与曲线极限相关的一条直线，当曲线上某动点沿该曲线的一个分支移向无穷远时，动点到该渐近线的垂直距离趋于零。图11.22中，当x从右侧接近竖直渐近线时，函数值无约束地接近**正无穷** (positive infinity)；相反地，当x从左侧接近竖直渐近线时，函数值无约束地接近**负无穷** (negative infinity)。

比例函数的英文表达见表11.3。

表11.3　用英文读比例函数

数学表达	英文表达
$y=\frac{k}{x}$	*x* is inversely proportional to *y*.
$h=\frac{k}{t^2}$	*h* is inversely proportional to the square of *t*. *h* varies inversely with the square of *t*.

有理函数

反比例函数移动之后可以得到最简单的**有理函数** (rational function)，解析式为

$$f(x)=\frac{k}{x-h}+a \tag{11.15}$$

其中：$x \neq h$。

h左右移动竖直渐近线，a上下移动水平渐近线，比如

$$f(x)=\frac{1}{x-1}+1 \tag{11.16}$$

其中：$x \neq 1$。如图11.23所示，$y=1$为式 (11.16) 对应反比例函数的水平渐近线；$x=1$为竖直渐近线。

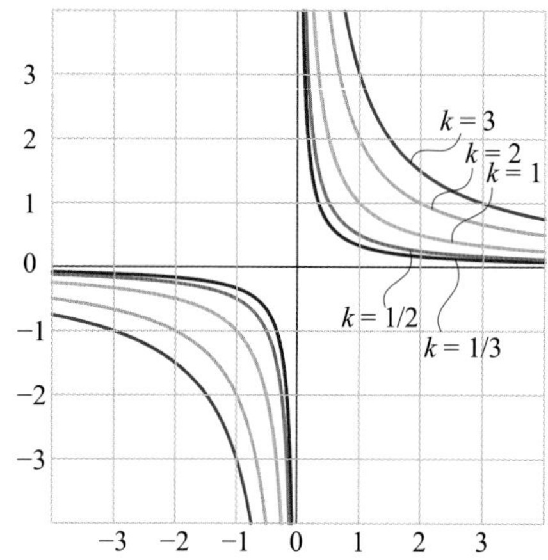

图11.22　k取不同值时反比例函数图像$f(x)=k/x$

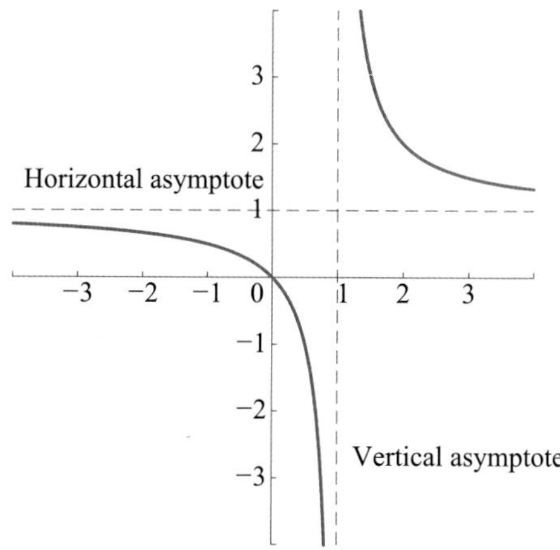

图11.23　反比例函数两条渐近线

11.6 分段函数：不连续函数

注意：分段函数不能算作代数函数。

分段函数 (piecewise function) 是指其定义域被划分为多个区间，并且在不同的区间上采用不同的表达式来定义函数值的函数。换句话说，分段函数在不同的区间采用不同的映射规则。

图11.24所示对应分段函数

$$f(x)=\begin{cases} 4 & x<-2 \\ -1 & -2\leqslant x<3 \\ 3 & 3\leqslant x \end{cases} \tag{11.17}$$

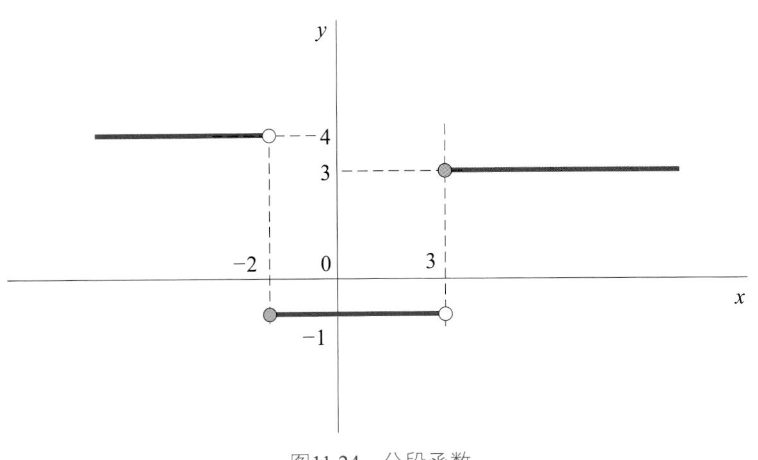

图11.24 分段函数

插值 (interpolation) 指的是通过已知离散数据点，在一定范围内推导求得新数据点的方法。**线性插值** (linear interpolation) 是指插值函数为一次函数。

插值函数是分段函数时，也称**分段插值** (piecewise interpolation)，每两个相邻的数据点之间便是一个分段函数，即

$$f(x)=\begin{cases} f_1(x) & x^{(1)} \leqslant x < x^{(2)} \\ f_2(x) & x^{(2)} \leqslant x < x^{(3)} \\ \cdots & \cdots \\ f_{n-1}(x) & x^{(n-1)} \leqslant x < x^{(n)} \end{cases} \tag{11.18}$$

如图11.25所示，所有红色的圆点为已知离散数据点。

相邻两点连接得到的线段解析式便是线性插值分段函数。两点式公式常用在线性插值中。举个例子，利用一次函数两点式，给定的两点 $(x^{(1)}, y^{(1)})$ 和 $(x^{(2)}, y^{(2)})$ 可以确定分段函数$f_1(x)$。

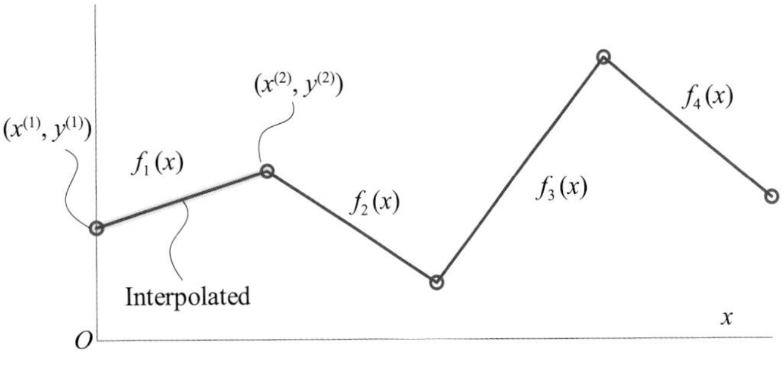

图11.25 一次函数两点式用于线性插值

比较图11.9和图11.25，我们很容易发现回归和插值的明显区别。如图11.9所示，回归绝不要求红色线 (模型) 穿越所有样本点。而如图11.25所示，插值则要求分段函数穿越所有已知数据点。

除了线性插值之外，《数据有道》还要介绍其他常见的插值方法。

绝对值函数

绝对值函数 (absolute value function) 可以看作是分段函数。绝对值函数的一般式为

$$f(x)=k|x-h|+a \tag{11.19}$$

举个最简单的例子

$$f(x)=k|x| \tag{11.20}$$

对于$f(x) = k|x|$ 函数，$x = 0$ 为$f(x)$ 的尖点，它破坏了函数的光滑。如图11.26所示，k影响绝对值函数 $f(x) = k|x|$ 的开口大小；k的绝对值越大，绝对值函数开口越小。

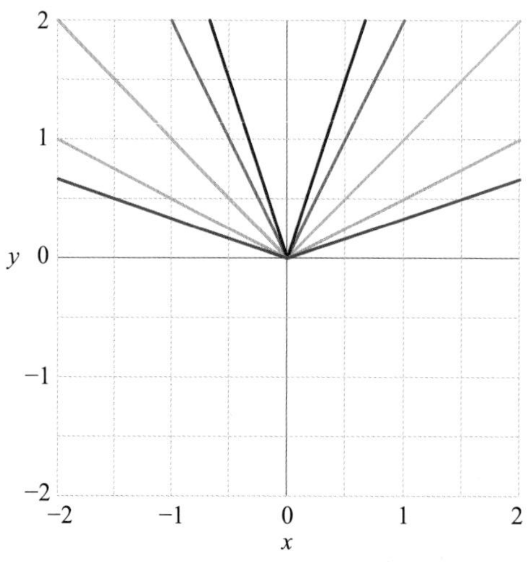

图11.26　k影响绝对值函数$f(x) = k|x|$

numpy.absolute() 计算绝对值。请大家自行编写代码绘制图11.26，并讨论k为不同负整数时函数的图像特点。

严格来讲，绝对值函数不属于代数函数；但是，绝对值函数可以写成自变量的指数幂和开方的形式。比如式 (11.20) 可以写成

$$f(x)=k\sqrt{x^2} \tag{11.21}$$

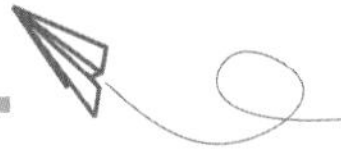

本章除了介绍几种常见的代数函数以外，还有一个要点——参数对函数形状、性质的影响。请大家思考以下几个问题。

一次函数的斜率和截距，如何影响函数图像？

哪个参数影响二次函数的开口方向和大小？二次函数什么时候存在最大值或最小值？二次函数的对称轴位置在哪里？

用“叠加”这个思路，请大家想一下多项式函数$f(x) = x^4 + 2x^3 - x^2 + 5$相当于是由哪些函数构造而成的？它们各自的函数图像分别怎样？

12 Transcendental Functions 超越函数

超出代数函数范围的函数

科学只不过是日常思维的提炼。

The whole of science is nothing more than a refinement of everyday thinking.

—— 阿尔伯特·爱因斯坦 (Albert Einstein) | 理论物理学家 | 1879 — 1955

- `matplotlib.pyplot.axhline()` 绘制水平线
- `matplotlib.pyplot.axvline()` 绘制竖直线
- `matplotlib.pyplot.contour()` 绘制平面等高线
- `matplotlib.pyplot.contourf()` 绘制平面填充等高线
- `matplotlib.pyplot.grid()` 绘制网格
- `matplotlib.pyplot.plot()` 绘制线图
- `matplotlib.pyplot.show()` 显示图片
- `matplotlib.pyplot.xlabel()` 设定x轴标题
- `matplotlib.pyplot.ylabel()` 设定y轴标题
- `numpy.absolute()` 计算绝对值
- `numpy.array()` 创建array数据类型
- `numpy.cbrt()` 计算立方根
- `numpy.ceil()` 计算向上取整
- `numpy.cos()` 计算余弦
- `numpy.floor()` 计算向下取整
- `numpy.linspace()` 产生连续均匀向量数值
- `numpy.log()` 底数为e自然对数函数
- `numpy.log10()` 底数为10对数函数
- `numpy.log2()` 底数为2对数函数
- `numpy.meshgrid()` 创建网格化数据
- `numpy.power()` 乘幂运算
- `numpy.sin()` 计算正弦
- `numpy.sqrt()` 计算平方根

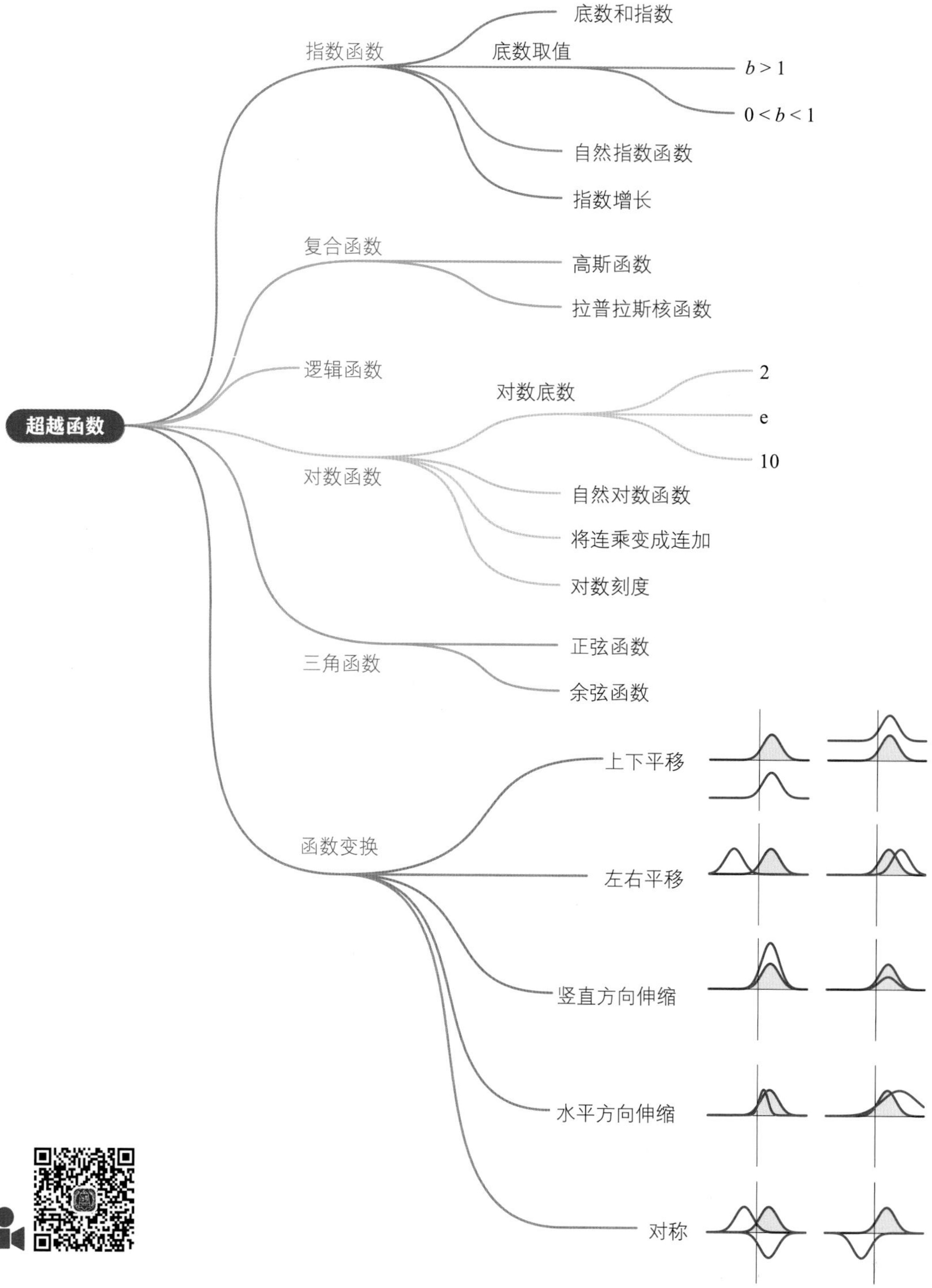

- 超越函数
  - 指数函数
    - 底数和指数
    - 底数取值
      - $b > 1$
      - $0 < b < 1$
    - 自然指数函数
    - 指数增长
  - 复合函数
    - 高斯函数
    - 拉普拉斯核函数
  - 逻辑函数
  - 对数函数
    - 对数底数
      - 2
      - e
      - 10
    - 自然对数函数
    - 将连乘变成连加
    - 对数刻度
  - 三角函数
    - 正弦函数
    - 余弦函数
  - 函数变换
    - 上下平移
    - 左右平移
    - 竖直方向伸缩
    - 水平方向伸缩
    - 对称

12.1 指数函数：指数为自变量

指数函数 (exponential function) 的一般形式为

$$f(x)=b^{x} \tag{12.1}$$

其中：b为**底数** (base)；自变量x为**指数** (exponent)。

图12.1所示为当底数取不同值时指数函数图像，这几条曲线都经过(0, 1)。

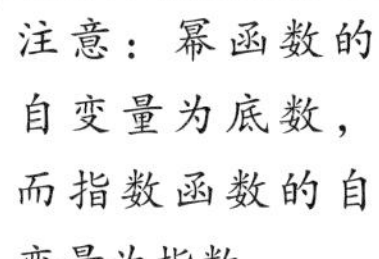

注意：幂函数的自变量为底数，而指数函数的自变量为指数。

请大家区分底数$b>1$和$0<b<1$两种情况对应的指数函数图像。$b>1$时，$f(x)=b^x$单调递增；$0<b<1$时，$f(x)=b^x$单调递减。

绘图时，可以用numpy.linspace()产生x数据，然后用b**x或numpy.power(b, x)计算指数函数值b^x。

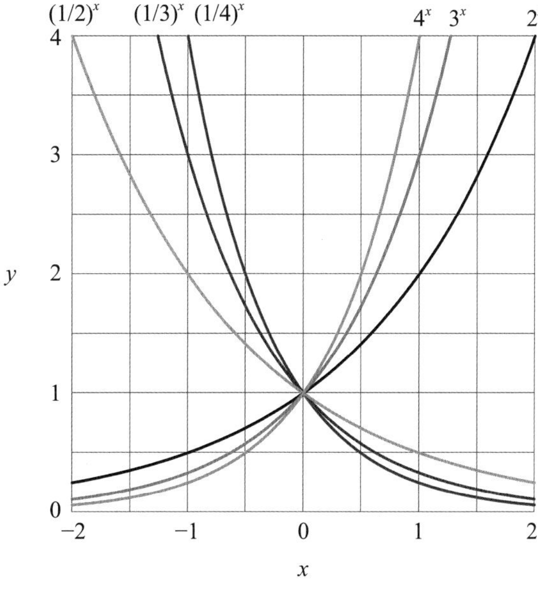

图12.1　不同底数的指数函数

自然指数函数

更多情况下，指数函数指的是**自然指数函数** (natural exponential function)

$$f(x)=\mathrm{e}^{x}=\exp(x) \tag{12.2}$$

自然指数函数中的“自然”指的是以自然常数e为底数，e ≈ 2.718。注意，“鸢尾花书”混用上式两种记法。

式 (12.1) 可以转化成以e为底数的函数，有

$$y=f(x)=b^{x}=\mathrm{e}^{\ln b\cdot x}=\exp((\ln b)\cdot x) \tag{12.3}$$

指数函数的英文表达见表12.1。

表12.1　用英文读指数函数

数学表达	英文表达
e^x	e raised to the *x*th power e to the *x* e to the power of *x* exponential of *x* exponential *x*
$y = e^x$	*y* equals (is equal to) exponential *x*.
$y = b^x$	*y* equals (is equal to) *b* to the *x*. *y* equals (is equal to) *b* raised to the power of *x*.
e^{x+y}	e to the quantity *x* plus *y* power e raised to the power of *x* plus *y*
$e^x + y$	the sum of e to the *x* and *y* e to the *x* power plus *y*
$e^x e^y$	the product of e to the *x* power and e to the *y* power
$e^x y$	the product of e to the *x* power and *y* e raised to the *x* power times *y*

指数增长

指数增长 (exponential growth) 模型就是用如下指数函数来表达，即

$$G(t) = (1+r)^t \tag{12.4}$$

其中：r为年化增长率；t为年限。

当增长率r取不同值时，指数增长模型$G(t)$ 和年限对应的关系如图12.2所示。**翻倍时间** (doubling time) 指的是当增长翻倍时所用的时间。如图12.2所示，平行于横轴的虚线就是增长翻倍所对应的高度。

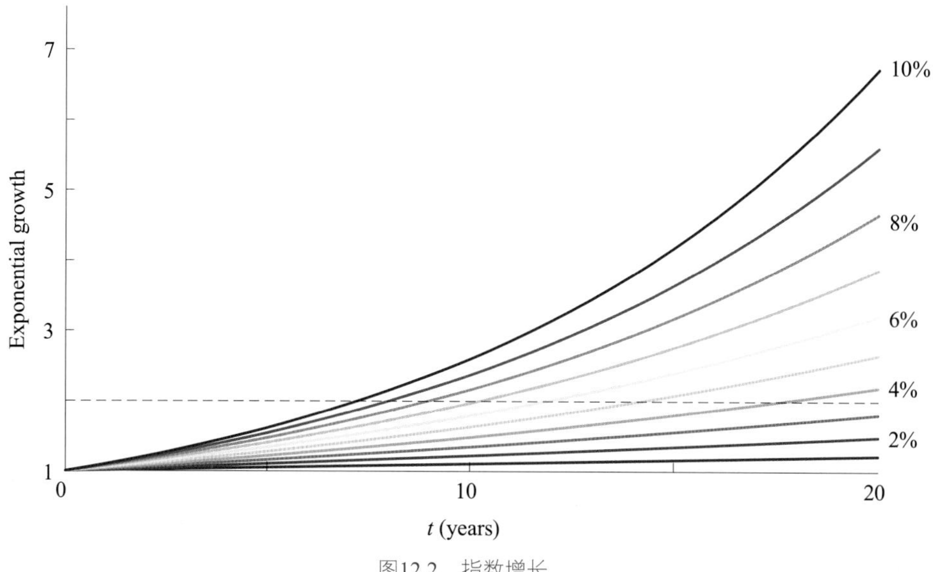

图12.2　指数增长

12.2 对数函数：把连乘变成连加

对数函数 (logarithmic function) 解析式为

$$y = f(x) = \log_b x \tag{12.5}$$

其中：b为**对数底数** (logarithmic base)，$b > 0$且$b \neq 1$。式 (12.5) 所示对数函数的定义域为 $x > 0$。

如图12.3所示，$b > 1$时，$f(x)$ 在定义域上为单调增函数；$0 < b < 1$时，$f(x)$在定义域上为单调减函数。

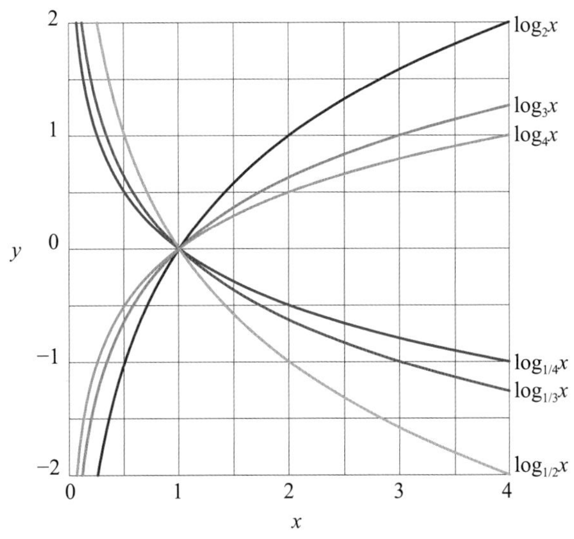

图12.3　不同底数的对数函数

自然对数函数

图12.4所示的蓝色曲线为**自然对数函数** (natural logarithmic function)，函数为

$$y = f(x) = \ln(x) = \log_e x \tag{12.6}$$

如图12.4所示，自然指数函数 (红色) 和自然对数函数 (蓝色) 互为反函数，两条曲线关于图中虚线对称。

NumPy提供了下面三个特殊底数对数函数运算：

- 底数为2的对数函数$\log_2 x$，函数为numpy.log2()；
- 底数为e的自然对数函数$\ln x$，函数为numpy.log()；
- 底数为10的对数函数$\log_{10} x$，函数为numpy.log10()。

其他底数对数函数运算可以利用如下公式完成，即

$$\log_b x = \frac{\ln x}{\ln b} \tag{12.7}$$

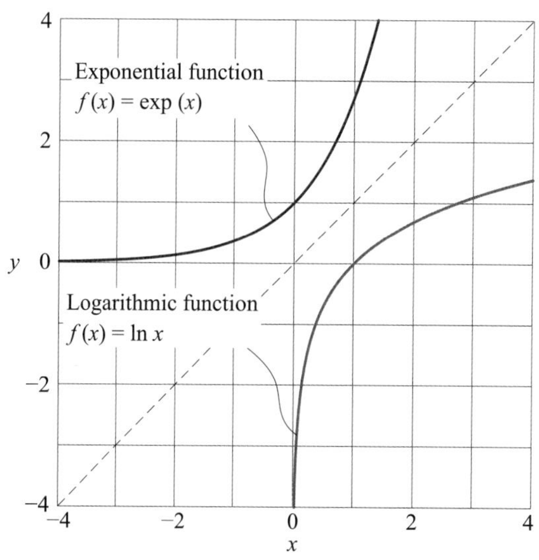

图12.4　自然对数函数和自然指数函数

对数运算特点

请大家关注以下几个对数运算规则：

$$\begin{aligned}&\log_b x=\frac{\log_k x}{\log_k b}\\&\log_b x=\frac{\log_{10} x}{\log_{10} b}=\frac{\ln x}{\ln b}\\&\log_{b^n} x^m=\frac{m}{n}\log_b x\\&x=b^{\log_b x}\\&x^{\log_b y}=y^{\log_b x}\end{aligned}\tag{12.8}$$

对数的一个重要的性质是把连乘变成连加，即

$$\log_b\left(xyz\right)=\log_b x+\log_b y+\log_b z\tag{12.9}$$

我们会考虑用对数运算把连乘变成连加，是因为连乘不容易求偏导，而对连加求偏导则会容易很多。特别地，高斯函数存在exp() 项，ln() 可以把指数项变成求和形式，且ln() 不改变单调性。

在概率计算中，概率值累计乘积会出现数值非常小的正数情况，如1e-30 (10^{-30})。由于计算机的精度是有限的，无法识别这一类数据。而取对数之后，更易于计算机的识别。比如，对1e-30以10为底取对数后得到−30。

对数刻度

对数刻度 (logarithmic scale或logarithmic axis) 是一种**非线性刻度** (nonlinear scale)，常用来描述较大的数值。图12.5 (a) 所示的横轴和纵轴都是**线性刻度** (linear scale)，图中一元一次函数 $f(x) = x$为一条直线。图12.5 (b) 所示的横轴为对数刻度，图中对数函数$f(x) = \ln(x)$ 为一条直线。图12.5 (c) 所示的纵轴为对数刻度，其中指数函数$f(x) = 10^x$ 为一条直线。图12.5 (d) 中，横轴、纵轴都是对数刻度，图中一元一次函数 $f(x) = x$还是一条直线。对数相关的英文表达见表12.2。

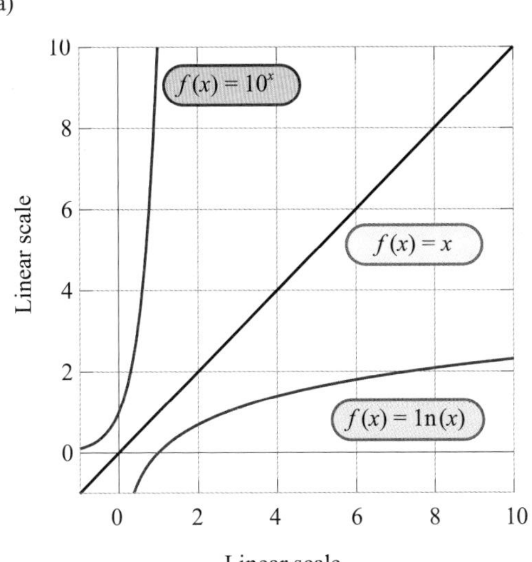

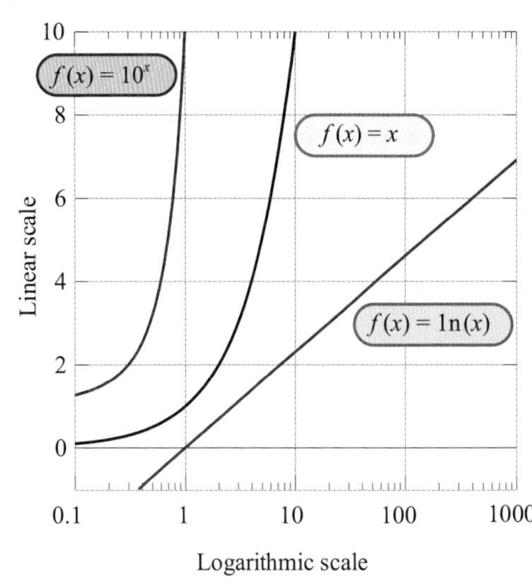

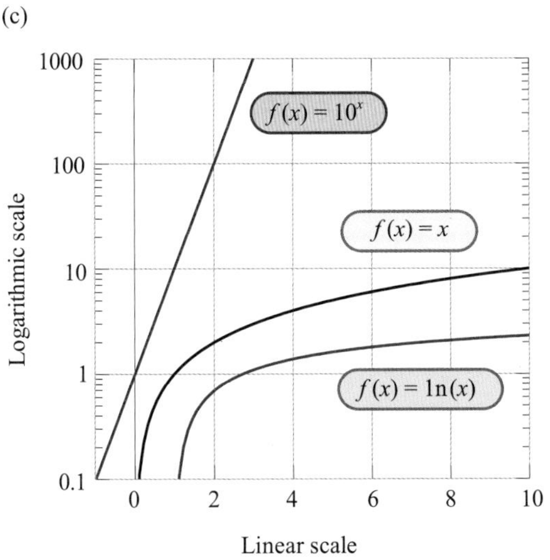

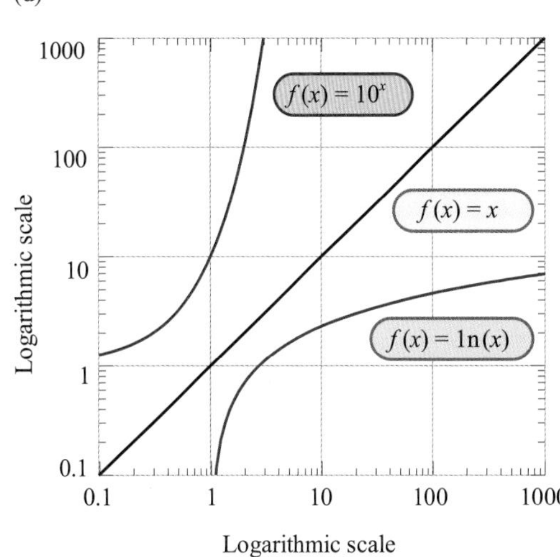

图12.5　几种对数刻度

表12.2　用英文读对数

数学表达	英文表达
$\log_4 x$	Logarithm of x with base four
$y=\log_a x$	y is the logarithm of x to the base a. y is equal to log base a of x.
$\ln y$	Log y to the base e Log to the base e of y Natural log (of) y
$\log_2 8=3$	The log base 2 of 8 is equal to 3. The logarithm of 8 with base 2 is 3. Log base 2 of 8 is 3.
$\log_4 16=2$	The log base 4 of 16 is equal to 2.

数学表达	英文表达
$\log_2 \frac{1}{8} = -3$	The log base 2 of 1/8 is equal to −3.
$\log_6 216 = 3$	The logarithm of 216 to the base 6 is 3. 3 is the logarithm of 216 to the base 6.

Bk3_Ch12_01.py绘制图12.5。

12.3 高斯函数：高斯分布之基础

通俗地说，**复合函数** (function composition) 就是函数套函数，是把几个简单的函数进行复合得到一个较为复杂的函数。

高斯函数

自然指数函数经常与其他函数构造复合函数。比如，自然指数函数复合二次函数，得到**高斯函数** (Gaussian function)

$$f(x) = \exp\left(-\gamma x^2\right) \tag{12.10}$$

注意：高斯函数无限接近0，却不到达0。

其中：γ为参数，且$\gamma > 0$。高斯函数的定义域是 $(-\infty, +\infty)$，而值域是 $(0, 1]$。这里给出的高斯函数关于$x = 0$对称。

图12.6 (a) 所示为γ 决定高斯函数形状的情况。

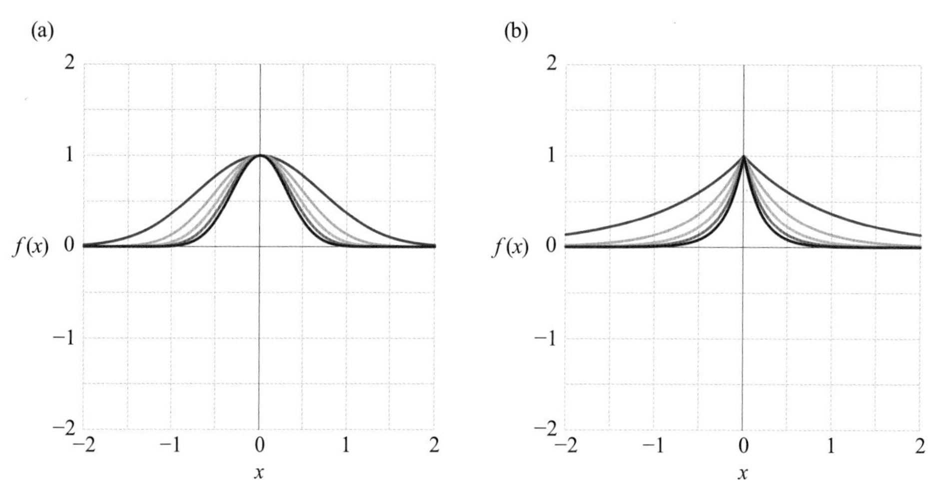

图12.6　高斯函数和拉普拉斯核函数

最基本的高斯函数为

$$f(x)=\exp(-x^2) \tag{12.11}$$

下面也是常用的高斯函数的一般形式，即

$$f(x)=a\cdot\exp\left(\frac{-(x-b)^2}{2c^2}\right) \tag{12.12}$$

式 (12.12) 所示的高斯函数关于$x=b$对称。

式 (12.11) 通过缩放、平移等变换，可以得到式 (12.12)。函数变换是本章最后要讲解的内容。

高斯函数和**高斯分布** (Gaussian distribution) 的**概率密度函数** (Probability Density Function, PDF) 直接相关。高斯函数可以进一步推广得到**径向基核函数** (radial basis function, RBF)。

下一章将介绍二元高斯函数的性质。此外，鉴于高斯函数的重要性，本书后续导数、积分相关内容都会以高斯函数作为实例。

高斯小传

高斯函数以著名数学家**高斯** (Carl Friedrich Gauss) 命名，生平大事如图12.7所示。

在数据科学和机器学习领域，高斯的名字无处不在，比如大家耳熟能详的高斯核函数、高斯消去、高斯分布、高斯平滑、高斯朴素贝叶斯、高斯判别分析、高斯过程、高斯混合模型等。并不是高斯发明了这些算法；而是，后来人在创造这些算法时，都用到了高斯分布。

被称作数学王子的高斯，出身贫寒。母亲做过女佣近乎文盲，父亲多半生靠体力讨生活。据说，高斯自幼喜欢读书，特别是与数学相关的书籍；渴望学习、热爱知识是他的驱动力，而不是颜如玉、黄金屋。

卡尔·弗里德里希·高斯(Carl Friedrich Gauss)
德国数学家、物理学家、天文学家 | 1777 — 1855
常被称作数学王子，在数学的每个领域开疆拓土。丛书关键词：• 等差数列 • 高斯分布 • 最小二乘法 • 高斯朴素贝叶斯 • 高斯判别分析 • 高斯过程 • 高斯混合模型 • 高斯核函数

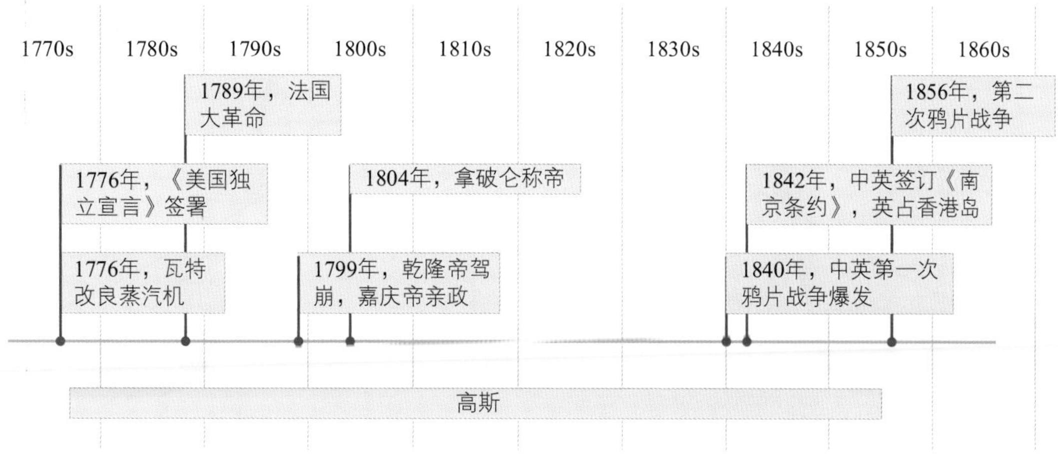

图12.7　高斯所处时代大事记

拉普拉斯核函数

此外，绝对值函数 $|x|$ 与指数函数进行复合，得到的是一元**拉普拉斯核函数** (Laplacian kernel function)

$$f(x)=\exp(-\gamma|x|) \tag{12.13}$$

图12.6 (b) 所示为γ 决定拉普拉斯核函数形状的情况。

注意：图12.6 (b) 中拉普拉斯核函数在$x = 0$处有“尖点”，它破坏了函数的平滑。拉普拉斯核函数也经常出现在机器学习的一些算法当中。

12.4 逻辑函数：在0和1之间取值

逻辑函数 (logistic function) 也可以视作是自然指数函数扩展得到的复合函数。最简单的一元逻辑函数为

$$f(x)=\frac{1}{1+\exp(-x)}=\frac{\exp(x)}{1+\exp(x)} \tag{12.14}$$

更一般的一元逻辑函数形式为

$$f(x)=\frac{1}{1+\exp(-(b_0+b_1x))} \tag{12.15}$$

可以明显发现逻辑函数的取值范围在0和1之间，函数无限接近0和1，却不能达到。如图12.8所示，b_1影响图像的陡峭程度，注意图中$b_0=0$。

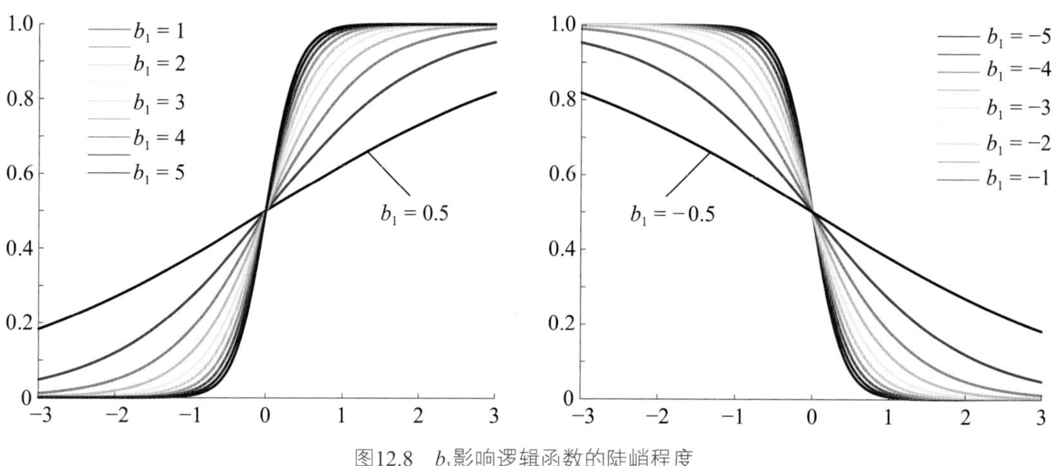

图12.8　b_1影响逻辑函数的陡峭程度

中心点位置

下面确定$f(x) = 1/2$位置，令

$$f(x) = \frac{1}{1 + \exp\left(-\left(b_0 + b_1 x\right)\right)} = \frac{1}{2} \tag{12.16}$$

整理得到

$$x = -\frac{b_0}{b_1} \tag{12.17}$$

这个点被称为逻辑函数中心所在位置。如图12.9所示，$b_1 = 1$，b_0决定逻辑函数中心所在位置。

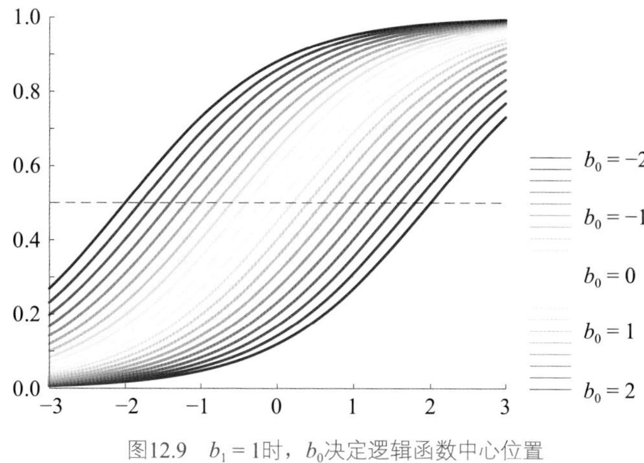

图12.9　$b_1 = 1$时，b_0决定逻辑函数中心位置

逻辑回归 (logistic regression) 模型基于逻辑函数。逻辑回归虽然被称作回归模型，但是它经常用于做分类，特别是二分类。

上一章我们看到线性回归中输出值y是连续值。如图12.10所示，逻辑回归中y可以为离散值，如0、1。因此，我们也可以把逻辑函数想象成一个开关。此外，逻辑回归可以看作是在线性回归的基础上增加了一个非线性映射。

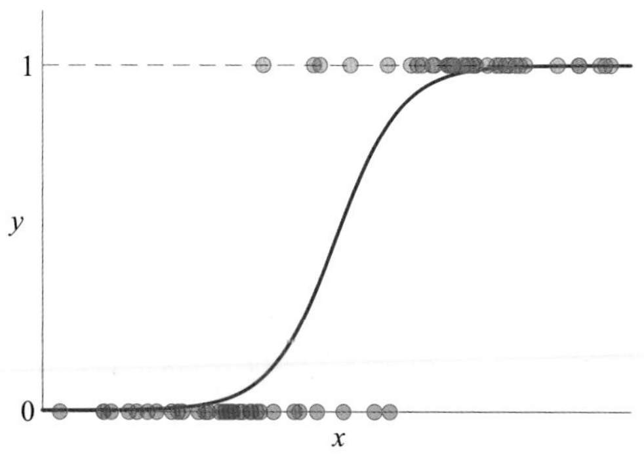

图12.10　逻辑回归可以用来做二分类

逻辑曲线增长

自然界和人类社会中，指数增长这种**J型增长** (J-shaped growth) 一般只在一段时间内存在。各种条件会限制增长幅度，如人口增长不可能一直按指数增长持续下去，毕竟地球的**承载能力** (carrying capability) 有限。

而逻辑曲线中可以用来模拟人口增长的**S型增长曲线** (S-shaped growth curve)，如图12.11所示。

S型增长曲线中，开始阶段类似于指数增长。

然后，随着种群个体不断增多，受限于有限资源，个体之间对食物、生存空间等关键资源的争夺越来越激烈，增长阻力变得越来越大，增速开始放慢。

最后，增长逐渐停止，趋向于瓶颈。

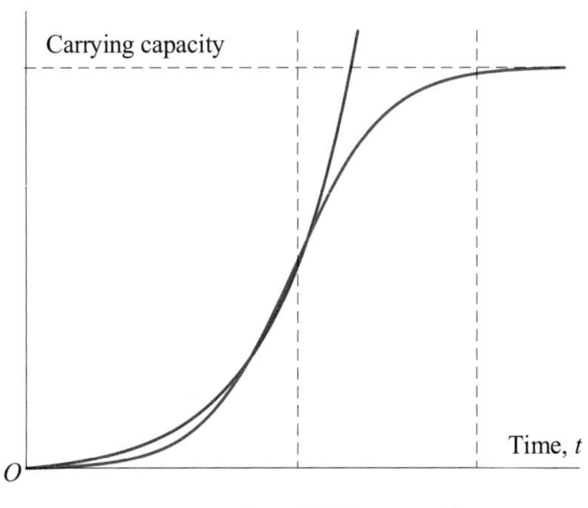

图12.11 逻辑函数模拟人口增长

S型函数

逻辑函数是**S型函数** (sigmoid function或S-shaped function) 的一种。S型函数因其函数图像形似字母S而得名。机器学习和深度学习中，S型函数经常出现。

> 本书会在第18章专门介绍误差函数。

常见的S型函数还有双曲正切函数$f(x) = \tanh(x)$、反正切函数$f(x) = \arctan(x)$、误差函数$f(x) = \mathrm{erf}(x)$等。

一些代数函数也可以归类为S型函数，如

$$f(x)=\frac{x}{1+|x|},\quad f(x)=\frac{x}{\sqrt{1+x^2}} \tag{12.18}$$

图12.12所示比较了几种常用的S型函数曲线。请注意，图12.12中反正切函数为$f(x)=\frac{2}{\pi}\arctan\left(\frac{\pi}{2}x\right)$。计算双曲正切使用的函数为numpy.tanh()。误差函数用的是符号函数sympy.erf()。

双曲正切函数$f(x) = \tanh(x)$与式 (12.14) 逻辑函数的关系为

$$f(x)=\frac{1}{1+\exp(-x)}=\frac{\exp(x)}{1+\exp(x)}=\frac{1}{2}+\frac{1}{2}\tanh\left(\frac{x}{2}\right) \tag{12.19}$$

图12.12中，除式 (12.19) 以外，函数的取值范围都是 (−1, 1)。这些函数都无限接近−1和1，但是不能达到。

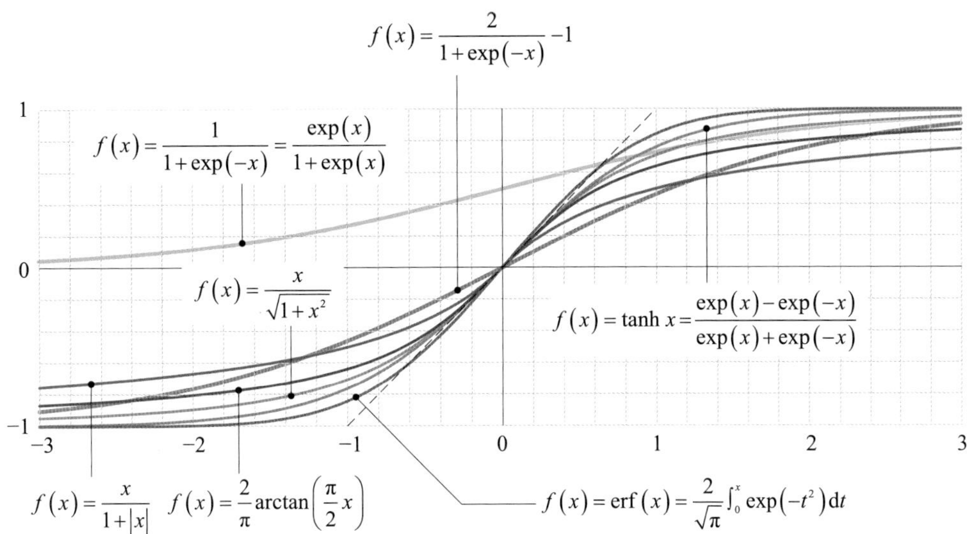

图12.12　比较常用的几种S型函数曲线形状

tanh() 函数

在有些机器学习算法中，sigmoid函数特指tanh() 函数。给定tanh() 函数一般式为

$$f(x)=\tanh(\gamma x) \tag{12.20}$$

图12.13所示为γ影响曲线形状的情况。

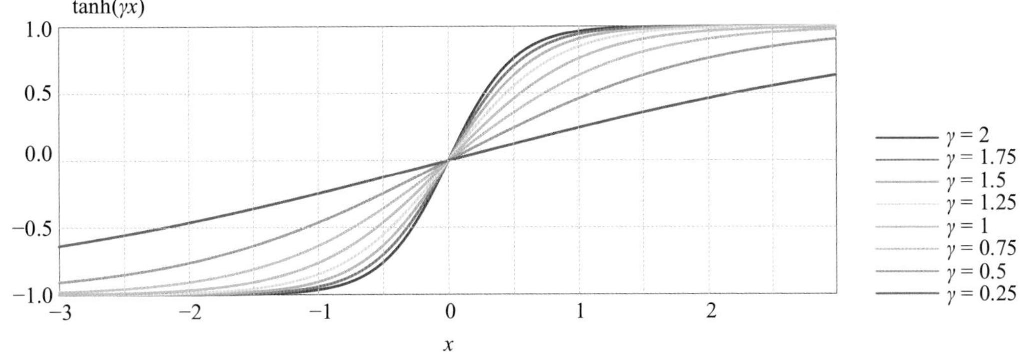

图12.13　γ 影响双曲正切函数形状

12.5 三角函数：周期函数的代表

本节介绍几个常用的三角函数。**三角函数** (trigonometric function或circular function) 是一类**周期函数** (periodic function)。

正弦函数

正弦波 (sine wave或sinusoid) 是一种常见的波形，如物理学中的**正弦交流电** (sinusoidal alternating current)。图12.14 (a) 所示为最基本的**正弦函数** (sine function)，即

$$y = f(x) = \sin x \tag{12.21}$$

图12.14 (a) 所示正弦函数定义域为整个实数域。函数$f(x) = \sin x$是**奇函数** (odd function)，关于原点对称。这个函数的**周期** (period) 是$T = 2\pi$，函数值域是 [-1, 1]。准确来说，这个周期T是最小正周期。

图12.14 (a) 所示正弦函数取得极大值1对应的x为

$$x = \frac{\pi}{2} + 2\pi n \tag{12.22}$$

其中：n为整数。

正弦函数的极小值为-1 对应的x为

$$x = -\frac{\pi}{2} + 2\pi n \tag{12.23}$$

numpy.sin() 函数可以用于完成正弦计算。

余弦函数

图12.14 (b) 所示为**余弦函数** (cosine function)，即

$$y = f(x) = \cos x \tag{12.24}$$

图12.14 (b) 所示余弦函数是偶函数，关于纵轴对称；$y = \cos x$ 相当于图12.14 (a) 所示的正弦函数水平向左移动$\pi/2$。余弦函数也是周期为2π的周期函数。numpy.cos() 函数可以用于完成余弦计算。

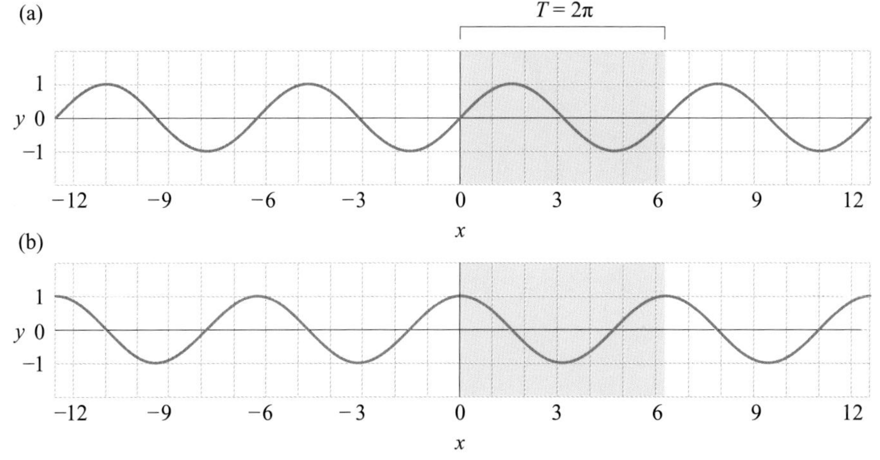

图12.14　正弦函数和余弦函数

表12.3中总结了六个常用三角函数的图像及性质。三角函数的英文表达见表12.4。

表12.3　六个三角函数的图像和性质

函数	性质	图像
正弦 (sine) $y=\sin x$ numpy.sin()	定义域：整个实数集 值域：$[-1, 1]$ 最小正周期：2π 奇函数，图像关于原点对称 极大值为1，极小值为-1	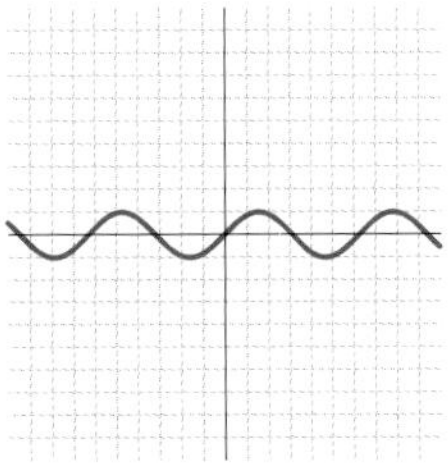
余弦 (cosine) $y=\cos x$ numpy.cos()	定义域：整个实数集 值域：$[-1, 1]$ 最小正周期：2π 偶函数，图像关于y轴对称 极大值为1，极小值为-1	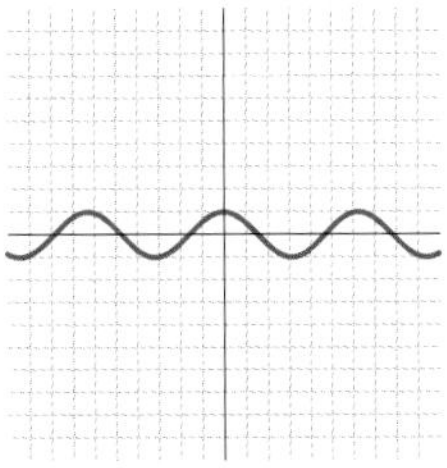
正切 (tangent) $y=\tan x$ 也记作$y=\mathrm{tg}(x)$ numpy.tan()	定义域：$\left\{x \mid x \neq k\pi+\dfrac{\pi}{2}, k \in \mathbb{Z}\right\}$ 值域：整个实数集 最小正周期：π 奇函数，图像关于原点对称 不存在极值	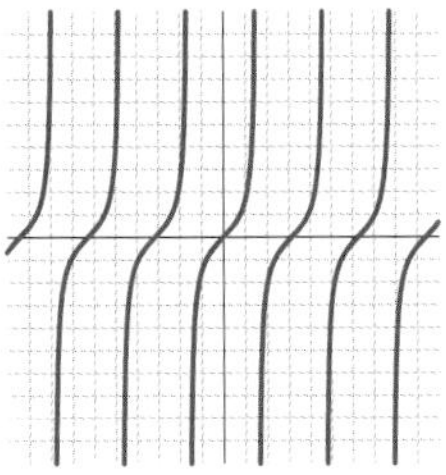
余切 (cotangent) $y=\cot x$ 也记作$y=\mathrm{ctg}(x)$ 1/numpy.tan()	定义域：$\{x \mid x \neq k\pi, k \in \mathbb{Z}\}$ 值域：整个实数集 最小正周期：π 奇函数，图像关于原点对称 不存在极值	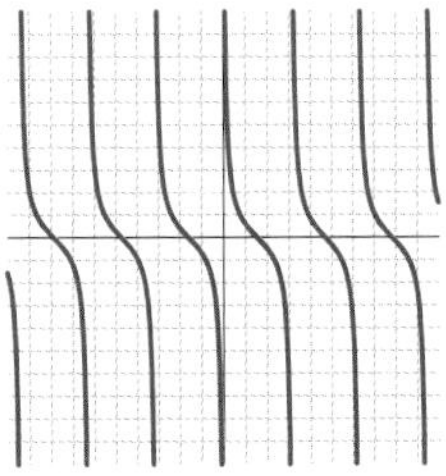
正割 (secant) $y=\sec x$ 1/numpy.cos()	定义域：$\left\{x \mid x \neq k\pi+\dfrac{\pi}{2}, k \in \mathbb{Z}\right\}$ 值域：$\lvert \sec x \rvert \geqslant 1$ 最小正周期：2π 偶函数，图像关于y轴对称 不存在极值	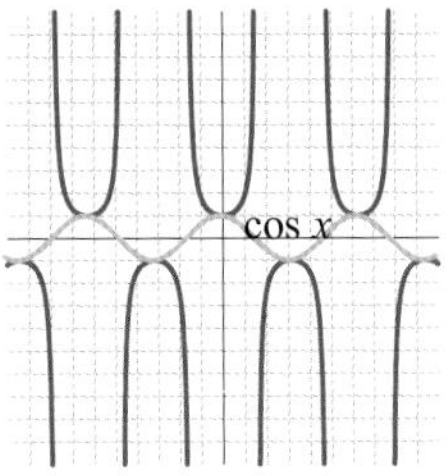 cos x
余割 (cosecant) $y=\csc x$ 1/numpy.sin()	定义域：$\{x \mid x \neq k\pi, k \in \mathbb{Z}\}$ 值域：$\lvert \csc x \rvert \geqslant 1$ 最小正周期：2π 奇函数，图像关于原点对称 不存在极值	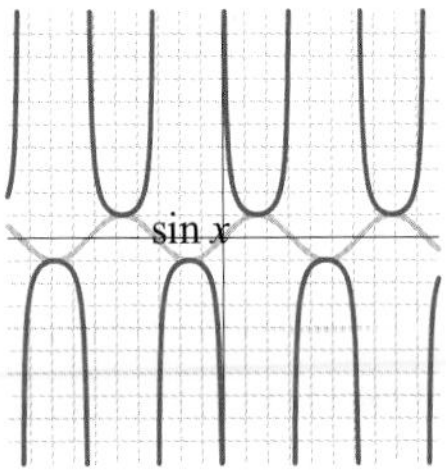 sin x

表12.4 用英文读三角函数

数学表达	英文表达
$\sin\theta + x$	Sine of theta, that quantity plus x
$\sin(\theta+\omega)$	Sine of sum theta plus omega Sine of the quantity theta plus omega
$\sin(\theta)\cdot x$	Sine theta times x
$\sin(\theta\omega)$	Sine of the product theta time omega
$(\sin\theta^2)\cdot x$	Sine of theta squared, that quantity times x
$(\sin^2\theta)\cdot x$	Sine squared of theta, that quantity times x

12.6 函数变换：平移、缩放、对称

本章最后利用高斯函数与大家探讨函数变换。常见的函数变换有三种：平移、缩放和对称。给定某个函数$y=f(x)$解析式为

$$f(x)=2\exp\left(-(x-1)^2\right) \tag{12.25}$$

平移

如图12.15所示，相对于$y=f(x)$，$f(x)+c$为**竖直向上平移c单位** (vertical shift up by c units)；$f(x)-c$则为将原函数**竖直向下平移c单位** (vertical shift down by c units)。

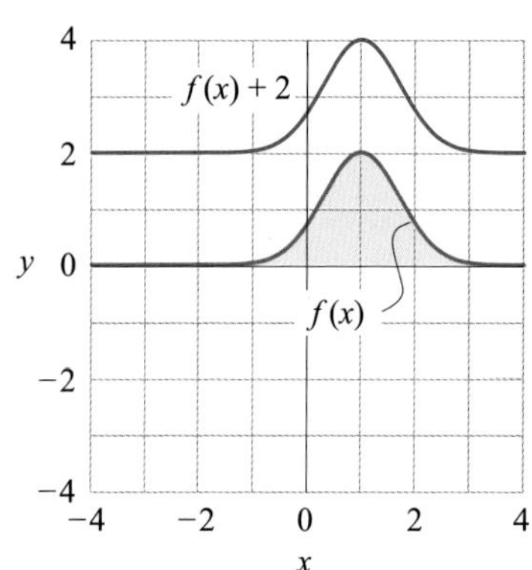

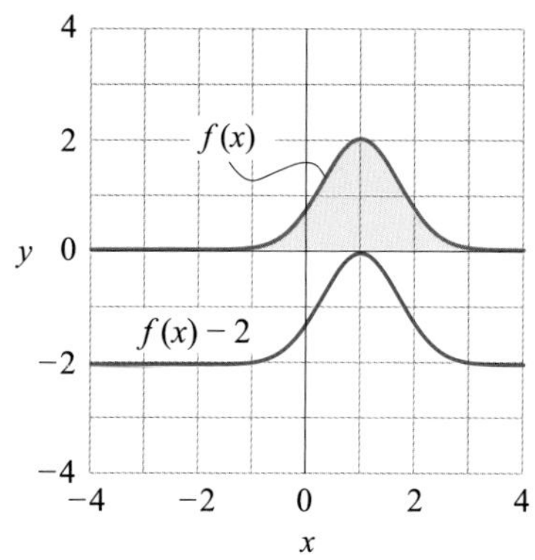

图12.15 原函数$y=f(x)$上下平移

注意：水平平移不影响函数图像和横轴包围的面积。

如图12.16所示，相对于$y=f(x)$，$f(x+c)$相当于函数**向左平移c单位** (horizontal shift left by c units)，$c>0$；$f(x-c)$相当于原函数**向右平移c单位** (horizontal shift right by c units)。

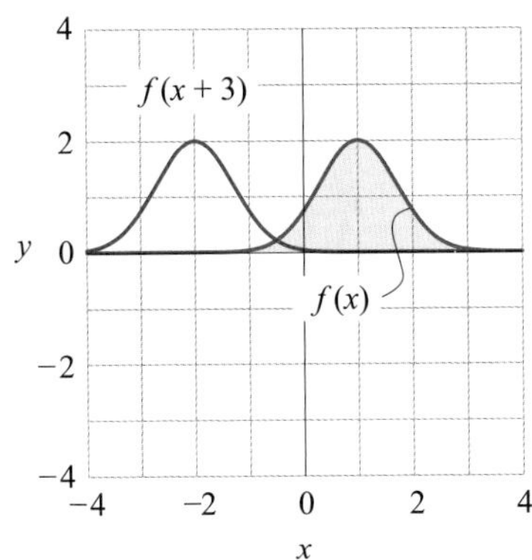

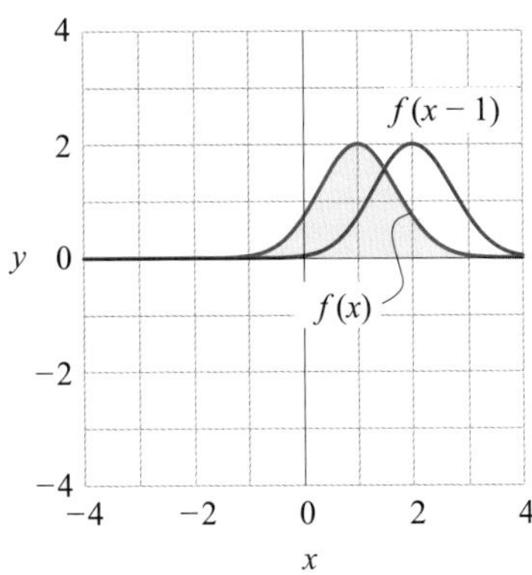

图12.16 原函数$y = f(x)$ 左右平移

缩放

如图12.17所示，相对于$y = f(x)$，$cf(x)$ 相当于函数进行**竖直方向缩放** (vertical scaling)。$c > 1$时，$cf(x)$ **竖直方向拉伸** (vertical stretch)；$0 < c < 1$时，$cf(x)$ **竖直方向压缩** (vertical compression)。

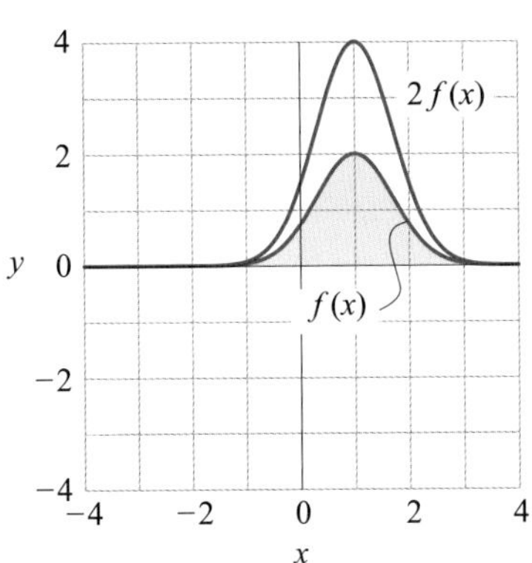

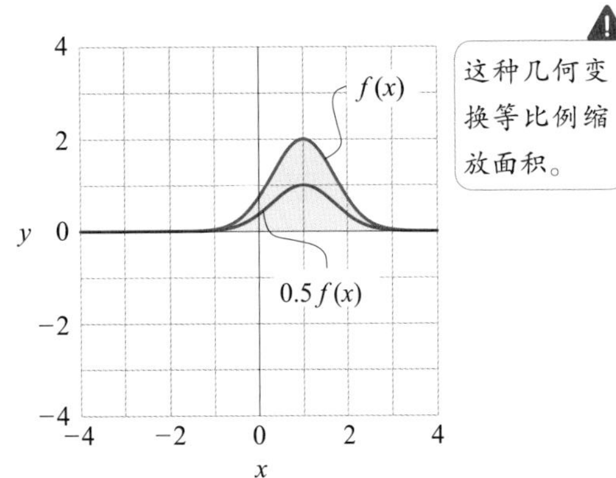

图12.17 原函数$y = f(x)$ 竖直方向伸缩

如图12.18所示，相对于$y = f(x)$，$f(cx)$ 相当于函数进行**水平方向伸缩** (horizontal scaling)。$c > 1$时，**水平方向压缩** (horizontal compression)；$0 < c < 1$时，**水平方向拉伸** (horizontal stretch)。此时，面积等比例缩放，缩放比例为$1/c$。

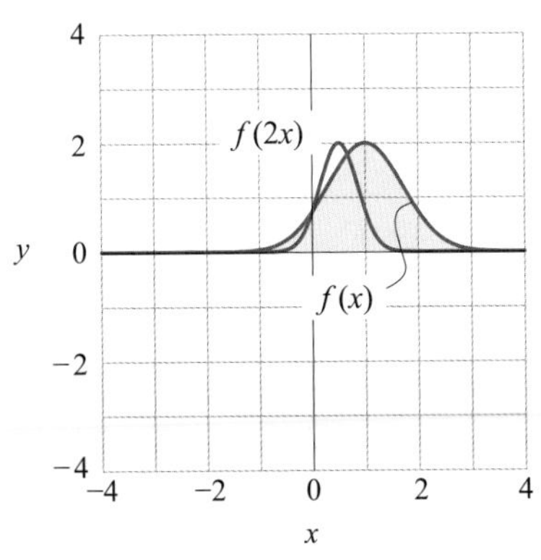

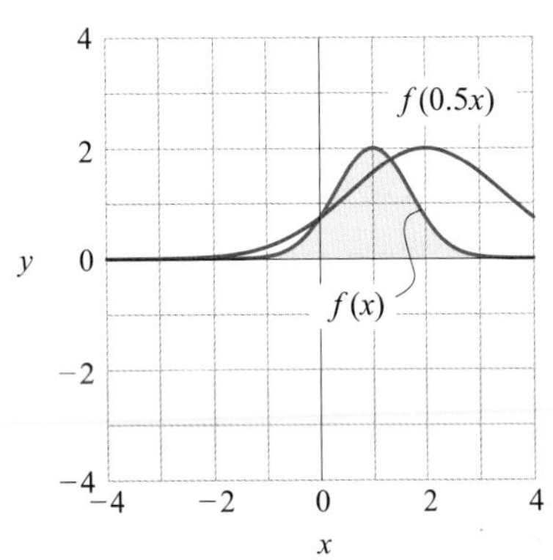

图12.18 原函数$y = f(x)$ 水平方向伸缩

如图12.19所示，相对于$f(x)$，$cf(cx)$ 面积不变。

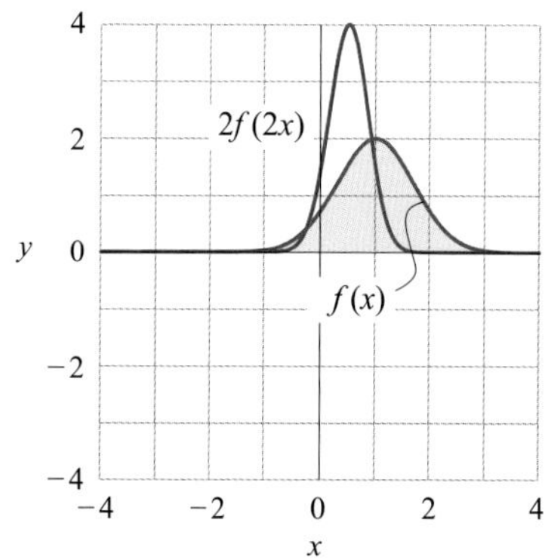

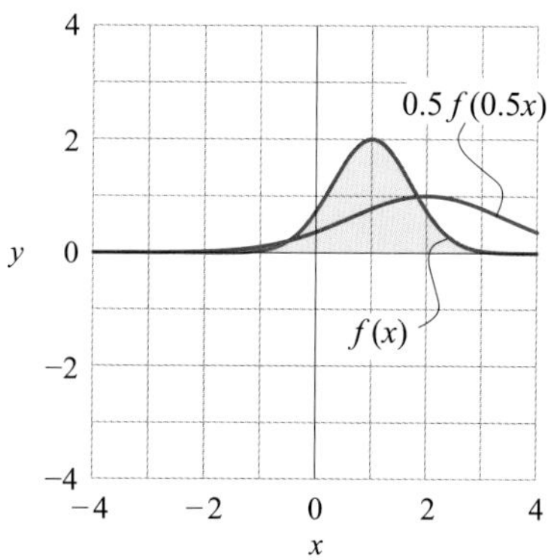

图12.19 原函数$y = f(x)$ 水平方向、竖直方向同时伸缩

对称

如图12.20所示，相对于$y = f(x)$，$f(-x)$ 相当于函数**关于y轴对称** (reflection about y axis)；$-f(x)$ 相当于函数**关于x轴对称** (reflection about x axis)；而 $f(x)$ 与$-f(-x)$ 关于原点对称。

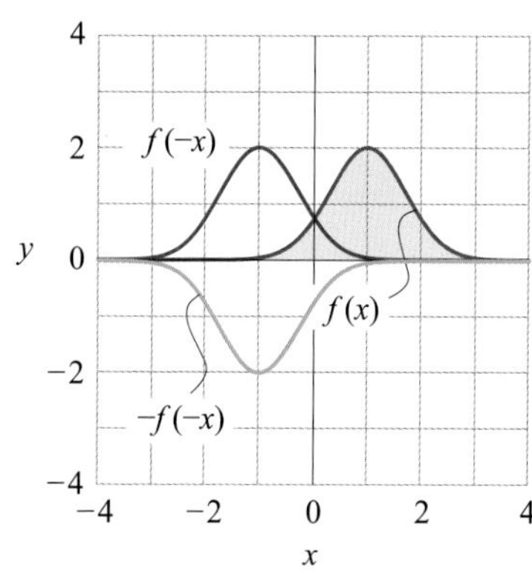

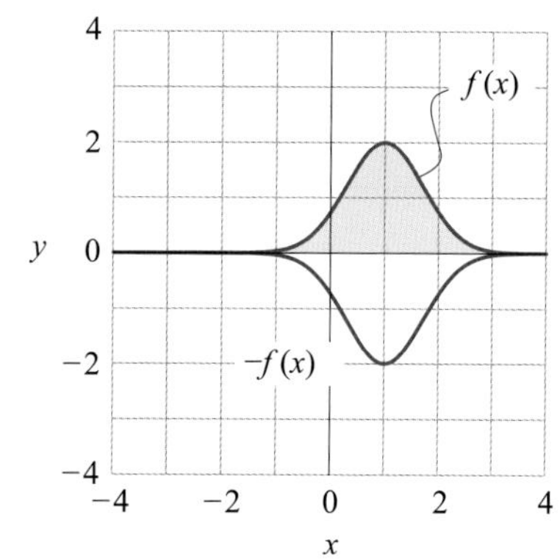

图12.20 原函数$y = f(x)$ 关于横轴、纵轴对称

一元高斯分布的概率密度函数解析式为

$$f_X(x) = \frac{1}{\sigma\sqrt{2\pi}} \exp\left(\frac{-1}{2}\left(\frac{x-\mu}{\sigma}\right)^2\right) \tag{12.26}$$

其中：μ为均值；σ为标准差。

高斯分布的概率密度函数实际上可以通过高斯函数经过函数变换得到。

观察式 (12.26) 中指数部分存在两个函数变换——横轴缩放 (σ)、横轴平移 (μ)。

令

$$z = \frac{x-\mu}{\sigma} \tag{12.27}$$

将式 (12.27) 代入式 (12.26)，整理得到

$$f_Z(z)=\frac{1}{\sigma\sqrt{2\pi}}\exp\left(\frac{-1}{2}z^2\right) \tag{12.28}$$

式 (12.28) 中分母 $\sigma\sqrt{2\pi}$，起到的是纵向缩放作用，保证曲线下方面积为1。理解这步变换需要积分知识。图12.21所示为以上三步几何变换。

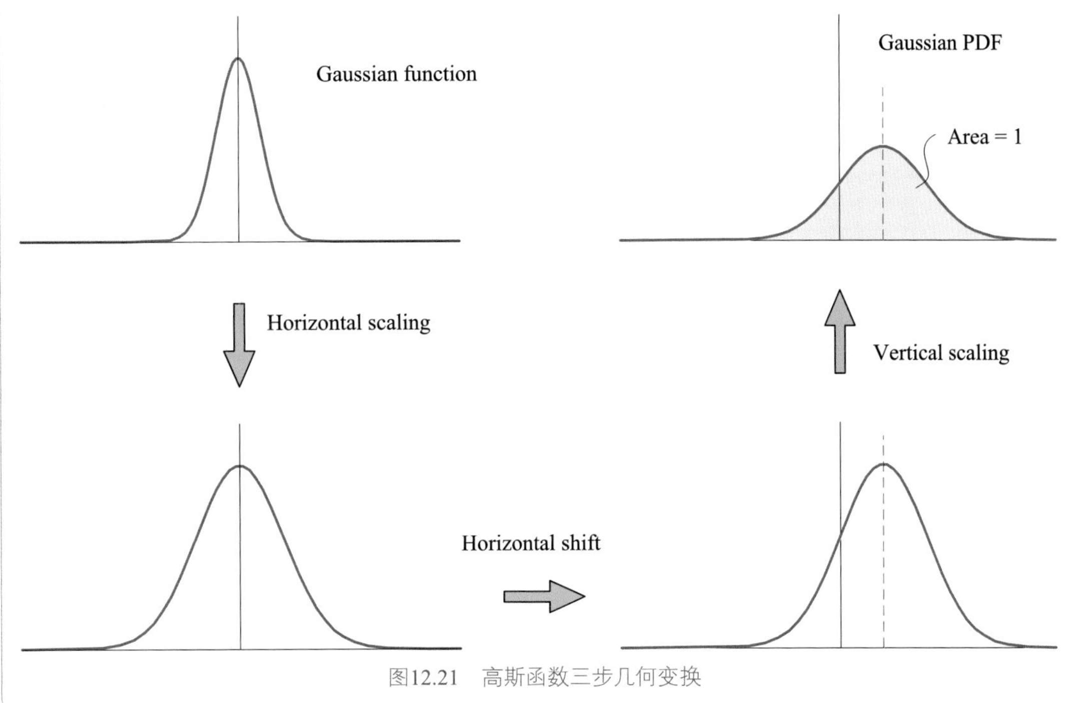

图12.21　高斯函数三步几何变换

Bk3_Ch12_02.py绘制图12.15~图12.20。

在Bk3_Ch12_02.py基础上，我们做了一个App用来交互呈现不同参数对高斯函数的形状和位置影响。请大家参考代码文件Streamlit_Bk3_Ch12_02.py。

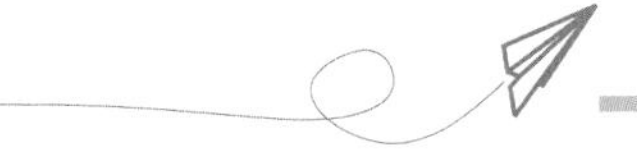

本章有两个要点——函数在数值转化的作用、函数变换。

机器学习各种算法中，函数起到数据转化的作用，如把取值在正负无穷之间的数值转化在0和1之间。鸢尾花书《数据有道》一册将会专门探讨这个话题。

平移、缩放、对称等函数变换是几何变换在函数上的应用。请大家格外注意，函数变换过程前后形状、单调性、极值点、对称轴、面积等性质的变化。

13

Bivariate Functions

二元函数

从三维几何图形角度理解

当然，我们可以使用任何需要的符号；不要嘲笑符号；发明它们，它们很强大。事实上，很大程度上数学就是在发明更好的符号。

We could, of course, use any notation we want; do not laugh at notations; invent them, they are powerful. In fact, mathematics is, to a large extent, invention of better notations.

—— 理查德·费曼 (Richard P. Feynman) | 美国理论物理学家 | 1918 — 1988

- `Axes3D.plot_surface()` 绘制三维曲面
- `matplotlib.pyplot.contour()` 绘制等高线图
- `matplotlib.pyplot.contourf()` 绘制填充等高线图
- `numpy.linspace()` 在指定的间隔内，返回固定步长的数据
- `numpy.meshgrid()` 生成网格数据

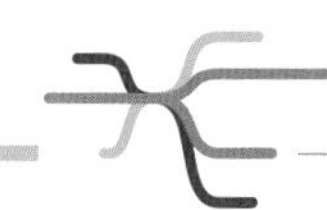

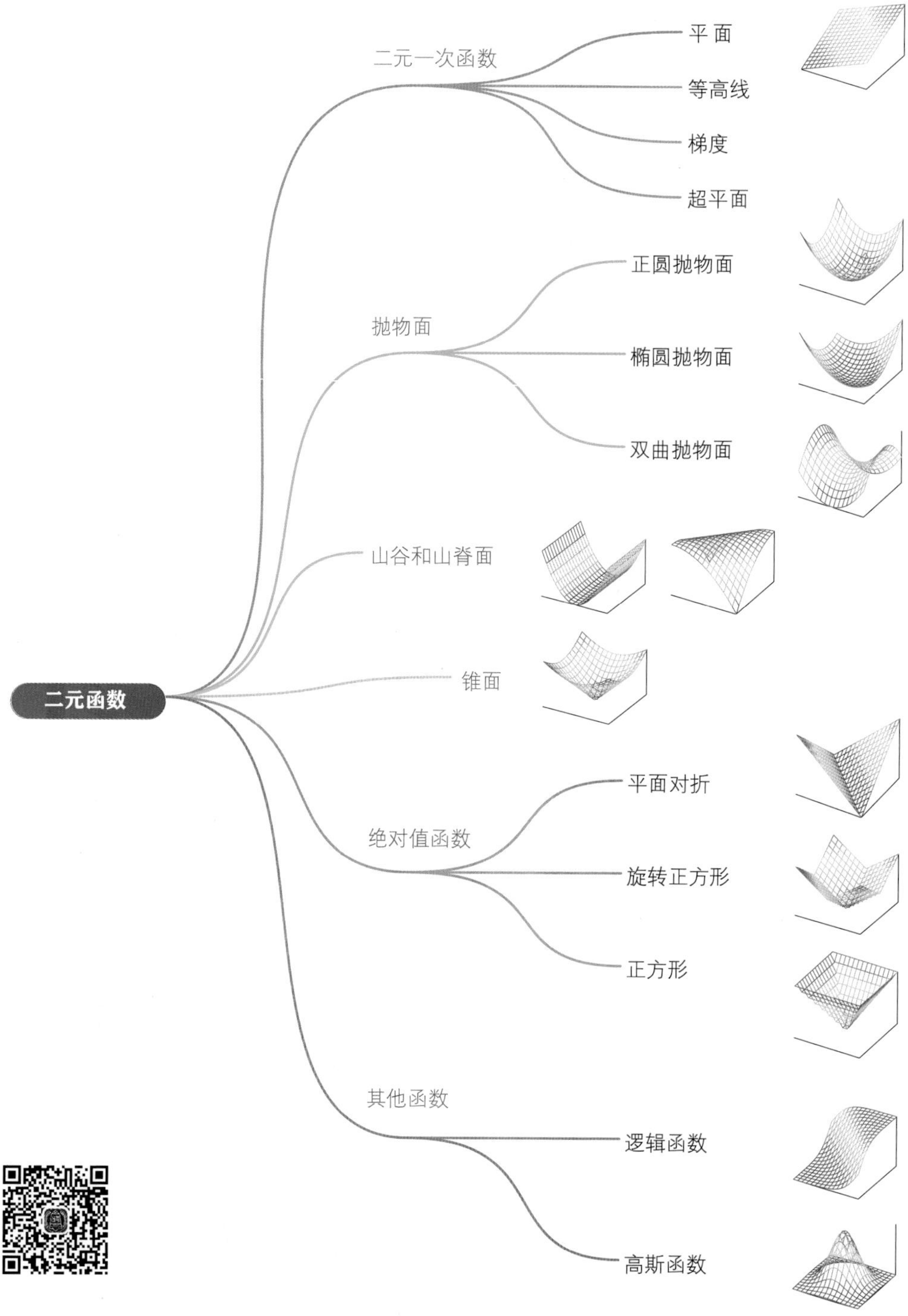

二元函数

- 二元一次函数
  - 平 面
  - 等高线
  - 梯度
  - 超平面
- 抛物面
  - 正圆抛物面
  - 椭圆抛物面
  - 双曲抛物面
- 山谷和山脊面
- 锥面
- 绝对值函数
  - 平面对折
  - 旋转正方形
  - 正方形
- 其他函数
  - 逻辑函数
  - 高斯函数

13.1 二元一次函数：平面

二元一次函数是一元一次函数的扩展，一般式为

$$y = f(x_1, x_2) = w_1 x_1 + w_2 x_2 + b \tag{13.1}$$

当w_1和w_2均为0时，$f(x_1, x_2) = b$为二元常数函数，图像平行于x_1x_2水平面。

用矩阵乘法，式 (13.1) 可以写成

$$y = f(x_1, x_2) = \boldsymbol{w}^{\mathrm{T}} \boldsymbol{x} + b \tag{13.2}$$

其中

$$\boldsymbol{w} = \begin{bmatrix} w_1 \\ w_2 \end{bmatrix}, \quad \boldsymbol{x} = \begin{bmatrix} x_1 \\ x_2 \end{bmatrix} \tag{13.3}$$

当y取一定值时，如$y = c$，平面将退化为一条直线

$$w_1 x_1 + w_2 x_2 + b = c \tag{13.4}$$

从另外一个角度，c相当于$f(x_1, x_2)$平面的某一条等高线，即$f(x_1, x_2)$的等高线为直线。

举个例子

图13.1所示图像对应解析式为

$$y = f(x_1, x_2) = x_1 + x_2 = \underbrace{\begin{bmatrix} 1 \\ 1 \end{bmatrix}^{\mathrm{T}}}_{\boldsymbol{w}} \underbrace{\begin{bmatrix} x_1 \\ x_2 \end{bmatrix}}_{\boldsymbol{x}} \tag{13.5}$$

图13.1 (a) 所示为式 (13.5) 对应的平面，图中黑色直线对应$x_1 + x_2 = 0$，即$x_2 = -x_1$。图13.1 (b) 所示$f(x_1, x_2)$平面的等高线都平行于$x_1 + x_2 = 0$。由于$f(x_1, x_2)$为线性函数，因此等高线平行，且间距相同。

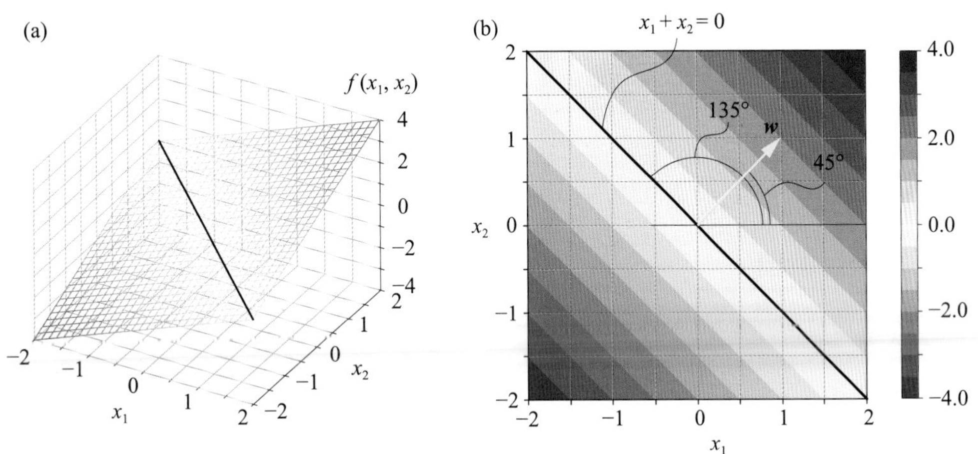

图13.1　$f(x_1, x_2) = x_1 + x_2$网格图和等高线图

图13.1 (b) 中黄色箭头为 $f(x_1, x_2)$ 增大的方向，箭头与x_1轴正方向夹角为45°。细心的读者应该发现了，黄色箭头对应的向量就是$\boldsymbol{w}$，即

$$\boldsymbol{w}=\begin{bmatrix}1\\1\end{bmatrix} \tag{13.6}$$

图13.1 (b) 中，$\boldsymbol{w}$向量垂直于等高线并指向$f(x_1, x_2)$ 的增大方向。这并非巧合，实际上$\boldsymbol{w}$向量便是**梯度向量** (gradient vector)。本书在前文讲解不等式时，提到过梯度这个概念，不过当时我们关注的仅仅是梯度的反方向，即梯度下降方向而已。

鸢尾花书内容不断深入，大家会理解$\boldsymbol{w}$的几何意义以及梯度向量这一重要概念。这里先给大家留下一个印象。

此外，相信大家已经意识到向量是个多面手，向量不仅仅是一列或一行数，还是有方向的线段。大家会在鸢尾花书《矩阵力量》经常听到这句话——有向量的地方，就有几何！希望大家在看到向量出现时，多从几何视角思考向量的几何内涵。

第二个例子

图13.2所示平面对应的解析式为

$$y=f\left(x_1,x_2\right)=-x_1+x_2=\underbrace{\begin{bmatrix}-1\\1\end{bmatrix}}_{\boldsymbol{w}}^{\mathrm{T}}\underbrace{\begin{bmatrix}x_1\\x_2\end{bmatrix}}_{\boldsymbol{x}} \tag{13.7}$$

图13.2 (b) 中黄色箭头同样指向$f(x_1, x_2)$ 增大的方向，对应式 (13.7) 中的$\boldsymbol{w}$。箭头与x_1轴正方向夹角为135°。

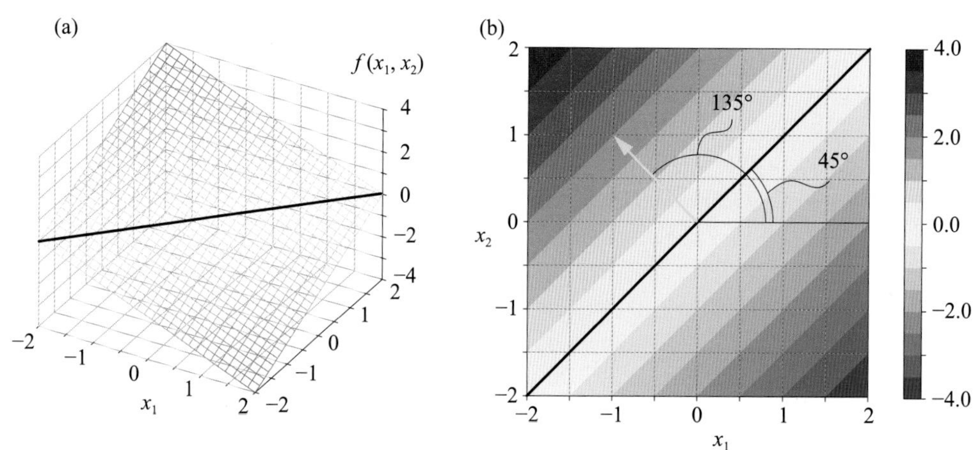

图13.2 $f(x_1, x_2)=-x_1+x_2$网格图和等高线图

等高线平行纵轴

当$w_1=-1$，$w_2=0$，$b=0$时，$f(x_1, x_2)$ 平面高度仅受到x_1影响。图13.3所示图像对应的解析式为

$$y=f\left(x_1,x_2\right)=-x_1=\underbrace{\begin{bmatrix}-1\\0\end{bmatrix}}_{\boldsymbol{w}}^{\mathrm{T}}\underbrace{\begin{bmatrix}x_1\\x_2\end{bmatrix}}_{\boldsymbol{x}} \tag{13.8}$$

图13.3 (a) 所示平面平行于x_2轴，即纵轴。图13.3 (b) 所示$f(x_1, x_2)$ 平面等高线同样平行于x_2轴。图13.3 (b) 中，黄色箭头为函数 $f(x_1, x_2)$ 增大的方向，箭头平行于x_1轴向左，即朝向x_1轴负方向。

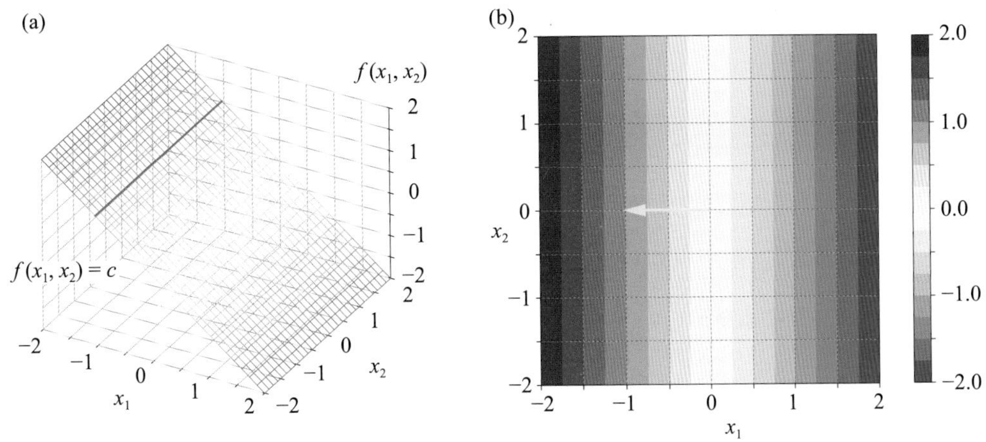

图13.3　$f(x_1, x_2) = -x_1$网格图和等高线图

等高线平行横轴

当$w_1 = 0$，$w_2 = 1$，$b = 0$时，$f(x_1, x_2)$ 平面仅受到x_2影响。图13.4所示图像对应的解析式为

$$y = f\left(x_1, x_2\right) = x_2 = \underbrace{\begin{bmatrix} 0 \\ 1 \end{bmatrix}^{\mathrm{T}}}_{w} \underbrace{\begin{bmatrix} x_1 \\ x_2 \end{bmatrix}}_{x} \tag{13.9}$$

图13.4 (a) 所示平面平行于x_1轴。图13.4 (b) 所示$f(x_1, x_2)$ 平面等高线同样平行于x_1轴。图13.4 (b) 中黄色箭头同样为 $f(x_1, x_2)$ 增大的方向，箭头指向x_2轴正方向。

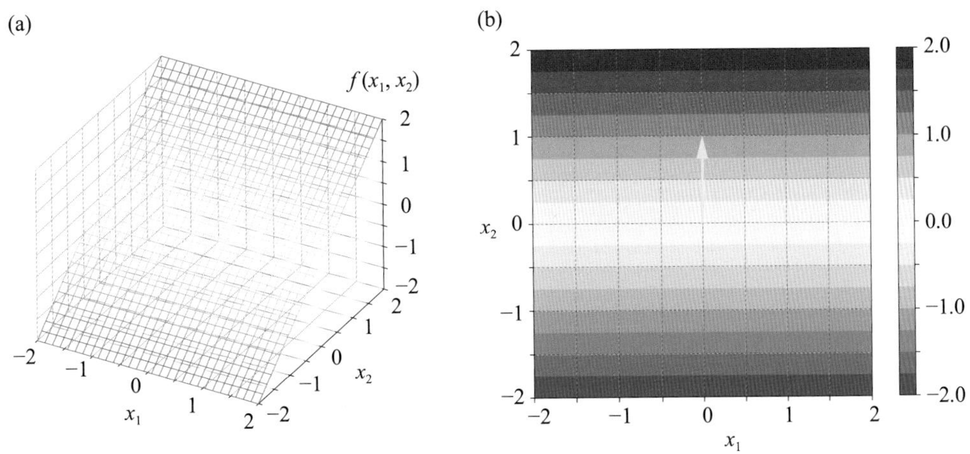

图13.4　$f(x_1, x_2) = x_2$网格图和等高线图

平面叠加

如图13.5所示，若干平面叠加得到的还是平面。函数$f_i(x_1, x_2)$ 中下角标i为函数序号，不同序号代表不同函数。

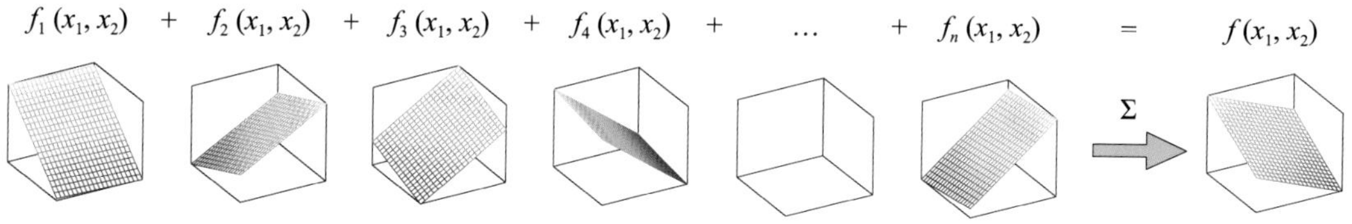

$f_1(x_1, x_2)$ + $f_2(x_1, x_2)$ + $f_3(x_1, x_2)$ + $f_4(x_1, x_2)$ + … + $f_n(x_1, x_2)$ = $f(x_1, x_2)$

Σ

图13.5　若干平面叠加得到的还是平面

超平面

一次函数中变量数量继续增多时，将获得**超平面** (hyperplane)，对应的解析式为

$$y = f\left(x_1, x_2, \ldots, x_D\right) = w_1 x_1 + w_2 x_2 + \ldots + w_D x_D + b \tag{13.10}$$

将式 (13.10) 写成矩阵运算形式为

$$y = f\left(\boldsymbol{x}\right) = \boldsymbol{w}^{\mathrm{T}} \boldsymbol{x} + b \tag{13.11}$$

其中

$$\boldsymbol{w} = \begin{bmatrix} w_1 \\ w_2 \\ \vdots \\ w_D \end{bmatrix}, \quad \boldsymbol{x} = \begin{bmatrix} x_1 \\ x_2 \\ \vdots \\ x_D \end{bmatrix} \tag{13.12}$$

平面直线、三维空间直线、三维空间平面可以借助不同数学工具进行描述，详见表13.1。请读者格外注意区分代数中函数、方程式、参数方程三个概念之间的区别。

表13.1　不同数学工具描绘直线和平面

数学工具	类型	图像
$f\left(x_1\right) = w_1 x_1 + b$	函数	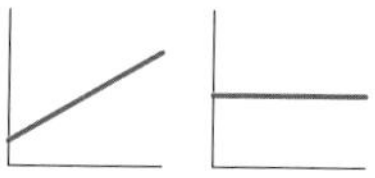
$w_1 x_1 + w_2 x_2 + b = 0$	方程式	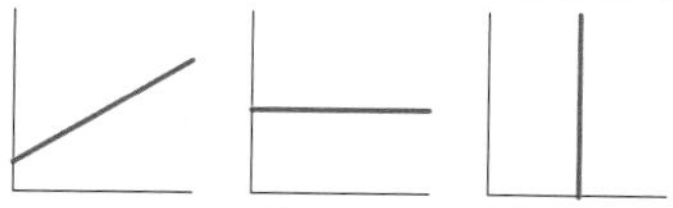
$\begin{cases} x_1 = c_1 + \tau_1 t \\ x_2 = c_2 + \tau_2 t \end{cases}$	参数方程	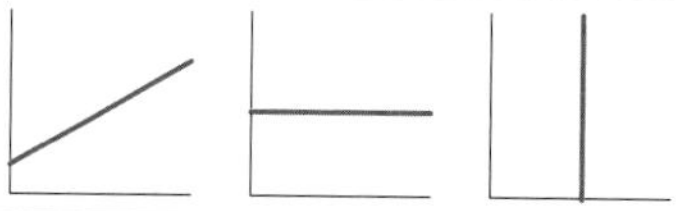
$f\left(x_1, x_2\right) = w_1 x_1 + w_2 x_2 + b$	函数	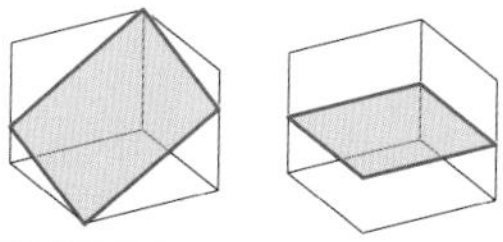
$w_1 x_1 + w_2 x_2 + w_3 x_3 + b = 0$	方程式	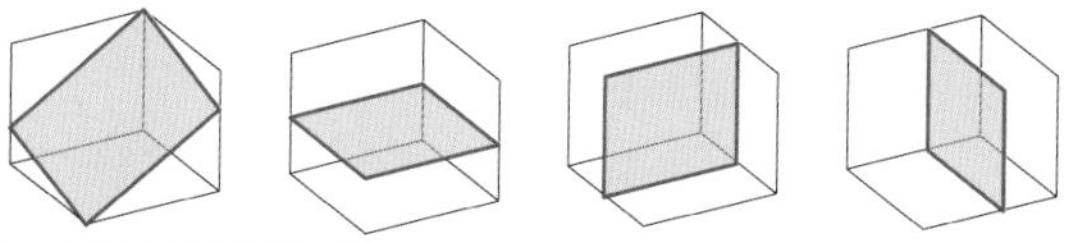
$\begin{cases} x_1 = c_1 + \tau_1 t \\ x_2 = c_2 + \tau_2 t \\ x_3 = c_3 + \tau_3 t \end{cases}$	参数方程	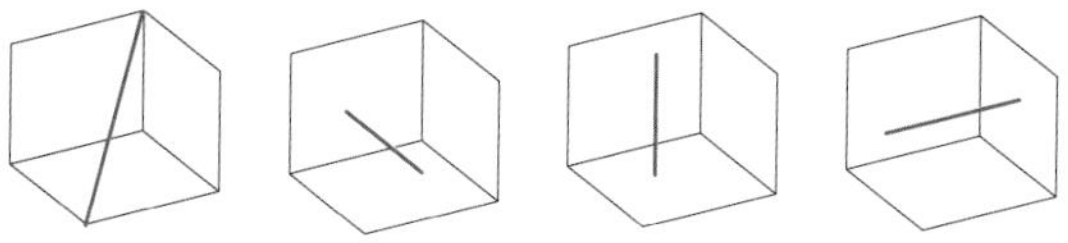

本书前文介绍过一元线性回归，回归模型中只含有一个自变量和一个因变量。从图像上来看，一元线性回归模型就是一条直线。

自变量的个数增加到两个时，我们便可以得到二元线性回归。二元线性回归解析式可以写成 $y = b_0 + b_1x_1 + b_2x_2$，这就是我们本节介绍的二元一次函数，对应的图像为一个平面。

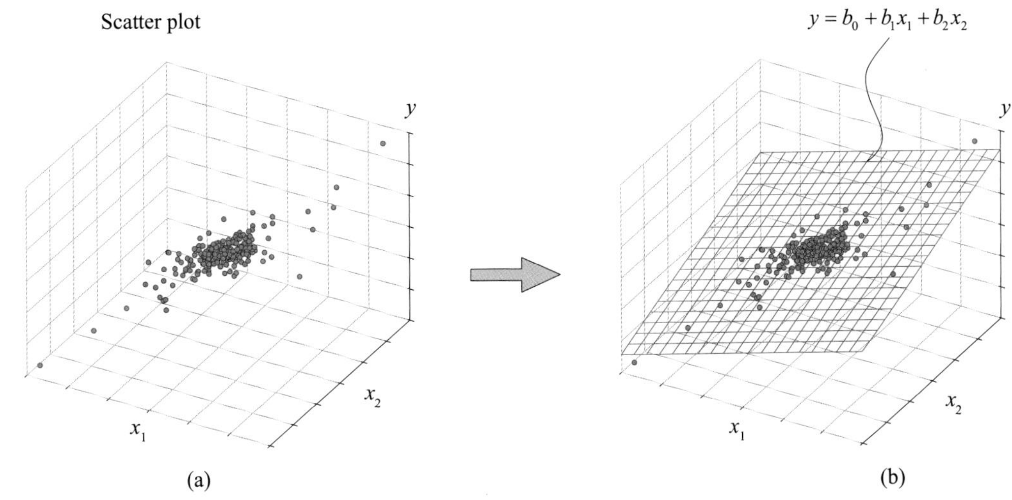

图13.6　从散点图到二元回归平面

图13.6 (a) 所示是三维直角坐标系散点图。通过观察散点图，我们可以发现因变量随自变量变化的大致趋势。

图13.6 (b) 中红色平面就是二元线性回归模型对应的图形，这个可视化方案试图用一个平面 (线性) 解释自变量和因变量之间的量化关系。

Bk3_Ch13_01.py绘制图13.1~图13.4。代码中创建了三个自定义函数，用于可视化。另外，请大家修改Bk3_Ch13_01.py并绘制本章后续图像。

13.2 正圆抛物面：等高线为正圆

正圆抛物面 (circular paraboloid) 是**抛物面** (paraboloid) 的一种特殊形式，它的等高线为正圆。正圆抛物面最简单的形式为

$$y = f(x_1, x_2) = a\left(x_1^2 + x_2^2\right) \tag{13.13}$$

式 (13.13) 可以写成矩阵运算形式，即

$$y=f(x_1,x_2)=\underbrace{\begin{bmatrix}x_1\\x_2\end{bmatrix}}_{\boldsymbol{x}}^{\mathrm{T}}\begin{bmatrix}a&0\\0&a\end{bmatrix}\underbrace{\begin{bmatrix}x_1\\x_2\end{bmatrix}}_{\boldsymbol{x}}=a\underbrace{\begin{bmatrix}x_1\\x_2\end{bmatrix}}_{\boldsymbol{x}}^{\mathrm{T}}\underbrace{\begin{bmatrix}x_1\\x_2\end{bmatrix}}_{\boldsymbol{x}}=a\boldsymbol{x}^{\mathrm{T}}\boldsymbol{x}=a\|\boldsymbol{x}\|^2 \tag{13.14}$$

向量的模

请大家格外注意，式 (13.14) 可以写成 $y=f(x_1,x_2)=a\|\boldsymbol{x}\|^2$ 这种形式，其中 $\|\boldsymbol{x}\|$ 叫向量 $\boldsymbol{x}$ 的**模** (norm)。

如图13.7所示，有了坐标系，向量 $\boldsymbol{x}$ 可以理解为平面上有方向的线段，它有大小和方向两个性质。$\|\boldsymbol{x}\|$ 为向量 $\boldsymbol{x}$ 的模，就是向量的长度，定义为

$$\|\boldsymbol{x}\|=\sqrt{x_1^2+x_2^2} \tag{13.15}$$

建议大家回想本书第7章介绍的“等距线”这个概念，回忆欧氏距离对应的等距线有怎样的特点。本书第22章将继续这一话题。

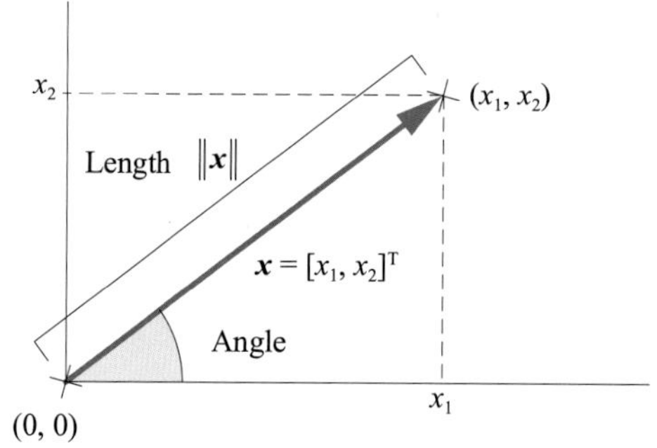

图13.7　向量有大小和方向两个性质

观察式 (13.15)，利用勾股定理，$\|\boldsymbol{x}\|$ 相当于 (x_1, x_2) 和原点 (0, 0) 之间的距离，即欧氏距离。而式 (13.14) 相当于欧氏距离的平方。

开口朝上

图13.8所示为正圆抛物面开口朝上，对应的解析式为

$$y=f(x_1,x_2)=x_1^2+x_2^2=\underbrace{\begin{bmatrix}x_1\\x_2\end{bmatrix}}_{\boldsymbol{x}}^{\mathrm{T}}\begin{bmatrix}1&0\\0&1\end{bmatrix}\underbrace{\begin{bmatrix}x_1\\x_2\end{bmatrix}}_{\boldsymbol{x}}=\boldsymbol{x}^{\mathrm{T}}\boldsymbol{x}=\|\boldsymbol{x}\|^2 \tag{13.16}$$

注意：图13.8 (b) 中黄色箭头不再平行。但是，不同位置的黄色箭头都垂直于等高线，并指向函数增大方向。

观察图13.8 (b)，三维等高线为一系列同心正圆。观察等高线变化和曲面，可以发现等高线越密集，曲面变化越剧烈，也就是说曲面坡面越陡峭。图13.8所示曲面的最小值点为 (0, 0)。

要想获得黄色箭头 (梯度向量) 准确解析式就需要用到偏导数这个数学工具，偏导数是本书第16章要介绍的内容。

另外，当x_1为定值时，如$x_1 = 1$，得到的曲线为抛物线

$$y = f(x_1 = 1, x_2) = 1 + x_2^2 \tag{13.17}$$

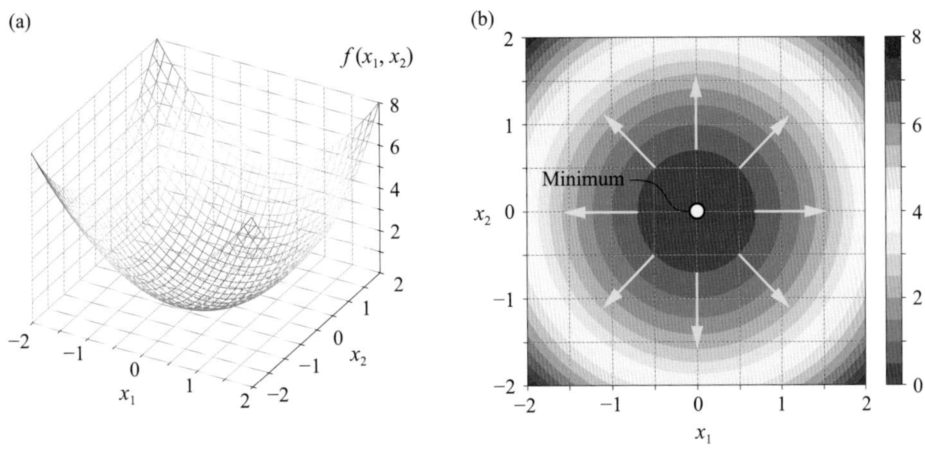

图13.8　开口朝上正圆抛物面网格图和等高线图

开口朝下

图13.9所示同样为正圆抛物面，但开口朝下，解析式为

$$y = f(x_1, x_2) = -x_1^2 - x_2^2 = \underbrace{\begin{bmatrix} x_1 \\ x_2 \end{bmatrix}}_{x}^{\mathrm{T}} \begin{bmatrix} -1 & 0 \\ 0 & -1 \end{bmatrix} \underbrace{\begin{bmatrix} x_1 \\ x_2 \end{bmatrix}}_{x} = -\boldsymbol{x}^{\mathrm{T}}\boldsymbol{x} \tag{13.18}$$

图13.9所示曲面在 (0, 0) 处取得最大值点。

图13.9 (b) 中不同位置的黄色箭头也都垂直于等高线，并指向函数增大方向。图13.8 (b) 中箭头发散，但是图13.9 (b) 中箭头汇聚。这和曲面的凸凹性有关。图13.8 (a) 中曲面为凸面，而图13.9 (a) 中曲面为凹面。

值得注意的是，图13.8关于x_1x_2平面镜像便得到图13.9。

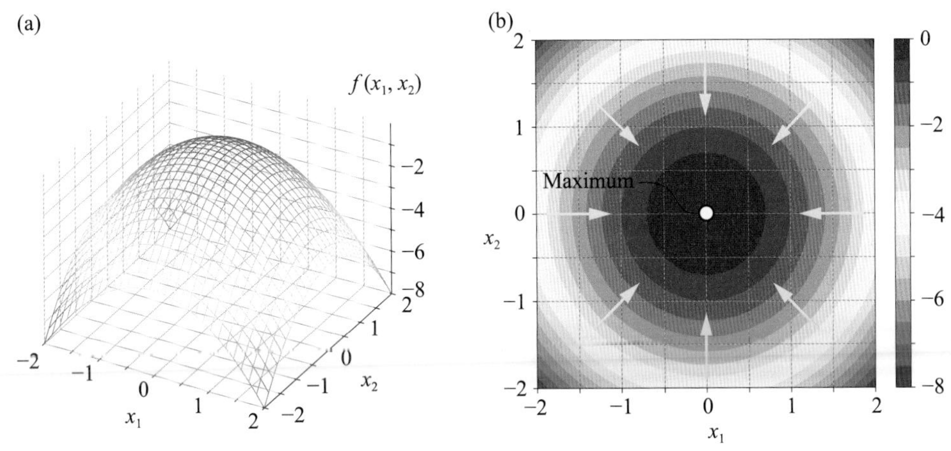

图13.9　开口朝下正圆抛物面网格图和等高线图

平移

本书前文介绍过函数变换思想，在三维直角坐标系中，将式 (13.14) 中的二元函数变量 (x_1, x_2) 平移 (c_1, c_2) 得到

$$y = f(x_1, x_2) = -(x_1 - c_1)^2 - (x_2 - c_2)^2 = -(\boldsymbol{x} - \boldsymbol{c})^{\mathrm{T}}(\boldsymbol{x} - \boldsymbol{c}) = -\|\boldsymbol{x} - \boldsymbol{c}\|^2 \tag{13.19}$$

其中：$\boldsymbol{c} = [c_1, c_2]^{\mathrm{T}}$。

举个例子，当 $\boldsymbol{c} = [1, 1]^{\mathrm{T}}$ 时，式 (13.19) 对应的抛物面曲面和等高线如图13.10所示。图13.9 所示图像在x_1x_2平面平移 $\boldsymbol{c} = [1, 1]^{\mathrm{T}}$，便可以得到图13.10所示图像。正圆抛物面的中心移动到了 (1, 1)。相应地，最大值点也移动到了 (1, 1)。

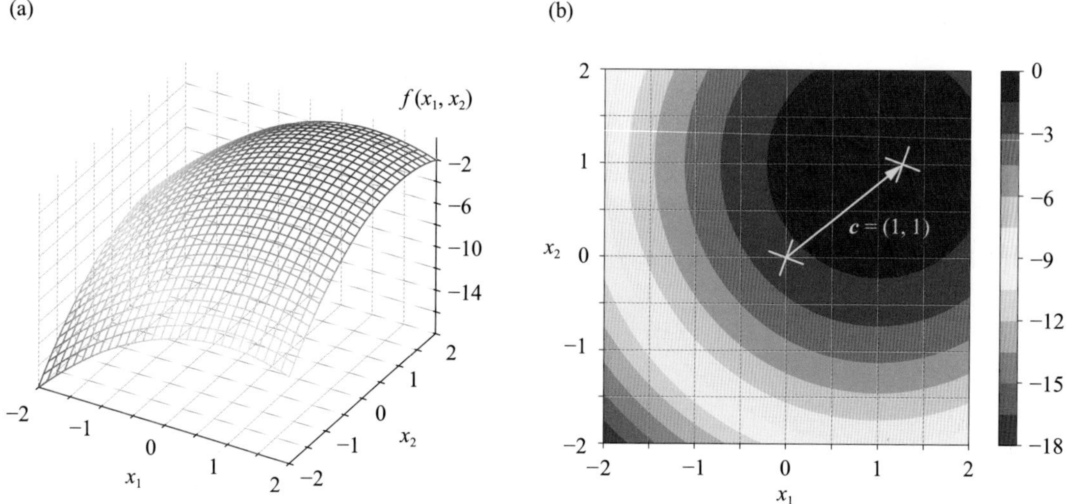

图13.10　抛物面平移

13.3 椭圆抛物面：等高线为椭圆

开口朝上

开口朝上**椭圆抛物面** (elliptic paraboloid) 的一般形式为

$$y = f(x_1, x_2) = \frac{x_1^2}{a^2} + \frac{x_2^2}{b^2} = \underbrace{\begin{bmatrix} x_1 \\ x_2 \end{bmatrix}^{\mathrm{T}}}_{\boldsymbol{x}} \begin{bmatrix} 1/a^2 & 0 \\ 0 & 1/b^2 \end{bmatrix} \underbrace{\begin{bmatrix} x_1 \\ x_2 \end{bmatrix}}_{\boldsymbol{x}} \tag{13.20}$$

其中：a和b都不为0。特别地，当$a^2 = b^2$时，椭圆抛物面便是正圆抛物面。

将 (13.20) 写成

$$y = f(x_1, x_2) = \boldsymbol{x}^{\mathrm{T}} \begin{bmatrix} 1/a & 0 \\ 0 & 1/b \end{bmatrix} \begin{bmatrix} 1/a & 0 \\ 0 & 1/b \end{bmatrix} \boldsymbol{x} = \left(\begin{bmatrix} 1/a & 0 \\ 0 & 1/b \end{bmatrix} \boldsymbol{x} \right)^{\mathrm{T}} \begin{bmatrix} 1/a & 0 \\ 0 & 1/b \end{bmatrix} \boldsymbol{x} \tag{13.21}$$

如图13.11所示，我们可以发现，从几何视角来看，上式中的对角方阵起到的就是“缩放”这个几何操作。

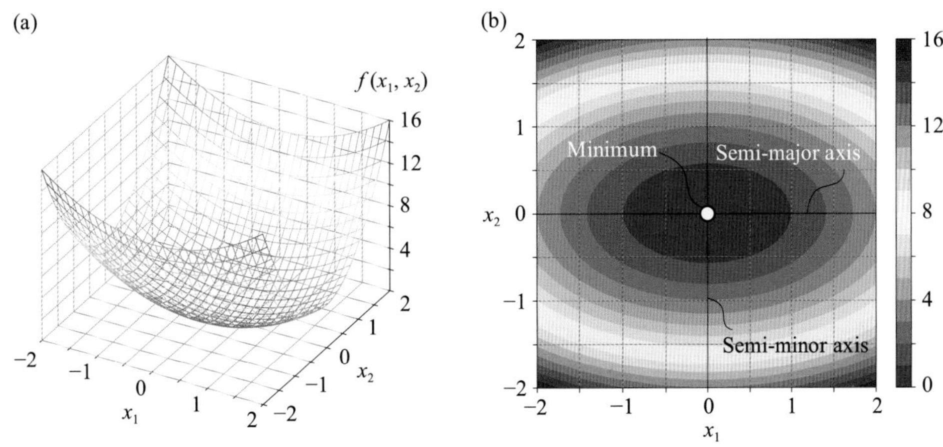

图13.11 开口朝上正椭圆抛物面网格图和等高线图

举个例子

图13.11所示椭圆抛物面开口朝上，解析式为

$$y = f(x_1, x_2) = x_1^2 + 3x_2^2 = \underbrace{\begin{bmatrix} x_1 \\ x_2 \end{bmatrix}^{\mathrm{T}}}_{\boldsymbol{x}} \begin{bmatrix} 1 & 0 \\ 0 & 3 \end{bmatrix} \underbrace{\begin{bmatrix} x_1 \\ x_2 \end{bmatrix}}_{\boldsymbol{x}} \tag{13.22}$$

图13.11所示椭圆抛物面的最小值点位于 (0, 0)。图13.8所示图像在x_2轴方向以一定比例缩放便可以得到图13.11所示图像。

如图13.11 (b) 所示，三维等高线为一系列椭圆。这些椭圆为正椭圆，其半长轴位于x_1轴。

回顾一下前文介绍过的椭圆相关概念。**长轴** (major axis) 是过焦点与椭圆相交的线段长，也叫作椭圆最长的直径；**半长轴** (semi-major axis) 是椭圆长轴的一半长。**短轴** (minor axis) 为椭圆最短的直径，**半短轴** (semi-minor axis) 为短轴的一半。

开口朝下

图13.12所示正椭圆抛物面开口朝下，对应解析式为

$$y = f(x_1, x_2) = -3x_1^2 - x_2^2 = \underbrace{\begin{bmatrix} x_1 \\ x_2 \end{bmatrix}^{\mathrm{T}}}_{\boldsymbol{x}} \begin{bmatrix} -3 & 0 \\ 0 & -1 \end{bmatrix} \underbrace{\begin{bmatrix} x_1 \\ x_2 \end{bmatrix}}_{\boldsymbol{x}} \tag{13.23}$$

如图13.12 (b) 所示，三维等高线为正椭圆，半长轴位于x_2轴。图13.12所示曲面最大值点位于 (0, 0)。

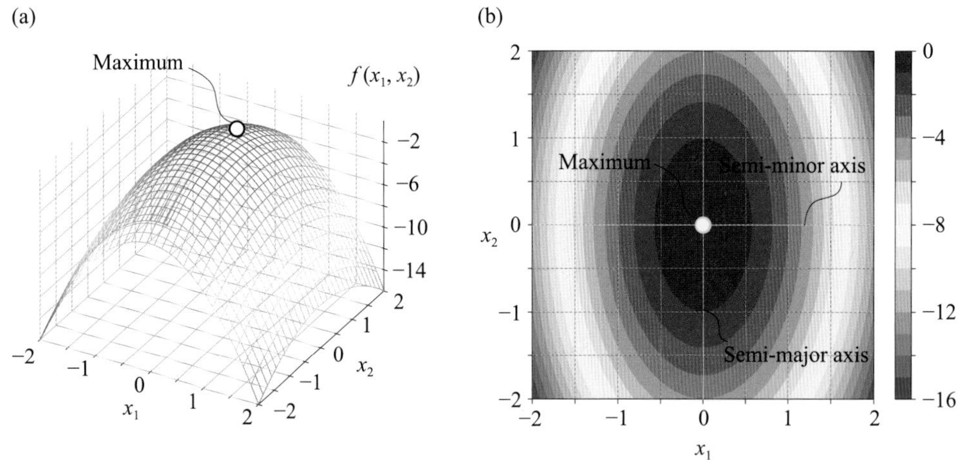

图13.12　开口朝下正椭圆抛物面网格图和等高线图

旋转

图13.13所示旋转椭圆抛物面开口朝上，解析式为

$$y = f(x_1, x_2) = x_1^2 + x_1 x_2 + x_2^2 = \underbrace{\begin{bmatrix} x_1 \\ x_2 \end{bmatrix}^{\mathrm{T}}}_{x} \begin{bmatrix} 1 & 1/2 \\ 1/2 & 1 \end{bmatrix} \underbrace{\begin{bmatrix} x_1 \\ x_2 \end{bmatrix}}_{x} \tag{13.24}$$

观察图13.13 (b) 可以容易发现三维等高线不再是正椭圆，而是旋转椭圆。旋转椭圆的长半轴与x_1轴正方向的夹角为135°。

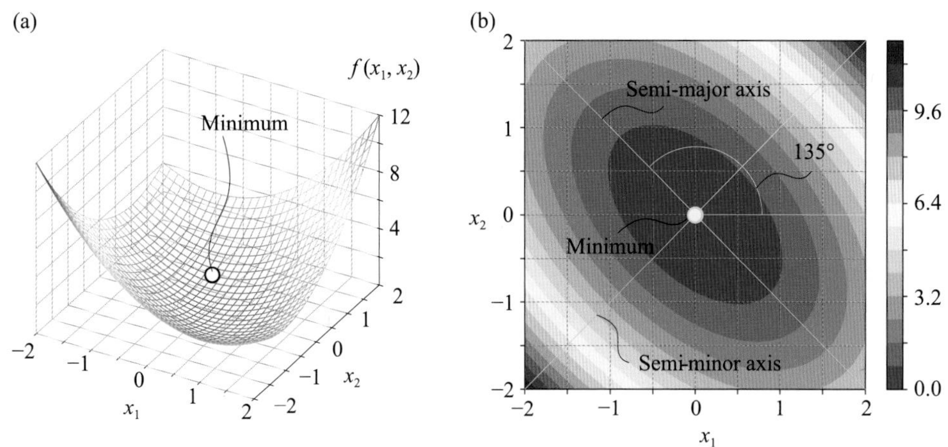

图13.13　开口朝上旋转椭圆抛物面网格图和等高线图

图13.14所示为旋转椭圆抛物面开口朝下，对应解析式为

$$y = f(x_1, x_2) = -x_1^2 + x_1 x_2 - x_2^2 = \underbrace{\begin{bmatrix} x_1 \\ x_2 \end{bmatrix}^{\mathrm{T}}}_{x} \begin{bmatrix} -1 & 1/2 \\ 1/2 & -1 \end{bmatrix} \underbrace{\begin{bmatrix} x_1 \\ x_2 \end{bmatrix}}_{x} \tag{13.25}$$

图13.14所示三维等高线椭圆旋转方向与图13.13正好相反。图13.14所示图像的最大值点位于 (0, 0)。

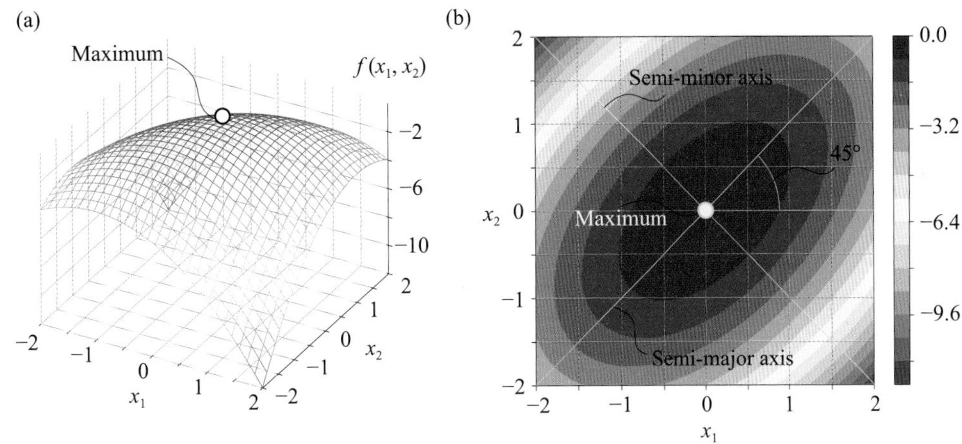

图13.14　开口朝下旋转椭圆抛物面网格图和等高线图

在多元线性回归中，为了简化模型复杂度，可以引入**正则项** (regularizer)。正则项的目的是“收缩”，即让某些估计参数变小，甚至为0。

L2正则是常见的正则方法之一。图13.15所示左上位置旋转椭圆抛物面上红叉“ × ”对应的位置就是二元线性回归中最优参数b_1和b_2 (不考虑常数b_0) 所在位置。

从几何角度，引入L2正则项，就相当于在旋转椭圆抛物面上叠加一个正圆抛物面。观察图13.15右图，可以发现引入正圆抛物面后，参数b_1和b_2位置更靠近原点。这便是L2正则项 (正圆曲面) 起到的作用。

L2正则项权重越大，其影响越大，即红叉“ × ”位置越靠近原点。

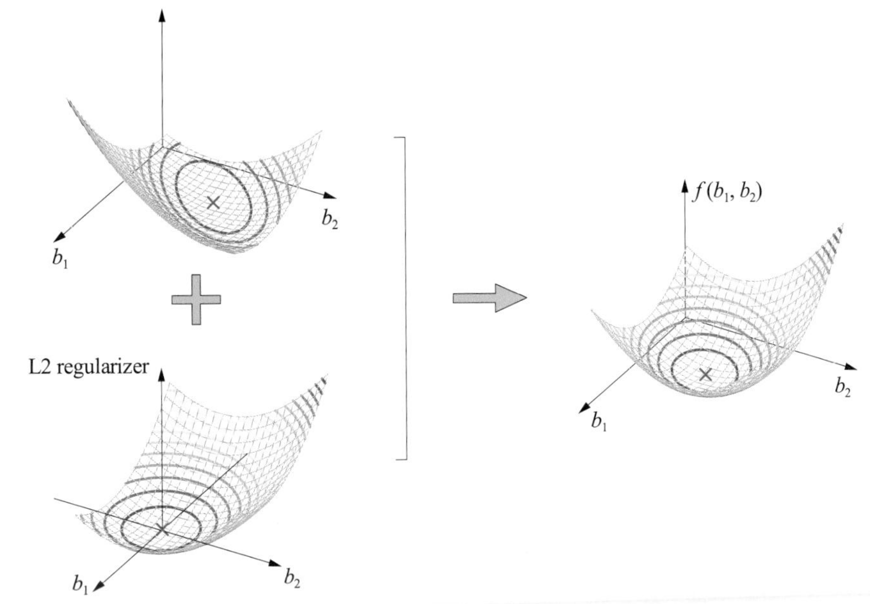

图13.15　线性回归中，L2正则化相当于椭圆抛物面和正圆抛物面叠加

椭圆相关性质对于数据科学和机器学习中的很多算法至关重要，《统计至简》将继续探讨椭圆与其他数学知识的联系。

13.4 双曲抛物面：马鞍面

双曲抛物面 (hyperbolic paraboloid)也叫**马鞍面** (saddle surface)，因其形状酷似马鞍而得名。双曲抛物面的一般形式为

$$y = f(x_1, x_2) = \frac{x_1^2}{a^2} - \frac{x_2^2}{b^2} = \underbrace{\begin{bmatrix} x_1 \\ x_2 \end{bmatrix}}_{x}^{\mathrm{T}} \begin{bmatrix} 1/a^2 & 0 \\ 0 & -1/b^2 \end{bmatrix} \underbrace{\begin{bmatrix} x_1 \\ x_2 \end{bmatrix}}_{x} \tag{13.26}$$

举个例子

图13.16所示双曲抛物面的解析式为

$$y = f(x_1, x_2) = x_1^2 - x_2^2 = \underbrace{\begin{bmatrix} x_1 \\ x_2 \end{bmatrix}}_{x}^{\mathrm{T}} \begin{bmatrix} 1 & 0 \\ 0 & -1 \end{bmatrix} \underbrace{\begin{bmatrix} x_1 \\ x_2 \end{bmatrix}}_{x} \tag{13.27}$$

观察图13.16 (b)，可以发现三维等高线为一系列双曲线。而曲面中心点，也称作**鞍点** (saddle point)，鞍点既不是曲面的最大值点也不是最小值点。有关鞍点的性质，《矩阵力量》会逐步介绍。

本章前文看到正圆和椭圆抛物面的等高线为闭合曲线；而图13.16 (b) 中的等高线不再闭合。此外请大家自行在图13.16 (b) 中四条黑色等高线不同点处，画出前文介绍的黄色箭头 (即梯度向量)；要求箭头垂直于该点处等高线，并指向函数增大方向 (朝向暖色系)。

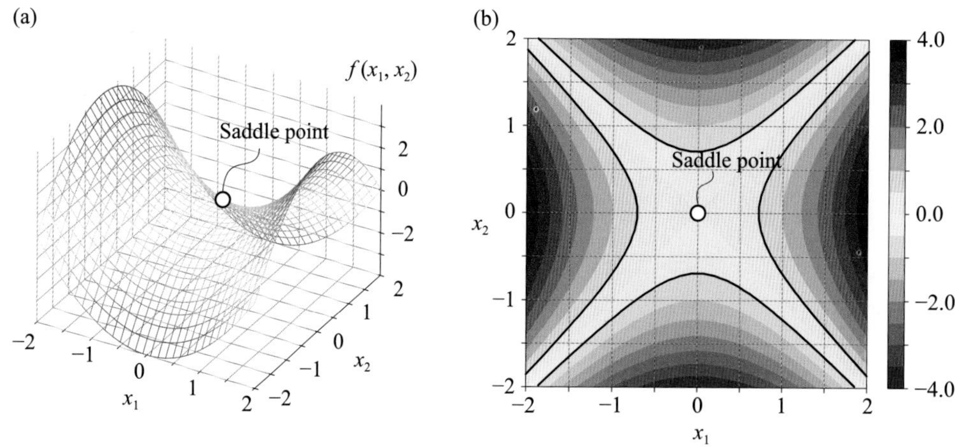

图13.16 双曲抛物面网格图和等高线图

旋转

图13.17所示为旋转双曲线抛物面，解析式为

$$y = f(x_1, x_2) = x_1 x_2 = \underbrace{\begin{bmatrix} x_1 \\ x_2 \end{bmatrix}}_{x}^{\mathrm{T}} \begin{bmatrix} 0 & 1/2 \\ 1/2 & 0 \end{bmatrix} \underbrace{\begin{bmatrix} x_1 \\ x_2 \end{bmatrix}}_{x} \tag{13.28}$$

式 (13.28) 即为图13.17 (b) 所示等高线，它实际上是一系列反比例函数曲线。比较图13.16 (b)，可以发现图13.17 (b) 中的双曲线旋转了45°。

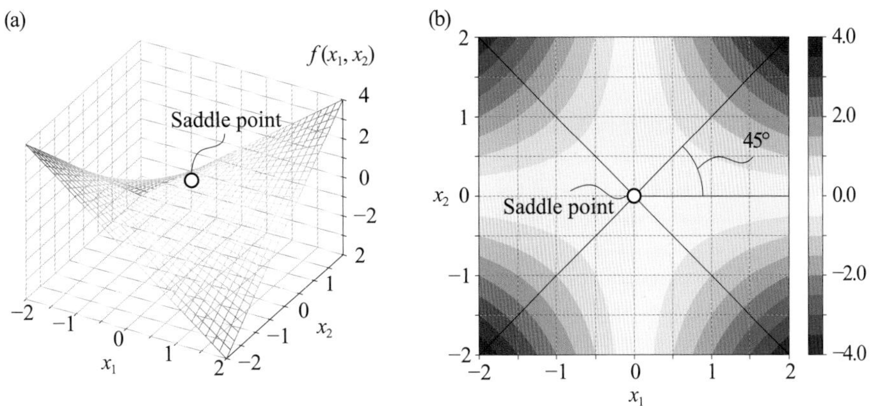

图13.17　旋转双曲抛物面网格图和等高线图

13.5 山谷和山脊：无数极值点

本节介绍山谷面和山脊面，和它们的几何特征。

山谷面

图13.18所示为**山谷面** (valley surface)，对应解析式为

$$y = f(x_1, x_2) = x_1^2 = \underbrace{\begin{bmatrix} x_1 \\ x_2 \end{bmatrix}}_{x}^{\mathrm{T}} \begin{bmatrix} 1 & 0 \\ 0 & 0 \end{bmatrix} \underbrace{\begin{bmatrix} x_1 \\ x_2 \end{bmatrix}}_{x} \tag{13.29}$$

观察图13.18 (b) 可以发现，山谷面存在无数极小值点，并且这些极小值点均在一条直线上。

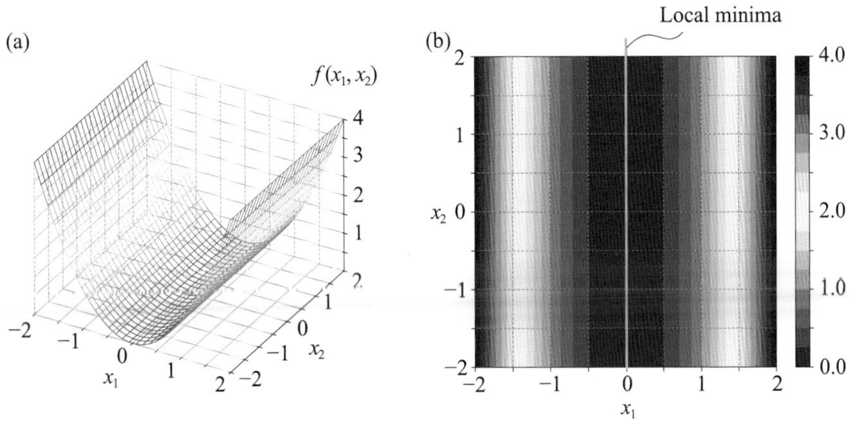

图13.18　山谷面网格图和等高线图

叠加

如图13.19所示的正圆抛物面可以看作由两个山谷面叠加得到的，即

$$y = f(x_1, x_2) = x_1^2 + x_2^2 \tag{13.30}$$

很多曲面都可以看作是若干不同类型的曲面叠加而成的。这个几何视角对于理解一些机器学习和数据科学算法非常重要。

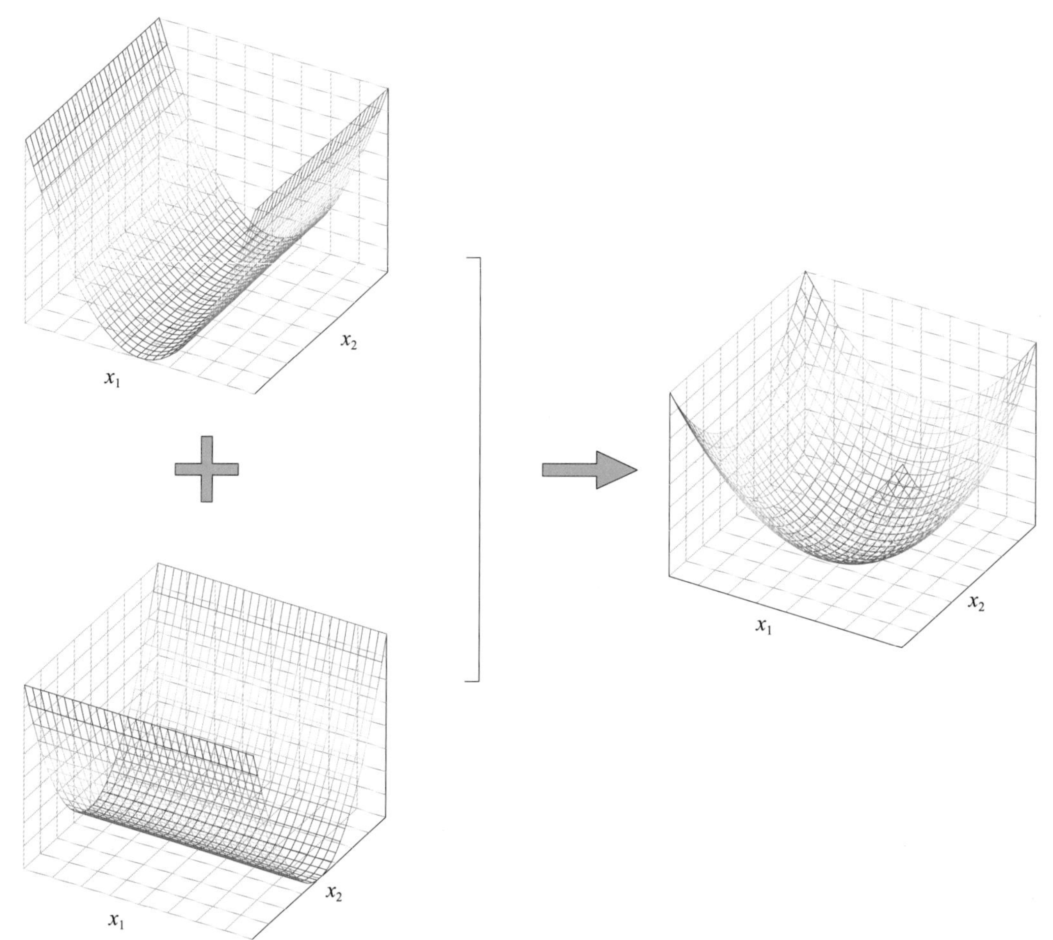

图13.19　两个山谷面合成得到正圆面

山脊面

图13.20所示为旋转**山脊面** (ridge surface)，解析式为

$$y = f(x_1, x_2) = -\frac{x_1^2}{2} + x_1 x_2 - \frac{x_2^2}{2} = \underbrace{\begin{bmatrix} x_1 \\ x_2 \end{bmatrix}}_{x}^{\mathrm{T}} \begin{bmatrix} -1/2 & 1/2 \\ 1/2 & -1/2 \end{bmatrix} \underbrace{\begin{bmatrix} x_1 \\ x_2 \end{bmatrix}}_{x} \tag{13.31}$$

图13.20 (b) 告诉我们，山脊面有一系列极大值点，它们在同一条斜线上。

也请大家在图13.20 (b) 中黑色等高线的不同点绘制梯度方向箭头。

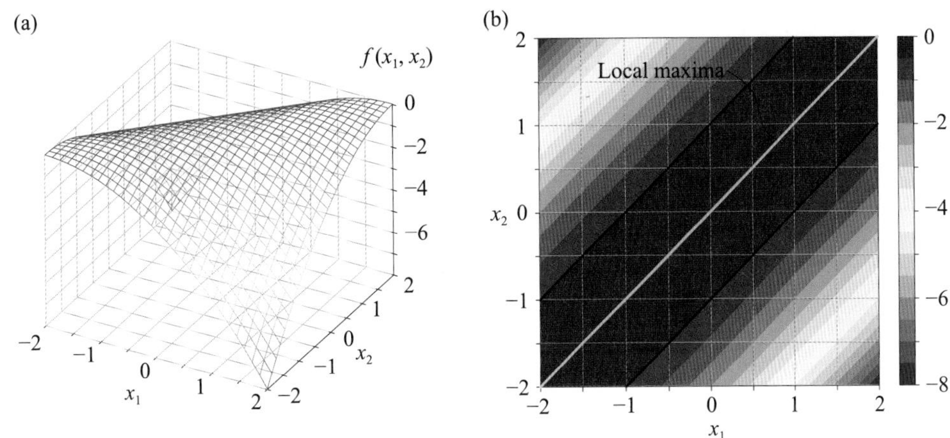

图13.20　旋转山脊面网格图和等高线图

大家可能已经发现，本章前文介绍的平面或二次曲面都可以写成一般式，即

$$f\left(x_1, x_2\right) = ax_1^2 + bx_1x_2 + cx_2^2 + dx_1 + ex_2 + f \tag{13.32}$$

在Bk3_Ch13_01.py基础上，我们做了一个App用来交互呈现不同参数对上述函数对应的曲面影响。并采用Plotly呈现交互3D曲面。请参考Streamlit_Bk3_Ch13_01.py。

13.6 锥面：正圆抛物面开方

开口朝上

开口朝上正圆抛物面解析式开平方取正，便可以得到锥面。图13.21所示**锥面** (cone surface) 开口朝上，对应解析式为

$$y = f(x_1, x_2) = \sqrt{x_1^2 + x_2^2} = \sqrt{\boldsymbol{x}^{\mathrm{T}}\boldsymbol{x}} = \|\boldsymbol{x}\| \tag{13.33}$$

观察图13.21 (b) 可以发现，锥面的等高线为一系列同心圆。

图13.21 所示曲面在 (0, 0) 处取得最小值。但是 (0, 0) 并不光滑，该点为尖点。

注意：在这个尖点处，无法找到曲面的切线或切面。

值得注意的是，图13.21 (b) 中不同等高线之间均匀渐变，这显然不同于图13.8 (b)。为了更好地量化比较，请大家试着写代码绘制$y = |x|$和$y = x^2$这两个函数，观察曲线变化，大家就会理解为什么图13.21等高线均匀变化，而图13.8等高线离中心越远越密集。这个分析思路就是通过“降维”来分析二元函数、多元函数，即固定其他变量，观察函数随某个特定变量的变化。

本书第16章介绍的偏导数这个工具，用的也是“降维”这个思路。

前文说过，向量模 $\|\boldsymbol{x}\|$ 代表向量长度，也就是距离，即欧氏距离。图13.21 (b) 中不同等高线代表与 (0, 0) 距离相同，这些等高线就是欧氏距离“等距线”。

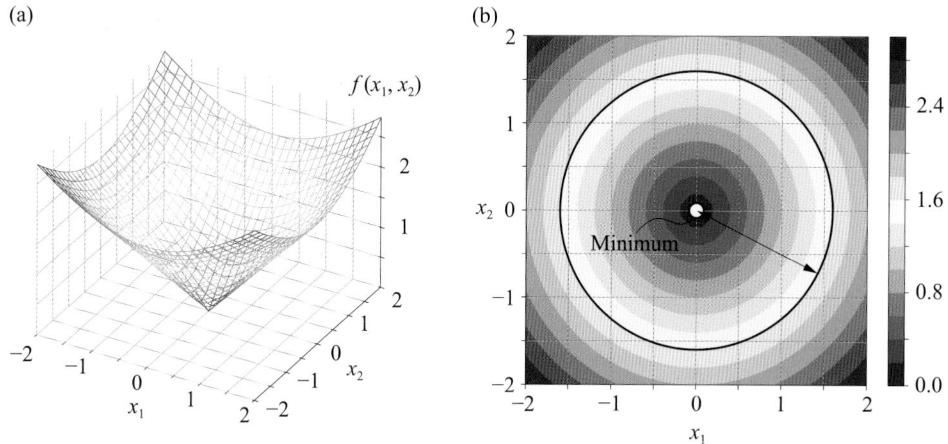

图13.21　正圆锥面 (开口朝上) 网格图和等高线图

开口朝下

式 (13.33) 前加上负号便得到如图13.22所示开口向下锥面，解析式为

$$y = f(x_1, x_2) = -\sqrt{x_1^2 + x_2^2} \tag{13.34}$$

图13.22 (b) 所示锥面的等高线同样为一系列均匀渐变同心圆，锥面在 (0, 0) 取得最大值。最大值点处也是尖点。

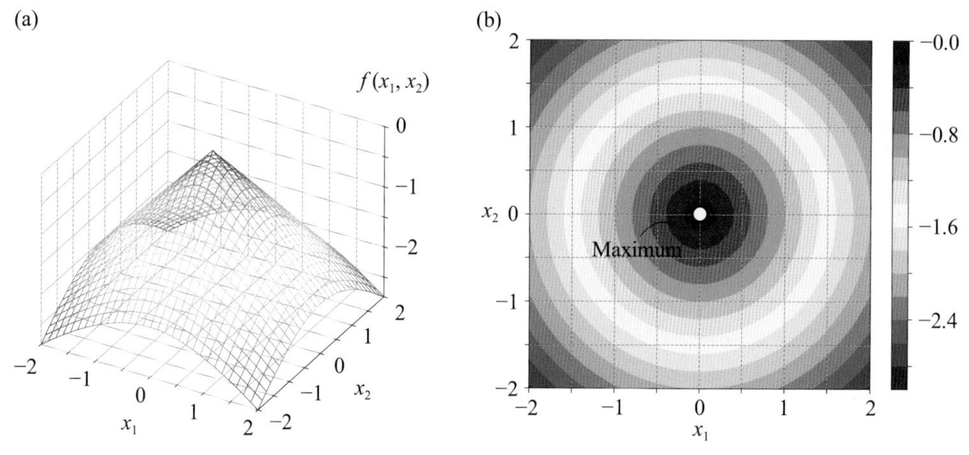

图13.22　正圆锥面 (开口朝下) 网格图和等高线图

对顶圆锥

中轴保持在一条直线上，将图13.21和图13.22两个圆锥面在顶点处拼接在一起便可以得到如图13.23所示的**对顶圆锥** (double cone或vertically opposite circular cone)。大家在前文已经看到了对顶圆锥和圆锥曲线之间的关系。这两个圆锥面分别都是二元函数，但是拼接之后得到的图形就不再是函数。

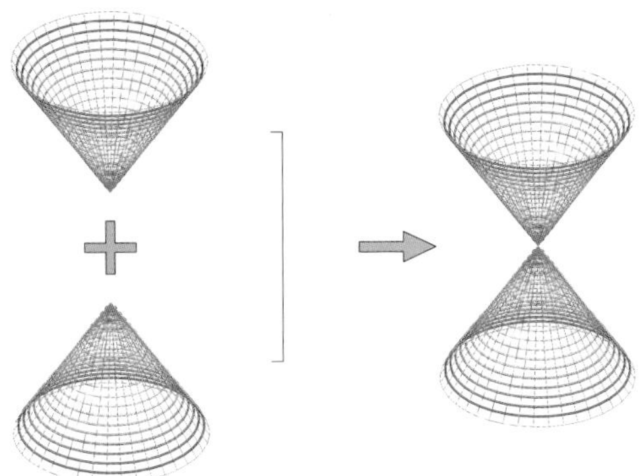

图13.23　对顶圆锥

Bk3_Ch13_02.py绘制图13.23中开口朝上的圆锥面。注意，图13.23中网格面是在极坐标系中生成的。

13.7 绝对值函数：与超椭圆有关

本节将绝对值函数扩展到二元，本节将构造三个不同绝对值函数。

平面对折

第一个例子，$x_1 + x_2$取绝对值，具体解析式为

$$y = f(x_1, x_2) = |x_1 + x_2| \tag{13.35}$$

如图13.24所示，式 (13.35) 所示图像相当于将$f(x_1, x_2) = x_1 + x_2$平面对折。

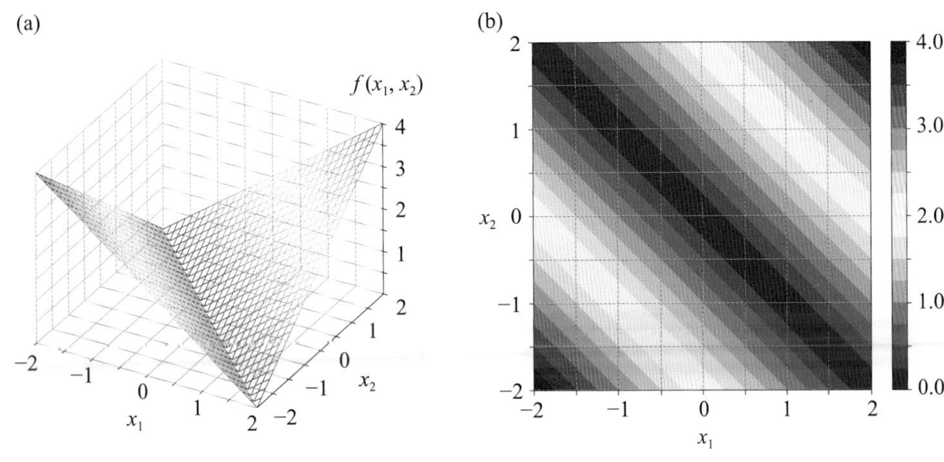

图13.24　$f(x_1, x_2) = |x_1 + x_2|$ 空间形状

此外，式 (13.35) 相当于旋转山谷面解析式开平方取正，即

$$y = f(x_1, x_2) = \sqrt{(x_1 + x_2)^2} \tag{13.36}$$

旋转正方形

第二个例子，x_1和x_2分别取绝对值再求和，解析式为

$$y = f(x_1, x_2) = |x_1| + |x_2| \tag{13.37}$$

图13.25所示的$f(x_1, x_2) = |x_1| + |x_2|$ 等高线图像为一系列旋转正方形。

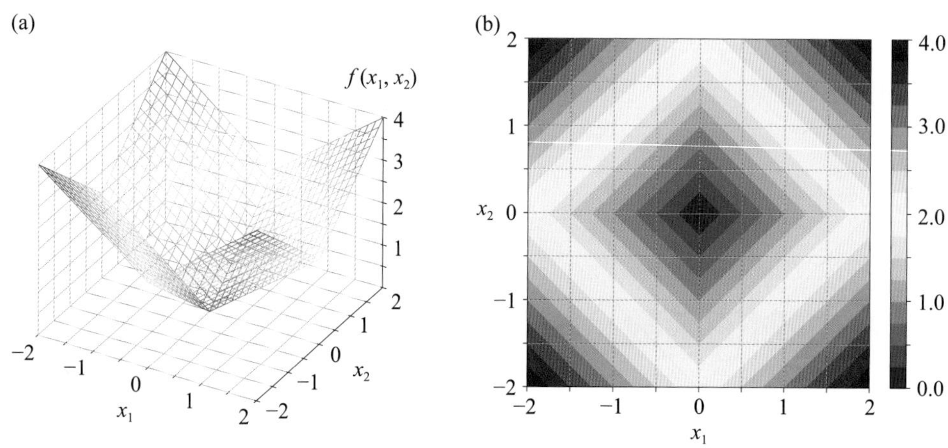

图13.25 $f(x_1, x_2) = |x_1| + |x_2|$ 空间形状

正方形

第三个绝对值函数的例子，x_1和x_2分别取绝对值，比较大小后取两者中最大值，即

$$y = f(x_1, x_2) = \max(|x_1|, |x_2|) \tag{13.38}$$

如图13.26所示，$f(x_1, x_2) = \max(|x_1|, |x_2|)$ 对应的三维等高线为正方形。

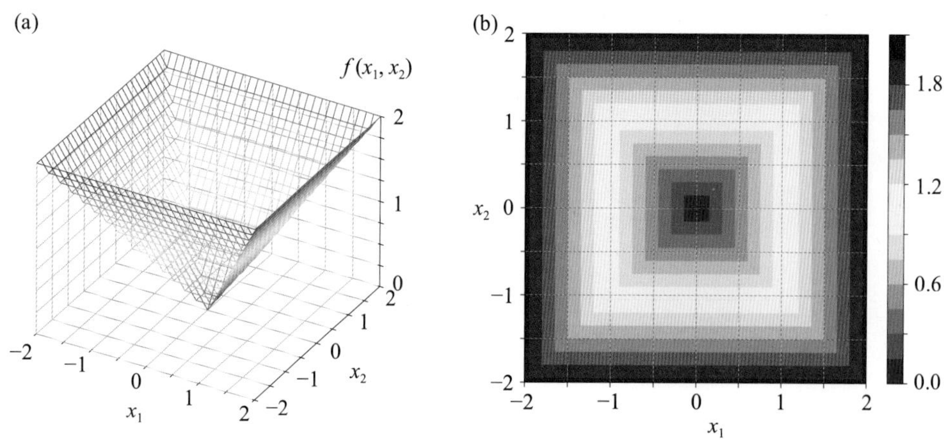

图13.26 $f(x_1, x_2) = \max(|x_1|, |x_2|)$ 空间形状

本节介绍的三个绝对值函数和本书第9章介绍的超椭圆存在联系。此外，《矩阵力量》还会介绍它们和L_p范数、距离度量之间的联系。

实际上，上一节介绍的锥面也可以看作是一种绝对值函数，即

$$y = f(x_1, x_2) = \sqrt{|x_1|^2 + |x_2|^2} = \|\boldsymbol{x}\| \tag{13.39}$$

注意：请大家注意区分绝对值和向量模这两个数学概念。

本章前文介绍过，引入正则项可以简化多元线性回归。

除了L2正则项，L1正则项也经常使用。

如图13.27所示，引入L1正则项，相当于在旋转抛物面上叠加一个解析式为 $f(b_1, b_2) = \alpha(|b_1| + |b_2|)$ 的绝对值函数曲面。观察图13.27中的右图，发现曲面出现了“折痕”，这些“折痕”来自于L1正则项曲面，它们破坏了曲面的光滑。

引入L1正则项，参数b_1和b_2位置更靠近原点。特别地，当L1正则项权重增大到一定程度时，b_1或b_2优化解可以为0。也就是说，红叉“ × ”位置可能在横轴或者纵轴上。这种特性是L2正则项不具备的。

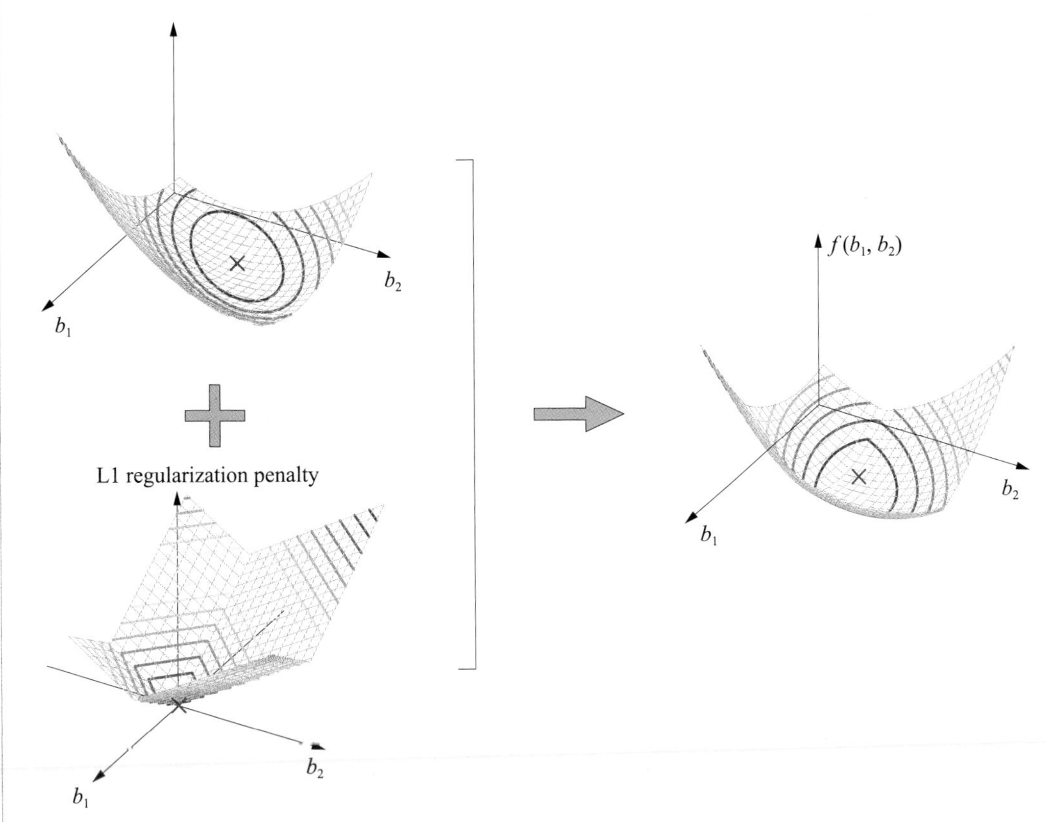

图13.27　线性回归中L1正则化相当于椭圆抛物面和绝对值曲面叠加

13.8 逻辑函数：从一元到二元

本节将一元逻辑函数推广到二元。二元逻辑函数对应的一般解析式为

$$y = f(x_1, x_2) = \frac{1}{1 + \exp(-(w_1 x_1 + w_2 x_2 + b))} \tag{13.40}$$

写成矩阵运算形式为

$$y = f(\boldsymbol{x}) = \frac{1}{1 + \exp(-(\boldsymbol{w}^{\mathrm{T}} \boldsymbol{x} + b))} \tag{13.41}$$

注意：式 (13.41) 可以看作一个复合函数。

举个例子

当$w_1 = 1$，$w_2 = 1$，$b = 0$时，式 (13.40) 可以写成

$$y = f(x_1, x_2) = \frac{1}{1 + \exp(-(x_1 + x_2))} \tag{13.42}$$

观察图13.28所示曲面可以发现，当$x_1 + x_2$趋近于正无穷时，式 (13.42) 趋近于1，却无法达到1。当$x_1 + x_2$趋向于负无穷时，式 (13.42) 趋近于0，却无法达到0。

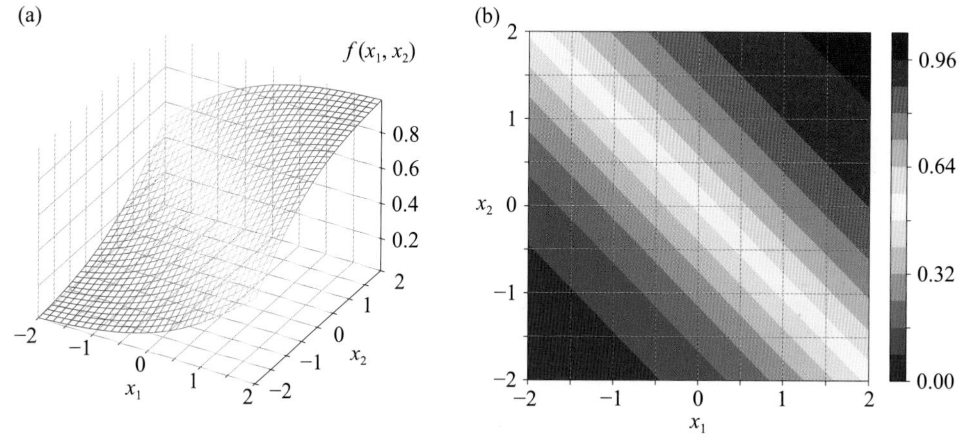

图13.28　$f(x_1, x_2) = 1/(1 + \exp(-(x_1 + x_2)))$ 空间形状

再举个例子

当$w_1 = 4$，$w_2 = 4$，$b = 0$时，式 (13.40) 可以写成

$$y = f(x_1, x_2) = \frac{1}{1 + \exp(-4(x_1 + x_2))} \tag{13.43}$$

图13.29所示为式 (13.43) 对应的曲面。对比图13.28和图13.29，不难发现，当w_1和w_2增大后，坡面变得更加陡峭。

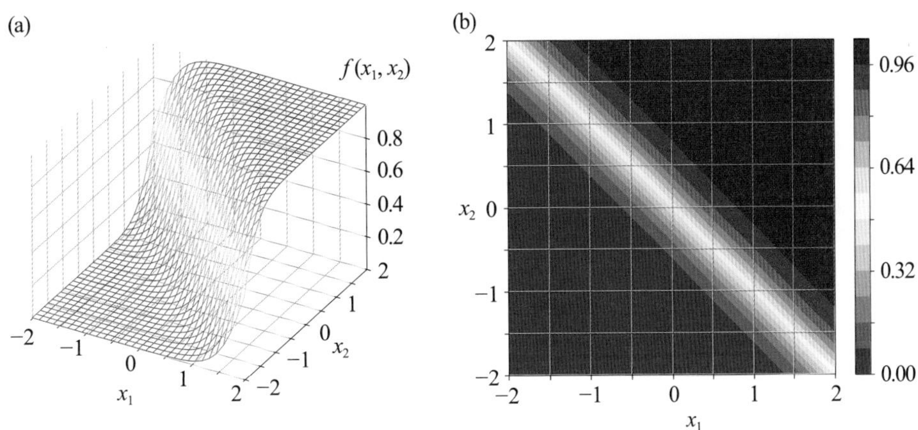

图13.29 $f(x_1, x_2) = 1/(1 + \exp(-4(x_1 + x_2)))$ 空间形状

二元tanh() 函数

上一章提到，逻辑函数是S型函数的一种；而机器学习中，sigmoid函数很多时候特指tanh()函数。二元tanh() 函数形式为

$$y = f\left(x_1, x_2\right) = \tanh\left(\gamma\left(w_1 x_1 + w_2 x_2\right) + r\right) \tag{13.44}$$

写成矩阵运算形式为

$$y = f\left(\boldsymbol{x}\right) = \tanh\left(\gamma \boldsymbol{w}^{\mathrm{T}} \boldsymbol{x} + r\right) \tag{13.45}$$

举个例子

当$\gamma = 1$，$w_1 = 1$，$w_2 = 1$，$r = 0$时，

$$y = f\left(x_1, x_2\right) = \tanh\left(x_1 + x_2\right) \tag{13.46}$$

图13.30所示为式 (13.46) 对应的曲面以及平面等高线。当γ增大时，曲面也变得陡峭。比如，图13.31对应$\gamma = 4$，$w_1 = 1$，$w_2 = 1$，$r = 0$的函数曲面。

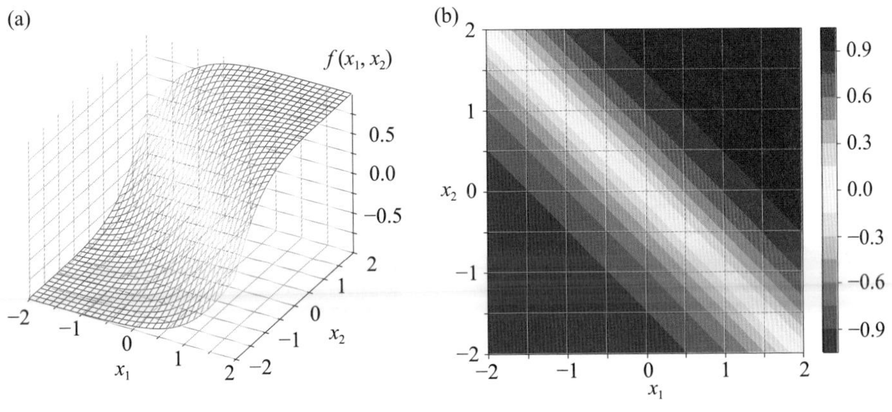

图13.30 二元sigmoid核函数 ($\gamma = 1$，$w_1 = 1$，$w_2 = 1$，$r = 0$)

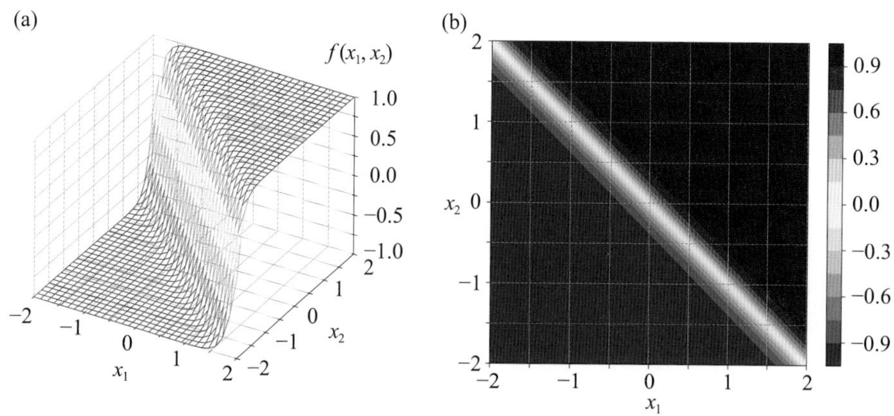

图13.31　二元sigmoid核函数 ($\gamma = 4$，$w_1 = 1$，$w_2 = 1$，$r = 0$)

13.9 高斯函数：机器学习的多面手

本节将一元高斯函数推广到二元。

二元高斯函数的一般形式为

$$y = f(x_1, x_2) = \exp\left(-\gamma\left((x_1 - c_1)^2 + (x_2 - c_2)^2\right)\right) \tag{13.47}$$

举个例子

当$\gamma = 1$，$c_1 = 0$，$c_2 = 0$时，二元高斯函数的函数解析式为

$$y = f(x_1, x_2) = \exp\left(-\left(x_1^2 + x_2^2\right)\right) = \exp\left(-\boldsymbol{x}^{\mathrm{T}}\boldsymbol{x}\right) = \exp\left(-\|\boldsymbol{x}\|^2\right) \tag{13.48}$$

图13.32所示为式 (13.48) 对应的曲面和平面等高线。

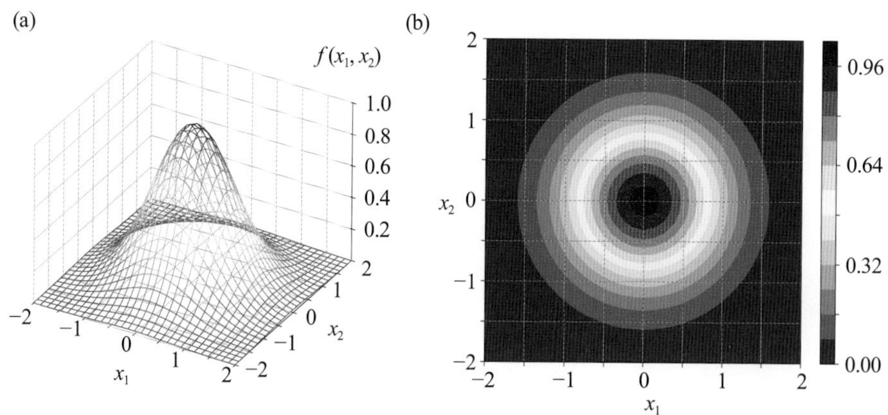

图13.32　高斯核曲面($\gamma = 1$，$c_1 = 0$，$c_2 = 0$)

再举个例子

当$\gamma = 2$，$c_1 = 0$，$c_2 = 0$时，二元高斯函数为

$$y = f(x_1, x_2) = \exp\left(-2\left(x_1^2 + x_2^2\right)\right) = \exp\left(-2\boldsymbol{x}^{\mathrm{T}}\boldsymbol{x}\right) = \exp\left(-2\|\boldsymbol{x}\|^2\right) \tag{13.49}$$

图13.33所示为式 (13.49) 对应的曲面和平面等高线。比较图13.32和图13.33，可以发现随着γ增大，曲面变得更尖、更陡峭。

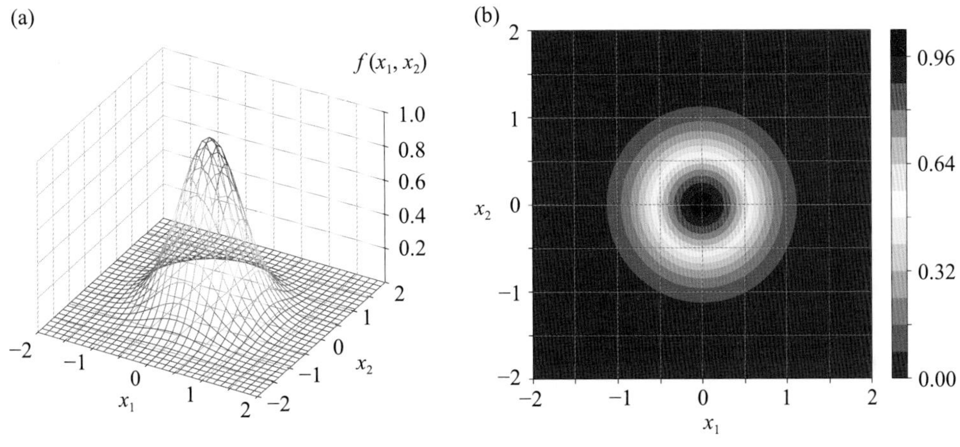

图13.33　高斯核曲面 ($\gamma = 2$，$c_1 = 0$，$c_2 = 0$)

本书前文简单介绍过一种重要的机器学习方法——**支持向量机** (Support Vector Machine, SVM)。如图13.34所示，SVM基本原理是找到一条灰色“宽带”，将绿色点和蓝色点分开，并让灰色“**间隔** (margin)”最宽。

灰色“间隔”中心线 (图13.34中红色直线) 便是分割边界，即分类**决策边界** (decision boundary)。

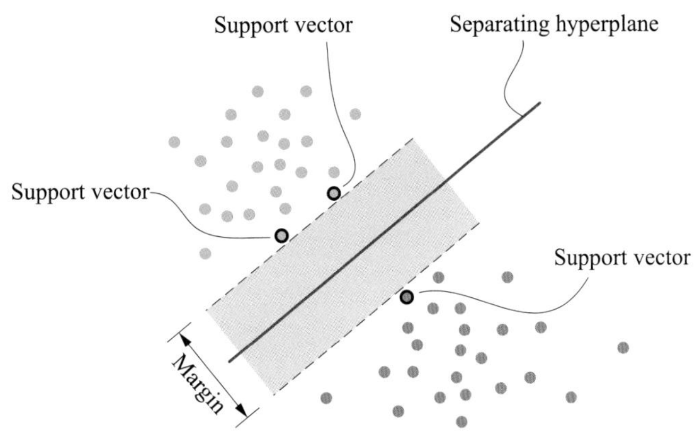

图13.34　支持向量机原理

但是，实际情况却是，很多数据并不能用一条直线将不同标签样本分类，如图13.35所示的情况。

对于这种情况，我们需要采用**核技巧** (kernel trick)。核技巧的基本思路就是将数据映射到高维空间中，让数据在这个高维空间中线性可分。

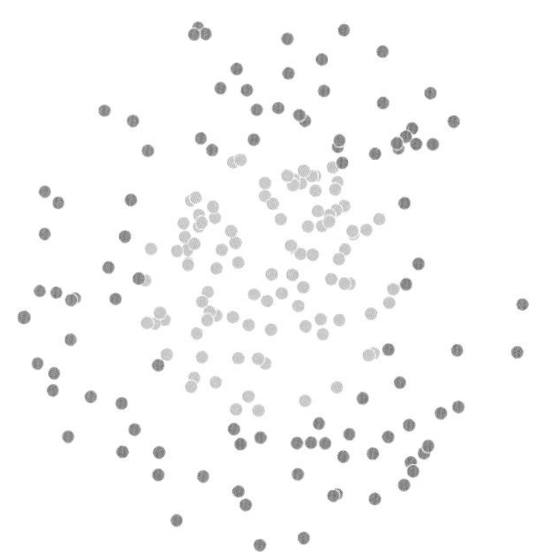

图13.35　线性不可分数据

核技巧原理如图13.36所示。原数据线性不可分，显然不能用一条直线将数据分成两类。

但是，将原来二维数据投射到三维空间之后，就可以用一个平面将数据轻易分类。这个投射规则便是**核函数** (kernel function)，而高斯函数是重要的核函数之一。图13.36 (b) 所示是由若干高斯函数叠加而成的。红色等高线便是分类决策边界。

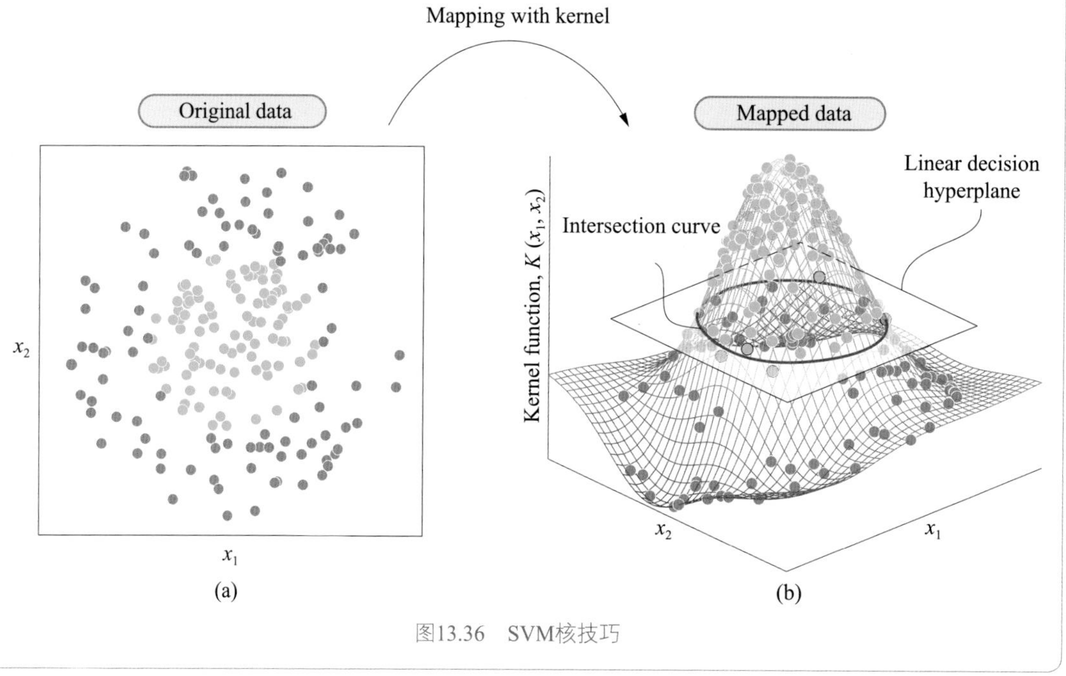

图13.36　SVM核技巧

本章将一元函数推广到二元情况，并将它们与几何、优化、机器学习联系起来。虽然，这样显得“急功近利”，但是我们必须承认，带着“学以致用”的目标学习数学，将大大提高学习效率。

鸢尾花书《可视之美》还专门介绍三元函数的可视化方案，请大家扩展阅读。

14 Sequences 数列

也是一种特殊函数

有数字的地方，就存在美。

Wherever there is number, there is beauty.

—— 普罗克洛 (Proclus) | 古希腊哲学家 | 412 B.C. — 485 B.C.

- `numpy.sum()` 计算数列和
- `numpy.cumsum()` 计算累积和
- `numpy.cumprod()` 计算累积乘积
- `numpy.arange()` 根据指定的范围以及设定的步长，生成一个等差数列，数据类型为数组
- `matplotlib.pyplot.stem()` 绘制火柴梗图

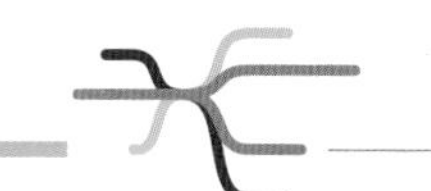

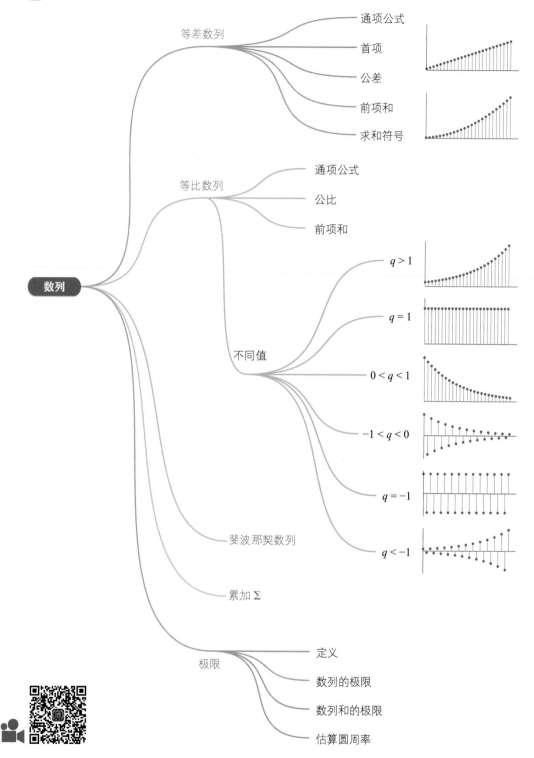

数列

等差数列

通项公式

首项

公差

前项和

求和符号

等比数列

通项公式

公比

前项和

不同值

$q>1$

$q=1$

$0<q<1$

$-1<q<0$

$q=-1$

$q<-1$

斐波那契数列

累加 Σ

极限

定义

数列的极限

数列和的极限

估算圆周率

14.1 芝诺悖论：阿基里斯追不上乌龟

芝诺悖论 (Zeno's paradoxes) 中最有名的例子莫过于“阿基里斯追乌龟”，如图14.1所示。

阿基里斯 (Achilles) 是古希腊神话中的勇士，可谓飞毛腿。而乌龟的奔跑速度仅仅是阿基里斯的1/10。赛跑比赛时，阿基里斯让乌龟在自己前面100 m处起跑，他自己在后面追。

根据芝诺悖论，阿基里斯不可能追上乌龟。

芝诺的逻辑是这样的，赛跑过程中，阿基里斯必须先追到100 m处，而此时乌龟已经向前爬行了10 m。此时，相当于乌龟还是领先阿基里斯10 m，这算是一个新的起跑点。

阿基里斯继续追乌龟，当他跑了10 m之后，乌龟则又向前爬了1 m。

于是，阿基里斯还需要再追上1米，与此同时乌龟又向前爬了1/10 m。

如此往复，结论是阿基里斯永远也追不上乌龟。

为了方便可视化，假设乌龟爬行速度是阿基里斯奔跑速度的1/2。设定，阿基里斯奔跑速度为10 m/s，神龟爬 (飞) 行速度为5 m/s。

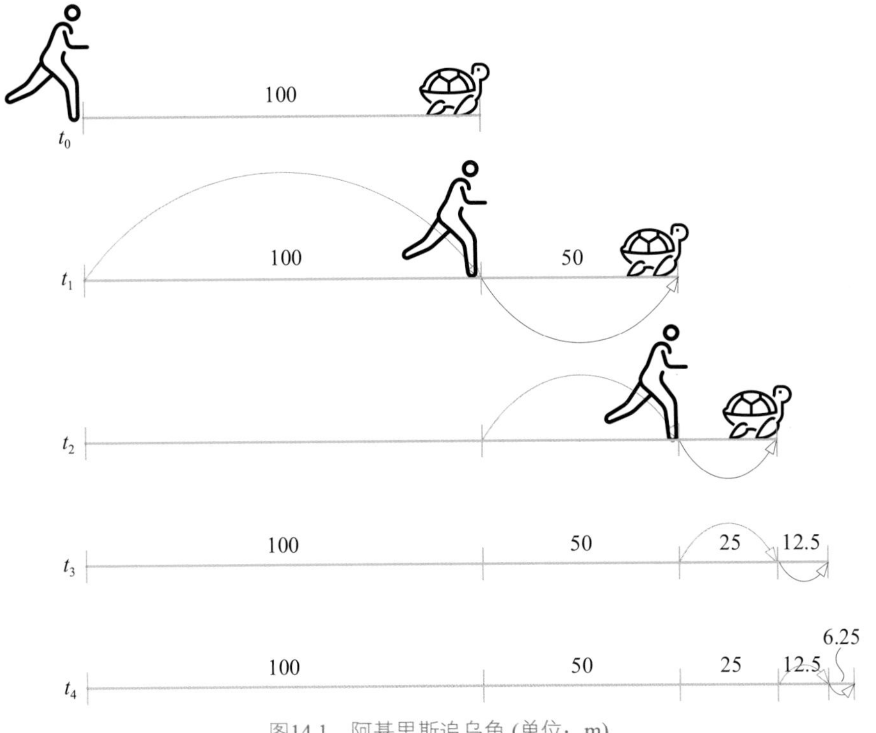

图14.1　阿基里斯追乌龟 (单位：m)

$t_0 = 0$ s时刻，乌龟在阿基里斯前方100 m处，两者同时起跑。

$t_1 = 10$ s，阿基里斯跑了10 s，追到100 m；而这段时间，乌龟向前跑了50 m。因此，此刻乌龟领先优势为50 m。

$t_2 = 10 + 5$ s，阿基里斯又跑了5 s，又追了50 m。5 s时间，乌龟跑了25 m，而此时乌龟领先优势为25 m。

$t_3 = 10 + 5 + 2.5$ s，阿基里斯又跑了2.5 s，再追了25 m。此刻乌龟领先优势为12.5 m。

$t_4 = 10 + 5 + 2.5 + 1.25$ s，阿基里斯再追了12.5 m，此刻乌龟领先优势为6.25 m。

时间无限可分，距离无限可分，上述过程无穷尽也，似乎阿基里斯永远也追不上乌龟。

同向追赶问题

看到这里，大家一定会有不同意见。

这分明就是一道小学算术的"同向追赶问题"，距离之差 (100 m) 除以速度之差 (5 m/s) 就可以计算出阿基里斯追上乌龟所需要的时间为20 s。而20 s时间，阿基里斯一共跑了200 m，如图14.2所示。

这种解题思路固然正确。但是，解题过程的前提条件是，假设阿基里斯恰好追上了乌龟！

解题技巧在数学思想面前，不值一提。实际上，看似无比荒诞的阿基里斯追乌龟问题，其中蕴含的数学思想才是内核。

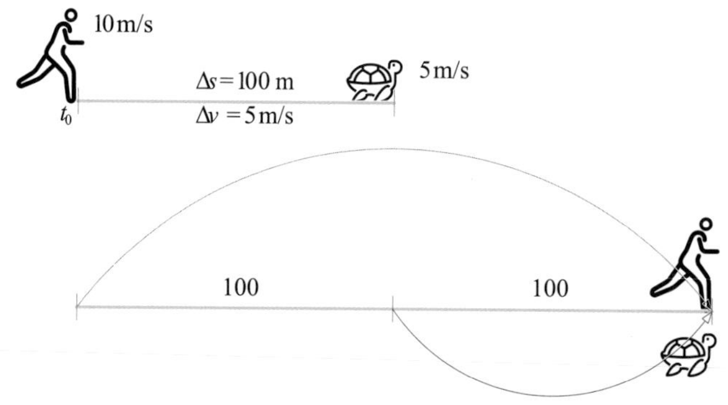

图14.2　小学数学同向追赶问题

一尺之棰，日取其半，万世不竭

下面用数列这个数学工具来分析上述问题。**数列** (sequence) 是指按照一定规则排列的一列数。

将图14.1中每段时间间隔写成一个数列，有

$$10,\ 5,\ 2.5,\ 1.25,\ 0.625,\ 0.3125,\ 0.15625,\ 0.078125,\ \cdots \tag{14.1}$$

图14.3 (a) 所示用火柴梗图可视化式 (14.1) 中的数列。

追赶时间的逐项和也写成一个数列累加，即

$$10,\ 15,\ 17.5,\ 18.75,\ 19.375,\ 19.6875,\ 19.84375,\ 19.921875,\ \cdots \tag{14.2}$$

图14.3 (b) 所示火柴梗图为式 (14.2) 的数列。可以发现上述数列似乎逐渐趋向于20，即阿基里斯追上乌龟所需要的时间。

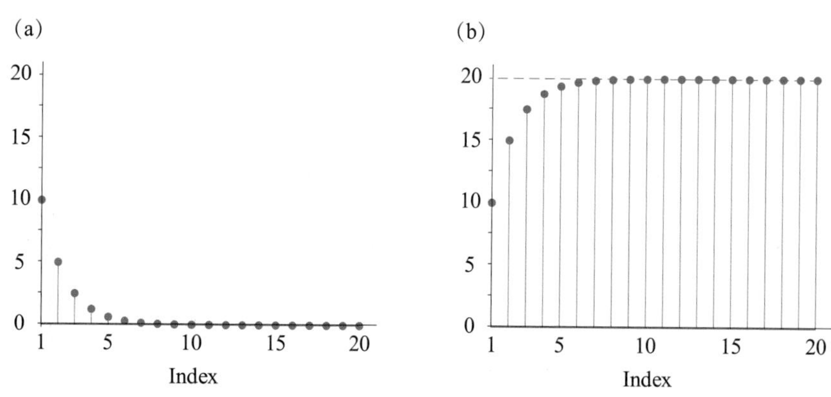

图14.3　时间间隔数列和时间逐项和数列

将阿基里斯在不同时刻之间奔跑的距离写成一列数，有

$$100,\ 50,\ 25,\ 12.5,\ 6.25,\ 3.125,\ 1.5625,\ 0.78125,\ \cdots \tag{14.3}$$

容易发现，这个数列就是大家熟悉的等比数列。上述数列的逐项和构成了一个新数列，即

$$100,\ 150,\ 175,\ 187.5,\ 193.75,\ 196.875,\ 198.4375,\ 199.21875,\ \cdots \tag{14.4}$$

可以发现上述数列似乎逐渐趋向于200，即阿基里斯追上乌龟总共奔跑的距离。

这体现的正是庄子的哲学观点——“一尺之棰，日取其半，万世不竭。”如图14.4所示，面积为1的正方形，每次取一半，如此往复，没有尽头。

大家经常会遇到类似于比较1和0.99999大小之类的数学问题，其中蕴含的数学思想就是极限。本章就讲解数列、数列前n项和、极限等数学工具。鸢尾花书《可视之美》专门介绍过如何绘制图14.4，请大家参考阅读。

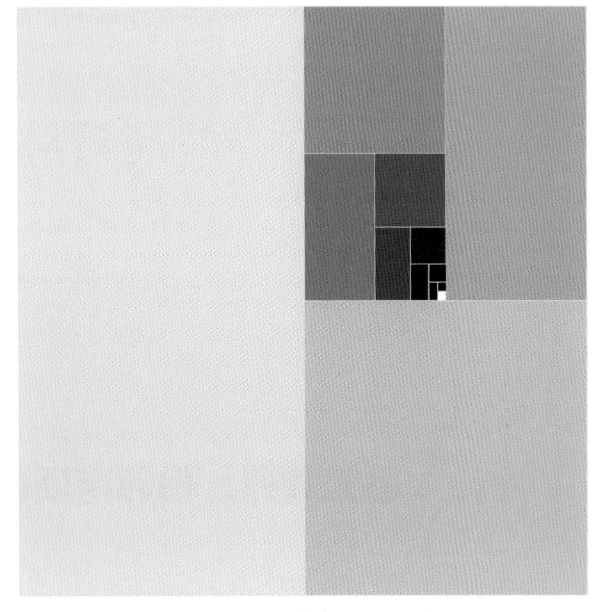

图14.4　日取其半，万世不竭

14.2 数列分类

几种常见的数列如下。

- **等差数列** (arithmetic sequence或arithmetic progression)，图14.5 (a) 所示为递增等差数列，图14.5 (b) 所示为递减等差数列；
- **等比数列** (geometric sequence 或 geometric progression)，图14.5 (c) 所示为递增等比数列，图14.5 (d) 所示为递减等比数列；
- **正负相间数列** (sign sequence或bipolar sequence)，如图14.5 (e) 和 (f) 所示；
- **斐波那契数列** (Fibonacci sequence)，如图14.5 (g) 所示；
- **随机数列** (random sequence)，如图14.5 (h) 所示。

此外，根据数列项的数量，数列可以分为**有限项数列** (finite sequence) 和**无限项数列** (infinite sequence)。

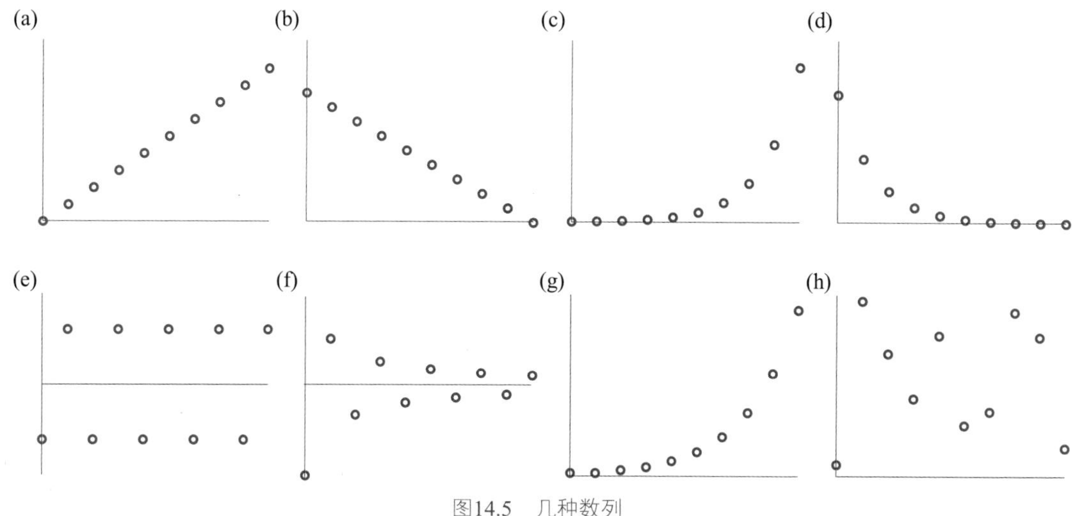

图14.5　几种数列

14.3 等差数列：相邻两项差相等

等差数列是指数列中任何相邻两项的差相等，如1, 2, 3, 4, 5, 6, 7, 8, 9, 10, …

等差数列中相邻两项的差值称作**公差** (common difference)。将数列的第k项用一个具体含有参数k式子表示出来，称作该数列的通项公式。

等差数列通项公式a_k的一般式为

$$a_k = a + (k-1)\cdot d \tag{14.5}$$

其中：a_1 (读作a sub one) 为数列第一项，即**首项** (initial term)，$a_1 = a$；d为公差；k为**项数** (number of terms)。numpy.arange()和numpy.linspace()可以用于生成等差数列。

式 (14.5) 所示等差数列前k项之和为S_k，有

$$\begin{aligned} S_k &= a + (a+d) + (a+2d) + \ldots + (a + (k-1)\cdot d) \\ &= \sum_{i=1}^{k}(a + (i-1)\cdot d) = a\cdot k + \frac{k(k-1)}{2}\cdot d \end{aligned} \tag{14.6}$$

⚠ 注意区分，Π是求积符号，它是希腊字母π的大写。

其中：i为**索引** (index)，也叫序号；Σ为求和符号，是希腊字母σ的大写，读作sigma。numpy.sum() 可以用于计算数列和。

欧拉 (Leonhard Euler) 最先使用Σ来表达求和。

相信读者还记得，等差数列求和的计算方法——首项加末项之和，乘以项数，然后除以2。相传，这个等差数列求和方法是**高斯** (Johann Carl Friedrich Gauss) 年仅10岁的时候发现的。

本书第1章介绍，给定一列数，除了求和之外，还有**累计求和** (cumulative sum)。比如，等差数列1, 2, 3, 4, 5, 6, 7, 8, 9, 10的累积和为1, 3 (1 + 2), 6 (1 + 2 + 3), 10 (1 + 2 + 3 + 4), 15, 21, 28, 36, 45, 55。累

积和的最后一项也是数列之和。numpy.cumsum() 可以用于计算数列累计求和。

下面，我们编写一段Python代码，计算等差数列1, 2, 3, 4, 5, …, 99, 100之和，以及数列累计和。并绘制图14.6所示的两图；图14.6 (a) 所示为a_k随序数的变化，图14.6 (b) 所示为S_k随序数的变化。

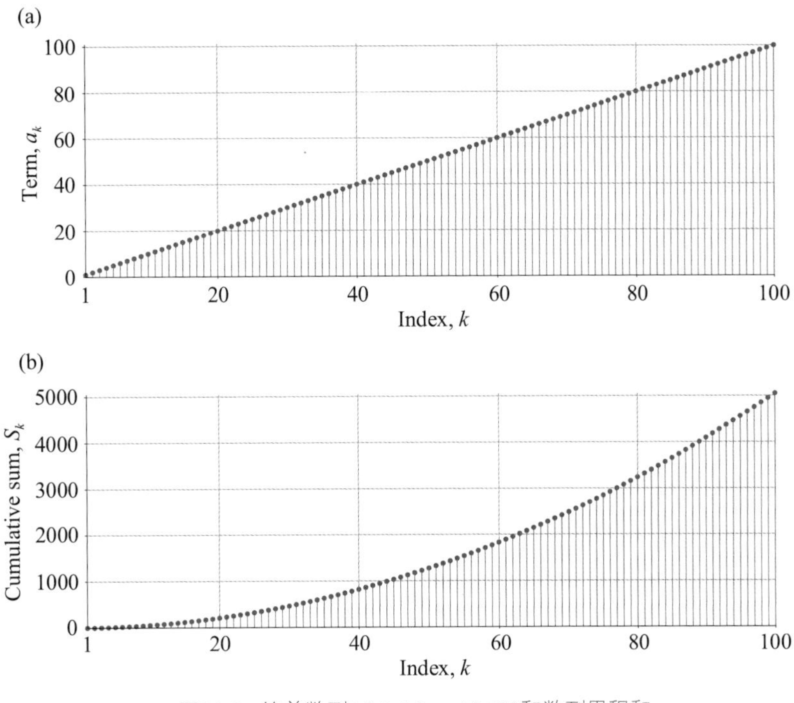

图14.6 等差数列1,2,3,4,5,…,99,100和数列累积和

函数视角

从函数角度，数列也是函数，k为自变量，a_k为因变量。需要特殊强调的是k的取值为正整数。如图14.6 (a) 所示，式 (14.5) 可以看作特殊的一次函数。

从函数角度来看，式 (14.6) 中k为自变量，取值同样为正整数，S_k为因变量。如图14.6 (b) 所示，式 (14.6) 可以看作特殊的二次函数。

数列作为一种特殊的函数，也具有各种函数性质。

$d > 0$时，如图14.7 (a) 所示数列a_k递增；$d < 0$时，如图14.7 (c) 所示数列a_k递减。

$d > 0$时，如图14.7 (b) 所示S_k图像开口向上，呈现出凸性；$d < 0$时，数列递减，如图14.7 (d) 所示S_k图像开口向下，呈现出凹性。

数列相关的英文表达详见表14.1。

表14.1 数列英文表达

数学表达	英文表达
$a_n + a_{n-1} + \cdots + a_1 + a_0$	*a* sub *n* plus *a* sub *n* minus one plus dot dot dot plus *a* sub one plus *a* sub zero *a* sub *n* plus *a* sub *n* minus one plus ellipsis plus *a* sub one plus *a* sub zero
$a_n \cdot a_{n-1} \cdots a_1 \cdot a_0$	*a* sub *n* times *a* sub *n* minus one times dot dot dot times *a* sub one times *a* sub zero
$a_0 + x\left(a_1 + x\left(a_2 + \ldots\right)\right)$	*a* sub zero plus *x* times quantity of *a* sub one plus *x* times quantity of *a* sub two plus dot dot dot
$\left(a_n - a_{n-1}\right)^2$	*a* sub *n* minus *a* sub quantity *n* minus one all squared

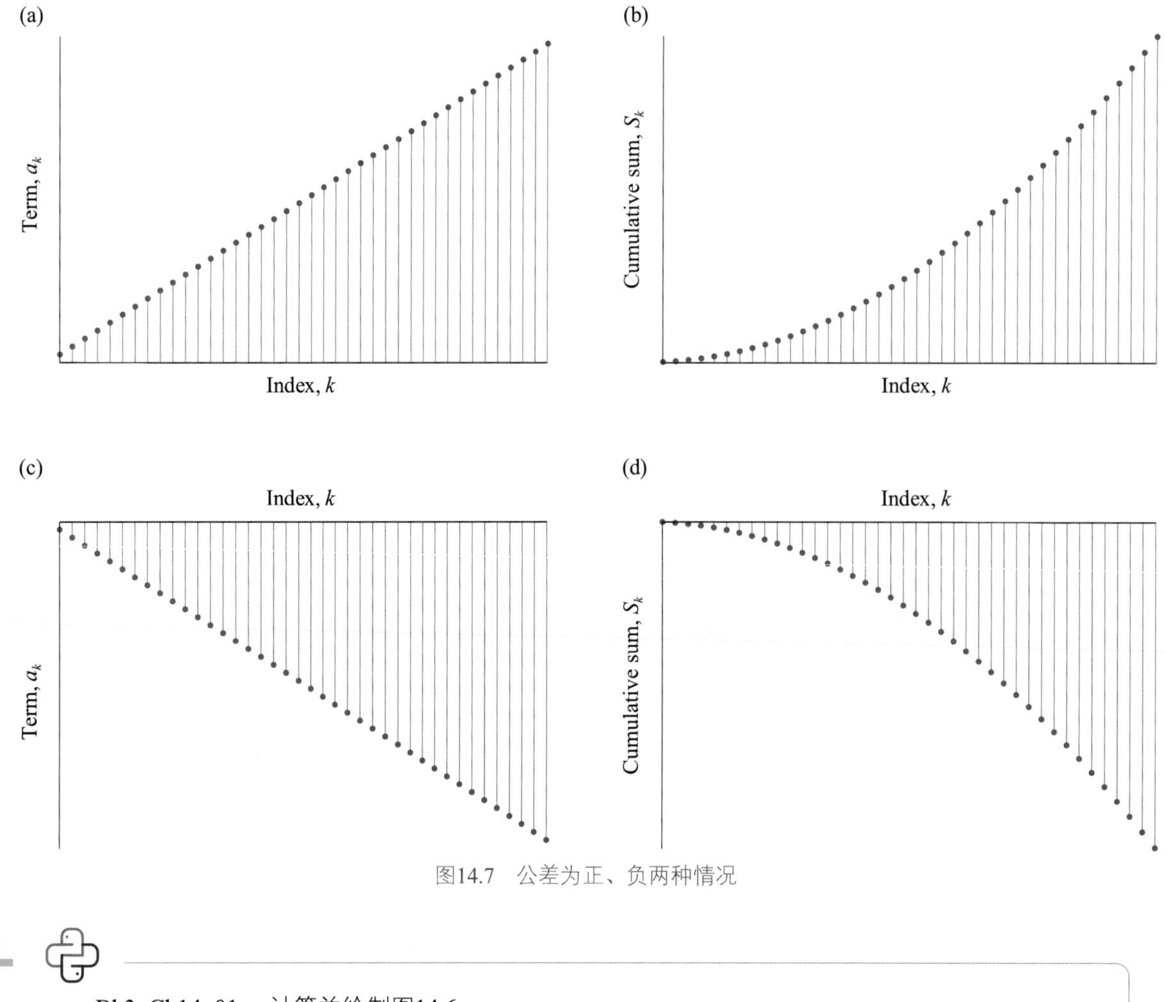

图14.7 公差为正、负两种情况

Bk3_Ch14_01.py计算并绘制图14.6。

14.4 等比数列：相邻两项比值相等

等比数列指的是数列中任何相邻两项比值相等，如2, 4, 8, 16, 32, 64, 128, …

等比数列的比值称为**公比** (common ratio)。等比数列第k项a_k的一般式为

$$a_k = aq^{k-1} = \frac{a}{q}q^k \tag{14.7}$$

其中：a为首项；q为公比。

注意：q不为0。

从函数角度，式 (14.7) 为特殊的指数函数——q为底数，自变量k为指数，k的取值范围为正整数。

式 (14.7) 所示等比数列前k项之和S_k为

$$\begin{aligned} S_k &= a + aq + aq^2 + aq^3 + \cdots + aq^{k-1} \\ &= \sum_{i=0}^{k-1} a \cdot q^i = \frac{a\left(q^k - 1\right)}{(q-1)} = \frac{a}{q-1} q^k - \frac{a}{q-1} \end{aligned} \tag{14.8}$$

请大家回忆等比数列求和技巧。首先，计算S_k和q乘积为

$$S_k q = aq + aq^2 + aq^3 + \cdots + aq^{k-1} + aq^k \tag{14.9}$$

式 (14.9) 和式 (14.8) 等式左右分别相减，并整理得到S_k为

> 注意：式 (14.8) 中q不为1。从函数角度讲，式 (14.7) 也是指数函数。

$$\begin{aligned} & S_k q - S_k = S_k (q-1) = aq^k - a = a\left(q^k - 1\right) \\ & \Rightarrow S_k = \frac{a\left(q^k - 1\right)}{(q-1)} \end{aligned} \tag{14.10}$$

函数视角

图14.8所示为六种等比q取不同值时，等比数列的特点。

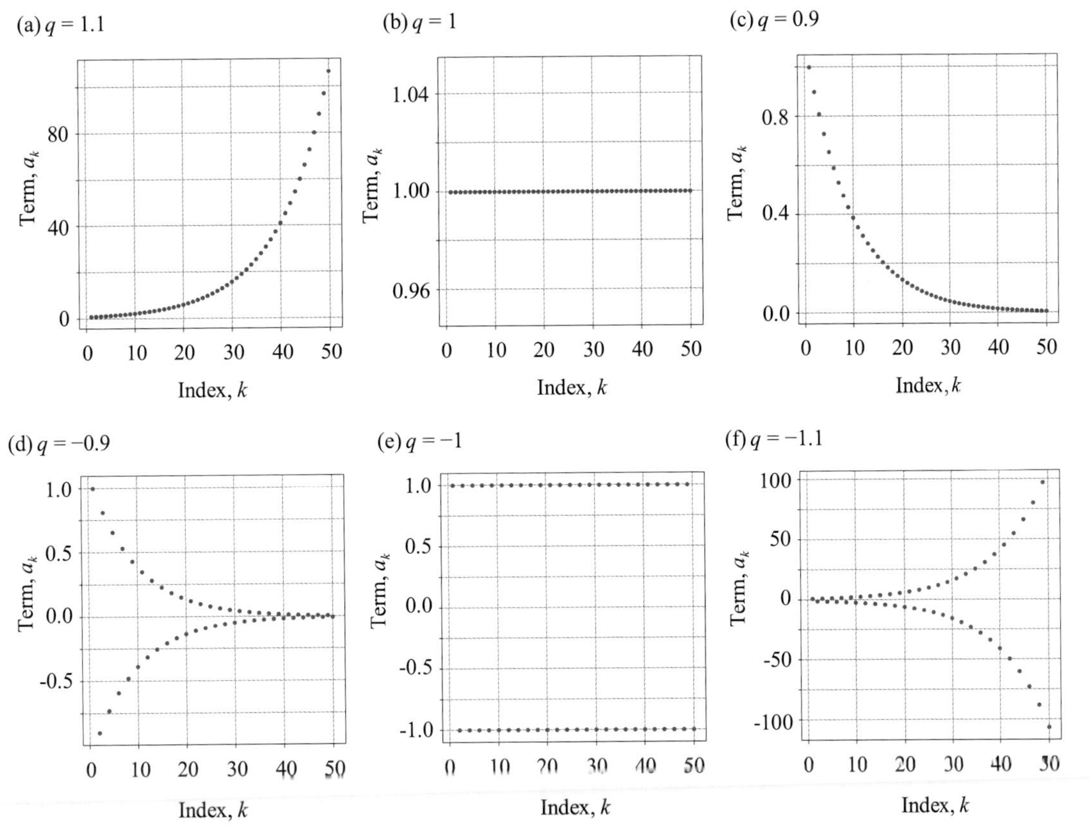

图14.8　六种等比数列趋势

当$q > 1$时，等比数列呈现出**指数增长** (exponential growth)，如图14.8 (a) 所示。

当$q = 1$时，等比数列退化成常数数列，如图14.8 (b) 所示。

当$0 < q < 1$时，等比数列呈现出**衰退** (decay)，如图14.8 (c) 所示。

当$-1 < q < 0$时，等比数列呈现两种特性：**振荡** (oscillate) 和**收敛** (converge)，如图14.8 (d) 所示。

当$q = -1$时，等比数列只是反复振荡，也就是正负相间数列，如图14.8 (e) 所示。

当$q < -1$时，等比数列振荡**发散** (diverge)，如图14.8 (f) 所示。

Bk3_Ch14_02.py绘制图14.8所示的几幅子图。

在Bk3_Ch14_02.py的基础上，我们做了一个App用来交互呈现q对数列的影响。并采用Plotly呈现交互散点图像。请参考Streamlit_Bk3_Ch14_02.py。

数列在大数据和机器学习中有着广泛应用，下面举一个例子介绍等比数列在**指数加权移动平均** (Exponentially Weighted Moving Average, EWMA) 方法中的应用。

一般情况，求解**平均值** (Simple Average, SA) 时，对不同时间点的观察值赋予相同的权重，如

$$SA = \frac{1}{n}\left(s_1 + s_2 + s_3 + \ldots + s_n\right) \tag{14.11}$$

其中：所有观察值中s_1为最旧的数据；s_n为最新数据。

采用EWMA可以保证越新的观察值享有越高的权重，这样估算得到的平均值能够反映出数据近期趋势，即

$$EWMA = \frac{(1-\lambda)}{1-\lambda^n}\left(\lambda^{n-1}s_1 + \lambda^{n-2}s_2 + \lambda^{n-3}s_3 + \ldots + \lambda^0 s_n\right) \tag{14.12}$$

其中：λ为**衰减系数** (decay factor)，取值范围在$0 \sim 1$。λ越小，衰减越明显。

可以发现索引为i的权重w_i计算式为

$$w_i = \frac{(1-\lambda)}{1-\lambda^n}\lambda^{n-i} \tag{14.13}$$

索引连续变化时，权重w_i便构成一个等比数列。图14.9所示为EWMA权重随衰减系数的变化情况。

EWMA权重一个重要的性质是所有权重之和为1，也就是

$$\sum_{i=1}^{n} w_i = \frac{(1-\lambda)}{1-\lambda^n}\left(\lambda^{n-1} + \lambda^{n-2} + \lambda^{n-3} + \ldots + \lambda^0\right) = 1 \tag{14.14}$$

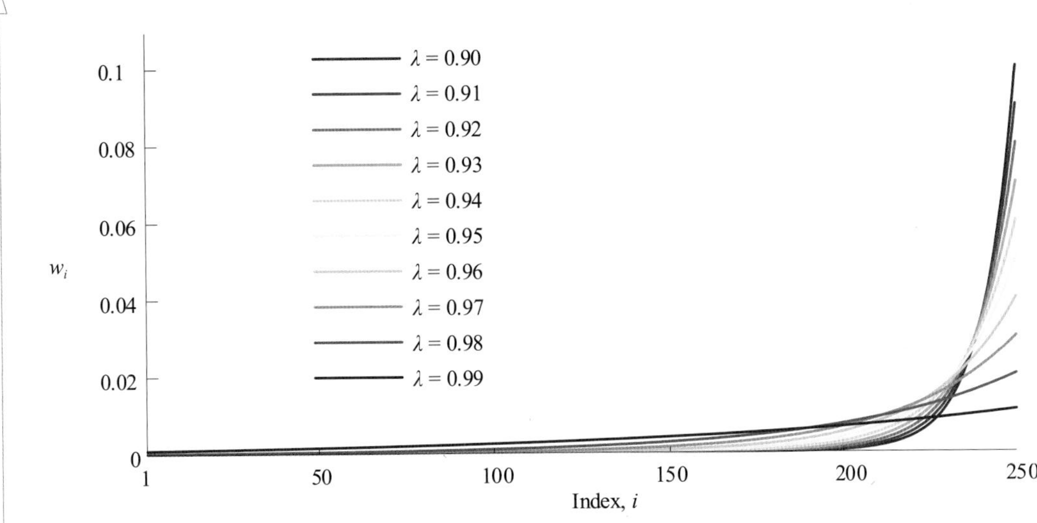

图14.9 EWMA权重随衰减系数变化

更多有关时间序列、移动平均MA、EWMA方法及其应用，请读者阅读鸢尾花书《数据有道》一册。

14.5 斐波那契数列

本书第4章介绍过斐波那契数列和杨辉三角的关系。**斐波那契数列** (Fibonacci sequence)，又被称作黄金分割数列。

斐波那契数列可以通过**递归** (recursion) 方法获得，即

$$\begin{cases} F_0 = 0 \\ F_1 = 1 \\ F_n = F_{n-1} + F_{n-2}, \quad n \geqslant 2 \end{cases} \tag{14.15}$$

于是，包括第0项，斐波那契数列的前10项为

$$0,\ 1,\ 1,\ 2,\ 3,\ 5,\ 8,\ 13,\ 21,\ 34,\ 55 \tag{14.16}$$

Bk3_Ch14_03.py产生并打印斐波那契数列。鸢尾花书《编程不难》专门介绍过采用递归方式生成斐波那契数列，请大家回顾。

黄金分割

斐波那契数列与**黄金分割** (golden ratio) 有着密切联系。图14.10所示为利用斐波那契数列构造的矩形，这个矩形是对黄金分割矩形的近似。黄金矩形的长宽比例φ为

$$\varphi = \frac{\sqrt{5}+1}{2} \approx 1.61803 \tag{14.17}$$

图14.10所示矩形的长宽比例为

$$\frac{21+13}{21} \approx 1.61905 \tag{14.18}$$

图14.10所示的螺旋线叫作**斐波那契螺旋线** (Fibonacci spiral)，它是对**黄金螺旋线** (golden spiral) 的近似。

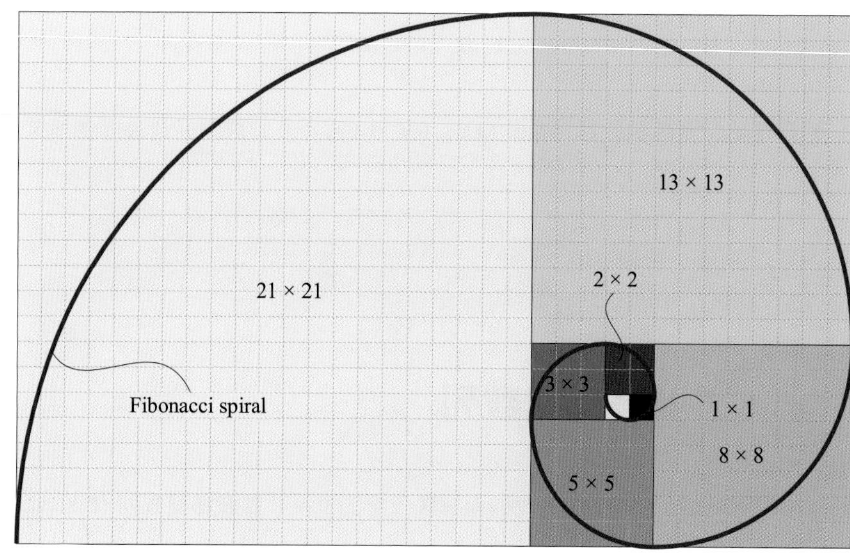

图14.10　斐波那契数列和黄金分割关系

鸢尾花书将在《矩阵力量》一本介绍如何用**特征值分解** (eigen decomposition) 求解斐波那契数列通项公式。

14.6 累加：大写西格玛

求和符号 (summation symbol) ——大写西格玛Σ (capital sigma) —— 是表达求和的便捷记法。以下式为例，a_i描述求和中的每一项，下角标i代表**索引** (index variable或index)，也叫序号，有

$$\sum_{i=1}^{n} a_i = a_1 + a_2 + \cdots + a_{n-1} + a_n \tag{14.19}$$

Σ下侧和上侧的数字分别代表**求和索引下限** (lower bound of summation) 和**求和索引上限** (upper bound of summation)，如图14.11所示。

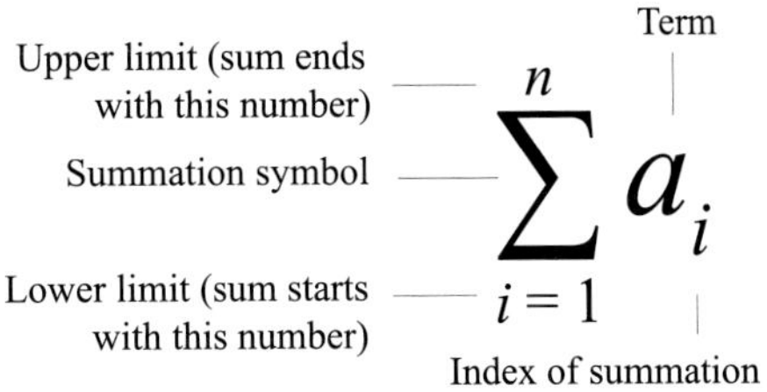

图14.11　大西格玛求和记号

常用表达索引的字母有i、j、k、m、n等，采用什么索引字母并不影响求和结果，如

$$\sum_{i=1}^{100} a_i = \sum_{j=1}^{100} a_j = \sum_{k=1}^{100} a_k \tag{14.20}$$

Σ中索引上、下限可以都是具体正整数，如

$$\sum_{i=1}^{5} a_i = a_1 + a_2 + a_3 + a_4 + a_5 \tag{14.21}$$

Σ中索引上、下限也可以都是代数符号，如

$$\sum_{i=m}^{n} a_i = a_m + a_{m+1} + \cdots + a_{n-1} + a_n \tag{14.22}$$

Σ的索引也可以是满足集合运算的标签，如

$$\sum_{i \in S} a_i \tag{14.23}$$

降维

如图14.12所示，当索引i在一定范围变化时，如$1 \sim n$，数列$\{a_i\}$ $(i = 1 \sim n)$本身相当于一个数组，而索引i像是方向。

对$\{a_i\}$ $(i = 1 \sim n)$求和，相当于在i方向上将数组“压扁”，得到一个标量$\sum_i a_i$。$\sum_i a_i$除以n（也就是数列元素个数），便得到了平均数。

从空间角度来看，数列$\{a_i\}$是一维数组，索引i就是它的维度。而求和运算$\sum_i a_i$相当于“降维”，得到的“和”只是一个数值，没有维度。

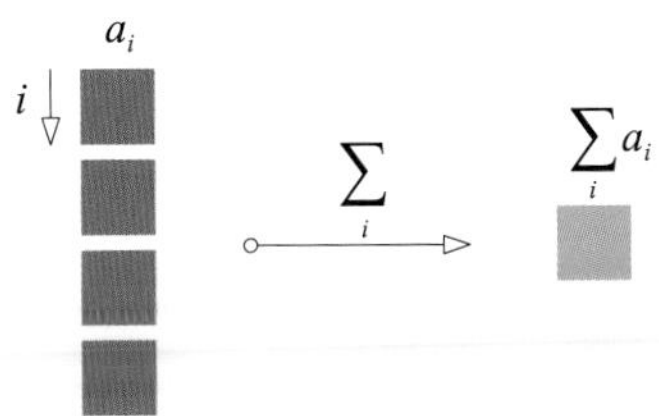

图14.12　从数组角度看求和

线性代数运算

看到这里，大家是否想得到，此处图14.12所示数列 $\{a_i\}$ 相当于一个列向量$\boldsymbol{a}$，即

$$\boldsymbol{a}=\begin{bmatrix} a_1 \\ a_2 \\ \vdots \\ a_n \end{bmatrix} \tag{14.24}$$

本书第2章在讲解向量和矩阵时提到过，对列向量$\boldsymbol{a}$所有元素求和可以利用向量内积或矩阵运算得到，即

$$\sum_{i=1}^{n} a_i=\boldsymbol{1}\cdot\boldsymbol{a}=\boldsymbol{a}\cdot\boldsymbol{1}=\begin{bmatrix} a_1 \\ a_2 \\ \vdots \\ a_n \end{bmatrix}\cdot\begin{bmatrix} 1 \\ 1 \\ \vdots \\ 1 \end{bmatrix}=\boldsymbol{a}^{\mathrm{T}}\boldsymbol{1}=\boldsymbol{1}^{\mathrm{T}}\boldsymbol{a}=\begin{bmatrix} 1 & 1 & \cdots & 1 \end{bmatrix} @ \begin{bmatrix} a_1 \\ a_2 \\ \vdots \\ a_n \end{bmatrix} \tag{14.25}$$

其中：$\boldsymbol{1}$就是全1列向量，与$\boldsymbol{a}$等长。

这样，我们就把数列求和、向量、向量内积、矩阵乘法这几个概念联系起来，如图14.13所示。

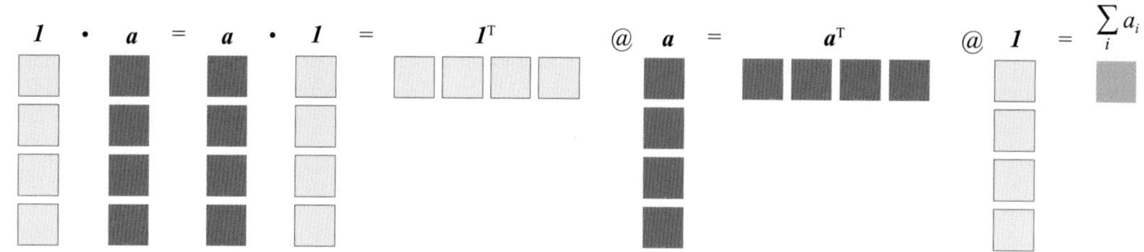

图14.13　从向量内积和矩阵乘法角度看求和

下面介绍几个有关求和符号的重要法则。

对数运算把连乘变为连加

类似于Σ，Π (capital pi) 用于标记多项相乘，如

$$\prod_{i=1}^{n} a_i=a_1a_2\cdots a_{n-1}a_n \tag{14.26}$$

本书第12章提到，对数运算可以将连乘转化为连加，如

$$\ln\left(\prod_{i=1}^{n} a_i\right)=\ln a_1+\ln a_2+\cdots+\ln a_{n-1}+\ln a_n=\sum_{i=1}^{n}\ln a_i \tag{14.27}$$

乘系数

常数c乘a_i，再求和$\sum_{i=1}^{n} ca_i$，等同于常数c乘$\sum_{i=1}^{n} a_i$，即

$$\sum_{i=1}^{n} ca_i = c\left(\sum_{i=1}^{n} a_i\right) = c\sum_{i=1}^{n} a_i \tag{14.28}$$

其中：c 相当于“缩放”；$\sum_{i}$相当于“降维”。如图14.14所示，式 (14.28) 相当于“缩放 → 降维”等价于“降维 → 缩放”。

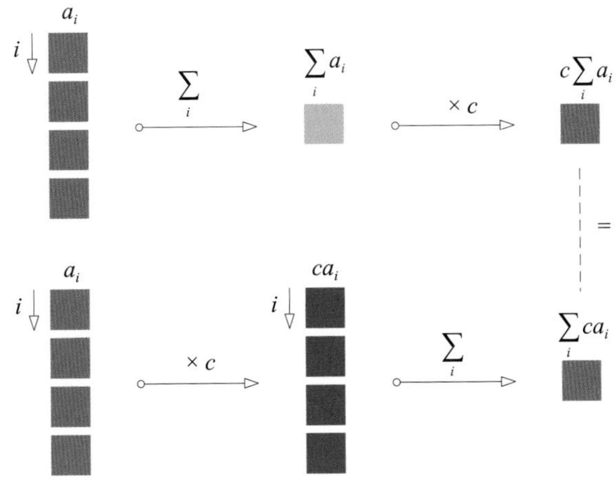

图14.14　乘系数

特别地，如果Σ内为一常数a，则有

$$\sum_{i=1}^{n} a = na \tag{14.29}$$

分段求和

可以根据索引排列，将求和分割成几个部分分别求和，如

$$\begin{aligned}\sum_{i=1}^{n} a_i &= (a_1 + a_2 + \cdots + a_k) + (a_{k+1} + a_{k+2} + \cdots + a_n) \\ &= \sum_{i=1}^{k} a_i + \sum_{i=k+1}^{n} a_i\end{aligned} \tag{14.30}$$

分段求和常用在对齐不同长度的数组中，以便化简计算，如图14.15所示。

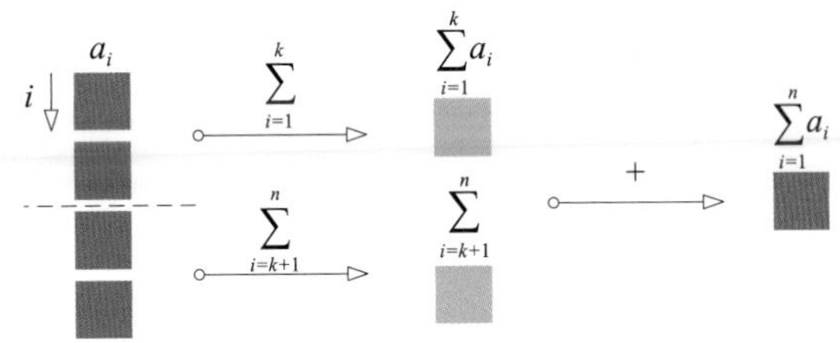

图14.15　分段求和

两项相加减

拥有相同索引的两项相加再求和，等于分别求和再相加，即

$$\sum_{i=1}^{n}\left(a_i+b_i\right)=\sum_{i=1}^{n}a_i+\sum_{i=1}^{n}b_i \tag{14.31}$$

上述法则也适用于减法，即

$$\sum_{i=1}^{n}\left(a_i-b_i\right)=\sum_{i=1}^{n}a_i-\sum_{i=1}^{n}b_i \tag{14.32}$$

平方

Σ内为a_i的平方，则有

$$\sum_{i=1}^{n}\left(a_i^2\right)=\sum_{i=1}^{n}a_i^2=a_1^2+a_2^2+a_3^2+\cdots+a_n^2 \tag{14.33}$$

如图14.16所示，利用前文式 (14.24) 定义的列向量$\boldsymbol{a}$，式 (14.33) 等价于

$$\sum_{i=1}^{n}a_i^2=\boldsymbol{a}\cdot\boldsymbol{a}=\boldsymbol{a}^{\mathrm{T}}\boldsymbol{a} \tag{14.34}$$

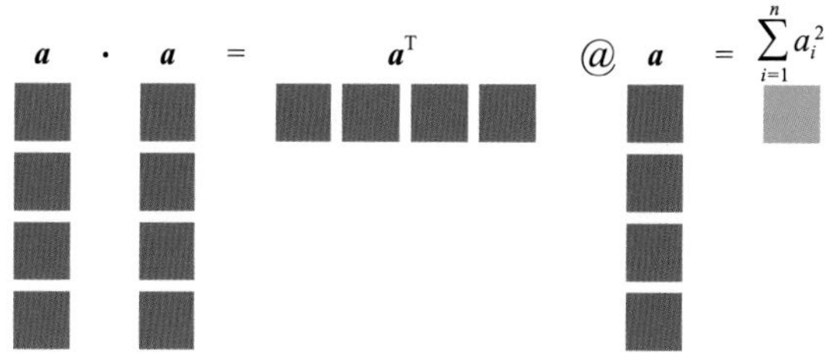

图14.16　从向量内积和矩阵乘法角度看$\sum_{i=1}^{n}a_i^2$

$\sum_{i=1}^{n}a_i$的平方则为

$$\left(\sum_{i=1}^{n}a_i\right)^2=\left(a_1+a_2+a_3+\cdots+a_n\right)^2 \tag{14.35}$$

显然，式 (14.33) 与式 (14.35) 不相同，即

$$\sum_{i=1}^{n}\left(a_i^2\right)\neq\left(\sum_{i=1}^{n}a_i\right)^2 \tag{14.36}$$

乘法

拥有相同索引的a_i与b_i相乘，再求和，有

$$\sum_{i=1}^{n}(a_i b_i) = a_1 b_1 + a_2 b_2 + a_3 b_3 + \cdots a_n b_n \tag{14.37}$$

定义列向量$\boldsymbol{b}$，$\boldsymbol{b}$和$\boldsymbol{a}$形状相同，$\boldsymbol{b}$的元素为b_i。如图14.17所示，$\sum_{i=1}^{n}(a_i b_i)$ 等价于

$$\sum_{i=1}^{n}(a_i b_i) = \boldsymbol{a}\cdot\boldsymbol{b} = \boldsymbol{b}\cdot\boldsymbol{a} = \boldsymbol{a}^{\mathrm{T}}\boldsymbol{b} = \boldsymbol{b}^{\mathrm{T}}\boldsymbol{a} \tag{14.38}$$

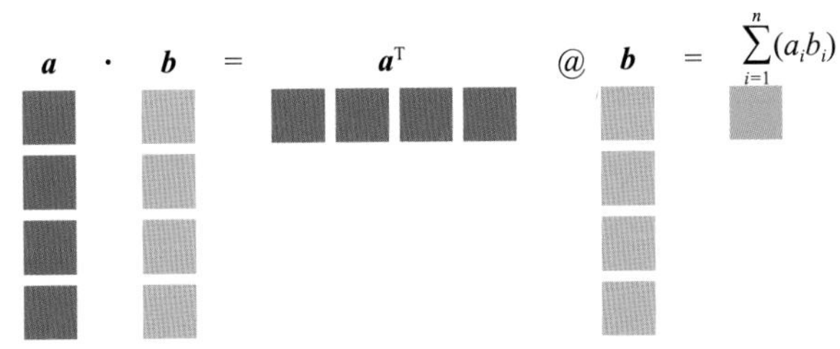

图14.17　从向量内积和矩阵乘法角度看$\sum_{i=1}^{n}(a_i b_i)$

$\sum_{i=1}^{n} a_i$和$\sum_{i=1}^{n} b_i$相乘展开得到

$$\left(\sum_{i=1}^{n} a_i\right)\left(\sum_{i=1}^{n} b_i\right) = \sum_{i=1}^{n} a_i \sum_{i=1}^{n} b_i = (a_1 + a_2 + \cdots a_n)(b_1 + b_2 + \cdots b_n) \tag{14.39}$$

显然，式 (14.37) 与式 (14.39) 不相同，即

$$\sum_{i=1}^{n}(a_i b_i) \neq \left(\sum_{i=1}^{n} a_i\right)\left(\sum_{i=1}^{n} b_i\right) \tag{14.40}$$

二重求和

一些情况，我们需要用到二重求和记号ΣΣ，如

$$\begin{aligned}\sum_{i=1}^{3}\sum_{j=2}^{4} a_i b_j &= \sum_{i=1}^{3} a_i b_2 + a_i b_3 + a_i b_4 \\ &= (a_1 b_2 + a_1 b_3 + a_1 b_4) + (a_2 b_2 + a_2 b_3 + a_2 b_4) + (a_3 b_2 + a_3 b_3 + a_3 b_4)\end{aligned} \tag{14.41}$$

注意：式中内层Σ索引为j，外层Σ索引为i。先对索引j求和，再对索引i求和。注意上式中，每个元素只有一个索引，相当于只有一个维度。但是$a_i b_j$作为一个整体有两个维度。

两个索引

实践中，经常遇到的情况是一项有两个、甚至更多索引，如$a_{i,j}$有两个索引i和j。

根据本节前文分析思路，举个例子，索引i的取值范围为$1 \sim n$，索引j的取值范围为$1 \sim m$，数组$a_{i,j}$相当于有i和j两个维度。

这是否让大家想到了本书第1章讲过的矩阵，如图14.18所示，$a_{i,j}$相当于矩阵$\boldsymbol{A}$的第i行、第j列元素。

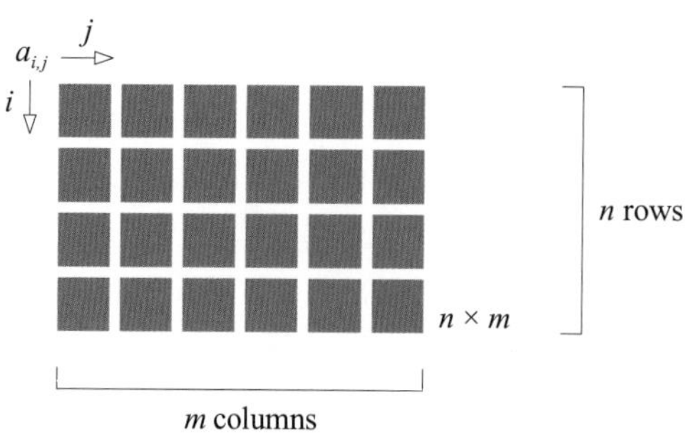

图14.18　$n \times m$ 矩阵$\boldsymbol{A}$

本节后续内容就围绕图14.19所示热图给出的二维数组展开，这个数组有8行、12列。

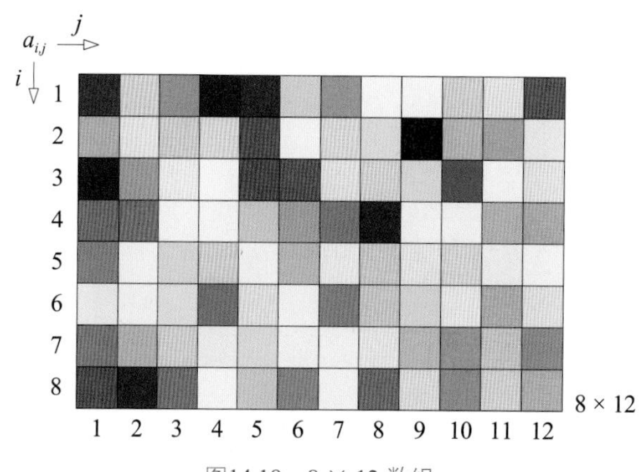

图14.19　8×12 数组

偏求和

下面先介绍单维求和，也就是沿着一个索引求和。我们给它取个名字，叫“偏求和”。

> 这个“偏”字呼应本书第16、18章要介绍的“偏导数”“偏微分”“偏积分”等概念。

首先聊聊$a_{i,j}$对索引i偏求和，有

$$\underbrace{\sum_{i=1}^{n} a_{i,j}}_{\text{Sum over } i} \Rightarrow \sum_{i=1}^{n} a_{i,1}, \ \sum_{i=1}^{n} a_{i,2}, \ \cdots \ \sum_{i=1}^{n} a_{i,m} \qquad (14.42)$$

我们发现，这里得到的不是一个求和，而是m个和。也就是说，图14.18中每一列数值求和，每一列都有一个“偏求和”结果。

通俗地讲，$a_{i,j}$就是个“表格”，$\sum_{i} a_{i,j}$就是按列求和，每列有一个和。

如图14.20所示，$\sum_{i=1}^{n} a_{i,7}$代表对数组第7列元素求和。

$\sum_{i} a_{i,j}$除以n，得到的就是每一列元素的平均数。

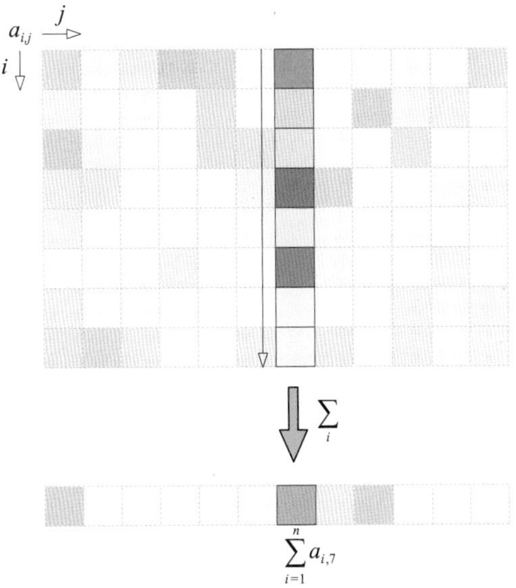

图14.20　将二维数组的第7列求和

注意：为了简化数学表达，我们也常用$\sum_{i} a_{i,j}$代表对索引i的求和，求和上下限不再给出。

这相当于矩阵$a_{i,j}$沿着索引i被“压扁”。如图14.21所示，原来数据有两个维度——索引i和j；而现在只剩一个维度——索引j。

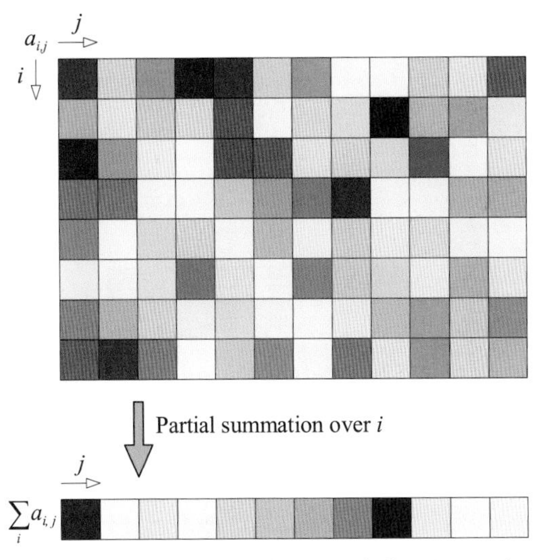

图14.21　将二维数组沿着索引i代表的方向“压扁”

同理，如图14.22所示，$a_{i,j}$对索引j偏求和$\sum_{j} a_{i,j}$，相当于沿着索引j方向将数组“压扁”；$\sum_{j} a_{i,j}$只剩i这一个维度。

通俗地讲，$a_{i,j}$就是个“表格”，$\sum_{j} a_{i,j}$就是按行求和，每行有一个和。

$\sum_j a_{i,j}$ 除以m，得到的就是每一行元素的平均数。

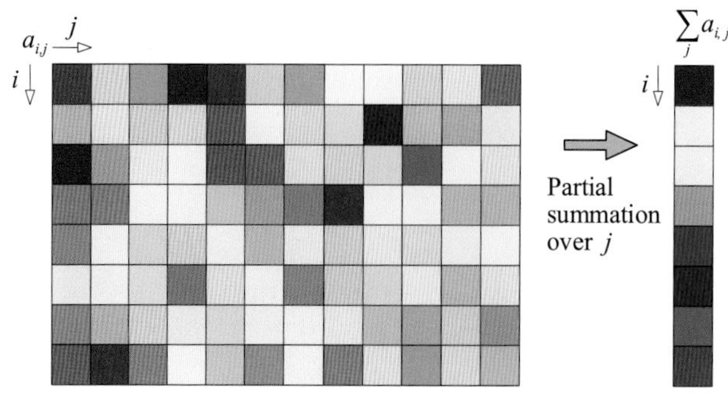

图14.22　将二维数组沿着索引j代表的方向“压扁”

多重求和

而$\sum_i a_{i,j}$和$\sum_j a_{i,j}$沿着各自剩余最后一个方向再次“压扁”，得到的就是$a_{i,j}$所有元素的和。这种情况，求和顺序不影响结果，即

$$\underbrace{\sum_{i=1}^{n}\sum_{j=1}^{m} a_{i,j}}_{\text{Sum over } j} = \underbrace{\sum_{j=1}^{m}\sum_{i=1}^{n} a_{i,j}}_{\text{Sum over } i} \tag{14.43}$$

上式也可以写作

$$\sum_{j,i} a_{i,j} = \sum_{i,j} a_{i,j} \tag{14.44}$$

其中：下标“j, i”表示先对j求和、再对i求和；下标“i, j”表示先对i求和、再对j求和。

图14.23所示为上述计算的过程分解。

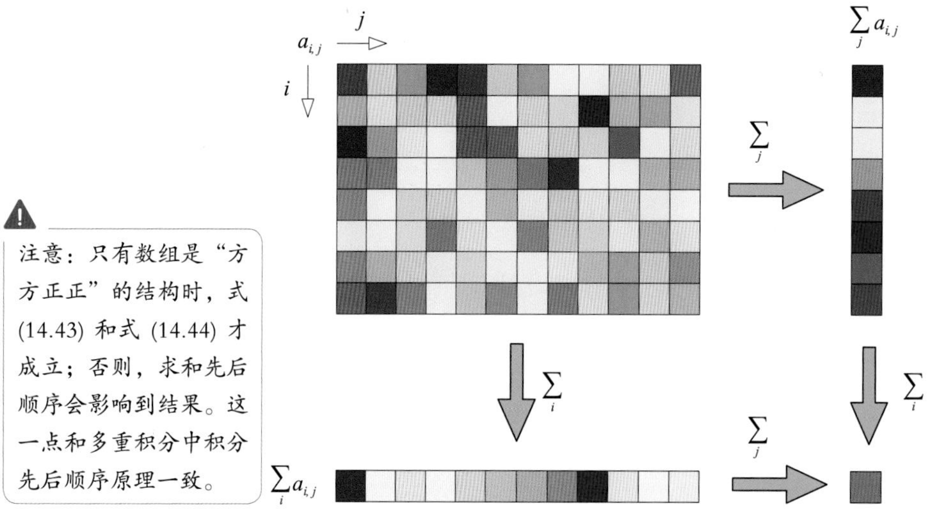

图14.23　求和顺序不影响结果

举个例子，有

$$\begin{aligned}\sum_{i=1}^{3}\sum_{j=2}^{4}a_{i,j}&=\sum_{i=1}^{3}\left(a_{i,2}+a_{i,3}+a_{i,4}\right)\\&=\left(a_{1,2}+a_{1,3}+a_{1,4}\right)+\left(a_{2,2}+a_{2,3}+a_{2,4}\right)+\left(a_{3,2}+a_{3,3}+a_{3,4}\right)\end{aligned}\tag{14.45}$$

调换求和顺序，得到

$$\begin{aligned}\sum_{j=2}^{4}\sum_{i=1}^{3}a_{i,j}&=\sum_{j=2}^{4}\left(a_{1,j}+a_{2,j}+a_{3,j}\right)\\&=\left(a_{1,2}+a_{2,2}+a_{3,2}\right)+\left(a_{1,3}+a_{2,3}+a_{3,3}\right)+\left(a_{1,4}+a_{2,4}+a_{3,4}\right)\end{aligned}\tag{14.46}$$

可以发现式 (14.45) 和式 (14.46) 相等。

矩阵运算视角

前文介绍的“偏求和”与多重求和都可以通过矩阵运算得到结果。

如图14.24所示，$a_{i,j}$对索引i偏求和等价于矩阵运算

$$\boldsymbol{I}^{\mathrm{T}}\boldsymbol{A}=\sum_{i}a_{i,j}\tag{14.47}$$

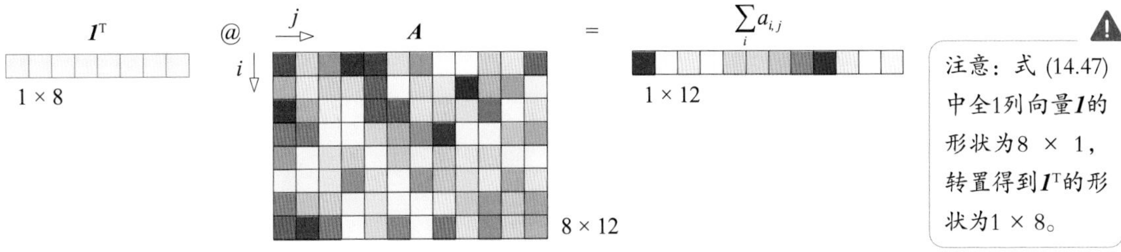

图14.24　计算矩阵$\boldsymbol{A}$每列元素和

如图14.25所示，$a_{i,j}$对索引j偏求和等价于矩阵运算

$$\boldsymbol{AI}=\sum_{j}a_{i,j}\tag{14.48}$$

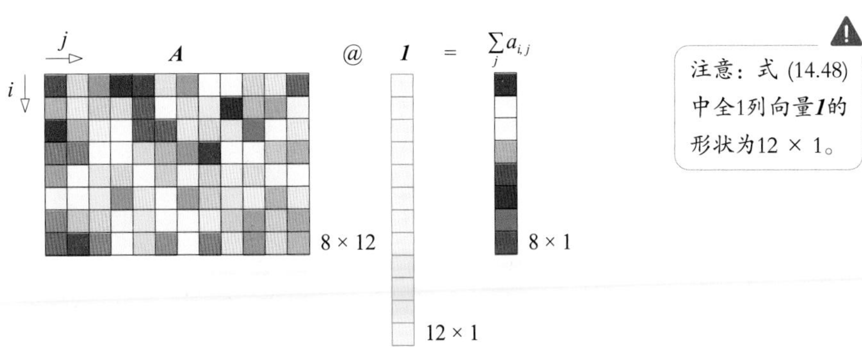

图14.25　计算矩阵$\boldsymbol{A}$每行元素和

如图14.26所示，求矩阵$\boldsymbol{A}$所有元素之和对应的矩阵运算为

$$\sum_{i}\sum_{j}a_{i,j}=\sum_{j}\sum_{i}a_{i,j}=\boldsymbol{1}^{\mathrm{T}}\boldsymbol{A}\boldsymbol{1} \tag{14.49}$$

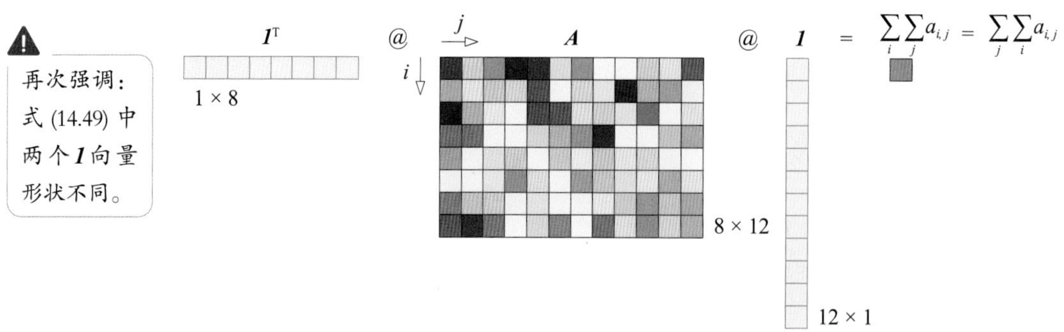

图14.26　计算二维矩阵$\boldsymbol{A}$所有元素之和

两个以上索引

某一项可能有超过两个索引，如$a_{i,j,k}$有三个索引，则数组 $\{a_{i,j,k}\}$ 相当于有三个维度。

图14.27所示为三维数组的多重求和运算，求和的顺序为“j, k, i”。

首先，$a_{i,j,k}$沿j索引求和，得到$\sum_{j}a_{i,j,k}$。相当于一个立方体“压扁”为一个平面，将三维降维到二维。

然后，再沿k索引求和，进一步将平面“压扁”得到一维数组。此时，数组只有一个索引i。

最后，沿着i再求和，得到一个标量$\sum_{j,k,i}a_{i,j,k}$。

请大家自行绘制按照“i, j, k”这个顺序求和得到$\sum_{i,j,k}a_{i,j,k}$的过程示意图。

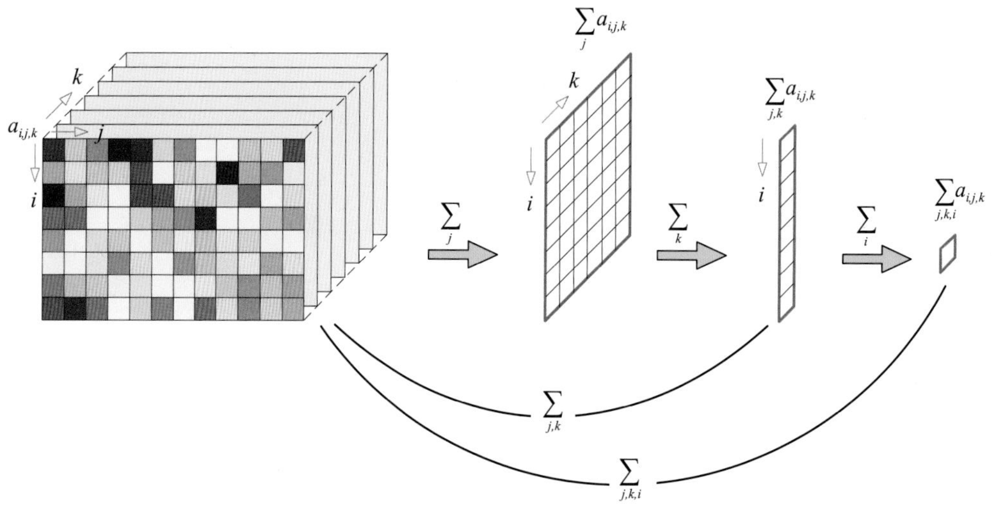

图14.27　三维数组的求和运算

对于多维数组，建议大家了解一下Python中Xarray这个工具包。此外，Pandas数据帧也是处理多维数组不错的工具。《编程不难》将专门讲解NumPy、Pandas等常用Python库。

爱因斯坦曾经提出过以自己名字命名的求和法则，叫作**爱因斯坦求和约定** (Einstein summation convention)。NumPy中numpy.einsum() 函数的运算规则就是基于爱因斯坦求和约定。

> 爱因斯坦求和约定简化多维数组求和运算，鸢尾花书《矩阵力量》将展开介绍。

求和和求积的英文表达详见表14.2。

表14.2　求和和求积的英文表达

数学表达	英文表达
$\sum_{i=1}^{n} a_i$	The sum of all the terms (small) *a* sub (small) *i*, where *i* takes the integers from one to (small) *n*. The sum from (small) *i* equals one to (small) *n*, (small) *a* sub *i*. The sum as (small) *i* runs from one to *n* of (small) *a* sub (small) *i*.
$\sum_{n=1}^{5} 2n$	The sum of 2 times *n* as *n* goes from 1 to 5. The summation of the expression 2*n* for integer values of *n* from 1 to 5.
$\prod_{i=1}^{n} a_i$	The multiplication of all the terms *a* sub *i*, where *i* takes the values from one to *n*. The product from *i* equals 1 to n of *a* sub *i*.
$\prod_{i=1}^{\infty} y_i$	The product from *i* equals one to infinity of *y* sub *i*.

Bk3_Ch14_04.py绘制本节二维数组热图，并计算“偏求和”。请大家自行计算这个二维数组所有元素之和。

14.7 数列极限：微积分的一块基石

数列极限

数列 $\{a_n\}$ 极限存在的确切定义为：设 $\{a_n\}$ 为一数列，如果存在常数C，对于任意给定的正数ε，不管ε有多小，总存在正整数N，使得$n > N$时，下面的不等式均成立，即

$$|a_n - C| < \varepsilon \tag{14.50}$$

那么就称常数C是数列 $\{a_n\}$ 的极限；也可以说，数列 $\{a_n\}$ 收敛于C，记作

$$\lim_{n \to \infty} a_n = C \tag{14.51}$$

其中：lim是英文limit的缩写；$n \to \infty$ 表示n趋向于无穷。

如果极限C不存在，则称数列 $\{a_n\}$ 极限不存在。

几个例子

给定等比数列

$$a_n = \frac{1}{2^n} \tag{14.52}$$

当n趋向于无穷时，数列值趋向于零，即

$$\lim_{n\to\infty} a_n = \lim_{n\to\infty} \frac{1}{2^n} = 0 \tag{14.53}$$

对于如下数列，当n趋向于无穷时，数列值在两个定值之间振荡；因此，不存在极限，即

$$a_n = (-1)^n \tag{14.54}$$

对于如下数列，当n趋向于无穷时，数列值急速增加至无穷，即发散；因此，也不存在极限，即

$$a_n = 2^n \tag{14.55}$$

收敛的数列，可以自下而上收敛、自上而下收敛、振荡收敛。

图14.28给出了三个收敛数列的例子。图14.28 (c) 对应的数列为

$$\lim_{n\to\infty} \left(1+\frac{1}{n}\right)^n = \mathrm{e} \tag{14.56}$$

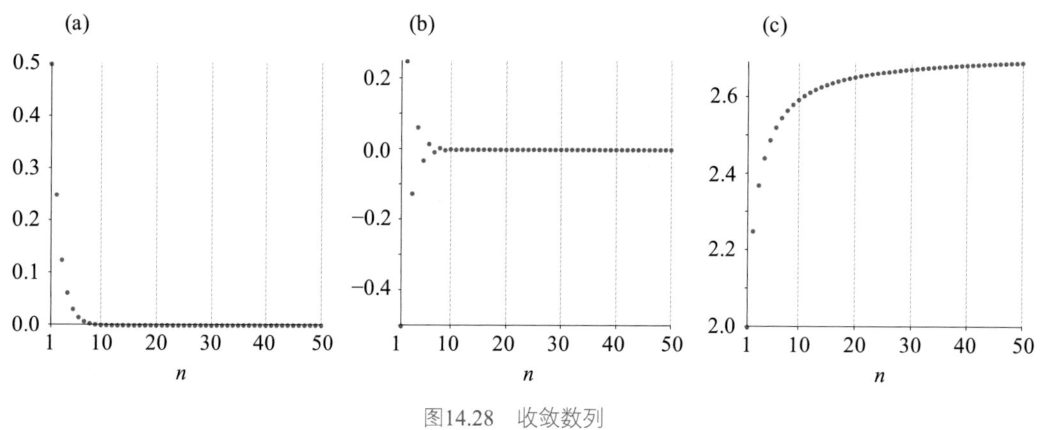

图14.28　收敛数列

数列和的极限

此外，数列之和也可以收敛。下式就是一个收敛的数列之和，数列之和随n变化趋势如图14.29 (a) 所示，即有

$$1+\frac{1}{2}+\frac{1}{4}+\frac{1}{8}+\frac{1}{16}+\cdots = \sum_{n=0}^{\infty} \frac{1}{2^n} = 2 \tag{14.57}$$

如图14.29 (b) 所示，下面数列之和也是收敛于1，即

$$\frac{1}{1\times 2}+\frac{1}{2\times 3}+\frac{1}{3\times 4}+\frac{1}{4\times 5}+\frac{1}{5\times 6}+\cdots=\sum_{n=1}^{\infty}\frac{1}{n(n+1)}=1 \tag{14.58}$$

如图14.29 (c) 所示，自然对数底数e也可以用数列和的极限来近似，即

$$\sum_{k=0}^{\infty}\frac{1}{k!}=1+\frac{1}{1}+\frac{1}{1\times 2}+\frac{1}{1\times 2\times 3}+\frac{1}{1\times 2\times 3\times 4}+\cdots=\mathrm{e} \tag{14.59}$$

但是$1/n$这个数列之和并不收敛，即

$$1+\frac{1}{2}+\frac{1}{3}+\frac{1}{4}+\frac{1}{5}+\cdots=\sum_{n=1}^{\infty}\frac{1}{n} \tag{14.60}$$

如果在以上数列中每一项增加正负号交替，则这个数列之和收敛，且有

$$1-\frac{1}{2}+\frac{1}{3}-\frac{1}{4}+\frac{1}{5}-\cdots=\sum_{n=1}^{\infty}\frac{(-1)^{n-1}}{n}=\ln 2 \tag{14.61}$$

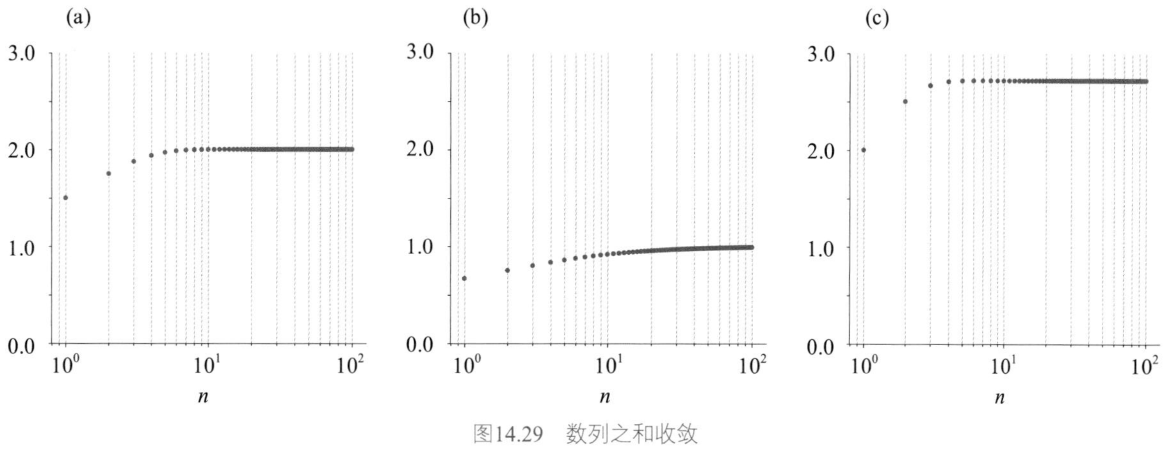

图14.29　数列之和收敛

Bk3_Ch14_05.py绘制图14.29。代码中利用sympy.limit_seq() 函数计算极限值。

14.8 数列极限估算圆周率

本书第3章介绍，古代数学家通过割圆术不断提高圆周率的估算精度。随着数学方法的发展，很多数学家发现可以用数列和来逼近圆周率。这是圆周率估算的一次颠覆性进步。

比如莱布尼兹发现，如下数列之和逼近于$\pi/4$，即

$$\frac{\pi}{4} \approx 1-\frac{1}{3}+\frac{1}{5}-\frac{1}{7}+\ldots+\frac{(-1)^{n+1}}{2n-1} \tag{14.62}$$

即

$$\pi = 4\sum_{k=1}^{\infty}\frac{(-1)^{k+1}}{2k-1} \tag{14.63}$$

图14.30所示为上式随着k不断增加逼近圆周率值的情况。

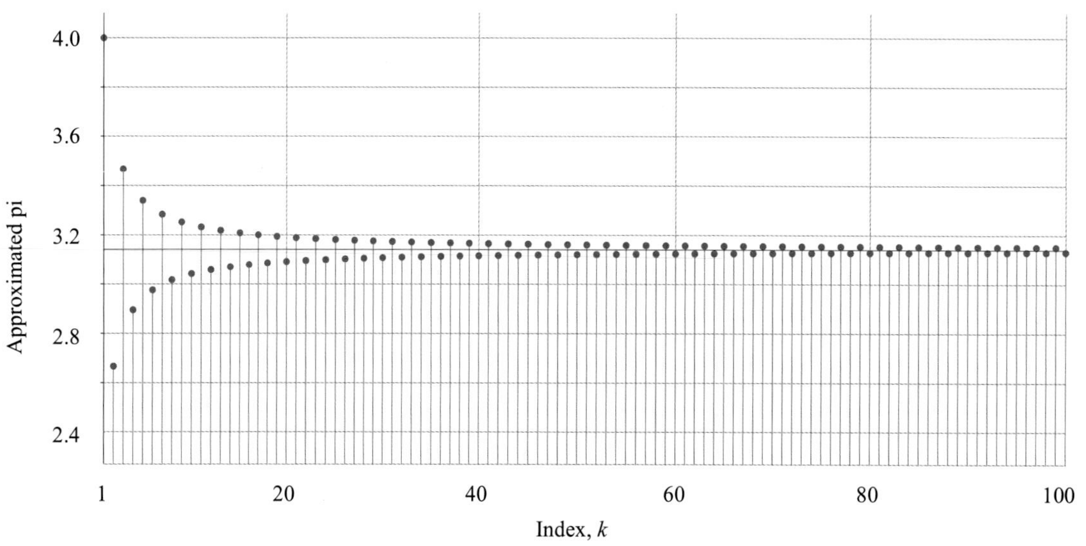

图14.30　数列之和逼近圆周率

Bk3_Ch14_06.py绘制图14.30。

本章介绍的大写西格玛求和、极限这两个数学工具是微积分的基础。

大家在学习大写西格玛求和时，请务必从几何、数据、维度、矩阵运算这几个视角分析求和运算；不然，复杂多层求和运算会让大家晕头转向。

此外，有了数列和极限这两个数学概念，我们在圆周率估算方法上又进了一步。

05 Section 05 微积分

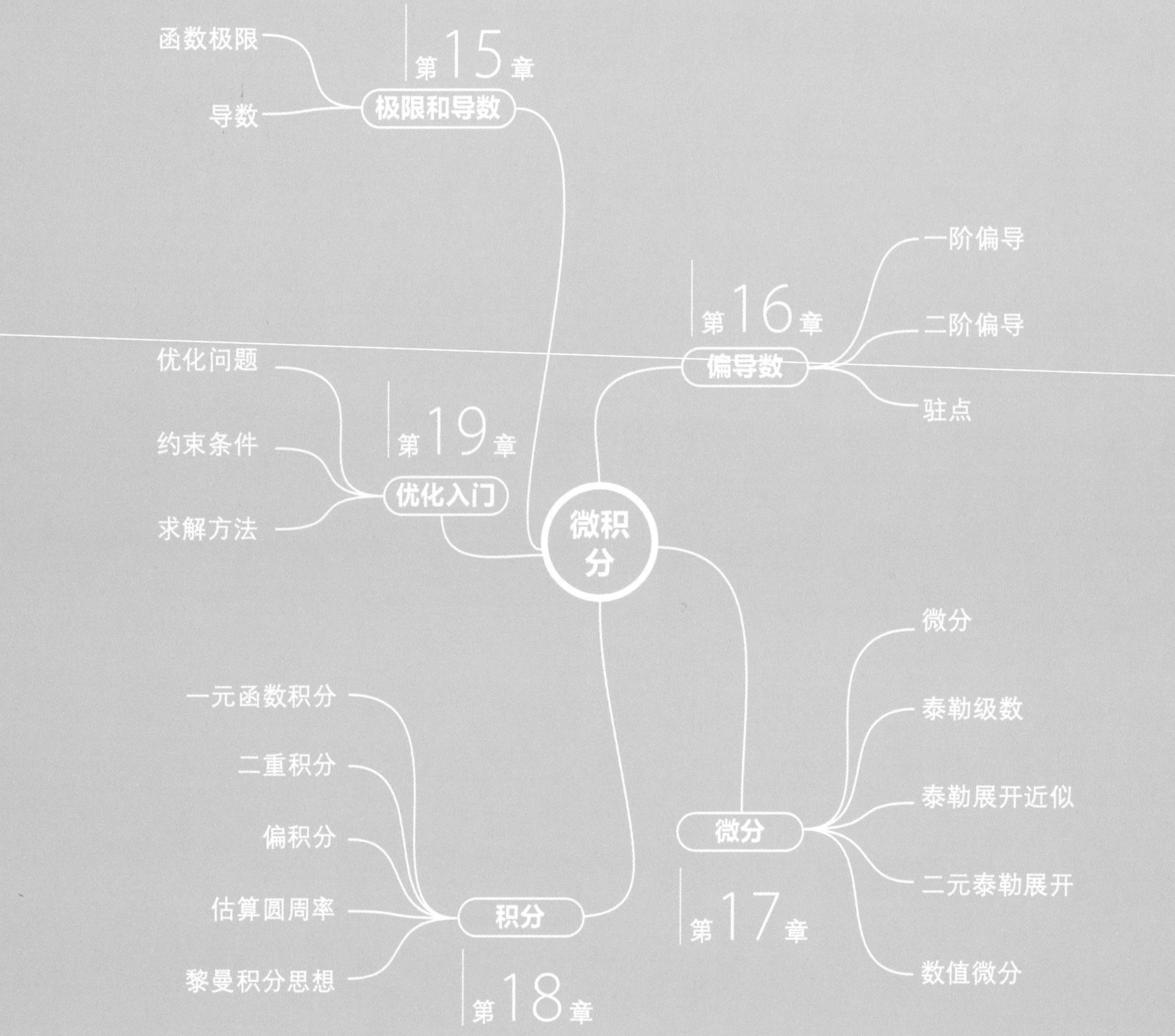
微积分
第15章
极限和导数
函数极限
导数
第16章
偏导数
一阶偏导
二阶偏导
驻点
第19章
优化入门
优化问题
约束条件
求解方法
第17章
微分
微分
泰勒级数
泰勒展开近似
二元泰勒展开
数值微分
第18章
积分
一元函数积分
二重积分
偏积分
估算圆周率
黎曼积分思想

学习地图 | 第5版块

15 Limit and Derivative 极限和导数

函数切线斜率，即变化率

微积分是现代数学的第一个成就，它的重要性怎么评价都不为过。我认为它比其他任何东西都更明确地定义了现代数学的起源。而作为其逻辑发展的数学分析系统，仍然是精确思维的最大技术进步。

The calculus was the first achievement of modern mathematics and it is difficult to overestimate its importance. I think it defines more unequivocally than anything else the inception of modern mathematics; and the system of mathematical analysis, which is its logical development, still constitutes the greatest technical advance in exact thinking.

—— 约翰·冯·诺伊曼 (John von Neumann) | 美国籍数学家 | 1903 — 1957

- `sympy.abc import x` 定义符号变量 x
- `sympy.diff()` 求解符号函数导数和偏导解析式
- `sympy.Eq()` 定义符号等式
- `sympy.evalf()` 将符号解析式中未知量替换为具体数值
- `sympy.limit()` 求解极限
- `sympy.plot_implicit()` 绘制隐函数方程
- `sympy.series()` 求解泰勒展开级数符号式
- `sympy.symbols()` 定义符号变量

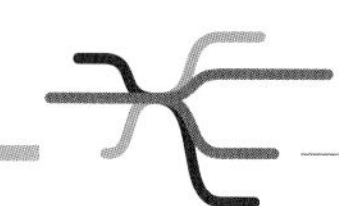

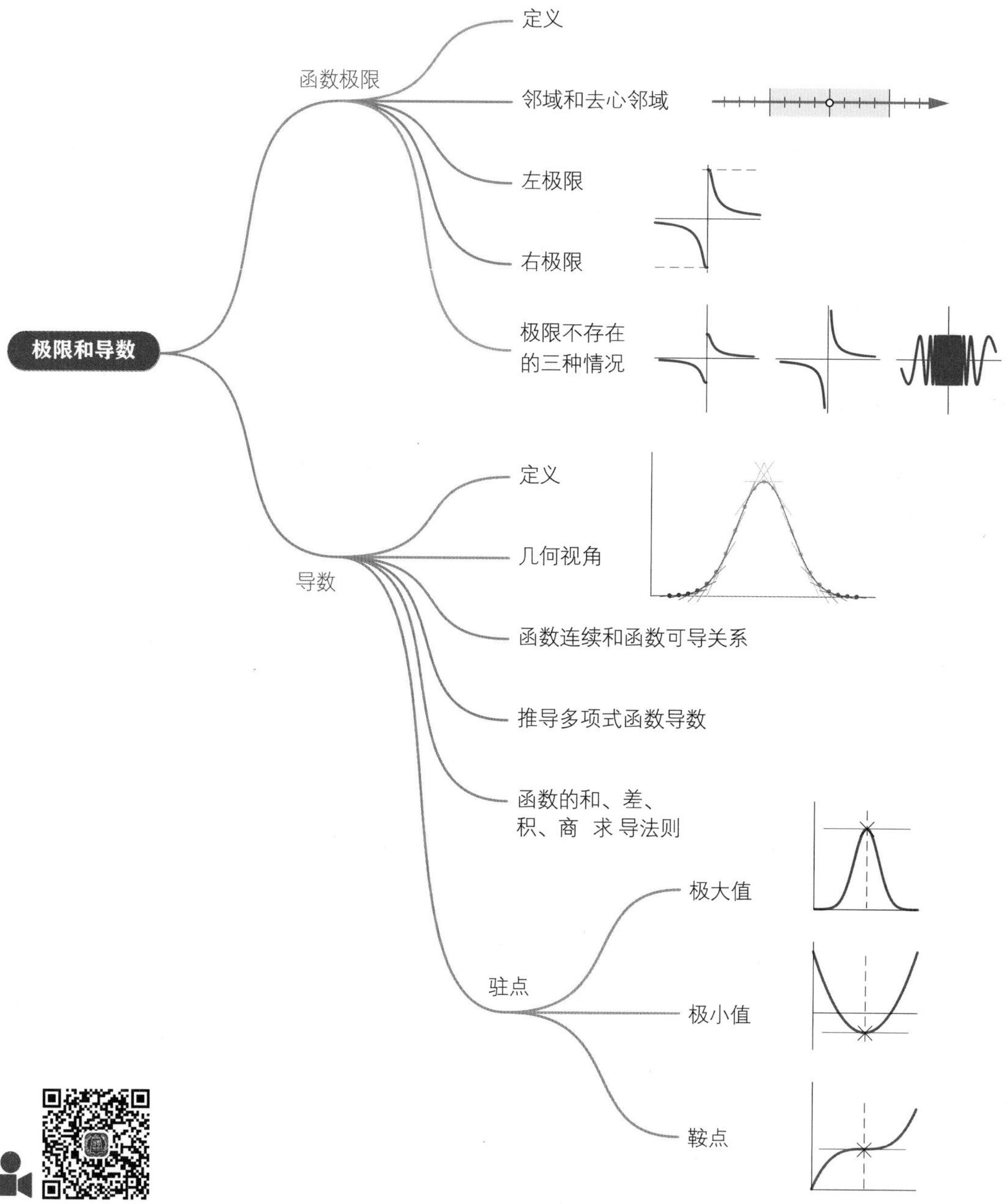

- **极限和导数**
  - 函数极限
    - 定义
    - 邻域和去心邻域
    - 左极限
    - 右极限
    - 极限不存在的三种情况
  - 导数
    - 定义
    - 几何视角
    - 函数连续和函数可导关系
    - 推导多项式函数导数
    - 函数的和、差、积、商 求导法则
    - 驻点
      - 极大值
      - 极小值
      - 鞍点

15.1 牛顿小传

“如果说我比别人看得更远，那是因为我站在巨人们的肩上。”

1642年年底，**艾萨克·牛顿** (Sir Isaac Newton) 呱呱坠地，同年年初伽利略驾鹤西征。牛顿从伽利略手中接过了智慧火炬。这可能完全是巧合，但又何尝不是某种命中注定。在伽利略等科学先驱者开垦的沃土上，即便没有培育出牛顿，也会注定会造就马顿、羊顿、米顿……

艾萨克·牛顿 (Sir Isaac Newton)
英国物理学家、数学家 | 1642 — 1727
提出万有引力定律、牛顿运动定律，与莱布尼茨共同发明微积分

年轻的牛顿坐在果园里，思考物理学。苹果熟了，从树上落下，砸到了牛顿的脑门。牛顿发出了一个惊世疑问，苹果为什么会下落？

是的，苹果为什么会下落，而不是飞向更遥远的天际呢？对这些问题的系统思考让牛顿提出了万有引力定律 (见图15.1)。

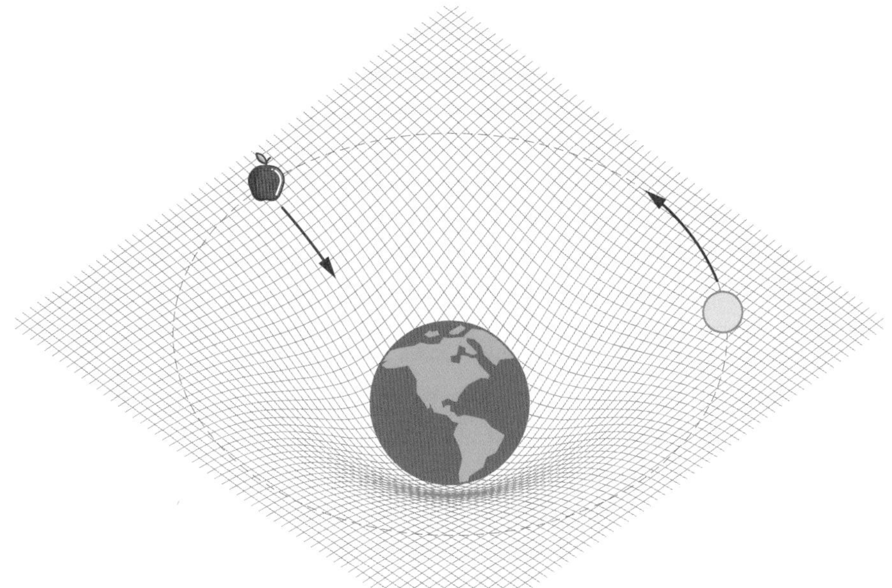

图15.1　地球引力场作用下的月球和苹果

牛顿的成就不止于此。他提出三大运动定律，并出版了《自然哲学的数学原理》(*Mathematical Principles of Natural Philosophy*)；他利用三棱镜发现了七色光谱；发明了反射望远镜，并提出了光的微粒说；他和莱布尼茨分别独立发明了微积分等。任何人有其中任意一个贡献，就可以留名青史；然而，牛顿一个人完成了上述科学进步。

牛顿时代时间轴如图15.2所示。

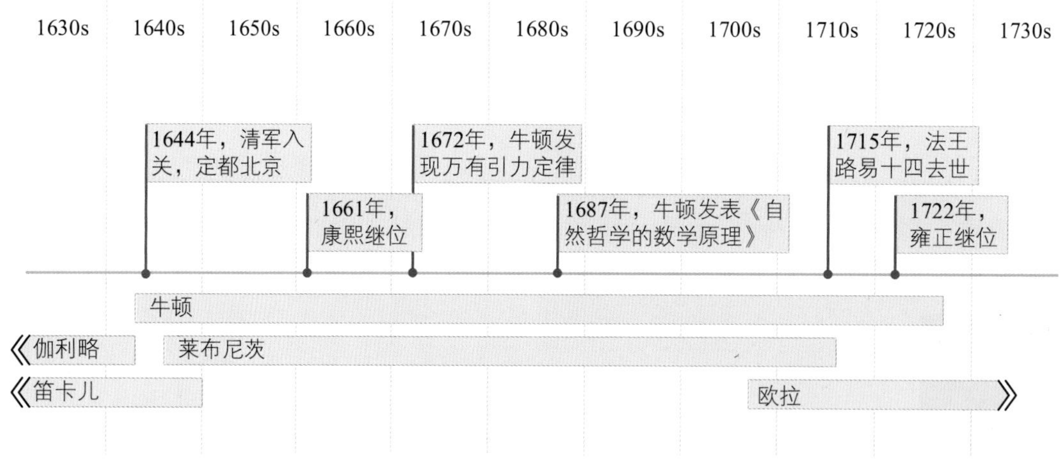

图15.2 牛顿时代时间轴

自然和自然规律隐藏在黑暗之中。
上帝说：交给牛顿吧！
于是一切豁然开朗。
Nature and Nature's laws lay hid in night:
God said, Let Newton be! and all was light.

—— 亚历山大·蒲柏 (Alexander Pope) | 英国诗人 | 1688 — 1744

15.2 极限：研究微积分的重要数学工具

微积分 (calculus) 是研究实数域上函数的微分与积分等性质的学科，而极限是微积分最重要的数学工具。**连续** (continuity)、**导数** (derivative) 和**积分** (integral) 这些概念都是通过极限来定义的。

上一章简单介绍了数列极限、数列求和的极限。本节主要介绍函数极限。

函数极限

首先介绍一下函数极限的定义。

设函数$f(x)$ 在点a的某一个去心邻域内有定义，如果存在常数C，对于任意给定的正数ε，不管它多小，总存在正数δ，使得x满足不等式

$$0<|x-a|<\delta \tag{15.1}$$

对应函数值$f(x)$都满足

$$\left|f(x)-C\right|<\varepsilon \tag{15.2}$$

则常数C就是函数$f(x)$当$x \to a$时的极限，记作

$$\lim_{x\to a} f(x)=C \tag{15.3}$$

举个例子

给定函数

$$f(x)=\left(1+\frac{1}{x}\right)^x \tag{15.4}$$

如图15.3所示，当x趋向于正无穷时，函数极限为e，即

$$\lim_{x\to +\infty} f(x)=\mathrm{e} \tag{15.5}$$

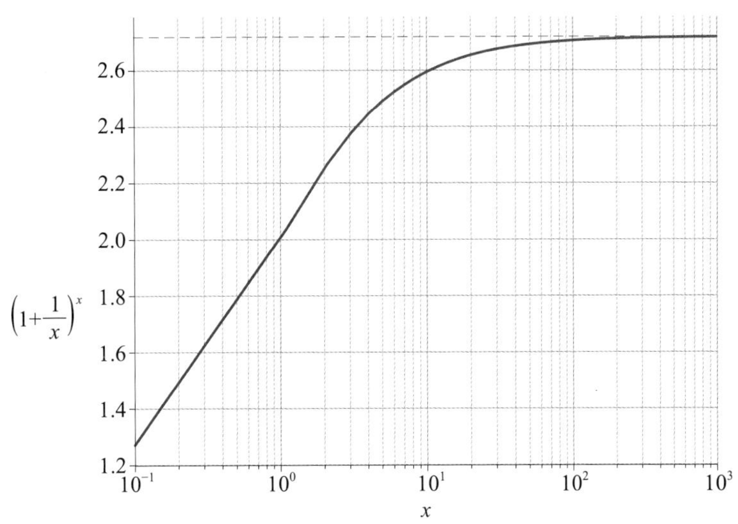

图15.3　当x趋向正无穷，函数$f(x)$极限值

邻域

这里解释一下邻域这个概念。**邻域** (neighbourhood) 实际上就是一个特殊的开区间。如图15.4所示，点a的h ($h>0$) 邻域满足 $a-h<x<a+h$。

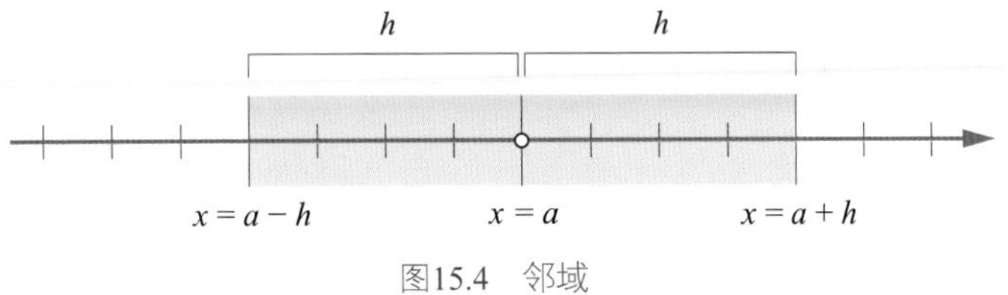

图15.4　邻域

其中：a为邻域的中心，h为邻域的半径。而**去心邻域** (deleted neighborhood 或 punctured neighborhood) 指的是：在a的邻域中去掉a的集合。

Bk3_Ch15_01.py计算极限并绘制图15.3。

15.3 左极限、右极限

请注意式 (15.1) 的绝对值符号。如图15.5所示，这代表着x从右 ($x > a$)、左 ($x < a$) 两侧趋向于a。下面，我们聊一聊从右侧和左侧趋向于a分别有怎样的区别和联系。

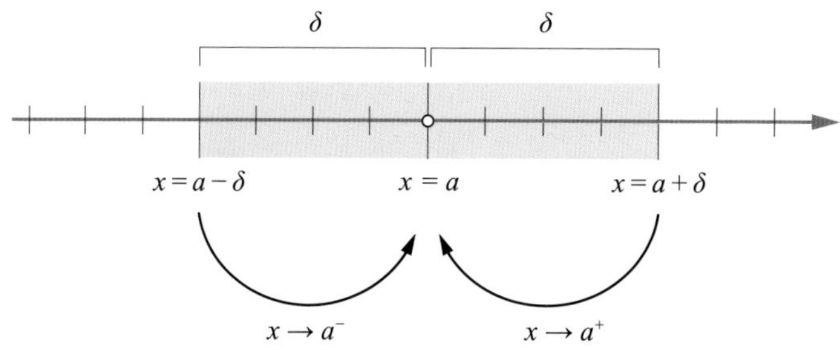

图15.5　x分别从左右两侧趋向a

右极限

将式 (15.1) 绝对值符号去掉取正得到

$$0 < x - a < \delta \tag{15.6}$$

称之为x从右侧趋向于a，记作$x \to a^+$。

随之，将式 (15.3) 中极限条件改为$x \to a^+$，C叫作函数$f(x)$ 的**右极限** (right-hand limit或right limit)，记作

$$\lim_{x \to a^+} f(x) = C \tag{15.7}$$

左极限

相反，如果将式 (15.1) 中的绝对值符号去掉并取负，有

$$-\delta < x - a < 0 \tag{15.8}$$

称之为x从左侧趋向于a，记作$x \to a^-$。

将式 (15.3) 中极限条件改为 $x \to a^-$，C叫作函数$f(x)$ 的**左极限** (left-hand limit或left limit)，记作

$$\lim_{x \to a^-} f(x) = C \tag{15.9}$$

当式 (15.7) 和式 (15.9) 都成立时，式 (15.3) 才成立。也就是说，当$x \to a$时函数$f(x)$ 极限存在的充分必要条件是，左右极限均存在且相等。

极限不存在

如图15.6所示，函数在$x = 0$的右极限为1，即

$$\lim_{x \to 0^+} \frac{1}{1 + 2^{-1/x}} = 1 \tag{15.10}$$

请大家格外注意，即便左右极限均存在，如果两者不相等，则极限也不存在。

而函数在$x = 0$的左极限为0，即

$$\lim_{x \to 0^-} \frac{1}{1 + 2^{-1/x}} = 0 \tag{15.11}$$

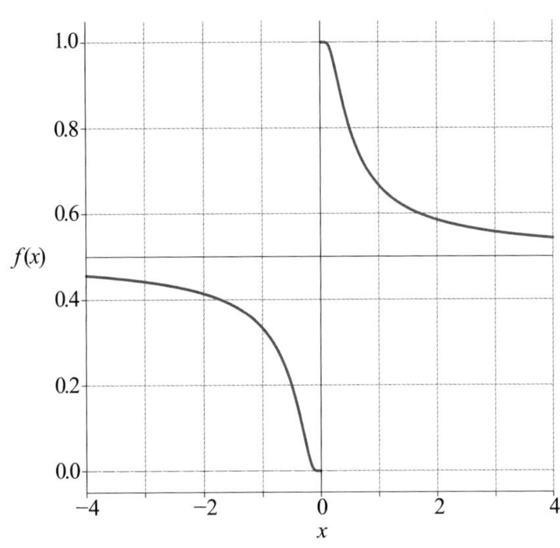

图15.6　函数$f(x)$ 左右极限不同

显然函数在 $x = 0$处不存在极限。此外，$f(x)$ 在$x = 0$处没有定义。

$\lim_{x \to a} f(x)$ 不存在可能有三种情况：① $f(x)$ 在 $x = a$处左右极限不一致；② $f(x)$在 $x = a$处趋向于无穷；③ $f(x)$ 在趋向$x = a$时在两个定值之间振荡。这三种情况分别对应图15.7所示的三幅子图。

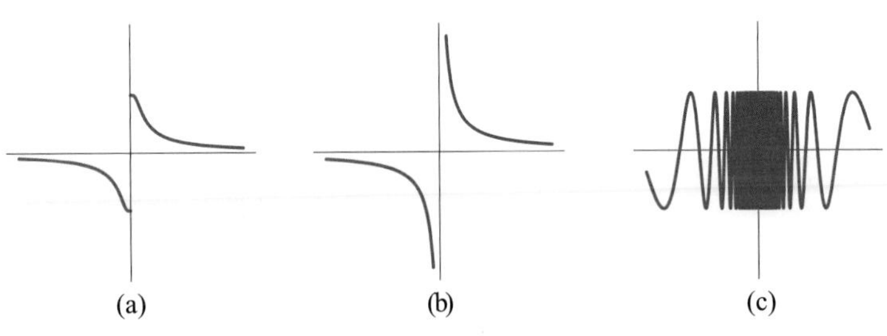

图15.7　极限不存在的三种情况

极限相关的英文表达见表15.1。

表15.1　极限的英文表达

数学表达	英文表达
$\lim_{\Delta x \to 0} f(x) = b$	As delta *x* approaches 0, the limit for *f* of *x* equals *b*.
$\Delta x \to 0$	Delta *x* approaches zero.
$\Delta x \to 0^+$	Delta *x* goes to zero from the right. Delta *x* approaches to zero from the right.
$\Delta x \to 0^-$	Delta *x* goes to zero from the left. Delta *x* approaches to zero from the left.
$\lim_{\Delta x \to 0}$	The limit as delta *x* approaches zero. The limit as delta *x* tends to zero.
$\lim_{x \to a^+}$	The limit as *x* approaches *a* from the right. The limit as *x* approaches *a* from the above.
$\lim_{x \to a^-}$	The limit as *x* approaches *a* from the left. The limit as *x* approaches *a* from the below.
$\lim_{x \to c} f(x) = L$	The limit of *f*(*x*) as *x* approaches *c* is *L*.
$\lim_{n \to \infty} a_n = L$	The limit of *a* sub *n* as n approaches infinity equals *L*.
$\lim_{x \to -\infty} f(x) = L_1$	the limit of *f* of *x* as *x* approaches negative infinity is capital *L* sub one.
$\lim_{x \to +\infty} f(x) = L_2$	the limit of *f* of *x* as *x* approaches positive infinity is capital *L* sub two.

Bk3_Ch15_02.py求函数左右极限，并绘制图15.6。

15.4 几何视角看导数：切线斜率

导数 (derivative) 描述函数在某一点处的变化率。从几何角度看，导数可以视作函数曲线切线的斜率。

切线斜率

举个中学物理中的例子，加速度a是速度v的变化率，速度v是距离s的变化率。

如图15.8所示，匀速直线运动中，距离函数$s(t)$ 对于时间t是一个一次函数。从图像角度看，$s(t)$ 是一条斜线。

$s(t)$ 图像的切线斜率不随时间变化，也就是说匀速直线运动的速度函数$v(t)$ 的图像为常数函数。

而$v(t)$ 的切线斜率为0，说明加速度$a(t)$ 图像为取值为0的常数函数。

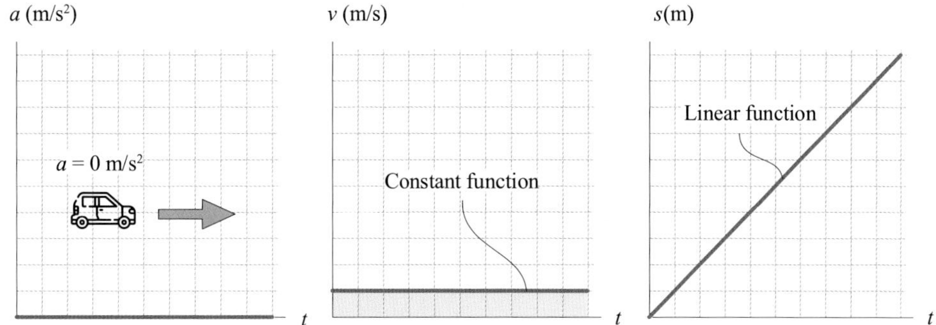

图15.8　匀速直线运动：加速度、速度、距离图像

再看个例子。如图15.9所示，对于匀加速直线运动，距离函数$s(t)$ 对于时间t是一个二次函数。从图像上看，$s(t)$ 在不同时间t位置的切线斜率不同。随着t增大，切线斜率不断增大，说明运动速度随t的增大而增大。

完成本章学习后，大家会知道二次函数的导数是一次函数，也就是说速度函数$v(t)$ 的图像为一次函数。

显然，速度函数$v(t)$ 的切线斜率不随时间变化。因此，$a(t)$ 图像为常数函数，即加速度为定值。

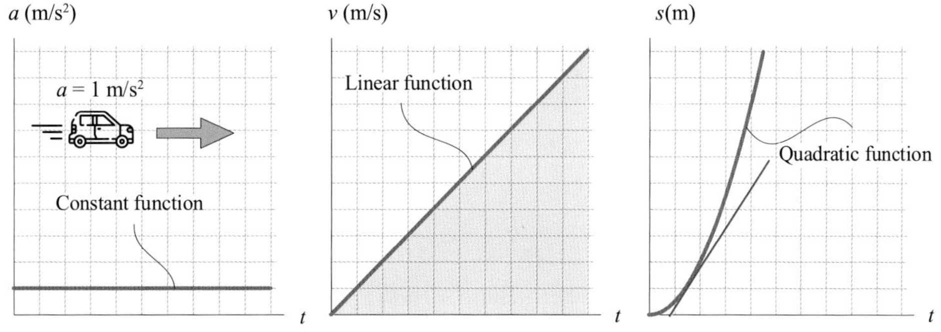

图15.9　匀加速直线运动：加速度、速度、距离

换个角度来看，$a(t)$ 与横轴在一定时间范围，比如在 $[t_1, t_2]$ 区间围成的面积就是速度变化$v_2 - v_1$。同理，$v(t)$ 与横轴在 $[t_1, t_2]$ 围成的面积就是距离变化$s_2 - s_1$。完成这个运算的数学工具就是第18章要介绍的定积分。简单来说，积分就是求面积和体积。

再从数值单位变化角度，如图15.9三幅子图纵轴所示，加速度的单位为m/s²，速度的单位为m/s，距离的单位是m。距离 (m) 随时间 (s) 的变化，单位就是m/s；速度 (m/s) 随时间 (s) 的变化，单位就是m/s/s，即m/s²。

反向来看，加速度 (m/s²) 到速度 (m/s) 就是求面积的过程。加速度纵轴的单位为m/s²，而横轴的单位为s，因此结果的单位为m/s² × s，即m/s。同理，速度纵轴的单位为m/s，横轴单位为s，因此结果的单位为m/s × s，即m。

> 再次提醒大家，不管是加减乘除，还是微分积分，都要注意数值单位。

函数导数定义

下面介绍函数导数的确切定义。

对于函数$y = f(x)$，自变量x在a点处的一个微小增量Δx，会导致函数值增量$\Delta y = f(a + \Delta x) - f(a)$。

当Δx趋向于0时，函数值增量Δy和自变量增量Δx比值的极限存在，则称$y = f(x)$ 在a处可导

(function f of x is differentiable at a)。这个极限值便是函数 $f(x)$ 在a点处的一阶导数值，即

$$f'(a) = f'(x)\big|_{x=a} = \frac{\mathrm{d}\, f(x)}{\mathrm{d}\, x}\bigg|_{x=a} = \lim_{\Delta x \to 0} \frac{f(a+\Delta x) - f(a)}{\Delta x} \tag{15.12}$$

如图15.10所示，从几何角度看，随着Δx不断减小，割线不断接近于切线。

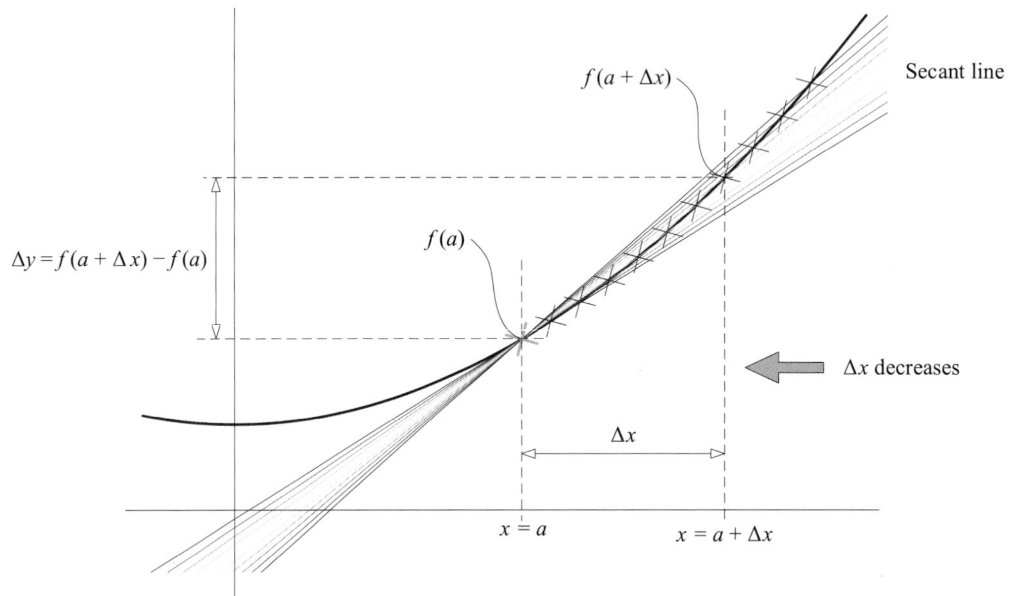

图15.10　导数就是变化率

Δ和d都是“差” (difference) 的含义。但是，Δ代表近似值，如$\Delta x \to 0$；而d是精确值，如dx。通俗地讲，dx是Δx趋向于0的精确值。

如果函数$y = f(x)$ 在 $x = a$处**可导** (differentiable)，则函数在该点处**连续** (continuous)；但是，函数在某一点处连续并不意味着函数可导，如图15.11所示。

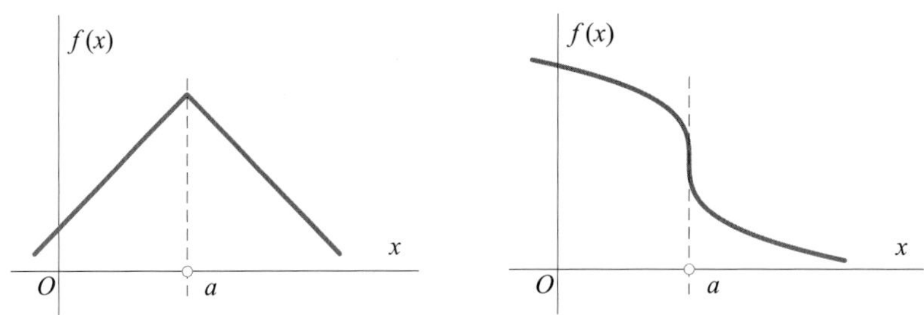

图15.11　函数在$x = a$连续但不可导的两种情况

再次注意：本书用x_1、x_2、x_3等等表达变量，而不是变量x取值。如果有必要对自变量取值进行编号，本书会使用上标记法$x^{(1)}$、$x^{(2)}$、$x^{(3)}$ 等。

Bk3_Ch15_03.py绘制图15.10。

在Bk3_Ch15_03.py基础上，我们做了一个App用来可视化函数曲线不同点如何用割线近似函数切线斜率。请参考Streamlit_Bk3_Ch15_03.py。

15.5 导数也是函数

导数也常被称作导数函数或导函数，因为导数也是函数。

图15.12所示函数曲线在不同点处切线斜率随着自变量x变化。再次强调，函数$f(x)$ 对自变量x的一阶导数$f'(x)$ 也是一个函数，它的自变量也是x。$f'(x)$ 可以读作 (f prime of x)。

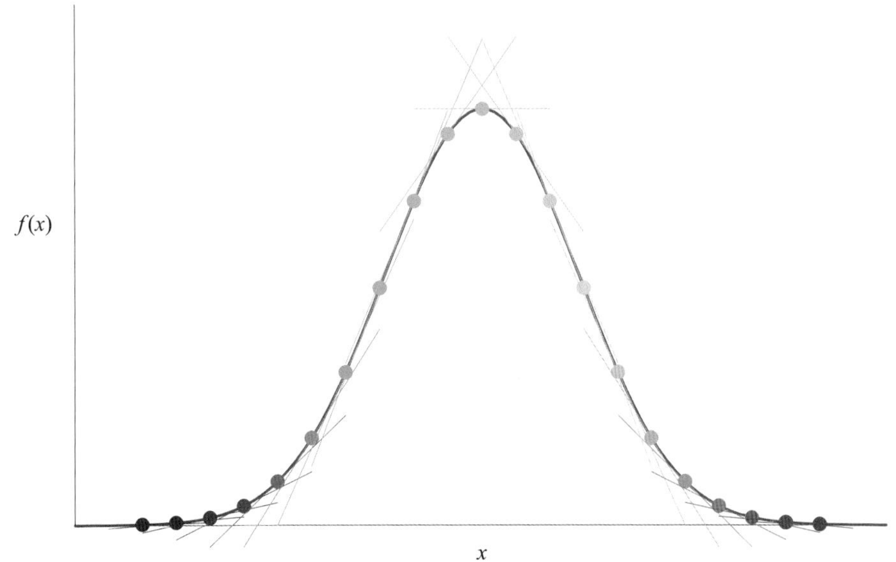

图15.12　函数不同点处切线斜率随着自变量x变化

一阶导数

给定二次函数$f(x) = x^2$。下面利用式 (15.12) 推导它的一阶导数，有

$$\begin{aligned} f'(x) &= \lim_{\Delta x \to 0} \frac{f(x+\Delta x) - f(x)}{\Delta x} = \lim_{\Delta x \to 0} \frac{(x+\Delta x)^2 - x^2}{\Delta x} \\ &= \lim_{\Delta x \to 0} \frac{2x\Delta x + (\Delta x)^2}{\Delta x} \\ &= \lim_{\Delta x \to 0} 2x + \underbrace{\Delta x}_{\to 0} = 2x \end{aligned} \tag{15.13}$$

从几何角度看，$f(x) = x^2$ 相当于边长为x的正方形面积。图15.13所示为当x增加到$x + \Delta x$时，函数值变化对应的正方形面积变化。x到$x + \Delta x$，正方形面积增加了$2x\Delta x + (\Delta x)^2$。

根据导数定义，函数导数为比值 $(2x\Delta x + (\Delta x)^2)/\Delta x = 2x + \Delta x$；当$\Delta x \to 0$时，可以消去$\Delta x$一项。

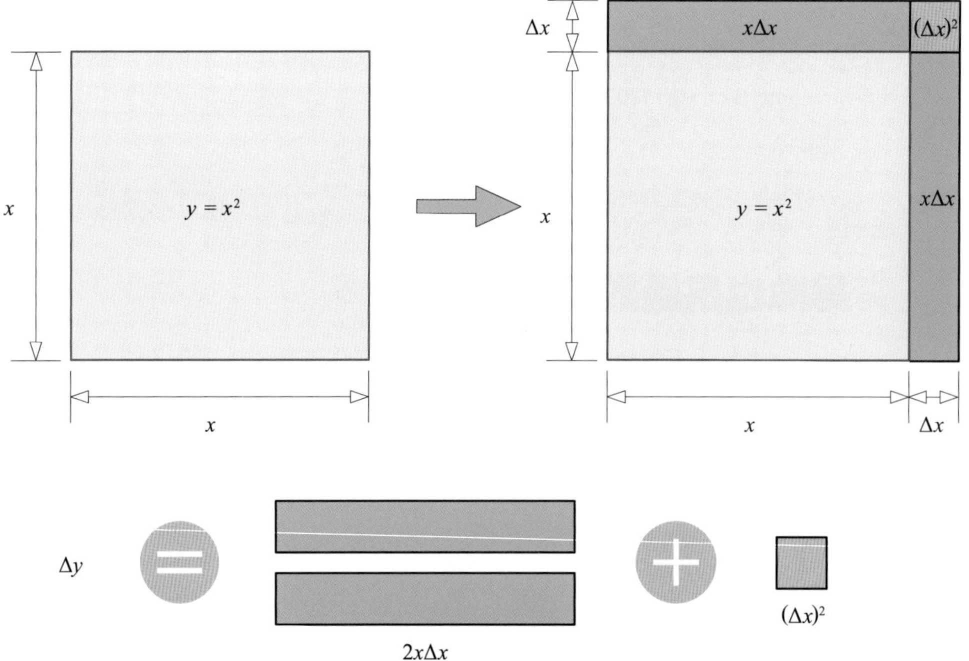

图15.13　几何角度推导$f(x)=x^2$的一阶导数

类似地，推导$f(x)=x^n$的导数，设n为大于1的正整数，有

$$
\begin{aligned}
f'(x) &= \lim_{\Delta x \to 0} \frac{f(x+\Delta x)-f(x)}{\Delta x} = \lim_{\Delta x \to 0} \frac{(x+\Delta x)^n - x^n}{\Delta x} \\
&= \lim_{\Delta x \to 0} \frac{x^n + nx^{n-1}\Delta x + \frac{n(n-1)}{2}x^{n-2}(\Delta x)^2 + \cdots + (\Delta x^n) - x^n}{\Delta x} \\
&= \lim_{\Delta x \to 0} (nx^{n-1} + \underbrace{\frac{n(n-1)}{2}x^{n-2}\Delta x + \cdots + (\Delta x^{n-1})}_{\to 0}) = nx^{n-1}
\end{aligned}
\tag{15.14}
$$

举个例子

图15.14 (a) 所示函数为

$$
f(x) = x^2 - 2 \tag{15.15}
$$

根据前文推导，它的一阶导数解析式为

$$
f'(x) = 2x \tag{15.16}
$$

如图15.14 (b) 所示，式 (15.15) 这个二次函数的一阶导数图像为一条斜线。

$x<0$时，随着x增大，$f(x)$ 减小，此时函数导数为负。当$x>0$时，随着x增大，$f(x)$ 增大，函数导数为正。值得注意的是$x=0$时，$f(x)$ 取得**最小值** (minimum)，此处函数$f(x)$ 的导数值为0。

而对式 (15.16) 再求一阶导数得到的结果是常数函数，具体如图15.14 (c) 所示。

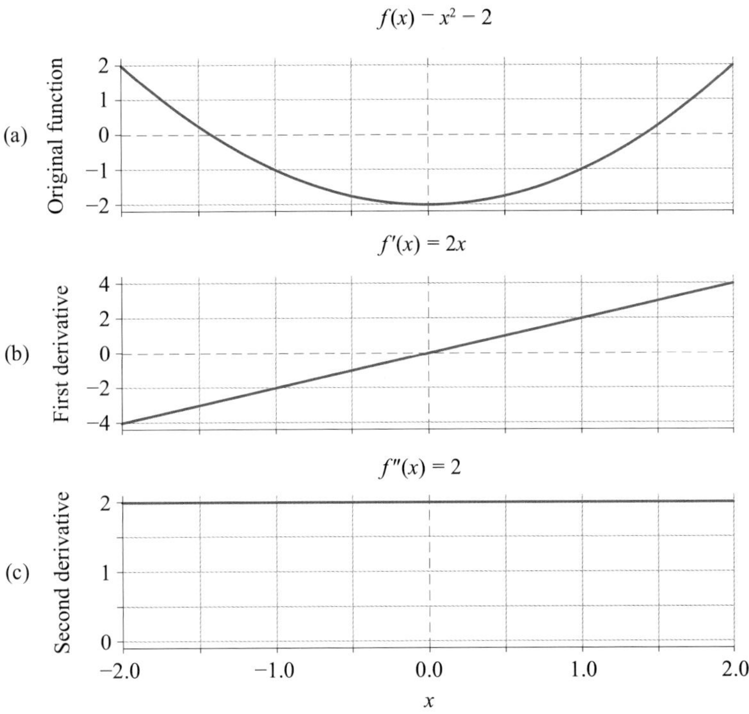

图15.14　二次函数以及其一阶导数、二阶导数

表15.2总结了常用函数的导数及图像，请大家自行绘制这些图像。

表15.2　常用函数的导数及图像

函数	函数图像举例	一阶导数	一阶导数图像举例
常数函数 $f(x)=C$	$f(x)=1$	$f'(x)=0$	$f'(x)=0$
一次函数 $f(x)=ax$	$f(x)=-x+1$	$f'(x)=a$	$f'(x)=-1$
二次函数 $f(x)=ax^2+bx+c$	$f(x)=x^2$	$f'(x)=2ax+b$	$f'(x)=2x$

续表

函数	函数图像举例	一阶导数	一阶导数图像举例
幂函数 $f(x)=x^p$	$f(x)=x^5$	$f'(x)=px^{p-1}$	$f'(x)=5x^4$
正弦函数 $f(x)=\sin x$	$f(x)=\sin(x)$	$f'(x)=\cos x$	$f'(x)=\cos(x)$
余弦函数 $f(x)=\cos x$	$f(x)=\cos(x)$	$f'(x)=-\sin x$	$f'(x)=-\sin(x)$
指数函数 $f(x)=b^x$ $(b>0,b\neq1)$	$f(x)=2^x$	$f'(x)=\ln b\cdot b^x$	$f'(x)=\ln2\cdot2^x$
自然指数函数 $f(x)=e^x=\exp(x)$	$f(x)=\exp(x)$	$f'(x)=e^x=\exp(x)$	$f'(x)=\exp(x)$
对数函数 $f(x)=\log_b x$ $(x>0,b>0,b\neq1)$	$f(x)=\log_{10}(x)$	$f'(x)=\dfrac{1}{\ln b\cdot x}$	$f'(x)=1/(\ln 10\cdot x)$

续表

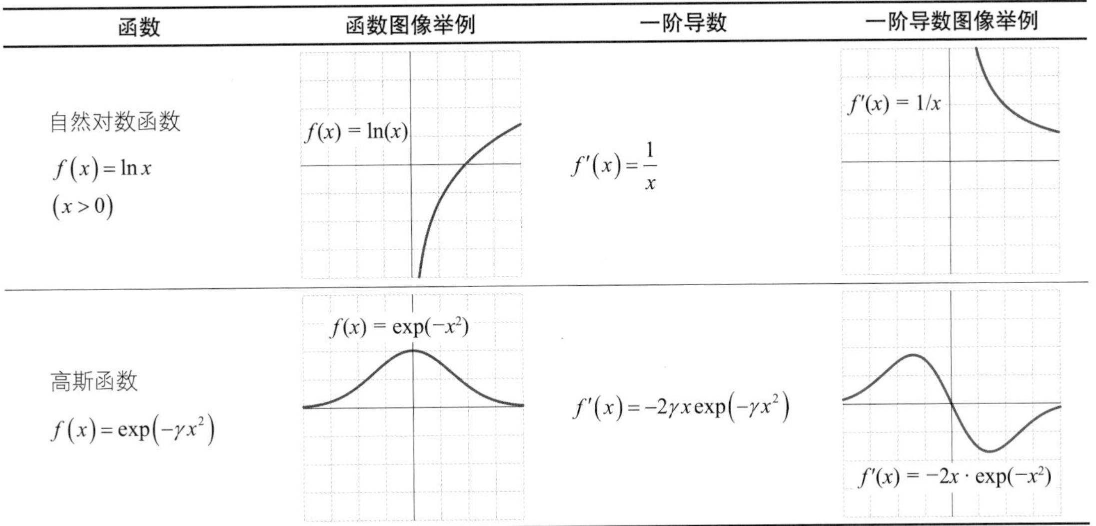

函数	函数图像举例	一阶导数	一阶导数图像举例
自然对数函数 $f(x)=\ln x$ $(x>0)$	$f(x) = \ln(x)$	$f'(x)=\dfrac{1}{x}$	$f'(x) = 1/x$
高斯函数 $f(x)=\exp\left(-\gamma x^2\right)$	$f(x) = \exp(-x^2)$	$f'(x)=-2\gamma x\exp\left(-\gamma x^2\right)$	$f'(x) = -2x \cdot \exp(-x^2)$

二阶导数

式 (15.15) 这个二次函数的二阶导数是其一阶导数的一阶导数，有

$$f''(x)=2 \tag{15.17}$$

如图15.14 (c) 所示，式 (15.15) 这个二次函数的二阶导数图像为一条水平线，即常数函数。图15.15所示为高斯函数以及其一阶导数和二阶导数的函数图像。

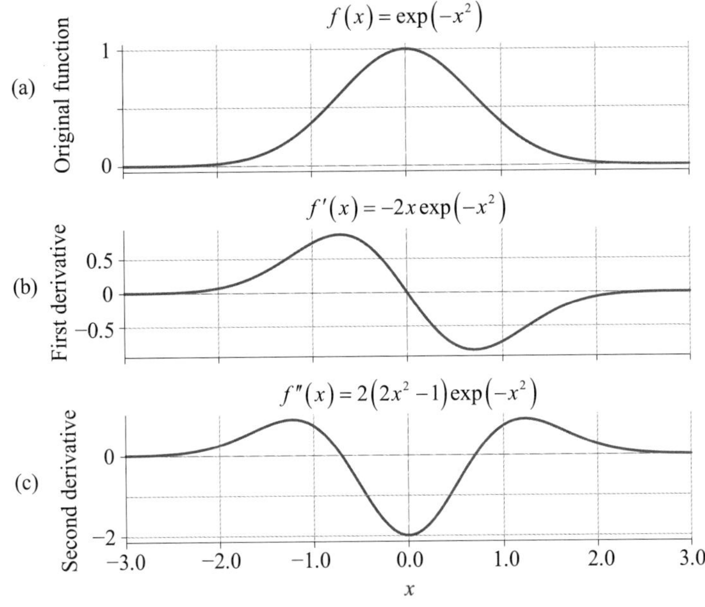

图15.15　高斯函数以及其一阶导数、二阶导数

> 容易发现，函数 $f(x)$ 在 $x=0$ 处取得最大值，对应的一阶导数为0，二阶导数为负。这一点对于理解一元函数的极值非常重要，本书第19章将深入介绍。

图15.16所示为三次函数以及其一阶导数和二阶导数函数图像。容易发现，$x=0$处函数一阶导数为0；但是，$x=0$既不是原函数的最大值，也不是最小值。

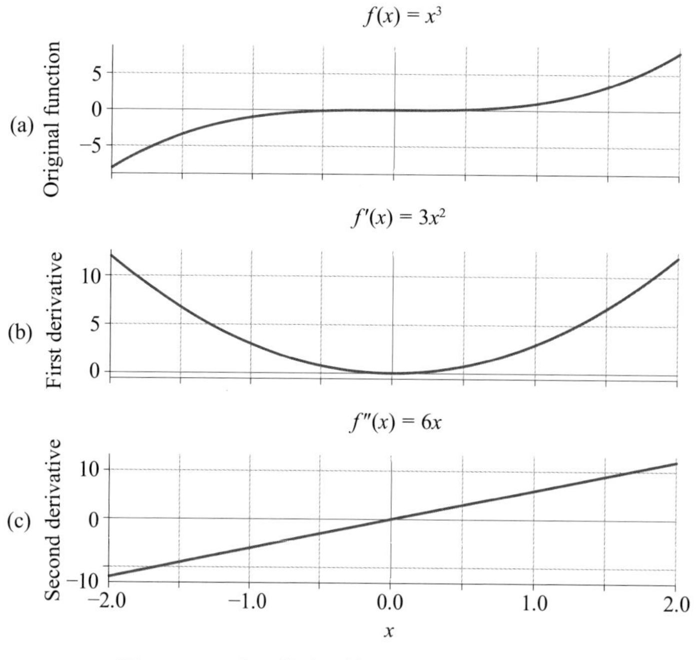

图15.16　三次函数以及其一阶导数、二阶导数

驻点

有了以上分析，我们可以聊一聊驻点这个概念。

对于一元函数$f(x)$，**驻点** (stationary point) 是函数一阶导数为0的点。从图像上来看，一元函数$f(x)$在驻点处的切线平行于x轴。

如图15.17所示，驻点可能是一元函数的极小值、极大值或鞍点。

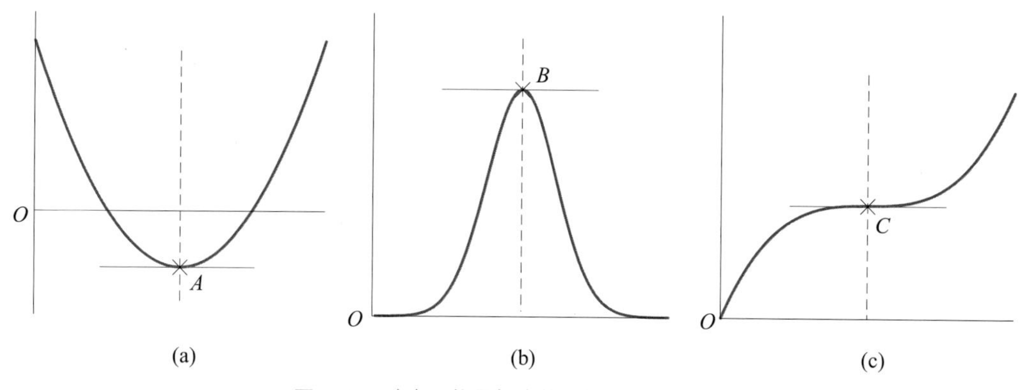

图15.17　驻点可能是极小值、极大值或鞍点

注意：这里我们没有用最大值和最小值，这是因为函数可能存在不止一个“山峰”或“山谷”。

本书第19章将在讲解优化问题时深入探讨这些概念。

常用的导数法则及导数相关的英文表达详见表15.3和表15.4。

表15.3　常用导数法则

和	$(f(x)+g(x))'=f'(x)+g'(x)$
差	$(f(x)-g(x))'=f'(x)-g'(x)$
积	$(f(x)\cdot g(x))'=f'(x)\cdot g(x)+f(x)\cdot g'(x)$
商	$\left(\dfrac{f(x)}{g(x)}\right)'=\dfrac{f'(x)\cdot g(x)-f(x)\cdot g'(x)}{g^2(x)}$
倒数	$\left(\dfrac{1}{f(x)}\right)'=\dfrac{-f'(x)}{f^2(x)}$

表15.4　导数相关的英文表达

数学表达	英文表达
$\mathrm{d}y$	d *y* differential of *y*
$\dfrac{\mathrm{d}y}{\mathrm{d}x}$	the derivative of *y* with respect to *x* the derivative with respect to *x* of *y* d *y* by d *x* d *y* over d *x*
$\mathrm{d}f(x)$	the derivative of *f* of *x*
$\dfrac{\mathrm{d}f(x)}{\mathrm{d}x}$	the derivative of *f* of *x* with respect to *x*
$\dfrac{\mathrm{d}f(a)}{\mathrm{d}x}$	the derivative of *f* with respect to *x* at *a* d *y* by d *x* at *a* d *y* over d *x* at *a*
$\dfrac{\mathrm{d}x^3}{\mathrm{d}x}=3x^2$	The derivative of *x* cubed with respect to *x* equals three *x* squared.
$\dfrac{\mathrm{d}^2y}{\mathrm{d}x^2}$	d two *y* by d *x* squared the second derivative of *y* with respect to *x*
$\dfrac{\mathrm{d}^2x^3}{\mathrm{d}x^2}=6x$	The second derivative of *x* cubed with respect to *x* equals to six *x*.
$\dfrac{\mathrm{d}^ny}{\mathrm{d}x^n}$	*n*th derivative of *y* with respect to *x*
$f'(x)$	*f* dash *x* *f* prime of *x* the derivative of *f* of *x* with respect to *x* the first-order derivative of *f* with respect to *x*
$f'(a)$	*f* prime of *a*
$f''(x)$	*f* double-dash *x* *f* double prime of *x* the second derivative of *f* with respect to *x* the second-order derivative of *f* with respect to *x*

数学表达	英文表达
$f'''(x)$	*f* triple prime of *x* *f* triple-dash *x* *f* treble-dash *x* the third derivative of *f* with respect to *x* the third-order derivative of *f* with respect to *x*
$f^{(4)}(x)$	the fourth derivative of *f* with respect to *x* the fourth-order derivative of *f* with respect to *x*
$f^{(n)}(x)$	the *n*th derivative of *f* with respect to *x* the *n*th-order derivative of *f* with respect to *x* *f* to the *n*th prime of *x*
$f'(g(x))$	*f* prime of *g* of *x* *f* prime at *g* of *x*
$f'(g(x))g'(x)$	the product of *f* prime of *g* of *x* and *g* prime of *x*
$(f(x)g(x))'$	the quantity of *f* of *x* times *g* of *x*, that quantity prime
$f'(x)g(x)+f(x)g'(x)$	*f* prime of *x* times *g* of *x*, that product plus *f* of *x* times *g* prime of *x*
$\left(\dfrac{f(x)}{g(x)}\right)'$	the quantity *f* of *x* over *g* of *x*, that quantity prime
$\dfrac{f'(x)g(x)-f(x)g'(x)}{g^2(x)}$	the fraction, the numerator is *f* prime of *x* times *g* of *x*, that product minus *f* of *x* times *g* prime of *x*, the denominator is *g* squared of *x*

Bk3_Ch15_04.py绘制图15.14；请读者修改代码绘制本节其他图像。本节代码采用sympy.abc import x定义符号变量，然后利用sympy.diff() 计算一阶导数函数符号式；利用sympy.lambdify() 将符号式转换成函数。

每个天才的诞生都需要时代、社会、思想的土壤。牛顿之所以成为牛顿，是一代代巨匠层层垒土的结果。

牛顿开创经典牛顿力学体系，以此为基础的牛顿机械论自然观让当时人类思想界天翻地覆，它是人类文明的划时代的里程碑。必须认识到牛顿的力学体系是基于哥白尼、开普勒、伽利略等人知识之上的继承和发展。在牛顿所处的时代，哥白尼的日心说已经深入人心，开普勒提出行星运动三定律，伽利略发现惯性定律和自由落体定律。此外，牛顿之所以能发明微积分，离不开笛卡儿创立的解析几何。

人类知识体系是由一代代学者不断继承发展而丰富壮大的。每一个发现、每一条定理，都是知识体系重要的一环，它们既深受前辈学者影响，又启迪后世学者。

16

Partial Derivative

偏导数

只对多元函数一个变量求导，其他变量保持定值

我不知道世人看我的眼光。依我看来，我不过是一个在海边玩耍的孩子，不时找到几个光滑卵石、漂亮贝壳，而惊喜万分；而展现在我面前的是，真理的浩瀚海洋，静候探索。

I do not know what I may appear to the world, but to myself I seem to have been only like a boy playing on the sea-shore, and diverting myself in now and then finding a smoother pebble or a prettier shell than ordinary, whilst the great ocean of truth lay all undiscovered before me.

——艾萨克·牛顿 (Isaac Newton) | 英国数学家、物理学家 | 1643 — 1727

- `ax.plot_surface()` 绘制三维曲面图
- `ax.plot_wireframe()` 绘制线框图
- `matplotlib.pyplot.contour()` 绘制等高线图
- `matplotlib.pyplot.contourf()` 绘制填充等高线图
- `sympy.abc` 引入符号变量；比如，`from sympy.abc import x, y`
- `sympy.diff()` 求解符号导数和偏导解析式
- `sympy.exp()` 符号自然指数函数
- `sympy.lambdify()` 将符号表达式转化为函数
- `sympy.symbols()` 定义符号变量

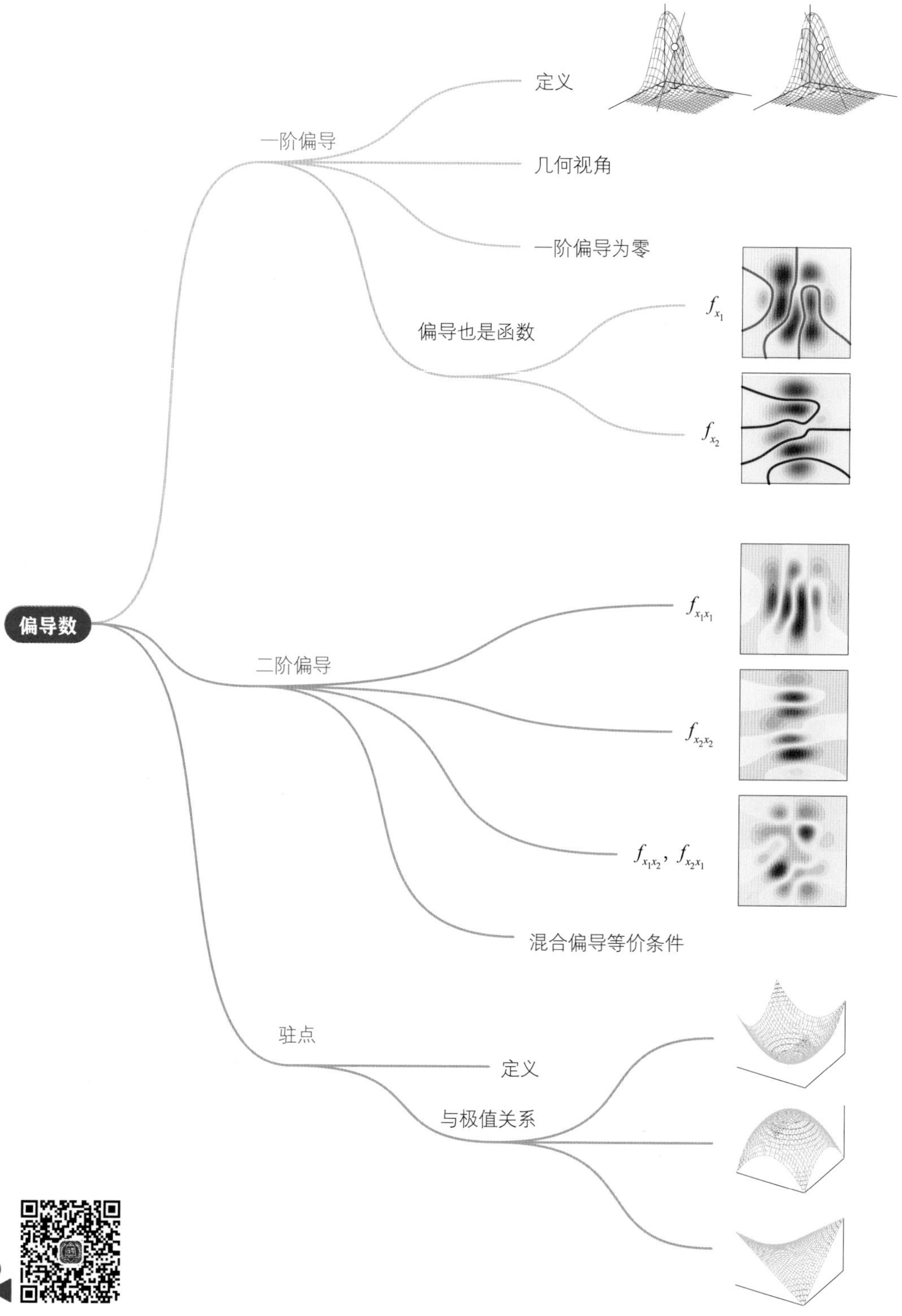

偏导数

一阶偏导

定义

几何视角

一阶偏导为零

偏导也是函数

f_{x_1}

f_{x_2}

二阶偏导

$f_{x_1x_1}$

$f_{x_2x_2}$

$f_{x_1x_2}$，$f_{x_2x_1}$

混合偏导等价条件

驻点

定义

与极值关系

16.1 几何角度看偏导数

上一章介绍一元函数导数时，我们知道它是一元函数的变化率。从几何角度来看，导数就是一元函数曲线上某点切线的斜率。

之前我们讲过，一般情况下二元函数 $f(x_1, x_2)$ 可以视作曲面。如图16.1所示，如果函数$f(x_1, x_2)$ 曲面上某一点 $(a, b, f(a, b))$ 光滑，则该点处有无数条切线。

而我们特别关注的两条切线是图16.2 (a) 和图16.2 (b) 红色直线对应的切线。图16.2 (a) 中的切线平行于x_1y平面，图16.2 (b) 中的切线平行于x_2y平面。这用到的就是本书第10章介绍的剖面线思想。

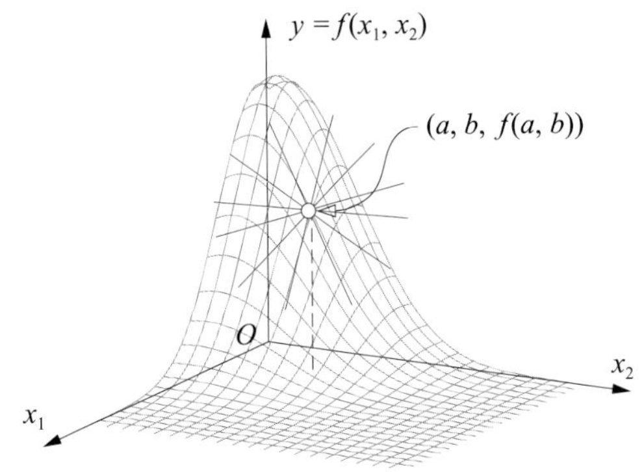

图16.1 光滑$f(x_1, x_2)$某点的切线有无数条

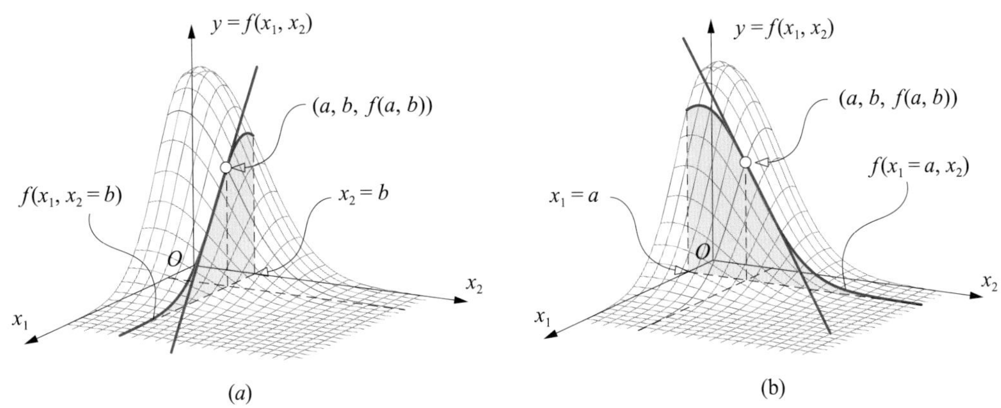

图16.2 几何视角看$f(x_1, x_2)$ 偏导

把x_2固定在b，即$x_2 = b$，图16.2 (a) 所示切线斜率代表二元函数$f(x_1, x_2)$ 在 (a, b) 处沿着x_1的变化率。把x_1固定在a，即$x_1 = a$，图16.2 (b) 所示切线斜率代表二元函数$f(x_1, x_2)$ 在 (a, b) 处沿着x_2的变化率。**偏导数** (partial derivative) 正是研究这种二元乃至多元函数变化率的工具。

对于多元函数 $f(x_1, x_2, \cdots, x_D)$ 来说，偏导数是关于函数的某一个特定变量x_i的导数，而其他变量保持恒定。

本节通过二元函数介绍偏导数的定义。

偏导数定义

设$f(x_1, x_2)$ 是定义在 $\mathbb{R}^2$ 上的二元函数，$f(x_1, x_2)$ 在点 (a, b) 的某一邻域内有定义。

将x_2固定在$x_2 = b$，则$f(x_1, x_2)$ 变成了一个关于x_1的一元函数 $f(x_1, b)$。$f(x_1, b)$ 在$x_1 = a$处关于x_1可导，则称$f(x_1, x_2)$ 在点 (a, b) 处关于x_1**可偏微分** (partially differentiable)。

用极限方法，$f(x_1, x_2)$ 在点 (a, b) 处关于x_1的偏导定义为

$$f_{x_1}(a,b) = \left.\frac{\partial f}{\partial x_1}\right|_{\substack{x_1=a \\ x_2=b}} = \lim_{\Delta x_1 \to 0} \frac{f\left(a+\Delta x_1, \overset{\text{Fixed}}{\overbrace{b}}\right) - f\left(a, \overset{\text{Fixed}}{\overbrace{b}}\right)}{\Delta x_1} \tag{16.1}$$

注意，在三维直角坐标系中，该切线平行x_1y平面。

图16.2 (a) 所示网格面为 $f(x_1, x_2)$ 的函数曲面。从几何角度看偏导数，平行于x_1y平面，在$x_2 = b$切一刀得到浅蓝色的剖面线，偏导$f_{x_1}(a,b)$就是蓝色剖面线在 $(a, b, f(a, b))$ 点的切线的斜率。

类似地，$f(x_1, x_2)$ 在 (a, b)点对于x_2的偏导可以定义为

$$f_{x_2}(a,b) = \frac{\partial f}{\partial x_2}\bigg|_{\substack{x_1=a\\x_2=b}} = \lim_{\Delta x_2 \to 0} \frac{f\left(\overset{\text{Fixed}}{\overbrace{a}}, b+\Delta x_2\right) - f\left(\overset{\text{Fixed}}{\overbrace{a}}, b\right)}{\Delta x_2} \tag{16.2}$$

也从几何角度分析，如图16.2 (b) 所示，偏导$f_{x_2}(a,b)$就是蓝色剖面线在 $(a, b, f(a, b))$ 点的切线斜率。该切线平行x_2y平面。

一个多极值曲面

下面给定一个较复杂的二元函数$f(x_1, x_2)$ 讲解偏导，有

$$f(x_1,x_2) = 3(1-x_1)^2\exp\left(-x_1^2-(x_2+1)^2\right) - 10\left(\frac{x_1}{5}-x_1^3-x_2^5\right)\exp\left(-x_1^2-x_2^2\right) - \frac{1}{3}\exp\left(-(x_1+1)^2-x_2^2\right) \tag{16.3}$$

对x_1偏导

图16.3所示有$f(x_1, x_2)$ 曲面上的一系列散点。在每一个散点处，绘制平行于x_1y平面的切线，这些切线的斜率就是该点处$f(x_1, x_2)$ 对x_1的偏导 $\partial f/\partial x_1 = f_{x_1}$。

将这些切线投影到x_1y平面可以得到如图16.4所示的平面投影。

如前文所述，固定$x_2 = b$，$f(x_1, x_2)$ 这个二元函数变成了一个关于x_1的一元函数 $f(x_1, x_2 = b)$。不同b值对应不同的 $f(x_1, x_2 = b)$ 函数，对应图16.4中的不同曲线。

在这些 $f(x_1, x_2 = b)$ 一元函数曲线上的某点作切线，切线斜率就是二元函数$f(x_1, x_2)$ 对x_1的偏导。

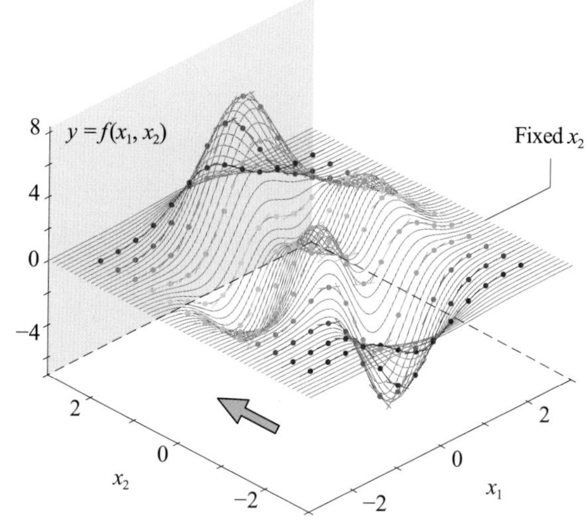

图16.3　$f(x_1, x_2)$ 曲面上不同点处绘制$f(x_1, x_2 = b)$ 切线

再次观察图16.4，发现每一条曲线都能找到至少一条切线平行于x_1轴，也就是切线斜率为0。将这些切线斜率为0的点连在一起可以得到图16.5中的绿色曲线。不难看出，绿色曲线经过曲面的每个“山峰”和“山谷”，也就是二元函数极大值和极小值。这一点观察对后续优化问题求解非常重要。

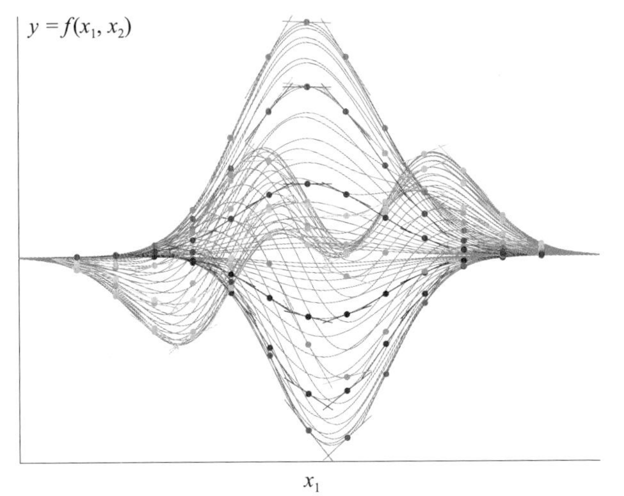

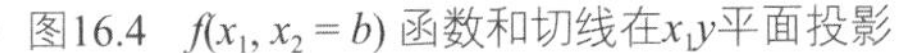

图16.4　$f(x_1, x_2 = b)$ 函数和切线在x_1y平面投影

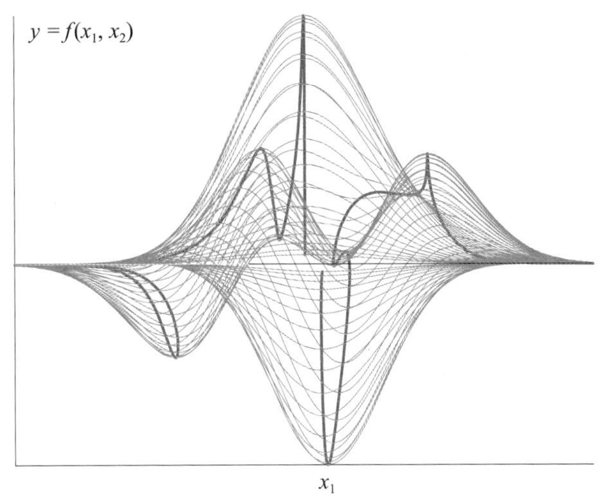

图16.5　将满足$f_{x_1}(x_1, x_2) = 0$ 的点连成线

对x_2偏导

下面，我们用同样几何视角分析$f(x_1, x_2)$ 对x_2的偏导 $\partial f/\partial x_2 = f_{x_2}$。

如图16.6所示，绘制$f(x_1, x_2)$ 曲面上不同位置平行于x_2y平面的切线，而这些切线斜率就是不同点处$f(x_1, x_2)$ 对x_2的偏导 $\partial f/\partial x_2 = f_{x_2}$。

将这些切线投影到x_2y平面可以得到图16.7所示的平面投影。图16.7中曲线都相当于一元函数，曲线上不同点切线斜率就是偏导。偏导用到的思维实际上也相当于“降维”，将三维曲面投影到平面上得到一系列曲线，然后再研究“变化率”。也就是说，偏导的内核实际上还是一元函数的导数。

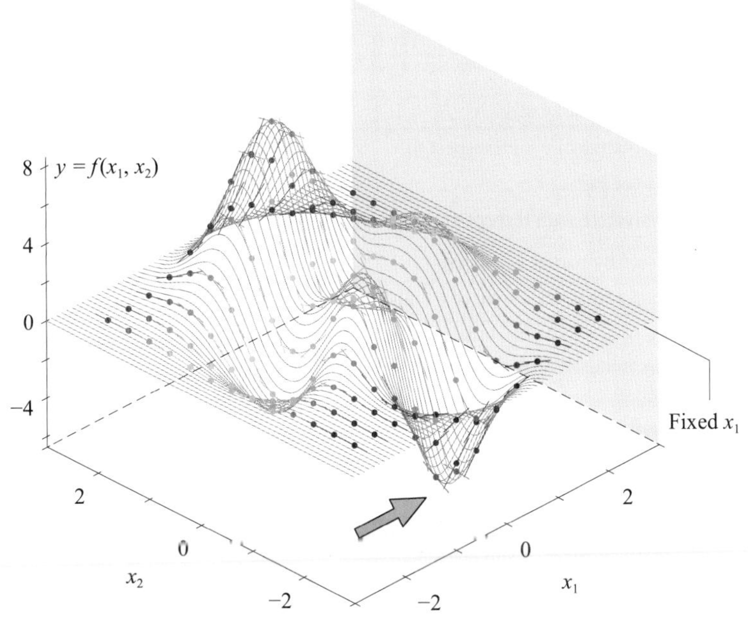

图16.6　$f(x_1, x_2)$ 曲面上不同点处绘制$f(x_1 = a, x_2)$ 切线

图16.8所示的深蓝色曲线满足 $f_{x_2}(x_1, x_2) = 0$。同样，我们发现这条深蓝色曲线经过曲面的“山峰”和“山谷”。本章后文会换一个视角来看图16.5中的绿色曲线和图16.8中的深蓝色曲线。

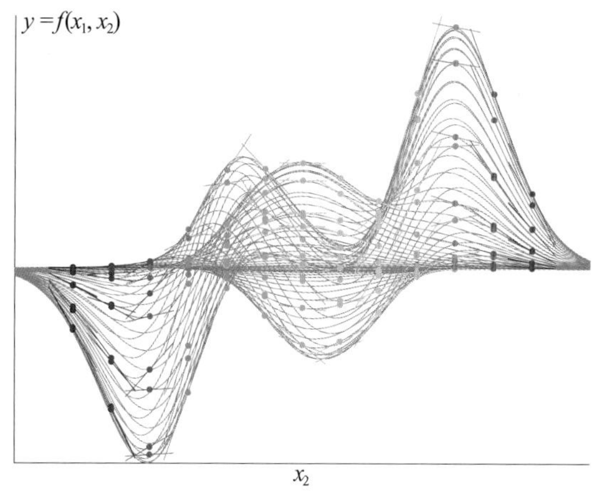

图16.7　$f(x_1 = a, x_2)$ 函数和切线在 x_2y 平面投影

图16.8　将满足 $f_{x_2}(x_1, x_2) = 0$ 的点连成线

目前，我们已经掌握的数学工具尚不足以解决这个问题。我们把它留给鸢尾花书《矩阵力量》一册。

本章开头说过，光滑曲面任意一点有无数条切线；也就是说，给定曲面一点 $(a, b, f(a, b))$ 从不同角度都可以获得曲面在该点处的切线。而对 x_1 偏导和对 x_2 偏导只能帮助我们定义两条切线。

大家可能会问，如何确定其他方向上切线斜率呢？这些“偏导数”又叫什么？

偏导数相关的英文表达详见表16.1。

表16.1　偏导数的英文表达

数学表达	英文表达
∂	Partial d, curly d, curved d, del
∂y	Partial *y* The partial derivative of *y*
$\dfrac{\partial y}{\partial x}$	Partial derivative of *y* with respect to *x* Partial *y* over partial *x* Partial derivative with respect to *x* of *y*
$\dfrac{\partial^2 y}{\partial x^2}$	Partial two *y* by partial *x* squared The second partial derivative of *y* with respect to *x*
$\dfrac{\partial^2 f}{\partial x \partial y}$	Second partial derivative of *f*, first with respect to *x* and then with respect to *y*
$\dfrac{\partial f}{\partial x_1}$	The partial derivative of *f* with respect to *x* sub one Partial d *f* over partial *x* sub one
$\dfrac{\partial^2 f}{\partial x_1^2}$	The second partial derivative of *f* with respect to *x* sub one Partial two *f* by partial *x* sub one squared

16.2 偏导也是函数

上一章说到导数也叫导函数，这是因为导数也是函数；同样，偏导数也叫偏导函数，因为它也是函数。

对x_1偏导

计算式 (16.3) 给出的二元函数$f(x_1, x_2)$ 对x_1的一阶偏导 $f_{x_1}(x_1, x_2)$ 解析式为

$$\begin{aligned} f_{x_1}(x_1,x_2) = & -6x_1(1-x_1)^2\exp\left(-x_1^2-(x_2+1)^2\right) \\ & -2x_1\left(10x_1^3-2x_1+10x_2^5\right)\exp\left(-x_1^2-x_2^2\right) \\ & -\frac{1}{3}(-2x_1-2)\exp\left(-x_2^2-(x_1+1)^2\right) \\ & +(6x_1-6)\exp\left(-x_1^2-(x_2+1)^2\right) \\ & +\left(30x_1^2-2\right)\exp\left(-x_1^2-x_2^2\right) \end{aligned} \tag{16.4}$$

可以发现，$f_{x_1}(x_1, x_2)$ 也是一个二元函数。

图16.9所示为 $f_{x_1}(x_1, x_2)$ 曲面，请大家格外注意图中的绿色等高线，它们对应 $f_{x_1}(x_1, x_2) = 0$ (图16.5中的绿色曲线)。

图16.10所示为$f_{x_1}(x_1, x_2)$ 的平面填充等高线，从这个视角看 $f_{x_1}(x_1, x_2) = 0$ 对应的绿色等高线更加方便。本章末将探讨绿色等高线与$f(x_1, x_2)$ 曲面极值点的关系。

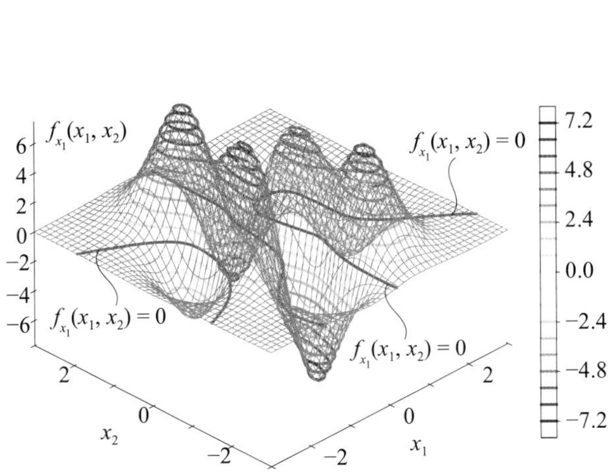

图16.9　二元函数$f(x_1, x_2)$ 对x_1一阶偏导$f_{x_1}(x_1, x_2)$ 曲面

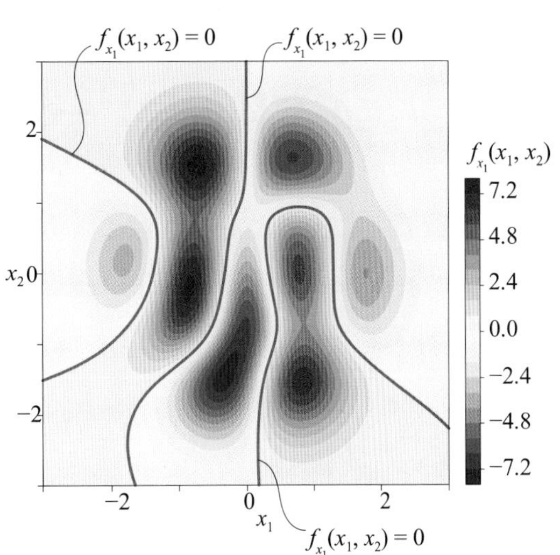

图16.10　$f_{x_1}(x_1, x_2)$ 平面填充等高线

代码文件Bk3_Ch16_01.py中Bk3_Ch16_01_A部分绘制图16.9和图16.10。

对x_2偏导

配合前文代码，请读者自行计算$f(x_1, x_2)$对于x_2的一阶偏导$f_{x_2}(x_1, x_2)$解析式。图16.11所示为$f_{x_2}(x_1, x_2)$曲面。

图16.12所示为$f_{x_2}(x_1, x_2)$曲面填充等高线，图中深蓝色等高线对应$f_{x_2}(x_1, x_2) = 0$。

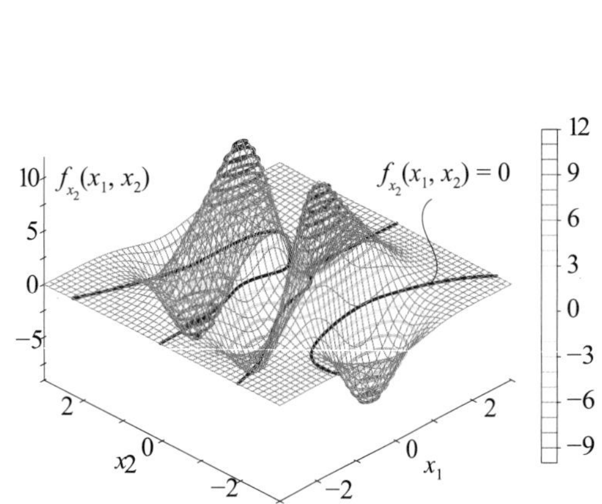

图16.11　二元函数$f(x_1, x_2)$对x_2一阶偏导$f_{x_2}(x_1, x_2)$曲面

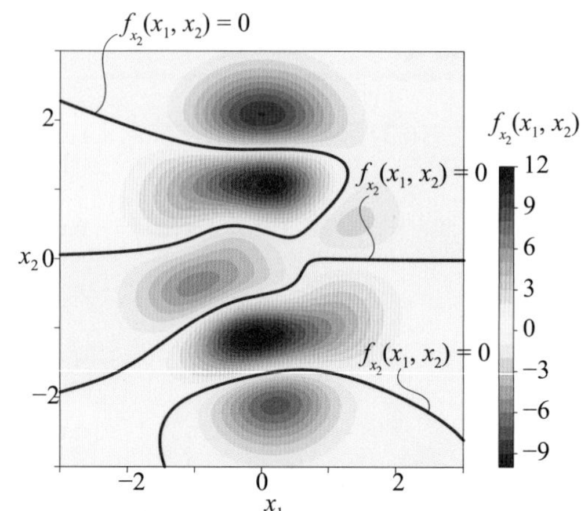

图16.12　$f_{x_2}(x_1, x_2)$平面填充等高线

代码文件Bk3_Ch16_01.py中Bk3_Ch16_01_B部分绘制图16.11和图16.12。

16.3 二阶偏导：一阶偏导函数的一阶偏导

假设某个二元函数$f(x_1, x_2)$对x_1、x_2分别具有偏导数$f_{x_1}(x_1, x_2)$、$f_{x_2}(x_1, x_2)$。上一节内容告诉我们$f_{x_1}(x_1, x_2)$、$f_{x_2}(x_1, x_2)$也是关于x_1、x_2的二元函数。

如果一阶偏导函数$f_{x_1}(x_1, x_2)$、$f_{x_2}(x_1, x_2)$也有其各自的一阶偏导数，则称该“一阶偏导的一阶偏导”是$f(x_1, x_2)$的二阶偏导数。

对x_1二阶偏导

$f_{x_1}(x_1, x_2)$对x_1求一阶偏导便得到$f(x_1, x_2)$对x_1的二阶偏导，记作

$$\frac{\partial}{\partial x_1}\left(\frac{\partial f}{\partial x_1}\right) = \frac{\partial^2 f}{\partial x_1^2} = f_{x_1 x_1} = \left(f_{x_1}\right)_{x_1} \tag{16.5}$$

图16.13所示为二阶偏导$f_{x_1x_1}$的曲面和平面填充等高线。

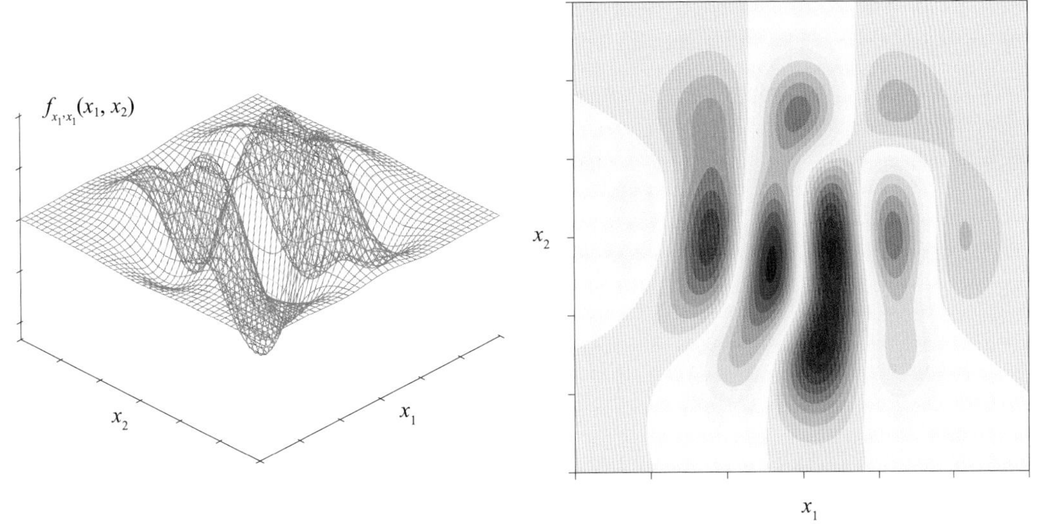

图16.13　二阶偏导$f_{x_1x_1}$曲面和平面填充等高线

对x_2二阶偏导

$f_{x_2}(x_1, x_2)$对x_2求一阶偏导便得到$f(x_1, x_2)$对x_2的二阶偏导，记作

$$\frac{\partial}{\partial x_2}\left(\frac{\partial f}{\partial x_2}\right)=\frac{\partial^2 f}{\partial x_2^2}=f_{x_2x_2}=\left(f_{x_2}\right)_{x_2} \tag{16.6}$$

图16.14所示为二阶偏导$f_{x_2x_2}$曲面和平面填充等高线。

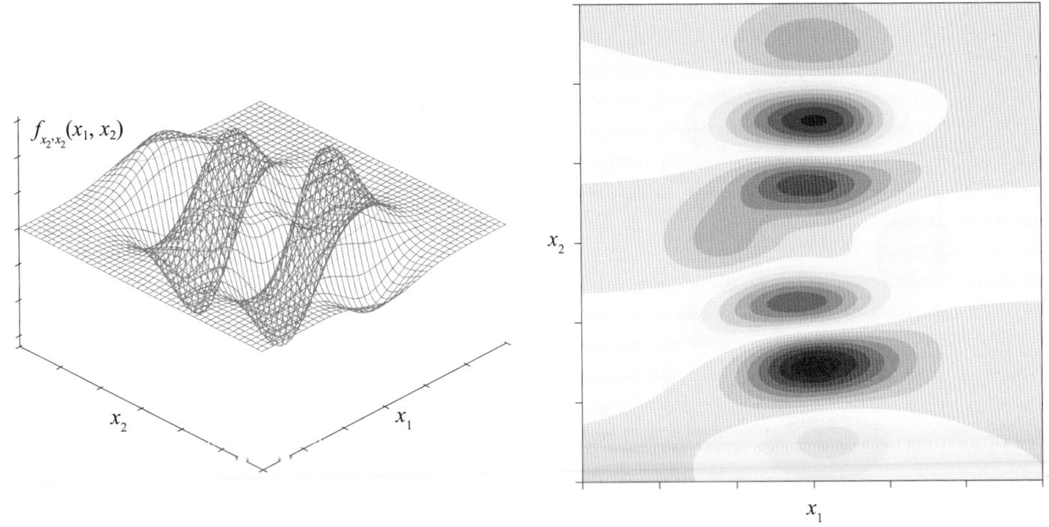

图16.14　二阶偏导$f_{x_2x_2}$曲面和平面填充等高线

二阶混合偏导

$f_{x_1}(x_1,x_2)$ 对 x_2求一阶偏导得到$f(x_1,x_2)$ 先对x_1、后对x_2的二阶混合偏导，记作

注意：请大家注意偏导先后顺序，先x_1后x_2。

$$\frac{\partial}{\partial x_2}\left(\frac{\partial f}{\partial x_1}\right)=\frac{\partial^2 f}{\underbrace{\partial x_1 \partial x_2}_{x_1 \to x_2}}=f_{x_1 x_2}=\left(f_{x_1}\right)_{x_2} \tag{16.7}$$

$f_{x_2}(x_1,x_2)$ 对 x_1求一阶偏导得到$f(x_1,x_2)$ 先对x_2、后对x_1的二阶混合偏导，记作

$$\frac{\partial}{\partial x_1}\left(\frac{\partial f}{\partial x_2}\right)=\frac{\partial^2 f}{\underbrace{\partial x_2 \partial x_1}_{x_2 \to x_1}}=f_{x_2 x_1}=\left(f_{x_2}\right)_{x_1} \tag{16.8}$$

注意：再次请大家注意混合偏导的先后顺序。不同教材的记法存在顺序颠倒。为了方便大部分读者习惯，本章混合偏导记法采用同济大学编写的《高等数学》中的记法规则。

如果函数 $f(x_1,x_2)$ 在某个特定区域内两个二阶混合偏导$f_{x_2x_1}$、$f_{x_1x_2}$连续，那么这两个混合偏导数相等，即

$$\frac{\partial^2 f}{\partial x_2 \partial x_1}=\frac{\partial^2 f}{\partial x_1 \partial x_2} \tag{16.9}$$

函数的二阶偏导连续，因此$f_{x_2x_1}$和$f_{x_1x_2}$等价。图16.15所示为二阶偏导$f_{x_1x_2}$ (= $f_{x_2x_1}$) 曲面和填充等高线。

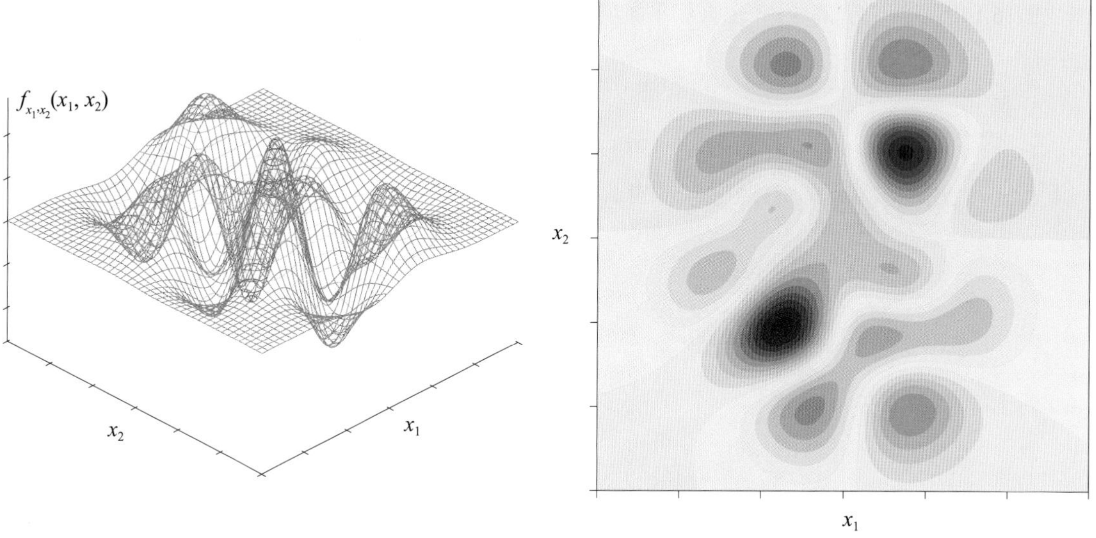

图16.15　二阶偏导$f_{x_1x_2}$ (=$f_{x_2x_1}$) 曲面和填充等高线

与杨辉三角的联系

图16.16所示为偏导数与杨辉三角的联系。

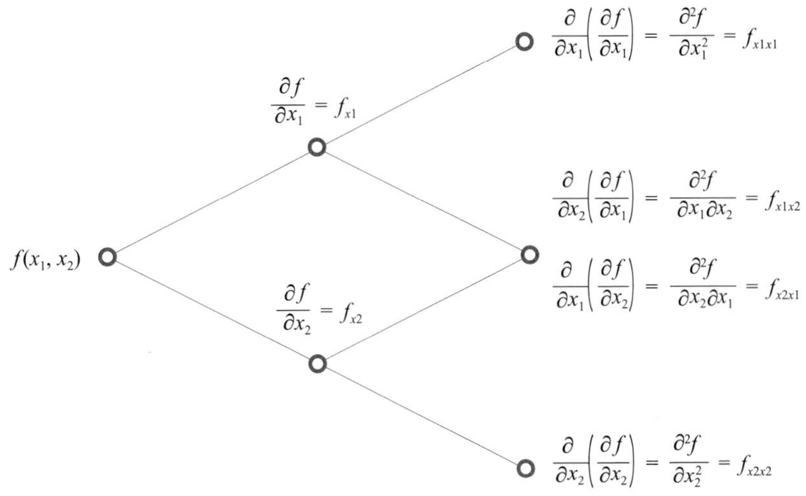

图16.16　杨辉三角在偏导数的应用

代码文件Bk3_Ch16_01.py中Bk3_Ch16_01_C部分绘制图16.13、图16.14、图16.15。

16.4 二元曲面的驻点：一阶偏导为0

上一章介绍过驻点这个概念。对于一元函数$f(x)$，驻点处函数一阶导数为0。从几何图像上来看，$f(x)$ 在驻点的切线平行于横轴。驻点可能对应一元函数的极小值、极大值或鞍点。

而对于二元函数，驻点对应两个一阶偏导为0的点。从几何角度看，驻点处切面平行于水平面。

对x_1一阶偏导为0

图16.9和图16.10给出$f_{x_1}(x_1, x_2) = 0$ 对应的坐标点 (x_1, x_2) 位置。如果将满足$f_{x_1}(x_1, x_2) = 0$ 等式的所有点映射到 $f(x_1, x_2)$ 曲面上，可以得到图16.17所示的绿色曲线。

仔细观察图16.17中的绿色曲线，它们都经过 $f(x_1, x_2)$ 曲面上的极大值和极小值点。这一点，在图16.18所示的填充等高线上看得更清楚。

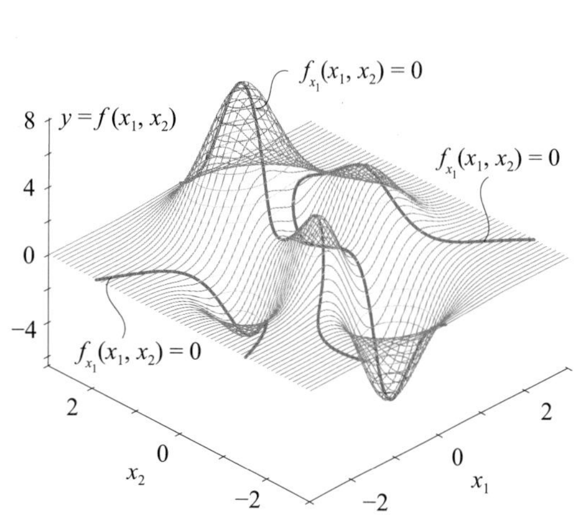

图16.17　$f_{x_1}(x_1, x_2) = 0$ 投影在$f(x_1, x_2)$ 曲面上

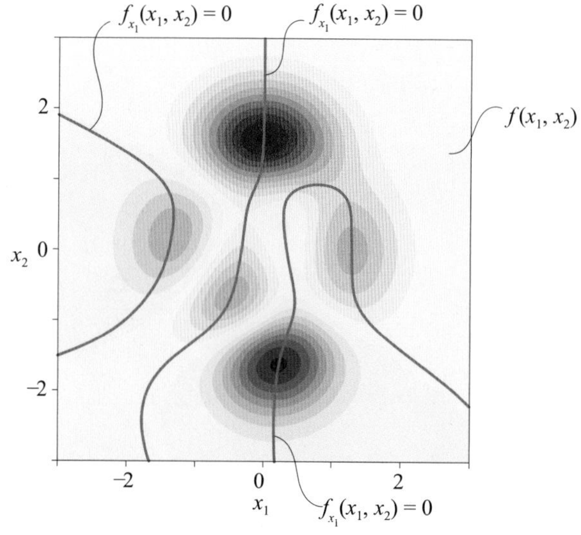

图16.18　将$f_{x_1}(x_1, x_2) = 0$ 投影在$f(x_1, x_2)$ 曲面填充等高线上

对x_2一阶偏导为0

同理，图16.11和图16.12给出了$f_{x_2}(x_1, x_2) = 0$ 对应的坐标点 (x_1, x_2) 位置。将满足$f_{x_2}(x_1, x_2) = 0$ 等式的所有点映射到 $f(x_1, x_2)$ 曲面上，得到图16.19所示的蓝色曲线。图16.19中蓝色曲线也都经过 $f(x_1, x_2)$ 曲面上的极大值和极小值点。图16.20所示为平面填充等高线图。

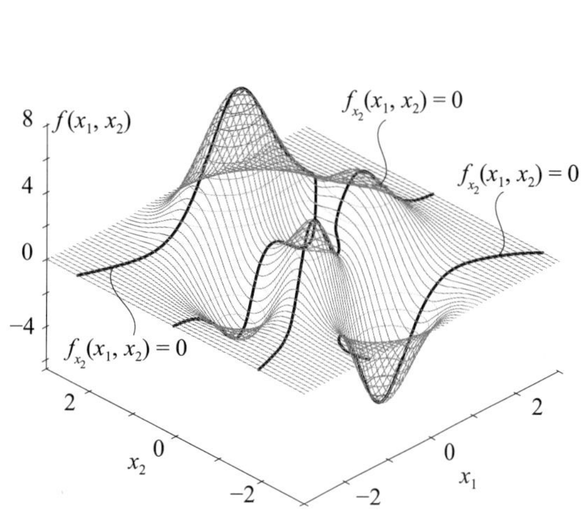

图16.19　$f_{x_2}(x_1, x_2) = 0$ 投影在$f(x_1, x_2)$ 曲面上

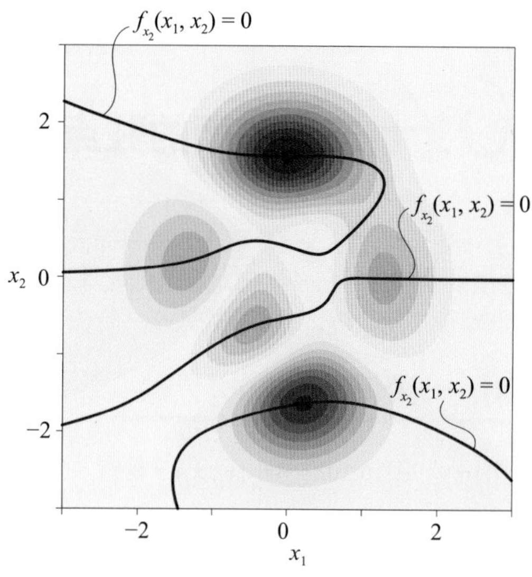

图16.20　将$f_{x_2}(x_1, x_2) = 0$ 投影在$f(x_1, x_2)$ 曲面填充等高线上

二元函数驻点

将$f_{x_1}(x_1, x_2) = 0$ (绿色曲线) 和$f_{x_2}(x_1, x_2) = 0$ (蓝色曲线) 同时映射到$f(x_1, x_2)$ 曲面，得到图16.21所示图像。

$f(x_1, x_2)$ 曲面山峰和山谷，也就是极大和极小值点，正好都位于蓝色和绿色曲线的交点处。

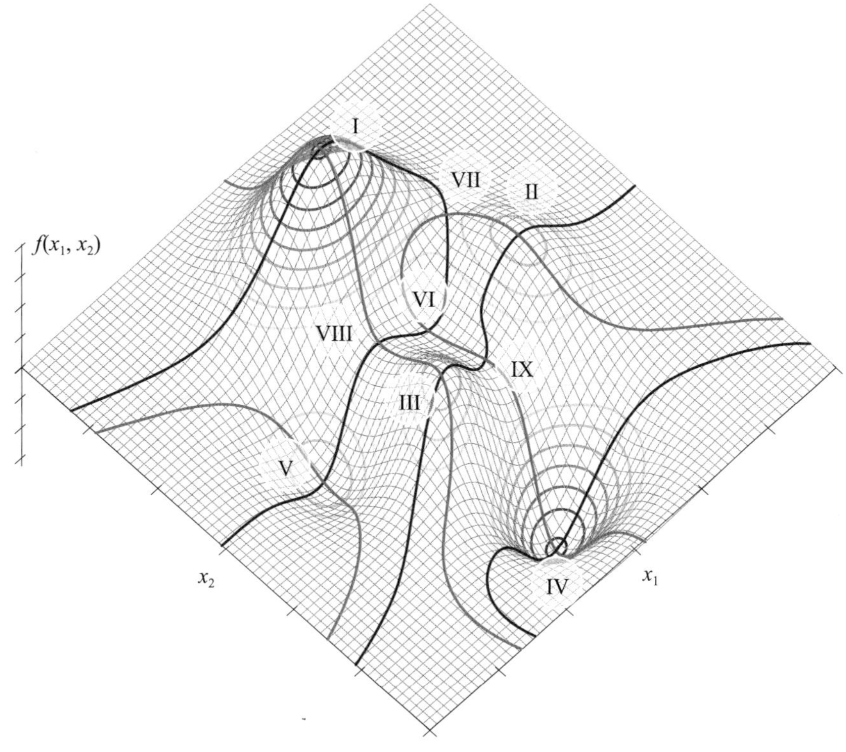

图16.21 $f_{x_1}(x_1, x_2) = 0$ 和$f_{x_2}(x_1, x_2) = 0$同时投影在$f(x_1, x_2)$ 曲面上

从图16.22所示的等高线中更容易发现，Ⅰ、Ⅱ、Ⅲ点为极大值点，其中Ⅰ为最大值点；Ⅳ、Ⅴ、Ⅵ为极小值点，其中Ⅳ为最小值点。

与此同时，我们也发现还有三个蓝绿曲线的交点Ⅶ、Ⅷ、Ⅸ，它们既不是极大值点，也不是极小值点。Ⅶ、Ⅷ、Ⅸ就是所谓的鞍点。

比如，在Ⅸ点，沿着绿色线向Ⅳ运动是下山，而沿着蓝色线向Ⅲ运动是上山。

代码文件Bk3_Ch16_01.py中Bk3_Ch16_01_D部分绘制图16.18、图16.20、图16.21、图16.22四幅图像。请读者自行绘制图16.17和图16.19两幅图像。

在Bk3_Ch16_01.py基础上，我们做了一个App并用Plotly绘制偏导函数的3D交互曲面。请参考Streamlit_Bk3_Ch16_01.py。

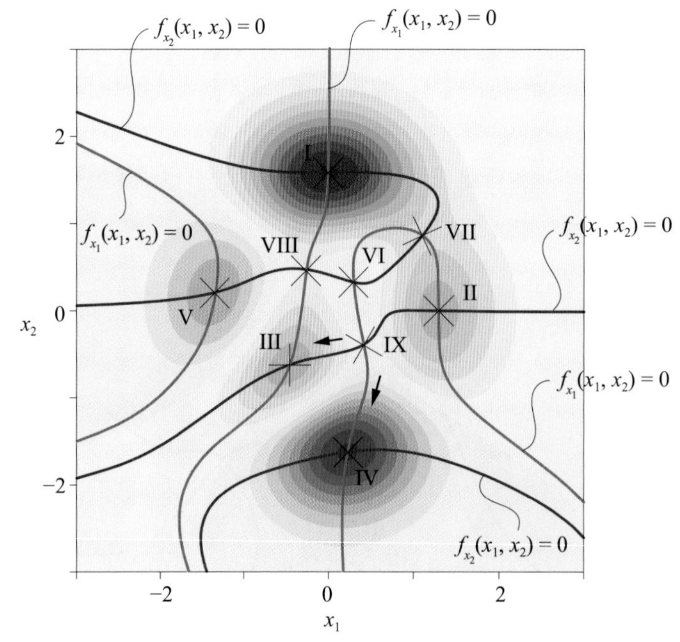

图16.22　$f_{x_1}(x_1, x_2) = 0$ 和 $f_{x_2}(x_1, x_2) = 0$ 同时投影在 $f(x_1, x_2)$ 曲面填充等高线

对于具有多个“山峰”和“山谷”的曲面，利用一阶偏导为0来判断极值点显然不充分。本书将在第19章介绍如何判断二元函数的极值点。

一元函数导数是函数变化率，几何角度是曲线切线斜率。本章利用“降维”这个思路，将一元函数导数这个数学工具拿来分析二元函数；对于二元函数或多元函数，我们给这个数学工具取了个名字叫作“偏导数”。“偏”字就是只考虑一个变量或一个维度。我们在介绍大写西格玛Σ时，也创造了“偏求和”这个概念；在之后的积分内容中，我们还会见到“偏积分”。

本章还利用剖面线和等高线这两个可视化工具分析二元函数特征。请大家格外注意二元函数鞍点的性质。

17 Differential 微分

微分是线性近似

我看得比别人更远，那是因为我站在一众巨人们的臂膀之上。

If I have seen further than others, it is by standing upon the shoulders of giants.

—— 艾萨克·牛顿 (Isaac Newton) | 英国数学家、物理学家 | 1643 — 1727

- `sympy.abc import x` 定义符号变量x
- `sympy.diff()` 求解符号导数和偏导解析式
- `sympy.evalf()` 将符号解析式中的未知量替换为具体数值
- `sympy.lambdify()` 将符号表达式转化为函数
- `sympy.series()` 求解泰勒展开级数符号式
- `sympy.symbols()` 定义符号变量

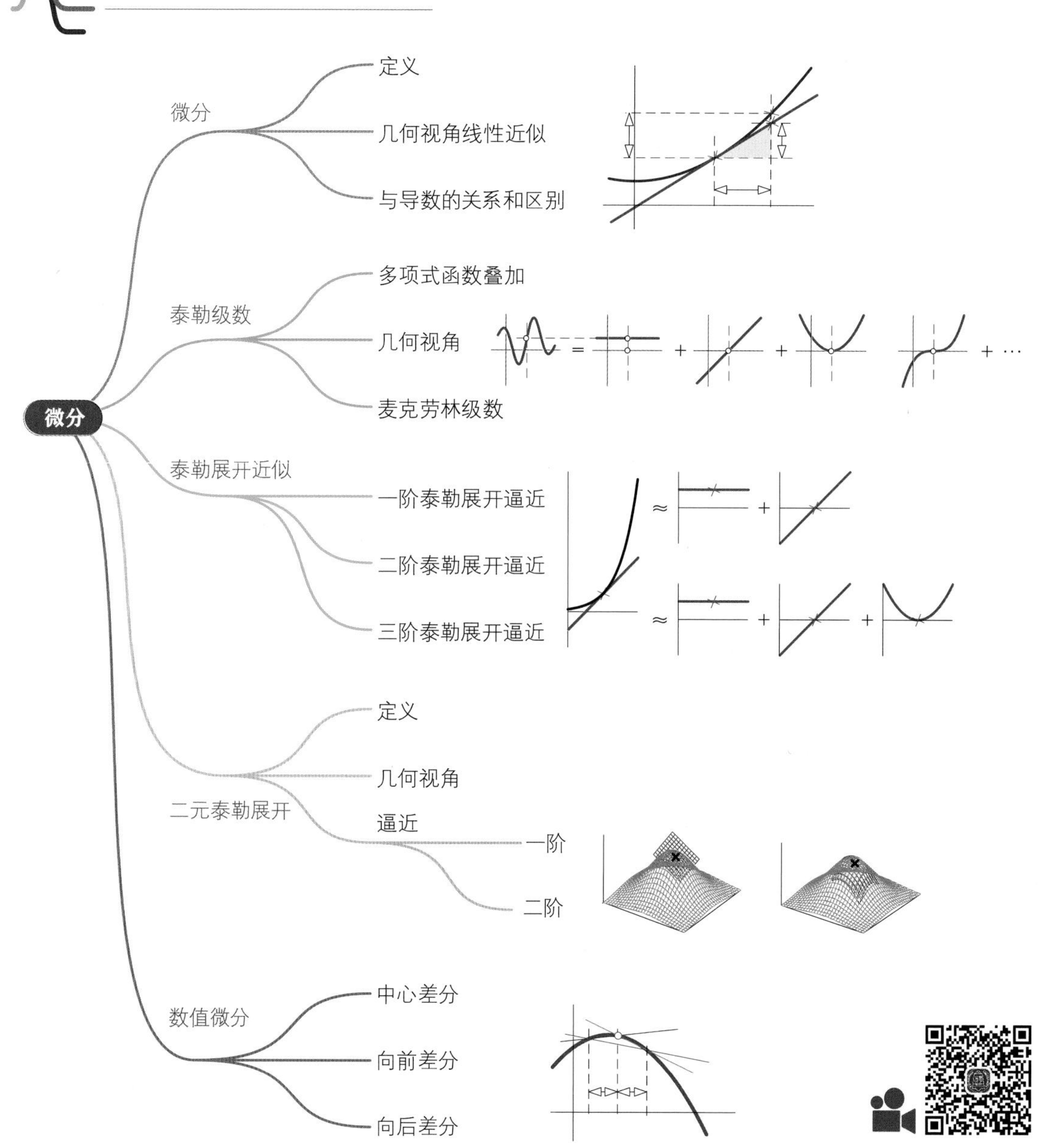

17.1 几何角度看微分：线性近似

微分 (differential) 是函数的局部变化的一种线性描述。如图17.1所示，微分可以近似地描述当函数自变量取值出现足够小的Δx变化时，函数值的变化Δy。

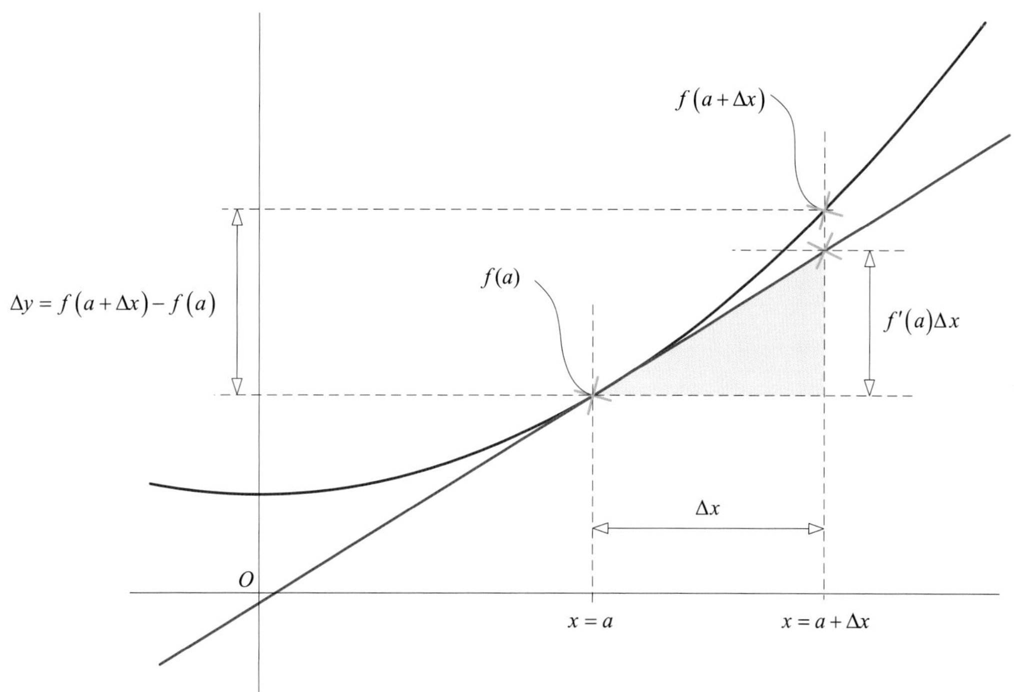

图17.1　对一元函数来说，微分是线性近似

假设函数$f(x)$ 在某个区间内有定义。给定该区间内一点a，当a变动到$a + \Delta x$ (也在该区间内) 时，函数实际增量Δy为

$$\Delta y = f(a+\Delta x) - f(a) \tag{17.1}$$

而增量Δy可以近似为

$$\Delta y = f(a+\Delta x) - f(a) \approx f'(a)\Delta x \tag{17.2}$$

其中：$f'(a)$ 为函数在$x = a$处的一阶导数。本书第15章讲过，函数$f(x)$ 在某一点处的一阶导数值是函数在该点处切线的斜率值。

整理上式，$f(a + \Delta x)$ 可以近似写成

$$f(a+\Delta x) \approx f'(a)\Delta x + f(a) \tag{17.3}$$

令

$$x = a + \Delta x \tag{17.4}$$

可以写成

$$f(x) \approx f'(a)(x-a) + f(a) \tag{17.5}$$

式 (17.5) 就是一次函数的点斜式。一次函数通过点 $(a, f(a))$，斜率为$f'(a)$。

如图17.1所示，从几何角度，微分用切线这条斜线代替曲线。实践中，复杂的非线性函数可以通过局部线性化来简化运算。

图17.2和图17.3所示分别为高斯函数与其一阶导数函数在若干点处的切线。

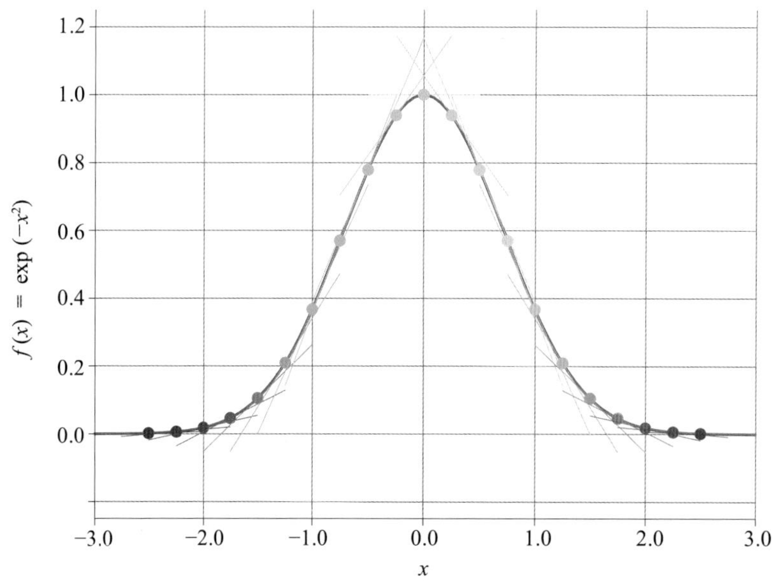

图17.2 高斯函数不同点处切线

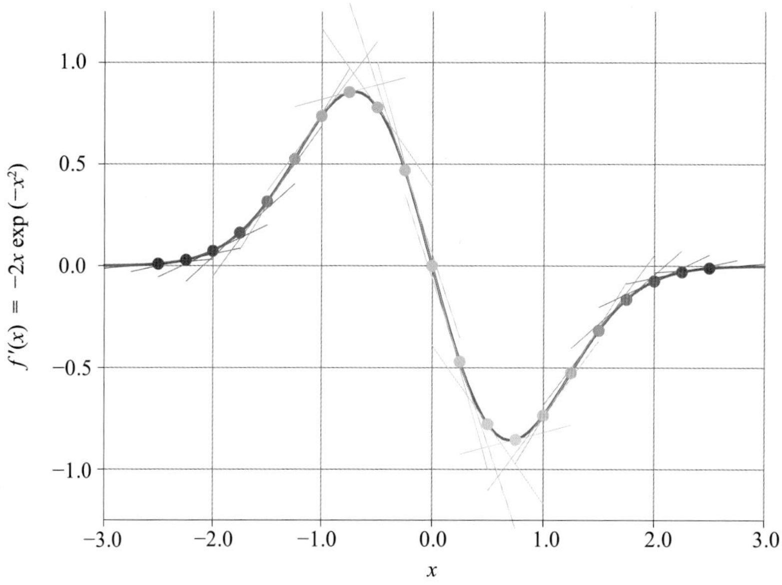

图17.3 高斯函数一阶导数不同点处切线

17.2 泰勒级数：多项式函数近似

英国数学家**布鲁克·泰勒** (Sir Brook Taylor) 在1715年发现了**泰勒级数** (Taylor's series)。泰勒级数是一种强大的函数近似工具。

布鲁克・泰勒 (Brook Taylor)
英国数学家 | 1685—1731
以泰勒公式和泰勒级数闻名

当**展开点** (expansion point) 为 $x=a$时，一元函数$f(x)$ 的**泰勒展开** (Taylor expansion) 形式为

$$\begin{aligned} f(x) &= \sum_{n=0}^{\infty} \frac{f^{(n)}(a)}{n!}(x-a)^n \\ &= \underbrace{f(a)}_{\text{Constant}} + \underbrace{\frac{f'(a)}{1!}(x-a)}_{\text{Linear}} + \underbrace{\frac{f''(a)}{2!}(x-a)^2}_{\text{Quadratic}} + \underbrace{\frac{f'''(a)}{3!}(x-a)^3}_{\text{Cubic}} + \cdots \end{aligned} \tag{17.6}$$

其中：a为**展开点** (expansion point)。式中的阶乘是多项式求导产生的。展开点为0的泰勒级数又叫作**麦克劳林级数** (Maclaurin series)。

如图17.4所示，泰勒展开相当于一系列多项式函数叠加，用于近似表示某个复杂函数。

注意：图中常数函数图像对应的高度$f(a)$ 提供了$x = a$处$f(x)$ 的函数值。而剩余其他多项式函数在展开点$x = a$处函数值均为0。

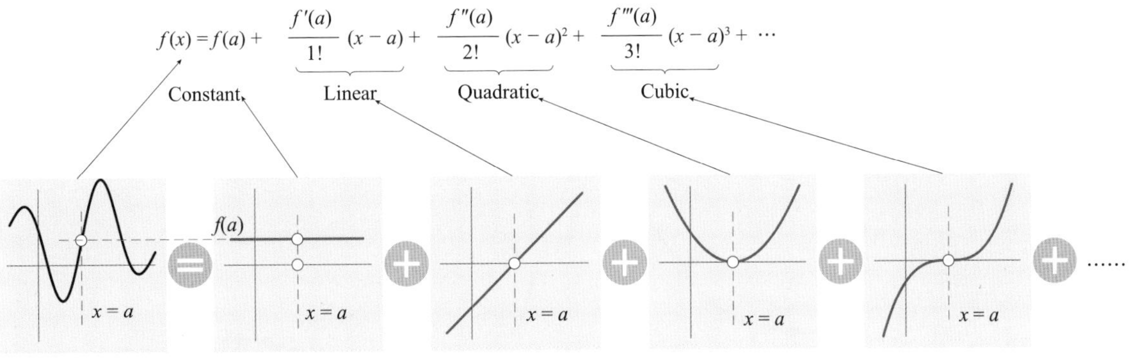

图17.4　一元函数泰勒展开原理

实际应用中，在应用泰勒公式近似计算时需要截断，也就是只取有限项。

上一节介绍微分时，式 (17.5) 实际上就是泰勒公式取前两项，即用“常数函数 + 一次函数”叠加近似原函数$f(x)$，有

$$f(x) \approx \underbrace{f(a)}_{\text{Constant}} + \underbrace{\frac{f'(a)}{1!}(x-a)}_{\text{Linear}} = f(a) + f'(a)(x-a) \tag{17.7}$$

在式 (17.7) “常数函数 + 一次函数”的基础上，再增加“二次函数”成分，我们便得到二次近似为

$$f(x) \approx \underbrace{f(a)}_{\text{Constant}} + \underbrace{\frac{f'(a)}{1!}(x-a)}_{\text{Linear}} + \underbrace{\frac{f''(a)}{2!}(x-a)^2}_{\text{Quadratic}} \tag{17.8}$$

图17.5和图17.6所示分别为高斯函数与其一阶导数函数不同点处的二次近似。泰勒公式把复杂函数转换为多项式叠加。相较其他函数而言，多项式函数更容易计算微分、积分。本章后续将会介绍利用泰勒展开近似的方法。

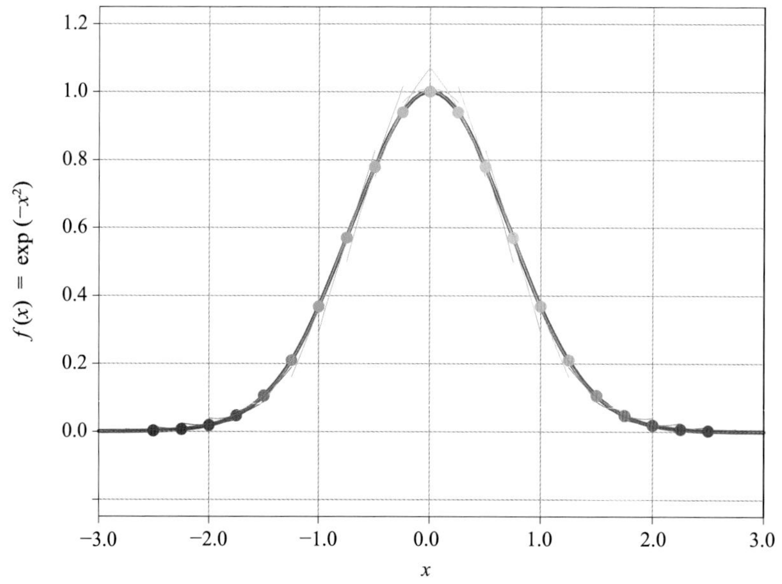

图17.5　高斯函数不同点处二次近似

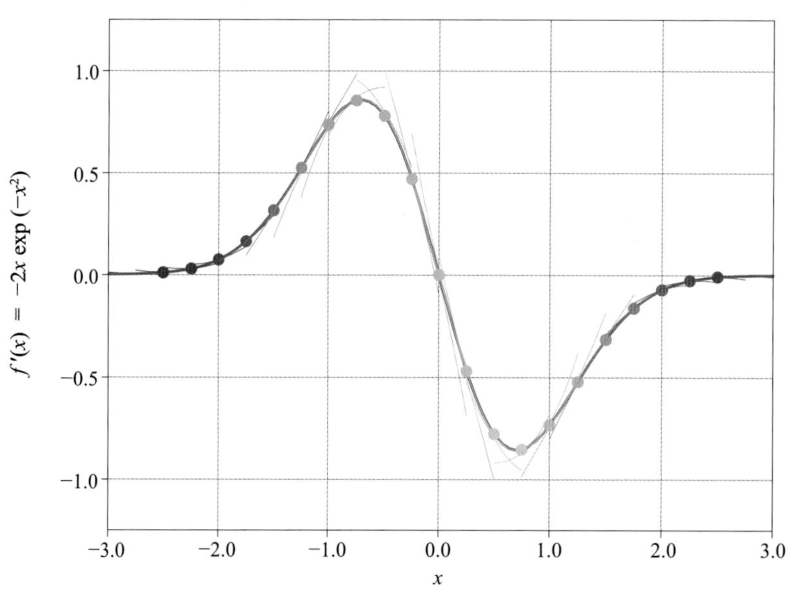

图17.6　高斯函数一阶导数不同点处二次近似

Bk3_Ch17_01.py绘制图17.5和图17.6。

在Bk3_Ch17_01.py基础上，我们做了一个App展示曲线上不同点的一次和二次近似。请参考Streamlit_Bk3_Ch17_01.py。

17.3 多项式近似和误差

再次强调，泰勒展开的核心是用一系列多项式函数叠加来逼近某个函数。实际应用中，泰勒级数常用来近似计算复杂的非线性函数，并估计误差。

给定原函数$f(x)$为自然指数函数

$$f(x) = \exp(x) = e^x \tag{17.9}$$

在$x = 0$处，该函数的泰勒级数展开为

$$e^x = \sum_{n=0}^{\infty} \frac{x^n}{n!} = \frac{x^0}{0!} + \frac{x^1}{1!} + \frac{x^2}{2!} + \frac{x^3}{3!} + \frac{x^4}{4!} + \frac{x^5}{5!} + \cdots = 1 + x + \frac{x^2}{2} + \frac{x^3}{6} + \frac{x^4}{24} + \frac{x^5}{120} + \cdots \tag{17.10}$$

如前文所述，在具体应用场合，泰勒公式需要截断，只取有限项进行近似运算。一个函数的有限项的泰勒级数叫作泰勒展开式。

常数函数

在$x = 0$点处，$f(x)$函数值为

$$f(0) = \exp(0) = 1 \tag{17.11}$$

图17.7所示为用常数函数来近似原函数，即

$$f_0(x) = \underbrace{1}_{\text{Constant}} \tag{17.12}$$

图17.8所示为比较原函数和常数函数，并给出误差随x的变化。常数函数为平行横轴的直线，它的估计能力显然明显不足。

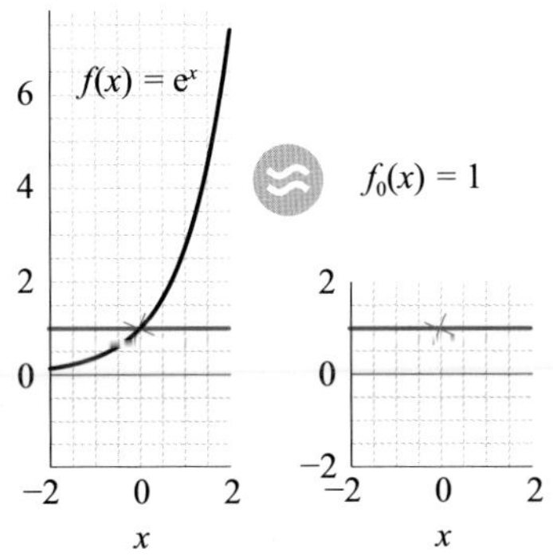

图17.7　常数函数近似

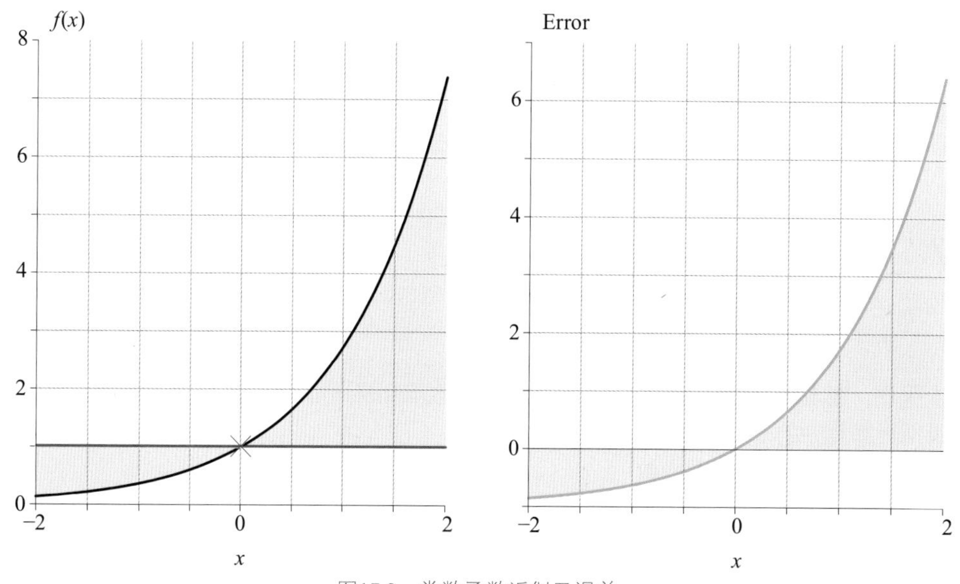

图17.8　常数函数近似及误差

一次函数

原函数 $f(x)$ 的一阶导数为

$$f'(x)=\exp(x) \tag{17.13}$$

$x=0$处一阶导数为切线斜率

$$f'(0)=\exp(0)=1 \tag{17.14}$$

用一次函数来近似原函数，有

$$f_1(x)=\underbrace{1}_{\text{Constant}}+\underbrace{x}_{\text{Linear}} \tag{17.15}$$

图17.9所示为“常数函数 + 一次函数”近似的原理。

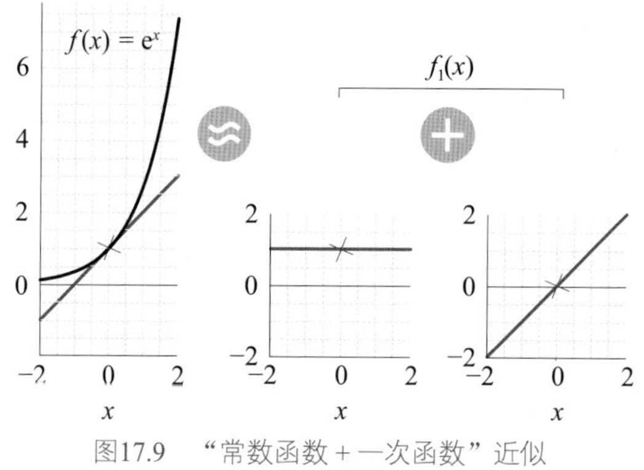

图17.9　“常数函数 + 一次函数”近似

叠加常数函数和一次函数，常被称作**一阶泰勒展开** (first-order Taylor polynomial/expansion/approximation或 first-degree Taylor polynomial)。一阶泰勒展开是最常用的逼近手段。

原函数和泰勒多项式的差被称为泰勒公式的余项，即误差，有

$$R(x)=f(x)-f_1(x)=f(x)-\left(\underbrace{1}_{\text{Constant}}+\underbrace{x}_{\text{Linear}}\right) \tag{17.16}$$

图17.10所示为一阶泰勒展开的近似和误差；离展开点$x=a$越远，误差越大。

也就是说，非线性函数在$x=a$附近可以用这个一次函数近似。当x远离a时，这个近似就变得不准确。

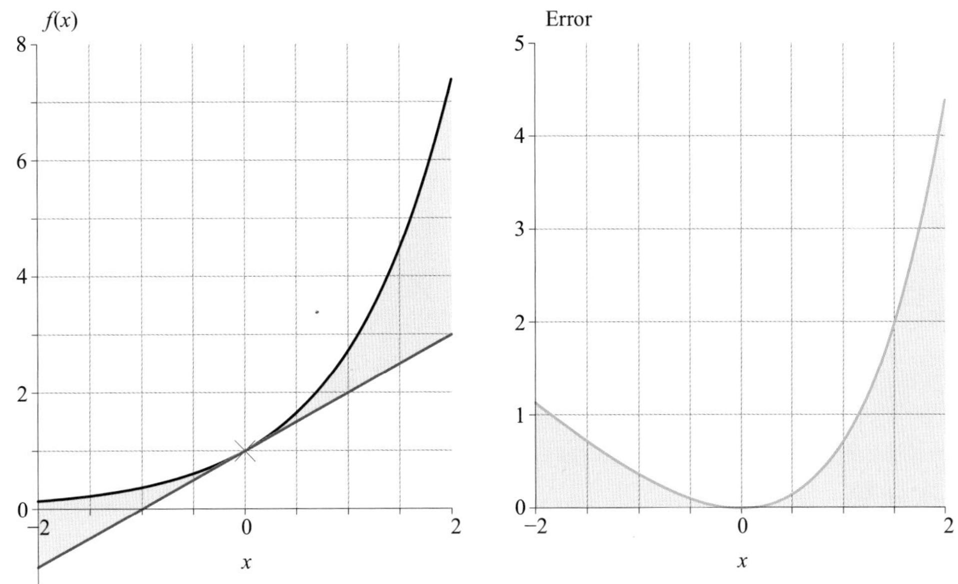

图17.10　一阶泰勒展开近似及误差

二次函数

用二次多项式函数近似原函数，有

$$f_2(x)=\underbrace{1}_{\text{Constant}}+\underbrace{x}_{\text{Linear}}+\underbrace{\frac{x^2}{2}}_{\text{Quadratic}} \tag{17.17}$$

式 (17.17) 也叫**二阶泰勒展开** (second-order Taylor polynomial/expansion/approximation)。如图17.11所示，二阶泰勒展开叠加了三个成分，即“常数函数 + 一次函数 + 二次函数”。

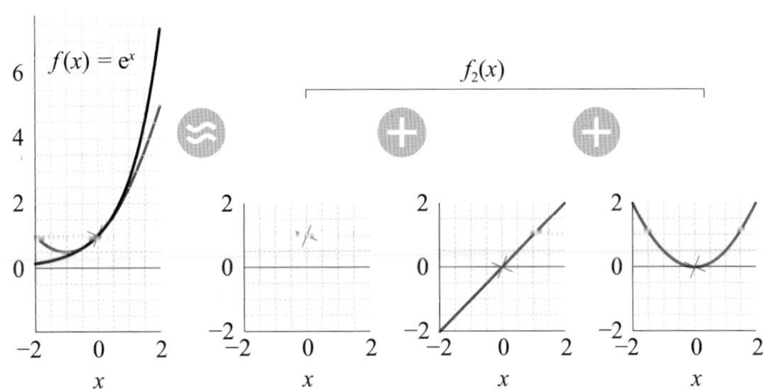

图17.11　“常数函数 + 一次函数 + 二次函数”近似原函数

图17.12所示为二阶泰勒展开近似及误差。相较图17.10，图17.12中的误差明显变小了。

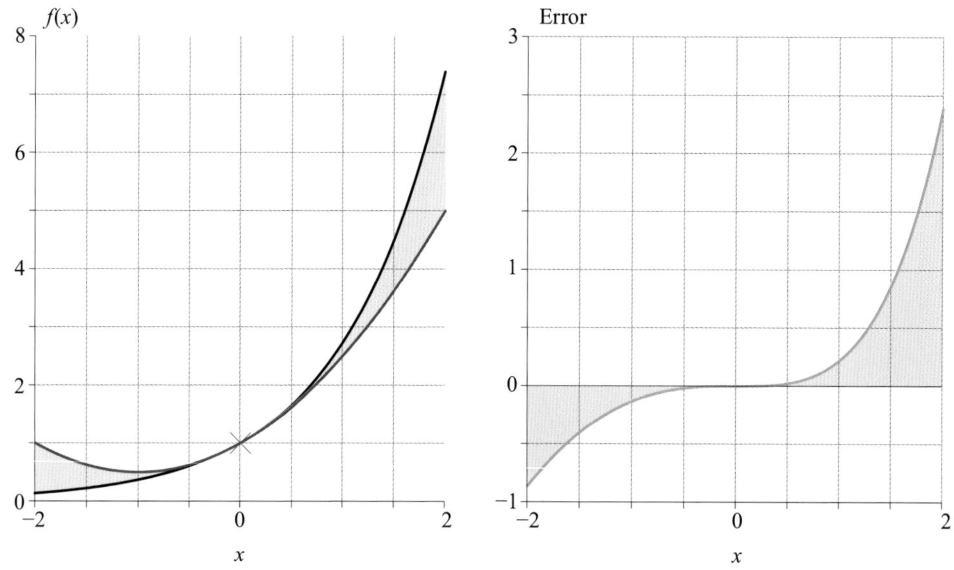

图17.12　二阶泰勒展开近似及误差

三次函数

用三次多项式函数近似原函数，有

$$f_3(x) = \underbrace{1}_{\text{Constant}} + \underbrace{x}_{\text{Linear}} + \underbrace{\frac{x^2}{2}}_{\text{Quadratic}} + \underbrace{\frac{x^3}{6}}_{\text{Cubic}} \tag{17.18}$$

图17.13所示为“常数函数 + 一次函数 + 二次函数 + 三次函数”叠加近似原函数。比较图17.12和图17.14，增加三次项后，逼近效果有了提高，误差进一步减小。

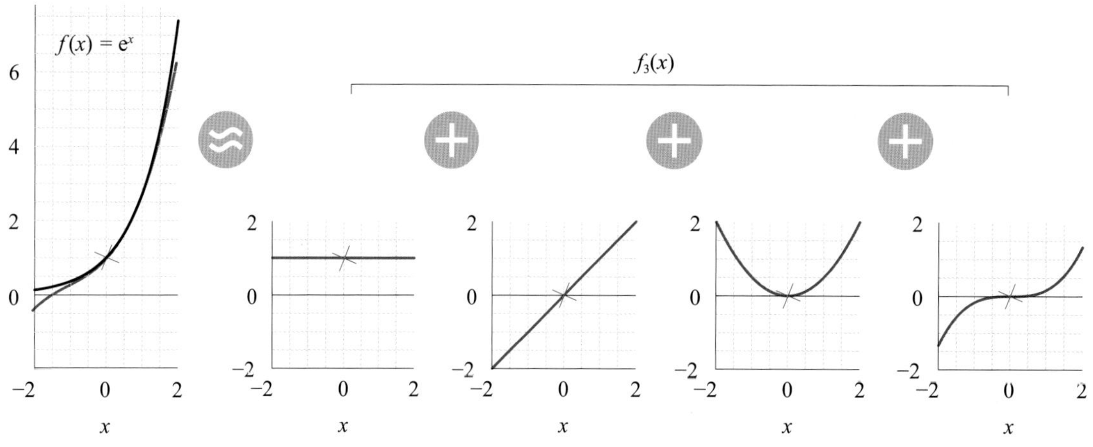

图17.13　“常数函数 + 一次函数 + 二次函数 + 三次函数”近似原函数

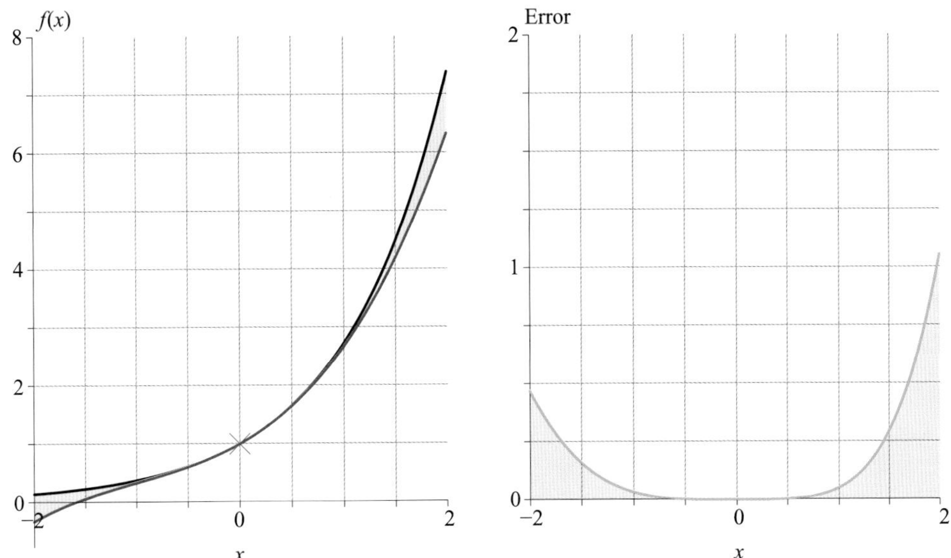

图17.14 三阶函数近似原函数及误差

四次函数

图17.15所示为用四次多项式函数近似原函数，有

$$f(x)=\exp(x)\approx f_4(x)=\underbrace{1}_{\text{Constant}}+\underbrace{x}_{\text{Linear}}+\underbrace{\frac{x^2}{2}}_{\text{Quadratic}}+\underbrace{\frac{x^3}{6}}_{\text{Cubic}}+\underbrace{\frac{x^4}{24}}_{\text{Quartic}} \tag{17.19}$$

一般来说，泰勒多项式展开的项数越多，也就是多项式幂次越高，逼近效果越好；但是，实际应用中，线性逼近和二次逼近用得最为广泛。误差分析相关内容本书不做探讨，对于误差分析感兴趣的同学可以自行学习。

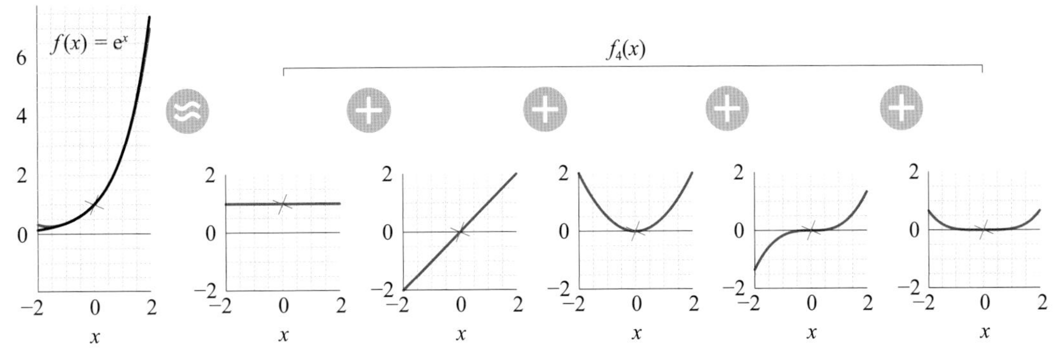

图17.15 “常数函数 + 一次函数 + 二次函数 + 三次函数 + 四次函数”近似原函数

Bk3_Ch17_02.py绘制本节图像；请大家改变展开点位置，比如x = 1、x = −1，并观察比较近似及误差。

在Bk3_Ch17_02.py基础上，我们做了一个App比较不同泰勒展开项数对逼近结果的影响。请参考Streamlit_Bk3_Ch17_02.py。

17.4 二元泰勒展开：用多项式曲面近似

上一节介绍的一元泰勒展开也可以扩展到多元函数。本节以二元函数为例介绍多元函数的泰勒展开。

给定二元函数$f(x_1, x_2)$，它的泰勒展开式可以写成

$$
\begin{aligned}
f(x_1,x_2) = & \underbrace{f(a,b)}_{\text{Constant}} + \underbrace{f_{x_1}(a,b)(x_1-a) + f_{x_2}(a,b)(x_2-b)}_{\text{Plane}} \\
& + \underbrace{\frac{1}{2!}\left[f_{x_1x_1}(a,b)(x_1-a)^2 + 2f_{x_1x_2}(a,b)(x_1-a)(x_2-b) + f_{x_2x_2}(a,b)(x_2-b)^2 \right]}_{\text{Quadric}} + \cdots
\end{aligned}
\tag{17.20}
$$

注意：式 (17.20) 中假定两个混合偏导相同，即$f_{x_1x_2}(a, b) = f_{x_2x_1}(a, b)$。

将式 (17.20) 写成矩阵运算形式为

$$
f(x_1,x_2) = f(a,b) + \begin{bmatrix} f_{x_1}(a,b) \\ f_{x_2}(a,b) \end{bmatrix}^{\mathrm{T}} \begin{bmatrix} x_1-a \\ x_2-b \end{bmatrix} + \frac{1}{2!} \begin{bmatrix} x_1-a \\ x_2-b \end{bmatrix}^{\mathrm{T}} \begin{bmatrix} f_{x_1x_1}(a,b) & f_{x_1x_2}(a,b) \\ f_{x_2x_1}(a,b) & f_{x_2x_2}(a,b) \end{bmatrix} \begin{bmatrix} x_1-a \\ x_2-b \end{bmatrix} + \cdots \tag{17.21}
$$

如图17.16所示，从几何角度讲，二元函数泰勒展开相当于水平面、斜面、二次曲面、三次曲面等多项式曲面叠加。

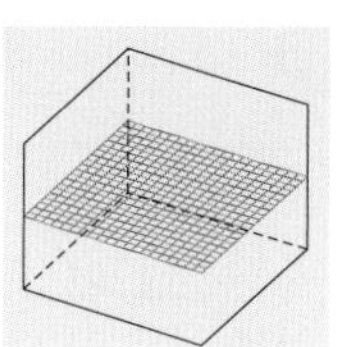

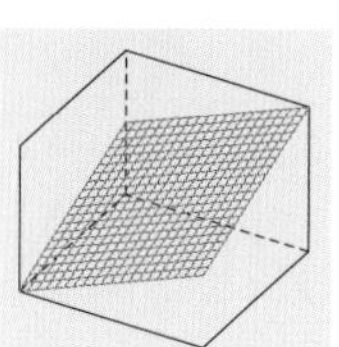

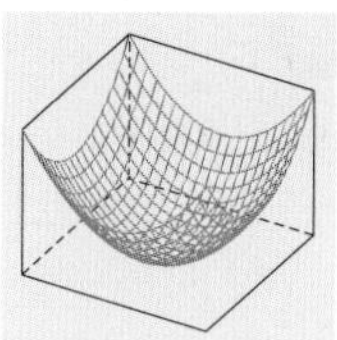

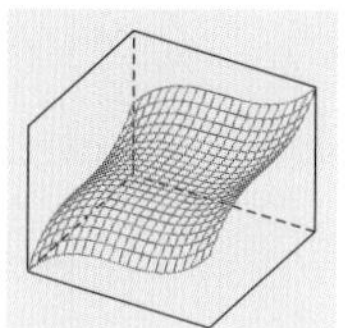

图17.16　二元函数泰勒展开原理

举个例子

给定二元高斯函数

$$
y = f(x_1,x_2) = \exp\left(-\left(x_1^2 + x_2^2\right)\right) \tag{17.22}
$$

二元函数 $f(x_1, x_2)$ 的一阶偏导

$$
\begin{aligned}
f_{x_1}(x_1,x_2) &= \frac{\partial f}{\partial x_1}(x_1,x_2) = -2x_1\exp\left(-\left(x_1^2+x_2^2\right)\right) \\
f_{x_2}(x_1,x_2) &= \frac{\partial f}{\partial x_2}(x_1,x_2) = -2x_2\exp\left(-\left(x_1^2+x_2^2\right)\right)
\end{aligned}
\tag{17.23}
$$

图17.17所示为两个一阶偏导函数的平面等高线图；图中 × 为展开点位置，水平面位置坐标为 (−0.1, −0.2)。

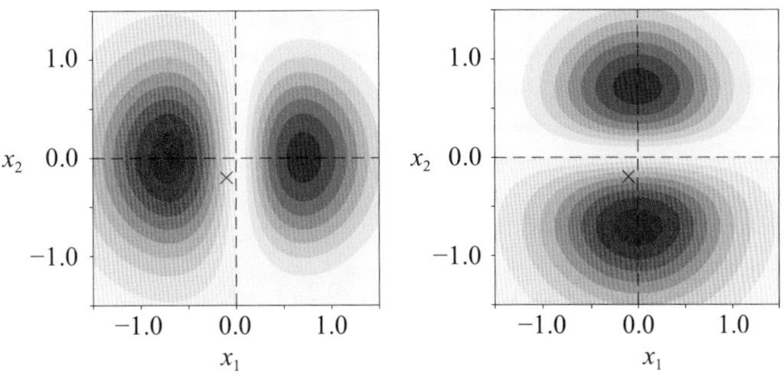

图17.17　一阶偏导数三维等高线

式 (17.22) 中的二元函数 $f(x_1, x_2)$ 二阶偏导为

$$
\begin{aligned}
f_{x_1x_1}(x_1,x_2) &= \frac{\partial^2 f}{\partial x_1^2}(x_1,x_2) = \left(-2+4x_1^2\right)\exp\left(-\left(x_1^2+x_2^2\right)\right) \\
f_{x_2x_2}(x_1,x_2) &= \frac{\partial^2 f}{\partial x_2^2}(x_1,x_2) = \left(-2+4x_2^2\right)\exp\left(-\left(x_1^2+x_2^2\right)\right) \\
f_{x_1x_2}(x_1,x_2) &= \frac{\partial^2 f}{\partial x_1 \partial x_2}(x_1,x_2) = 4x_1x_2\exp\left(-\left(x_1^2+x_2^2\right)\right) \\
f_{x_2x_1}(x_1,x_2) &= \frac{\partial^2 f}{\partial x_2 \partial x_1}(x_1,x_2) = 4x_1x_2\exp\left(-\left(x_1^2+x_2^2\right)\right)
\end{aligned}
\tag{17.24}
$$

显然，两个混合偏导相同，即

$$
f_{x_1x_2}(x_1,x_2) = f_{x_2x_1}(x_1,x_2) \tag{17.25}
$$

图17.18所示为两个二阶偏导函数的平面等高线图。

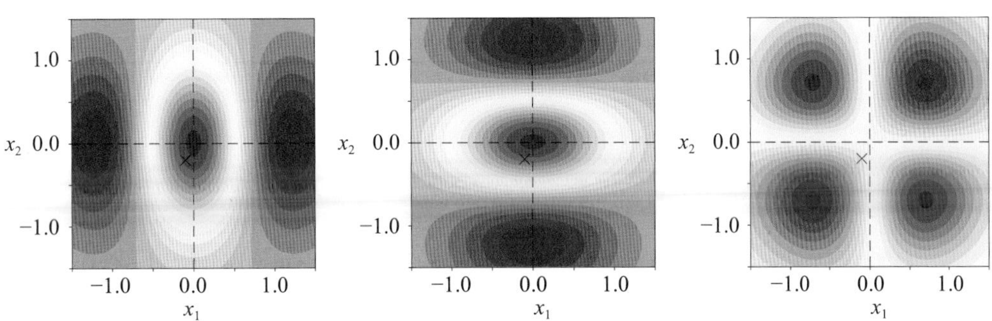

图17.18　二阶偏导数三维等高线

展开点 (−0.1, −0.2) 处的函数值以及一阶、二阶偏导数具体值为

$$f(-0.1,-0.2)=0.951,\quad \begin{cases} f_{x_1}(-0.1,-0.2)=0.190 \\ f_{x_2}(-0.1,-0.2)=0.380 \end{cases},\quad \begin{cases} f_{x_1x_1}(-0.1,-0.2)=-1.864 \\ f_{x_2x_2}(-0.1,-0.2)=-1.750 \\ f_{x_1x_2}(-0.1,-0.2)=f_{x_2x_1}(-0.1,-0.2)=0.076 \end{cases} \tag{17.26}$$

常数函数

类似前文，我们本节也采用逐步分析。首先用二元常函数来估计$f(x_1, x_2)$，即

$$f(x_1,x_2)\approx \underbrace{f(a,b)}_{\text{Constant}} \tag{17.27}$$

这相当于用一个平行于x_1x_2平面的水平面来近似$f(x_1, x_2)$。

图17.19所示为用常数函数估计二元高斯函数，常数函数对应的解析式为

$$f(x_1,x_2)\approx f(-0.1,-0.2)=0.951 \tag{17.28}$$

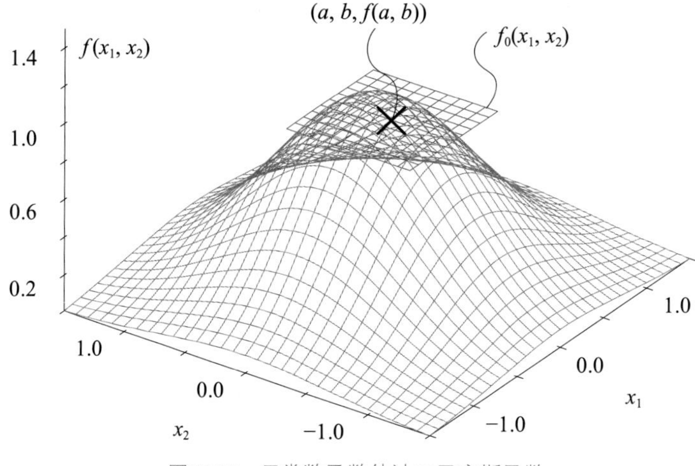

图17.19　用常数函数估计二元高斯函数

一次函数

用一次泰勒展开估计$f(x_1, x_2)$，有

$$f(x_1,x_2)\approx \underbrace{f(a,b)}_{\text{Constant}}+\underbrace{f_{x_1}(a,b)(x_1-a)+f_{x_2}(a,b)(x_2-b)}_{\text{Plane}} \tag{17.29}$$

相当于用“水平面＋斜面”叠加来近似$f(x_1, x_2)$。

图17.20所示为一阶泰勒展开估计原函数，二元一次函数对应解析式为

$$\begin{aligned} f(x_1,x_2)&\approx f(-0.1,-0.2)+f_{x_1}(-0.1,-0.2)(x_1-(-0.1))+f_{x_2}(-0.1,-0.2)(x_2-(-0.2)) \\ &=0.951+0.190(x_1+0.1)+0.380(x_2+0.2) \end{aligned} \tag{17.30}$$

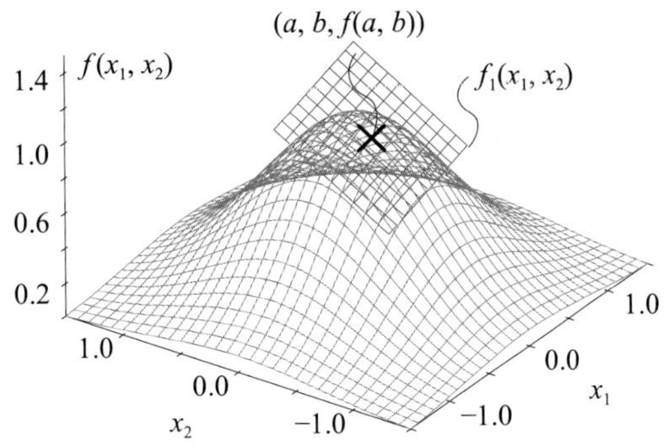

图17.20　用二元一次函数估计二元高斯函数

二次函数

用二次泰勒展开估计$f(x_1, x_2)$，有

$$
\begin{aligned}
f(x_1,x_2) \approx & \underbrace{f(a,b)}_{\text{Constant}} + \underbrace{f_{x_1}(a,b)(x_1-a) + f_{x_2}(a,b)(x_2-b)}_{\text{Plane}} \\
& + \underbrace{\frac{1}{2!}\left[f_{x_1x_1}(a,b)(x_1-a)^2 + 2f_{x_1x_2}(a,b)(x_1-a)(x_2-b) + f_{x_2x_2}(a,b)(x_2-b)^2 \right]}_{\text{Quadratic}}
\end{aligned}
\tag{17.31}
$$

相当于用“水平面 + 斜面 + 二次曲面”叠加来近似$f(x_1, x_2)$。

图17.21所示为二阶泰勒展开估计原函数，二元二次函数对应解析式为

$$
\begin{aligned}
f_2(x_1,x_2) = & 0.951 + 0.190(x_1+0.1) + 0.380(x_2+0.2) \\
& + \frac{1}{2}\left[-1.864(x_1+0.1)^2 + 0.152(x_1+0.1)(x_2+0.2) - 1.750(x_2+0.2)^2 \right]
\end{aligned}
\tag{17.32}
$$

请大家用本节代码自行展开整理上式。

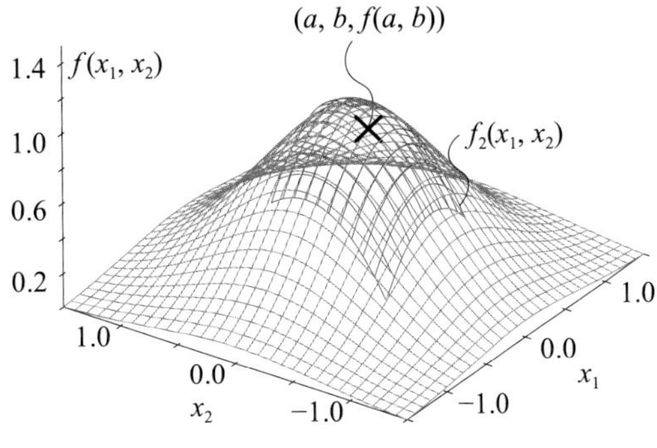

图17.21　用二次函数估计二元高斯函数

Bk3_Ch17_03.py绘制图17.19~图17.21三幅图。建议大家自己用Streamlit把这个代码改成一个App。

17.5 数值微分：估算一阶导数

并不是所有函数都能得到导数的解析解，很多函数需要用数值方法近似求得导数。数值方法就是“近似”。

三种方法

本节介绍三种一次导数的数值估算方法：**向前差分** (forward difference)、**向后差分** (backward difference)、**中心差分** (central difference)，具体如图17.22所示。

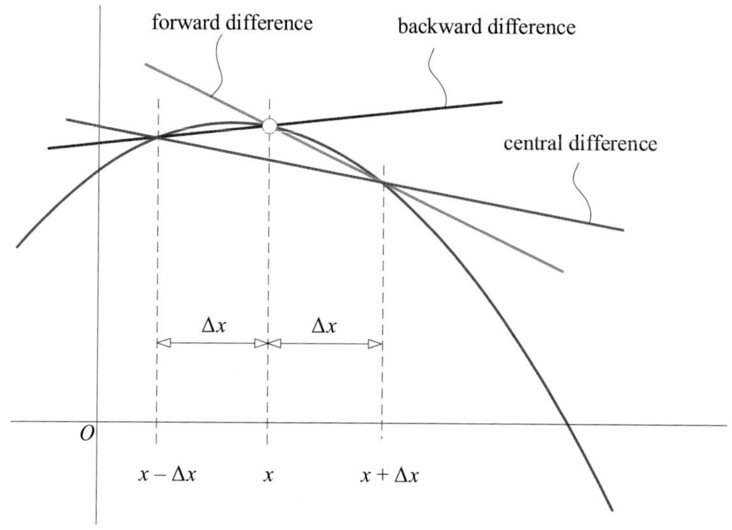

图17.22　三种一次导数的数值估计方法

一阶导数向前差分的具体公式为

$$f'(x) \approx \frac{f(x+\Delta x)-f(x)}{\Delta x} \tag{17.33}$$

一阶导数向后差分的具体公式为

$$f'(x) \approx \frac{f(x)-f(x-\Delta x)}{\Delta x} \tag{17.34}$$

一阶导数的中心差分形式为

$$f'(x) \approx \frac{f(x+\Delta x)-f(x-\Delta x)}{2\Delta x} \tag{17.35}$$

举个例子

给定高斯函数

$$f(x) = \exp\left(-x^2\right) \tag{17.36}$$

我们可以很容易计算得到它的一阶导数函数解析式为

$$f(x) = -2x\exp\left(-x^2\right) \tag{17.37}$$

图17.23所示为高斯函数和它的一阶导数图像。同时，我们用三种不同的数值方法在x取不同值时估算式 (17.37)。

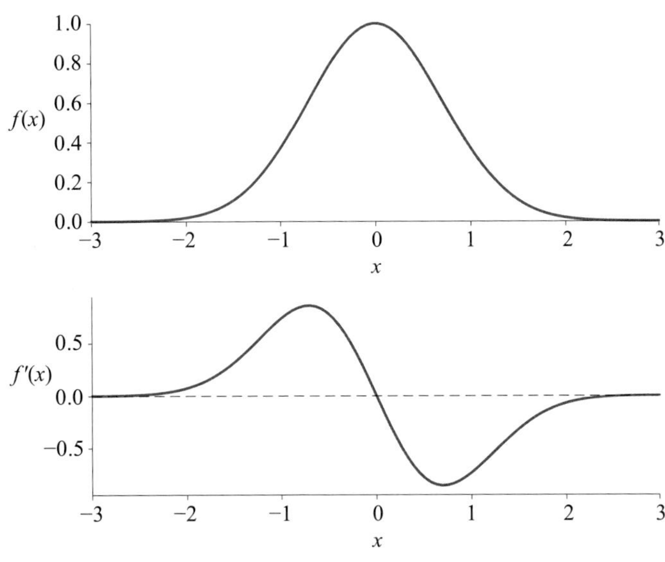

图17.23　高斯函数和它的一阶导数图像

设定$\Delta x = 0.2$，图17.24所示为对比中心差分、向前差分、向后差分结果。图17.24中，中心差分的结果相对好一些。

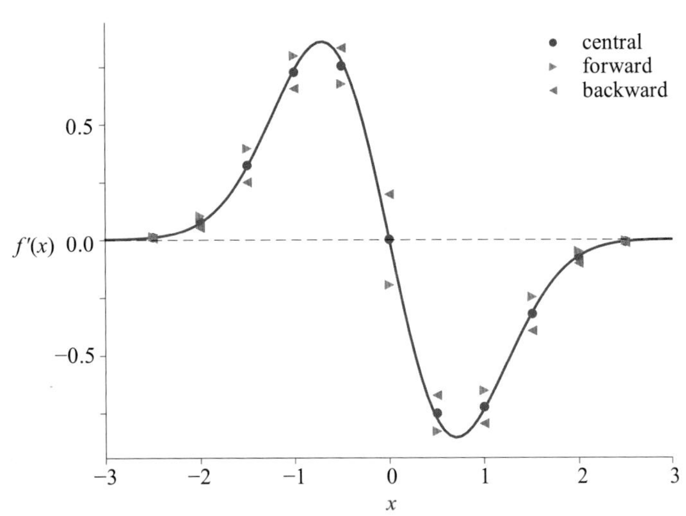

图17.24　对比中心差分、向前差分、向后差分结果($\Delta x = 0.2$)

图17.25所示为$x = 1$，步长Δx取不同值时，中心差分、向前差分、向后差分结果对比。很明显，当Δx减小时，中心差分更快地收敛于解析解，具有更高的精度。

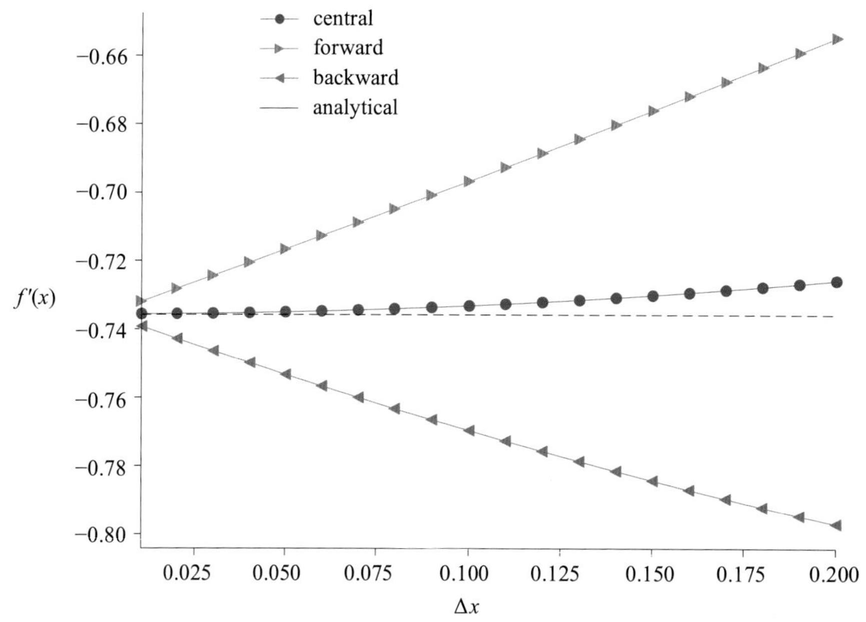

图17.25　步长Δx不同时中心差分、向前差分、向后差分结果

Bk3_Ch17_04.py完成三种差分运算，并绘制图17.24和图17.25。

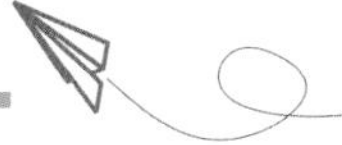

本章有三个关键点——微分、泰勒展开、数值微分。

再次强调，导数是函数的变化率，而微分是函数的线性近似。从几何视角来看，微分用切线近似非线性函数。

泰勒展开是一系列多项式函数的叠加，用于近似某个复杂函数；最为常用的是一阶泰勒展开和二阶泰勒展开。

并不是所有的函数都能很容易求得导数，对于求导困难的函数，我们可以采用数值微分的方法。本章介绍了三种不同的方法。

18 Fundamentals of Integral 积分

源自于求面积、体积等数学问题

有苦才有甜。

He who hasn't tasted bitter things hasn't earned sweet things.

——戈特弗里德·莱布尼茨 (Gottfried Wilhelm Leibniz) | 德意志数学家、哲学家 | 1646 — 1716

- ◀ `numpy.vectorize()` 将自定义函数向量化
- ◀ `sympy.abc import x` 定义符号变量 x
- ◀ `sympy.diff()` 求解符号导数和偏导解析式
- ◀ `sympy.Eq()` 定义符号等式
- ◀ `sympy.evalf()` 将符号解析式中的未知量替换为具体数值
- ◀ `sympy.integrate()` 符号积分
- ◀ `sympy.symbols()` 定义符号变量

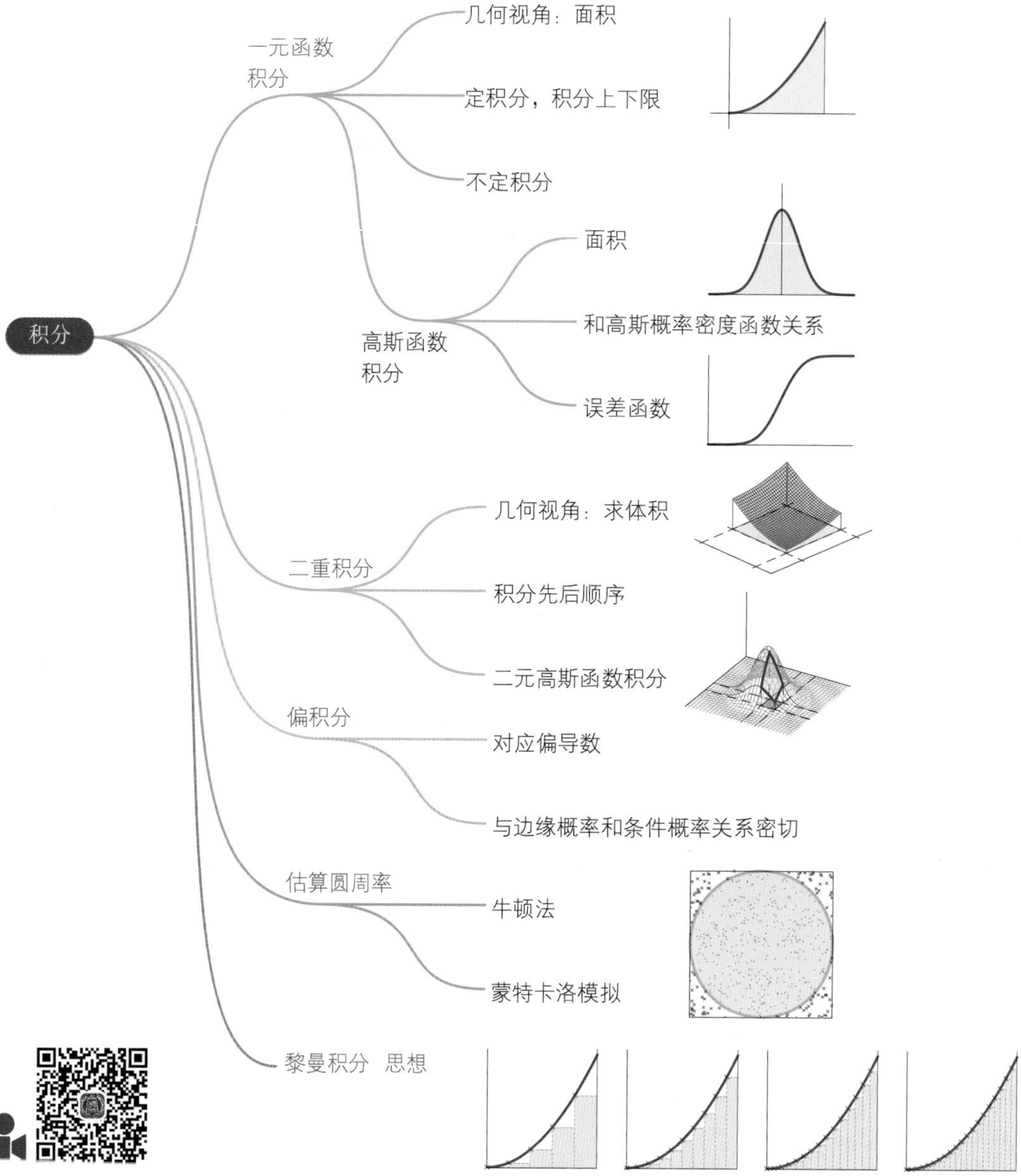

积分

一元函数积分

几何视角：面积

定积分，积分上下限

不定积分

高斯函数积分

面积

和高斯概率密度函数关系

误差函数

二重积分

几何视角：求体积

积分先后顺序

二元高斯函数积分

偏积分

对应偏导数

与边缘概率和条件概率关系密切

估算圆周率

牛顿法

蒙特卡洛模拟

黎曼积分 思想

18.1 莱布尼茨：既生瑜，何生亮

实际上，人类对积分的探索要远早于微分。古时候，各种文明都在探索不同方法计算不规则形状的长度、面积、体积，人类几何知识则在这个过程中不断进步并且体系化。前文介绍过早期数学家估算圆周率时用内接或外切正多边形近似正圆，其中蕴含的数学思想也是积分的基础。

积分的本来含义就是求和，拉丁语summa首字母s纵向拉伸，便得到积分符号∫。积分符号∫的发明者便是**莱布尼茨** (Gottfried Wilhelm Leibniz)。

戈特弗里德·威廉·莱布尼茨 (Gottfried Wilhelm Leibniz)
德国哲学家、数学家 | 1646—1716
与牛顿先后独立发明了微积分，创造的微积分符号至今被广泛使用

莱布尼茨是17世纪少有的通才，这个德国人是律师、哲学家、工程师，更是优秀的数学家。

牛顿和莱布尼茨各自独立发明微积分，两者就微积分发明权争执了很长时间。牛顿在17世纪的学术界呼风唤雨，是学术天空中最耀眼的星辰，莱布尼茨和其他学者的光芒则显得暗淡很多。很可能是因为这个原因，英国皇家学会公开判定“牛顿是微积分的第一发明人”。

但是，莱布尼茨显得大度很多，他公开表示“在从世界开始到牛顿生活的时代的全部数学中，牛顿的工作超过了一半。”

不管谁发明了微积分，莱布尼茨的微积分数学符号被后世广泛采用，这也是一种成就。

18.2 从小车匀加速直线运动说起

回顾本书第15章讲解导数时给出的匀加速直线运动的例子。

如图18.1所示，匀加速直线运动中，加速度$a(t)$是常数函数，图像是水平线 $a(t) = 1$ (忽略单位)。时间$0 \sim t$内，水平线和横轴围成的面积是个矩形。容易求解矩形面积，这个面积对应速度函数$v(t) = t$。

显然，$v(t)$是个一次函数，图像为一条通过原点的斜线。时间范围为$0 \sim t$，$v(t)$斜线和横轴围成的面积是个三角形。三角形的面积对应距离函数$s(t) = t^2/2$。而$s(t)$是个二次函数，图像为抛物线。

求解矩形面积和三角形面积显然难不倒我们。但是，当我们把问题的难度稍微提高。比如，将变量从t换成x，把距离函数写成$f(x) = x^2/2$。

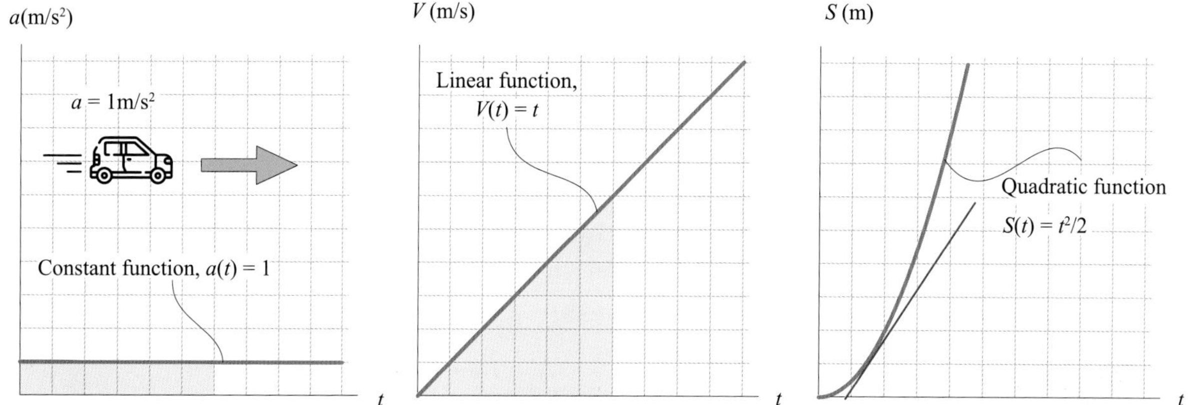

图18.1　匀加速直线运动：加速度、速度、距离

如图18.2所示，x在一定区间内，二元函数$f(x)$ 曲线和横轴构成的这块形状不规则图形，要精确计算它的面积，怎么办呢？

还有，如何计算图18.3中$f(x, y)$ 曲面在D区域内和水平面围成的几何形体的体积呢？

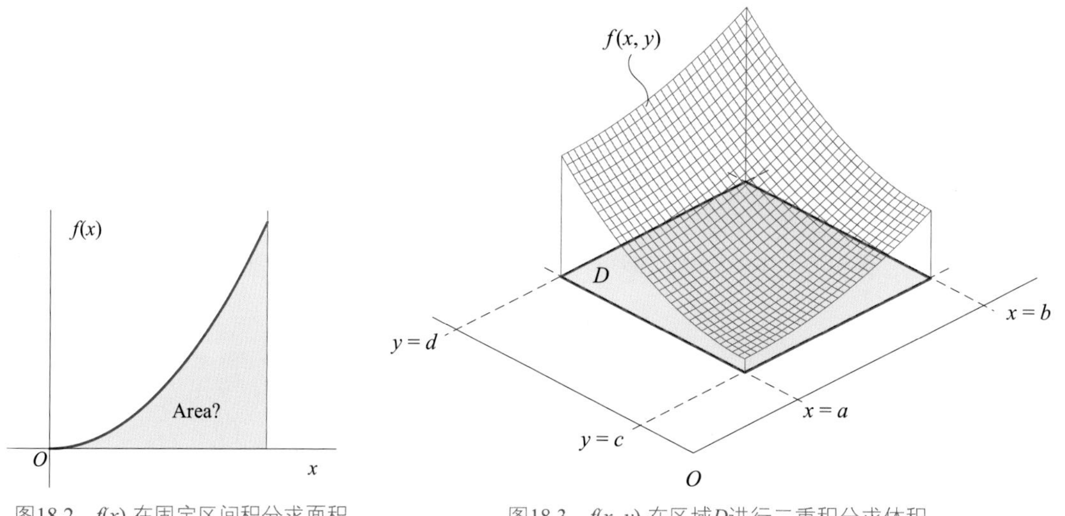

图18.2　$f(x)$ 在固定区间积分求面积

图18.3　$f(x, y)$ 在区域D进行二重积分求体积

解决这些问题需要借助本章要讲解的重要数学工具——积分。

18.3 一元函数积分

导数、偏导、积分、二重积分

本书第15章讲过，导数关注变化率。对于一元函数，如图18.4所示，从几何角度来看，导数相当于曲线切线斜率。而对于二元函数来说，偏导数是二元函数曲面某点在特定方向的切线斜率，微分则是线性近似。

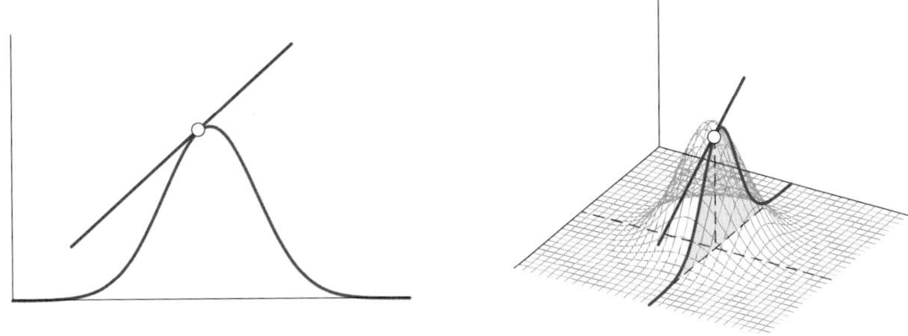

图18.4　几何视角看导数、偏导数、微分等数学工具

积分是微分的逆运算，积分关注变化累积，如曲线面积、曲面体积，如图18.5所示。导数、微分、积分这些数学工具合称微积分，微积分是定量研究变化过程的重要数学工具。

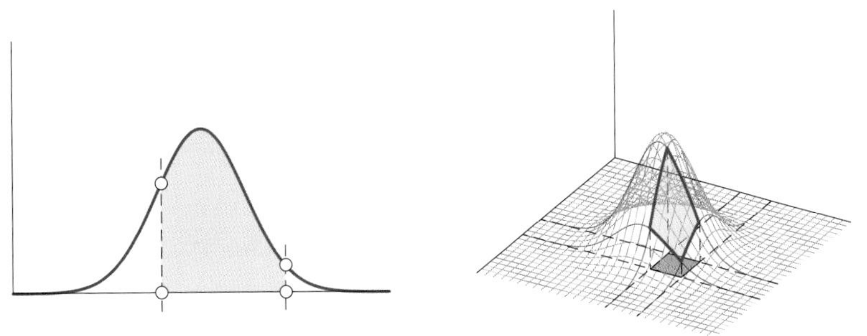

图18.5　几何视角看积分、多重积分等数学工具

一元函数积分

一元函数 $f(x)$ 自变量x在区间 $[a, b]$ 上的定积分运算记作

$$\int_a^b f(x)\,\mathrm{d}x \tag{18.1}$$

其中：a为积分**下限** (lower bound)；b为积分**上限** (upper bound)。

如图18.6所示，对于一元函数，曲线在横轴之上包围的面积为正，曲线在横轴之下包围的面积为负。

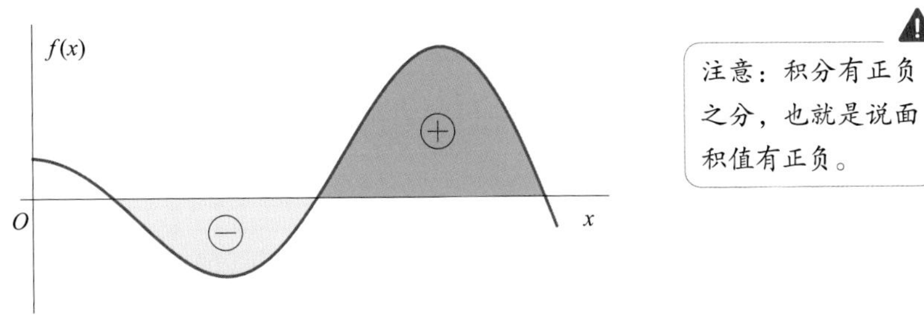

f(x)
O
x
注意：积分有正负之分，也就是说面积值有正负。

图18.6　积分有正负之分

类比的话，一元函数积分类似于下列累加

$$\sum_{i=1}^{n} a_i = a_1 + a_2 + \cdots + a_{n-1} + a_n \tag{18.2}$$

举个例子

图18.7 (a) 所示为下列一元函数的定积分，即

$$\int_0^1 \left(x^2+\frac{1}{2}\right)\mathrm{d}x=\left(\frac{1}{3}x^3+\frac{1}{2}x\right)\Bigg|_0^1=\frac{5}{6}\approx 0.8333 \tag{18.3}$$

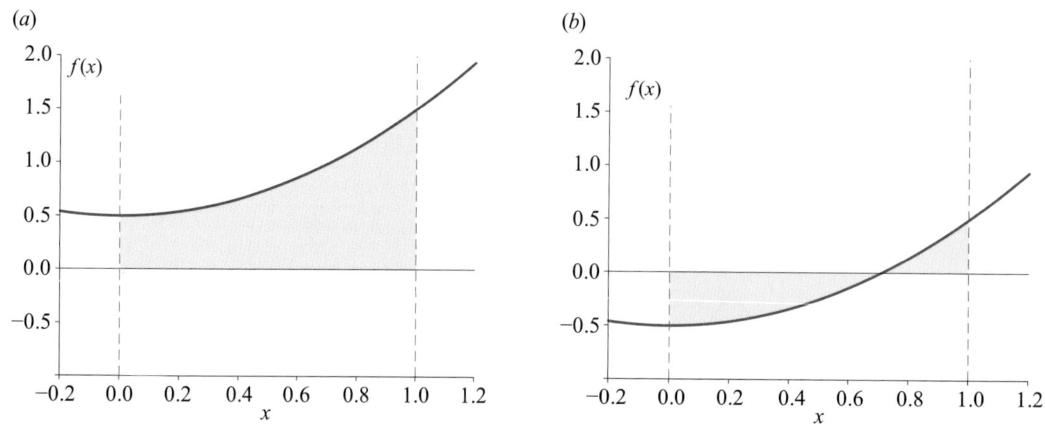

图18.7　两个函数的定积分

图18.7 (b) 所示为下列函数的定积分，即

$$\int_0^1 \left(x^2-\frac{1}{2}\right)\mathrm{d}x=\left(\frac{1}{3}x^3-\frac{1}{2}x\right)\Bigg|_0^1=-\frac{1}{6}\approx -0.1667 \tag{18.4}$$

图18.7 (a) 所示函数图像向下移动一个单位便得到图18.7 (b)。因此，式 (18.3) 和式 (18.4) 两个定积分存在下列关系

$$\int_0^1 \left(x^2+\frac{1}{2}\right)\mathrm{d}x-\int_0^1 \left(x^2-\frac{1}{2}\right)\mathrm{d}x=1 \tag{18.5}$$

若定积分存在，定积分则是一个具体的数值；而不定积分结果一般是一个函数表达式。积分相关的英文表达详见表18.1。

表18.1　积分的英文表达

数学表达	英文表达
$\int_1^3 x^3\,\mathrm{d}x$	the integral from one to three of *x* cubed d *x*
$\int f(x)\,\mathrm{d}x$	the integral *f* of *x* d *x* the indefinite integral of *f* with respect to *x*
$\int_a^b f(x)\,\mathrm{d}x$	the integral from *a* to *b* of *f* of *x* d *x*

Bk3_Ch18_01.py计算定积分并绘制图18.7所示两幅子图。

18.4 高斯函数积分

高斯函数积分有自己的名字——**高斯积分** (Gaussian integral)。

前文提过，高斯函数和**高斯分布** (Gaussian distribution) 联系紧密；因此，高斯积分在概率统计中也扮演着重要角色。

坐标变换方法可以求解高斯积分；但是，本书不会介绍如何推导高斯积分，这部分内容留给感兴趣的读者自己探索。

本章想从几何视角和大家聊聊有关高斯积分的一些重要性质，这部分内容与鸢尾花书《统计至简》高斯分布有着密切联系。

对于一元高斯函数积分，请大家首先留意积分结果，即

$$\int_{-\infty}^{\infty} \exp\left(-x^2\right) \mathrm{d}\, x = \sqrt{\pi} \tag{18.6}$$

如图18.8所示，高斯函数 $f(x) = \exp(-x^2)$ 与整个x轴围成的面积为 $\sqrt{\pi}$ 。再次强调，图18.8中的高斯函数趋向于正、负无穷时，函数值无限接近于0，但是达不到0。

定积分

再举个定积分的例子，给定积分上下限，计算高斯函数定积分

$$\int_{-0.5}^{1} \exp\left(-x^2\right) \mathrm{d}\, x \approx 1.208 \tag{18.7}$$

前文提过如果不定积分存在，则函数的不定积分结果是函数。比如，如图18.9所示，对高斯函数从$-\infty$积分到x可得到

$$F(x) = \int_{-\infty}^{x} \exp\left(-t^2\right) \mathrm{d}\, t \tag{18.8}$$

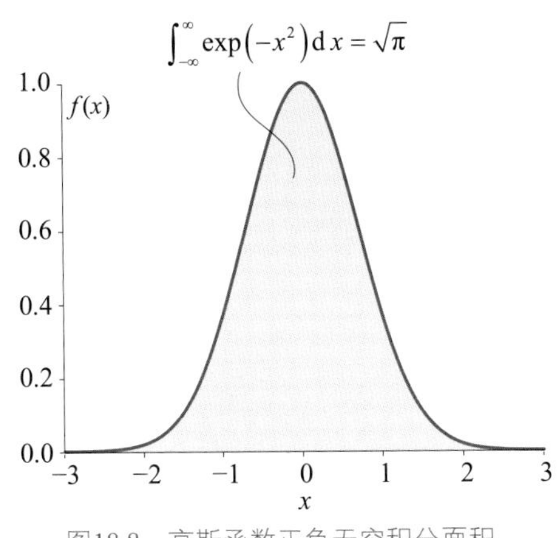

图18.8　高斯函数正负无穷积分面积

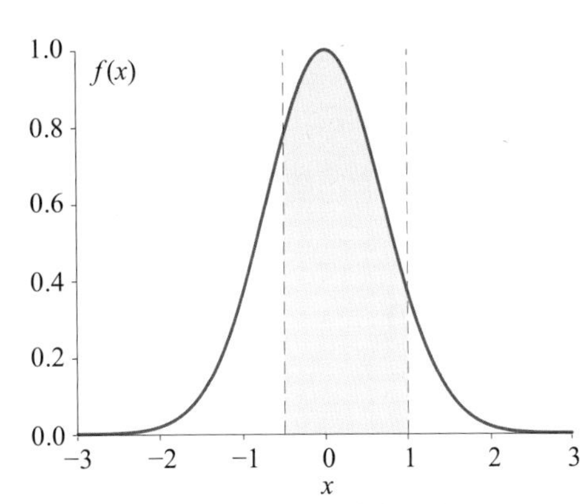

图18.9　高斯函数定积分

图18.10中蓝色曲线所示为上述高斯积分$F(x)$ 随x的变化。这样式 (18.7) 可以用$F(x)$ 计算定积分

注意：高斯函数积分没有解析解。

$$\int_{-0.5}^{1} \exp\left(-x^2\right) \mathrm{d}\, x = F(1) - F(-0.5) \approx 1.633 - 0.425 = 1.208 \tag{18.9}$$

图18.10所示为利用$F(x)$ 计算式 (18.7) 定积分的原理。

另外注意下面这个积分公式，即

$$\int_{-\infty}^{\infty} \frac{1}{\sqrt{2\pi}} \exp\left(-\frac{x^2}{2}\right) \mathrm{d}x = 1 \tag{18.10}$$

看到这个公式，大家是否联想到一元标准正态分布概率密度函数PDF。分母上为 $\sqrt{2\pi}$ 的作用是归一化，也就是让函数和整个横轴围成的面积为1。这解释了为什么高斯分布概率密度函数的分母上有 $\sqrt{2\pi}$ 这个缩放系数。

Bk3_Ch18_02.py计算高斯函数积分并且绘制图18.9和图18.10。

18.5 误差函数：S型函数的一种

通过调取代码结果，大家可能已经发现高斯函数积分的结果是用erf() 函数来表达的。

erf(x) 函数就是鼎鼎有名的**误差函数** (error function)，即

$$\operatorname{erf}(x) = \frac{1}{\sqrt{\pi}} \int_{-x}^{x} \exp\left(-t^2\right) \mathrm{d}t = \frac{2}{\sqrt{\pi}} \int_{0}^{x} \exp\left(-t^2\right) \mathrm{d}t \tag{18.11}$$

误差函数是利用高斯积分定义的，它没有一般意义上的解析式。

前文提过，误差函数是S型函数的一种。误差函数在概率统计、数据科学、机器学习中应用广泛。一般情况，误差函数自变量x的取值为正值，但是为了计算方便，erf() 的输入也可以是负值。x为负值时，下式成立，即

$$\operatorname{erf}(x) = -\operatorname{erf}(-x) \tag{18.12}$$

图18.11所示为误差函数图像。

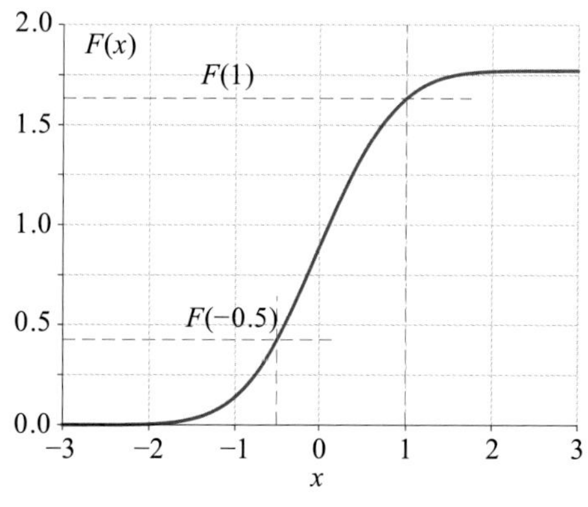

图18.10　用$F(x)$ 计算高斯定积分

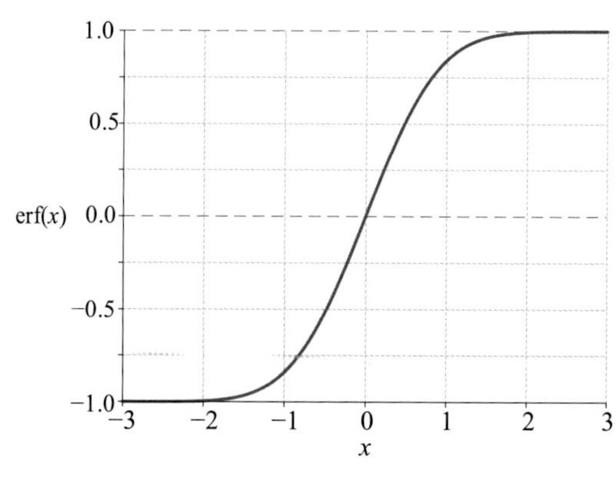

图18.11　误差函数

高斯函数从$-\infty$积分到x对应的高斯积分与误差函数的关系为

$$F(x)=\int_{-\infty}^{x}\exp\left(-t^2\right)\mathrm{d}t=\underbrace{\frac{\sqrt{\pi}}{2}}_{\text{Scale}}\operatorname{erf}(x)+\underbrace{\frac{\sqrt{\pi}}{2}}_{\text{Shift}} \tag{18.13}$$

通过上述公式可以看出误差函数先是通过纵轴缩放，再沿纵轴平移便可以得到高斯积分。

Bk3_Ch18_03.py绘制图18.11。注意，sympy.erf() 可以接受负值。

18.6 二重积分：类似二重求和

先对x积分

给定积分区域$D=\{(x,y)\mid a<x<b, c<y<d\}$，$f(x,y)$ 二重积分记作

$$\int_{c}^{d}\int_{a}^{b} f(x,y)\mathrm{d}x\mathrm{d}y \tag{18.14}$$

请注意上式二重积分的先后次序，先对x积分，再对y积分。也就是说，内部这一层$\int_{x=a}^{x=b} f(x,y)\mathrm{d}x$先消去$x$，变成有关$y$的一元函数；然后再对$y$积分，即

$$\int_{c}^{d}\int_{a}^{b} f(x,y)\mathrm{d}x\mathrm{d}y=\int_{y=c}^{y=d}\underbrace{\overbrace{\int_{x=a}^{x=b} f(x,y)\mathrm{d}x}^{\text{Eliminate } x}}_{\text{A function of } y}\mathrm{d}y \tag{18.15}$$

其中：$\int_{x=a}^{x=b} f(x,y)\mathrm{d}x$相当于降维，也就是“压缩”。

从几何角度讲，如图18.12所示，当$y=c$时，$\int_{x=a}^{x=b} f(x,y=c)\mathrm{d}x$结果为图中暖色阴影区域面积，也就是压缩为一个值。

先对y积分

如果调换积分顺序，先对y积分，$\int_{y=c}^{y=d} f(x,y)\mathrm{d}y$ 相当于消去y，得到有关x的一元函数；然后再对x积分，即

$$\int_{a}^{b}\int_{c}^{d} f(x,y)\mathrm{d}y\mathrm{d}x=\int_{x=a}^{x=b}\underbrace{\overbrace{\int_{y=c}^{y=d} f(x,y)\mathrm{d}y}^{\text{Eliminate } y}}_{\text{A function of } x}\mathrm{d}x \tag{18.16}$$

如图18.13所示，当$x=a$时，$\int_{y=c}^{y=d} f(x=a,y)\,\mathrm{d}y$结果为图中冷色阴影区域面积，即压缩为一个值。

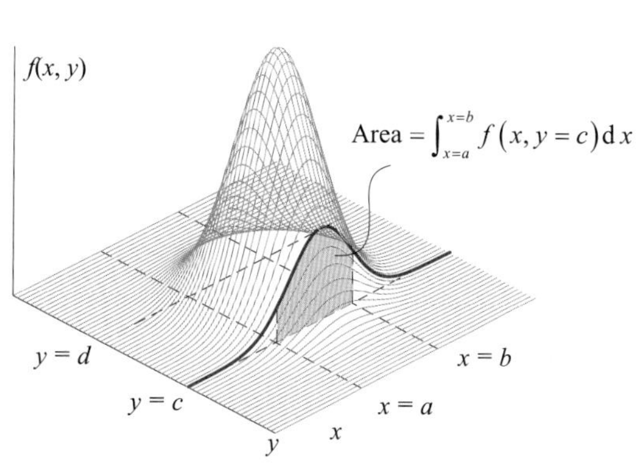

图18.12 $f(x,y)$ 先对x积分，相当于沿x轴压缩

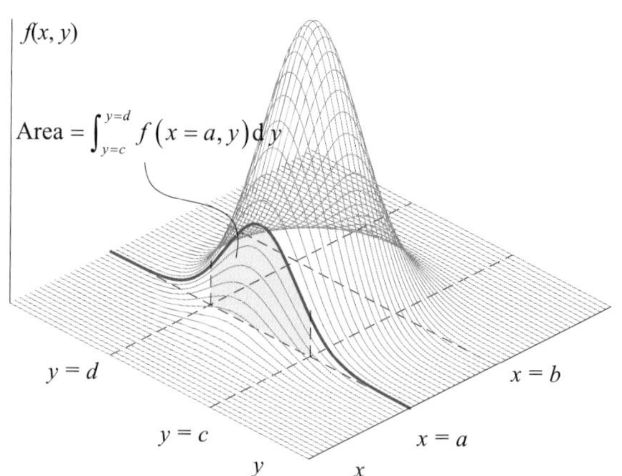

图18.13 $f(x,y)$ 先对y积分，相当于沿y轴压缩

调换积分顺序

特别地，如果$f(x, y)$ 在矩形区域$D=\{(x, y)\mid a<x<b, c<y<d\}$ 内连续，下列二重积分先后顺序可以调换，即

$$\int_c^d \int_a^b f(x,y)\,\mathrm{d}x\,\mathrm{d}y = \int_a^b \int_c^d f(x,y)\,\mathrm{d}y\,\mathrm{d}x \tag{18.17}$$

通俗地讲，如果积分的区域相对于坐标系“方方正正”，则积分顺序可以调换。

类比的话，二重积分类似于下列二重累加，即

$$\sum_{i=1}^{n}\sum_{j=1}^{m} a_{i,j} \tag{18.18}$$

千万注意：二重积分、多重积分中，积分先后顺序不能随意调换，上述例子仅仅是个特例而已。有关多重积分顺序调换内容，本书不展开讲解。

二元高斯函数

举个例子，给定二元高斯函数$f(x, y)$，有

$$f(x,y)=\exp\left(-x^2-y^2\right) \tag{18.19}$$

$f(x, y)$ 的二重不定积分$F(x,y)$ 可以用误差函数表达为

$$F(x,y)=\int_{-\infty}^{y}\int_{-\infty}^{x}\exp\left(-u^2-v^2\right)\mathrm{d}u\,\mathrm{d}v=\frac{\pi}{4}\operatorname{erf}(x)\operatorname{erf}(y)+\frac{\pi}{4}\operatorname{erf}(x)+\frac{\pi}{4}\operatorname{erf}(y)+\frac{\pi}{4} \tag{18.20}$$

图18.14所示为$F(x,y)$ 曲面以及三维等高线。图18.15所示为$F(x,y)$ 曲面在xz平面、yz平面的投影，可以发现投影得到的曲线形状类似于误差函数。

特别地，$f(x, y)$ 曲面和整个水平面围成的体积为π，即

$$\int_{-\infty}^{\infty}\int_{-\infty}^{\infty}\exp\left(-x^2-y^2\right)\mathrm{d}x\,\mathrm{d}y=\pi \tag{18.21}$$

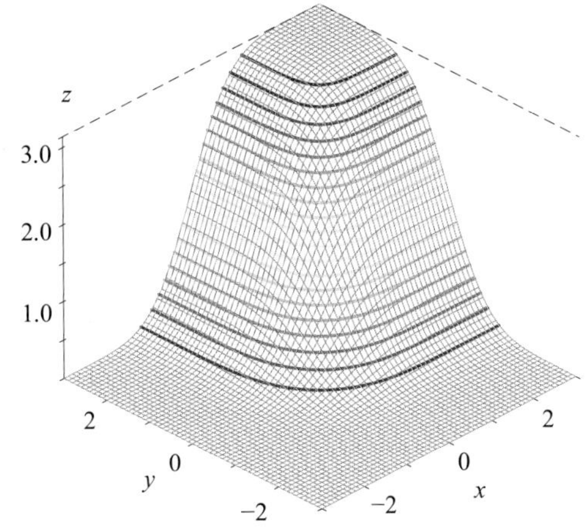

图18.14　二元高斯函数二重不定积分$F(x,y)$曲面

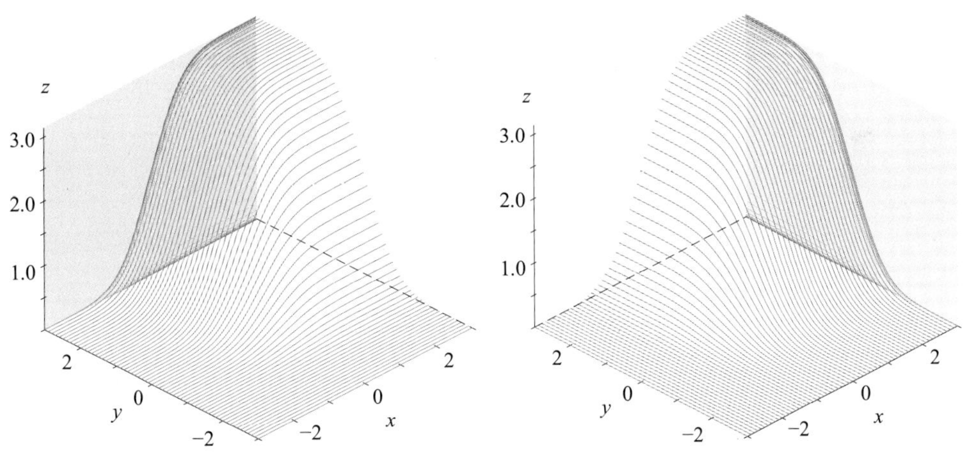

图18.15　$F(x,y)$曲面在xz平面、yz平面的投影

Bk3_Ch18_04.py完成本节二重积分计算。

18.7 “偏积分”：类似偏求和

本书第14章介绍过“偏求和”、偏导数，“偏”字的意思是考虑一个变量，将其他变量视为定值。本节自创一个积分概念——“偏积分”，下面两式就是“偏积分”，即

$$\begin{aligned}&\int_a^b f(x,y)\,\mathrm{d}x\\&\int_c^d f(x,y)\,\mathrm{d}y\end{aligned}\tag{18.22}$$

类比的话，偏积分类似于前文介绍的偏求和，即

$$\sum_{i=1}^{n} a_{i,j}, \quad \sum_{j=1}^{m} a_{i,j} \tag{18.23}$$

对y偏积分

给定二元高斯函数$f(x, y)$为

$$f(x,y) = \exp\left(-x^2 - y^2\right) \tag{18.24}$$

$f(x, y)$ 对于y从负无穷到正无穷偏积分，得到的结果变成了关于x的高斯函数

$$\int_{-\infty}^{\infty} \exp\left(-x^2 - y^2\right) \mathrm{d}\, y = \sqrt{\pi} \exp\left(-x^2\right) \tag{18.25}$$

从几何角度来看，如图18.16所示，$f(x, y)$ 对y从负无穷到正无穷偏积分，相当于x取某个值时，如$x = c$，对二元高斯函数$f(x, y)$ 曲线作个剖面，剖面线 (图18.16彩色曲线) 与其水平面投影构成面积 (图18.16彩色阴影区域) 就是偏积分结果。

正如图18.17所示，式 (18.25) 的偏积分结果是有关x的一元高斯函数。

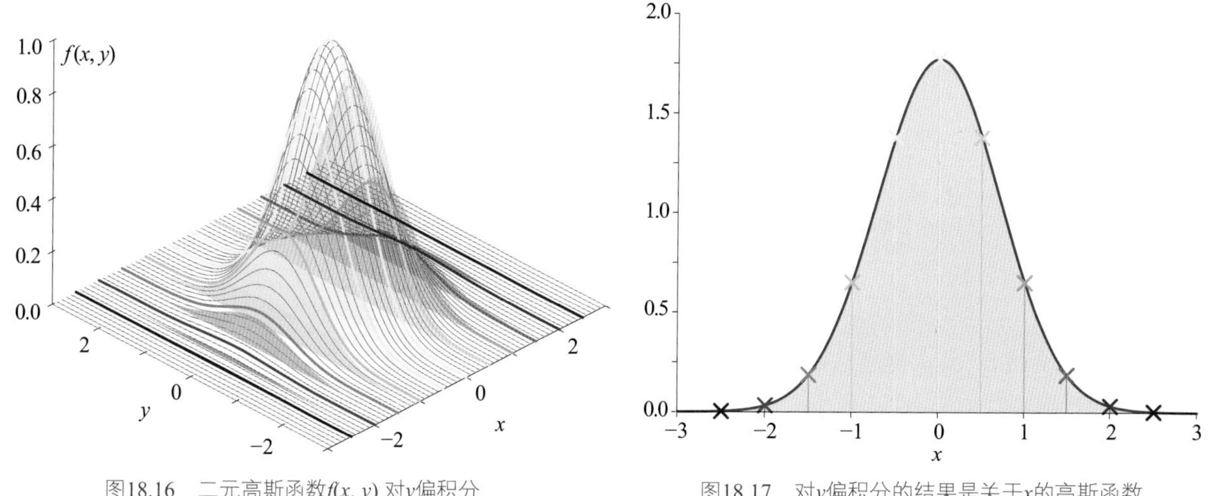

图18.16　二元高斯函数$f(x, y)$ 对y偏积分

图18.17　对y偏积分的结果是关于x的高斯函数

对x偏积分

类似地，二元高斯函数$f(x, y)$ 对x从负无穷到正无穷偏积分，结果为关于y的高斯函数，即

$$\int_{-\infty}^{\infty} \exp\left(-x^2 - y^2\right) \mathrm{d}\, x = \sqrt{\pi} \exp\left(-y^2\right) \tag{18.26}$$

再次注意：偏积分是我们创造的一个词，对应偏导数。预告一下，“偏积分”这个概念在《统计至简》中会帮助我们理解连续随机变量的边缘概率和条件概率。

图18.18所示为式 (18.26) 的几何含义。

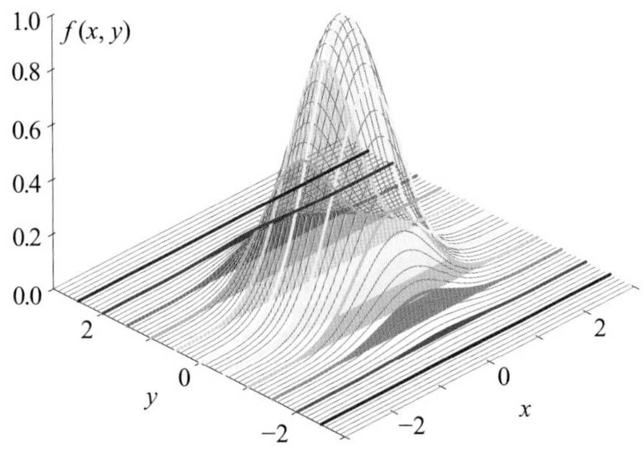

图18.18　二元高斯函数$f(x, y)$ 对x偏积分

Bk3_Ch18_05.py计算高斯二元函数偏积分。

18.8 估算圆周率：牛顿法

本书前文介绍过估算圆周率的不同方法。随着数学工具的不断升级，有了微积分这个强有力的工具，我们可以介绍牛顿估算圆周率的方法。

图18.19中给出的函数$f(x)$ 是某个圆形的上半圆。这个圆的中心位于 (0.5, 0)，半径为0.5。上半圆函数$f(x)$ 的解析式为

$$f(x) = \sqrt{x - x^2} \tag{18.27}$$

在这个半圆中，划定图18.19左图所示的阴影区域，它对应的圆心角度为60°。

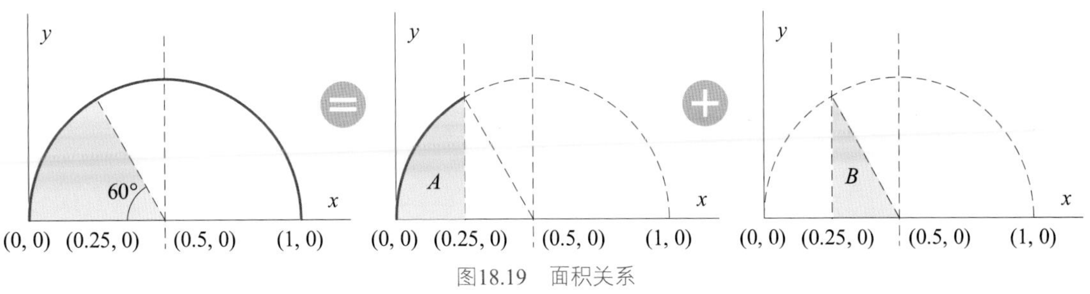

图18.19　面积关系

整个阴影区域的面积为π/24。而这个区域的面积可以分成A和B两部分。B部分为直角三角形，面积很容易求得，具体值为

$$B = \frac{\sqrt{3}}{32} \tag{18.28}$$

因此，A的面积为扇形面积减去B的面积，即

$$A = \frac{\pi}{24} - \frac{\sqrt{3}}{32} \tag{18.29}$$

整理，得到圆周率和A的关系为

$$\pi = 24 \times \left(\frac{\sqrt{3}}{32} + A \right) \tag{18.30}$$

而面积A可以通过定积分得到，即

$$A = \int_0^{\frac{1}{4}} \sqrt{x - x^2}\,\mathrm{d}x = \int_0^{\frac{1}{4}} \sqrt{x}\sqrt{1-x}\,\mathrm{d}x \tag{18.31}$$

其中：在展开点$a=0$处，$\sqrt{1-x}$可以用泰勒展开写成

$$\sqrt{1-x} = 1 - \frac{1}{2}x - \frac{1}{8}x^2 - \frac{1}{16}x^3 - \frac{5}{128}x^4 - \cdots \tag{18.32}$$

将式 (18.32) 代入积分式 (18.31)，得到

$$\begin{aligned} A &= \int_0^{\frac{1}{4}} \sqrt{x - x^2}\,\mathrm{d}x \\ &= \int_0^{\frac{1}{4}} x^{\frac{1}{2}} \left(1 - \frac{1}{2}x - \frac{1}{8}x^2 - \frac{1}{16}x^3 - \frac{5}{128}x^4 - \cdots \right) \mathrm{d}x \\ &= \int_0^{\frac{1}{4}} \left(x^{\frac{1}{2}} - \frac{1}{2}x^{\frac{3}{2}} - \frac{1}{8}x^{\frac{5}{2}} - \frac{1}{16}x^{\frac{7}{2}} - \frac{5}{128}x^{\frac{9}{2}} - \cdots \right) \mathrm{d}x \\ &= \left(\frac{2}{3}x^{\frac{3}{2}} - \frac{1}{5}x^{\frac{5}{2}} - \frac{1}{28}x^{\frac{7}{2}} - \frac{1}{72}x^{\frac{9}{2}} - \frac{5}{704}x^{\frac{11}{2}} - \cdots \right) \Bigg|_{x=0}^{x=\frac{1}{4}} \\ &= \frac{2}{3 \times 2^3} - \frac{1}{5 \times 2^5} - \frac{1}{28 \times 2^7} - \frac{1}{72 \times 2^9} - \frac{5}{704 \times 2^{11}} - \cdots \end{aligned} \tag{18.33}$$

这样A可以写成级数求和的形式，即

$$A = -\sum_{n=0}^{\infty} \frac{(2n)!}{2^{4n+2}(n!)^2(2n-1)(2n+3)} \tag{18.34}$$

于是圆周率可以通过下式近似得到，即

$$\pi = 24 \times \left(\frac{\sqrt{3}}{32} - \sum_{n=0}^{\infty} \frac{(2n)!}{2^{4n+2}(n!)^2(2n-1)(2n+3)} \right) \tag{18.35}$$

图18.20所示为圆周率估算结果随n增加而不断收敛。观察曲线，可以发现这个估算过程收敛的速度很快。以上就是牛顿估算圆周率的方法。

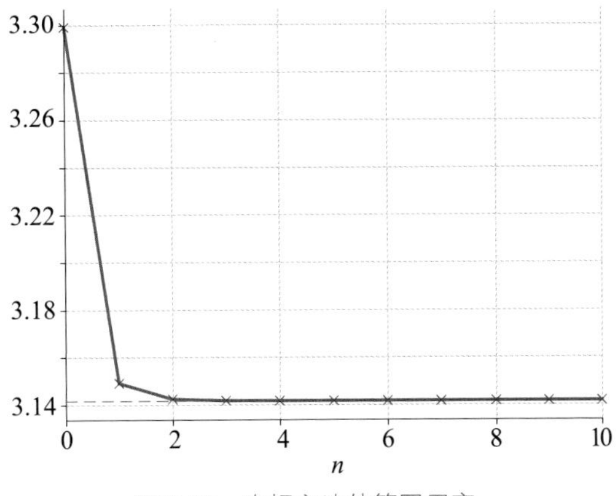

图18.20 牛顿方法估算圆周率

Bk3_Ch18_06.py绘制图18.20。

本章前文黎曼积分的思想——通过无限逼近来确定积分值。利用这一思路，我们也可以估算圆周率。如图18.21所示，我们可以用不断细分的正方形估算单位圆的面积，从而估算圆周率。而这一思路实际上就是蒙特卡洛模拟估算圆周率的内核。

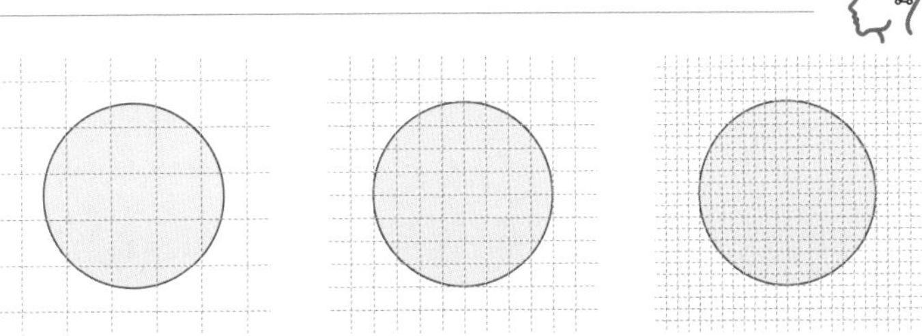

图18.21 用不断细分的正方形估算单位圆面积

蒙特卡洛模拟 (Monte Carlo simulation) 在大数据分析和机器学习中占据重要的位置。蒙特卡洛模拟以摩纳哥的赌城蒙特卡洛命名，是一种使用随机数并以概率理论为指导的数值计算方法。

下面简单介绍利用如何用蒙特卡洛模拟估算圆周率π。

在如图18.21所示单位圆 ($r = 1$) 的周围，构造一个以圆心为中心、以圆直径为边长的外切正方形。圆形面积A_{circle}和正方形面积A_{square}容易求得，即

$$\begin{cases} A_{\text{circle}} = \pi r^2 = \pi \\ A_{\text{square}} = (2r)^2 = 4 \end{cases} \tag{18.36}$$

进而求得圆周率π与两个面积的比例关系为

$$\pi = 4 \times \frac{A_{\text{circle}}}{A_{\text{square}}} \tag{18.37}$$

然后，在这个正方形区域内产生满足均匀随机分布的n个数据点。生活中均匀随机分布无处不在。大家可以想象一下，一段时间没有人打理的房间内，落满灰尘。不考虑房间内特殊位置 (窗口、暖气口等) 的气流影响，灰尘的分布就类似于“均匀随机分布”。

统计落入圆内的数据点个数m与总数据点总数n的比值，这个比值即为圆面积和正方形面积之比近似值。带入式 (18.37) 可得

$$\pi \approx 4 \times \frac{m}{n} \tag{18.38}$$

图18.22所示为四个蒙特卡洛模拟实验，随机点总数n分别为100、500、1000和5000。可以发现随着n增大，估算得到的圆周率π不断接近真实值。

这种估算圆周率的方法思想来源于在18世纪提出的**布丰投针问题** (Buffon's needle problem)。实际上，布丰投针实验要比这里介绍的蒙特卡洛模拟方法更为复杂。鸢尾花书将在《统计至简》一书中和大家探讨布丰投针这一经典实验以及如何用Python编写代码实现模拟。

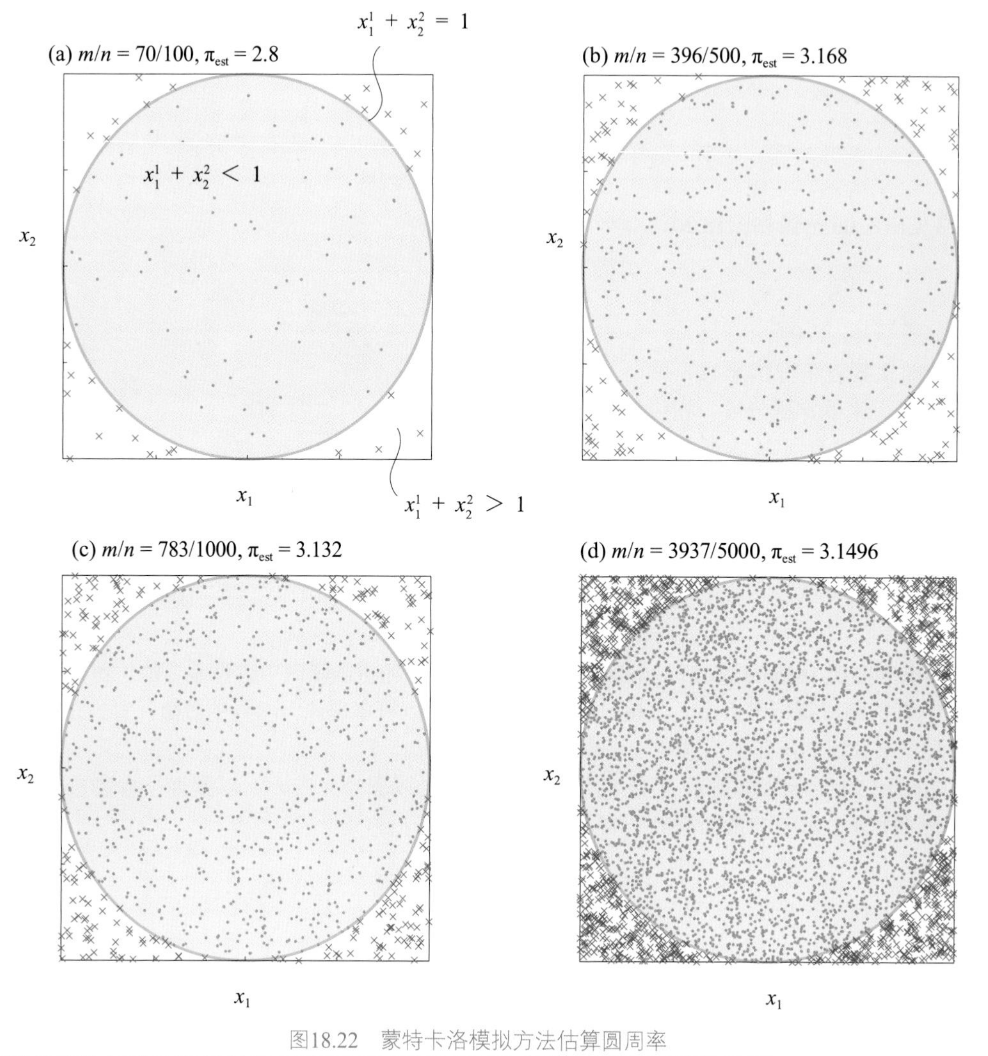

图18.22　蒙特卡洛模拟方法估算圆周率

我们做了一个App展示图18.22中介绍的随机点总数对圆周率估算的结果影响。请参考Streamlit_Bk3_Ch18_09.py。

18.9 数值积分：黎曼求积

有些函数看着不复杂，竟然也没有积分解析解，如高斯函数$f(x) = \exp(-x^2)$。因为高斯函数积分很常用，人们还创造出了误差函数。对于没有解析解的积分，我们通常使用数值积分方法。本节讨论如何用数值方法估算积分。

将平面图形切成细长条

德国数学家**黎曼** (Bernhard Riemann, 1826—1866) 提出了一个求积解决方案——将不规则图形切成细长条。然后这些细长条近似看成一个个矩形，计算出它们的面积。这些矩形面积求和，可以用于近似不规则形状的面积。

狭长长方形越细，也就是图18.23中所示的Δx越小，长方形就越贴合区域形状，就越能精确估算面积。特别地，当细长条的宽度Δx趋近于0时，得到的面积的极限值就是不规则形状的面积。

看到图18.23这幅图，大家应该会想到本书第3章介绍圆周率估算时，刘徽说的："割之弥细，所失弥少，割之又割，以至于不可割，则与圆周合体而无所失矣。"两者思想如出一辙。

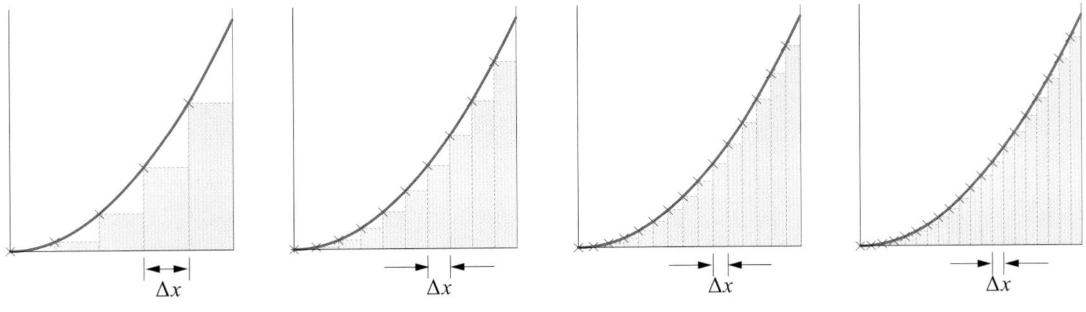

图18.23 细长条切得越细，面积估算越精确

将立体图形切成细高立方体

也用黎曼求积思路计算体积。如图18.24所示，我们可以用一个个细高立方体体积之和来近似估算几何体的体积。

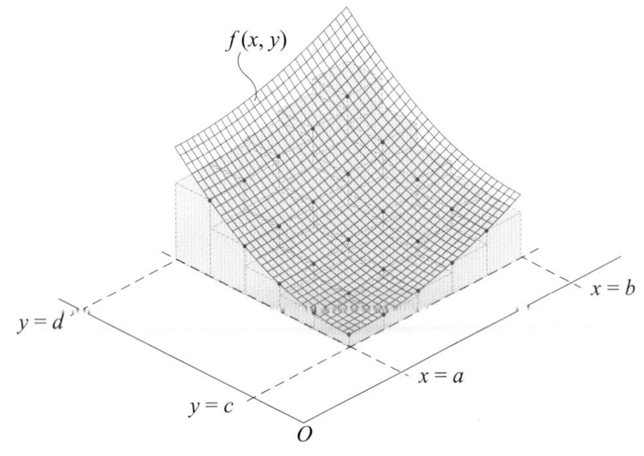

图18.24 将不规则几何体分割成细高立方体

如图18.25所示，随着细长立方体不断变小，这些立方体的体积之和不断接近不规则几何体的真实体积。

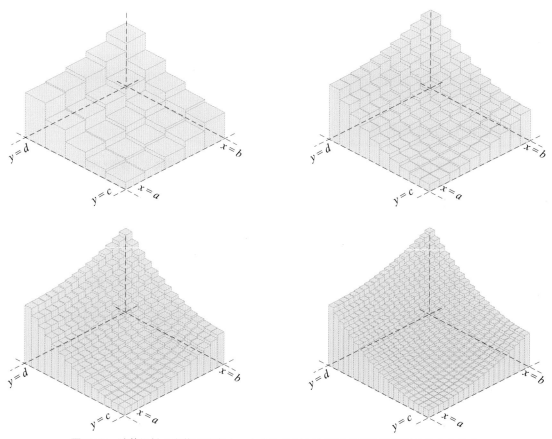

图18.25　随着细长立方体不断变小，立方体体积之和不断接近不规则形体的真实体积

基本数值积分方法

如图18.26 (a) 所示，在 $[a, b]$ 区间内，为估算函数在区间内与x轴形成的面积，用左侧a点的函数值$f(a)$ 进行积分估值运算，有

$$\int_a^b f(x)\,\mathrm{d}\,x \approx (b-a)f(a) \tag{18.39}$$

这种方法叫作左黎曼和，也叫left Riemann sum。这实际上就是用矩阵面积估算函数积分。

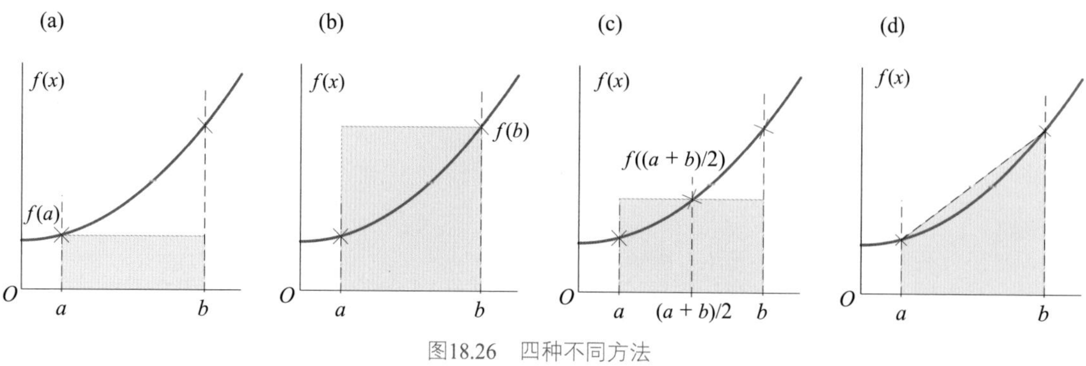

图18.26　四种不同方法

如图18.26 (b) 所示，用 $[a, b]$ 区间右侧b点函数值$f(b)$ 进行积分估值运算叫作左黎曼和，也叫right Riemann sum，有

$$\int_a^b f(x)\mathrm{d}x \approx (b-a)f(b) \tag{18.40}$$

如图18.26 (c) 所示，用 $[a, b]$ 区间中间点 $(a+b)/2$ 的函数值 $f\left((a+b)/2\right)$ 作为矩形高度来估值叫作左黎曼和，也叫middle Riemann sum，有

$$\int_a^b f(x)\mathrm{d}x \approx (b-a)f\left(\frac{a+b}{2}\right) \tag{18.41}$$

图18.26中前三种都是用矩形面积估算积分。

图18.26 (d) 给出的是所谓梯形法，这种方法用$f(a)$ 和$f(b)$ 的平均值进行结算，有

$$\int_a^b f(x)\mathrm{d}x \approx (b-a)\left(\frac{f(a)+f(b)}{2}\right) \tag{18.42}$$

如果数值积分采用固定步长Δx。把 $[a, b]$ 区间分成n段，则Δx为

$$\Delta x = \frac{b-a}{n} \tag{18.43}$$

当然，我们也可以采用可变步长，这不是本节要介绍的内容。

实践中，我们还会用到其他的数值积分方法。它们的差别一般在于两点之间的插值方法，也就是用什么样的简单函数尽可能逼近原函数。比如，图18.26所示前三种方法采用的是水平线 (常数函数)，只不过水平线的高度不同而已。图18.26中第四种方法采用两点之间的斜线，即一次函数。再比如，**辛普森法** (Simpson method) 用抛物线插值，**牛顿–柯蒂斯法** (Newton-Cotes method) 采用的是Lagrange插值。

代码实现

本节仅介绍如何用代码实现图18.26中前三种数值的积分方法。

图18.27、图18.28、图18.29所示三幅图对比步长Δx分别取0.2、0.1、0.05时三种数值积分法结果。图18.30所示为随着分段数n增大，三种数值积分结果不断收敛的过程。容易发现，middle Riemann sum更快地逼近真实值，它的精度显然更高。感兴趣的读者，可以自行了解数值积分中代数精度和误差等概念。

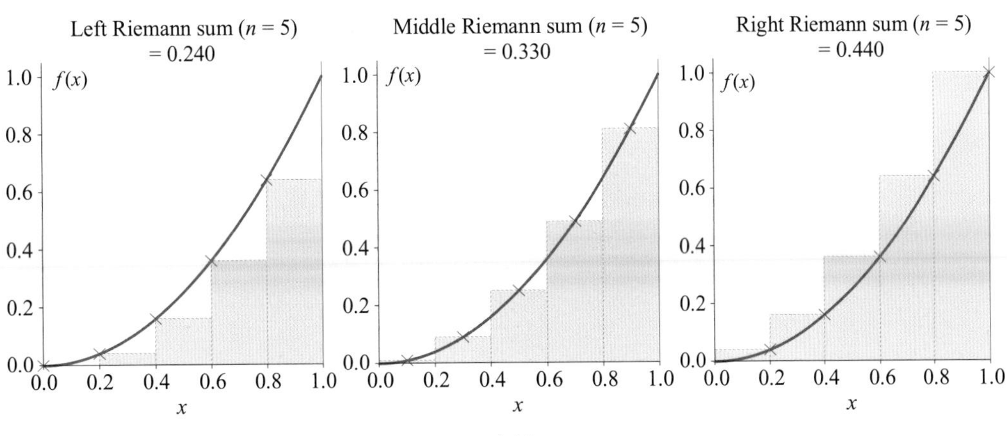

图18.27 步长$\Delta x = 0.2$

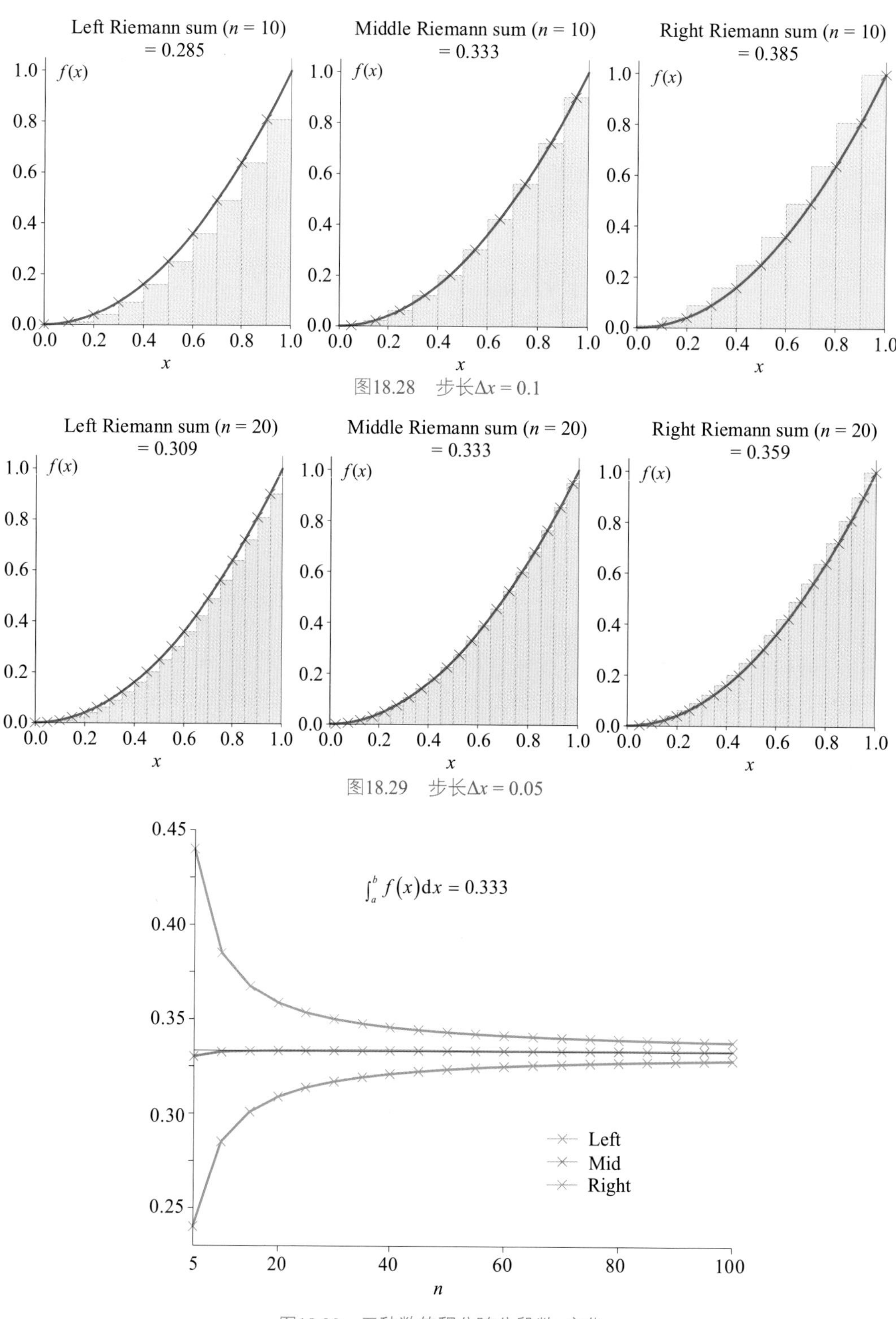

图18.28　步长$\Delta x = 0.1$

图18.29　步长$\Delta x = 0.05$

图18.30　二种数值积分随分段数n变化

Bk3_Ch18_07.py绘制图18.27~图18.29。请大家自行编写代码绘制图18.30。

在Bk3_Ch18_07.py的基础上，我们做了一个App展示步长Δx对数值积分结果影响。请参考Streamlit_Bk3_Ch18_07.py。

二重数值积分

本节最后介绍如何用代码实现二重数值积分。图18.31所示为某个二元函数曲面，我们要计算曲面和水平面在图中给出的区域内包围的体积。

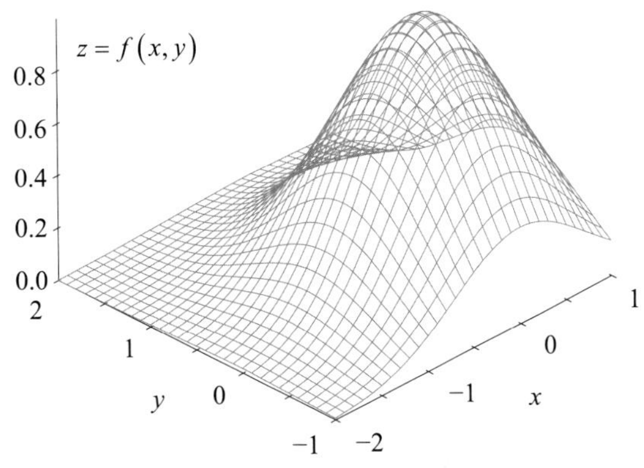

图18.31　二元函数曲面

图18.32所示为用数值积分方法，不断减小在x和y方向的步长，从而提高二重积分估算精度。

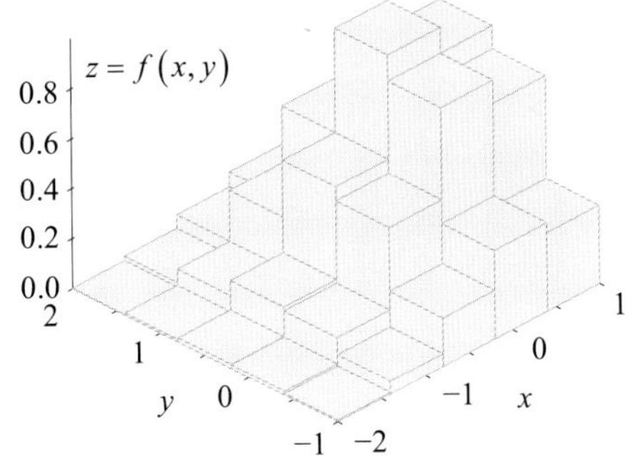

(b) estimated volume = 2.631

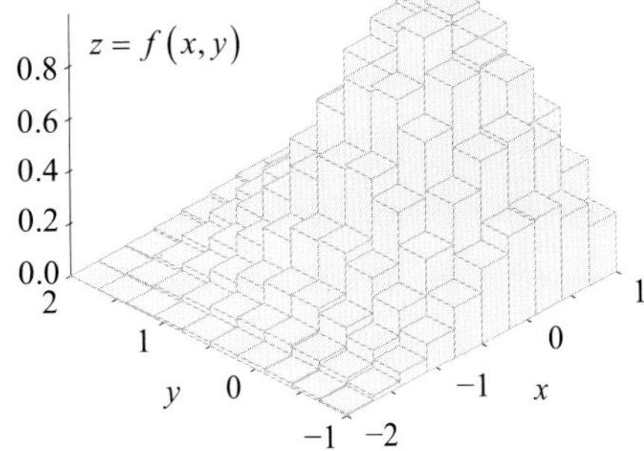

(c) estimated volume = 2.643

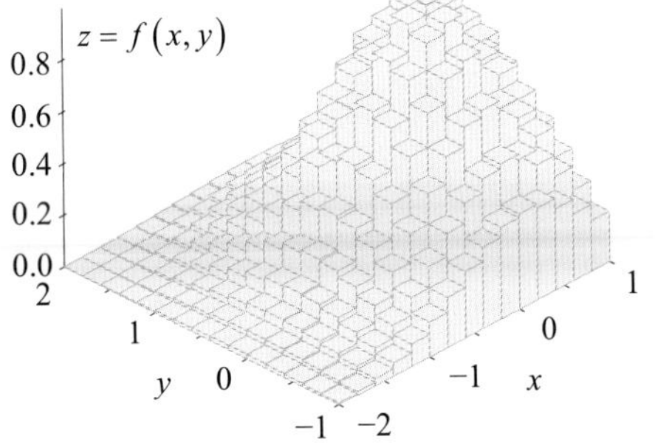

(d) estimated volume = 2.648

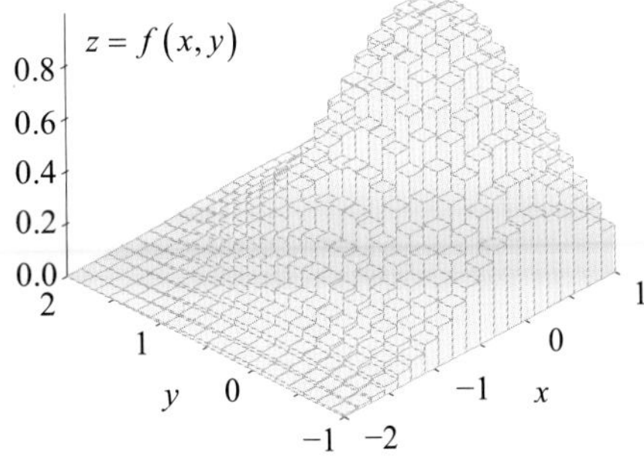

图18.32　不断减小步长提高估算精度

Bk3_Ch18_08.py绘制图18.32。

本书有关微积分的内容到此告一段落。机器学习，特别是深度学习中，还有两个重要的微积分话题——自动求导、卷积。很遗憾，限于篇幅，本书只能蜻蜓点水般聊一聊在数据科学、机器学习最常用的微积分内容。本书介绍的微积分内容只是整个微积分体系的冰山一角，希望读者日后能够更全面地学习提高。

有了微积分这个数学工具，下一章我们初步探讨优化问题的相关内容。

3Blue1Brown 有针对微积分的系列视频：

◀ https://www.3blue1brown.com/topics/calculus

想要系统学习微积分的读者，向大家推荐 James Stewart 编著的 *Calculus: Early Transcendentals*。该书专属网页如下：

◀ https://www.stewartcalculus.com/

19 Fundamentals of Optimization 优化入门

在一定区域内，寻找山峰、山谷

宇宙结构是完美的，是造物主的杰作；因此，宇宙中最大化、最小化准则无处不在。

For since the fabric of the universe is most perfect and the work of a most wise Creator, nothing at all takes place in the universe in which some rule of maximum or minimum does not appear.

—— 莱昂哈德·欧拉 (Leonhard Euler) | 瑞士数学家、物理学家 | 1707 — 1783

- `scipy.optimize.Bounds()` 定义优化问题中的上、下界约束
- `scipy.optimize.LinearConstraint()` 定义线性约束条件
- `scipy.optimize.minimize()` 求解最小化优化问题
- `sympy.abc import x` 定义符号变量x
- `sympy.diff()` 求解符号导数和偏导解析式
- `sympy.Eq()` 定义符号等式
- `sympy.evalf()` 将符号解析式中的未知量替换为具体数值
- `sympy.symbols()` 定义符号变量

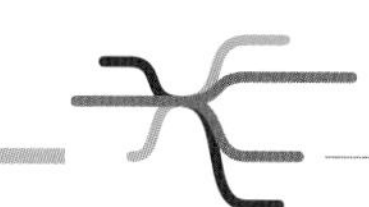

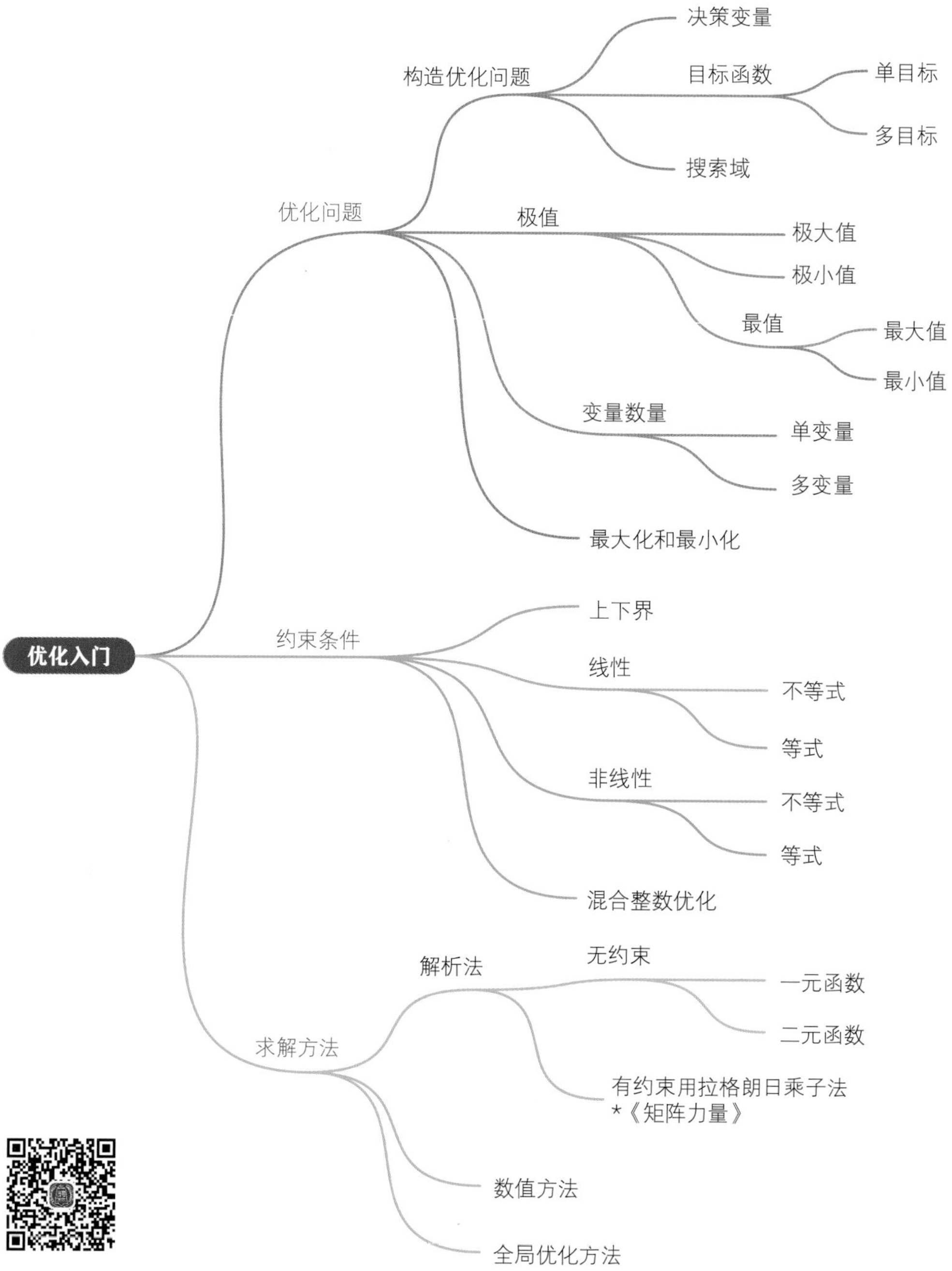

优化入门
优化问题
构造优化问题
决策变量
目标函数
单目标
多目标
搜索域
极值
极大值
极小值
最值
最大值
最小值
变量数量
单变量
多变量
最大化和最小化
约束条件
上下界
线性
不等式
等式
非线性
不等式
等式
混合整数优化
求解方法
解析法
无约束
一元函数
二元函数
有约束用拉格朗日乘子法
*《矩阵力量》
数值方法
全局优化方法

19.1 优化问题：寻找山峰、山谷

数据科学、机器学习离不开求解**优化问题** (optimization problem)。毫不夸张地说，机器学习中所有算法最终都变成求解优化问题。

本书前文讲过一些有关优化问题的概念，比如最大值、最小值、极大值和极小值等。有了微积分这个数学工具，我们可以更加深入、系统地探讨优化问题这个话题。

简单地说，优化问题是在给定约束条件下改变**变量** (variable或optimization variable)，用某种数学方法，寻找特定目标的**最优解** (optimized solution或optimal solution或optimum)。

更通俗地讲，优化问题好比在一定区域范围内，徒步寻找最低的山谷或最高的山峰，如图19.1所示。

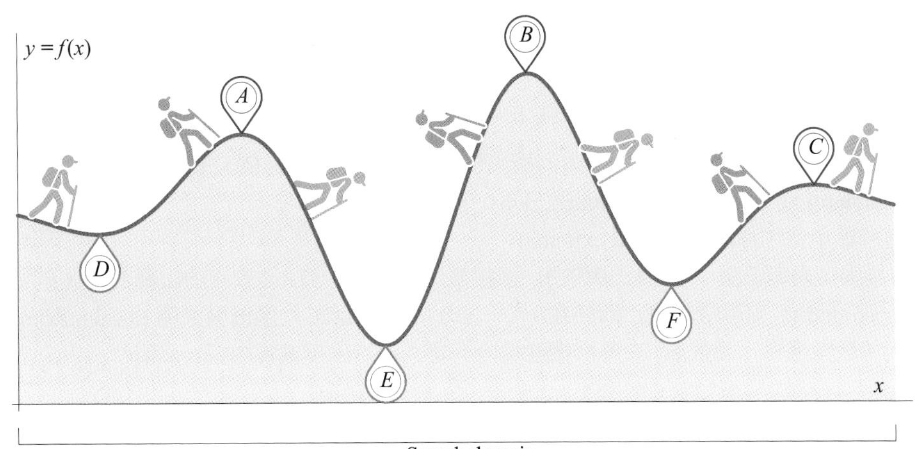

图19.1　爬上寻找山谷和山峰

图19.1所示这个优化问题的变量是登山者在水平方向位置坐标值x。

优化目标 (optimization objective) 是**搜索域** (search domain) 内的海拔值y。

山谷对应**极小值** (minima或local minima或relative minima)，山峰对应**极大值** (maxima或local maxima或relative maxima)。

极值

从一元函数角度讲，函数$f(x)$ 在$x = a$点的某个邻域内有定义，对于a的去心邻域内任一x满足

$$f(a) < f(x) \tag{19.1}$$

就称$f(a)$ 是函数的极小值。也可以说，$f(x)$ 在a点处取得极小值，$x = a$是函数$f(x)$ 的极值点。

相反，如果a的去心邻域内任一x满足

$$f(a) > f(x) \tag{19.2}$$

则称$f(a)$ 是函数的极大值，即$f(x)$ 在a点处取得极大值，同样$x = a$也是函数$f(x)$ 的极值点。

极值 (extrema或local extrema) 是**极大值**和**极小值**的统称。通俗地讲，极值是搜索区域内所有的山峰和山谷，图19.1中A、B、C、D、E和F这六个点横坐标x值对应极值点。

想象一下，爬图19.1这座山的时候，当你爬到山峰最顶端时，朝着任何方向迈出一步，对应都是

下山，意味着海拔y降低；而当你来到山谷最低端时，向左或向右迈一步都是上山，对应海拔y抬升，如图19.2所示。这看似生活常识的认知，实际上是很多优化方法的核心思想。

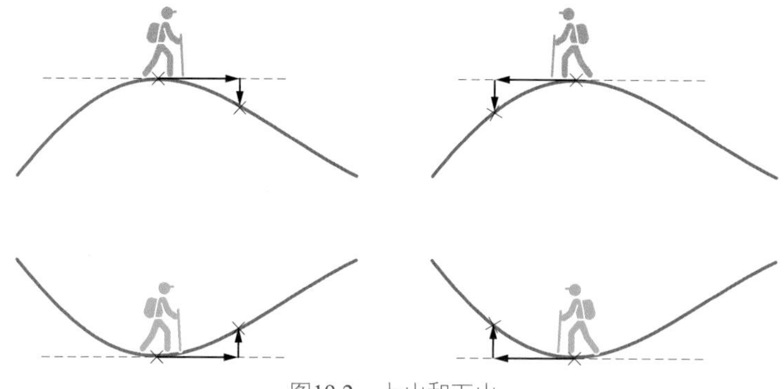

图19.2　上山和下山

最值

如果某个极值是整个指定搜索区域内的极大值或极小值，这个极值又被称作是**最大值** (maximum或global maximum) 或者**最小值** (minimum或global minimum)。

最大值和最小值统称**最值** (global extrema)。

图19.1搜索域内有三座山峰 (A、B和C)，即搜索域极大值。而B是最高的山峰，因此B叫**全局最大值** (global maximum)，简称最大值，即站在B点一览众山小；A和C是**区域极大值** (local maximum)。

从一元函数角度讲，函数$f(x)$ 在整个搜索域内有定义，对于搜索域内任一x满足

$$f(a) < f(x) \tag{19.3}$$

就称$f(a)$ 是函数的最小值，$x = a$是函数$f(x)$ 的全局最优解。

如图19.1所示，搜索域内有D、E和F三个山谷，即极小值。其中，E是**全局极小值** (global minimum)，也叫最小值；D和F是**局域极小值** (local minimum)。

总地来说，爬山寻找最高山峰是最大化优化过程，而寻找最深山谷便是最小化优化过程。这个寻找方法对应各种优化算法，这是鸢尾花书要逐步介绍的内容。

19.2 构造优化问题

最小化优化问题

最小化优化问题可以写成

$$\arg\min_{\boldsymbol{x}} f(\boldsymbol{x}) \tag{19.4}$$

其中：arg min的含义是argument of the minima；$\boldsymbol{x}$为自变量，多变量一般写成列向量；$f(\boldsymbol{x})$ 为**目标函数** (objective function)，它可以是个函数解析式 (如 $f(x) = x^2$)，也可以是个无法用解析式表达的模型。

如图19.3所示，迷宫中从A点到B点，小车可以走走停停，行驶时速度一定，小车对路线记录为短期记忆。目标是不断优化小车自主寻找出口的算法，以使得小车走出迷宫用时最短。走出迷宫的用时就是这个优化问题的目标函数，这个目标函数显然不能写成一个简单的函数。

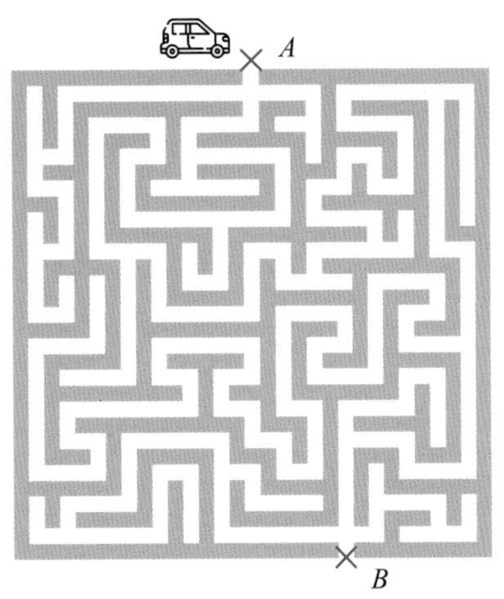

图19.3　小车自主寻找最佳路径

优化变量

前文提过，$\boldsymbol{x}$为优化变量，也叫决策变量。优化变量可以是一个未知量x，优化变量也可以是多个未知量构成的列向量，如$\boldsymbol{x} = [x_1, x_2, \cdots, x_D]^{\mathrm{T}}$。

注意：优化变量采用的符号未必都是x。以一元线性回归为例，如图19.4所示，蓝色点为样本数据点，找到一条斜线能够很好地描述数据x和y的关系。如果将斜线写成$y = ax + b$，显然a和b就是这个优化问题的变量；如果用$y = b_1x + b_0$这个形式的解析式，b_1和b_0则是优化问题的变量；大家以后肯定会见到很多文献$y = \theta_1x + \theta_0$或$y = w_1x + w_0$作为线性回归模型，优化问题的变量则变为θ_1和θ_0或w_1和w_0。

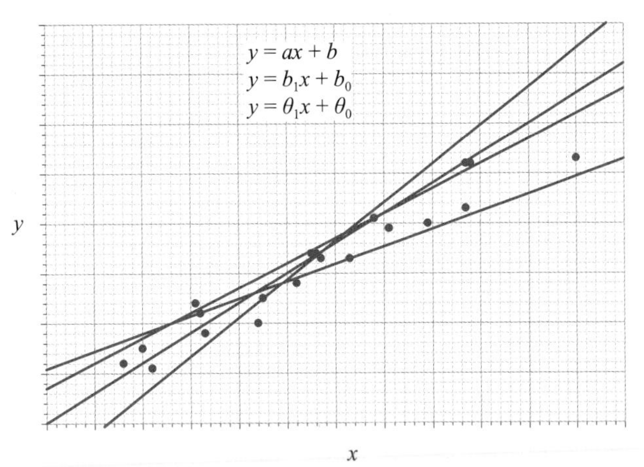

大家可能会问，图19.4这个一元线性回归优化问题的目标函数是什么呢？卖个关子，这个问题答案留到本书文末的“鸡兔同笼三部曲”中回答。

图19.4　一元最小二乘线性回归中的优化变量

如果优化问题的变量只有一个，则这类优化叫作**单变量优化** (single-variable optimization)；如果优化问题有多个变量，则优化问题叫**多变量优化** (multi-variable optimization)。

当只有一个优化变量时，目标函数可以写成一元函数 $f(x)$，$f(x)$ 和变量 x 的关系可以在平面上表达，如图19.5 (a) 所示。

有两个优化变量，如x_1和x_2，目标函数为二元函数 $f(x_1, x_2)$ 时，$f(x_1, x_2)$、x_1和x_2的关系可以利用三维等高线表达，如图19.5 (b)所示。

平面等高线也可以展示两个优化变量优化问题，如图19.5 (c) 所示。

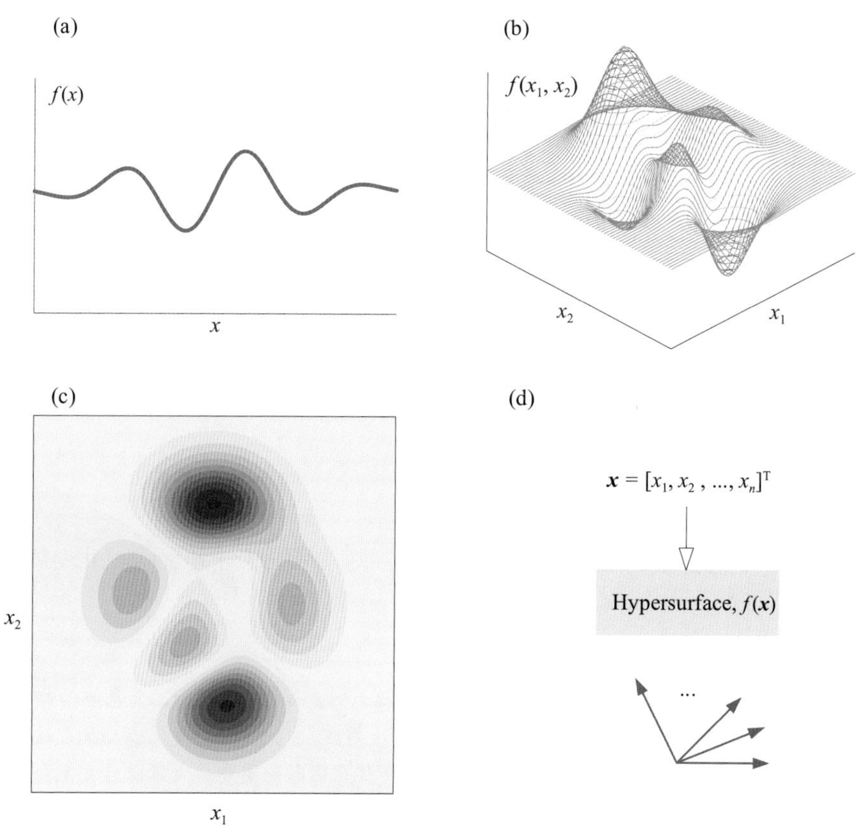

图19.5　目标函数随变量数量变化

当优化变量数量不断增多时，优化变量要写成列向量 $\boldsymbol{x} = [x_1, x_2, ..., x_D]^T$，$f(\boldsymbol{x})$ 在多维空间中会形成一个**超曲面** (hypersurface)。

此外，优化目标可以有一个或多个。具有不止一个目标函数优化问题叫作**多目标优化** (multi-objective optimization)。鸢尾花书将会专门介绍多目标优化。

最大化优化问题

最大化优化问题可以写成

$$\underset{\boldsymbol{x}}{\arg\max}\ f(\boldsymbol{x}) \tag{19.5}$$

实际上，标准优化问题一般都是最小化优化问题。而最大化问题目标函数改变符号 (乘-1)，就可以转化为最小化问题，即

$$\underset{\boldsymbol{x}}{\arg\max}\ f(\boldsymbol{x}) \quad \Leftrightarrow \quad \underset{\boldsymbol{x}}{\arg\min}\ -f(\boldsymbol{x}) \tag{19.6}$$

图19.6所示为一个最大化问题转化为最小化问题。

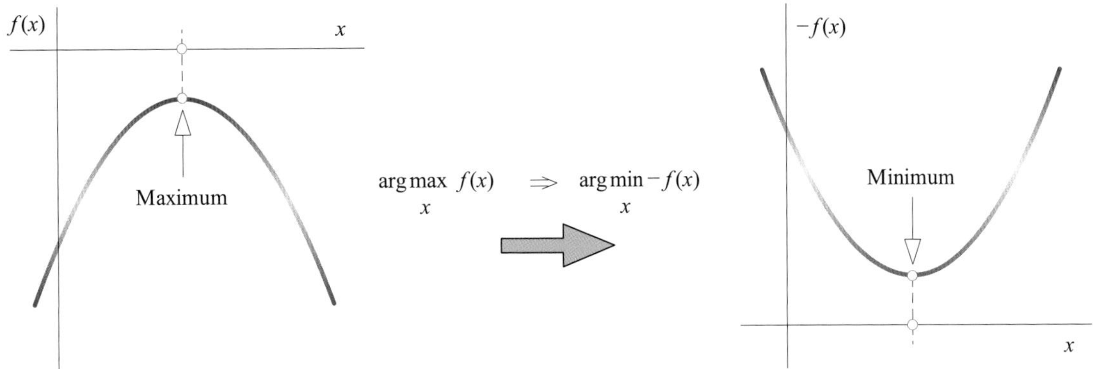

图19.6 最大化问题转化为最小化问题

19.3 约束条件：限定搜索区域

优化变量取值并非随心所欲，必须在一定范围之内。变量的取值范围叫作**定义域** (domain)，也叫作**搜索空间** (search space)、**选择集** (choice set)。

范围内的每一个点为一个**潜在解** (candidate solution或feasible solution)。

优化变量取值范围的条件称作**约束条件** (constraints)。根据约束条件的有无，优化问题分为以下两类。

◀ **无约束优化问题** (unconstrained optimization)

◀ **受约束优化问题** (constrained optimization)

五类约束

多数优化问题都是受约束优化问题，常见的约束条件分为以下几种。

◀ **上下界** (lower and upper bounds)，$\boldsymbol{l} \leqslant \boldsymbol{x} \leqslant \boldsymbol{u}$;

◀ **线性不等式** (linear inequalities)，$g(\boldsymbol{x}) = \boldsymbol{A}\boldsymbol{x} - \boldsymbol{b} \leqslant \boldsymbol{0}$;

◀ **线性等式** (linear equalities)，$h(\boldsymbol{x}) = \boldsymbol{A}_{eq}\boldsymbol{x} - \boldsymbol{b}_{eq} = \boldsymbol{0}$;

◀ **非线性不等式** (nonlinear inequalities)，$c(\boldsymbol{x}) \leqslant 0$;

◀ **非线性等式** (nonlinear equalities)，$c_{eq}(\boldsymbol{x}) = 0$。

几种约束条件复合在一起构成优化问题约束。大家应该已经发现，这五类约束条件对应的就是本书第6章介绍的几种不等式。

最小化问题

结合约束条件，构造完整最小化问题方法为

$$\begin{aligned} &\arg\min_{x} f(\boldsymbol{x}) \\ &\text{subject to: } \boldsymbol{l} \leqslant \boldsymbol{x} \leqslant \boldsymbol{u} \\ &\qquad \boldsymbol{A}\boldsymbol{x} - \boldsymbol{b} \leqslant \boldsymbol{0} \\ &\qquad \boldsymbol{A}_{\text{eq}}\boldsymbol{x} - \boldsymbol{b}_{\text{eq}} = \boldsymbol{0} \\ &\qquad c(\boldsymbol{x}) \leqslant 0 \\ &\qquad c_{\text{eq}}(\boldsymbol{x}) = 0 \end{aligned} \tag{19.7}$$

其中：subject to代表“受限于”“约束于”，常简写成s.t.。

下面，我们一一介绍各种约束条件。

上下界约束

首先讨论上下界约束，用矩阵形式表达为

$$\boldsymbol{l} \leqslant \boldsymbol{x} \leqslant \boldsymbol{u} \tag{19.8}$$

其中：列向量$\boldsymbol{l}$为**下界** (lower bound常简写为lb)；列向量$\boldsymbol{u}$为**上界** (upper bound常简写为ub)。

图19.7所示为变量x_1取值范围为 $x_1 \geqslant 1$ 对应区间为 $[1, +\infty)$。有了这个搜索范围，我们发现二元函数 $f(x_1, x_2)$ 的最高山峰和最低山谷都被排除在外。

Python中，float('inf') 可以表达正无穷，float('-inf') 表达负无穷。优化问题构造约束时，常用numpy.inf生成正无穷，用-numpy.inf生成负无穷。

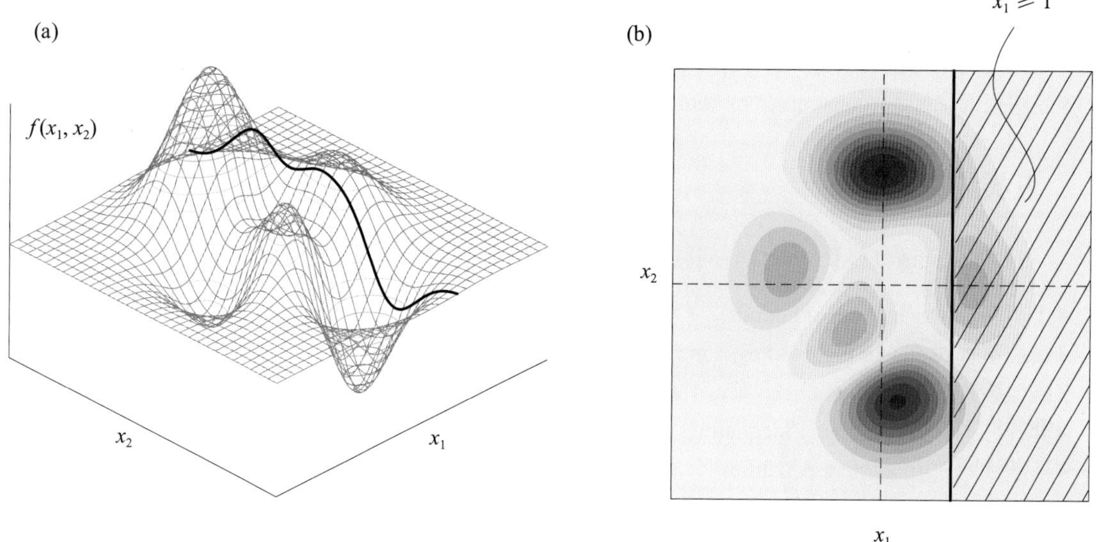

图19.7　x_1的下界为1，上界为正无穷

如图19.8所示，变量x_1取值范围为 $-2 \leqslant x_1 \leqslant 1$，对应区间为闭区间 $[-2, 1]$。在求解优化问题时，一般的优化器都默认区间为闭区间，如 $[a, b]$。也就是寻找优化解时，搜索范围包含区间a和b两端。

如果一定要将b这个端点排除在搜索范围之外，可以用$b - \varepsilon$代替b，ε是个极小的正数，如$\varepsilon = 10^{-5}$。

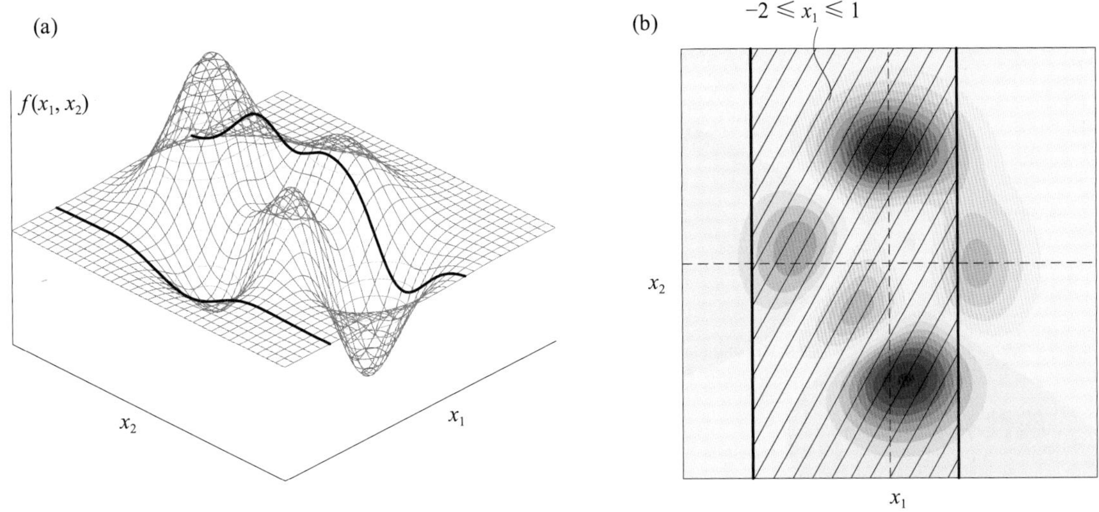

图19.8　x_1的下界为-2，上界为1

图19.9所示的搜索范围对应$-1 \leqslant x_2 \leqslant 1$，对应区间为闭区间 $[-1, 1]$。图19.10所示的搜索区域同时满足$-2 \leqslant x_1 \leqslant 1$和$-1 \leqslant x_2 \leqslant 1$，将两者写成式 (19.8) 形式得到

$$\underbrace{\begin{bmatrix} -2 \\ -1 \end{bmatrix}}_{l} \leqslant \boldsymbol{x} = \begin{bmatrix} x_1 \\ x_2 \end{bmatrix} \leqslant \underbrace{\begin{bmatrix} 1 \\ 1 \end{bmatrix}}_{u} \tag{19.9}$$

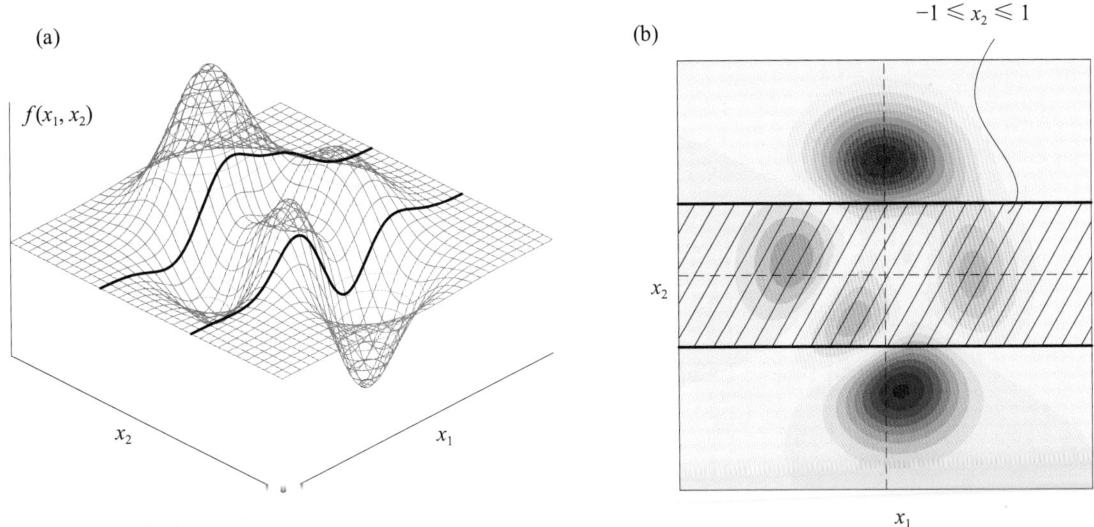

图19.9　x_2的下界为-1，上界为1

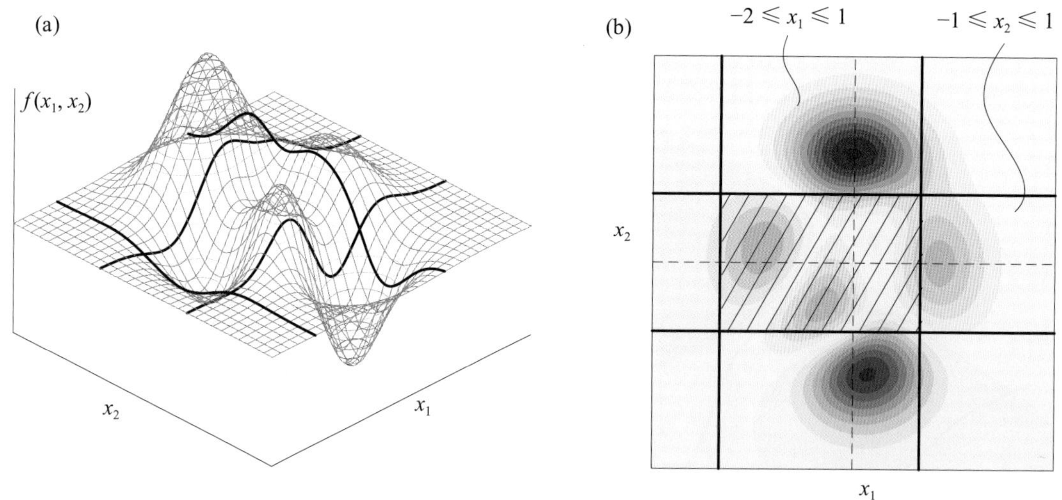

图19.10　同时满足$-2 \leqslant x_1 \leqslant 1$和$-1 \leqslant x_2 \leqslant 1$的搜索区域

线性不等式约束

线性不等式约束表达为

$$\boldsymbol{A}\boldsymbol{x} \leqslant \boldsymbol{b} \tag{19.10}$$

也常记作

$$g(\boldsymbol{x}) = \boldsymbol{A}\boldsymbol{x} - \boldsymbol{b} \leqslant \boldsymbol{0} \tag{19.11}$$

> 再次强调，本书优化问题中约束条件一般用“小于等于”，如$-x_1 - x_2 + 1 \leqslant 0$。

图19.11所示的搜索区域为线性不等式约束，满足$x_1 + x_2 - 1 \geqslant 0$。

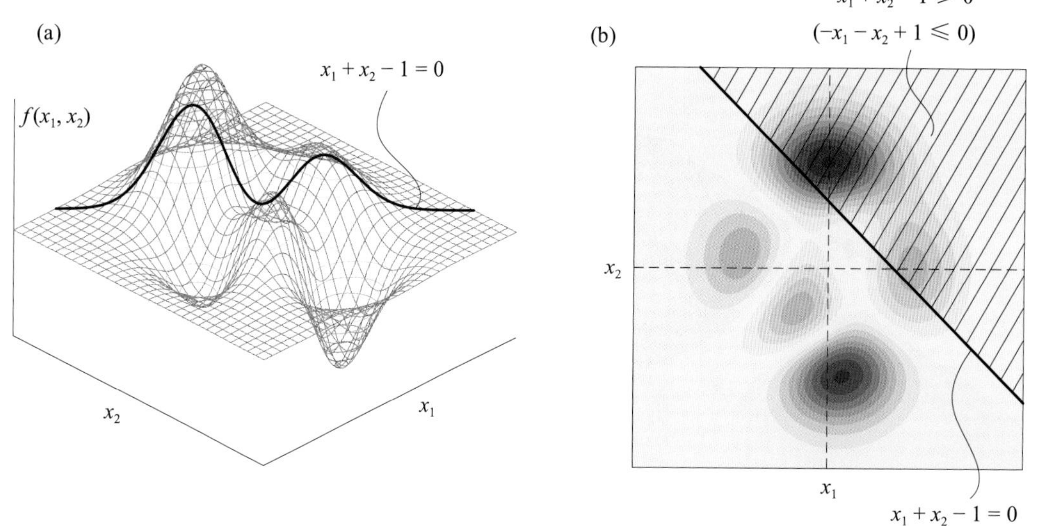

图19.11　$x_1 + x_2 - 1 \geqslant 0$对应的搜索区域

线性不等式组

下例为三个线性不等式构造的约束条件：

$$\begin{cases} x_1 - 0.5x_2 \geqslant -1 \\ x_1 + 2x_2 \geqslant 1 \\ x_1 + x_2 \leqslant 2 \end{cases} \tag{19.12}$$

首先将三个不等式所有大于等于号 (⩾) 调整为小于等于号 (⩽)，得到

$$\begin{cases} -x_1 + 0.5x_2 \leqslant 1 \\ -x_1 - 2x_2 \leqslant -1 \\ x_1 + x_2 \leqslant 2 \end{cases} \tag{19.13}$$

然后用矩阵形式描述这一组约束条件为

$$\underbrace{\begin{bmatrix} -1 & 0.5 \\ -1 & -2 \\ 1 & 1 \end{bmatrix}}_{A} \underbrace{\begin{bmatrix} x_1 \\ x_2 \end{bmatrix}}_{x} \leqslant \underbrace{\begin{bmatrix} 1 \\ -1 \\ 2 \end{bmatrix}}_{b} \tag{19.14}$$

这三个线性不等式约束联立在一起便构成图19.12所示的搜索空间。

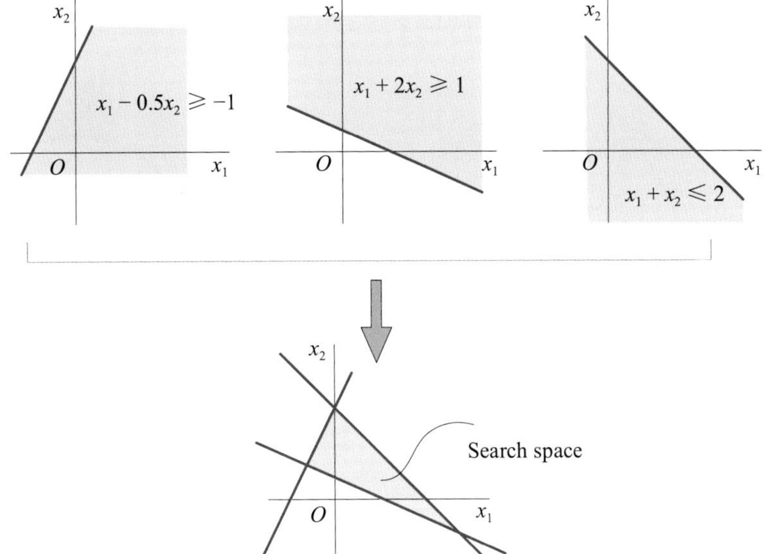

图19.12　三个线性不等式约束构造的搜索区域

线性等式约束

线性等式约束表达为

$$\boldsymbol{A}_{\text{eq}} \boldsymbol{x} = \boldsymbol{b}_{\text{eq}} \tag{19.15}$$

式 (19.15) 常记作$h(\boldsymbol{x}) = \boldsymbol{A}_{eq}\boldsymbol{x} - \boldsymbol{b}_{eq} = \boldsymbol{0}$。线性等式约束很好理解，线性约束条件对应的搜索范围为一条直线、一个平面或超平面。

比如，图19.11中黑色线代表线性约束条件$x_1 + x_2 - 1 = 0$。也就是说，有了这个线性等式约束，我们只能在图19.11黑色曲线上寻找二元函数$f(x_1, x_2)$的最大值或最小值。

非线性不等式约束

非线性不等式约束用下式表达，即

$$c(\boldsymbol{x}) \leqslant 0 \tag{19.16}$$

举个例子，图19.13中阴影部分搜索区域对应非线性不等式约束条件

$$\frac{x_1^2}{2} + x_2^2 - 1 \leqslant 0 \tag{19.17}$$

Python中，可以同时定义非线性不等式约束的上下界，即

$$l \leqslant c(\boldsymbol{x}) \leqslant u \tag{19.18}$$

非线性不等式一般通过构造自定义函数完成。

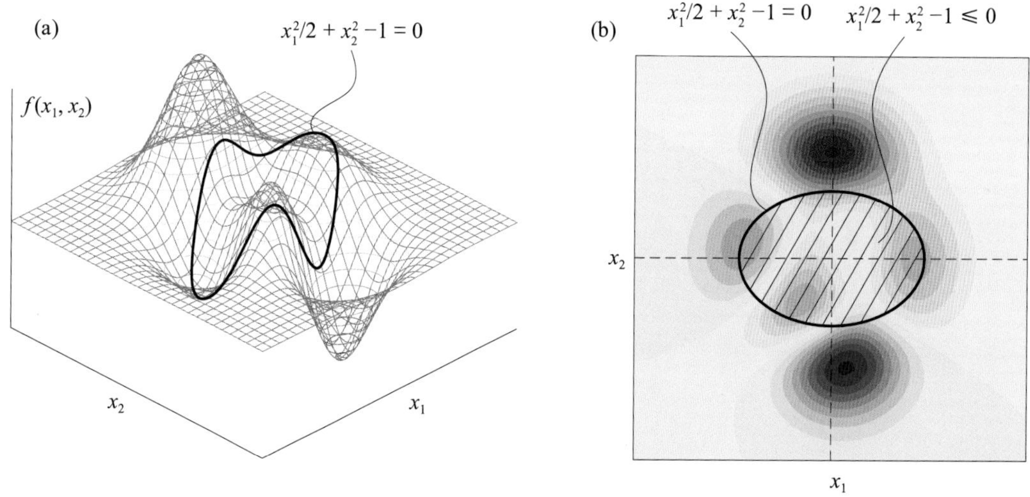

图19.13　非线性不等式约束条件

非线性等式约束通过下式定义，即

$$c_{eq}(\boldsymbol{x}) = 0 \tag{19.19}$$

非线性等式约束很容易理解。以图19.13为例，满足$x_1^2/2 + x_2^2 - 1 \leqslant 0$的搜索区域限定在椭圆上。

最值出现的位置

当约束条件存在时，最值可能出现在约束条件限定的边界上。

如图19.14 (a) 所示，给定搜索区域，函数的最大值、最小值均在搜索区域内部。

而图19.14 (b) 中，$f(x)$ 的最小值出现在约束条件的右侧边界上。

图19.14 (c) 中，$f(x)$ 的最大值出现在约束条件的左侧边界上。

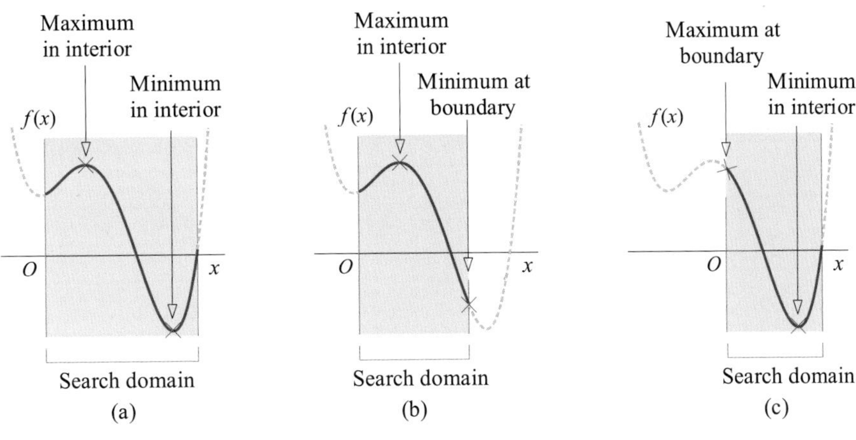

图19.14　最值和约束关系

混合整数优化

很多优化问题要求变量全部为整数或者部分为整数。**混合整数优化** (mixed integer optimization) 可以同时包含整数和连续变量。图19.15所示为在x_1x_2平面上三种约束情况：x_1为整数，x_2为整数，以及x_1和x_2均为整数。

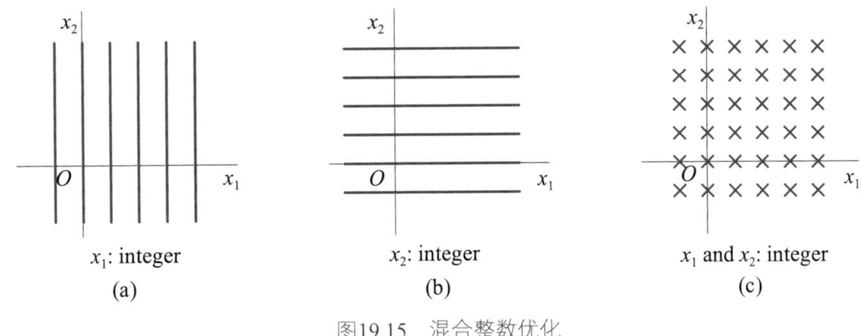

图19.15　混合整数优化

19.4 一元函数的极值点判定

本节从最简单的一元函数入手，介绍如何判定极值点。

观察图19.16所示函数，函数为连续函数，没有断点。同样把图19.16看作一座山，不难发现，某个山峰 (极大值) 紧邻的左侧是上坡 (区域递增函数)，而紧邻的右侧是下坡 (区域递降函数)，如图19.16所示。

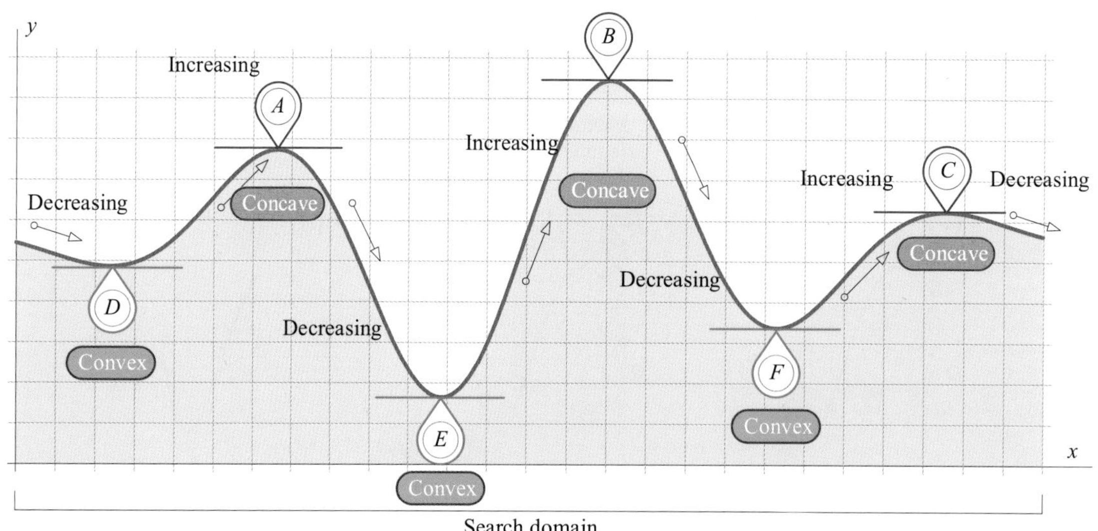

图19.16 极值两侧的增减性质

而某个山谷 (极小值) 则恰好相反，山谷紧邻的左侧是下坡 (区域递减函数)，而紧邻的右侧是上坡 (区域递增函数)。不管是山峰还是山谷，只要函数光滑连续，则极值点处的切线为水平线。

一阶导数

本书第15章在讲解导数时说过，一元函数曲线上某点的导数，就是该点曲线切线斜率。

如果一元函数处处可导，如图19.16所示，则不管站在山谷点、还是山峰点，切线均为水平，即导数为0。

对于一元函数$f(x)$，函数一阶导数为0的点叫**驻点** (stationary point)；而驻点可能是一元函数的极大值、极小值，或者是鞍点。

这样，我们便得到了一元可导函数极值的一个必要条件，而非充分条件。

如果函数$f(x)$ 在$x = a$处可导，且在该点取得极值，则一阶导数$f'(a) = 0$。

要判断极值点是极大值，还是极小值点，我们需要利用二阶导数进一步分析。

二阶导数

观察山谷 (极小值点)D、E和F，可以发现这三点区域函数都是局部为**凸** (convex)；而山顶A、B和C所在的局域函数都是局部为**凹** (concave)。大家经常听说的**凸优化** (convex optimization) 正是研究定义于凸集中的凸函数最小化的问题。

这样，我们便可以通过二阶导数的正负来进一步判断极值点是极大值还是极小值。

函数 $f(x)$ 在$x = a$处有二阶导数，且一阶导数$f'(a) = 0$，即$x = a$为驻点；如果二阶导数$f''(a) > 0$，则函数$f(x)$ 在$x = a$处取得极小值；如果二阶导数$f''(a) < 0$，函数$f(x)$ 在$x = a$处取得极大值。

图19.17所示为最大值和最小值点处函数值、一阶导数和二阶导数变化的细节图。

> 再次注意：本书采用的凸凹定义和国内部分教材正好相反。

原函数一阶导数的一阶导数是原函数的二阶导数。

位于极大值点附近，当x增大时，二阶导数值需要为负值才能保证一阶导数从正值穿越0点到负值。

而极小值点附近，二阶导数数值需要为正，这样x增大才能使一阶导数从负值穿越0点到正值。

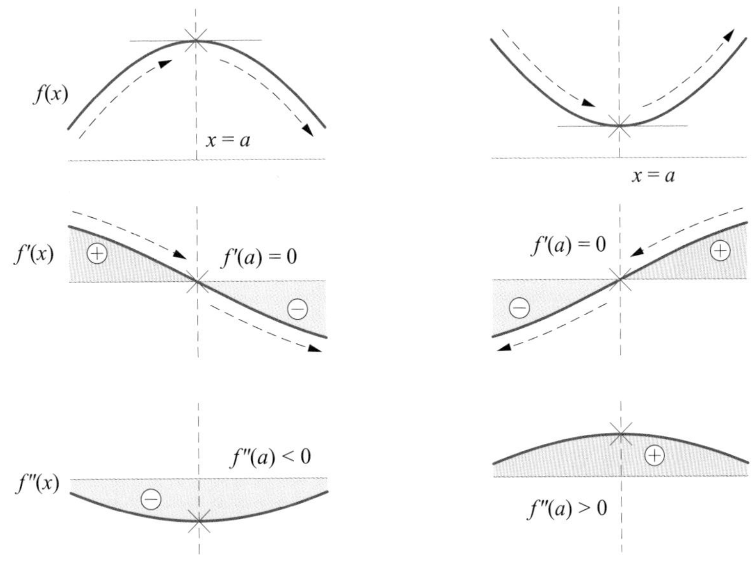

图19.17　极大值和极小值点局部，用正弦余弦重画图

一阶导数和二阶导数均为0

如果函数驻点的一阶导数和二阶导数都为0，可以用驻点左右的一阶导数符号判定极值。图19.18所示分别给出原函数以及其一阶导数、二阶导数图像。

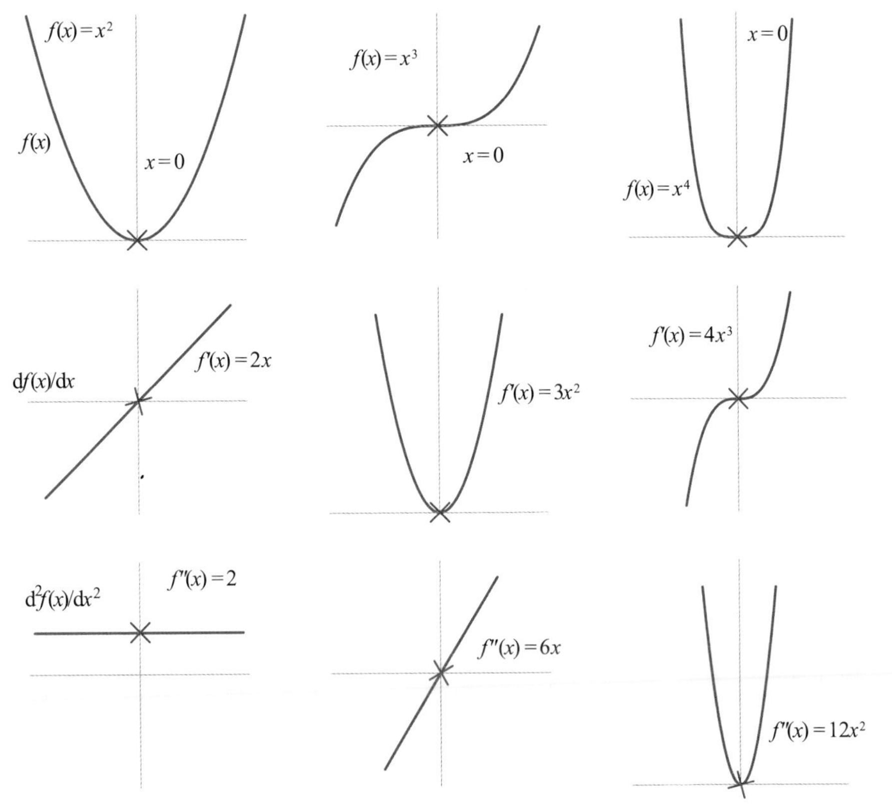

图19.18　通过一阶导数和二阶导数判断极值

对于$f(x) = x^2$，在$x = 0$处，一阶导数为0，而且二阶导数为正，容易判断$x = 0$对应函数极小值点；通过进一步判断，函数不存在其他极小值点，因此这个极小值点也是函数的最小值点。

而$f(x) = x^3$，在$x = 0$处函数的一阶导数和二阶导数都为0，但是$x = 0$左右的一阶导数都为正，显然$x = 0$为函数的鞍点，不是极值点。

对于$f(x) = x^4$，在$x = 0$处函数的一阶导数和二阶导数虽然也都为0，但是$x = 0$左右一阶导数分别为负和正，显然$x = 0$为函数的极小值点。

寻找极值点

另外，函数在导数不存在的点也可能取得极值；另外，考虑约束条件，函数也可能在约束边界上取得极值。

总的来说，寻找极值时大家需要注意三类点：① 驻点 (一阶导数为0点)，如图19.19中的C和D点；② 不可导点；③ 搜索区域边界点，参考上一节图19.14。

注意，本书前文提到导数不存在又分为三种情况：① 间断点，如图19.19中的A和B点；② 尖点，如图19.19中的E点；③ 切线竖直，即斜率为无穷，如图19.19中的F点。

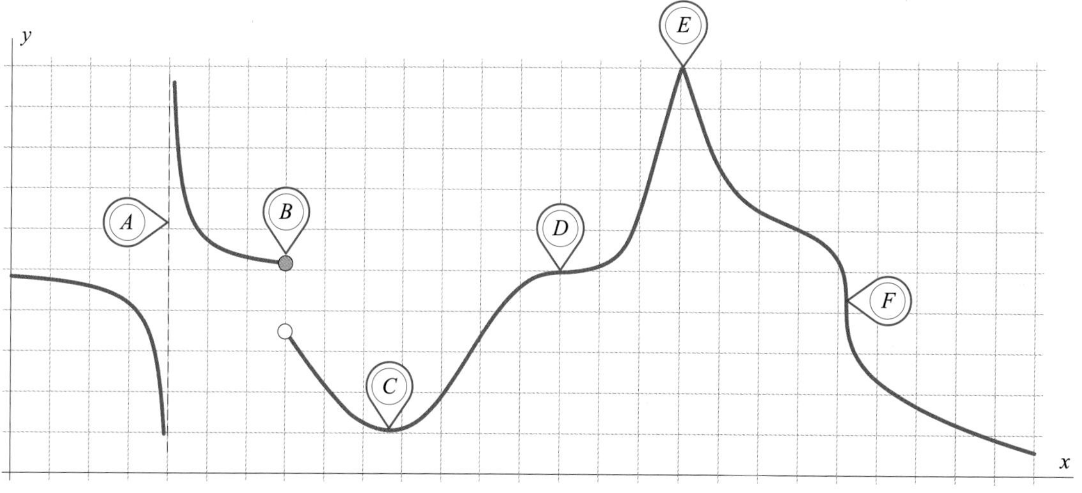

图19.19　一元函数值得关注的几个点

编程求解优化问题

本节最后举个例子，求解无约束条件下下列一元函数$f(x)$ 的最小值以及对应的优化解，即

$$\min_x f(x) = -2x \cdot \exp(-x^2) \tag{19.20}$$

函数的一阶导数为

$$f'(x) = 4x^2 \cdot \exp(-x^2) - 2\exp(-x^2) \tag{19.21}$$

一阶导数为0有两个解，分别是

$$x = \pm\frac{\sqrt{2}}{2} \tag{19.22}$$

请大家自行计算函数二阶导数在$x = \pm\sqrt{2}/2$处的具体值。

图19.20 (a) 所示为$f(x)$的函数图像，容易判断$x = \sqrt{2}/2$，函数取得最小值。图19.20 (b) 所示为$f(x)$函数一阶导数的函数图像，$x = \sqrt{2}/2$处一阶导数为0。

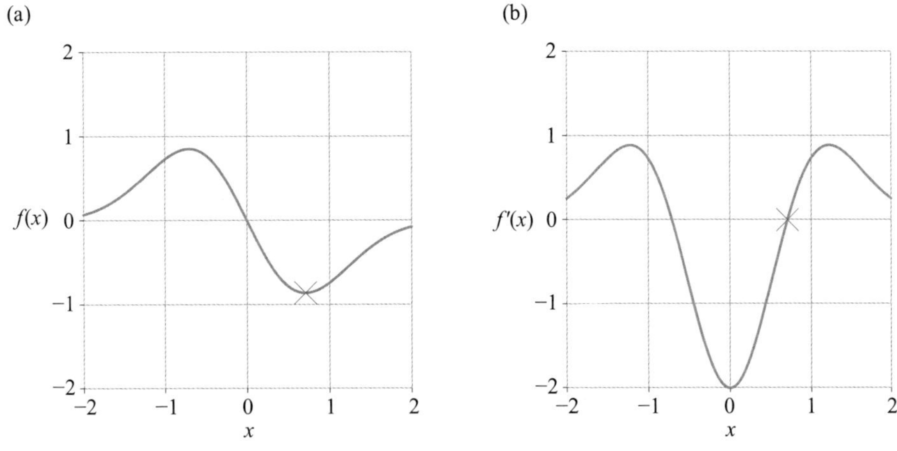

图19.20　一元函数图像和一阶导函数图像，极小值点位置

Bk3_Ch19_01.py完成优化问题求解，并绘制图19.20。

19.5 二元函数的极值点判定

二元以及多元函数的极值点判定并没有一元函数那么直接，下面简单介绍一下。

一阶偏导

二元函数$y = f(x_1, x_2)$在点(a, b)处分别对x_1和x_2存在偏导，且在(a, b)处有极值，则有

$$f_{x_1}(a,b) = 0,\quad f_{x_2}(a,b) = 0 \tag{19.23}$$

对于二元函数极值的判定，一阶偏导数$f_{x_1}(x_1, x_2) = 0$和$f_{x_2}(x_1, x_2) = 0$同时成立的点(x_1, x_2)为二元函数$f(x_1, x_2)$的驻点。如图19.21所示，驻点可以是极小值、极大值或鞍点。

二阶偏导

如果$f(x_1, x_2)$在(a, b)邻域内连续，且函数的一阶偏导及二阶偏导连续，令

$$A = f_{x_1 x_1}(a,b),\quad B = f_{x_1 x_2}(a,b),\quad C = f_{x_2 x_2}(a,b) \tag{19.24}$$

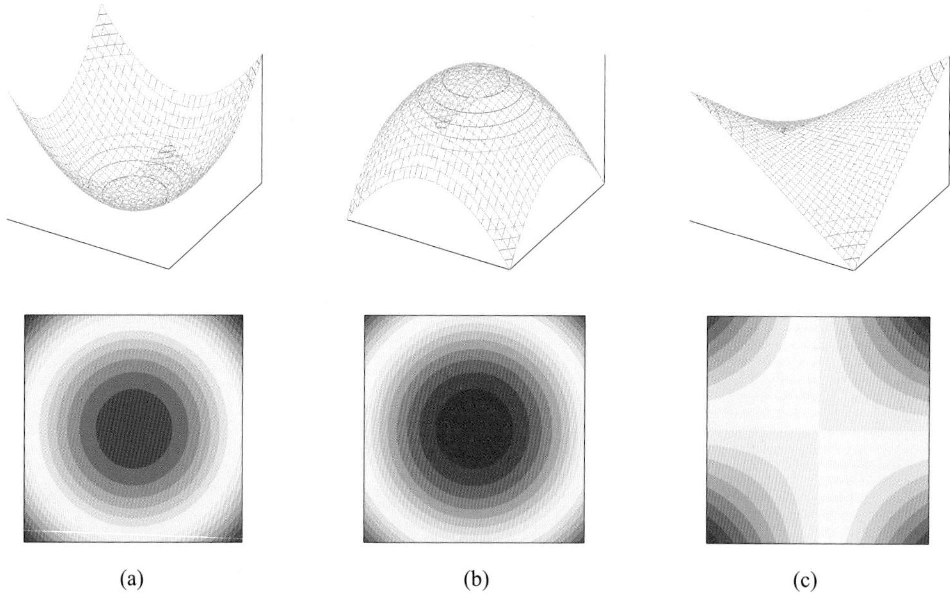

图19.21　二元函数驻点的三种情况

$f(x_1, x_2)$ 在 (a, b) 一阶偏导为0，$f_{x_1}(a, b) = 0$，$f_{x_2}(a, b) = 0$，$f(a, b)$ 是否为极值点可以通过下列条件判断。

① $AC - B^2 > 0$，存在极值，且当$A < 0$有极大值，$A > 0$时有极小值。

② $AC - B^2 < 0$，没有极值。

③ $AC - B^2 = 0$，可能有极值，也可能没有极值，需要进一步讨论。

举个例子

在没有约束的条件下，确定下列二元函数的极小值点：

$$\min_{x_1, x_2} f\left(x_1, x_2\right) = -2x_1 \cdot \exp\left(-x_1^2 - x_2^2\right) \tag{19.25}$$

图19.22所示为$f(x_1, x_2)$ 的曲面和等高线图像，显然函数存在一个最小值点。

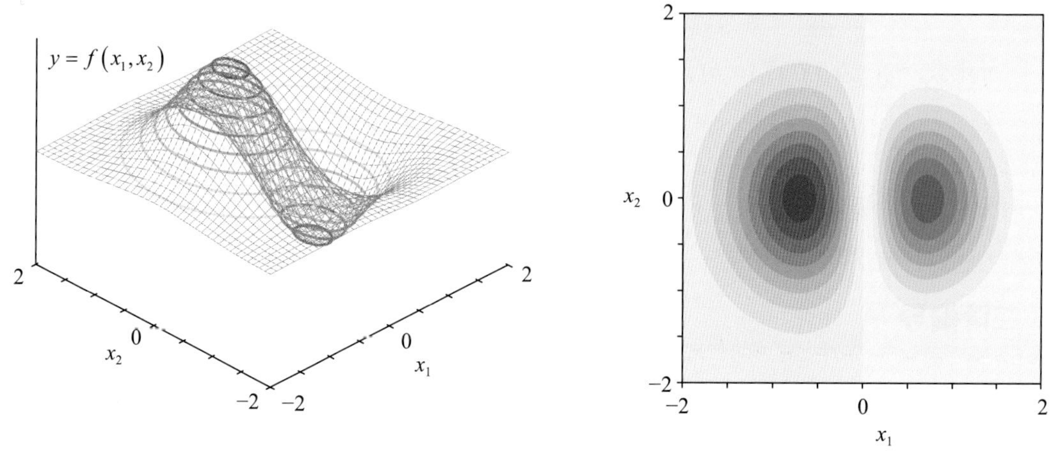

图19.22　$f(x_1, x_2)$ 曲面和等高线图像

$f(x_1, x_2)$ 对于x_1的一阶偏导 $f_{x_1}(x_1, x_2)$ 的解析式为

$$f_{x_1}(x_1, x_2) = (4x_1^2 - 2)\exp(-x_1^2 - x_2^2) \tag{19.26}$$

图19.23中墨绿色实线对应$f_{x_1}(x_1, x_2) = 0$。

再次强调：如图19.23所示，一阶偏导$f_{x_1}(x_1, x_2)$也是一个二元函数。

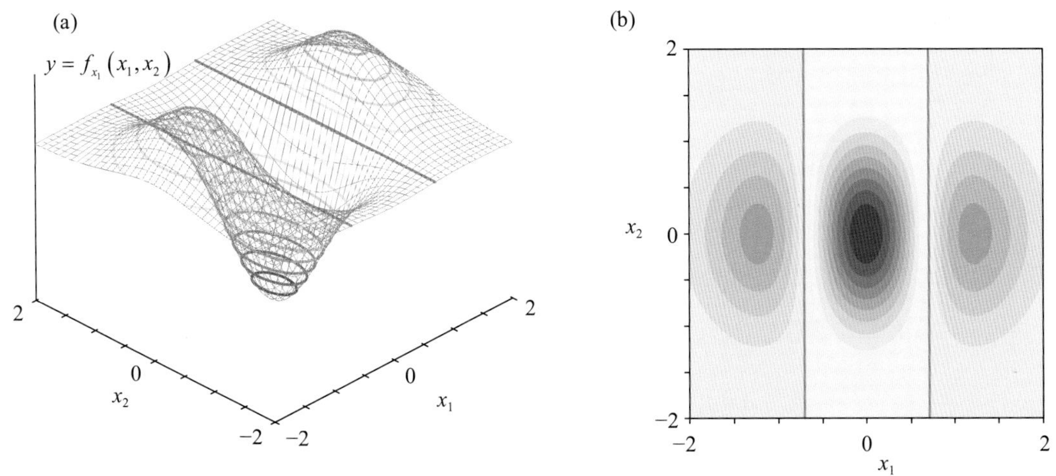

图19.23　一阶偏导$f_{x_1}(x_1, x_2)$ 曲面和等高线图像

$f(x_1, x_2)$ 对于x_2的一阶偏导$f_{x_2}(x_1, x_2)$ 的解析式为

$$f_{x_2}(x_1, x_2) = 4x_1 x_2 \exp(-x_1^2 - x_2^2) \tag{19.27}$$

图19.24所示为一阶偏导$f_{x_2}(x_1, x_2)$ 的曲面和等高线图像。图19.24中深蓝色曲线对应 $f_{x_2}(x_1, x_2) = 0$。图19.25给出的是$f_{x_2}(x_1, x_2)$ 曲面和等高线，上面墨绿色曲线对应$f_{x_1}(x_1, x_2) = 0$，深蓝色曲线对应$f_{x_2}(x_1, x_2) = 0$。

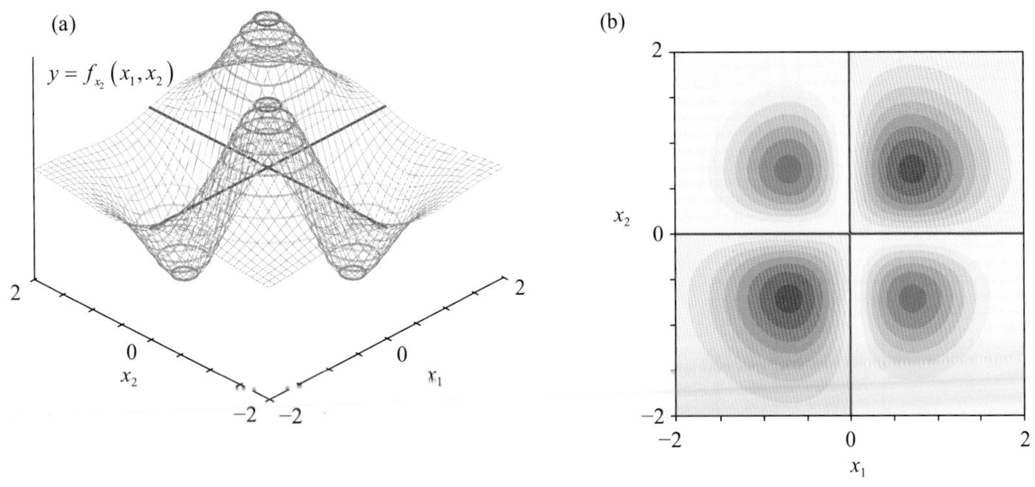

图19.24　一阶偏导 $f_{x_2}(x_1, x_2)$ 曲面和等高线图像

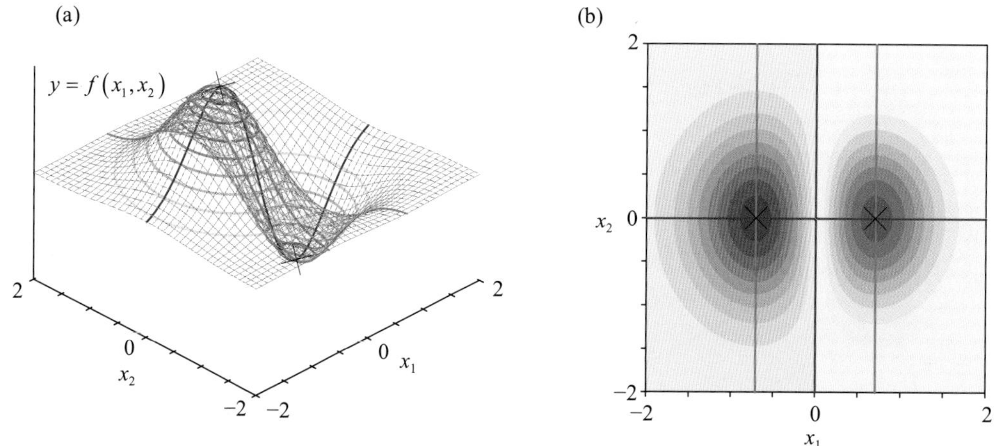

图19.25　$f(x_1, x_2)$ 曲面和等高线图像，墨绿色曲线对应$f_{x_1}(x_1, x_2) = 0$，深蓝色曲线对应$f_{x_2}(x_1, x_2) = 0$

$f(x_1, x_2)$ 对x_1的二阶偏导为

$$A = f_{x_1x_1}(x_1, x_2) = 4x_1\left(3 - 2x_1^2\right)\exp\left(-x_1^2 - x_2^2\right) \tag{19.28}$$

$f(x_1, x_2)$ 对x_1和x_2的混合二阶偏导为

$$B = f_{x_1x_2}(x_1, x_2) = f_{x_2x_1}(x_1, x_2) = 4x_2\left(1 - 2x_1^2\right)\exp\left(-x_1^2 - x_2^2\right) \tag{19.29}$$

$f(x_1, x_2)$ 对x_2的二阶偏导为

$$C = f_{x_2x_2}(x_1, x_2) = 4x_1\left(1 - 2x_2^2\right)\exp\left(-x_1^2 - x_2^2\right) \tag{19.30}$$

$AC - B^2$对应的解析式为

$$AC - B^2 = f_{x_2x_2}(x_1, x_2) = \left(-32x_1^4 - 32x_1^2x_2^2 + 48x_1^2 - 16x_2^2\right)\exp\left(-2x_1^2 - 2x_2^2\right) \tag{19.31}$$

如图19.26 (a) 所示的两个驻点处，$AC - B^2$均大于0，这说明两点均为极值点；根据图19.26 (b) 可以判定极值类型。

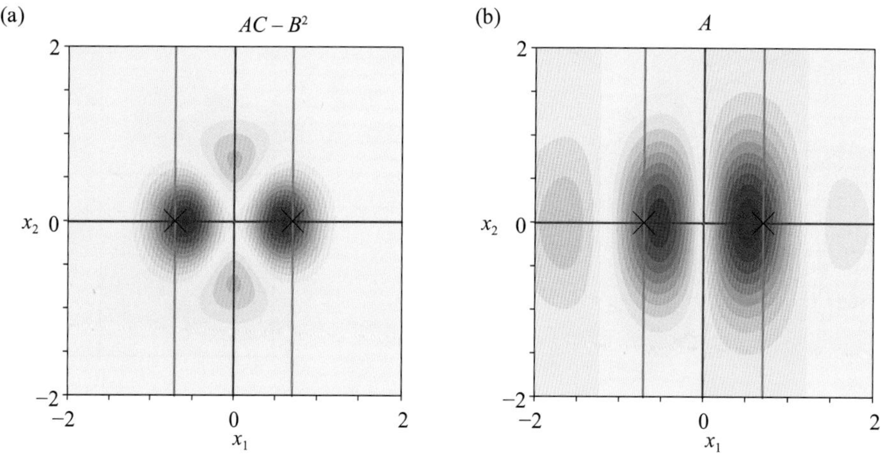

图19.26　$AC - B^2$和A解析式等高线

有约束条件

在式 (19.25) 的基础上，加上非线性约束条件

$$
\begin{aligned}
&\min_{x_1,x_2} f(x_1,x_2) = -2x_1 \cdot \exp\left(-x_1^2 - x_2^2\right) \\
&\text{s.t.} \qquad |x_1| + |x_2| - 1 \leqslant 0
\end{aligned} \tag{19.32}
$$

如图19.27 (a) 所示，这个非线性约束条件对优化结果没有影响。

换一个约束条件

$$
\begin{aligned}
&\min_{x_1,x_2} f(x_1,x_2) = -2x_1 \cdot \exp\left(-x_1^2 - x_2^2\right) \\
&\text{s.t.} \qquad |x_1| + |x_2 + 1| - 1 \leqslant 0
\end{aligned} \tag{19.33}
$$

图19.27 (b) 所示，优化结果出现在了边界上。

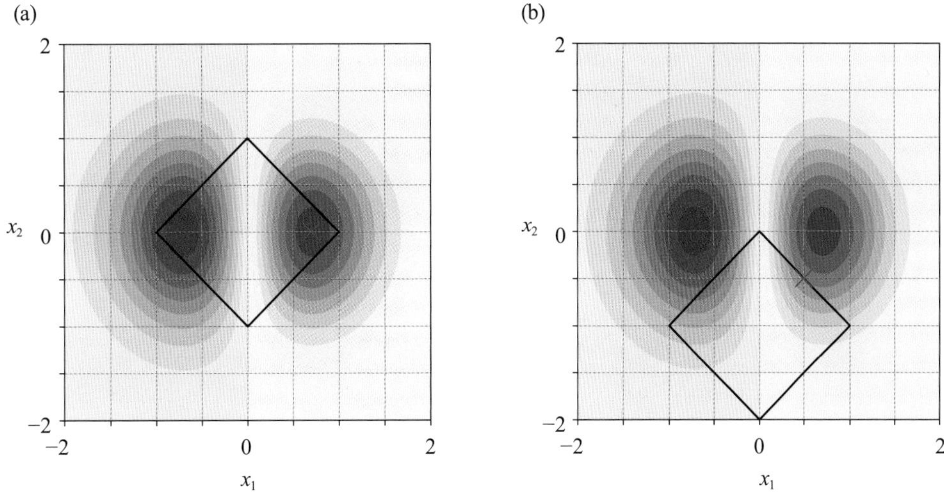

图19.27　两个非线性条件对优化结果影响

Bk3_Ch19_02.py求解含有非线性约束条件的优化问题，并绘制图19.27。

本章浮光掠影地全景介绍了优化问题及求解方法。本章给出的求解方法是不含约束条件的解析法。《矩阵力量》还会介绍拉格朗日乘子法，它将有约束优化问题转化为无约束优化问题；这种方法在很多数据科学和机器学习算法中应用十分广泛。《机器学习》还将介绍各种数值优化算法，以及全局优化算法。

06 Section 06 概率统计

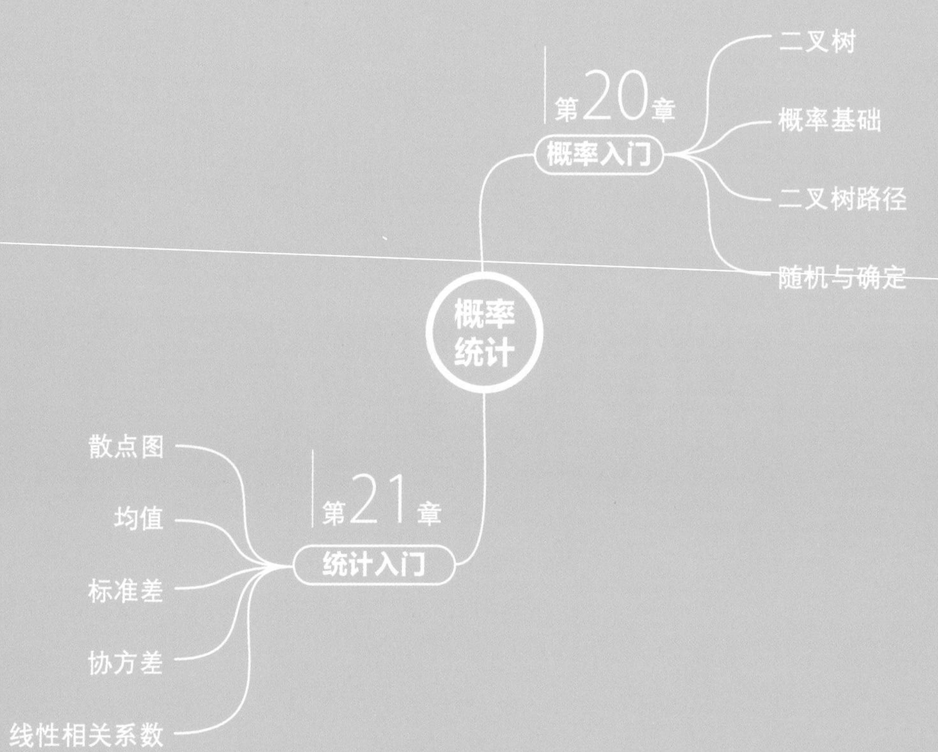
第20章
概率入门
二叉树
概率基础
二叉树路径
随机与确定
概率
统计
第21章
统计入门
散点图
均值
标准差
协方差
线性相关系数

学习地图 | 第6版块

20 Fundamentals of Probability
概率入门
从杨辉三角到古典概率模型

这个世界的真正逻辑是概率的推演。

The true logic of this world is the calculus of probabilities.

—— 詹姆斯·克拉克·麦克斯韦 (James Clerk Maxwell) | 英国数学物理学家 | 1831 — 1879

- `ax.invert_xaxis()` 调转x轴
- `ax1.spines['right'].set_visible(False)` 除去图像右侧黑框线
- `ax1.spines['top'].set_visible(False)` 除去图像上侧黑框线
- `itertools.combinations()` 无放回抽取组合
- `itertools.combinations_with_replacement()` 有放回抽取组合
- `itertools.permutations()` 无放回排列
- `matplotlib.pyplot.barh()` 绘制水平直方图
- `matplotlib.pyplot.stem()` 绘制火柴梗图
- `numpy.concatenate()` 将多个数组进行连接
- `numpy.stack()` 将矩阵叠加
- `numpy.zeros_like()` 用于生成和输入矩阵形状相同的零矩阵
- `scipy.special.binom()` 产生二项式系数
- `sympy.Poly` 将符号代数式转化为多项式

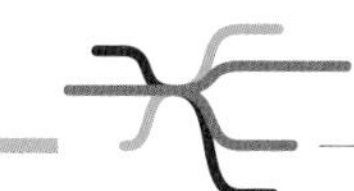

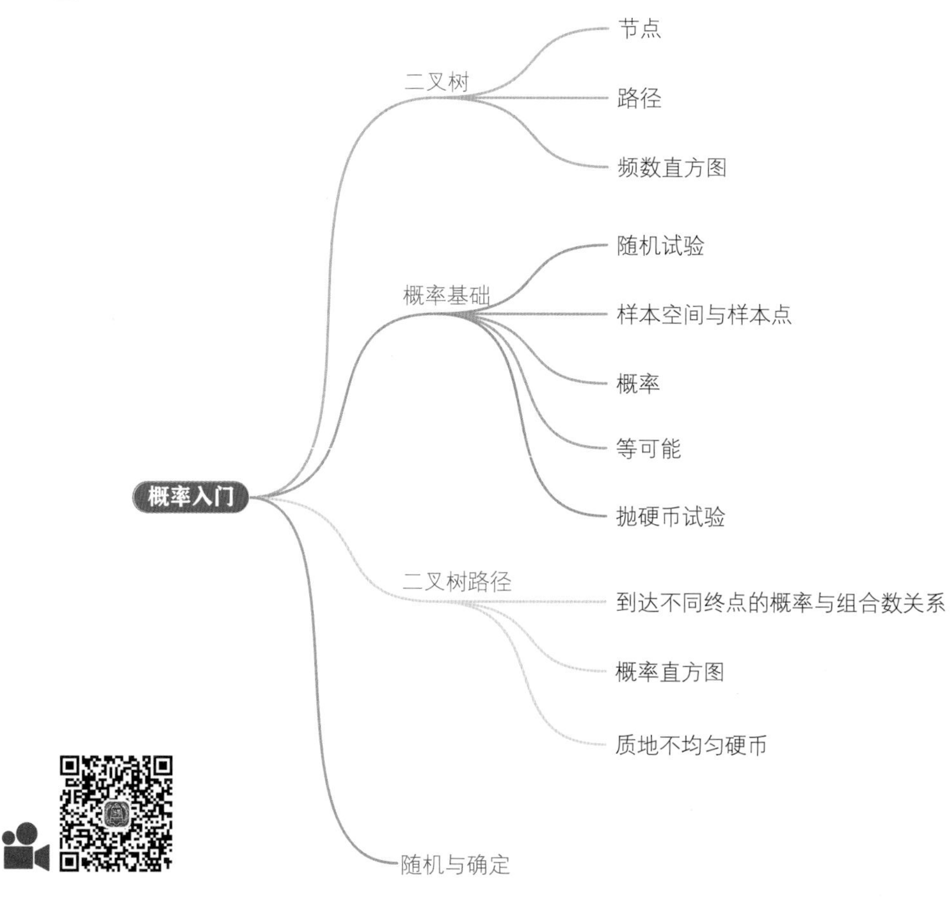

20.1 概率简史：出身赌场

概率是现代人类的自然思维方式。大家在日常交流时，用到“预测”“估计”“肯定”“百分之百的把握”“或许”“百分之五十可能性”“大概”“可能”“恐怕”“绝无可能”等字眼时，思维便已经进入了概率的范畴。

概率论的目的就是将这些字眼公理化、量化。

意大利学者**吉罗拉莫·卡尔达诺** (Girolamo Cardano, 1501—1576) 可以说是文艺复兴时期百科全书式的人物。他做过执业医生，第一个发表三次代数方程式的一般解法，他还是赌场的常胜将军。

卡尔达诺死后才向世人公布自己创作的赌博秘籍《论赌博的游戏》 (*Book on Games of Chance*)，这本书首次对概率进行了系统介绍。他在书中用投骰子游戏讲解等可能事件和其他概率概念。值得一提的是，卡尔达诺的父亲与达·芬奇是好友。和达·芬奇一样，卡尔达诺也是私生子。

概率论的基本原理是在**帕斯卡** (Blaise Pascal, 1623—1662) 和**费马** (Pierre de Fermat, 1607—1665) 的一系列来往书信中搭建起来的。他们在书信中讨论的是著名的赌博奖金分配问题。

举个例子说明赌博奖金分配问题。A、B两人玩抛硬币游戏，每次抛一枚硬币，硬币朝上A得一分，硬币朝下B得一分，谁先得到10分谁就赢得所有奖金。但是，游戏进行到途中突然中断，此时A得分7分，B得分5分，两人此时应该如何分配奖金？

在帕斯卡和费马的讨论中，他们提出了枚举法。一些书信中也能看到他们谈到利用杨辉三角和二项式展开求解赌博奖金分配问题。

克里斯蒂安·惠更斯 (Christiaan Huygens, 1629—1695) 扩展了帕斯卡和费马的理论。惠更斯1657年发表了《论赌博中的计算》(*On Reasoning in Games of Chance*)，被很多人认为是概率论诞生的标志。

法国数学家**亚伯拉罕·棣莫弗** (Abraham de Moivre, 1667—1754) 继续推动概率论的发展，他首先提出正态分布、中心极限定理等。在处理莱布尼兹-牛顿微积分发明权之争时，棣莫弗还被选做裁决人之一。

贝叶斯 (Thomas Bayes, 1701—1761) 在自己的论文《解决机会学说中的问题》(*An Essay Towards Solving a Problem in the Doctrine of Chances*) 中探讨了条件概率，这使得贝叶斯成为贝叶斯学派的开山鼻祖。

在概率领域，**高斯** (Carl Friedrich Gauss, 1777—1855) 发明了最小二乘法。虽然正态分布常被称作高斯分布，但是高斯不是正态分布的第一发明者。

弗朗西斯·高尔顿 (Francis Galton, 1822—1911) 则提出回归、相关系数等重要统计学概念。有趣的是，高尔顿是查尔斯·达尔文的表弟。而俄罗斯数学家**安德雷·柯尔莫哥洛夫** (Andrey Kolmogorov, 1903－1987) 对概率论公理化所作出卓越的贡献。他认为，“概率论作为数学学科，可以而且应该从公理开始建设，和几何、代数的发展之路一样。”

如图20.1所示，概率论和统计学两门学科相互交融，而且发展历史跨度很大，太多学者起到了推动作用。很可惜，限于篇幅，本节只能走马观花地用几句话概括关键人物的生平。

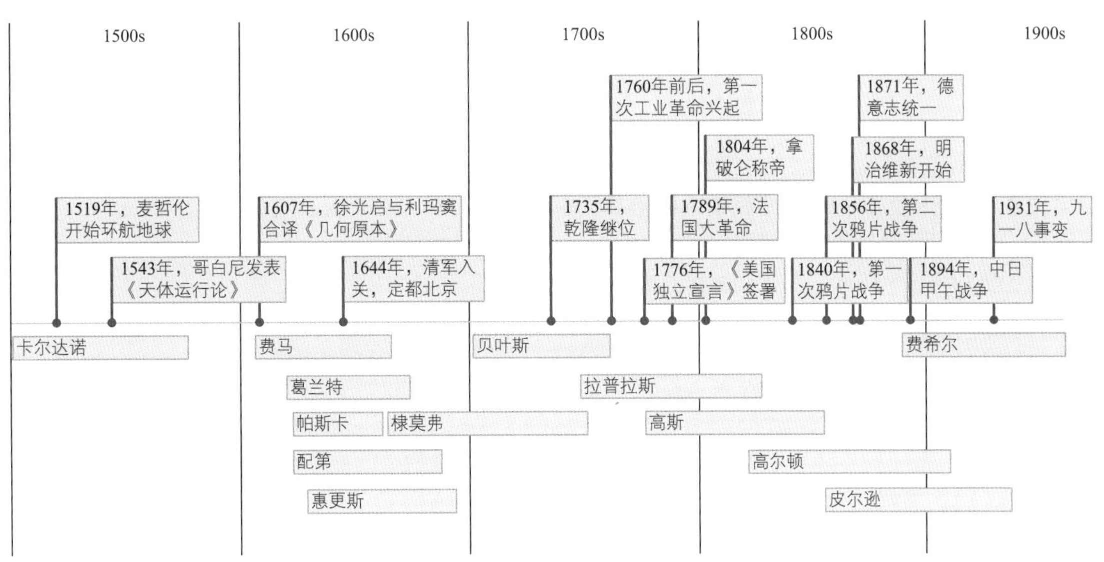

图20.1　概率论、统计学发展时间轴

20.2 二叉树：一生二、二生三

杨辉三角可谓是算术、代数、几何、数列、概率的完美结合体。沿着帕斯卡和费马的思路，本章从杨辉三角入手来和大家探讨概率论的核心思想。

本节首先从一个全新视角解读杨辉三角——**二叉树** (binomial tree)。将本书第4章介绍的杨辉三角逆时针旋转90度，得到图20.2所示的二叉树。图20.2中每个点称作**节点** (node)。

试想，一名登山者从最左侧初始点出发，沿着二叉树规划的路径向右移动，到达最右侧任意节点结束。途中每个节点处，登山者可以向右上方或右下方走，但是不能往回走。

这样，图20.2中的数字便有了另外一层内涵——登山者到达对应节点的可能路径。

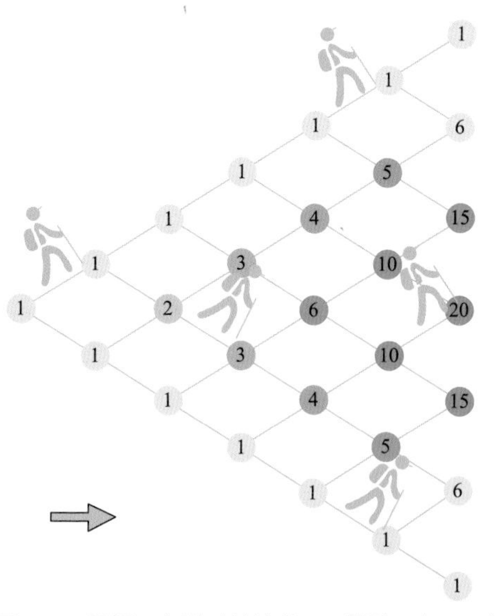

图20.2　杨辉三角逆时针旋转90° 得到一个二叉树

二叉树原理

下面解释一下二叉树的原理。

如图20.3所示，当$n = 1$时，二叉树叫作**一步二叉树** (one-step binomial tree)。也就是说，登山者从初始点出发，只有两条路径到达两个不同的终点。

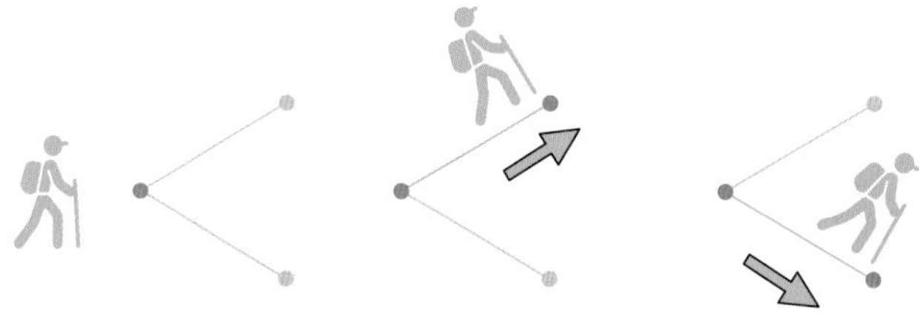
图20.3　$n = 1$，向上、向下走的路径

如图20.4所示，$n = 2$时，二叉树为**两步二叉树** (two-step binomial tree)。从起点到终点，一共有4条路径，二项式系数1、2、1则相当于到达对应A、B、C终点的可能路径数量。

当二叉树的层数不断增多，到达终点的路径的数量呈现指数增长趋势。

如图20.5 (a) 所示，$n = 3$时，路径数量为8 ($= 1 + 3 + 3 + 1 = 2^3$)；如图20.5 (b) 所示，$n = 4$时，路径数量为16 ($= 1 + 4 + 6 + 4 + 1 = 2^4$)；如图20.5 (c) 所示，$n = 5$时，路径数量为32 ($= 1 + 5 + 10 + 10 + 5 + 1 = 2^5$)。

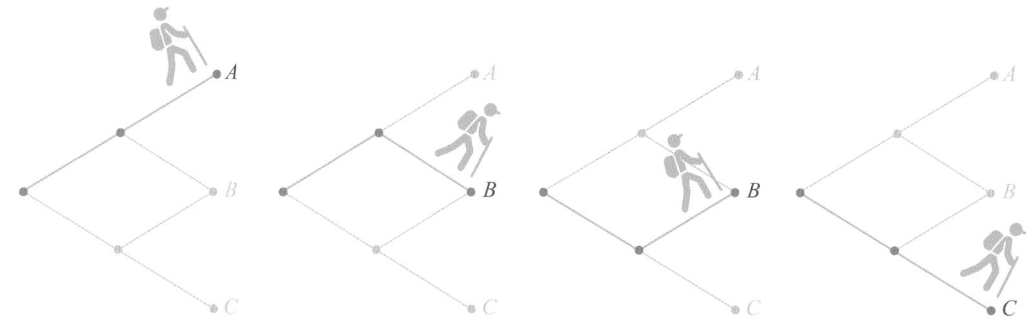

图20.4　$n = 2$，通向最终节点路径

这个结果也不难理解，二叉树每增加一层，登山者就多一次二选一的机会。从路径数量角度讲，就是再乘以2。

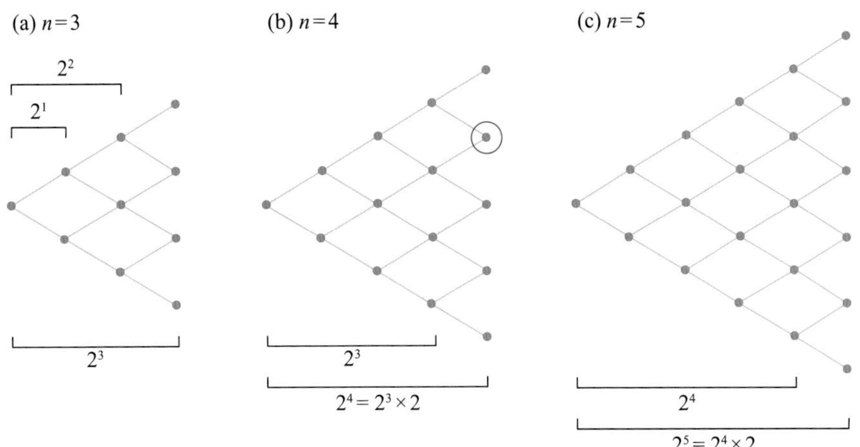

图20.5　$n = 3$、4、5，通向最终节点路径

图20.6所示为4条到达图20.5 (b) 二叉树画红圈终点节点路径。4这个结果与组合数有着密切关系。下面我们探讨一下如何用组合数解释到达不同终点路径数。

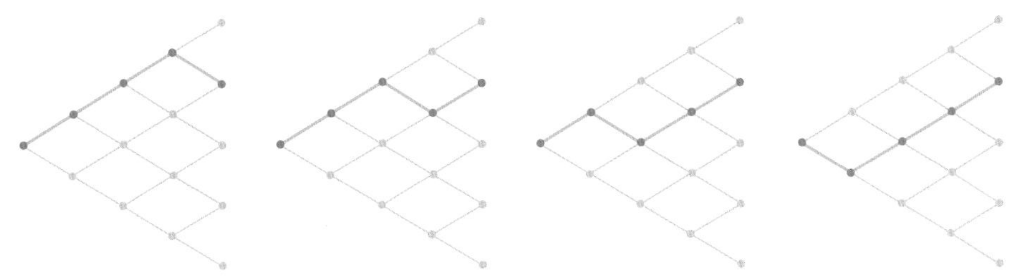

图20.6　四条到达同一终点节点的路径

组合数

利用**水平条形图** (horizontal bar graph) 可视化图20.5所示的二叉树路径数。如图20.7所示，$n = 3$ 时，到达二叉树终点节点的路径分别有1、3、3、1条，总共有8条路径，写成组合数为

$$C_3^0 + C_3^1 + C_3^2 + C_3^3 = 1 + 3 + 3 + 1 = 8 = 2^3 \tag{20.1}$$

大家可能会问，组合数在这里扮演的角色是什么？

很容易理解，登山者在图20.7所示二叉树需要做三次“向上走或向下走”的决策。

C_3^0 可以理解为，3次决策中0次向下；C_3^1 可以理解为，3次决策中1次向下；C_3^2 可以理解为，3次决策中2次向下；C_3^3 可以理解为，3次决策中3次向下。

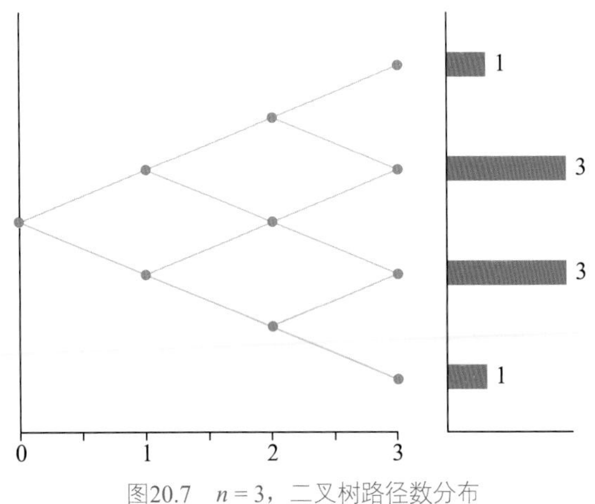

图20.7　$n = 3$，二叉树路径数分布

如图20.8所示，$n = 4$时，到达二叉树终点节点的路径分别有1、4、6、4、1条，总共有16条路径，同理有

$$C_4^0 + C_4^1 + C_4^2 + C_4^3 + C_4^4 = 1+4+6+4+1 = 16 = 2^4 \tag{20.2}$$

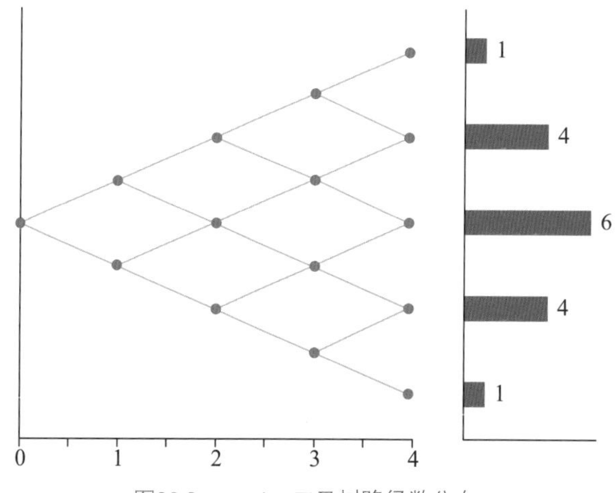

图20.8　$n = 4$，二叉树路径数分布

也就是说，这种情况登山者面临4次“二选一”的决策。

如图20.9所示，$n = 5$时，登山者有5次“二选一”决策，到达二叉树终点节点的路径分别有1、5、10、10、5、1条，总共有32条路径，有

$$C_5^0 + C_5^1 + C_5^2 + C_5^3 + C_5^4 + C_5^5 = 1+5+10+10+5+1 = 32 = 2^5 \tag{20.3}$$

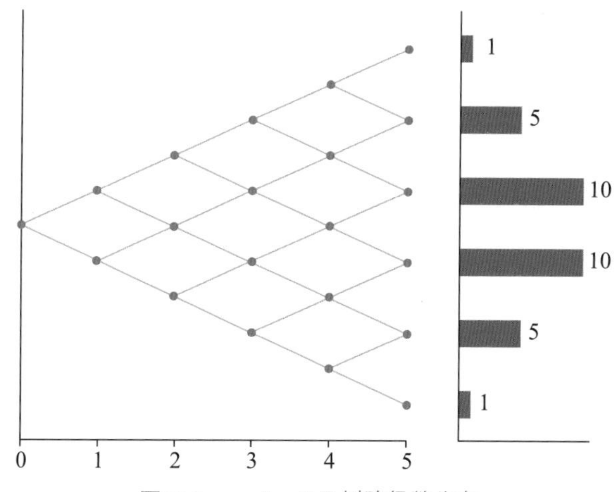

图20.9　$n = 5$，二叉树路径数分布

从概率统计角度，图20.9右侧的直方图常被称作**频数直方图** (frequency histogram)。频数也称次数，是对总数据按某种标准进行分组，统计出各个组内含个体的个数。

杨辉三角和二叉树体现出来的规律像极了老子所言：“道生一，一生二，二生三，三生万物。”

代码文件Bk3_Ch20_1.py中Bk3_Ch20_1_A部分绘制图20.7～图20.9。

20.3 抛硬币：正反面概率

确定与随机

在自然界和社会实践活动中，人类遇到的各种现象可以分为两大类：确定现象，随机现象。

随机现象的准确定义是：在一定条件下，出现的可能结果不止一个，事前无法确切知道哪一个结果一定会出现，但大量重复试验中其结果又具有统计规律的现象称为随机现象。

一年二十四节气轮替，太阳东升西落，这是确定性现象。某一年是干旱少雨，还是洪涝灾害频发，某一天是否会下雨，什么时候下雨，降水量多大，这些事情的结果都是随机的。

天地不仁，以万物为刍狗——感觉这句就是在说随机性。

但是，随机之中有确定。举个例子，抛一枚硬币，谁也不能准确预测硬币落地时是正面还是反面朝上。但是，大量抛硬币，却发现硬币的正反面平均值有一定的规律。

人类虽然不能百分之百准确预测明年今天的晴雨状况。但是，通过研究大量气象数据，我们可以找到降水的周期性规律，并在一定范围内预测降水量。

在微观、少量、短期尺度上，我们看到的更多的是不确定、不可预测、随机；但是，站在宏观、大量、长期尺度上，我们可以发现确定、模式、规律。

随机试验

随机试验 (random experiment) 是在相同条件下对某随机现象进行的大量重复观测。随机试验需要满足下列三个条件：

① 可重复，在相同条件下试验可以重复进行；

② 结果集合明确，每次试验的可能结果不止一个，并且能事先明确试验的所有可能结果；

③ 单次试验结果不确定，进行一次试验之前不能确定哪一个结果会出现，但必然出现结果集合中的一个。

给定一个随机试验，所有的结果构成的集合为样本空间Ω。样本空间Ω中的每一个元素为一个样本点。

概率

概率 (probability) 反映随机事件出现的可能性大小。

给定任意一个事件A，$\Pr(A)$ 为**事件A发生的概率** (the probability of event A occurring)。

> 注意：本书概率记法，Pr为正体。

对于任意事件A，A发生的概率满足

$$\Pr(A) \geq 0 \tag{20.4}$$

整个样本空间Ω的概率为1，即

$$\Pr(\Omega) = 1 \tag{20.5}$$

空集 $\varnothing$ 不包含任何样本点，也称做不可能事件，因此对应的概率为0，即

$$\Pr(\varnothing)=0 \tag{20.6}$$

通俗地讲，一定会发生的事情，概率值为1 (100%)；一定不会发生的事情，概率值为0 (0%)。不一定会发生的事情，概率值在0到1之间。这就是量化“可能性”的基础。注意，在几何概型中，概率为0不代表事件不能发生。

等可能

等可能性是指设一个试验的所有可能发生的结果有n个，它们都是随机事件，每次试验有且只有其中的一个结果出现。

如果每个结果出现的机会均等，那么说这n个事件的发生是等可能试验的结果。设样本空间Ω由n个等可能的试验结果构成，事件A的概率为

$$\Pr(A)=\frac{n_A}{n} \tag{20.7}$$

其中：n_A为于事件A的试验结果数量。

这种基本事件个数有限且等可能的概率模型，称为古典概率模型。所谓概率模型是对不确定现象的数学描述。

抛硬币

举最简单的例子，抛一枚硬币，1代表落地结果为正面、0代表结果为反面。抛一枚硬币的可能结果样本空间Ω为

$$\Omega=\{0,1\} \tag{20.8}$$

根据生活常识，如果硬币质地均匀。获得正面和反面的概率相同均为1/2，即等可能，则有

$$\Pr(0)=\Pr(1)=\frac{1}{2} \tag{20.9}$$

连续抛100次硬币，并记录每次硬币正 (1)、反面 (0) 结果。图20.10为每一次试验硬币正反面结果以及累计结果的平均值变化。可以发现，随着抛硬币的次数不断增多，硬币正反面平均值越来越靠近1/2。

Bk3_Ch20_2.py绘制图20.10。

在Bk3_Ch20_2.py基础上，我们做了一个App展示采用不同随机数发生器种子得到不同试验结果。请参考Streamlit_Bk3_Ch20_2.py。

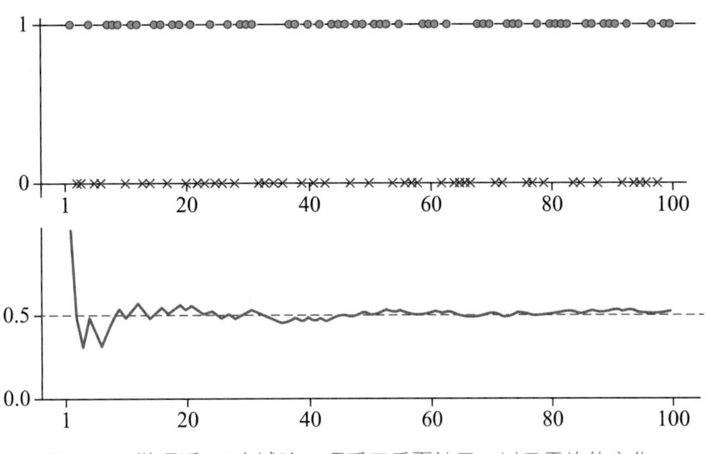

图20.10　抛硬币100次试验，硬币正反面结果，以及平均值变化

20.4 聊聊概率：向上还是向下

本节引入概率，给杨辉三角增添一个新视角。

登山者在二叉树始点或中间节点时，都会面临“向上”或“向下”这种二选一的抉择。如果登山者通过抛硬币，决定每一步的行走路径——正面，向右上走；反面，向右下走。

生活经验告诉我们，如果硬币质地均匀，抛硬币时获得正面和反面的可能性相同。这个可能性，就是上一节提到的概率。

对于图20.11 (a)，当登山者位于红色点 ●，他通过抛一枚硬币决定向上走和向下走的概率 (可能性) 相同，均为0.5 (50%)。

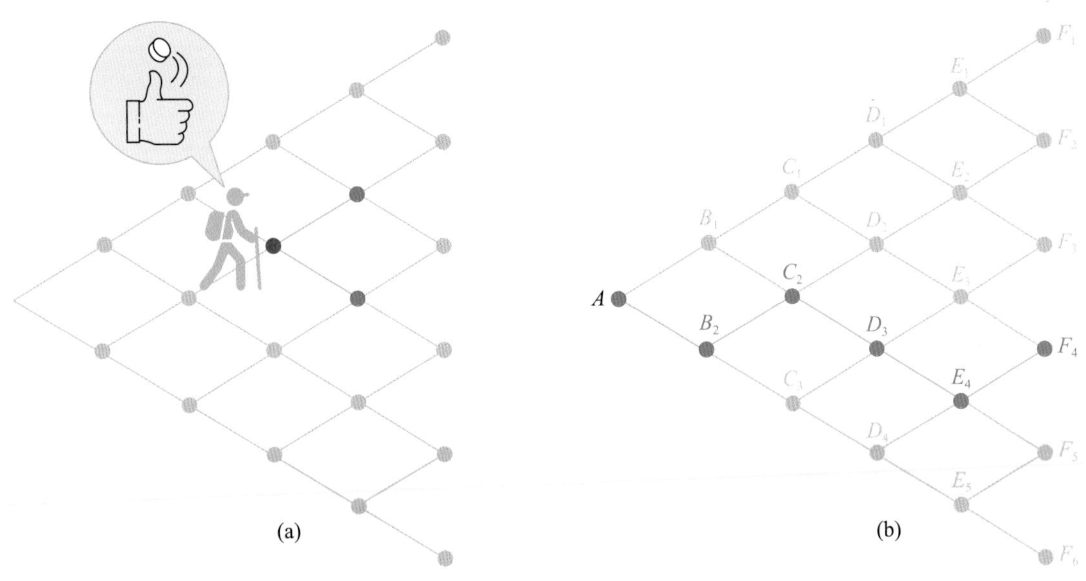

图20.11　二叉树路径与可能性

等可能角度

通过本章前文学习，大家已经清楚图20.11 (b) 所示的二叉树一共有32条路径。显然，从初始点到某一特定终点节点，登山者采用任意路径的可能性相同。也就是说图20.11 (b) 中$A \to B_2 \to C_2 \to D_3 \to E_4 \to F_4$这条路径被采纳的概率 (可能性) 为

$$\Pr(A \to B_2 \to C_2 \to D_3 \to E_4 \to F_4) = \frac{1}{32} = 0.03125 = 3.125\% \tag{20.10}$$

二选一角度

再换一个角度，登山者在A、B、C、D、E这5个节点都面临二选一的抉择，而选择向上或向下的概率均为1/2；因此，登山者选择图20.11 (b) 中$A \to B_2 \to C_2 \to D_3 \to E_4 \to F_4$路径的概率为

$$\Pr(A \to B_2 \to C_2 \to D_3 \to E_4 \to F_4) = \left(\frac{1}{2}\right)^5 = \frac{1}{32} = 0.03125 = 3.125\% \tag{20.11}$$

结果与式 (20.10) 完全一致。

组合数

图20.11 (b) 所示二叉树从起点A到终点 ($F_1 \sim F_6$) 一共有32条路径，而到达F_4点一共有10条路径。也就是说从A点出发，最终到达F_4点的概率为

$$\Pr(F_4) = \frac{C_5^3}{2^5} = \frac{10}{32} = 0.3125 = 31.25\% \tag{20.12}$$

同理，我们可以计算得到到达F_1、F_2、F_3、F_5、F_6这几个终点的概率为

$$\begin{aligned}
\Pr(F_1) &= \frac{C_5^0}{2^5} = \frac{1}{32} = 0.03125 \\
\Pr(F_2) &= \frac{C_5^1}{2^5} = \frac{5}{32} = 0.15625 \\
\Pr(F_3) &= \frac{C_5^2}{2^5} = \frac{10}{32} = 0.3125 \\
\Pr(F_5) &= \frac{C_5^4}{2^5} = \frac{5}{32} = 0.15625 \\
\Pr(F_6) &= \frac{C_5^5}{2^5} = \frac{1}{32} = 0.03125
\end{aligned} \tag{20.13}$$

举个例子，从A点出发，不管中间走哪条路线，到达F_2的概率为15.625%。

这些概率值求和，得到结果为1；这就是说，按照既定规则，登山者从起点出发，必然到达终点。1量化了“必然”这一论述，即

$$\begin{aligned}\left(\frac{1}{2}+\frac{1}{2}\right)^5 &= C_5^0\left(\frac{1}{2}\right)^5+C_5^1\left(\frac{1}{2}\right)^5+C_5^2\left(\frac{1}{2}\right)^5+C_5^3\left(\frac{1}{2}\right)^5+C_5^4\left(\frac{1}{2}\right)^5+C_5^5\left(\frac{1}{2}\right)^5\\ &=\frac{1}{32}+\frac{5}{32}+\frac{10}{32}+\frac{10}{32}+\frac{5}{32}+\frac{1}{32}\\ &=0.03125+0.15625+0.3125+0.3125+0.15625+0.03125=1\end{aligned}\tag{20.14}$$

概率直方图

将上述概率值作成水平条形图，放在二叉树路径的右侧，我们得到图20.12所示图形。

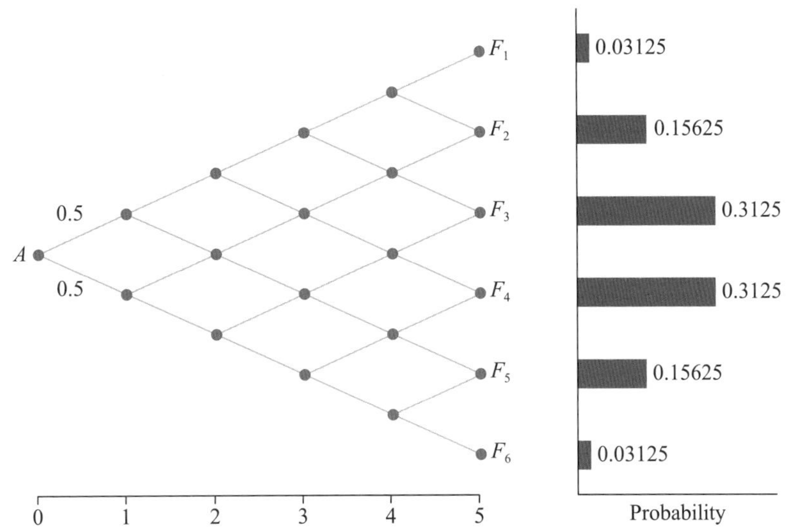

图20.12　$n=5$，到达二叉树终点节点概率分布，向上、向下概率均为0.5

这种直方图被称作**概率直方图** (probability histogram)。大家可能已经发现，图20.9所示的频数直方图结果除以总数32，就得到图20.12这幅概率直方图。也就是说，频数直方图和概率直方图可以很容易地进行相互转化。注意，直方图可以用来展示频数、概率值、概率密度值。

20.5 一枚质地不均匀的硬币

前文假设硬币质地均匀，即抛一枚硬币获得正面或背面朝上的概率相同，均为0.5 (50%)；但是，假设一种情况，硬币质地不均匀，抛这枚硬币时，得到正面的可能性为60%，反面的可能性为40%。

下面计算一下抛这枚硬币决定在图20.11所示二叉树中登山者从起点到达终点的选取不同路径的可能性。

在五次“二选一”的决策中，向上走的可能性为0.6，向下走的可能性为0.4，利用组合数容易得到，到达F_1、F_2、F_3、F_4、F_5、F_6对应的概率分别为

$$\begin{aligned}
\Pr(F_1) &= C_5^0 \times 0.6^5 \times 0.4^0 = 0.07776 \\
\Pr(F_2) &= C_5^1 \times 0.6^4 \times 0.4^1 = 0.2592 \\
\Pr(F_3) &= C_5^2 \times 0.6^3 \times 0.4^2 = 0.3456 \\
\Pr(F_4) &= C_5^3 \times 0.6^2 \times 0.4^3 = 0.2304 \\
\Pr(F_5) &= C_5^4 \times 0.6^1 \times 0.4^4 = 0.0768 \\
\Pr(F_6) &= C_5^5 \times 0.6^0 \times 0.4^5 = 0.01024
\end{aligned} \tag{20.15}$$

到达F_1、F_2、F_3、F_4、F_5、F_6对应的概率之和仍然为1，即

$$\begin{aligned}
(0.6+0.4)^5 &= \underbrace{C_5^0 \times 0.6^5 \times 0.4^0}_{\Pr(F_1)} + \underbrace{C_5^1 \times 0.6^4 \times 0.4^1}_{\Pr(F_2)} + \underbrace{C_5^2 \times 0.6^3 \times 0.4^2}_{\Pr(F_3)} \\
&\quad + \underbrace{C_5^3 \times 0.6^2 \times 0.4^3}_{\Pr(F_4)} + \underbrace{C_5^4 \times 0.6^1 \times 0.4^4}_{\Pr(F_5)} + \underbrace{C_5^5 \times 0.6^0 \times 0.4^5}_{\Pr(F_6)} \\
&= 0.07776 + 0.2592 + 0.3456 + 0.2304 + 0.0768 + 0.01024 = 1
\end{aligned} \tag{20.16}$$

但是对比图20.12和图20.13，容易发现登山者倾向于“向上走”；这显然是因为硬币不均匀，抛硬币得到正面的概率高于反面导致的。而且图20.13右侧的概率直方图不再对称。

如果我们恰好能够找到另外一枚质地不均匀的硬币，抛这枚硬币时，得到正面的可能性为30%，反面的可能性为70%。登山者通过抛这枚硬币确定向上走或向下走，如图20.14所示，登山者会更倾向于向下走。

这一节的内容，实际上就是我们要在丛书《统计至简》一本中要讲解的**二项式分布** (binomial distribution)。概率是数据科学和机器学习中重要的板块，鸢尾花书《统计至简》一书中将会全面讲解。

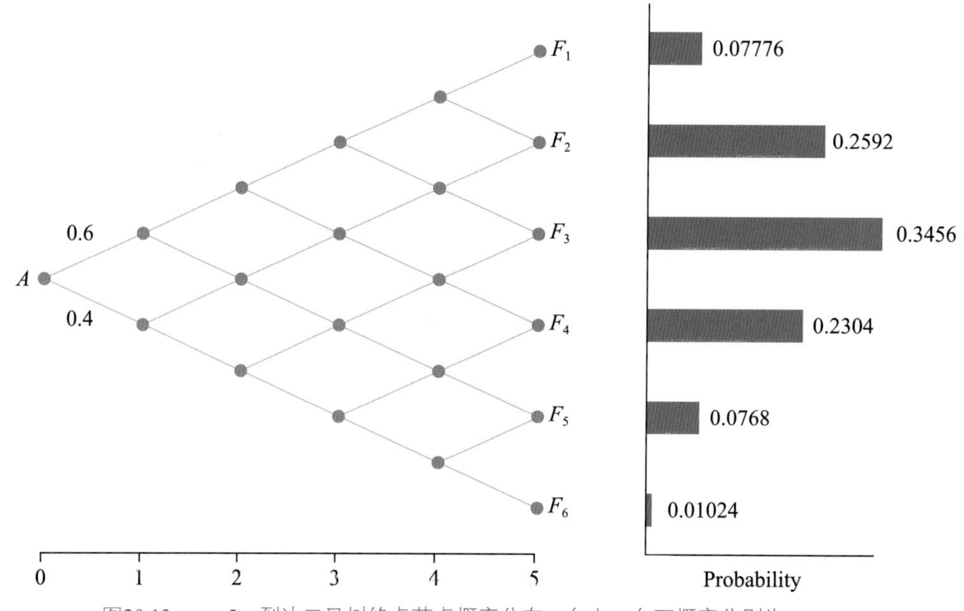

图20.13　$n = 5$，到达二叉树终点节点概率分布，向上、向下概率分别为0.6、0.4

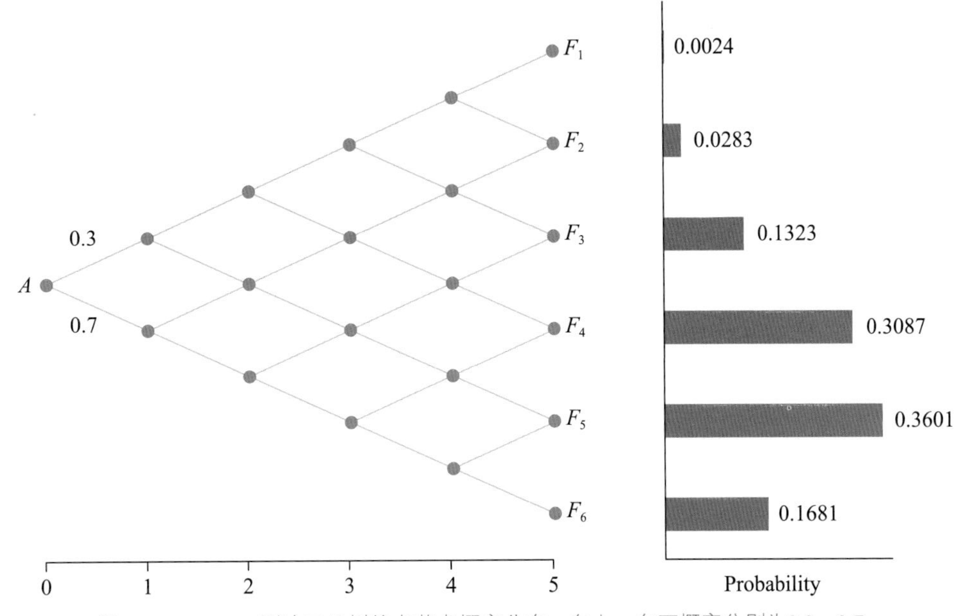

图20.14　$n = 5$，到达二叉树终点节点概率分布，向上、向下概率分别为0.3、0.7

代码文件Bk3_Ch20_1.py中Bk3_Ch20_1_B部分绘制图20.12~图20.14。请读者修改代码中的p值。

在Bk3_Ch20_1.py基础上，我们做了一个App展示不同概率值对到达终点不同点概率的影响。请参考Streamlit_Bk3_Ch20_1.py。

20.6 随机中有规律

本节还是用二叉树来探讨随机和确定之间的辩证关系。

在给定的二叉树网格中，登山者在不同节点"随机"确定向上走、向下走，得到的结果就是一种**随机漫步** (random walk)。

图20.15所示为20步二叉树网格，根据前文所介绍，我们知道从起点到终点，这个网格对应2^{20} (1048576) 条路径。图20.15四幅图给出的是登山者在2、4、8、16次随机实验中可能走的路径。

随着随机实验次数，我们似乎可以预感，到达终点时登山者在中间的可能性会高于两端。

为了验证这一直觉，并相对准确地确定登山者到达终点位置的规律，我们不断增加随机路径的数量，并根据终点位置绘制频率直方图。如图20.16所示为50、100、5000条随机路径条件下，登山者终点位置概率直方图。

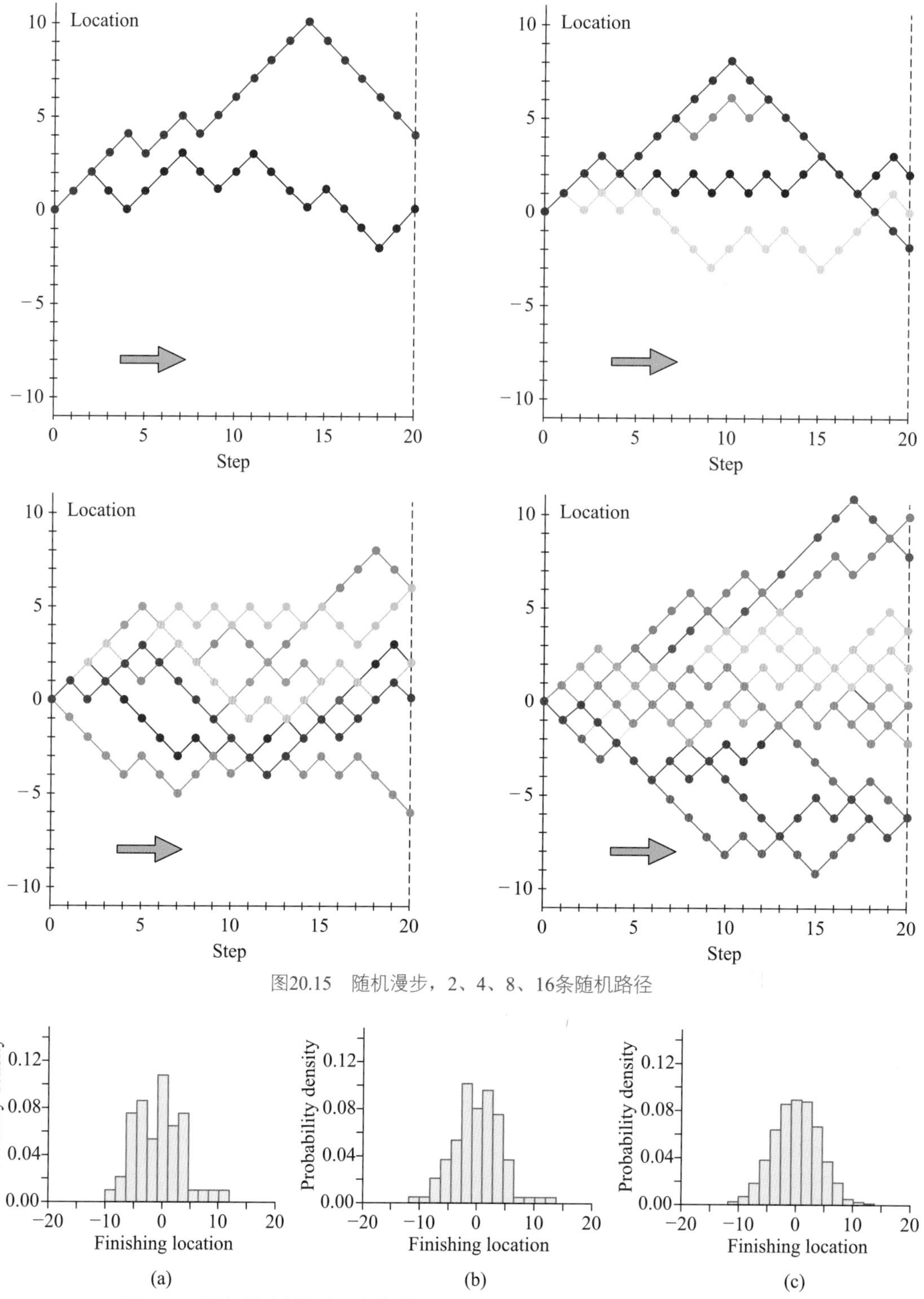

图20.15　随机漫步，2、4、8、16条随机路径

图20.16　随机漫步结束位置概率直方图，50、100、5000条路径纵轴为概率密度

实际上，二叉树网格限制了登山者向上或向下运动的步幅。更进一步，如果我们放开二叉树网格的限制，让登山者按照某种规律自行决定向上或向下的步幅，就可以得到图20.17所示的结果。

单看图中任意一条或几条路径，我们很难抓住任何规律；但是随着随机路径的数量不断增多，运动的规律就不言自明了。

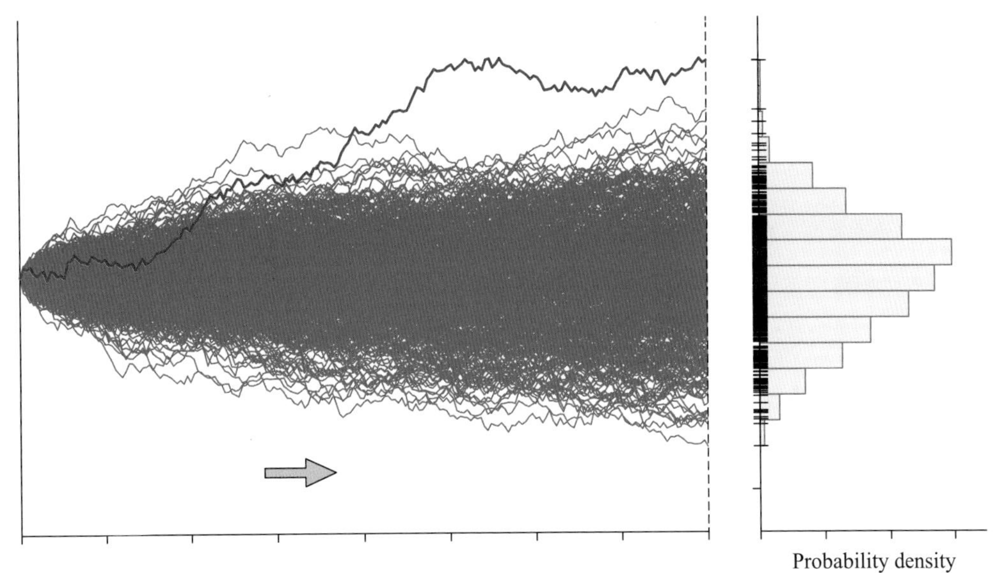

图20.17 不受二叉树网格限制的随机漫步

生活中，这种随机中存在规律的情况不胜枚举。

举个例子，图20.18左图所示为一段时间内某只股票的日收益率，红线以上为股价上涨，红线以下为股价下跌。单看某几天的股价涨跌很难把握住规律。但是，把一段时间内股价的日收益率数据绘制成直方图，如图20.18右图所示，我们就可以发现股价涨跌规律的端倪。

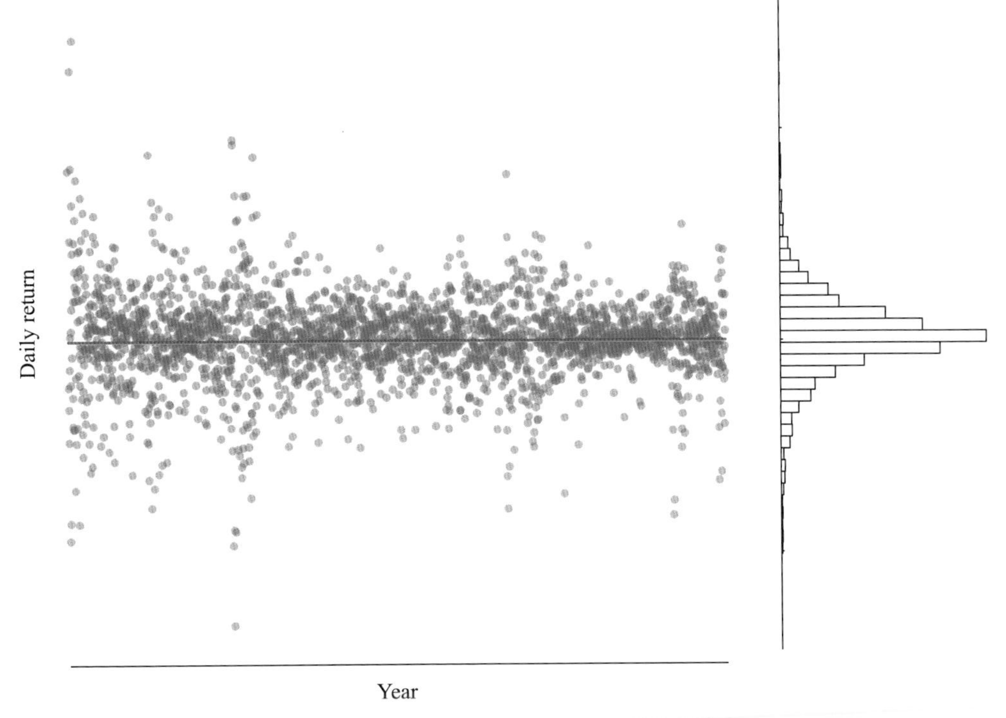

图20.18 股价日收益率和一段时间内的分布情况

当然，为了得出更有意义的结论，我们还需要掌握更多的概率统计工具。鸢尾花书将在《统计至简》和《数据有道》两本书中介绍更多的概率统计知识，以及如何将它们应用到数据分析和预测实践中。

高斯分布

观察图20.16、图20.17、图20.18所示的直方图，似乎某种神秘的规律或者一条神秘的曲线呼之欲出。这就是“宇宙终极分布”——**高斯分布** (Gaussian distribution)。

鸢尾花书《统计至简》一册将深入介绍高斯分布。

高斯分布是众多概率分布中较为常用的一种。所谓**概率分布** (probability distribution) 描述的是随机变量取值的概率规律。

高斯分布的**概率密度函数** (probability density function, PDF) 曲线解析式为

$$f_X(x) = \frac{1}{\sigma\sqrt{2\pi}} \exp\left(\frac{-1}{2}\left(\frac{x-\mu}{\sigma}\right)^2\right) \tag{20.17}$$

其中：μ为均值；σ为标准差。下一章我们将介绍均值和标准差。

满足式 (20.17) 的高斯分布常记作$N(\mu, \sigma^2)$。连续型随机变量的概率密度函数PDF描述随机变量在某个确定取值点处的可能性的函数。

式 (20.17) 实际上就是本书第12章介绍过的高斯函数通过函数变换得到的解析式。

图20.19所示为三个不同参数的一元高斯分布概率密度函数曲线。高斯分布，形态上极富美感；公式优雅精巧，包含数学中两个重要无理数π和e。高斯分布可以解释自然界很多纷繁复杂的规律；有人说，高斯分布似乎代表着宇宙幕后的终极秩序。

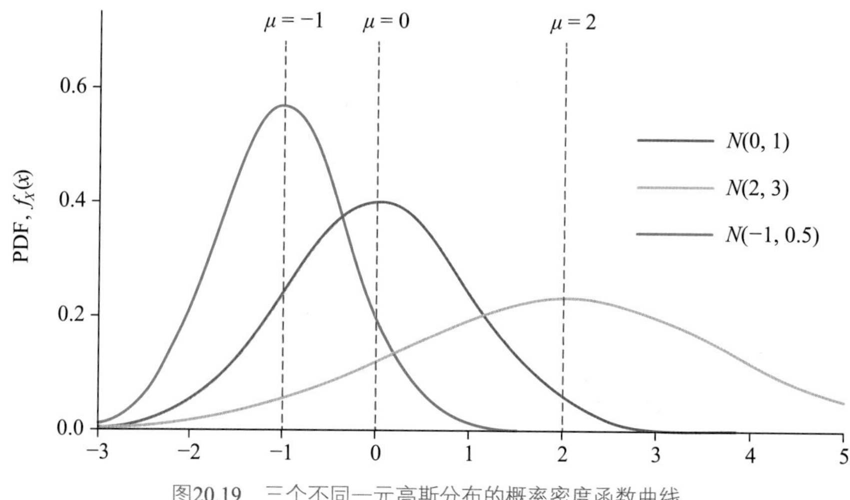

图20.19　三个不同一元高斯分布的概率密度函数曲线

本书前文利用杨辉三角，将算术、代数、几何、数列等数学知识联系起来，本章又将杨辉三角的触角伸到二叉树、概率和随机等概念；这正是丛书的重要目的之一——打破数学板块之间的壁垒，将它们有机联结起来。

希望大家通过本章的学习，能够获得有关概率和随机的直观感受。随着鸢尾花书内容的不断深入，大家不仅能够获得解释随机现象的数学工具，还能将它们用在解决数据科学和机器学习的具体问题中去。

Fundamentals of Statistics

统计入门

以鸢尾花数据为例

有朝一日，对于所有人，统计思维就像读写能力一样重要。

Statistical thinking will one day be as necessary for efficient citizenship as the ability to read and write.

—— 赫伯特 • 乔治 • 威尔斯 (H. G. Wells) | 英国科幻小说家 | 1866 — 1946

- `seaborn.heatmap()` 绘制热图
- `seaborn.histplot()` 绘制频率 / 概率直方图
- `seaborn.pairplot()` 绘制成对分析图
- `seaborn.lineplot()` 绘制线图

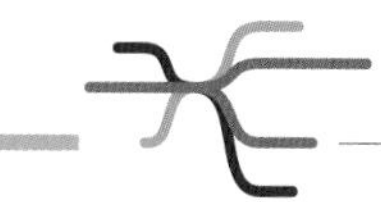

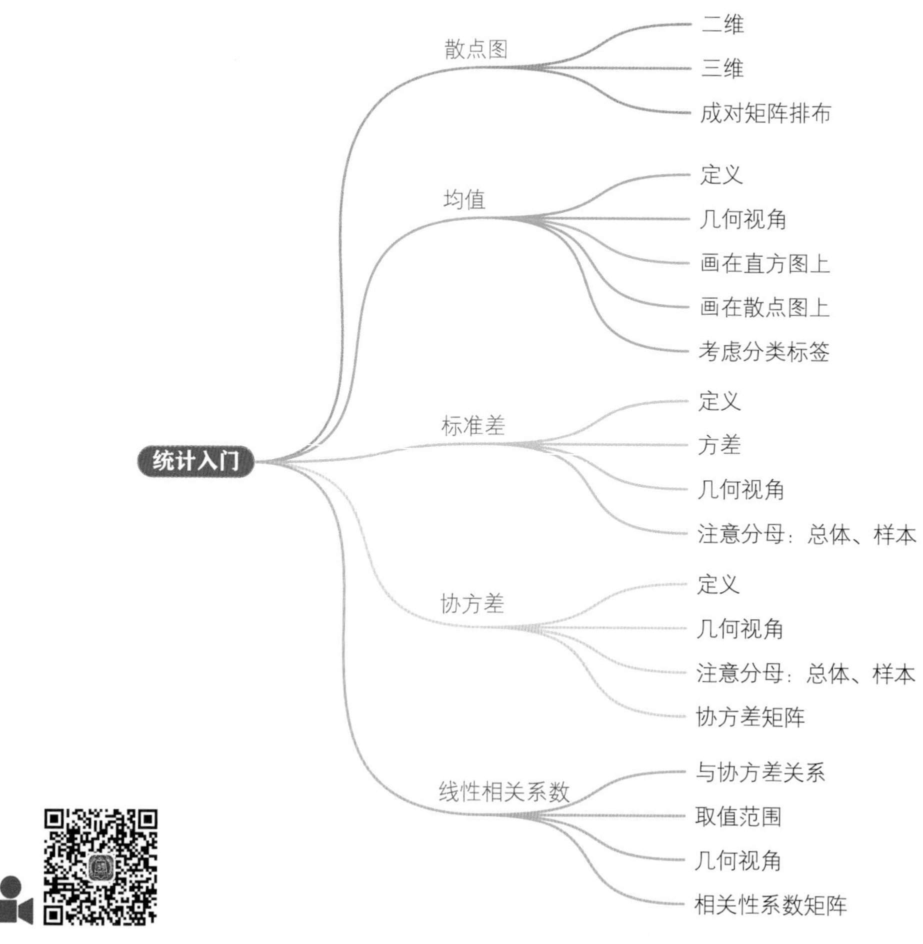

21.1 统计的前世今生：强国知十三数

现在，“概率”和“统计”两个词如影随形。统计搜集、整理、分析、研究数据，从而寻找规律。概率论是统计推断的基础，它基于特定条件，概率量化事件的可能性，如图21.1所示。

现代统计学的主要数学基础是概率论；但是，统计的出现远早于概率。通过上一章的学习，我们了解了概率出身草莽；但是，统计学却是衔玉而生。

统计学的初衷就是为国家管理提供可靠数据。英语中statistics是源于现代拉丁语statisticum collegium (国会)。

中国战国时期思想家商鞅 (390 B.C.—338

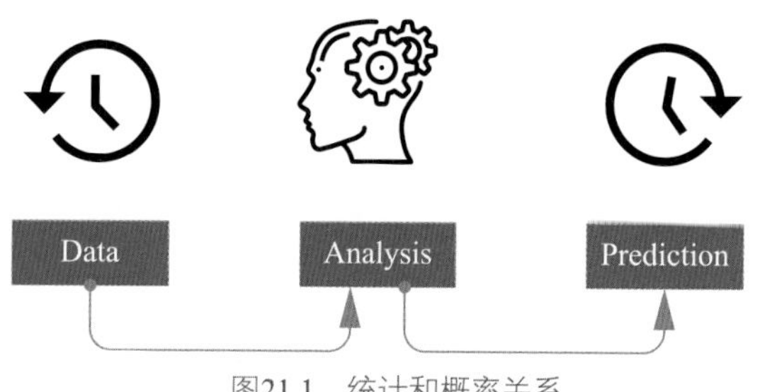

图21.1　统计和概率关系

B.C.) 提出“强国知十三数”，他为秦国制定的统计内容包含“十三数”——“竟内仓、口之数，壮男、壮女之数，老、弱之数，官、士之数，以言说取食者之数，利民之数，马、牛、刍藁 (chú gǎo) 之数。欲强国，不知国十三数，地虽利，民虽众，国愈弱至削。”

简单说，商鞅认为和国家存亡攸关的统计数字包括粮仓、金库、壮年男子、壮年女子、老年人、体弱者、官吏、士卒、游说者、工商业者、牲畜和饲料。刍藁为饲养牲畜的草料。

商鞅强调统计数字对王朝兴亡至关重要。他说：“数者，臣主之术而国之要也。故万国失数而国不危，臣主失数而不乱者，未之有也。”大意是，统计数字是治国之术和国家根本；没有统计数字，君主便无法治国理政，国家就要危乱。

阿拉伯学者**肯迪** (Al-Kindi, 801—873) 创作的《密码破译》(*Manuscript on Deciphering Cryptographic Messages*) 一书中，介绍如何使用统计数据和频率分析进行密码破译。肯迪和本书前文介绍的**花拉子密** (Muhammad ibn Musa al-Khwarizmi) 都供职于巴格达“**智慧宫** (House of Wisdom)”。

英国经济学家约翰·葛兰特 (John Graunt, 1620—1674) 在1663年发表了《对死亡率表的自然与政治观察》(*Natural and Political Observations Made Upon the Bills of Mortality*)，被誉为人口统计学的开山之作，他本人也常被称作“人口统计学之父”。

本章内容以鸢尾花数据为例，用最少的公式，尽量从几何可视化视角给大家介绍统计的入门知识。

21.2 散点图：当数据遇到坐标系

本书第1章以表格的形式介绍过鸢尾花数据。有了坐标系，类似于鸢尾花这样的样本数据就可以在纸面飞跃。本节介绍样本数据重要的可视化方案之一——**散点图** (scatter plot)。散点图将二维样本数据以点的形式展现在直角坐标系上。

图21.2 (a) 所示为鸢尾花数据中花萼长度和花萼宽度两个特征的散点图。散点图中每一个点代表一朵鸢尾花，横坐标值代表花萼长度，纵坐标值代表花萼宽度。

我们知道鸢尾花数据集一共有150个数据点，分成三大类，也就是对应3个不同的标签。在图21.2 (a) 所示散点图的基础上，用不同颜色区分分类标签，我们可以得到图21.2 (b)。

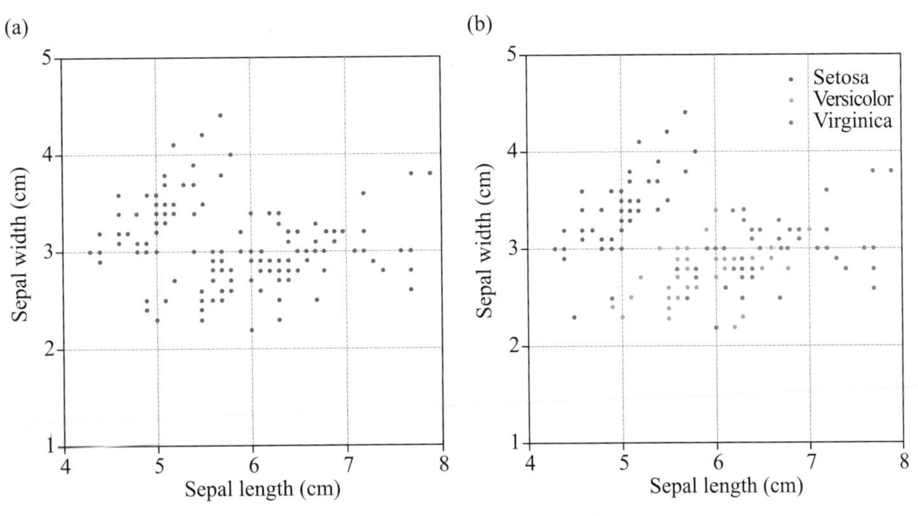

图21.2 花萼长度、花萼宽度特征数据散点图

我们也可以在三维直角坐标系中绘制散点图。图21.3 (a) 所示为花萼长度、花萼宽度、花瓣长度三个特征的散点图。

在图21.3 (a) 的基础上，如果加上分类标签，我们便可以得到图21.3 (b)所示的图像。

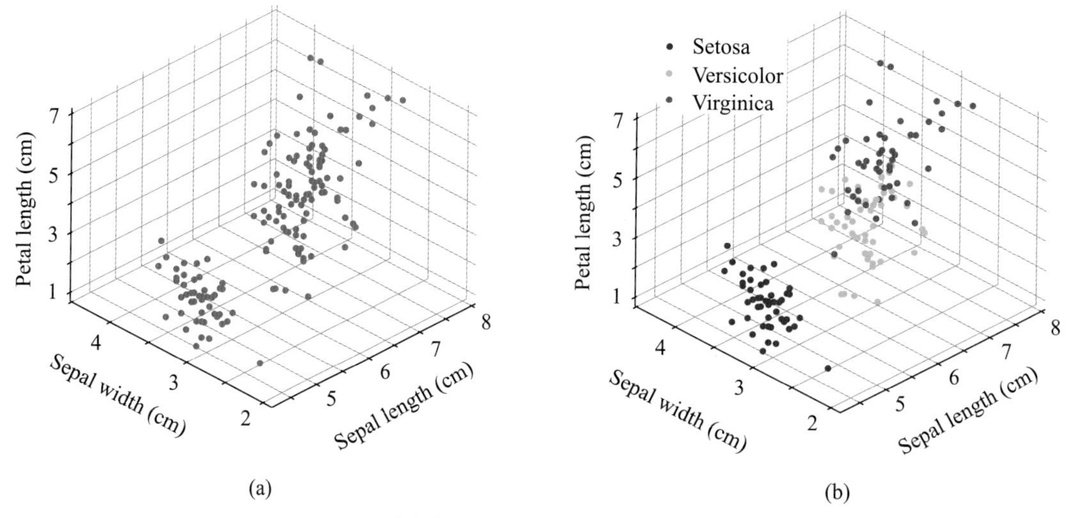

图21.3　花萼长度、花萼宽度、花瓣长度散点图

成对特征散点图

简单来说，概率密度估计曲线展示数据分布情况，类似于上一章介绍的频率直方图。鸢尾花书《统计至简》一册将专门讲解概率密度估计。

大家可能会问，鸢尾花有4个特征 (花萼长度、花萼宽度、花瓣长度、花瓣宽度)；有没有什么可视化方案能够展示所有的特征？

答案是成对特征散点图。

如图21.4所示，16幅子图被安排成 4 × 4矩阵的形式。其中，12幅散点图为成对特征关系，对角线上的4幅图像叫作**概率密度估计** (probability density estimation) 曲线。

散点图的作用

利用散点图，我们可以发现数据的集中、分布程度，如数据主要集中在哪些区域。

散点图也会揭示不同特征之间可能存在的量化关系，比如图21.4中花瓣长度和宽度数据关系似乎能够用一条直线来表达。这就是**线性回归** (linear regression) 的思路。

鸢尾花书《数据有道》一册将讲解发现数据中离群值的常用算法。

此外，我们还可以利用散点图发现数据是否存在离群值。**离群值** (outlier) 指的是，和其他数据相比，数据中有一个或几个样本数值差异较大。

本节采用可视化的方式来描绘数据，实际应用中，我们经常需要量化数据的集中、分散程度，以及不同特征之间的关系。这就需要大家了解均值、方差、标准差、协方差、相关性这些概念。这是本章后续要介绍的内容。

代码文件Bk3_Ch21_1.py中Bk3_Ch21_1_A部分绘制本节图像。

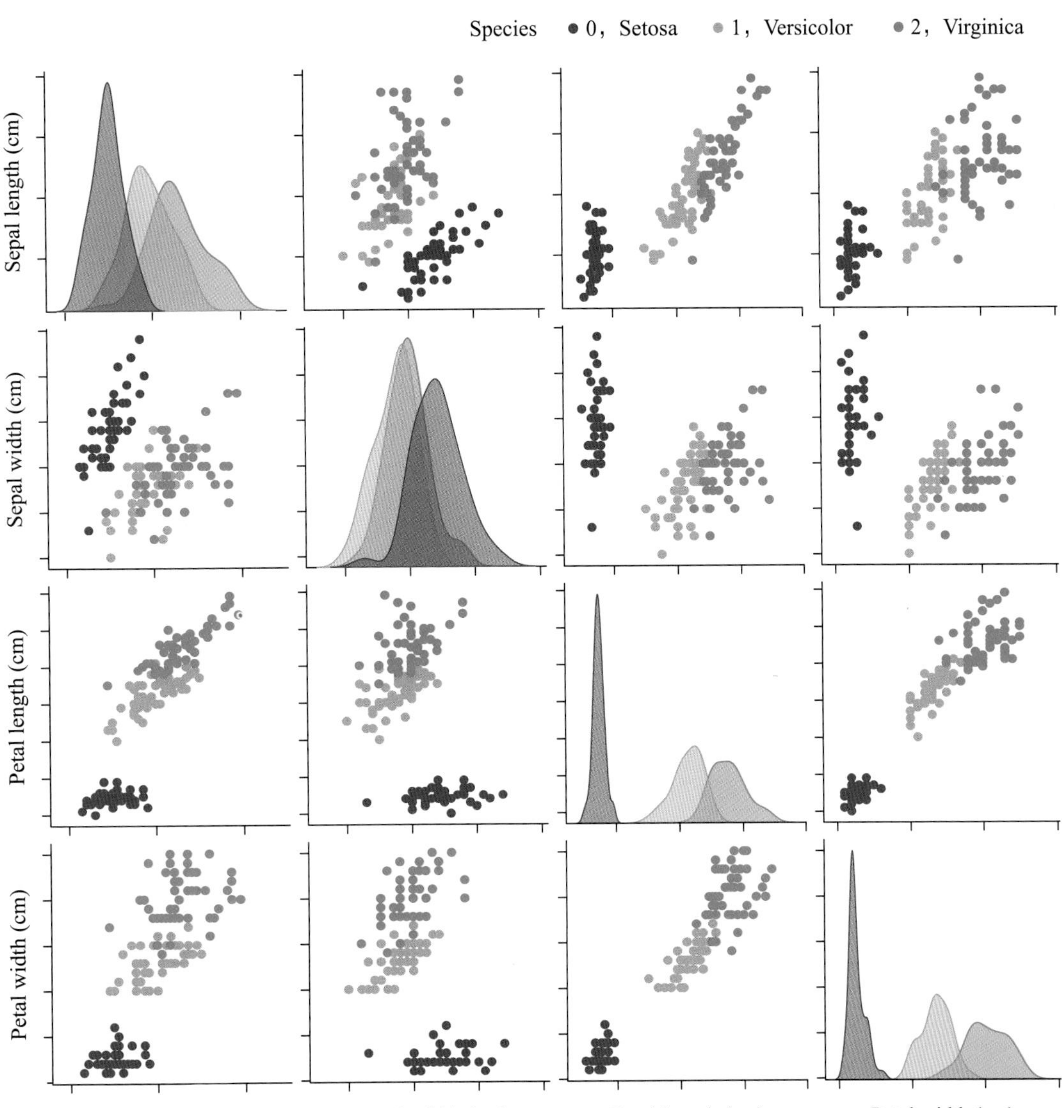

图21.4　鸢尾花数据成对特征散点图（考虑分类标签）

21.3 均值：集中程度

大家对均值这个概念应该并不陌生。

均值（average或mean），也叫平均值或**算术平均数**（arithmetic average或arithmetic mean）。均值代表一组数据的集中趋势。

均值对应的运算是：一组数据中所有数据先求和，再除以这组数据的个数。比如，鸢尾花花萼特征数据 $\left\{x_1^{(1)},x_1^{(2)},\ldots,x_1^{(150)}\right\}$ 有150个值，它们的平均值为

$$\mu_1 = \frac{1}{n}\left(\sum_{i=1}^{n} x_1^{(i)}\right) = \frac{x_1^{(1)} + x_1^{(2)} + \cdots + x_1^{(150)}}{150} \tag{21.1}$$

从几何角度讲，如图21.5所示，算术平均值相当于找到一个平衡点。

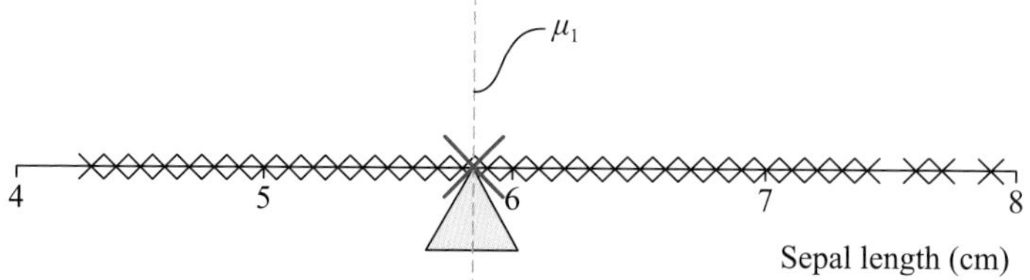

图21.5　均值相当于找到数据的平衡点

以鸢尾花为例，它的样本数据在花萼长度、花萼宽度、花瓣长度和花瓣宽度四个特征的均值分别为

$$\mu_1 = 5.843,\ \ \mu_2 = 3.057,\ \ \mu_3 = 3.758,\ \ \mu_4 = 1.199 \tag{21.2}$$

注意：在计算这四个均值时，我们并没有考虑鸢尾花的分类标签。

图21.6所示为鸢尾花四个特征均值在频数直方图上的位置。鸢尾花书系列一般不从记号上区分样本、总体均值、方差、标准差等统计量，除非特别说明。

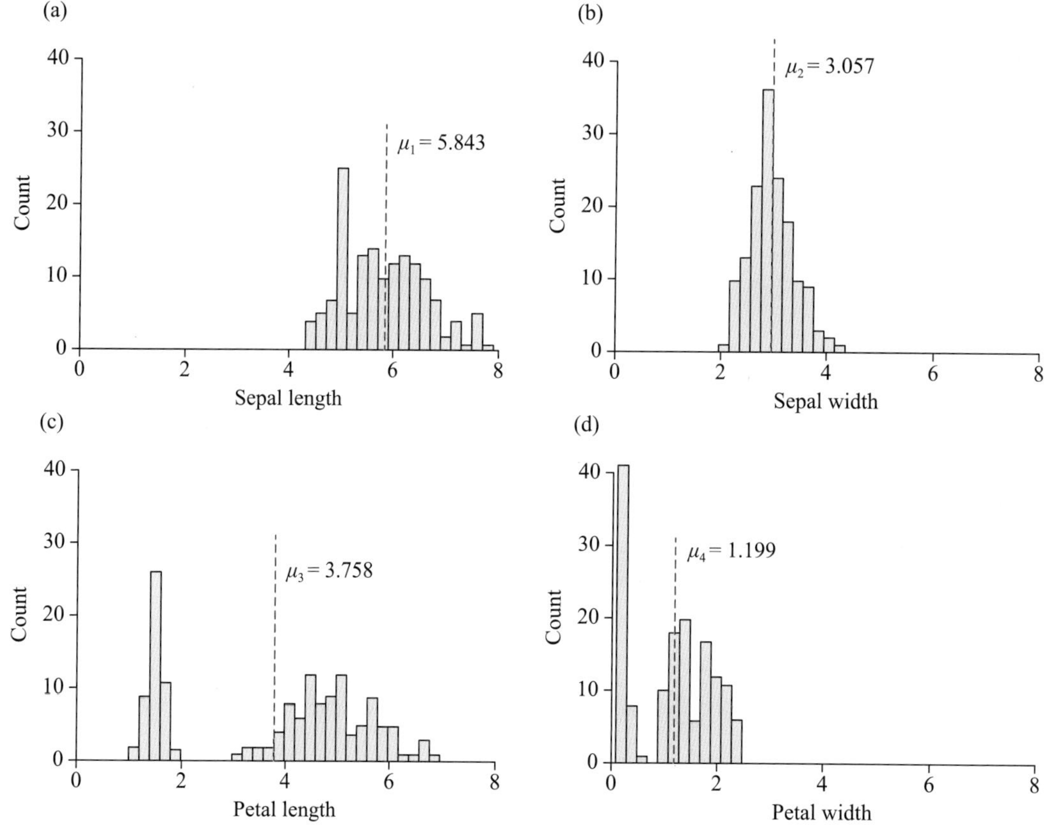

图21.6　鸢尾花四个特征数据均值在直方图位置

考虑分类

当然，我们在计算均值的时候，也可以考虑分类。

以鸢尾花数据为例，很多应用场合需要计算满足某个条件的均值，如标签为virginica样本数据的花萼长度。

在图21.4的基础上，我们可以三类不同标签条样本数据均值位置可视化，这样便得到图21.7。图21.7中×、×、×分别代表setosa、versicolor、virginica三个不同标签均值的位置。

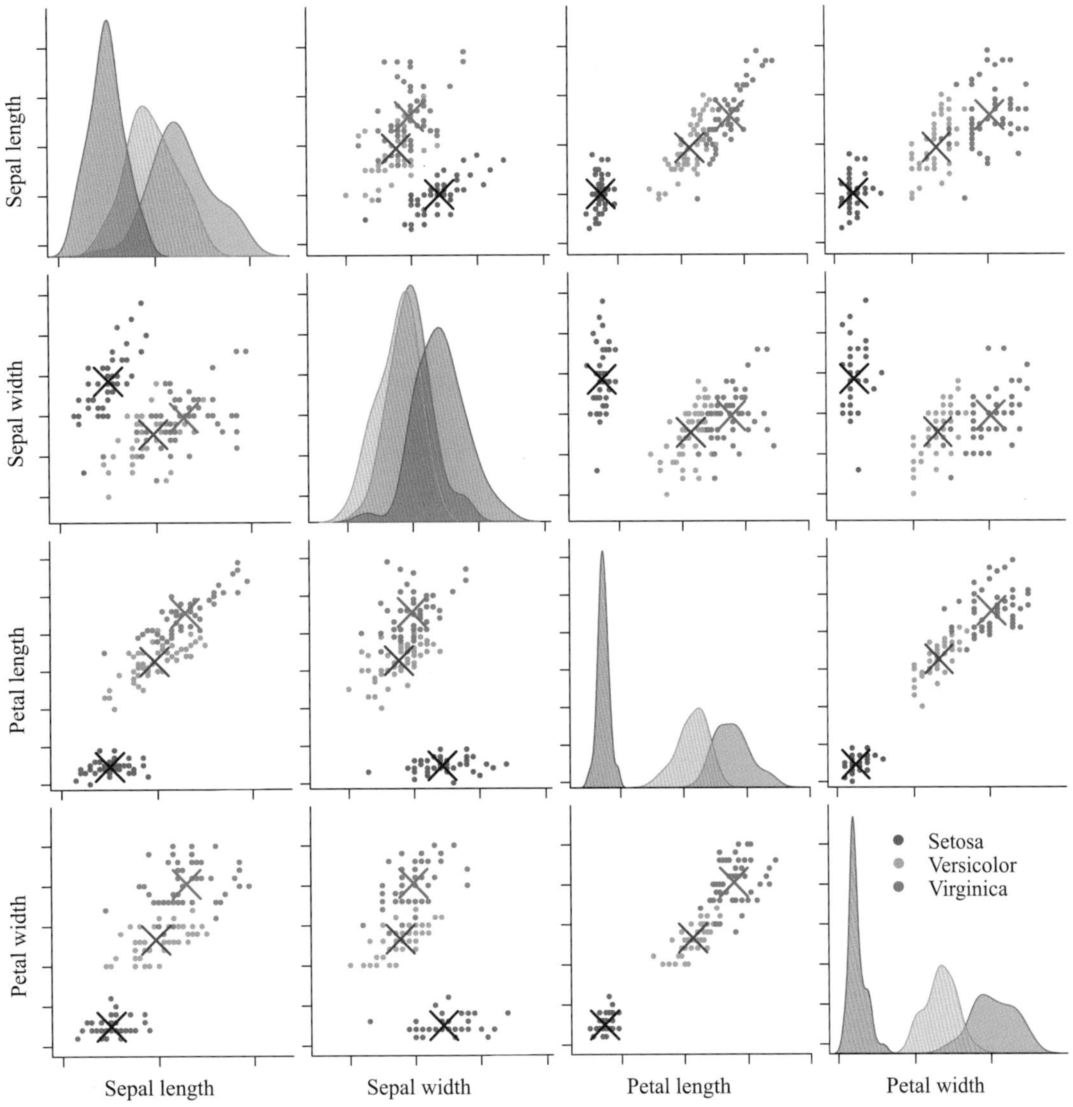

图21.7　均值在散点图上的位置，考虑分类标签

代码文件Bk3_Ch21_1.py中Bk3_Ch21_1_B部分计算均值并绘制图21.6。

21.4 标准差：离散程度

标准差 (standard deviation) 描述一组数值以均值μ为基准的分散程度。如果数据为样本，如鸢尾花花萼数据 $\left\{x_1^{(1)}, x_1^{(2)}, \ldots, x_1^{(150)}\right\}$ 标准差为

$$\sigma_1 = \sqrt{\frac{1}{150-1}\sum_{i=1}^{150}\left(x_1^{(i)} - \mu_1\right)^2} \tag{21.3}$$

注意：式 (21.3) 根号内分式的分母为 (150 − 1)，不是150。

注意，本书中不从记号上区分总体方差、样本方差。

标准差的平方为**方差** (variance)，即

$$\operatorname{var}\left(X_1\right) = \sigma_1^2 = \frac{1}{150-1}\sum_{i=1}^{150}\left(x_1^{(i)} - \mu_1\right)^2 \tag{21.4}$$

如图21.8所示，$\left|x_1^{(i)} - \mu_1\right|$代表$x_1^{(i)}$与$\mu_1$的距离；而$\left(x_1^{(i)} - \mu_1\right)^2$代表以$\left|x_1^{(i)} - \mu_1\right|$为边长的正方形的面积。式 (21.4) 相当于这些正方形面积求平均值。

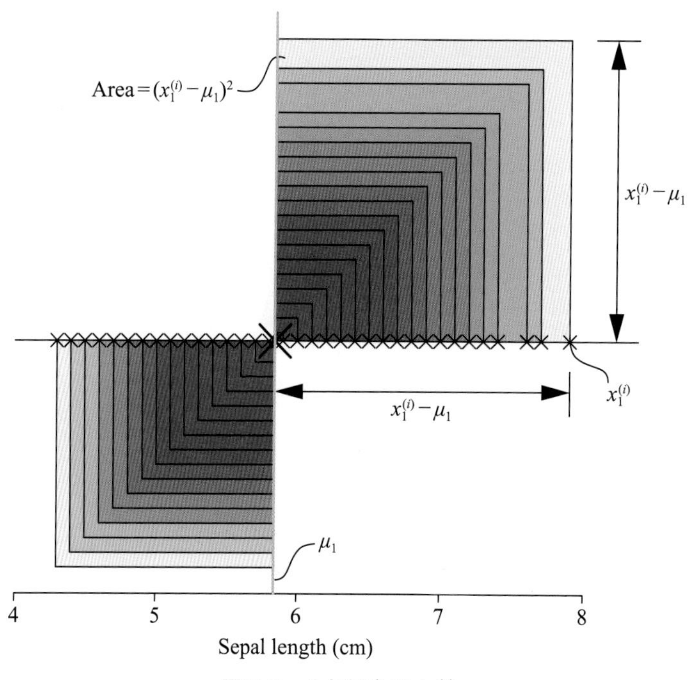

图21.8 几何视角看方差

注意：标准差的单位与样本数据相同；但是，方差的单位是样本数据单位的平方。比如，鸢尾花花萼长度的单位是厘米 (cm)，因此这个特征上样本数据的标准差对应的单位也是厘米 (cm)，而方差的单位是平方厘米 (cm²)。所以在同一幅图上，我们常会看到μ、$\mu \pm \sigma$、$\mu \pm 2\sigma$、$\mu \pm 3\sigma$等。

计算鸢尾花样本数据四个特征的标准差为

$$\sigma_1 = 0.825, \quad \sigma_2 = 0.434, \quad \sigma_3 = 1.759, \quad \sigma_4 = 0.759 \tag{21.5}$$

式 (21.5)中这些数值的单位都是厘米cm。

图21.9所示为鸢尾花四个特征数据均值μ、标准差$\mu \pm \sigma$在频数直方图上的位置。

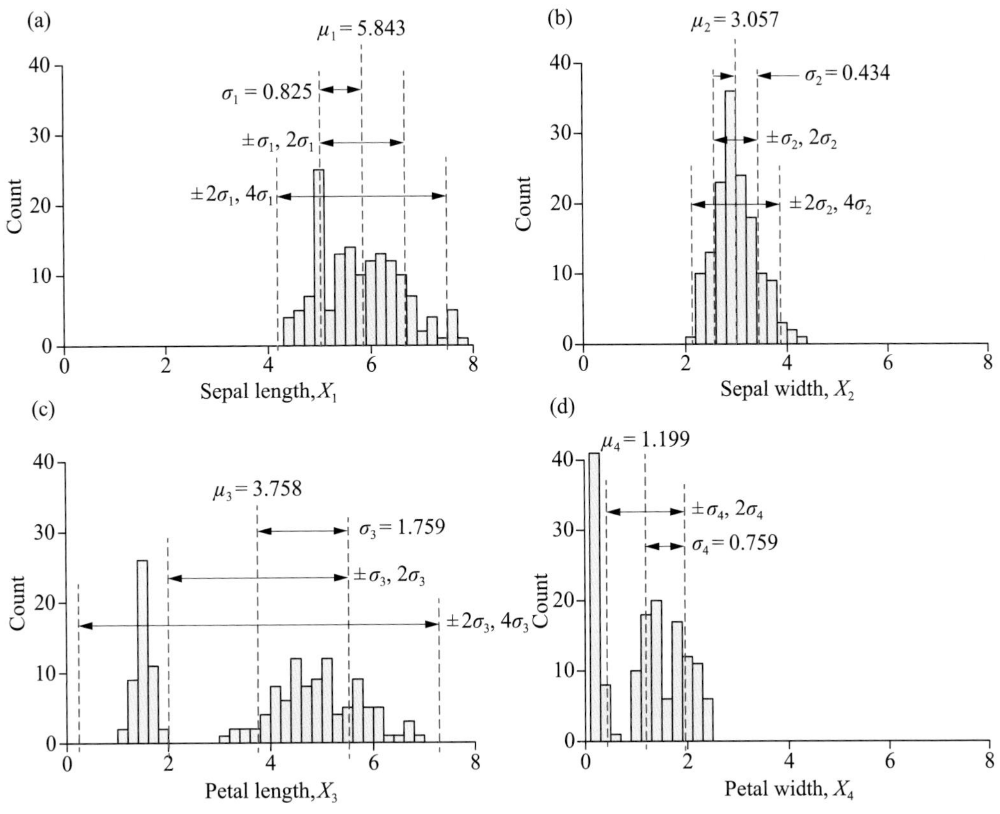

图21.9　鸢尾花四个特征数据均值、标准差在直方图位置

代码文件Bk3_Ch21_1.py中Bk3_Ch21_1_C部分计算标准差并绘制图21.9。

21.5 协方差：联合变化程度

协方差 (covariance) 描述的是随机变量联合变化程度。通俗地讲，以图21.4中花瓣长度和宽度数据关系为例，我们发现如果样本数据的花瓣长度越长，其花瓣宽度有很大可能也越宽。这就是联合变化。而协方差以量化的方式来定量分析这种联合变化程度。

定义第i朵花的花萼长度和花萼宽度的取值为 $\left(x_1^{(i)}, x_2^{(i)}\right)$ (i = 1, …, 150)，花萼长度和宽度的协方差为

$$\operatorname{cov}\left(X_1, X_2\right)=\frac{1}{150-1} \sum_{i=1}^{150}\left(x_1^{(i)}-\mu_1\right)\left(x_2^{(i)}-\mu_2\right) \tag{21.6}$$

注意：这个面积有正负。

如图21.10所示，从几何视角，$\left(x_1^{(i)}-\mu_1\right)\left(x_2^{(i)}-\mu_2\right)$ 相当于以 $\left(x_1^{(i)}-\mu_1\right)$ 和 $\left(x_2^{(i)}-\mu_2\right)$ 为边的矩形面积。

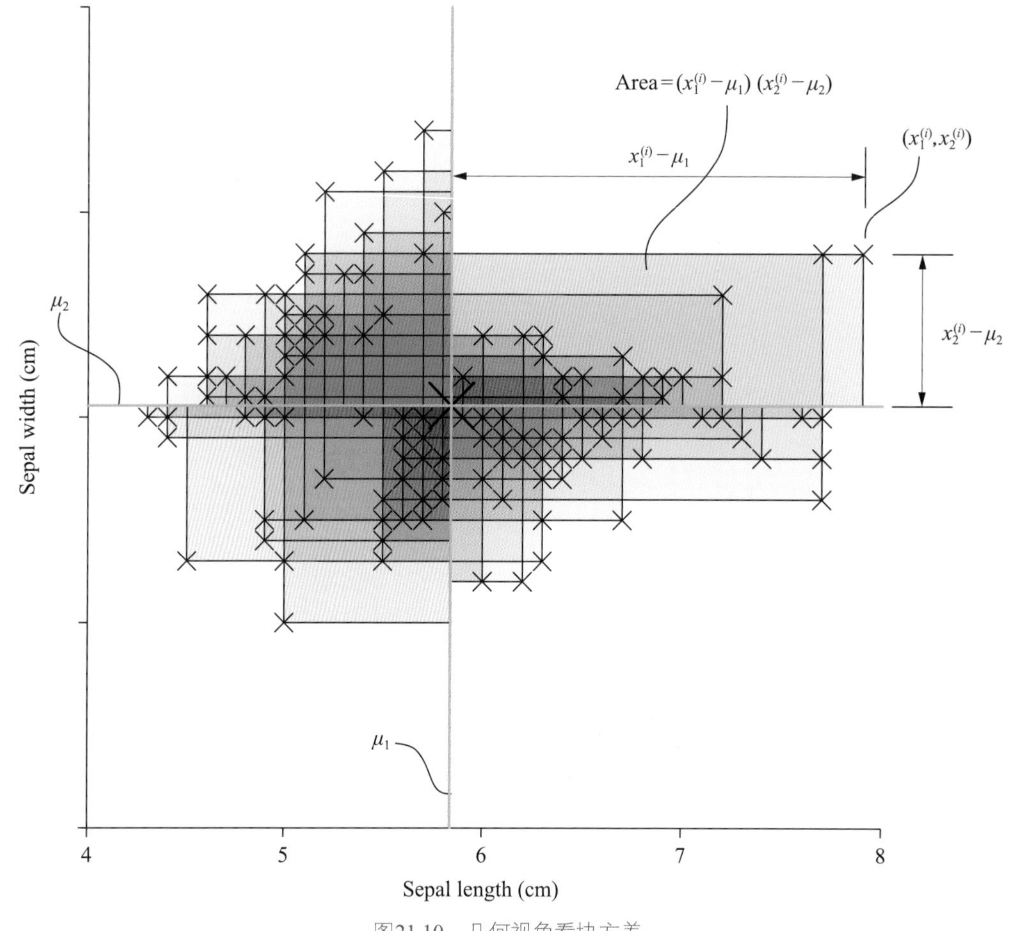

图21.10　几何视角看协方差

当 $\left(x_1^{(i)}-\mu_1\right)$ 与 $\left(x_2^{(i)}-\mu_2\right)$ 同号时，面积为正，对应图21.10中的红色矩形。也就是说，红色矩形越多说明花萼长度越长，花萼宽度越宽；或者，花萼长度越短，花萼宽度越窄。

当 $\left(x_1^{(i)}-\mu_1\right)$ 与 $\left(x_2^{(i)}-\mu_2\right)$ 异号时，面积为负，对应图21.10中的蓝色矩形。蓝色矩形越多说明，花萼长度越长，花萼宽度越窄；花萼长度越短，花萼宽度越宽。

这些矩形的面积的平均值便是协方差。同样在计算协方差时，对于样本，分母为$n-1$；对于总体，分母为n。

可以这样理解，当X_1和X_2联合变化越强时，某个颜色 (红色或蓝色) 的矩形面积之和越大；当X_1和X_2联合变化弱的时候，红色和蓝色矩形面积之和越趋向于0，也就是颜色越“平衡”。

协方差矩阵

以鸢尾花为例，对于不同成对的特征，我们可以获得下列6 (对应组合数 C_4^2) 个协方差值，即

$$\begin{aligned}
&\operatorname{cov}(X_1,X_2)=-0.042\\
&\operatorname{cov}(X_1,X_3)=1.274\\
&\operatorname{cov}(X_1,X_4)=0.516\\
&\operatorname{cov}(X_2,X_3)=-0.330\\
&\operatorname{cov}(X_2,X_4)=-0.122\\
&\operatorname{cov}(X_3,X_4)=1.296
\end{aligned} \tag{21.7}$$

可以想象，如果我们有更多的特征，成对协方差值也会不计其数。整理和储存这些数据需要很好的结构。矩阵就是最好的解决办法。

由方差和协方差构成的矩阵叫作**协方差矩阵** (covariance matrix)，也叫**方差–协方差矩阵** (variance-covariance matrix)。

以鸢尾花四个特征为例，这个协方差矩阵为4 × 4矩阵，即

$$\boldsymbol{\Sigma}=\begin{bmatrix}
\operatorname{cov}(X_1,X_1) & \operatorname{cov}(X_1,X_2) & \operatorname{cov}(X_1,X_3) & \operatorname{cov}(X_1,X_4)\\
\operatorname{cov}(X_2,X_1) & \operatorname{cov}(X_2,X_2) & \operatorname{cov}(X_2,X_3) & \operatorname{cov}(X_2,X_4)\\
\operatorname{cov}(X_3,X_1) & \operatorname{cov}(X_3,X_2) & \operatorname{cov}(X_3,X_3) & \operatorname{cov}(X_3,X_4)\\
\operatorname{cov}(X_4,X_1) & \operatorname{cov}(X_4,X_2) & \operatorname{cov}(X_4,X_3) & \operatorname{cov}(X_4,X_4)
\end{bmatrix} \tag{21.8}$$

协方差矩阵为方阵。矩阵中对角线上的元素为方差。

也就是说，某个随机变量和自身求协方差，得到的就是方差，即

$$\operatorname{cov}(X_1,X_1)=\operatorname{var}(X_1) \tag{21.9}$$

协方差矩阵中非对角线上元素为协方差。容易知道

$$\operatorname{cov}(X_i,X_j)=\operatorname{cov}(X_j,X_i) \tag{21.10}$$

这就解释了为什么协方差矩阵为对称矩阵。

对于鸢尾花数据，它的协方差矩阵$\boldsymbol{\Sigma}$的具体值为

$$\boldsymbol{\Sigma}=\begin{bmatrix}
0.686 & -0.042 & 1.274 & 0.516\\
-0.042 & 0.190 & -0.330 & -0.122\\
1.274 & -0.330 & 3.116 & 1.296\\
\underbrace{0.516}_{\text{Sepal length}, X_1} & \underbrace{-0.122}_{\text{Sepal width}, X_2} & \underbrace{1.296}_{\text{Petal length}, X_3} & \underbrace{0.581}_{\text{Petal width}, X_4}
\end{bmatrix}
\begin{matrix}
\leftarrow \text{Sepal length}, X_1\\
\leftarrow \text{Sepal width}, X_2\\
\leftarrow \text{Petal length}, X_3\\
\leftarrow \text{Petal width}, X_4
\end{matrix} \tag{21.11}$$

图21.11所示为鸢尾花数据协方差矩阵热图。

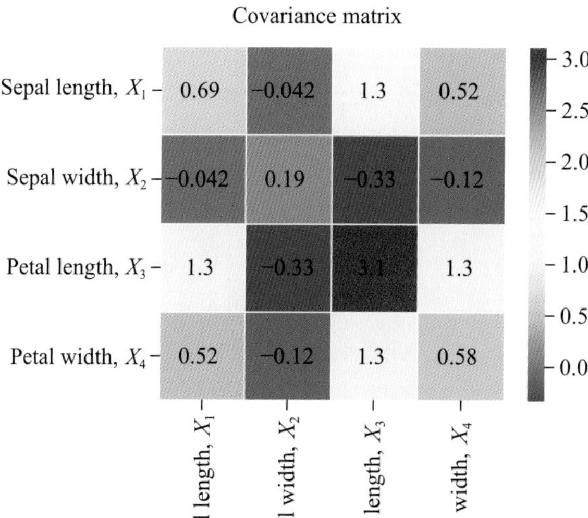

图21.11 鸢尾花数据协方差矩阵热图

考虑标签

当然，在计算协方差时，我们也可以考虑数据标签。图21.12所示为三个不同标签数据各自的协方差矩阵热图。

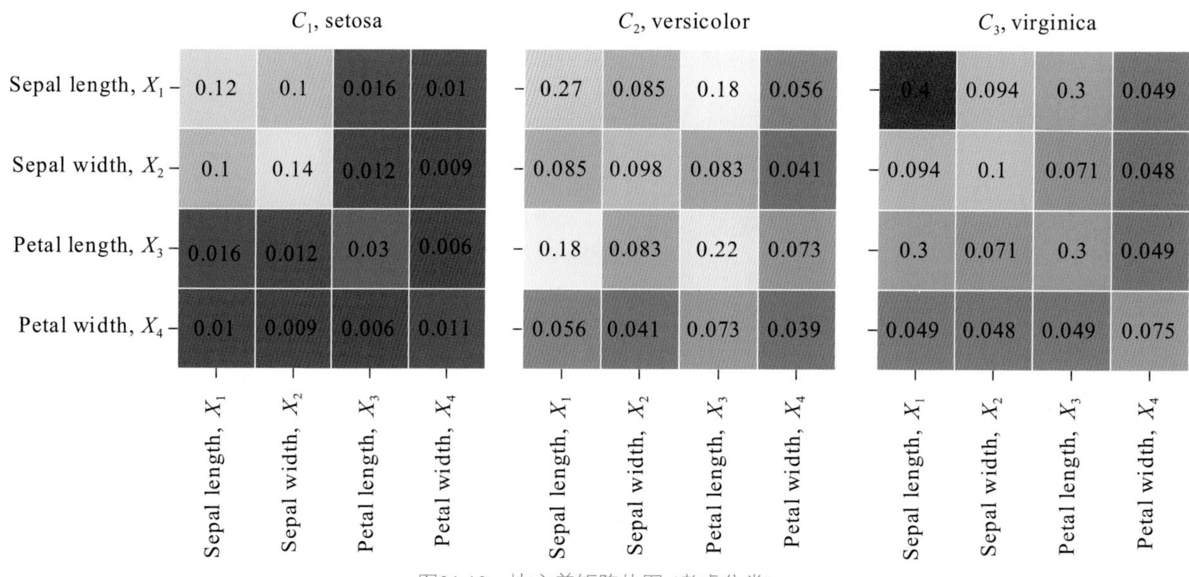

图21.12 协方差矩阵热图 (考虑分类)

代码文件Bk3_Ch21_1.py中Bk3_Ch21_1_D部分绘制本节热图。

21.6 线性相关系数：线性关系强弱

有了上一节的协方差，我们就可以定义**线性相关系数** (linear correlation coefficient或correlation coefficient)。线性相关系数也叫**皮尔逊相关系数** (Pearson correlation coefficient)，它刻画随机变量线性关系的强度，具体定义为

$$\rho_{1,2} = \operatorname{corr}\left(X_1, X_2\right) = \frac{\operatorname{cov}\left(X_1, X_2\right)}{\sigma_1 \sigma_2} \tag{21.12}$$

其中：ρ的取值范围为 [−1, 1]。观察式 (21.12)，可以发现ρ相当于协方差归一化。也相当于对两个随机变量的Z分数求协方差，即

$$\rho_{1,2} = \operatorname{corr}\left(X_1, X_2\right) = \operatorname{cov}\left(\frac{X_1 - \mu_1}{\sigma_1}, \frac{X_2 - \mu_2}{\sigma_2}\right) \tag{21.13}$$

归一化的线性相关系数比协方差更适合横向比较。

采用与图21.10一样的几何视角，我们来看一下在不同线性相关性系数条件下，红色和蓝色矩形面积的特征。

如图21.13所示，当ρ = 0.9时，矩形的颜色几乎都是红色；当ρ逐步减小到0.3时，红色矩形依然主导，但是蓝色矩形不断变多，也就是红蓝色趋于均衡。

相反，当ρ = −0.9时，矩形的颜色中蓝色居多，而且面积和的比例明显占压倒性优势；当ρ逐步增大到−0.3时，红色矩形增多，面积增大。

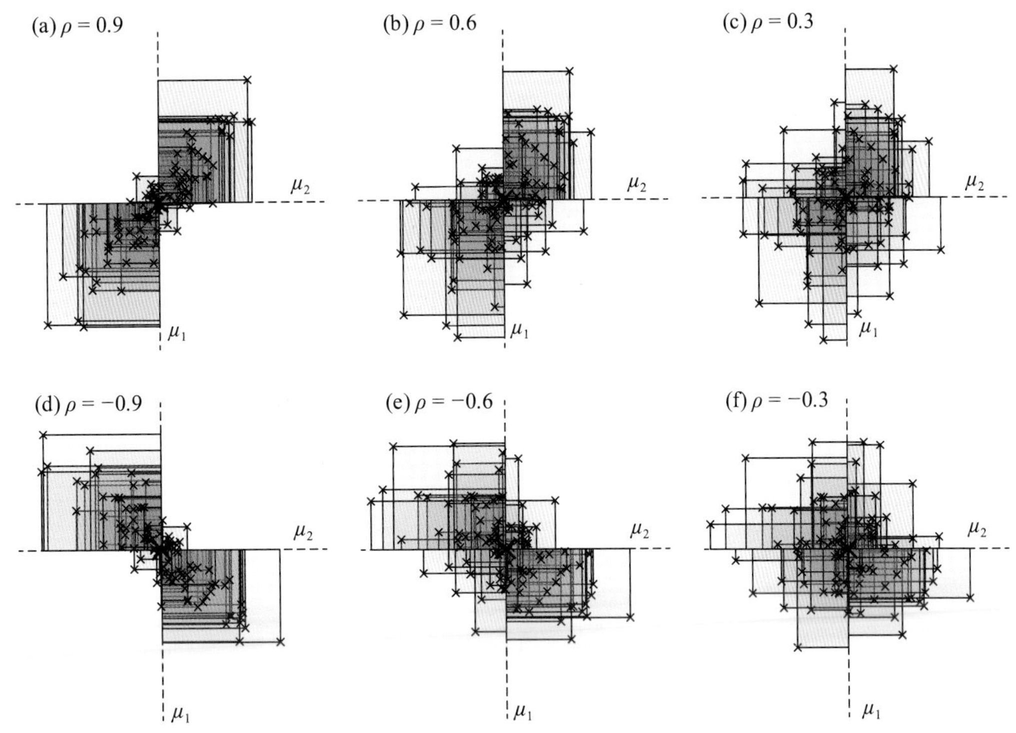

图21.13　几何视角看相关性系数

某个随机变量和自身求线性关系系数，结果为1，即

$$\text{corr}(X_1, X_1) = \frac{\text{var}(X_1)}{\sigma_1 \sigma_1} = 1 \tag{21.14}$$

容易知道，下式成立，即

$$\text{corr}(X_i, X_j) = \text{corr}(X_j, X_i) \tag{21.15}$$

线性相关性系数矩阵

类似上一节讲过的协方差矩阵，而线性相关性系数构成的矩阵叫作**线性相关性系数矩阵** (correlation matrix) $\boldsymbol{P}$。以鸢尾花四个特征为例，其线性相关性系数矩阵为4 × 4，即

$$\boldsymbol{P} = \begin{bmatrix} 1 & \rho_{1,2} & \rho_{1,3} & \rho_{1,4} \\ \rho_{2,1} & 1 & \rho_{2,3} & \rho_{2,4} \\ \rho_{3,1} & \rho_{3,2} & 1 & \rho_{3,4} \\ \rho_{4,1} & \rho_{4,2} & \rho_{4,3} & 1 \end{bmatrix} \tag{21.16}$$

线性相关性系数的主对角元素为1，这是因为随机变量和自身的线性相关系数为1；非对角线元素为成对线性相关性系数。

鸢尾花数据的线性相关性系数矩阵$\boldsymbol{P}$具体为

$$\boldsymbol{P} = \begin{bmatrix} 1.000 & -0.118 & 0.872 & 0.818 \\ -0.118 & 1.000 & -0.428 & -0.366 \\ 0.872 & -0.428 & 1.000 & 0.963 \\ \underbrace{0.818}_{\text{Sepal length}, X_1} & \underbrace{-0.366}_{\text{Sepal width}, X_2} & \underbrace{0.963}_{\text{Petal length}, X_3} & \underbrace{1.000}_{\text{Petal width}, X_4} \end{bmatrix} \begin{matrix} \leftarrow \text{Sepal length}, X_1 \\ \leftarrow \text{Sepal width}, X_2 \\ \leftarrow \text{Petal length}, X_3 \\ \leftarrow \text{Petal width}, X_4 \\ \\ \end{matrix} \tag{21.17}$$

图21.14所示为$\boldsymbol{P}$的热图。观察线性相关性系数矩阵$\boldsymbol{P}$，可以发现花萼长度X_1与花萼宽度X_2线性负相关，花瓣长度X_3与花萼宽度X_2线性负相关，花瓣宽度X_4与花萼宽度X_2线性负相关。

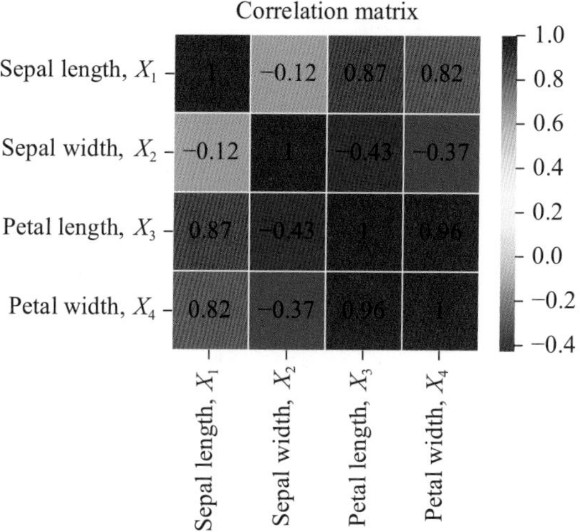

图21.14　鸢尾花数据线性相关性系数矩阵热图

当然，鸢尾花数据集样本数量有限，通过样本数据得出的结论远不足以推而广之。

考虑标签

图21.15所示为考虑分类标签条件下的线性相关性系数矩阵热图。

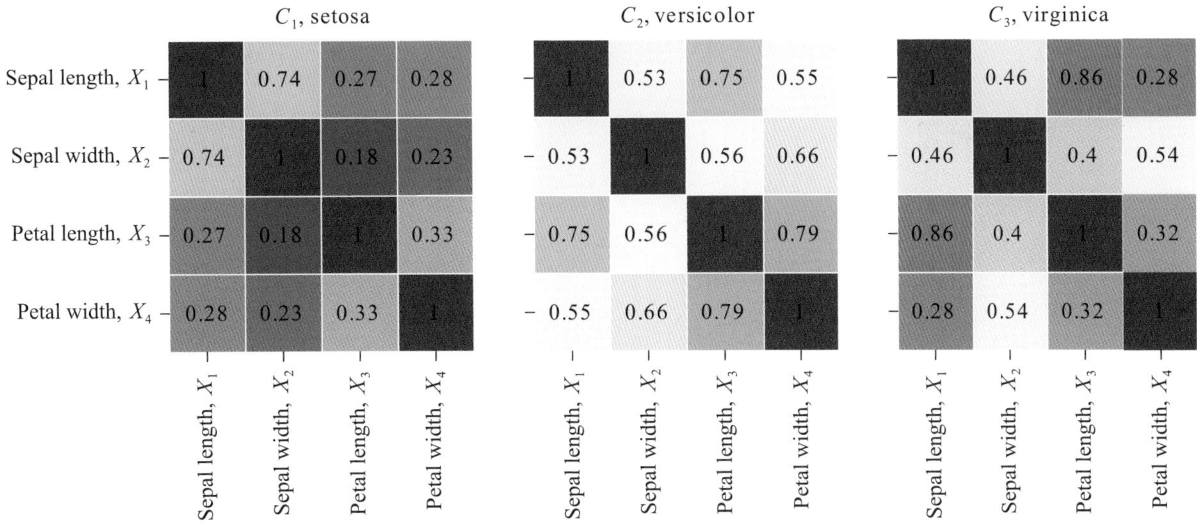

图21.15 线性相关性系数矩阵热图 (考虑分类标签)

代码文件Bk3_Ch21_1.py中Bk3_Ch21_1_E部分绘制本节热图。

在Bk3_Ch21_1.py基础上，我们做了一个App以鸢尾花数据为例展示如何用Plotly绘制具有交互性质的统计图像。请参考Streamlit_Bk3_Ch21_1.py。

概率统计是数学中很大的一个版块，本书用两章的内容浮光掠影地介绍了概率统计的入门知识，目的是让大家了解概率统计中的重要概念，并建立它们与其他数学知识的联系。

概率统计，特别是多元概率统计，是数据科学和机器学习很多算法中重要的数学工具。鸢尾花书将会在《统计至简》一册中和大家系统性探讨。

07

Section 07

线性代数

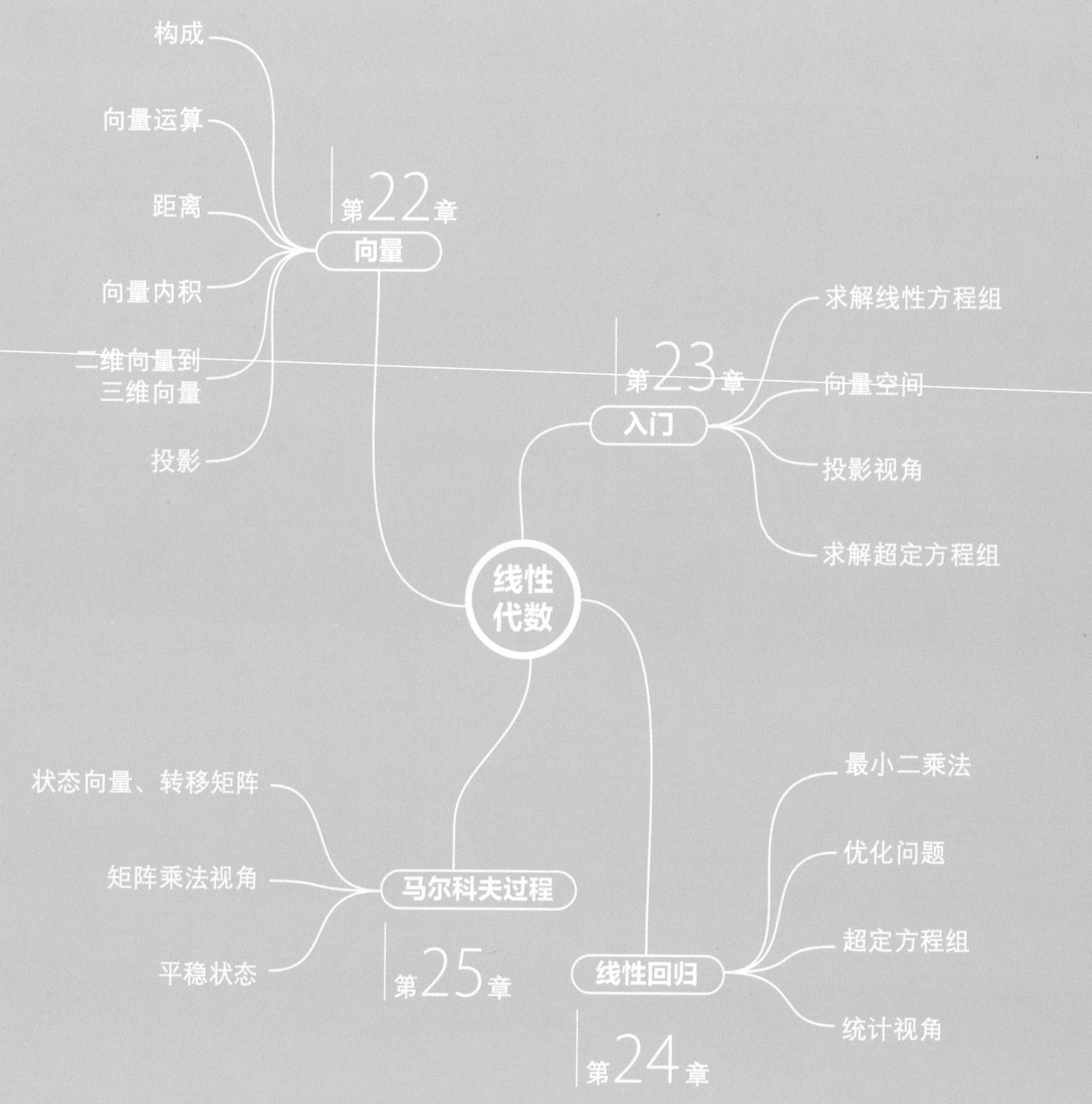
构成
向量运算
距离
向量内积
二维向量到
三维向量
投影
第22章
向量
求解线性方程组
第23章
向量空间
入门
投影视角
求解超定方程组
线性
代数
状态向量、转移矩阵
矩阵乘法视角
马尔科夫过程
平稳状态
第25章
最小二乘法
优化问题
超定方程组
线性回归
统计视角
第24章

学习地图 | 第7版块

22 向量
Vectors Meet Coordinate Systems
向量遇见坐标系

曾经，代数与几何形单影只、踽踽独行；它们各自蜗步难移、难成大器。然而，代数与几何结合之后，便珠联璧合、琴瑟和鸣；两者取长补短、激流勇进、日臻完美。

As long as algebra and geometry proceeded along separate paths, their advance was slow and their applications limited. But when these sciences joined company, they drew from each other fresh vitality and thenceforward marched on at a rapid pace toward perfection.

——约瑟夫·拉格朗日 (Joseph Lagrange) | 法国籍意大利裔数学家和天文学家 | 1736 — 1813

- `matplotlib.pyplot.annotate()` 在平面坐标系标注
- `matplotlib.pyplot.quiver()` 绘制箭头图
- `numpy.arccos()` 反余弦
- `numpy.degrees()` 将弧度转化为角度
- `numpy.dot()` 计算向量标量积。值得注意的是，如果输入为一维数组，`numpy.dot()` 输出结果为标量积；如果输入为矩阵，`numpy.dot()` 输出结果为矩阵乘积，相当于矩阵运算符 `@`
- `numpy.linalg.norm()` 计算范数

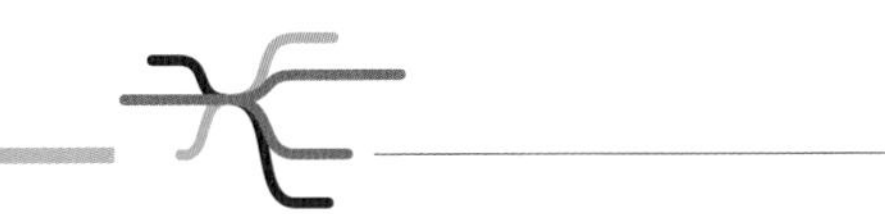

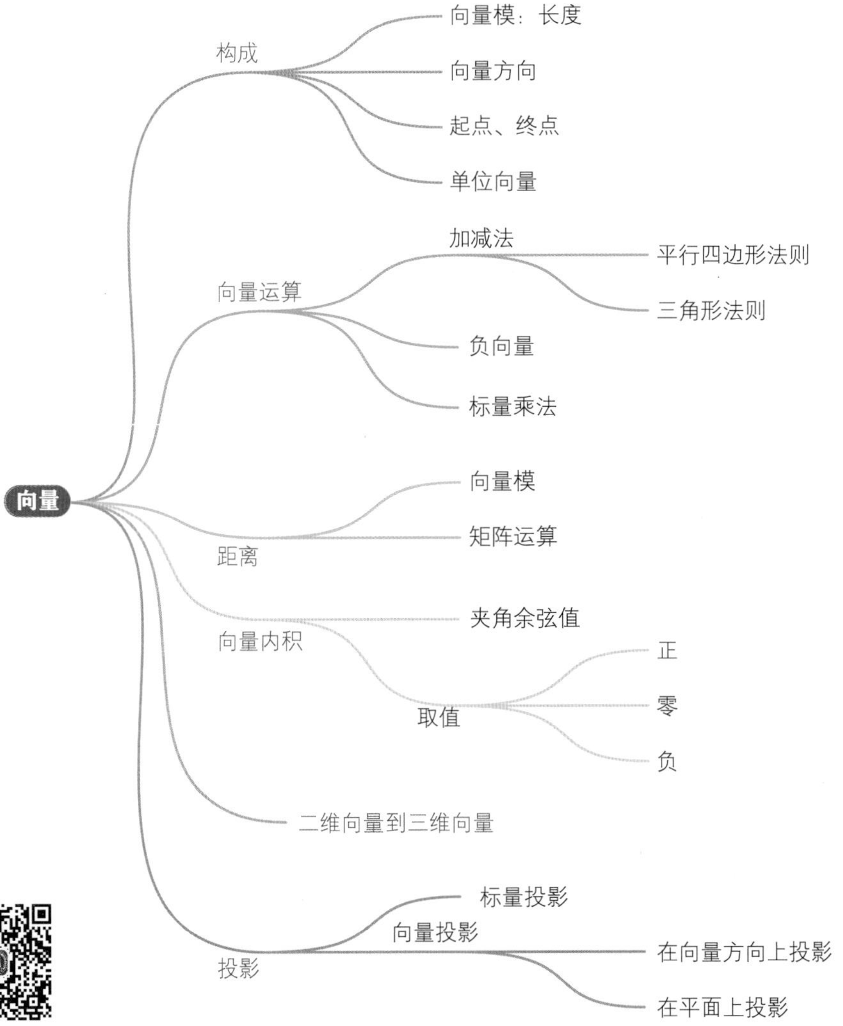

- 向量
  - 构成
    - 向量模：长度
    - 向量方向
    - 起点、终点
    - 单位向量
  - 向量运算
    - 加减法
      - 平行四边形法则
      - 三角形法则
    - 负向量
    - 标量乘法
  - 距离
    - 向量模
    - 矩阵运算
  - 向量内积
    - 夹角余弦值
    - 取值
      - 正
      - 零
      - 负
  - 二维向量到三维向量
  - 投影
    - 标量投影
    - 向量投影
      - 在向量方向上投影
      - 在平面上投影

22.1 向量：有大小、有方向

向量极简史

很多数学工具在发明的时候，并没有具体的用途。科学史上经常发生的情况是，几十年之后、甚至几百年之后，科学家应用某个被尘封的数学工具，完成了科学技术的巨大飞跃。本书前文介绍的圆锥曲线就是很好的例子。

但是，也有部分数学工具是为了更好地描述其他学科发现的新理论而创造发展的，比如向量。

向量的发明经过了漫长的200年。几乎难以想象，现在大家熟知的向量记法和运算规则，竟然是在19世纪末才加入数学这个大家庭的。

1865年开始，苏格兰数学物理学家**麦克斯韦** (James Clerk Maxwell) 逐步提出了将电、磁场、光统一起来的麦克斯韦方程组。为了更好描述麦克斯韦方程组，美国科学家Josiah Willard Gibbs和英国科学家Oliver Heaviside分别独立发明了向量的现代记法。

向量是一行或一列数字

本书第1章就介绍了向量。从数据角度，向量无非就是一列或一行数字。如图22.1所示，数据矩阵$\boldsymbol{X}$的每一行是一个行向量，代表一个观察值；$\boldsymbol{X}$的每一列为一个列向量，代表某个特征上的所有数据。

注意，图中坐标系仅仅是示意图，并不代表三维直角坐标系。

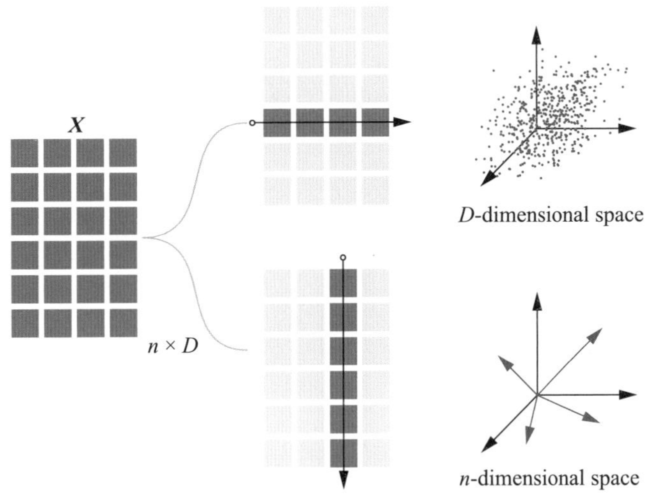

图22.1　观察数据的两个角度

向量的几何意义

但是有了坐标系，向量便不再是无趣的数字，它们化身成一支支离弦之箭，在空间腾飞。

向量 (vector) 是**既有长度又有方向的量** (a quantity that possesses both magnitude and direction)。物理学中，**位移** (displacement)、**速度** (velocity)、**加速度** (acceleration)、**力** (force) 等物理量都是向量。

如图22.2所示，位移向量的大小代表前进的距离大小，而向量的方向代表位移方向。

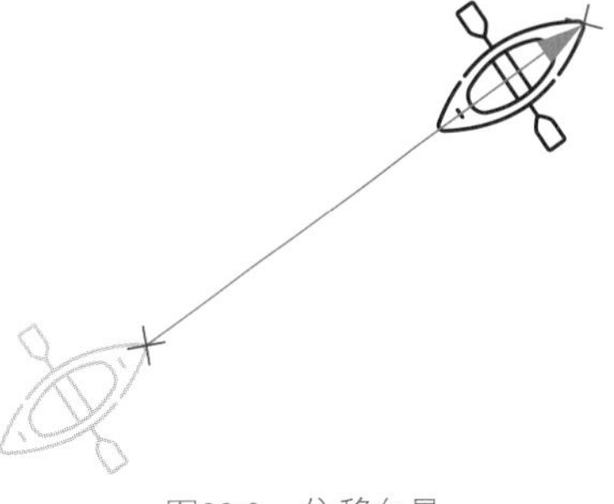

图22.2　位移向量

与向量相对的是标量。**标量** (scalar, scalar quantity) 是有大小没有方向的量，用实数表示。

向量定义

给定一个列向量$\boldsymbol{a}$，如

$$\boldsymbol{a}=\begin{bmatrix}4\\3\end{bmatrix} \tag{22.1}$$

如图22.3所示，向量$\boldsymbol{a}$可以表达为一个带箭头的线段，它以原点O (0, 0)为起点指向终点A (4, 3)。因此，向量$\boldsymbol{a}$也可以写作$\overrightarrow{OA}$，即

$$\overrightarrow{OA}=\begin{bmatrix}4\\3\end{bmatrix}-\begin{bmatrix}0\\0\end{bmatrix}=\begin{bmatrix}4\\3\end{bmatrix} \tag{22.2}$$

鸢尾花书很少使用$\overrightarrow{OA}$这种向量记法，我们一般使用斜体、粗体小写字母来代表向量，如$\boldsymbol{a}$、$\boldsymbol{x}$、$\boldsymbol{x}_1$、$\boldsymbol{x}^{(1)}$等。

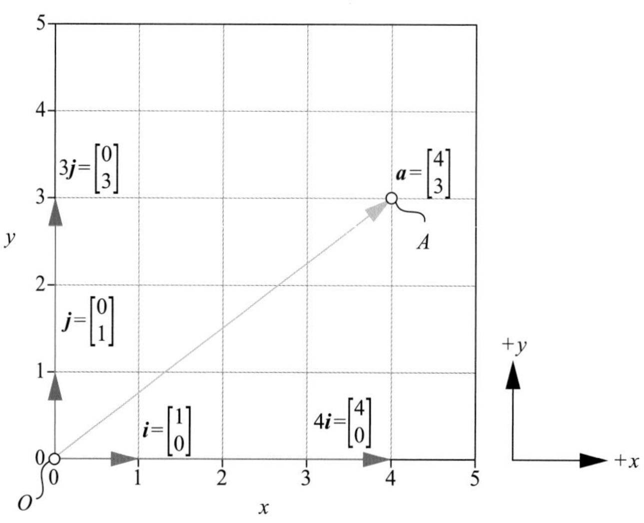

图22.3　平面直角坐标系，向量$\boldsymbol{a}$的定义

向量模

如图22.3所示，向量$\boldsymbol{a}$的长度就是线段OA的长度，即

$$\|\boldsymbol{a}\|=\sqrt{4^2+3^2}=5 \tag{22.3}$$

$\|\boldsymbol{a}\|$ 用于计算向量$\boldsymbol{a}$的**长度** (length of a vector)，$\|\boldsymbol{a}\|$ 叫**向量模** (vector norm)，也叫**L^2范数** (L^2 norm)。L^2范数是L^p范数的一种。

向量分解

类似物理学中力的分解，一个向量可以写成若干向量之和。比如，向量$\boldsymbol{a}$可以写成两个向量的和，如

$$\boldsymbol{a}=4\boldsymbol{i}+3\boldsymbol{j}=4\times\begin{bmatrix}1\\0\end{bmatrix}+3\times\begin{bmatrix}0\\1\end{bmatrix}=\begin{bmatrix}4\\3\end{bmatrix} \tag{22.4}$$

其中：$\boldsymbol{i}$和$\boldsymbol{j}$常被称作横轴和纵轴上的**单位向量** (unit vector)，具体定义为

$$\boldsymbol{i}=\begin{bmatrix}1\\0\end{bmatrix},\quad \boldsymbol{j}=\begin{bmatrix}0\\1\end{bmatrix} \tag{22.5}$$

单位向量 (unit vector) 是指模 (长度) 等于1的向量，即

$$\|\boldsymbol{i}\| = 1, \quad \|\boldsymbol{j}\| = 1 \tag{22.6}$$

鸢尾花书后续也会使用$\boldsymbol{e}_1$和$\boldsymbol{e}_2$代表横轴纵轴的单位向量。

任何非零向量除以自身的模，得到向量方向上的单位向量。式 (22.1) 中向量$\boldsymbol{a}$的单位向量为

$$\frac{\boldsymbol{a}}{\|\boldsymbol{a}\|} = \frac{1}{5} \times \begin{bmatrix} 4 \\ 3 \end{bmatrix} = \begin{bmatrix} 0.8 \\ 0.6 \end{bmatrix} \tag{22.7}$$

Bk3_Ch22_1.py绘制图22.3。

22.2 几何视角看向量运算

有了平面直角坐标系，向量的加法、减法和标量乘法会更容易理解。

向量加法

图22.4所示 $\boldsymbol{a}$和$\boldsymbol{b}$两个向量相加对应的等式为

$$\boldsymbol{a} + \boldsymbol{b} = \begin{bmatrix} 4 \\ 1 \end{bmatrix} + \begin{bmatrix} 1 \\ 3 \end{bmatrix} = \begin{bmatrix} 5 \\ 4 \end{bmatrix} \tag{22.8}$$

如图22.4所示，从几何角度来看，$\boldsymbol{a}$和$\boldsymbol{b}$两个向量相加相当于物理学中两个力的合成。

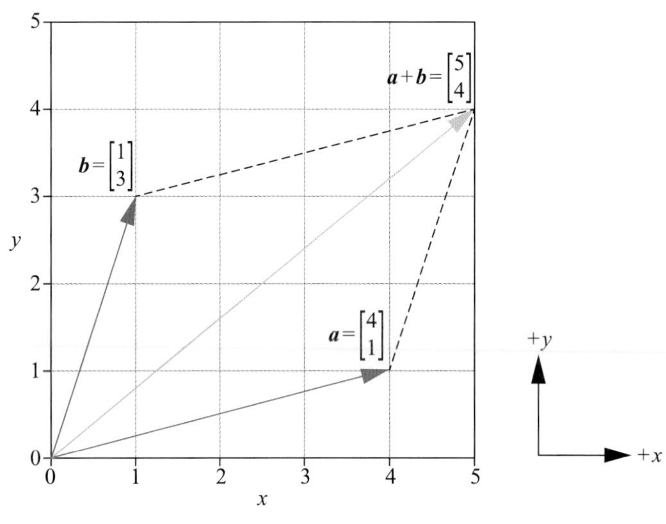

图22.4　$\boldsymbol{a}$和$\boldsymbol{b}$两个向量相加

正四边形和三角形法则

平面直角坐标系上，两个向量相加有两种方法——**平行四边形法则** (parallelogram law)、**三角形法则** (triangle law)。

图22.5 (a) 所示为平行四边形法则。将向量$\boldsymbol{a}$和$\boldsymbol{b}$平移至公共起点，以$\boldsymbol{a}$和$\boldsymbol{b}$的两条边作平行四边形，$\boldsymbol{a}+\boldsymbol{b}$为公共起点所在平行四边形的对角线。

三角形法则更为常用。如图22.5 (b) 所示，在平面内，将向量$\boldsymbol{a}$和$\boldsymbol{b}$首尾相连，$\boldsymbol{a}+\boldsymbol{b}$的结果为向量$\boldsymbol{a}$的起点与向量$\boldsymbol{b}$的终点相连构成的向量。也就是说$\boldsymbol{a}+\boldsymbol{b}$始于$\boldsymbol{a}$的起点，指向$\boldsymbol{b}$的终点。

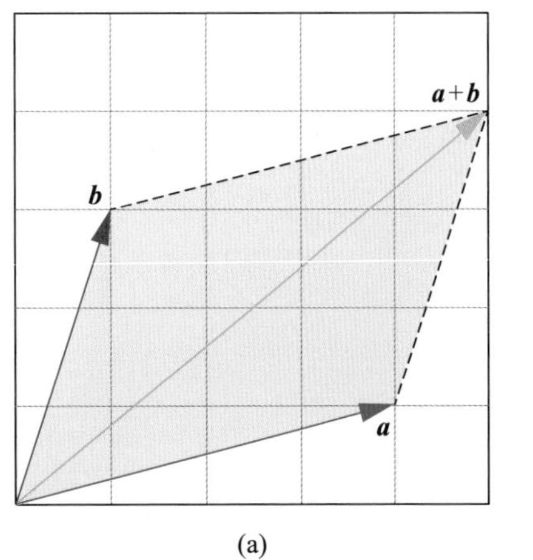

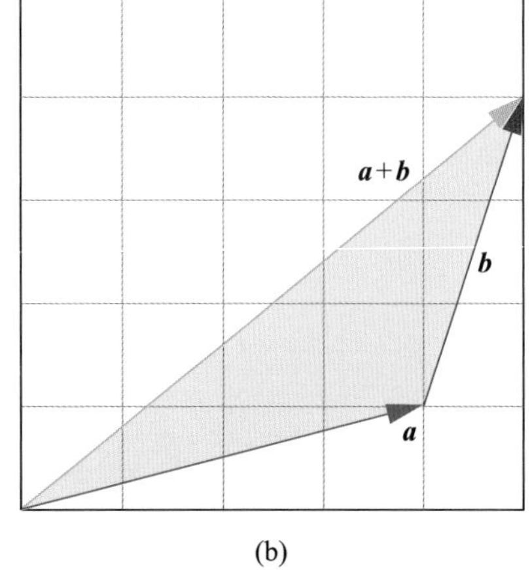

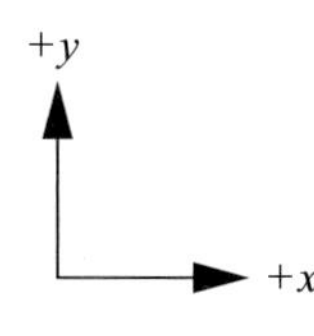

(a) (b)

图22.5 平行四边形法则和三角形法则计算$\boldsymbol{a}$和$\boldsymbol{b}$两个向量相加

n个向量相加，如$\boldsymbol{a}_1+\boldsymbol{a}_2+\cdots+\boldsymbol{a}_n$，将它们首尾相连，第一个向量$\boldsymbol{a}_1$的起点与最后一个向量$\boldsymbol{a}_n$的终点相连构成的向量就是这几个向量的和。图22.6所示为采用三角形法则计算5个向量相加。

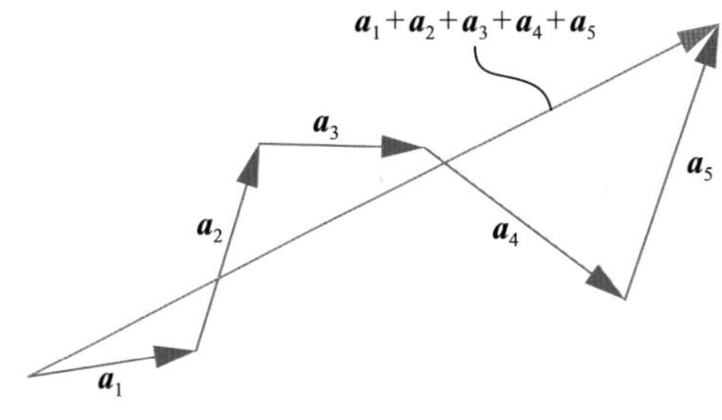

图22.6 三角形法则计算5个向量相加

向量减法

$\boldsymbol{a}$和$\boldsymbol{b}$两个向量相减，有

$$\boldsymbol{a}-\boldsymbol{b}=\begin{bmatrix}4\\1\end{bmatrix}-\begin{bmatrix}1\\3\end{bmatrix}=\begin{bmatrix}3\\-2\end{bmatrix} \tag{22.9}$$

从几何角度，也可以用三角形法则来求解。如图22.7所示，将$\boldsymbol{a}$和$\boldsymbol{b}$两个向量平移至公共起点，以$\boldsymbol{a}$和$\boldsymbol{b}$作为两边构造三角形，向量$\boldsymbol{a}$和$\boldsymbol{b}$的终点连线为第三条边。这个三角形的第三边就是$\boldsymbol{a}-\boldsymbol{b}$的结果，$\boldsymbol{a}-\boldsymbol{b}$的方向为由减向量$\boldsymbol{b}$的终点指向被减向量$\boldsymbol{a}$的终点。

此外，$\boldsymbol{a}-\boldsymbol{b}$可以视作$\boldsymbol{a}$和$-\boldsymbol{b}$相加。$-\boldsymbol{b}$叫作$\boldsymbol{b}$的**负向量** (opposite vector)。

从数字角度，$\boldsymbol{b}$和$-\boldsymbol{b}$对应元素为相反数。从几何角度来看，$\boldsymbol{b}$和$-\boldsymbol{b}$大小相同、方向相反。也就是说，$\boldsymbol{b}$和$-\boldsymbol{b}$起点、终点存在相互调换关系。

标量乘法

图22.8所示 $\boldsymbol{a}$的两个标量乘法为

$$0.5\boldsymbol{a}=0.5\times\begin{bmatrix}2\\2\end{bmatrix}=\begin{bmatrix}1\\1\end{bmatrix},\quad 2\boldsymbol{a}=2\times\begin{bmatrix}2\\2\end{bmatrix}=\begin{bmatrix}4\\4\end{bmatrix} \tag{22.10}$$

从几何角度，向量的标量乘法就是向量的缩放——长度缩放，方向不变或反向。

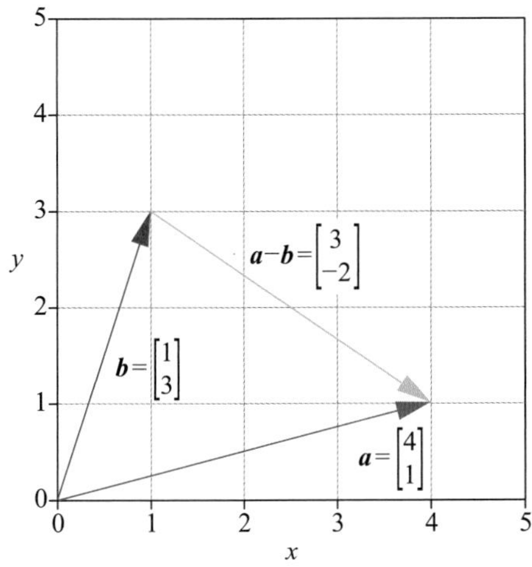

图22.7　$\boldsymbol{a}$和$\boldsymbol{b}$两个向量相减 (三角形法则)

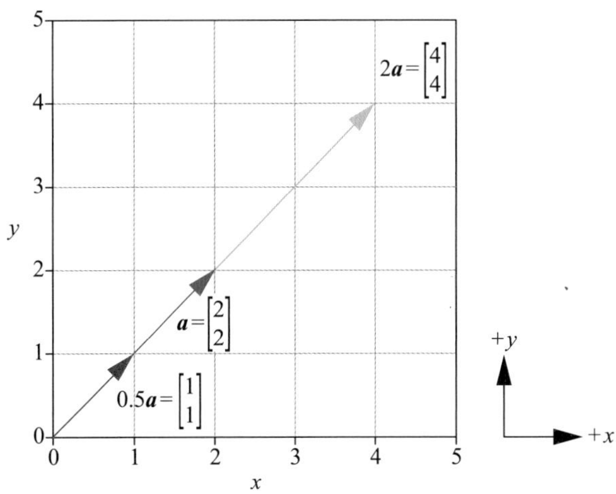

图22.8　向量$\boldsymbol{a}$的标量乘法

Bk3_Ch22_2.py绘制图22.4、图22.7、图22.8。

22.3 向量简化距离运算

本书第7章介绍计算两点之间的距离，我们管它叫**欧氏距离** (Euclidean distance)。本节引入向量，让距离计算变得更加直观。

勾股定理扩展

先看第一种解释。如图22.9所示，给定A (x_A, y_A) 和B (x_B, y_B) 两点，以B为起点、A为终点的向量$\overrightarrow{BA}$ 可以写做

$$\overrightarrow{BA} = \begin{bmatrix} x_A - x_B \\ y_A - y_B \end{bmatrix} \tag{22.11}$$

根据勾股定理，$\overrightarrow{BA}$ 的向量模便对应AB线段的长度，即

$$\left\|\overrightarrow{BA}\right\| = \sqrt{\left(x_A - x_B\right)^2 + \left(y_A - y_B\right)^2} = \sqrt{\left(4-1\right)^2 + \left(1-3\right)^2} = \sqrt{13} \tag{22.12}$$

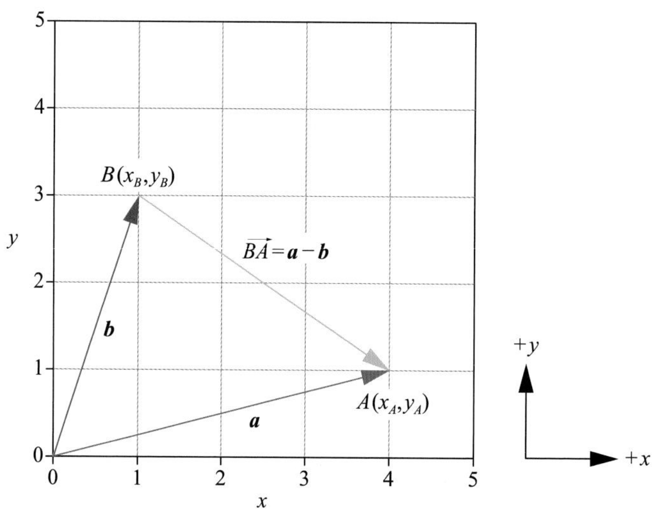

图22.9　计算A和B距离，即AB长度

向量模

从另外一个角度，将A和B的坐标写成向量$\boldsymbol{a}$和$\boldsymbol{b}$，线段AB长度等价于$\boldsymbol{a}-\boldsymbol{b}$的模，即

$$d = \left\|\boldsymbol{a}-\boldsymbol{b}\right\| = \sqrt{(\boldsymbol{a}-\boldsymbol{b})\cdot(\boldsymbol{a}-\boldsymbol{b})} \tag{22.13}$$

代入图22.9中的具体值，$\boldsymbol{a}-\boldsymbol{b}$为

$$\boldsymbol{a}-\boldsymbol{b} = \begin{bmatrix} 4 \\ 1 \end{bmatrix} - \begin{bmatrix} 1 \\ 3 \end{bmatrix} = \begin{bmatrix} 3 \\ -2 \end{bmatrix} \tag{22.14}$$

将式 (22.14) 代入式 (22.13)，得到线段AB长度为

$$d = \left\|\boldsymbol{a}-\boldsymbol{b}\right\| = \sqrt{3^2 + (-2)^2} = \sqrt{13} \tag{22.15}$$

如果$\boldsymbol{a}$、$\boldsymbol{b}$均为列向量，用矩阵乘法来写式 (22.13)，可以得到

$$d = \sqrt{(\boldsymbol{a}-\boldsymbol{b})^{\mathrm{T}}(\boldsymbol{a}-\boldsymbol{b})} = \sqrt{\begin{bmatrix} 3 \\ -2 \end{bmatrix}^{\mathrm{T}} \begin{bmatrix} 3 \\ -2 \end{bmatrix}} = \sqrt{13} \tag{22.16}$$

22.4 向量内积与向量夹角

给定向量$\boldsymbol{a}$和$\boldsymbol{b}$为

$$\boldsymbol{a} = \begin{bmatrix} a_1 \\ a_2 \\ \vdots \\ a_n \end{bmatrix}, \quad \boldsymbol{b} = \begin{bmatrix} b_1 \\ b_2 \\ \vdots \\ b_n \end{bmatrix} \tag{22.17}$$

根据本书第2章所讲，向量$\boldsymbol{a}$和$\boldsymbol{b}$内积为

$$\boldsymbol{a} \cdot \boldsymbol{b} = a_1 b_1 + a_2 b_2 + \cdots + a_D b_D = \sum_{i=1}^{D} a_i b_i \tag{22.18}$$

有了几何视角，向量$\boldsymbol{a}$和$\boldsymbol{b}$的内积有了一个新的定义方式，即

$$\boldsymbol{a} \cdot \boldsymbol{b} = \|\boldsymbol{a}\| \|\boldsymbol{b}\| \cos\theta \tag{22.19}$$

如图22.10所示，$\boldsymbol{a}$和$\boldsymbol{b}$的内积为$\boldsymbol{a}$的模乘向量$\boldsymbol{b}$在向量$\boldsymbol{a}$方向上投影的分量值。$\boldsymbol{b}$在$\boldsymbol{a}$方向上投影的分量值为$\|\boldsymbol{b}\|\cos\theta$，这个值也叫$\boldsymbol{b}$在$\boldsymbol{a}$方向上的**标量投影** (scalar projection)。

此外， 也可以理解为，$\boldsymbol{a}$在$\boldsymbol{b}$方向上的投影分量值 $\|\boldsymbol{a}\|\cos\theta$，$\|\boldsymbol{a}\|\cos\theta$再乘$\boldsymbol{b}$得到内积结果$\|\boldsymbol{a}\|\|\boldsymbol{b}\|\cos\theta$。本章后文会专门讲解标量投影。

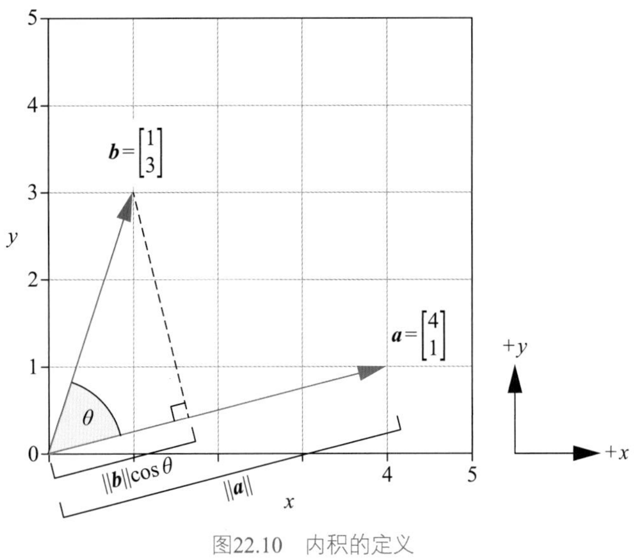

图22.10　内积的定义

向量夹角

这样，向量$\boldsymbol{a}$和$\boldsymbol{b}$的夹角θ的余弦值可以通过下式求得，即

$$\cos\theta = \frac{\boldsymbol{a}\cdot\boldsymbol{b}}{\|\boldsymbol{a}\|\|\boldsymbol{b}\|} \tag{22.20}$$

举个例子，图22.4中向量$\boldsymbol{a}$和$\boldsymbol{b}$夹角的余弦值为

$$\cos\theta = \frac{\boldsymbol{a}\cdot\boldsymbol{b}}{\|\boldsymbol{a}\|\|\boldsymbol{b}\|} = \frac{1\times 4 + 3\times 1}{\sqrt{10}\sqrt{17}} \approx 0.537 \tag{22.21}$$

通过反余弦求得$\boldsymbol{a}$和$\boldsymbol{b}$夹角角度约为$\theta = 57.53°$。

Bk3_Ch22_3.py代码计算$\boldsymbol{a}$和$\boldsymbol{b}$夹角角度θ。

内积正、负、零

如图22.11所示，两个向量内积结果为正，说明向量夹角在0°~90° (包括0°，不包括90°)。

内积结果为0，说明两个向量垂直。

内积结果为负，说明向量夹角在90°~180° (包括180°，不包括90°)。

在平面直角坐标系中，$\boldsymbol{i}$和$\boldsymbol{j}$相互垂直，因此两者内积为0，即有

$$\boldsymbol{i}\cdot\boldsymbol{j} = \begin{bmatrix}1\\0\end{bmatrix}\cdot\begin{bmatrix}0\\1\end{bmatrix} = \boldsymbol{i}^{\mathrm{T}}\boldsymbol{j} = \begin{bmatrix}1 & 0\end{bmatrix}@\begin{bmatrix}0\\1\end{bmatrix} = 0 \tag{22.22}$$

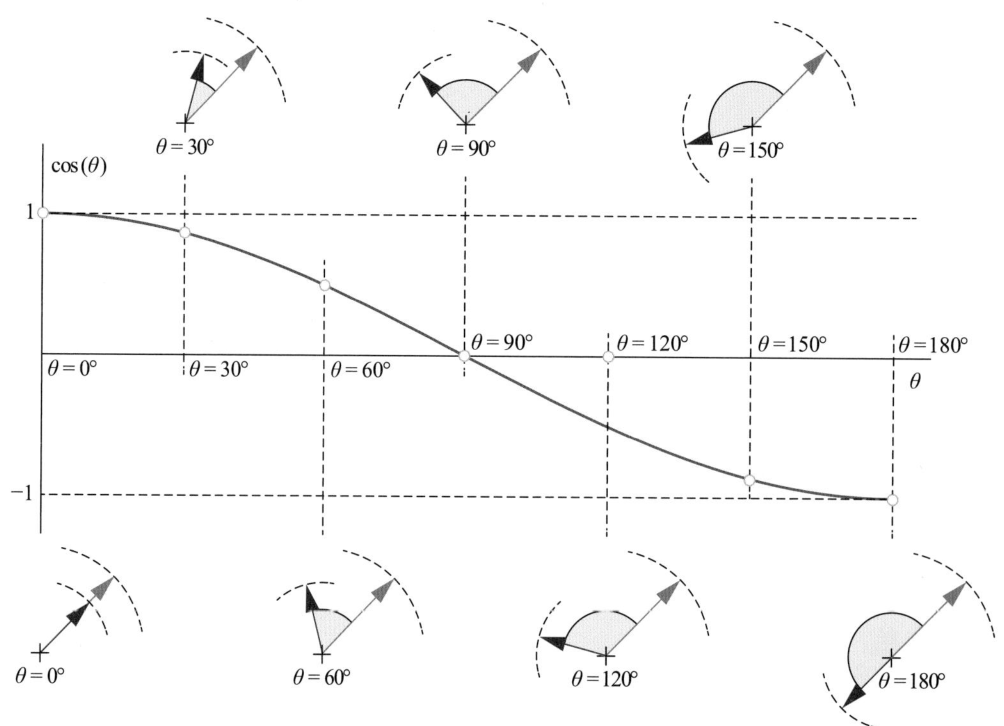

图22.11　向量夹角和余弦值关系

22.5 二维到三维

本章前文定义$\boldsymbol{i}$和$\boldsymbol{j}$为二维平面直角坐标系横轴和纵轴上的单位向量，在它们的基础上各加一行0就可以得到三维坐标系的横轴和纵轴单位向量，即

$$\boldsymbol{i}=\begin{bmatrix}1\\0\\0\end{bmatrix},\quad \boldsymbol{j}=\begin{bmatrix}0\\1\\0\end{bmatrix} \tag{22.23}$$

另外，再加一个表达z轴正方向的单位向量$\boldsymbol{k}$有

$$\boldsymbol{k}=\begin{bmatrix}0\\0\\1\end{bmatrix} \tag{22.24}$$

利用$\boldsymbol{i}$、$\boldsymbol{j}$、$\boldsymbol{k}$也可以在三维直角坐标系中构造图22.3所示的向量$\boldsymbol{a}$，则有

$$\boldsymbol{a}=4\boldsymbol{i}+3\boldsymbol{j}=4\times\begin{bmatrix}1\\0\\0\end{bmatrix}+3\times\begin{bmatrix}0\\1\\0\end{bmatrix}=\begin{bmatrix}4\\3\\0\end{bmatrix} \tag{22.25}$$

具体如图22.12所示。向量$\boldsymbol{a}$“趴”在了xy平面上。

投影

图22.13所示为三维直角坐标系中向量$\boldsymbol{c}$和$\boldsymbol{a}$的关系为

$$\boldsymbol{c}=\boldsymbol{a}+5\boldsymbol{k}=\begin{bmatrix}4\\3\\0\end{bmatrix}+5\times\begin{bmatrix}0\\0\\1\end{bmatrix}=\begin{bmatrix}4\\3\\5\end{bmatrix} \tag{22.26}$$

观察图22.13所示关系，发现向量$\boldsymbol{a}$相当于$\boldsymbol{c}$在xy平面的投影。通俗地讲，在向量$\boldsymbol{c}$正上方点一盏灯，在水平面内的影子就是$\boldsymbol{a}$。这就是我们在本书第3章介绍的**投影** (projection)。

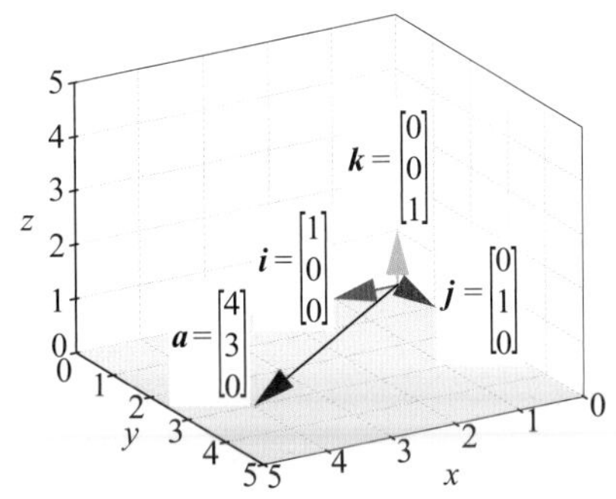

图22.12　三维直角坐标系，向量$\boldsymbol{a}$的定义

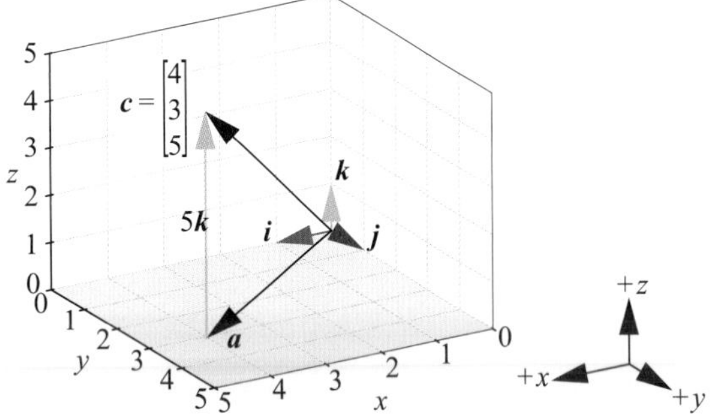

图22.13　三维直角坐标系，向量$\boldsymbol{a}$和向量$\boldsymbol{c}$的关系

值得注意的是，向量$\boldsymbol{c}$和$\boldsymbol{a}$之差为$5\boldsymbol{k}$，而$5\boldsymbol{k}$垂直于xy平面。也就是说，$5\boldsymbol{k}$垂直于$\boldsymbol{i}$，同时垂直于$\boldsymbol{j}$，即$5\boldsymbol{k}$与$\boldsymbol{i}$内积为0，$5\boldsymbol{k}$与$\boldsymbol{j}$内积为0，即

$$
5\boldsymbol{k}\cdot\boldsymbol{i}=\begin{bmatrix}0\\0\\5\end{bmatrix}\cdot\begin{bmatrix}1\\0\\0\end{bmatrix}=0,\quad 5\boldsymbol{k}\cdot\boldsymbol{j}=\begin{bmatrix}0\\0\\5\end{bmatrix}\cdot\begin{bmatrix}0\\1\\0\end{bmatrix}=0 \tag{22.27}
$$

Bk3_Ch22_4.py绘制图22.13。

22.6 投影：影子的长度

投影分为两种——**标量投影** (scalar projection) 和**向量投影** (vector projection)。

标量投影

向量标量投影的结果为标量。

利用向量内积的计算原理，向量$\boldsymbol{b}$在向量$\boldsymbol{a}$方向上投影得到的线段长度就是标量投影，即

$$
\|\boldsymbol{b}\|\cos\theta=\|\boldsymbol{b}\|\frac{\boldsymbol{a}\cdot\boldsymbol{b}}{\|\boldsymbol{a}\|\|\boldsymbol{b}\|}=\frac{\boldsymbol{a}\cdot\boldsymbol{b}}{\|\boldsymbol{a}\|} \tag{22.28}
$$

如图22.14所示，$\boldsymbol{b}$在$\boldsymbol{a}$方向上的标量投影为

$$
\|\boldsymbol{b}\|\cos\theta=\frac{7}{\sqrt{17}} \tag{22.29}
$$

$\boldsymbol{a}$在$\boldsymbol{b}$方向上的标量投影为

$$
\|\boldsymbol{a}\|\cos\theta=\frac{\boldsymbol{a}\cdot\boldsymbol{b}}{\|\boldsymbol{b}\|}=\frac{7}{\sqrt{10}} \tag{22.30}
$$

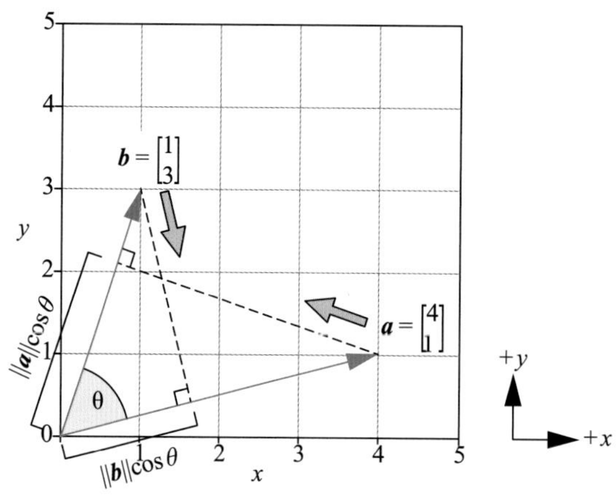

图22.14　标量投影

向量投影

向量投影则是在标量基础上，加上方向。也就是说$\boldsymbol{b}$在$\boldsymbol{a}$方向上标量投影，再乘以$\boldsymbol{a}$的单位向量，即

$$\text{proj}_{\boldsymbol{a}}\,\boldsymbol{b} = \|\boldsymbol{b}\|\cos\theta\,\frac{\boldsymbol{a}}{\|\boldsymbol{a}\|} = \frac{\boldsymbol{a}\cdot\boldsymbol{b}}{\|\boldsymbol{a}\|}\frac{\boldsymbol{a}}{\|\boldsymbol{a}\|} \tag{22.31}$$

特别地，如果$\boldsymbol{v}$为单位向量，则$\boldsymbol{a}$在$\boldsymbol{v}$方向上标量投影为

$$\|\boldsymbol{a}\|\cos\theta = \frac{\boldsymbol{a}\cdot\boldsymbol{v}}{\|\boldsymbol{v}\|} = \boldsymbol{a}\cdot\boldsymbol{v} \tag{22.32}$$

如图22.15所示，$\boldsymbol{a}$在单位向量$\boldsymbol{v}$方向上的向量投影为

$$\text{proj}_{\boldsymbol{v}}\,\boldsymbol{a} = \left(\|\boldsymbol{a}\|\cos\theta\right)\boldsymbol{v} = \left(\boldsymbol{a}\cdot\boldsymbol{v}\right)\boldsymbol{v} \tag{22.33}$$

鸢尾花书里面最常见的就是上述投影规则。若$\boldsymbol{a}$和$\boldsymbol{v}$均为列向量，则可以用矩阵乘法规则重新写式 (22.33) 为

$$\text{proj}_{\boldsymbol{v}}\,\boldsymbol{a} = \left(\boldsymbol{a}^{\mathrm{T}}\boldsymbol{v}\right)\boldsymbol{v} = \left(\boldsymbol{v}^{\mathrm{T}}\boldsymbol{a}\right)\boldsymbol{v} \tag{22.34}$$

投影是线性代数中有关向量最重要的几何操作，没有之一。投影会经常出现在鸢尾花书不同板块中。本节会多花一些笔墨和大家聊聊向量投影，给大家建立更加直观的印象。

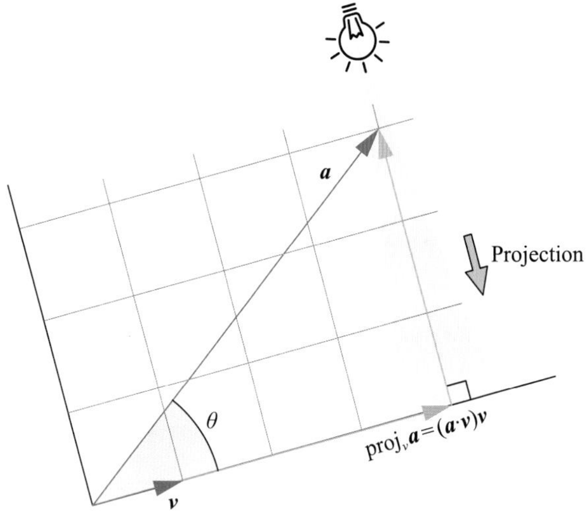

图22.15　正交投影的意义

二维向量投影

如图22.16所示，向量$\boldsymbol{a}$在$\boldsymbol{i}$方向上的向量投影为

$$\text{proj}_{\boldsymbol{i}}\,\boldsymbol{a} = \left(\begin{bmatrix}4\\3\end{bmatrix}\cdot\begin{bmatrix}1\\0\end{bmatrix}\right)\boldsymbol{i} = 4\boldsymbol{i} = \begin{bmatrix}4\\0\end{bmatrix} \tag{22.35}$$

其中：$\boldsymbol{i}$就是单位向量。

用矩阵乘法计算式 (22.35)，有

$$\begin{aligned}\operatorname{proj}_i \boldsymbol{a} &= \left(\begin{bmatrix}4\\3\end{bmatrix}^{\mathrm{T}} @ \begin{bmatrix}1\\0\end{bmatrix}\right)\boldsymbol{i} = \left(\begin{bmatrix}1\\0\end{bmatrix}^{\mathrm{T}} @ \begin{bmatrix}4\\3\end{bmatrix}\right)\boldsymbol{i} = 4\boldsymbol{i} \\ &= \boldsymbol{i}\left(\boldsymbol{i}^{\mathrm{T}} @ \begin{bmatrix}4\\3\end{bmatrix}\right) = \boldsymbol{i} @ \boldsymbol{i}^{\mathrm{T}} @ \begin{bmatrix}4\\3\end{bmatrix} = \begin{bmatrix}1 & 0\\0 & 0\end{bmatrix}\begin{bmatrix}4\\3\end{bmatrix} = \begin{bmatrix}4\\0\end{bmatrix}\end{aligned} \tag{22.36}$$

在鸢尾花书《矩阵力量》一册中，我们会给上式$\boldsymbol{i} @ \boldsymbol{i}^{\mathrm{T}}$一个全新的名字——张量积。

$\boldsymbol{a}$在$\boldsymbol{j}$方向上向量投影为

$$\operatorname{proj}_j \boldsymbol{a} = \left(\begin{bmatrix}4\\3\end{bmatrix} \cdot \begin{bmatrix}0\\1\end{bmatrix}\right)\boldsymbol{j} = 3\boldsymbol{j} = \begin{bmatrix}0\\3\end{bmatrix} \tag{22.37}$$

用矩阵乘法计算有

$$\begin{aligned}\operatorname{proj}_j \boldsymbol{a} &= \left(\begin{bmatrix}4\\3\end{bmatrix}^{\mathrm{T}} @ \begin{bmatrix}0\\1\end{bmatrix}\right)\boldsymbol{j} = \left(\begin{bmatrix}0\\1\end{bmatrix}^{\mathrm{T}} @ \begin{bmatrix}4\\3\end{bmatrix}\right)\boldsymbol{j} = 3\boldsymbol{j} \\ &= \boldsymbol{j}\left(\boldsymbol{j}^{\mathrm{T}} @ \begin{bmatrix}4\\3\end{bmatrix}\right) = \boldsymbol{j} @ \boldsymbol{j}^{\mathrm{T}} @ \begin{bmatrix}4\\3\end{bmatrix} = \begin{bmatrix}0 & 0\\0 & 1\end{bmatrix}\begin{bmatrix}4\\3\end{bmatrix} = \begin{bmatrix}0\\3\end{bmatrix}\end{aligned} \tag{22.38}$$

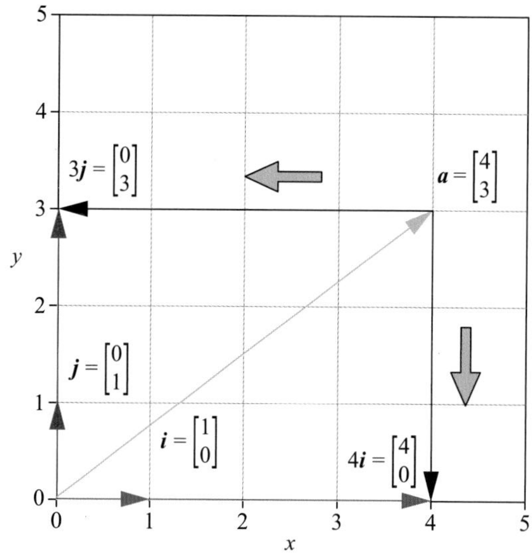

图22.16　$\boldsymbol{a}$分别在$\boldsymbol{i}$和$\boldsymbol{j}$方向上向量投影

三维向量投影

我们再看三维向量投影。如图22.17所示，$\boldsymbol{c}$在$\boldsymbol{i}$方向上标量投影为

$$\operatorname{proj}_i \boldsymbol{c} = \left(\begin{bmatrix}4\\3\\5\end{bmatrix} \cdot \begin{bmatrix}1\\0\\0\end{bmatrix}\right)\boldsymbol{i} = 4\boldsymbol{i} = \begin{bmatrix}4\\0\\0\end{bmatrix} \tag{22.39}$$

用矩阵乘法写式 (22.39)，得到

$$
\begin{aligned}
\operatorname{proj}_i \boldsymbol{c} &= \left(\begin{bmatrix} 4 & 3 & 5 \end{bmatrix} @ \begin{bmatrix} 1 \\ 0 \\ 0 \end{bmatrix} \right) \boldsymbol{i} = \left(\begin{bmatrix} 1 & 0 & 0 \end{bmatrix} @ \begin{bmatrix} 4 \\ 3 \\ 5 \end{bmatrix} \right) \boldsymbol{i} = 4\boldsymbol{i} \\
&= \boldsymbol{i} \left(\boldsymbol{i}^{\mathrm{T}} @ \begin{bmatrix} 4 \\ 3 \\ 5 \end{bmatrix} \right) = \boldsymbol{i} @ \boldsymbol{i}^{\mathrm{T}} @ \begin{bmatrix} 4 \\ 3 \\ 5 \end{bmatrix} = \begin{bmatrix} 1 & 0 & 0 \\ 0 & 0 & 0 \\ 0 & 0 & 0 \end{bmatrix} \begin{bmatrix} 4 \\ 3 \\ 5 \end{bmatrix} = \begin{bmatrix} 4 \\ 0 \\ 0 \end{bmatrix}
\end{aligned} \tag{22.40}
$$

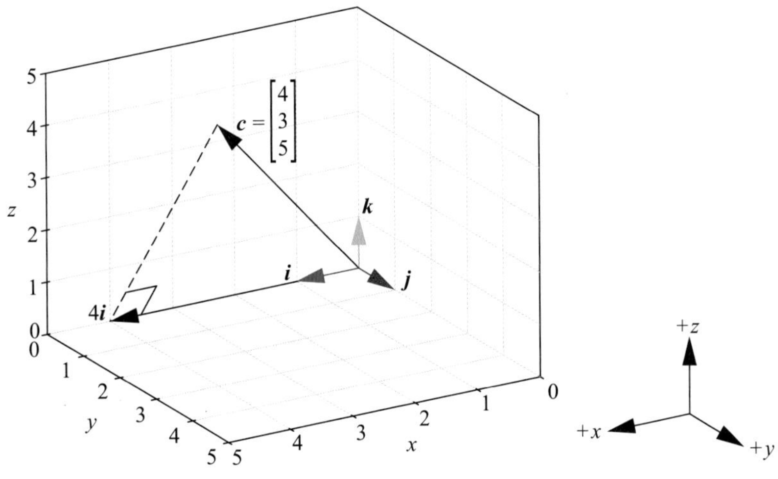

图22.17　向量$\boldsymbol{c}$在向量$\boldsymbol{i}$方向上投影

如图22.18所示，$\boldsymbol{c}$在$\boldsymbol{j}$方向上标量投影为

$$
\operatorname{proj}_j \boldsymbol{c} = \left(\begin{bmatrix} 4 \\ 3 \\ 5 \end{bmatrix} \cdot \begin{bmatrix} 0 \\ 1 \\ 0 \end{bmatrix} \right) \boldsymbol{j} = 3\boldsymbol{j} = \begin{bmatrix} 0 \\ 3 \\ 0 \end{bmatrix} \tag{22.41}
$$

同样，用矩阵乘法写式 (22.41)，得到

$$
\begin{aligned}
\operatorname{proj}_j \boldsymbol{c} &= \left(\begin{bmatrix} 4 & 3 & 5 \end{bmatrix} @ \begin{bmatrix} 0 \\ 1 \\ 0 \end{bmatrix} \right) \boldsymbol{j} = \left(\begin{bmatrix} 0 & 1 & 0 \end{bmatrix} @ \begin{bmatrix} 4 \\ 3 \\ 5 \end{bmatrix} \right) \boldsymbol{j} = 3\boldsymbol{j} \\
&= \boldsymbol{j} \left(\boldsymbol{j}^{\mathrm{T}} @ \begin{bmatrix} 4 \\ 3 \\ 5 \end{bmatrix} \right) = \boldsymbol{j} @ \boldsymbol{j}^{\mathrm{T}} @ \begin{bmatrix} 4 \\ 3 \\ 5 \end{bmatrix} = \begin{bmatrix} 0 & 0 & 0 \\ 0 & 1 & 0 \\ 0 & 0 & 0 \end{bmatrix} \begin{bmatrix} 4 \\ 3 \\ 5 \end{bmatrix} = \begin{bmatrix} 0 \\ 3 \\ 0 \end{bmatrix}
\end{aligned} \tag{22.42}
$$

如图22.19所示，$\boldsymbol{c}$在$\boldsymbol{k}$方向上标量投影为

$$
\operatorname{proj}_k \boldsymbol{c} = \left(\begin{bmatrix} 4 \\ 3 \\ 5 \end{bmatrix} \cdot \begin{bmatrix} 0 \\ 0 \\ 1 \end{bmatrix} \right) \boldsymbol{k} = 5\boldsymbol{k} = \begin{bmatrix} 0 \\ 0 \\ 5 \end{bmatrix} \tag{22.43}
$$

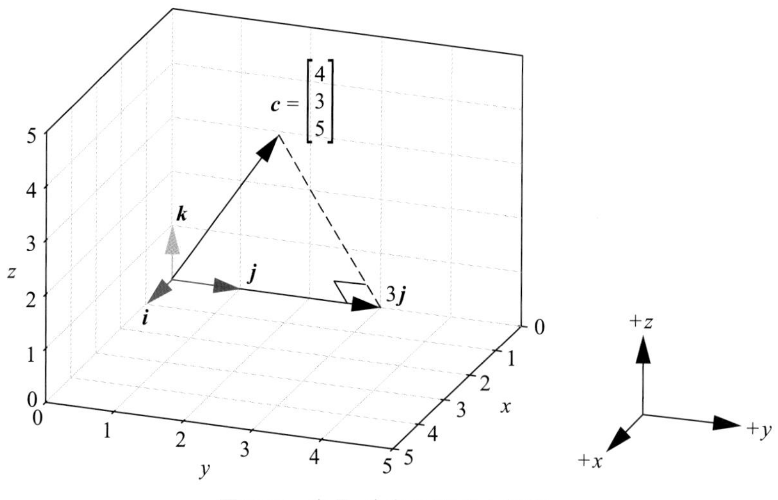

图22.18　向量c在向量j方向上投影

用矩阵乘法写式 (22.43)，得到

$$
\begin{aligned}
\text{proj}_{k}\, c &= \left(\begin{bmatrix} 4 & 3 & 5 \end{bmatrix} @ \begin{bmatrix} 0 \\ 0 \\ 1 \end{bmatrix} \right) k = \left(\begin{bmatrix} 0 & 0 & 1 \end{bmatrix} @ \begin{bmatrix} 4 \\ 3 \\ 5 \end{bmatrix} \right) k = 5k \\
&= k \left(k^{\mathrm{T}} @ \begin{bmatrix} 4 \\ 3 \\ 5 \end{bmatrix} \right) = k @ k^{\mathrm{T}} @ \begin{bmatrix} 4 \\ 3 \\ 5 \end{bmatrix} = \begin{bmatrix} 0 & 0 & 0 \\ 0 & 0 & 0 \\ 0 & 0 & 1 \end{bmatrix} \begin{bmatrix} 4 \\ 3 \\ 5 \end{bmatrix} = \begin{bmatrix} 0 \\ 0 \\ 5 \end{bmatrix}
\end{aligned}
\tag{22.44}
$$

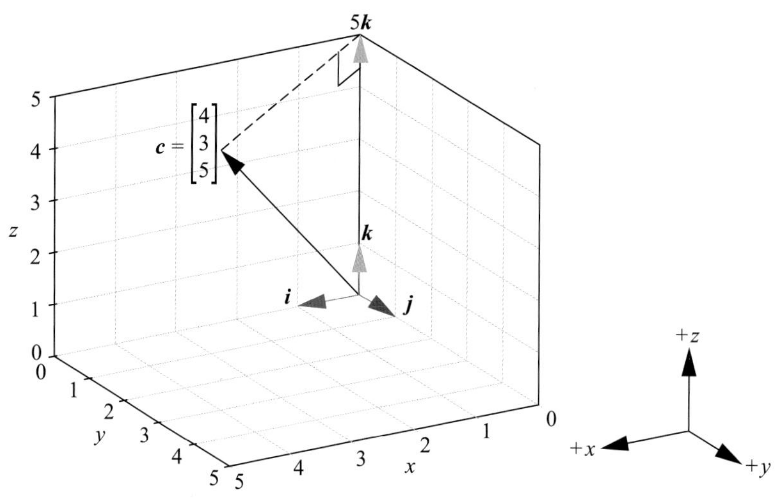

图22.19　向量c在向量k方向上投影

平面投影

本节最后聊一下三维向量在各个平面的投影。

以图22.20为例，因为i和j张起了xy平面，向量c在xy平面投影，相当于向量c分别在i和j向量上投影，再合成。

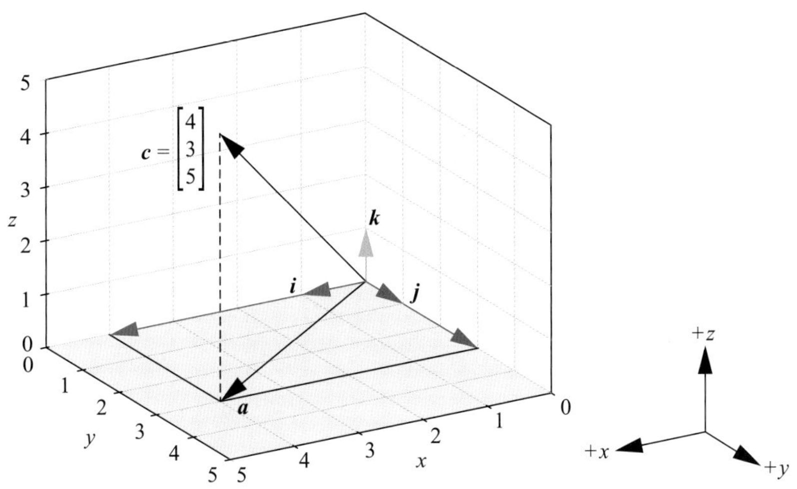

图22.20　向量$\boldsymbol{c}$在xy平面投影

换个角度求解这个问题。$\boldsymbol{c}$在xy平面上投影为$\boldsymbol{a}$，则有

$$\boldsymbol{a} = x\boldsymbol{i} + y\boldsymbol{j} \tag{22.45}$$

其中：x和y为未知量。为了求解x和y，我们需要构造两个等式。

首先计算$\boldsymbol{c} - \boldsymbol{a}$，有

$$\boldsymbol{c} - \boldsymbol{a} = \begin{bmatrix} 4 \\ 3 \\ 5 \end{bmatrix} - (x\boldsymbol{i} + y\boldsymbol{j}) = \begin{bmatrix} 4 \\ 3 \\ 5 \end{bmatrix} - x\begin{bmatrix} 1 \\ 0 \\ 0 \end{bmatrix} - y\begin{bmatrix} 0 \\ 1 \\ 0 \end{bmatrix} = \begin{bmatrix} 4-x \\ 3-y \\ 5 \end{bmatrix} \tag{22.46}$$

根据前文分析，我们知道 $\boldsymbol{c} - \boldsymbol{a}$分别垂直于$\boldsymbol{i}$和$\boldsymbol{j}$，这样我们可以构造两个等式，即

$$\begin{aligned} (\boldsymbol{c} - \boldsymbol{a}) \cdot \boldsymbol{i} = 0 \\ (\boldsymbol{c} - \boldsymbol{a}) \cdot \boldsymbol{j} = 0 \end{aligned} \tag{22.47}$$

将式 (22.46) 代入式 (22.47) 得到

$$\begin{bmatrix} 4-x \\ 3-y \\ 5 \end{bmatrix} \cdot \begin{bmatrix} 1 \\ 0 \\ 0 \end{bmatrix} = 0, \quad \begin{bmatrix} 4-x \\ 3-y \\ 5 \end{bmatrix} \cdot \begin{bmatrix} 0 \\ 1 \\ 0 \end{bmatrix} = 0 \tag{22.48}$$

整理得到方程组，并求解x和y，得

$$\begin{cases} 4 - x = 0 \\ 3 - y = 0 \end{cases} \Rightarrow \begin{cases} x = 4 \\ y = 3 \end{cases} \tag{22.49}$$

这样计算得到，$\boldsymbol{c}$在xy平面上投影为$\boldsymbol{a} = 4\boldsymbol{i} + 3\boldsymbol{j}$。

图22.21和图22.22所示分别为向量$\boldsymbol{c}$在yz和xz平面的投影，请读者自行计算投影结果。

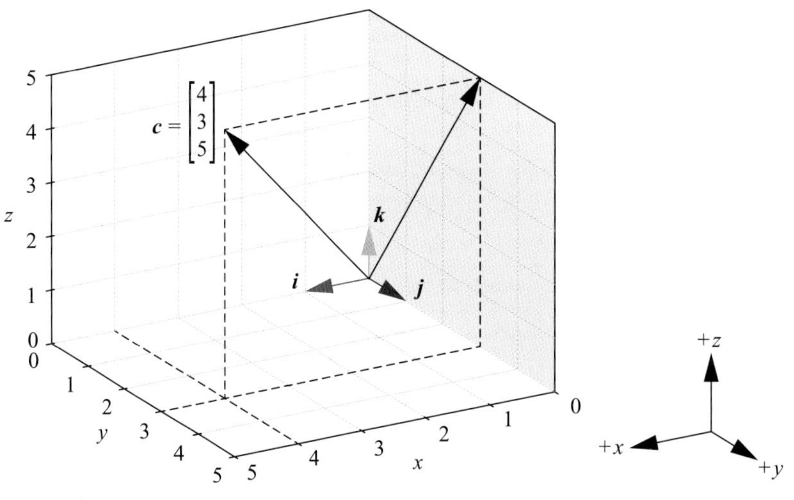

图22.21 向量c在yz平面投影

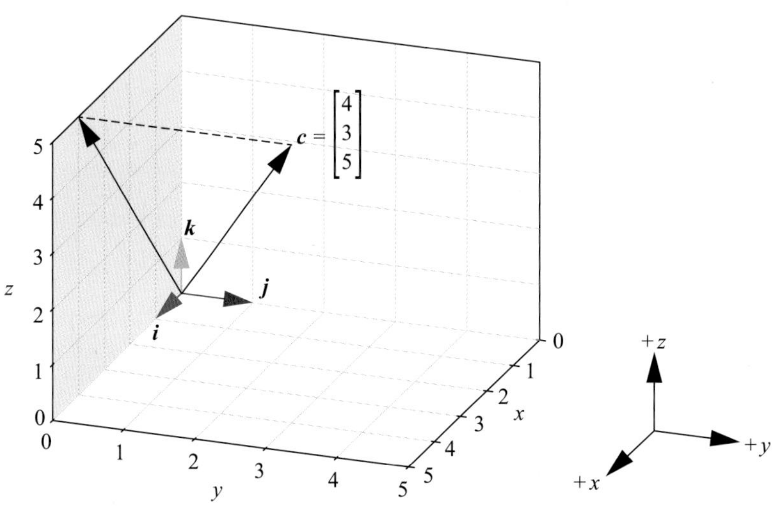

图22.22 向量c在xz平面投影

向量是线性代数中的多面手，它可以是一行或一列数，也可以是矩阵的一行或一列；有了坐标系，向量和空间中的点、线等元素建立了联系，这时向量摇身一变，变成了有方向的线段。

正是因为向量有几何内涵，线性代数的知识都可以用几何视角来理解。有向量的地方，就有几何。鸢尾花书介绍在线性代数知识时都会给出几何视角，请大家格外留意。

下面，请大家准备开始本书最后“鸡兔同笼三部曲”的学习之旅。

Fundamentals of Linear Algebra

鸡兔同笼1

之从《孙子算经》到线性代数

这就是数学：她提醒你无形灵魂的存在；她赋予数学发现以生命；她唤醒沉睡的心灵；她净化蒙尘的心智；她给思想以光辉；她涤荡与生俱来的蒙昧与无知。

This, therefore, is mathematics: she reminds you of the invisible form of the soul; she gives life to her own discoveries; she awakens the mind and purifies the intellect; she brings light to our intrinsic ideas; she abolishes oblivion and ignorance which are ours by birth.

—— 普罗克洛 (Proclus) | 古希腊哲学家 | 412 B.C. — 485 B.C.

- `matplotlib.pyplot.quiver()` 绘制箭头图
- `numpy.column_stack()` 将两个矩阵按列合并
- `numpy.linalg.inv()` 矩阵求逆
- `numpy.linalg.solve()` 求解线性方程组
- `numpy.matrix()` 创建矩阵
- `sympy.solve()` 求解符号方程组
- `sympy.solvers.solveset.linsolve()` 求解符号线性方程组

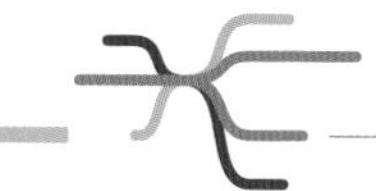

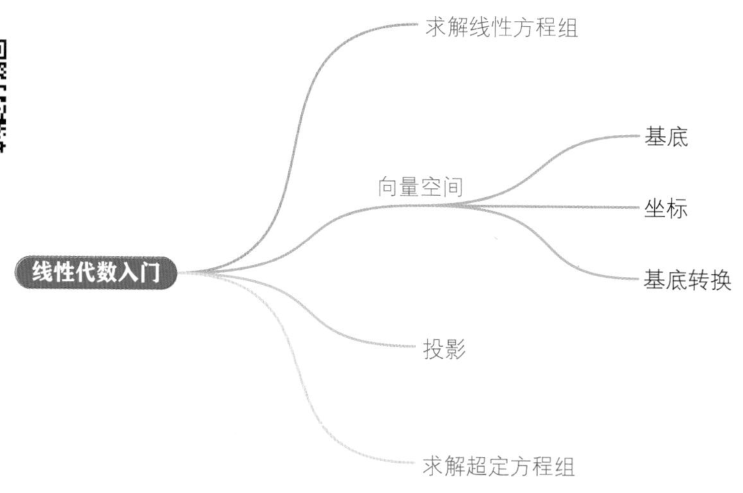

23.1 从鸡兔同笼说起

云山青青，风泉泠泠，山色可爱，泉声可听。土地平旷，屋舍俨然，阡陌交通，鸡犬相闻。

崇山峻岭之中，茂林修竹深处，有个小村，村中有五十余户人家。大伙儿甘其食，美其服，安其居，乐其俗。黄发垂髫，怡然自乐。

村民善养鸡兔，又善筹算。在这个与世隔绝的小村庄，鸡兔同笼这样的经典数学问题，代代流传，深入人心。村民中有个农夫，他特别痴迷数学。最近他手不释卷地阅读一本叫《线性代数》的舶来经典。

本书最后三章同大家探讨村民在养鸡养兔遇到的数学问题，讲讲农夫如何用学到的线性代数工具帮助大伙儿解决这些问题。

责本粟三雞主各償幾何答曰雞雛主一百四十三雞
母主二百八十六雞翁主五百七十二
術曰置粟一千一粒為實副并三雞所啄粟七粒為法
除之得一百四十三粒為雞雛主所償之數遞倍之即
得母翁主所償之數
今有雉兔同籠上有三十五頭下有九十四足問雉兔
各幾何答曰雉二十三兔一十二
術曰上置三十五頭下置九十四足半其足得四十七

图23.1　《孙子算经》中的鸡兔同笼问题 (来源：https://cnkgraph.com/)

鸡兔同笼原题

如图23.1所示，《孙子算经》中鸡兔同笼问题这样说：“今有雉兔同笼，上有三十五头，下有九十四足，问雉兔各几何？”

本书前文构造二元一次方程组，用代数方法解决鸡兔同笼问题，有

$$\begin{cases} x_1 + x_2 = 35 \\ 2x_1 + 4x_2 = 94 \end{cases} \tag{23.1}$$

其中：x_1为鸡的数量；x_2为兔的数量。

求得笼子里有23只鸡，12只兔，即

$$\begin{cases} x_1 = 23 \\ x_2 = 12 \end{cases} \tag{23.2}$$

此外，本书之前也介绍过利用坐标系图解鸡兔同笼问题。

线性方程组

农夫决定用自己刚刚学过的线性代数知识解决“鸡兔同笼”这个数学问题。

式 (23.1) 中第一个等式写成矩阵运算形式，得到

$$1 \cdot x_1 + 1 \cdot x_2 = 35 \quad \Rightarrow \quad \begin{bmatrix} 1 & 1 \\ & \end{bmatrix} \begin{bmatrix} x_1 \\ x_2 \end{bmatrix} = \begin{bmatrix} 35 \\ \ \end{bmatrix} \tag{23.3}$$

式 (23.1) 第二个等式也写成类似形式，有

$$2 \cdot x_1 + 4 \cdot x_2 = 94 \quad \Rightarrow \quad \begin{bmatrix} & \\ 2 & 4 \end{bmatrix} \begin{bmatrix} x_1 \\ x_2 \end{bmatrix} = \begin{bmatrix} \ \\ 94 \end{bmatrix} \tag{23.4}$$

结合式 (23.3) 和式 (23.4)，农夫便用矩阵形式写出了鸡兔同笼问题的线性方程组为

$$\begin{cases} 1 \cdot x_1 + 1 \cdot x_2 = 35 \\ 2 \cdot x_1 + 4 \cdot x_2 = 94 \end{cases} \quad \Rightarrow \quad \begin{bmatrix} 1 & 1 \\ 2 & 4 \end{bmatrix} \begin{bmatrix} x_1 \\ x_2 \end{bmatrix} = \begin{bmatrix} 35 \\ 94 \end{bmatrix} \tag{23.5}$$

式 (23.5) 可以写成

$$\boldsymbol{A}\boldsymbol{x} = \boldsymbol{b} \tag{23.6}$$

其中

$$\boldsymbol{A} = \begin{bmatrix} 1 & 1 \\ 2 & 4 \end{bmatrix}, \quad \boldsymbol{x} = \begin{bmatrix} x_1 \\ x_2 \end{bmatrix}, \quad \boldsymbol{b} = \begin{bmatrix} 35 \\ 94 \end{bmatrix} \tag{23.7}$$

$\boldsymbol{x}$为未知变量构成的列向量；$\boldsymbol{A}$为方阵且可逆；$\boldsymbol{x}$可以利用下式求得，即

$$\boldsymbol{x} = \boldsymbol{A}^{-1}\boldsymbol{b} \tag{23.8}$$

代入具体数值计算得到$\boldsymbol{x}$，得到

$$\boldsymbol{x} = \begin{bmatrix} 1 & 1 \\ 2 & 4 \end{bmatrix}^{-1} \begin{bmatrix} 35 \\ 94 \end{bmatrix} = \begin{bmatrix} 2 & -0.5 \\ -1 & 0.5 \end{bmatrix} \begin{bmatrix} 35 \\ 94 \end{bmatrix} = \begin{bmatrix} 23 \\ 12 \end{bmatrix} \tag{23.9}$$

Bk3_Ch23_1.py完成上述运算。

23.2 “鸡”向量与“兔”向量

农夫观察矩阵$\boldsymbol{A}$，发现它是由两个列向量左右排列构造而成的，即

$$\boldsymbol{A}=\begin{bmatrix} 1 & 1 \\ 2 & 4 \end{bmatrix}\begin{matrix} \text{Head} \\ \text{Feet} \end{matrix} \tag{23.10}$$

由此，农夫将矩阵$\boldsymbol{A}$写成$\boldsymbol{a}_1$和$\boldsymbol{a}_2$两个左右排列的列向量，即

$$\boldsymbol{A}=\begin{bmatrix} \boldsymbol{a}_1 & \boldsymbol{a}_2 \end{bmatrix} \tag{23.11}$$

农夫特别好奇$\boldsymbol{a}_1$和$\boldsymbol{a}_2$这两个向量的具体含义，他决定深入分析一番。

农夫认为$\boldsymbol{a}_1$代表一只鸡，特征是一个头、两只脚，即

$$\boldsymbol{a}_1=\begin{bmatrix} \overbrace{1}^{\#\text{ head}} \\ \overbrace{2}^{\#\text{ feet}} \end{bmatrix} \tag{23.12}$$

$\boldsymbol{a}_2$代表一只兔，特征是有一个头、四只脚，即

$$\boldsymbol{a}_2=\begin{bmatrix} \overbrace{1}^{\#\text{ head}} \\ \overbrace{4}^{\#\text{ feet}} \end{bmatrix} \tag{23.13}$$

农夫决定管$\boldsymbol{a}_1$叫“鸡向量”，$\boldsymbol{a}_2$叫“兔向量”。

图23.2所示为鸡向量$\boldsymbol{a}_1$和兔向量$\boldsymbol{a}_2$。图23.2中坐标轴的横轴为头的数量，纵轴为脚的数量。图23.3和图23.4中$\boldsymbol{e}_1$代表“头”向量，$\boldsymbol{e}_2$代表“脚”向量。显然，$\boldsymbol{e}_1$是横轴单位向量，$\boldsymbol{e}_2$是纵轴单位向量。

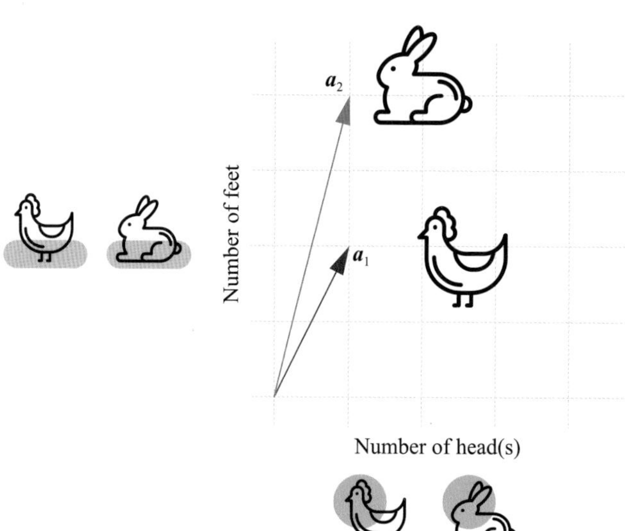

图23.2 鸡向量$\boldsymbol{a}_1$和兔向量$\boldsymbol{a}_2$

分解

如图23.3所示，鸡向量$\boldsymbol{a}_1$可以写成

$$\boldsymbol{a}_1 = \begin{bmatrix} \overbrace{1}^{\#\text{ head}} \\ \overbrace{2}^{\#\text{ feet}} \end{bmatrix} = \begin{bmatrix} 1 & 0 \\ 0 & 1 \end{bmatrix} \begin{bmatrix} 1 \\ 2 \end{bmatrix} = \begin{bmatrix} \boldsymbol{e}_1 & \boldsymbol{e}_2 \end{bmatrix} \begin{bmatrix} 1 \\ 2 \end{bmatrix} = \boldsymbol{e}_1 + 2\boldsymbol{e}_2 \tag{23.14}$$

如图23.4所示，兔向量$\boldsymbol{a}_2$可以写成

$$\boldsymbol{a}_2 = \begin{bmatrix} \overbrace{1}^{\#\text{ head}} \\ \overbrace{4}^{\#\text{ feet}} \end{bmatrix} = \begin{bmatrix} 1 & 0 \\ 0 & 1 \end{bmatrix} \begin{bmatrix} 1 \\ 4 \end{bmatrix} = \begin{bmatrix} \boldsymbol{e}_1 & \boldsymbol{e}_2 \end{bmatrix} \begin{bmatrix} 1 \\ 4 \end{bmatrix} = \boldsymbol{e}_1 + 4\boldsymbol{e}_2 \tag{23.15}$$

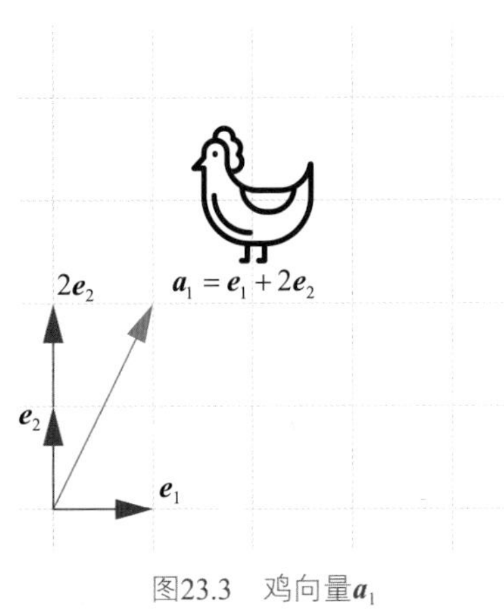

图23.3　鸡向量$\boldsymbol{a}_1$

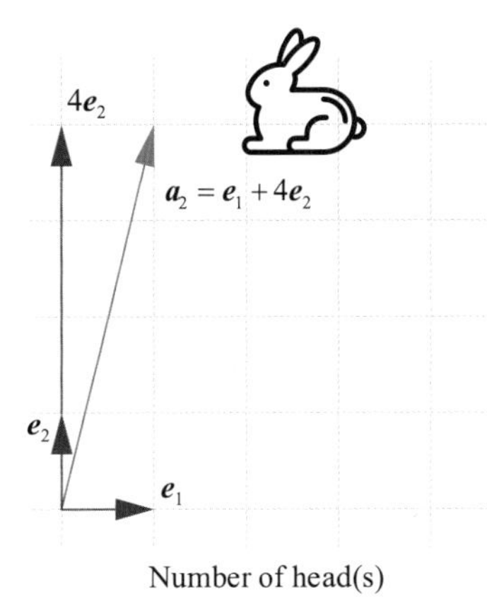

图23.4　兔向量$\boldsymbol{a}_2$

再谈鸡兔同笼

回到鸡兔同笼问题，x_1代表鸡的数量，x_2为兔的数量。农夫将$\boldsymbol{A} = [\boldsymbol{a}_1, \boldsymbol{a}_2]$代入，得到

$$\begin{bmatrix} 1 & 1 \\ 2 & 4 \end{bmatrix} \begin{bmatrix} x_1 \\ x_2 \end{bmatrix} = \begin{bmatrix} 35 \\ 94 \end{bmatrix} \tag{23.16}$$

通俗地讲，式 (23.16) 代表x_1份$\boldsymbol{a}_1$和x_2份$\boldsymbol{a}_2$组合，得到$\boldsymbol{b}$向量。

为了方便可视化，农夫将向量$\boldsymbol{b}$改为以下具体值。也就是鸡兔同笼问题条件变为：鸡兔同笼有3个头、8只脚。

农夫把线性方程组写成

$$\begin{bmatrix} 1 & 1 \\ 2 & 4 \end{bmatrix} \begin{bmatrix} x_1 \\ x_2 \end{bmatrix} = \begin{bmatrix} 3 \\ 8 \end{bmatrix} \tag{23.17}$$

农夫此刻在思考这个问题，$\boldsymbol{x}$和$\boldsymbol{b}$具体代表什么？

式 (23.17) 等式左边的列向量$\boldsymbol{x} = [x_1, x_2]^{\mathrm{T}}$代表鸡兔数量，而式 (23.17) 右侧$\boldsymbol{b}$代表头、脚数量。

坐标系角度

从坐标系的角度来看，$\boldsymbol{x}$在“鸡-兔系”中，而$\boldsymbol{b}$在“头-脚系”中。

图23.5中左侧方格就是“头-脚系”，而图23.5右侧平行四边形网格便是“鸡-兔系”。

“头-脚系”中，“头”向量$\boldsymbol{e}_1$和“脚”向量$\boldsymbol{e}_2$张成了方格面。通俗地讲，在“头-脚系”中，农夫看到的是鸡兔的头和脚数。

“鸡-兔系”中，“鸡”向量$\boldsymbol{a}_1$和“兔”向量$\boldsymbol{a}_2$，张成了平行四边形网格。在“鸡-兔系”中，农夫认为自己关注的是鸡兔的具体只数。

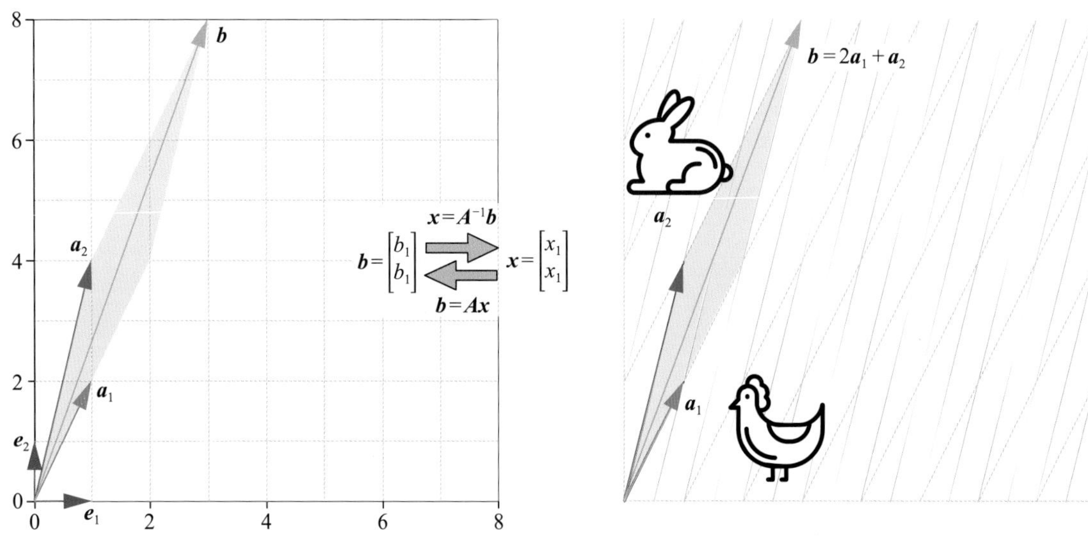

图23.5 “头-脚系”和“鸡-兔系”相互转换

$\boldsymbol{A}$作为桥梁，完成从“鸡-兔系”$\boldsymbol{x}$向“头-脚系”$\boldsymbol{b}$转换，有

$$\boldsymbol{x} \to \boldsymbol{b} : \boldsymbol{A}\boldsymbol{x} = \boldsymbol{b} \tag{23.18}$$

反方向来看，$\boldsymbol{A}^{-1}$完成“头-脚”$\boldsymbol{b}$向“鸡-兔”$\boldsymbol{x}$转换，有

$$\boldsymbol{b} \to \boldsymbol{x} : \boldsymbol{A}^{-1}\boldsymbol{b} = \boldsymbol{x} \tag{23.19}$$

Bk3_Ch23_2.py绘制图23.5。

在Bk3_Ch23_2.py基础上，我们做了一个App用来可视化矩阵$\boldsymbol{A}$对网格形状的影响。请参考Streamlit_Bk3_Ch23_2.py。

23.3 那几只毛绒耳朵

农夫看了看同处一笼的鸡兔，突然发现在头、脚之外，赫然独立几只可爱至极的毛绒耳朵。

他突然想到，除了查头数、脚数之外，查毛绒耳朵的数量应该更容易确定兔子的数量！虽然从生理学角度，鸡也有耳朵，但是极不容易被发现。

加了毛绒耳朵这个特征之后，二维向量就变成了三维向量。

鸡向量$\boldsymbol{a}_1$变为

$$\boldsymbol{a}_1 = \begin{bmatrix} 1 \\ 2 \\ 0 \end{bmatrix} \tag{23.20}$$

兔向量$\boldsymbol{a}_2$变为

$$\boldsymbol{a}_2 = \begin{bmatrix} 1 \\ 4 \\ 2 \end{bmatrix} \tag{23.21}$$

在平面直角坐标系中，升起了第三个维度——毛绒耳朵数量，农夫便得到如图23.6所示的三维直角坐标系。其中，$\boldsymbol{e}_3$代表“毛绒耳朵”向量。

图23.6中，一只鸡一个头、两只脚、没有毛绒耳朵，因此鸡向量$\boldsymbol{a}_1$为

$$\boldsymbol{a}_1 = \boldsymbol{e}_1 + 2\boldsymbol{e}_2 \tag{23.22}$$

观察图23.6，鸡向量$\boldsymbol{a}_1$还“趴”在水平面上，这是因为鸡没有毛绒耳朵！

一只兔有一个头、四只脚、两个毛绒耳朵，$\boldsymbol{a}_2$写成

$$\boldsymbol{a}_2 = \boldsymbol{e}_1 + 4\boldsymbol{e}_2 + 2\boldsymbol{e}_3 \tag{23.23}$$

而兔向量$\boldsymbol{a}_2$还已经“立”在水平面之外，就是因为那两只毛绒耳朵 (撸撸)。

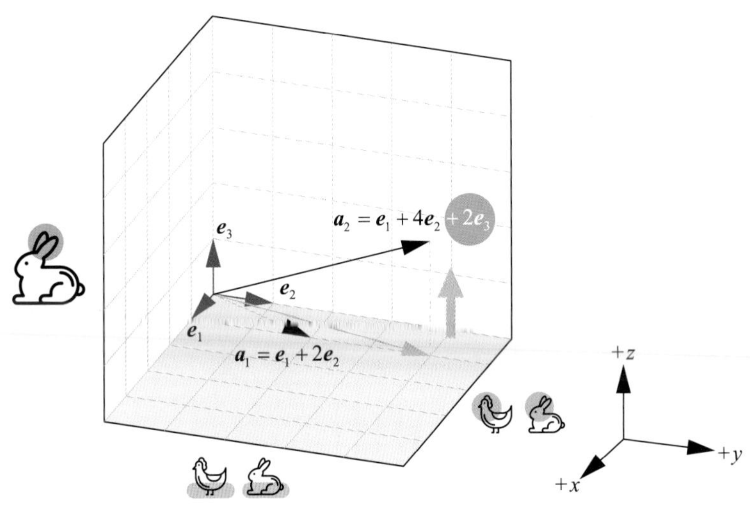

图23.6　三维直角坐标系中的鸡向量$\boldsymbol{a}_1$和兔向量$\boldsymbol{a}_2$

计算头、脚、毛绒耳朵数量

如果给定一笼鸡兔的鸡和兔的数量，让大家求解头、脚、毛绒耳朵数量，就是从“鸡-兔系”到“头-脚-毛绒耳朵系”的转化。

假设有鸡10只 (x_1)、兔5只 (x_2)，可以通过下式计算头、脚和毛绒耳朵数量，即

$$\boldsymbol{b}=\begin{bmatrix}\boldsymbol{a}_1 & \boldsymbol{a}_2\end{bmatrix}\boldsymbol{x}=\begin{bmatrix}1 & 1\\2 & 4\\0 & 2\end{bmatrix}\begin{bmatrix}10\\5\end{bmatrix}=\begin{bmatrix}15\\40\\10\end{bmatrix} \tag{23.24}$$

这样，通过上述计算，农夫便完成了从“鸡-兔系”到“头-脚-毛绒耳朵系”的转换。这个过程是从二维到三维，相当于“升维”。

23.4 “鸡兔”套餐

村子里来个小贩卖小鸡和小兔，但可惜不单独售卖。

小贩提供两种套餐捆绑销售：*A*套餐，3鸡1兔；*B*套餐，1鸡2兔，如图23.7所示。

这可难坏了农夫，因为他想买10只鸡、10只兔。该怎么组合*A*、*B*两种套餐呢？

农夫想了想，发现这不就是个“鸡兔同笼”问题的升级版嘛！下面，农夫决定用线性代数这个万能工具试试看。

图23.7　鸡兔*A*、*B*套餐

A-*B*套餐系

农夫将*A*、*B*套餐分别记作列向量$\boldsymbol{w}_1$和$\boldsymbol{w}_2$，具体取值为

$$\boldsymbol{w}_1=\begin{bmatrix}3\\1\end{bmatrix},\quad \boldsymbol{w}_2=\begin{bmatrix}1\\2\end{bmatrix} \tag{23.25}$$

农夫想买10只鸡、10只兔，记作$\boldsymbol{a}$，有

$$\boldsymbol{a}=\begin{bmatrix}10\\10\end{bmatrix} \tag{23.26}$$

令所需套餐A的数量为x_1，套餐B的数量为x_2，构造等式

$$x_1 \boldsymbol{w}_1 + x_2 \boldsymbol{w}_2 = x_1 \begin{bmatrix} 3 \\ 1 \end{bmatrix} + x_2 \begin{bmatrix} 1 \\ 2 \end{bmatrix} = \begin{bmatrix} 10 \\ 10 \end{bmatrix} \tag{23.27}$$

即

$$\begin{bmatrix} 3 & 1 \\ 1 & 2 \end{bmatrix} \begin{bmatrix} x_1 \\ x_2 \end{bmatrix} = \begin{bmatrix} 10 \\ 10 \end{bmatrix} \tag{23.28}$$

如图23.8所示为向量$\boldsymbol{a}$在“鸡-兔系”到“A-B套餐系”的不同意义。图23.8 (a) 给出的是鸡兔数量，图23.8 (b) 展示的是套餐数量。

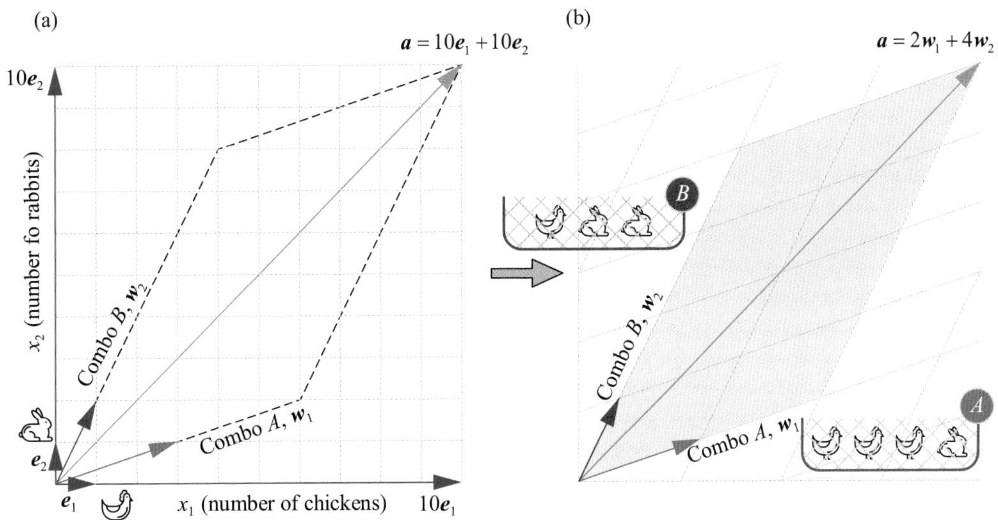

图23.8　向量$\boldsymbol{a}$在“鸡-兔系”到“A-B套餐系”的不同意义

这样农夫求得向量$\boldsymbol{x}$为

$$\begin{bmatrix} x_1 \\ x_2 \end{bmatrix} = \begin{bmatrix} 3 & 1 \\ 1 & 2 \end{bmatrix}^{-1} @ \begin{bmatrix} 10 \\ 10 \end{bmatrix} = \begin{bmatrix} 0.4 & -0.2 \\ -0.2 & 0.6 \end{bmatrix} @ \begin{bmatrix} 10 \\ 10 \end{bmatrix} = \begin{bmatrix} 2 \\ 4 \end{bmatrix} \tag{23.29}$$

线性组合

也就是说，农夫可以买2份A套餐、4份B套餐，这样可以一共买到10只鸡、10只兔，对应算式为

$$2\boldsymbol{w}_1 + 4\boldsymbol{w}_2 = 2 \times \begin{bmatrix} 3 \\ 1 \end{bmatrix} + 4 \times \begin{bmatrix} 1 \\ 2 \end{bmatrix} = \begin{bmatrix} 10 \\ 10 \end{bmatrix} \tag{23.30}$$

翻阅《线性代数》，农夫发现式 (23.30) 这个等式就叫**线性组合** (linear combination)。书上管$\boldsymbol{w}_1$和$\boldsymbol{w}_2$叫作**基底** (basis)，写成 $\{\boldsymbol{w}_1, \boldsymbol{w}_2\}$。也就是说，图23.9左图的基底为$\{\boldsymbol{a}_1, \boldsymbol{a}_2\}$，右图的基底为 $\{\boldsymbol{w}_1, \boldsymbol{w}_2\}$。

通俗地讲，就是用2份$\boldsymbol{w}_1$向量、4份$\boldsymbol{w}_2$向量混合得到向量$\boldsymbol{a}$。通过线性组合的向量仍在平面之内。

如图23.9所示，农夫发现，如果只看网格的话，式 (23.30) 中数学运算完成了“鸡-兔系”到“A-B套餐系”的坐标系的转化。

(10, 10) 是向量$\boldsymbol{a}$在“鸡-兔系”的坐标。

而2份A套餐、4份B套餐相当于 (2, 4) 是向量$\boldsymbol{a}$在“A-B套餐系”的坐标。

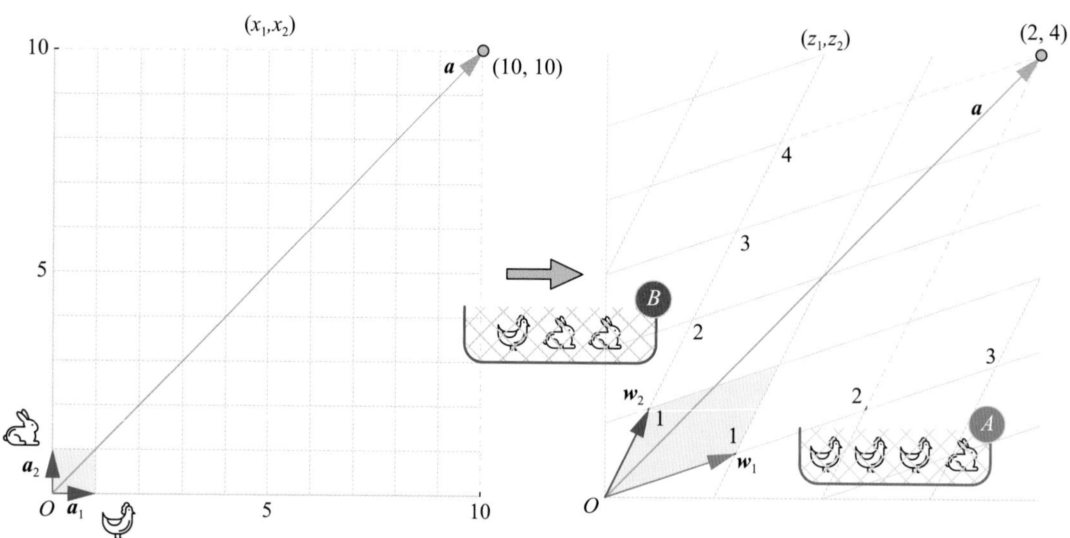

图23.9　坐标系转换，“鸡-兔系”到“A-B套餐系”

基底变换

农夫回想，不管是从“头-脚系”到“鸡-兔系”，还是从“鸡-兔系”到“A-B套餐系”，都叫作**基底变换** (change of basis)。

对于向量$\boldsymbol{a}$，在基底 $\{\boldsymbol{a}_1, \boldsymbol{a}_2\}$ 下，坐标值为 $[x_1, x_2]^{\mathrm{T}}$，有

$$\boldsymbol{a} = \boldsymbol{x} = \boldsymbol{I}\boldsymbol{x} = \begin{bmatrix} \boldsymbol{a}_1 & \boldsymbol{a}_2 \end{bmatrix} \begin{bmatrix} x_1 \\ x_2 \end{bmatrix} = x_1\boldsymbol{a}_1 + x_2\boldsymbol{a}_2 \tag{23.31}$$

也就是

$$\boldsymbol{a} = \begin{bmatrix} 1 & 0 \\ 0 & 1 \end{bmatrix} \begin{bmatrix} 10 \\ 10 \end{bmatrix} = \begin{bmatrix} 10 \\ 10 \end{bmatrix} \tag{23.32}$$

同一个向量$\boldsymbol{a}$，在基底 $\{\boldsymbol{w}_1, \boldsymbol{w}_2\}$ 下，坐标值为 $[z_1, z_2]^{\mathrm{T}}$，得到

$$\boldsymbol{a} = \boldsymbol{W}\boldsymbol{z} = \underbrace{\begin{bmatrix} \boldsymbol{w}_1 & \boldsymbol{w}_2 \end{bmatrix}}_{\boldsymbol{W}} \underbrace{\begin{bmatrix} z_1 \\ z_2 \end{bmatrix}}_{\boldsymbol{z}} = z_1\boldsymbol{w}_1 + z_2\boldsymbol{w}_2 \tag{23.33}$$

即

$$\boldsymbol{a} = \underbrace{\begin{bmatrix} 3 & 1 \\ 1 & 2 \end{bmatrix}}_{\boldsymbol{W}} \underbrace{\begin{bmatrix} 2 \\ 4 \end{bmatrix}}_{\boldsymbol{z}} = \begin{bmatrix} 10 \\ 10 \end{bmatrix} \tag{23.34}$$

联立式 (23.31) 和式 (23.33) 得到

$$\boldsymbol{x}=\boldsymbol{W}\boldsymbol{z} \tag{23.35}$$

即

$$\begin{bmatrix} x_1 \\ x_2 \end{bmatrix}=\underbrace{\begin{bmatrix} \boldsymbol{w}_1 & \boldsymbol{w}_2 \end{bmatrix}}_{\boldsymbol{W}}\begin{bmatrix} z_1 \\ z_2 \end{bmatrix} \tag{23.36}$$

新坐标$\boldsymbol{z}$，可以通过下式得到，即

$$\boldsymbol{z}=\boldsymbol{W}^{-1}\boldsymbol{x} \tag{23.37}$$

也就是说，$\boldsymbol{W}$是新旧坐标转换的桥梁。如图23.9所示，转换前后，网格形状发生了变化，但是平面还是那个平面。

“线性代数真是有趣、有用！”农夫喃喃自语。

Bk3_Ch23_3.py绘制本节两个坐标系网格图像。

23.5 套餐转换：基底转换

前来买鸡兔的村民在小贩周围越聚越多，大家都说套餐A和B组合太烦琐，纷纷抱怨。

为了方便村民买鸡兔，小贩推出两个新套餐C和D：套餐C，两只小鸡；套餐D，两只小兔。也就是说，鸡兔都是成对贩售。

农夫决定用刚刚学过的基底转换思路来看看这个新基底。

令第三个基底 $\{\boldsymbol{v}_1, \boldsymbol{v}_2\}$ 代表“C-D套餐系”。在基底 $\{\boldsymbol{v}_1, \boldsymbol{v}_2\}$ 中，向量$\boldsymbol{a}$可以写成

$$\boldsymbol{a}=\boldsymbol{V}\boldsymbol{s}=\underbrace{\begin{bmatrix} \boldsymbol{v}_1 & \boldsymbol{v}_2 \end{bmatrix}}_{\boldsymbol{V}}\underbrace{\begin{bmatrix} s_1 \\ s_2 \end{bmatrix}}_{\boldsymbol{s}}=s_1\boldsymbol{v}_1+s_2\boldsymbol{v}_2 \tag{23.38}$$

如图23.10所示。

联立式 (23.33) 和式 (23.38)，得到

$$\boldsymbol{W}\boldsymbol{z}=\boldsymbol{V}\boldsymbol{s} \tag{23.39}$$

也就是说，$\boldsymbol{s}$可以通过下式得到，即

$$\boldsymbol{s}=\boldsymbol{V}^{-1}\boldsymbol{W}\boldsymbol{z} \tag{23.40}$$

而$\boldsymbol{V}$为

$$\boldsymbol{V}=\underbrace{\begin{bmatrix} \boldsymbol{v}_1 & \boldsymbol{v}_2 \end{bmatrix}}_{\boldsymbol{V}}=\begin{bmatrix} 2 & 0 \\ 0 & 2 \end{bmatrix} \tag{23.41}$$

这样，向量$\boldsymbol{a}$从 $\{\boldsymbol{w}_1, \boldsymbol{w}_2\}$ 基底到 $\{\boldsymbol{v}_1, \boldsymbol{v}_2\}$ 基底，新坐标$\boldsymbol{s}$为

$$\boldsymbol{s} = \underbrace{\begin{bmatrix} 2 & 0 \\ 0 & 2 \end{bmatrix}}_{V}^{-1} \underbrace{\begin{bmatrix} 3 & 1 \\ 1 & 2 \end{bmatrix}}_{W} \underbrace{\begin{bmatrix} 2 \\ 4 \end{bmatrix}}_{z} = \begin{bmatrix} 5 \\ 5 \end{bmatrix} \tag{23.42}$$

也就是说，农夫想要买10只鸡、10只兔的话，需要5份套餐C和5份套餐D。

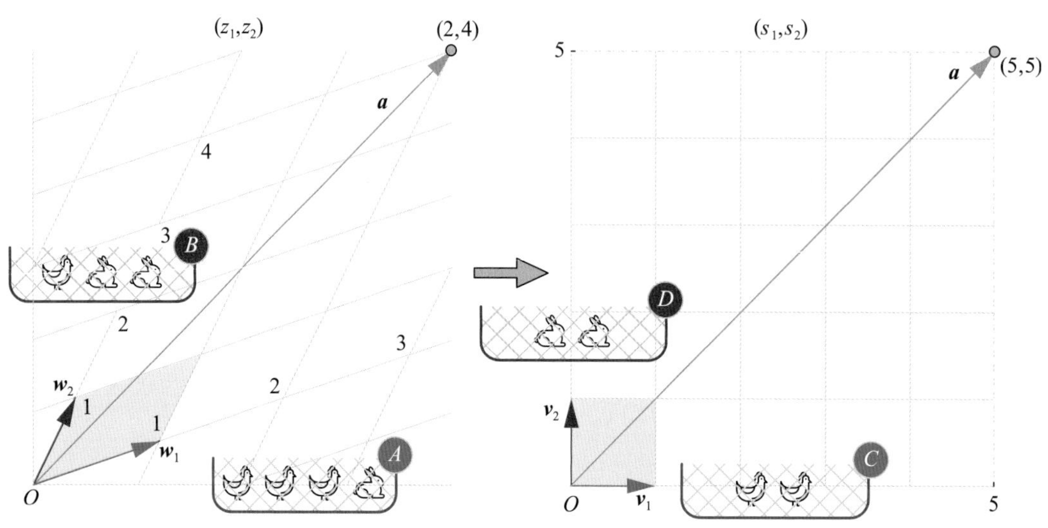

图23.10　套餐转换，“*A-B*套餐系”到“*C-D*套餐系”

23.6 猪引发的投影问题

农夫突然改了主意，他对小贩说，我想买10只鸡、10只兔，还要买5头猪！

小贩很无奈，说小猪早就卖断货了。

农夫略有所思，说了句：“我和你之间，存在5只猪的距离。”

从向量角度，农夫自己想买10只鸡、10只兔、5只猪，可以写成向量$\boldsymbol{y}$，则有

$$\boldsymbol{y} = \begin{bmatrix} 10 \\ 10 \\ 5 \end{bmatrix} \tag{23.43}$$

然而，小贩提供的“*A-B*套餐”只能满足农夫部分需求，记作向量$\boldsymbol{a}$，有

$$\boldsymbol{a} = x_1\boldsymbol{w}_1 + x_2\boldsymbol{w}_2 = x_1\begin{bmatrix} 3 \\ 1 \\ 0 \end{bmatrix} + x_2\begin{bmatrix} 1 \\ 2 \\ 0 \end{bmatrix} = \begin{bmatrix} 10 \\ 10 \\ 0 \end{bmatrix} \tag{23.44}$$

农夫的需求$\boldsymbol{y}$和$\boldsymbol{a}$的“差距”记作$\boldsymbol{\varepsilon}$，计算得到具体值为

$$\boldsymbol{\varepsilon}=\boldsymbol{y}-\boldsymbol{a}=\begin{bmatrix}10\\10\\5\end{bmatrix}-\begin{bmatrix}10\\10\\0\end{bmatrix}=\begin{bmatrix}0\\0\\5\end{bmatrix} \tag{23.45}$$

垂直

如图23.11所示，容易发现$\boldsymbol{\varepsilon}$垂直于$\boldsymbol{w}_1$、$\boldsymbol{w}_2$、$\boldsymbol{a}$。下面，农夫用刚学的向量内积证明一下。

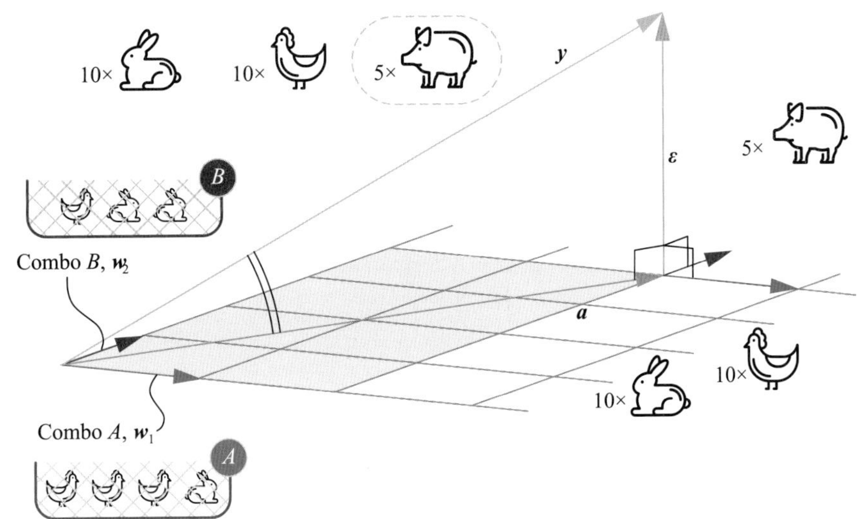

图23.11　农夫的需求和小贩提供的“*A-B*套餐”平面存在5只猪的距离

首先，$\boldsymbol{\varepsilon}$垂直于$\boldsymbol{w}_1$，有

$$\boldsymbol{w}_1\cdot\boldsymbol{\varepsilon}=\begin{bmatrix}3\\1\\0\end{bmatrix}\cdot\begin{bmatrix}0\\0\\5\end{bmatrix}=3\times0+1\times0+0\times5=0 \tag{23.46}$$

$\boldsymbol{\varepsilon}$垂直于$\boldsymbol{w}_2$，有

$$\boldsymbol{w}_2\cdot\boldsymbol{\varepsilon}=\begin{bmatrix}1\\2\\0\end{bmatrix}\cdot\begin{bmatrix}0\\0\\5\end{bmatrix}=1\times0+2\times0+0\times5=0 \tag{23.47}$$

$\boldsymbol{\varepsilon}$垂直于$\boldsymbol{a}$，有

$$\boldsymbol{a}\cdot\boldsymbol{\varepsilon}=\begin{bmatrix}10\\10\\0\end{bmatrix}\cdot\begin{bmatrix}0\\0\\5\end{bmatrix}=10\times0+10\times0+0\times5=0 \tag{23.48}$$

也就是说，$\boldsymbol{\varepsilon}$垂直于$\boldsymbol{w}_1$和$\boldsymbol{w}_2$张成的平面。从投影的角度来看，向量$\boldsymbol{y}$在“*A-B*套餐”平面的投影为$\boldsymbol{a}$。在《矩阵力量》中，“垂直”常被叫做“正交”。

“真是有向量的地方，就有几何啊！”这是农夫自己学习线性代数悟出的真谛。

23.7 黄鼠狼惊魂夜：“鸡飞兔脱”与超定方程组

夜黑风高，农夫突然听到鸡叫犬吠！他赶紧捡了件衣服披在身上，提起油灯，夺门而出。在赶去鸡窝的路上，他发现了黄鼠狼的脚印，“大事不妙！”

农夫慌忙跑到鸡兔窝，看到鸡飞兔跳、惊慌失措。

担心黄鼠狼抓走了鸡兔，农夫心急如焚，他举高油灯，凑近笼子，数了又数。几遍下来，数字都对不上，自己更是头晕眼花。

他找来隔壁的甲、乙、丙、丁四人，让甲、乙数头，让丙、丁数脚。过了一阵，甲说有30个头，乙说有35个头；丙说有90只脚，丁说有110只脚。

这可难坏了农夫，他可怎么估算鸡兔各自的数量？他决定也用线性代数工具试试。

农夫先列出来方程组：

$$
\begin{cases}
x_1 + x_2 = 30 \\
x_1 + x_2 = 35 \\
2x_1 + 4x_2 = 90 \\
2x_1 + 4x_2 = 110
\end{cases}
\tag{23.49}
$$

农夫首先拿出图解法这个利器！

图23.12所示为四条直线对应的图像，发现它们一共存在4个交点，没有一组确切解。

从代数角度，上述方程组叫作**超定方程组** (overdetermined system)。两个方程两个未知数，显然所需的方程数远超未知数数量。

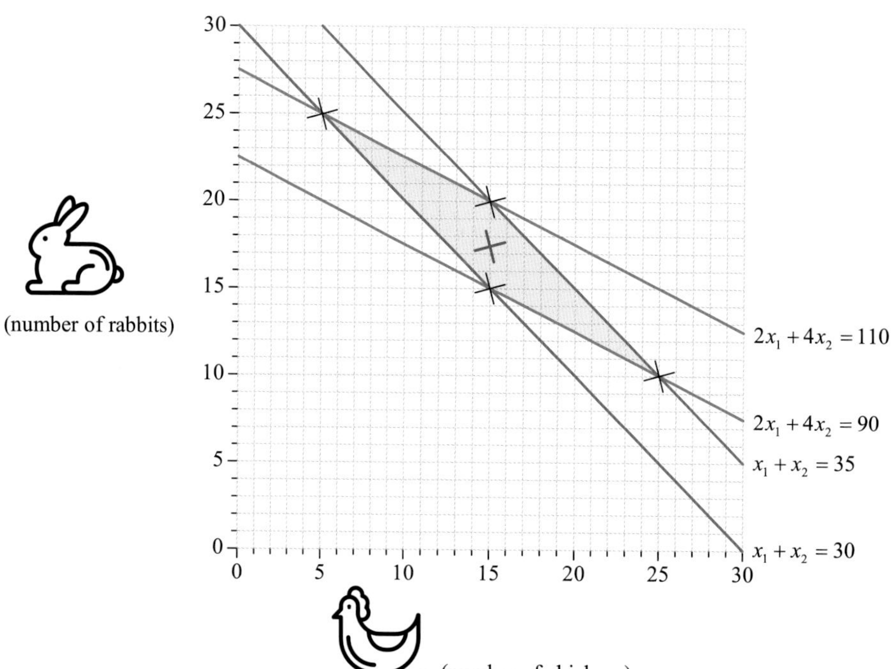

图23.12　超定方程组图像

农夫将式 (23.49) 写成矩阵的形式，得到

$$\underbrace{\begin{bmatrix} 1 & 1 \\ 1 & 1 \\ 2 & 4 \\ 2 & 4 \end{bmatrix}}_{A} \underbrace{\begin{bmatrix} x_1 \\ x_2 \end{bmatrix}}_{x} = \underbrace{\begin{bmatrix} 30 \\ 35 \\ 90 \\ 110 \end{bmatrix}}_{b} \tag{23.50}$$

也就是说

$$\boldsymbol{A}\boldsymbol{x} = \boldsymbol{b} \tag{23.51}$$

其中：$\boldsymbol{A}$不是方阵，显然不存在逆矩阵。

在《线性代数》这本经典中，农夫发现了一个全新的解法。他将式 (23.51) 左右分别乘以$\boldsymbol{A}^{\mathrm{T}}$，得到

$$\boldsymbol{A}^{\mathrm{T}}\boldsymbol{A}\boldsymbol{x} = \boldsymbol{A}^{\mathrm{T}}\boldsymbol{b} \tag{23.52}$$

此时，$\boldsymbol{A}^{\mathrm{T}}\boldsymbol{A}$为2 × 2方阵，且存在逆矩阵。

这样，式 (23.52) 可以整理为

$$\boldsymbol{x} = \left(\boldsymbol{A}^{\mathrm{T}}\boldsymbol{A}\right)^{-1}\boldsymbol{A}^{\mathrm{T}}\boldsymbol{b} \tag{23.53}$$

代入具体值，得到$\boldsymbol{x}$的估算解为

$$\boldsymbol{x} = \left(\begin{bmatrix} 1 & 1 \\ 1 & 1 \\ 2 & 4 \\ 2 & 4 \end{bmatrix}^{\mathrm{T}} \begin{bmatrix} 1 & 1 \\ 1 & 1 \\ 2 & 4 \\ 2 & 4 \end{bmatrix}\right)^{-1} \begin{bmatrix} 1 & 1 \\ 1 & 1 \\ 2 & 4 \\ 2 & 4 \end{bmatrix}^{\mathrm{T}} \begin{bmatrix} 30 \\ 35 \\ 90 \\ 110 \end{bmatrix} = \begin{bmatrix} 10 & 18 \\ 18 & 34 \end{bmatrix}^{-1} \begin{bmatrix} 465 \\ 865 \end{bmatrix} = \begin{bmatrix} 15 \\ 17.5 \end{bmatrix} \tag{23.54}$$

农夫发现这个解恰好在图23.12四个交点构成平行四边形的中心位置，“神奇，真是神奇！”

Bk3_Ch23_4.py完成上述矩阵运算。

微风丝丝缕缕，细雨点点滴滴。

微风夹着细雨，掠过田间地头，摇晃着杨柳梢，吹洗一池荷花。杨柳依依，荷风香气。

微风轻轻悄悄地划过鸡舍兔笼，踮着脚尖走过睡熟的牧童。微风看了一眼灯下苦读的农夫，舞动着农夫书桌上跳跃的烛火。

折腾了一天一夜，小村似乎安静下来。

殊不知，大风起兮云飞扬，远处一场风暴正在酝酿。

未完待续。

24

A Story of OLS Linear Regression

鸡兔同笼2 之线性回归风暴

只有带着对数学纯粹的爱去接近她，数学才会向你展开它的神秘所在。

Mathematics reveals its secrets only to those who approach it with pure love, for its own beauty.

—— 阿基米德 (Archimedes) | 古希腊数学家、物理学家 | 287 B.C. — 212 B.C.

- `matplotlib.pyplot.contour()` 绘制等高线图
- `matplotlib.pyplot.scatter()` 绘制散点图
- `numpy.array()` 创建array数据类型
- `numpy.linalg.inv()` 矩阵求逆
- `numpy.linalg.solve()` 求解线性方程组
- `numpy.linspace()` 产生连续均匀向量数值
- `numpy.meshgrid()` 创建网格化数据
- `numpy.random.randint()` 产生随机整数
- `numpy.random.seed()` 设定初始化随机状态
- `plot_wireframe()` 绘制三维单色线框图
- `seaborn.scatterplot()` 绘制散点图
- `sympy.abc` 引入符号变量
- `sympy.diff()` 求解符号导数和偏导解析式
- `sympy.evalf()` 将符号解析式中的未知量替换为具体数值
- `sympy.simplify()` 简化代数式
- `sympy.solvers.solve()` 符号方程求根
- `sympy.symbols()` 定义符号变量
- `sympy.utilities.lambdify.lambdify()` 将符号代数式转化为函数

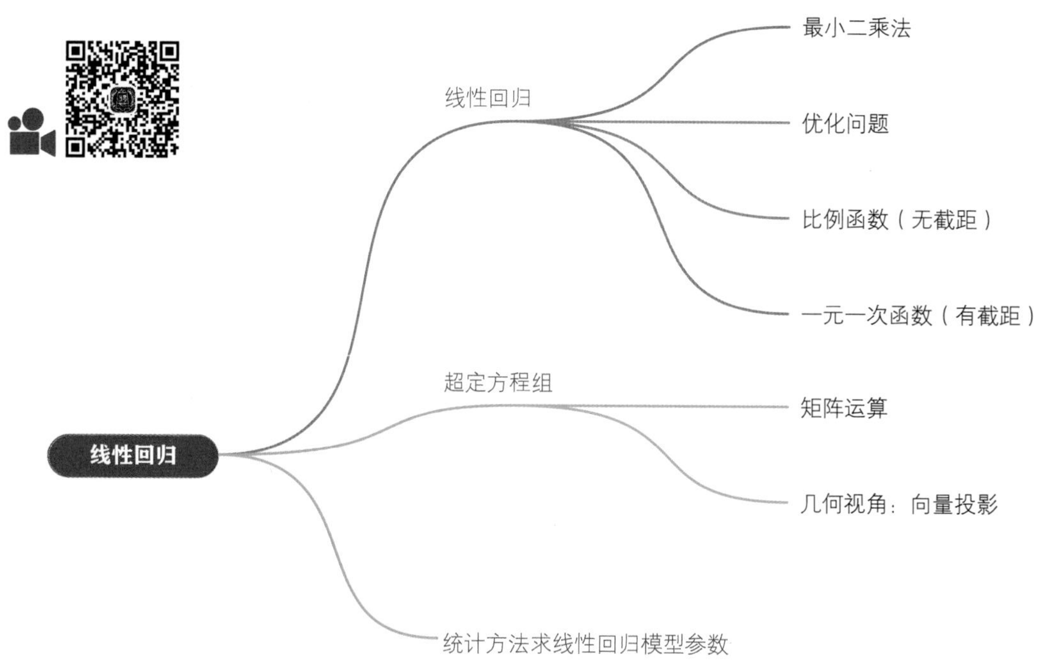

24.1 鸡兔数量的有趣关系

清江一曲抱村流，长夏江村事事幽。

舶来的线性代数知识悄悄地改变着小村，村民们凡事都要用这个数学工具探究一番。

大家这次盯上了一个养鸡养兔的小妙招。老人常言“两鸡一兔，百毒不入”。也就是说，不管最开始养多少鸡兔，当鸡兔大概达到2:1这个比例时，便达到某种神奇的平衡，鸡兔都健健康康。

农夫决定一探究竟，他搜集村中20位养鸡大户的鸡兔数量，总结在表24.1中。

表24.1　20户农户鸡兔数量关系

养鸡数量	x	32	110	71	79	45	20	56	55	87	68	87	63	31	88	44	33	57	16	22	52
养兔数量	y	22	53	39	40	25	15	34	34	52	41	43	33	24	52	20	18	33	12	11	28

将表24.1数据以散点方式绘制在方格纸上得到图24.1。老农隐隐觉得这个2:1的比例关系好像的确存在。

但是，农夫并不满足于此，他想找到鸡兔达到平衡时确切的数学关系。于是乎，他想到了比例函数和一元函数，决心探究一番。

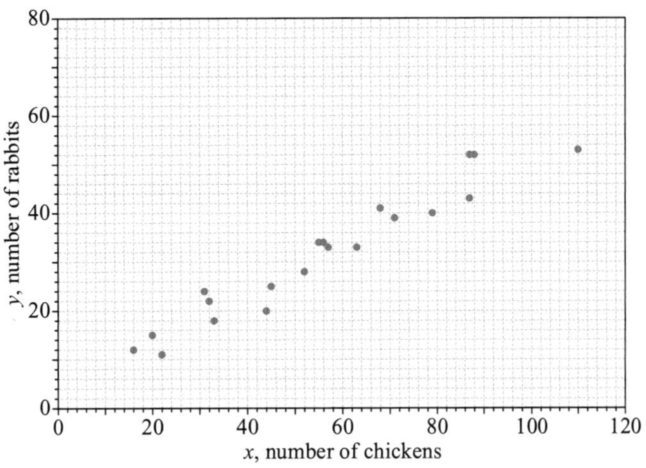

图24.1　平衡时各家鸡兔数量关系

24.2 试试比例函数：$y = ax$

观察图24.1，农夫首先想到用比例函数。

假设平衡时鸡兔数量似乎呈现某种比例关系

$$\hat{y} = ax \tag{24.1}$$

其中：a为比例系数。为了区分数据y，$\hat{y}$上加了个帽子表示预测。

农夫在方格纸上，用红笔画出一系列通过原点的斜线，得到图24.2所示图像。

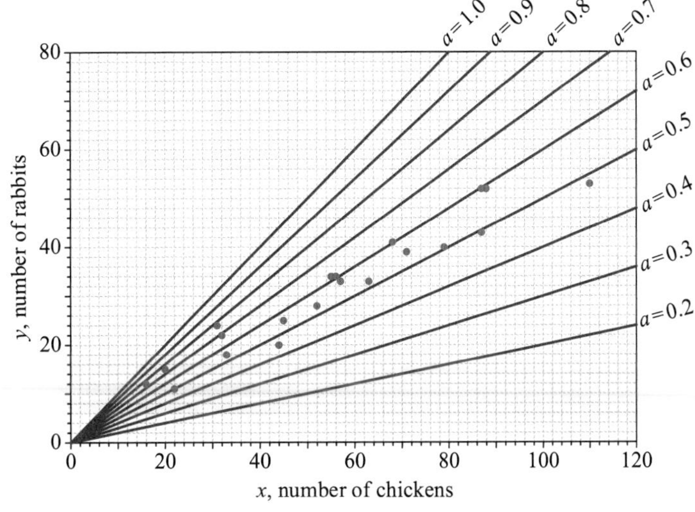

图24.2　平衡时各家鸡兔数量好像呈现某种比例关系

老农先是觉得a取0.5比较好，但是又觉得a取0.6也不差。他隐约觉得a应该在0.5和0.6之间。如何找到合理的a值呢？这个问题让他陷入了沉思。

显然，他需要找到一条红线足够靠近图24.2所有散点。那么，问题来了——如何量化“足够靠近”？

他决定先找几个值试试看。

$a = 0.4$

农夫先试了比例值$a = 0.4$，这时比例函数为

$$\hat{y} = 0.4x \tag{24.2}$$

将$x = 110$ (鸡的数量) 代入式 (24.2)，得到44 (兔的数量) 这个预测值，即

$$\hat{y}\big|_{x=110} = 0.4 \times 110 = 44 \tag{24.3}$$

当$x = 110$时，真实值y和预测值$\hat{y}$两者的误差e为

$$e\big|_{x=110} = y - \hat{y} = 53 - 44 = 9 \tag{24.4}$$

农夫觉得从这个误差值入手，可能会找到合适的a值，并确定一条合理的比例函数。

于是乎，农夫开始计算$\hat{y} = 0.4x$这个比例函数条件下图24.1中每个点的误差值。

最后，他得到图24.3。图24.3中，竖直黄色线段代表实际数据和比例函数估值之间的误差，也就是不同x对应的e。

农夫翻阅舶来的数学典籍，发现了**最小二乘法** (Least Squares或Least Squares Estimator)。仔细研读后，他决定拿来一试。

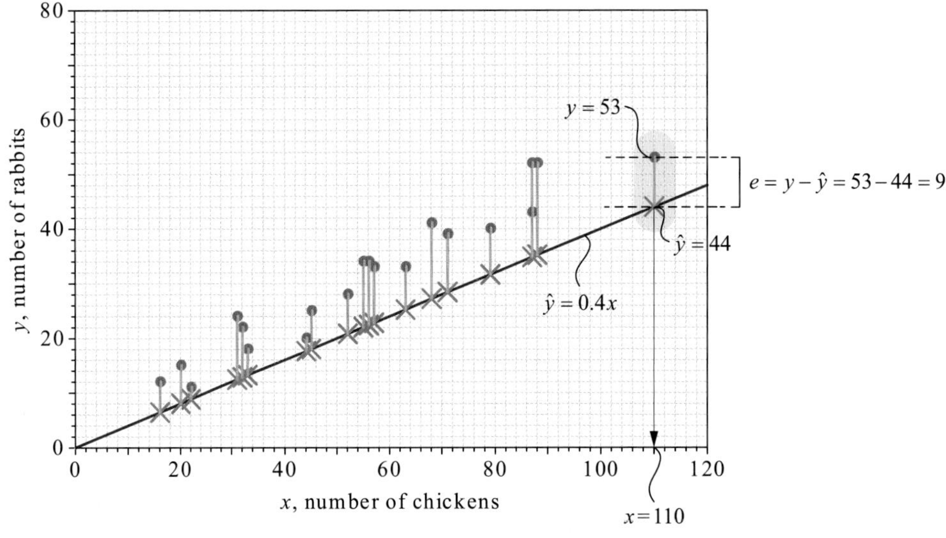

图24.3　$a = 0.4$时实际数据和比例函数估值之间的误差

24.3 最小二乘法

书上写道："最小二乘法通过最小化误差的平方和，寻找数据的最佳回归参数匹配。"

误差平方和最小化

农夫已经得到了一系列e值，只需要对e平方！

他把计算得到的分步数据记录在表24.2中。表第一行、第二行数值分别为鸡、兔实际数量，第三行为$\hat{y}=0.4x$估算得到的兔子数量，第四行为误差$e=y-\hat{y}$，即实际兔数减去估算兔数，第五行为误差的平方值e^2。表24.2第五行e^2求和得到的误差平方和为1756.28。

表24.2 a取0.4时，估计值、误差、误差平方

养鸡数量x	32	110	71	79	45	20	56	55	87	68	87	63	31	88
养兔数量y	22	53	39	40	25	15	34	34	52	41	43	33	24	52
$\hat{y}=0.4x$估算兔数	12.8	44	28.4	31.6	18	8	22.4	22	34.8	27.2	34.8	25.2	12.4	35.2
误差e	9.2	9	10.6	8.4	7	7	11.6	12	17.2	13.8	8.2	7.8	11.6	16.8
误差平方e^2	84.6	81	112.3	70.5	49	49	134.5	144	295.8	190.4	67.2	60.8	134.5	282.2

农夫突然意识到，e^2不就是以e的绝对值为边长的正方形面积嘛！真是"行到水穷处，坐看云起时。"

有了这个几何视角，他绘制得到了图24.4。图24.4中所有的正方形的边长为不同x位置时误差e的绝对值。将这些蓝色正方形面积相加得到面积和，即误差之和，有

$$\sum_{i=1}^{20}\left(e^{(i)}\right)^2=\sum_{1}^{20}\left(y^{(i)}-\hat{y}^{(i)}\right)^2=\sum_{1}^{20}\left(y^{(i)}-ax^{(i)}\right)^2 \tag{24.5}$$

找到让上式值最小的a，就可以让图24.4中正方形的面积之和最小。

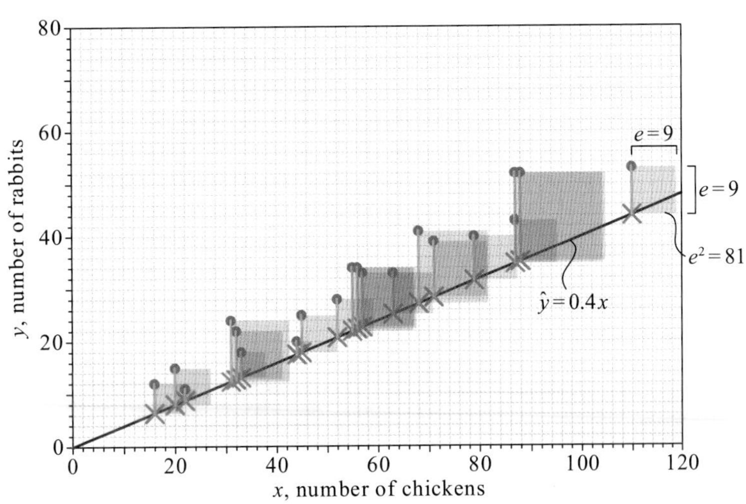

图24.4 $a=0.4$时可视化误差平方

$a = 0.5$

他决定再试几个值，如$a = 0.5$时，比例函数为

$$\hat{y} = 0.5x \tag{24.6}$$

表24.3给出了a取0.5时，不同x对应的估计值$\hat{y}$、误差e、误差平方e^2。

经过计算可以发现式 (24.6) 这个比例函数模型条件下，误差平方和为422。

从几何角度来看，图24.5中的正方形面积之和看上去确实比图24.4要小。

表24.3　a取0.5时，估计值、误差、误差平方

养鸡数量x	32	110	71	79	45	20	56	55	87	68	87	63	31	88
养兔数量y	22	53	39	40	25	15	34	34	52	41	43	33	24	52
$\hat{y} = 0.5x$ 估算兔数	16	55	35.5	39.5	22.5	10	28	27.5	43.5	34	43.5	31.5	15.5	44
误差e	6	−2	3.5	0.5	2.5	5	6	6.5	8.5	7	−0.5	1.5	8.5	8
误差平方 e^2	36	4	12.25	0.25	6.25	25	36	42.25	72.25	49	0.25	2.25	72.25	64

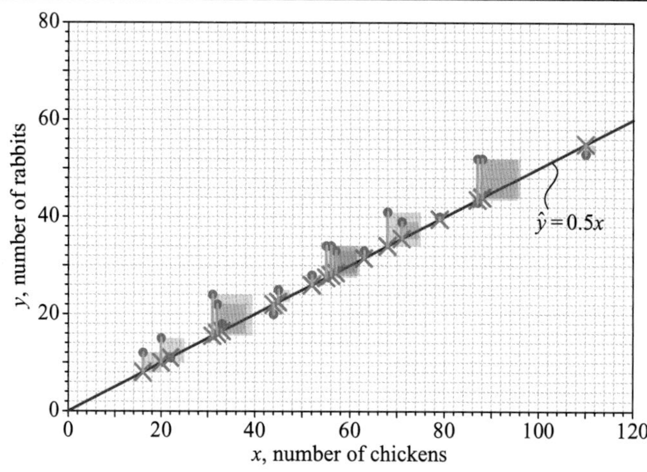

图24.5　$a = 0.5$时，可视化误差平方

$a = 0.6$

农夫又试了试$a = 0.6$，比例函数为

$$\hat{y} = 0.6x \tag{24.7}$$

经过表24.4计算求得误差平方和为396.28。图24.6所示为可视化误差平方和。

农夫感觉到，似乎在0.5和0.6之间存在一个更好的a，能够让误差平方和最小。

但是，这样徒手计算，一个一个值地算，终究不是办法。

表24.4　a取0.6时，估计值、误差、误差平方

养鸡数量x	32	110	71	79	45	20	56	55	87	68	87	63	31	88
养兔数量y	22	53	39	40	25	15	34	34	52	41	43	33	24	52
$\hat{y} = 0.6x$ 估算兔数	19.2	66	42.6	47.4	27	12	33.6	33	52.2	40.8	52.2	37.8	18.6	52.8
误差e	2.8	−13	−3.6	−7.4	−2	3	0.4	1	−0.2	0.2	−9.2	−4.8	5.4	−0.8
误差平方 e^2	7.84	169	12.96	54.76	4	9	0.16	1	0.04	0.04	84.64	23.04	29.16	0.64

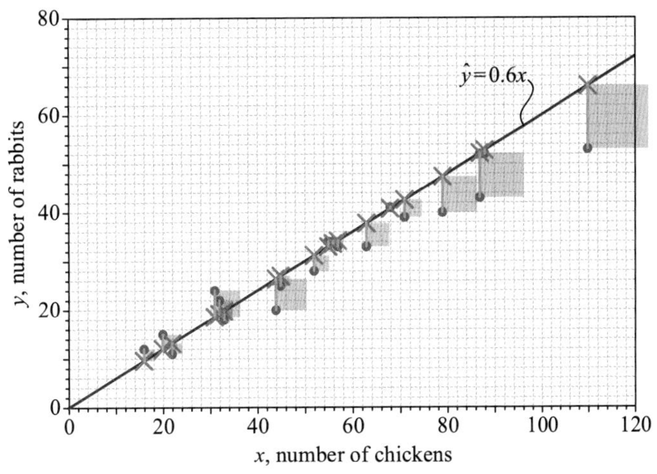

图24.6　$a=0.6$时，可视化误差平方

目标函数

观察式 (24.5)，他发现$x^{(i)}$和$y^{(i)}$都是给定数值，而式中唯一的变量就是a。也就是说，把a看作一个未知数，式 (24.5) 可以写成一个函数$f(a)$，有

$$f(a)=\sum_{1}^{20}\left(y^{(i)}-ax^{(i)}\right)^2 \tag{24.8}$$

而最小化误差对应的就是让上述函数值取得最小值！农夫想到这里，高兴得不住拍手。

农夫把所有的$x^{(i)}$和$y^{(i)}$代入上式，整理并得到函数具体解析式为

$$f(a)=65428a^2-72228a+20179 \tag{24.9}$$

他惊奇地发现，竟然得到了一元二次函数！这个函数，我懂啊！

如图24.7所示，这个一元二次函数的图像是一条开口朝上的抛物线，具有凸性。显然，函数在对称轴处取得最小值。而式 (24.9) 这个一元二次函数就是优化问题中的目标函数，优化变量为a。

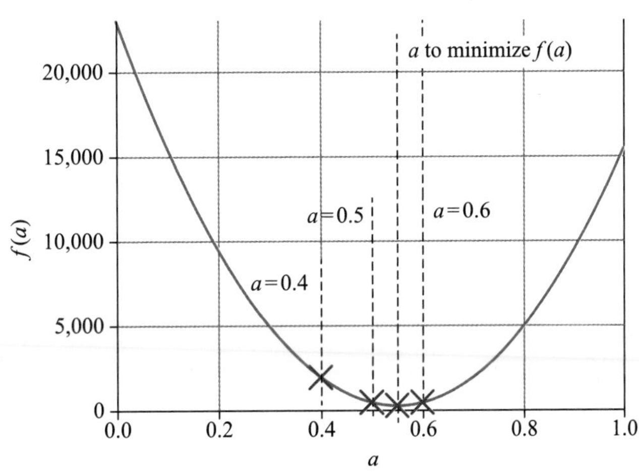

图24.7　函数$f(a)$图像

解析法求解优化问题

利用导数这个数学工具，对$f(a)$求一阶导数，得到$f'(a)$为

$$f'(a)=130856a-72228 \tag{24.10}$$

令$f'(a)=0$ 得到$f(a)$取得最小值时a的值，记作a^*，有

$$a^*=\frac{18057}{32714}\approx 0.552 \tag{24.11}$$

这个a^*就是农夫要找的最佳a值，它让误差平方和最小。

此时，对应的最优比例函数为

$$\hat{y}=0.552x \tag{24.12}$$

带回检验

农夫决定用“土办法”再算算a^*对应的估计值、误差、误差平方这几个数值，他得到了表24.5中的数据。

此时，误差平方和为245.32，明显小于$a=0.5$或$a=0.6$这两种情况。

他不忘绘制图24.6，看看正方形的面积到底怎样。

表24.5　a取0.552时，估计值、误差、误差平方

养鸡数量x	32	110	71	79	45	20	56	55	87	68	87	63	31	88
养兔数量y	22	53	39	40	25	15	34	34	52	41	43	33	24	52
$\hat{y}=0.552x$估算兔数	17.6	60.5	39.1	43.5	24.8	11.0	30.8	30.3	47.9	37.4	47.9	34.7	17.1	48.4
误差e	4.4	−7.5	−0.1	−3.5	0.2	4.0	3.2	3.7	4.1	3.6	−4.9	−1.7	6.9	3.6
误差平方e^2	19.2	56.9	0.0	12.1	0.1	15.9	10.1	13.9	16.9	12.8	23.9	2.8	48.1	12.7

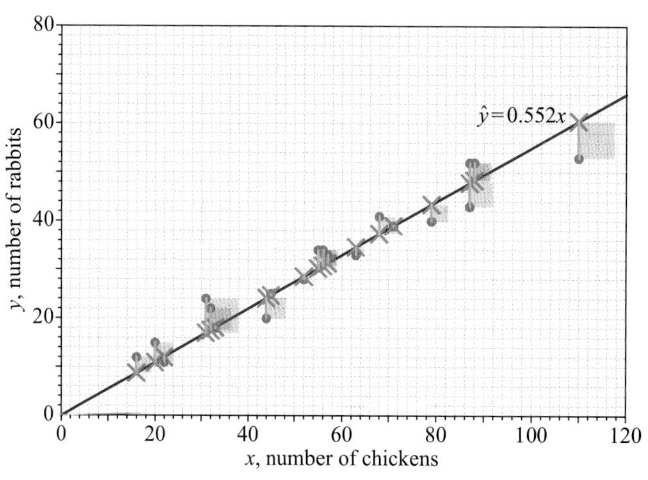

图24.8　$a=0.552$时，可视化误差平方

农夫如获至宝，不住地说：“最小二乘法，好！真好！”

他回过头再次翻阅数学典籍，又仔仔细细把最小二乘方法反复研读几遍。兴奋之余，他想让自己

的数学模型再复杂一点，决定试试一元一次函数。

Bk3_Ch24_1.py绘制本节图像，并求解最优化问题。

24.4 再试试一次函数：$y = ax + b$

农夫知道，比例函数通过原点，也就是纵轴截距为0。而一元函数则没有这个限制。

他决定试一下下面这个一元函数，看看是否有更好的结果，即

$$\hat{y} = ax + b \tag{24.13}$$

这个一元函数对应的误差平方和为

$$\sum_{i=1}^{20}\left(e^{(i)}\right)^2 = \sum_{1}^{20}\left(y^{(i)} - \hat{y}^{(i)}\right)^2 = \sum_{1}^{20}\left(y^{(i)} - ax^{(i)} - b\right)^2 \tag{24.14}$$

其中：$x^{(i)}$ 和$y^{(i)}$为给定的样本数据。也就是说，上式有两个自变量，有两个需要优化的参数a、b。

农夫还是决定暴力求解一番，将$x^{(i)}$ 和$y^{(i)}$代入式 (24.14)，整理并得到二元函数 $f(a, b)$ 的解析式，得到

$$f(a,b) = 65428a^2 + 1784ab - 72228a + 14b^2 - 1014b + 20179 \tag{24.15}$$

“这不就是二元二次函数，我也懂啊！几何角度来看，这个二元二次函数不就是个开口朝上的旋转椭圆面嘛！”农夫再次惊叹数学的精妙！同时，他绘制出了图24.9所示的抛物曲面。

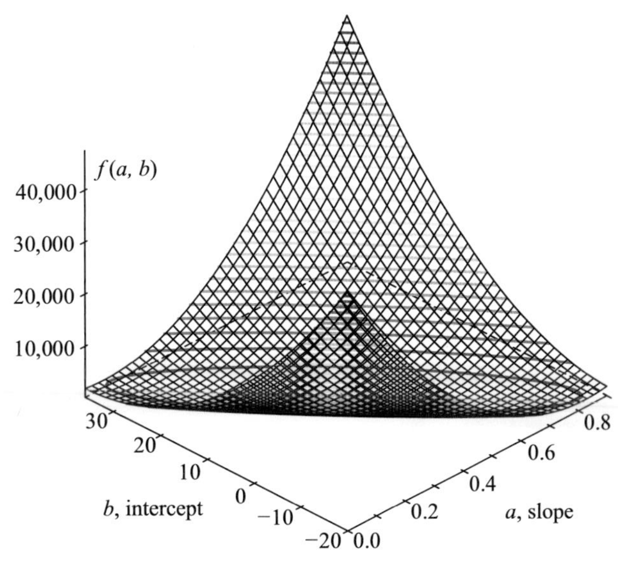

图24.9　误差平方和$f(a, b)$ 随a、b变化构造的开口向上抛物曲面

用偏导求极值点

计算$f(a, b)$ 最小值极值点处，利用$f(a, b)$ 对a、b求偏导为0为条件，构造两个等式，有

$$\begin{cases} \dfrac{\partial f}{\partial a} = 130856a + 1784b - 72228 = 0 \\ \dfrac{\partial f}{\partial b} = 1784a + 28b - 1014 = 0 \end{cases} \tag{24.16}$$

联立等式，求得最优解为

$$\begin{cases} a^* = \dfrac{513}{1157} \approx 0.4434 \\ b^* = \dfrac{18429}{2314} \approx 7.9641 \end{cases} \tag{24.17}$$

图24.10告诉我们这个最优解就在旋转椭圆中心位置。农夫看着图24.10，嘴里叨叨着："椭圆真是个好东西！哪都离不开它！"

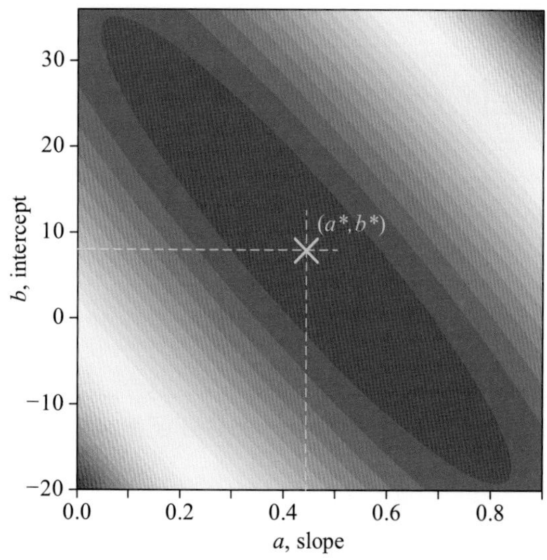

图24.10　$f(a, b)$ 平面等高线和最优解位置

式 (24.17) 对应的一次函数为

$$\hat{y} = 0.4434x + 7.9641 \tag{24.18}$$

这就是农夫要找的最佳一次函数！

带回检验

农夫还是想用"土办法"再验算一遍！

他用式 (24.18) 一步步仔细运算，并将分步结果记录在表24.6中。农夫最终求得误差平方和为128.67，这比之前的比例函数对应的最小误差平方和还要小。

他不怕麻烦，又画了图24.11。图24.11中，一次函数的截距为正。

表24.6 $a = 0.4434$、$b = 7.9641$时，估计值、误差、误差平方

养鸡数量x	32	110	71	79	45	20	56	55	87	68	87	63	31	88
养兔数量y	22	53	39	40	25	15	34	34	52	41	43	33	24	52
$\hat{y} = 0.4434x + 7.9641$	19.9	57.8	38.8	42.7	26.2	14.0	31.5	31.1	46.6	37.4	46.6	34.9	19.4	47.1
误差e	2.1	−4.8	0.2	−2.7	−1.2	1.0	2.5	2.9	5.4	3.6	−3.6	−1.9	4.6	4.9
误差平方 e^2	4.5	23.1	0.0	7.5	1.4	0.9	6.0	8.7	28.9	13.1	13.1	3.8	21.3	23.9

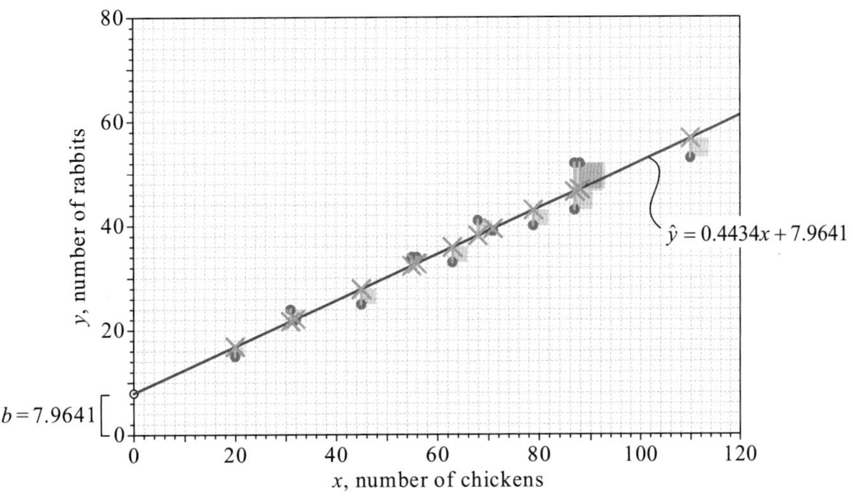

图24.11 $a = 0.4434$、$b = 7.9641$时，可视化误差平方

Bk3_Ch24_2.py绘制本节图像，并求解优化问题。

在Bk3_Ch24_2.py基础上，我们做了一个App，大家可以输入不同的一次函数a和b两个参数，绘制直线并与线性回归直线比较误差结果。请参考Streamlit_Bk3_Ch24_2.py。

24.5 再探黄鼠狼惊魂夜：超定方程组

突然间，一道灵光闪过！

农夫回想，那夜黄鼠狼来偷鸡抓兔，邻居甲、乙、丙、丁四人数头数、脚数时，为了估算鸡兔数量，他采用的舶来线性代数典籍中的超定方程组的求解方法。

回过头来看自己手中的线性回归问题：“这不也是一个超定方程组吗？”

比例函数

他立刻摊开纸，把表24.1中的数据写成列向量形式，得到

$$\boldsymbol{x}=\begin{bmatrix}32\\110\\\vdots\\52\end{bmatrix},\ \boldsymbol{y}=\begin{bmatrix}22\\53\\\vdots\\28\end{bmatrix} \tag{24.19}$$

农夫将比例函数模型写成

$$\boldsymbol{y}=a\boldsymbol{x} \tag{24.20}$$

即

$$\underbrace{\begin{bmatrix}22\\53\\\vdots\\28\end{bmatrix}}_{\boldsymbol{y}}=a\underbrace{\begin{bmatrix}32\\110\\\vdots\\52\end{bmatrix}}_{\boldsymbol{x}} \tag{24.21}$$

只有一个未知数a，但是方程组有20个方程，这显然也是一个超定方程组！

农夫顿时兴奋起来，他用黄鼠狼惊魂夜一模一样的方法求解

$$a=\left(\boldsymbol{x}^{\mathrm{T}}\boldsymbol{x}\right)^{-1}\boldsymbol{x}^{\mathrm{T}}\boldsymbol{y} \tag{24.22}$$

实际上，$\boldsymbol{x}^{\mathrm{T}}\boldsymbol{x}$是一个1 × 1矩阵，也就是一个数字，即标量。它的逆就是$\boldsymbol{x}^{\mathrm{T}}\boldsymbol{x}$这个数字的倒数。

将$\boldsymbol{x}$和$\boldsymbol{y}$具体数值代入式 (24.22)，得到

$$a=\left(\begin{bmatrix}32\\110\\\vdots\\52\end{bmatrix}^{\mathrm{T}}@\begin{bmatrix}32\\110\\\vdots\\52\end{bmatrix}\right)^{-1}@\begin{bmatrix}32\\110\\\vdots\\52\end{bmatrix}^{\mathrm{T}}@\begin{bmatrix}22\\53\\\vdots\\28\end{bmatrix}=0.552 \tag{24.23}$$

农夫惊呼：“得来全不费工夫啊！”这个结果和他用最小二乘法得到结果完全一致。

一元函数

灵光再现，他立刻疾步多取回些纸笔，将一元函数这个模型也写成矩阵形式，得到

$$\underbrace{\begin{bmatrix}22\\53\\\vdots\\28\end{bmatrix}}_{\boldsymbol{y}}=a\underbrace{\begin{bmatrix}32\\110\\\vdots\\52\end{bmatrix}}_{\boldsymbol{x}}+b\underbrace{\begin{bmatrix}1\\1\\\vdots\\1\end{bmatrix}}_{\boldsymbol{1}} \tag{24.24}$$

即

$$\boldsymbol{y}=a\boldsymbol{x}+b\boldsymbol{1} \tag{24.25}$$

其中：$\boldsymbol{1}$叫作全1列向量。

只有两个未知数a、b，但是方程组有20个方程，这明显也是一个超定方程组。

将式 (24.25) 写成

$$y = \underbrace{\begin{bmatrix} \boldsymbol{1} & \boldsymbol{x} \end{bmatrix}}_{X} \begin{bmatrix} b \\ a \end{bmatrix} \tag{24.26}$$

令

$$\boldsymbol{X} = \begin{bmatrix} \boldsymbol{1} & \boldsymbol{x} \end{bmatrix} = \begin{bmatrix} 1 & 32 \\ 1 & 110 \\ \vdots & \vdots \\ 1 & 52 \end{bmatrix} \tag{24.27}$$

式 (24.26) 可写成

$$\boldsymbol{y} = \boldsymbol{X} \begin{bmatrix} b \\ a \end{bmatrix} \tag{24.28}$$

求解超定方程组，得到

$$\begin{bmatrix} b \\ a \end{bmatrix} = \left(\boldsymbol{X}^{\mathrm{T}} \boldsymbol{X} \right)^{-1} \boldsymbol{X}^{\mathrm{T}} \boldsymbol{y} \tag{24.29}$$

将$\boldsymbol{X}$和$\boldsymbol{y}$具体数值代入式 (24.29)，得到

$$\begin{bmatrix} b \\ a \end{bmatrix} = \left(\begin{bmatrix} 1 & 32 \\ 1 & 110 \\ \vdots & \vdots \\ 1 & 52 \end{bmatrix}^{\mathrm{T}} @ \begin{bmatrix} 1 & 32 \\ 1 & 110 \\ \vdots & \vdots \\ 1 & 52 \end{bmatrix} \right)^{-1} @ \left(\begin{bmatrix} 1 & 32 \\ 1 & 110 \\ \vdots & \vdots \\ 1 & 52 \end{bmatrix}^{\mathrm{T}} @ \begin{bmatrix} 22 \\ 53 \\ \vdots \\ 28 \end{bmatrix} \right) = \begin{bmatrix} 14 & 892 \\ 892 & 65428 \end{bmatrix}^{-1} \begin{bmatrix} 507 \\ 36114 \end{bmatrix} = \begin{bmatrix} 7.9641 \\ 0.4434 \end{bmatrix} \tag{24.30}$$

几何视角

农夫突然想起自己悟出的一句线性代数真经，凡是有向量的地方，就有几何！

上述解法肯定可以通过几何角度解释。如图24.12所示，将$\boldsymbol{y}$向量向$\boldsymbol{x}$和$\boldsymbol{1}$张成的平面H投影，得到结果为向量$\boldsymbol{y}$；而误差$\boldsymbol{\varepsilon}$可以写成

$$\boldsymbol{\varepsilon} = \boldsymbol{y} - \hat{\boldsymbol{y}} = \boldsymbol{y} - \left(a\boldsymbol{x} + b\boldsymbol{1} \right) \tag{24.31}$$

误差$\boldsymbol{\varepsilon}$显然垂直于H，即$\boldsymbol{\varepsilon}$分别垂直$\boldsymbol{1}$和$\boldsymbol{x}$。

也就是说

$$\begin{aligned} \boldsymbol{\varepsilon} \perp \boldsymbol{1} \quad &\Rightarrow \quad \boldsymbol{1}^{\mathrm{T}} \boldsymbol{\varepsilon} = 0 \quad \Rightarrow \quad \boldsymbol{1}^{\mathrm{T}} \left(\boldsymbol{y} - \left(a\boldsymbol{x} + b\boldsymbol{1} \right) \right) = 0 \\ \boldsymbol{\varepsilon} \perp \boldsymbol{x} \quad &\Rightarrow \quad \boldsymbol{x}^{\mathrm{T}} \boldsymbol{\varepsilon} = 0 \quad \Rightarrow \quad \boldsymbol{x}^{\mathrm{T}} \left(\boldsymbol{y} - \left(a\boldsymbol{x} + b\boldsymbol{1} \right) \right) = 0 \end{aligned} \tag{24.32}$$

以上两式合并得到

$$\underbrace{\begin{bmatrix} \boldsymbol{1} & \boldsymbol{x} \end{bmatrix}}_{\boldsymbol{X}}^{\mathrm{T}} \left(\boldsymbol{y} - \boldsymbol{X} \begin{bmatrix} b \\ a \end{bmatrix} \right) = \boldsymbol{0} \tag{24.33}$$

整理得到

$$\boldsymbol{X}^{\mathrm{T}} \boldsymbol{X} \begin{bmatrix} b \\ a \end{bmatrix} = \boldsymbol{X}^{\mathrm{T}} \boldsymbol{y} \tag{24.34}$$

等式左右分别左边乘以$\boldsymbol{X}^{\mathrm{T}}\boldsymbol{X}$的逆，不就得到了式 (24.29) 嘛！

“嗟夫！我的神仙姑奶奶！”这个结果让农夫惊呆了半晌。

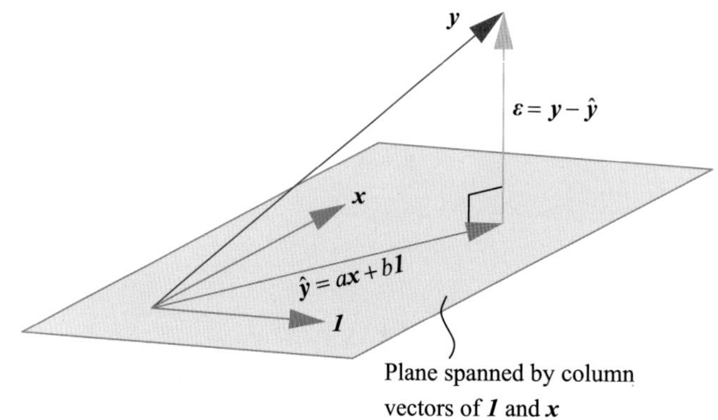

图24.12　几何角度解释一元最小二乘结果，二维平面

代回检验

醒过神来，他把比例函数和一次函数对应的图像都画在一幅图上，如图24.13所示。

“朝闻道夕死可矣！”

线性代数的魅力让农夫彻底折服。

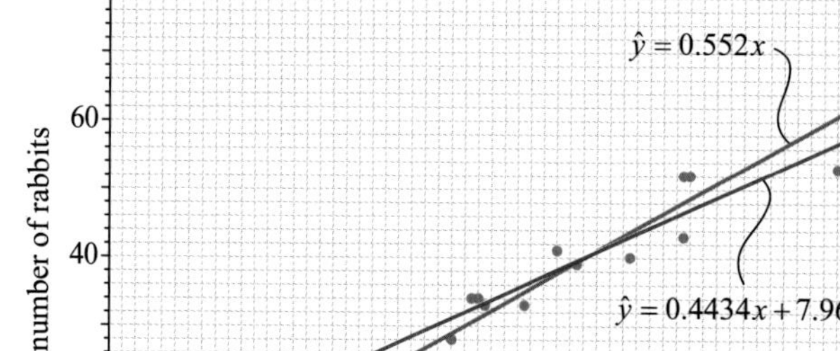

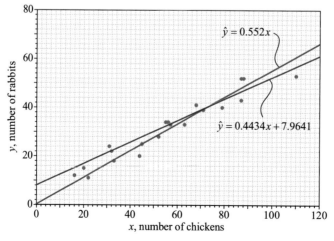

图24.13　比较比例模型和线性模型

Bk3_Ch24_3.py求解本节优化问题，并绘制图24.13。

24.6 统计方法求解回归参数

突然间，农夫想起前几日在一本叫作《统计至简》的数学典籍中一个有趣的公式，它赶忙取来典籍，找到这个公式，即

$$y=\rho_{X,Y}\frac{\sigma_Y}{\sigma_X}(x-\mu_X)+\mu_Y=\underbrace{\rho_{X,Y}\frac{\sigma_Y}{\sigma_X}}_{a}x+\underbrace{\left(-\rho_{X,Y}\frac{\sigma_Y}{\sigma_X}\mu_X+\mu_Y\right)}_{b} \tag{24.35}$$

其中：μ_X为X样本均值；μ_Y为Y样本均值；σ_X为X的样本标准差；σ_Y为Y的样本标准差；$\rho_{X,Y}$为X和Y的样本线性相关性系数。

农夫意识到，从统计角度，也可以用式(24.35)计算一元一次线性回归模型。

他赶紧利用表24.1中的数据计算得到均值、标准差和相关性系数等值，有

$$\begin{cases}\mu_X=63.714\\ \mu_Y=36.214\end{cases},\quad \begin{cases}\sigma_X=25.712\\ \sigma_Y=11.826\end{cases},\quad \rho_{X,Y}=0.96397 \tag{24.36}$$

这样可以计算得到参数a和b为

$$\begin{aligned}a&=\rho_{X,Y}\frac{\sigma_Y}{\sigma_X}=0.96397\times\frac{11.826}{25.712}=0.4434\\ b&=-\rho_{X,Y}\frac{\sigma_Y}{\sigma_X}\mu_X+\mu_Y=-0.96397\times\frac{11.826}{25.712}\times 63.714+36.214=7.9641\end{aligned} \tag{24.37}$$

这和前面的几种方法结果完全吻合！农夫顿悟，原来最小二乘法线性回归是几何、向量、优化、概率统计的完美合体！

他不忘绘制图24.14这幅图，农夫发现图中回归直线通过(μ_X, μ_Y)这点。在《统计至简》这本书上，农夫又发现了图24.15这幅图。据书上所讲，图中椭圆和**二元高斯分布** (bivariate Gaussian distribution)、**条件概率** (conditional probability) 都有密切关系。农夫感慨："书山有路啊，学海无涯啊！"

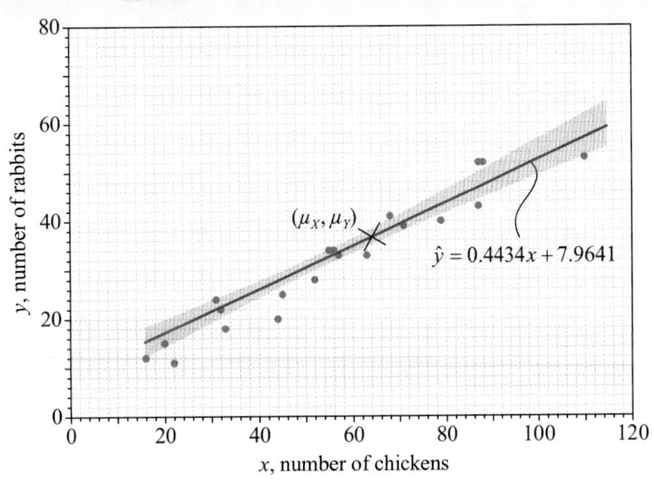

图24.14　利用统计方法获得线性模型

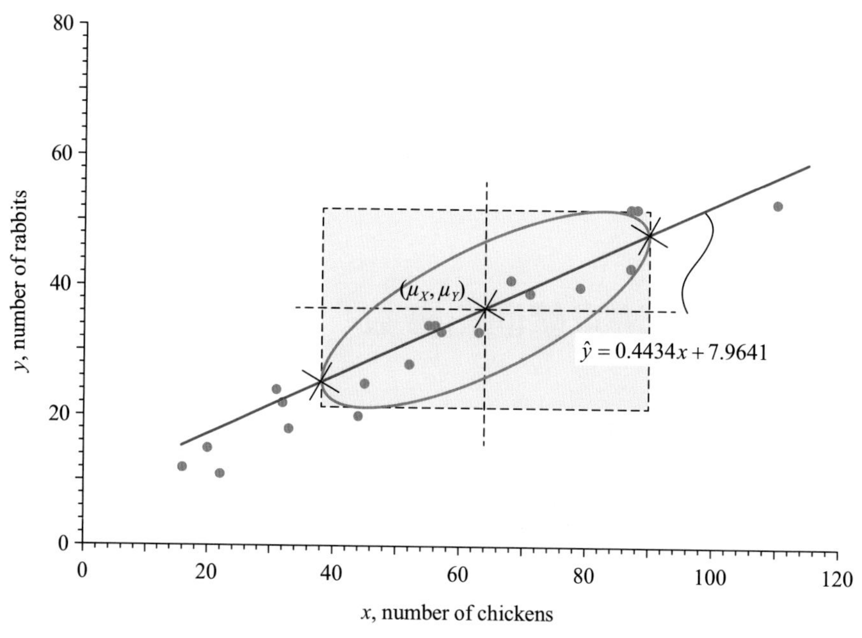

图24.15　条件概率视角

Bk3_Ch24_4.py代码绘制图24.14。

农夫落笔刹那，毫无防备之间，黑云压城城欲摧。

农夫赶忙起身关紧门窗，只见窗外云浪翻腾，道道电光从西方汹汹而来！闪电撕开天幕，大有列缺霹雳、丘峦崩摧之状。

瞬时，天河倾注，拳头大的雨滴敲击着大地，冲刷每一条沟壑，涤荡每一片浮尘。

农夫却毫无惧色，他喜出望外，仰天长啸道："天上之水啊！上善若水啊！好水，好水！"

未完待续。

Probability Meets Linear Algebra

鸡兔同笼3

鸡兔互变之马尔科夫奇妙夜

> 我们必须知道，我们终将知道。
> ***Wir müssen wissen. Wir werden wissen.***
> ***We must know. We shall know.***
>
> —— 大卫·希尔伯特 (David Hilbert) | 德国数学家 | 1862 — 1943

- `numpy.diag()` 以一维数组的形式返回方阵的对角线元素，或将一维数组转换成对角阵
- `numpy.linalg.eig()` 特征值分解
- `numpy.linalg.inv()` 矩阵求逆
- `numpy.matrix()` 构造二维矩阵
- `numpy.meshgrid()` 产生网格化数据
- `numpy.vstack()` 垂直堆叠数组
- `seaborn.heatmap()` 绘制热图

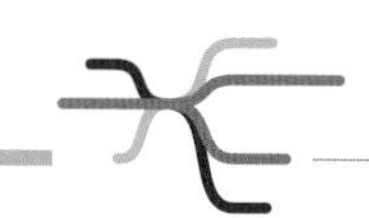

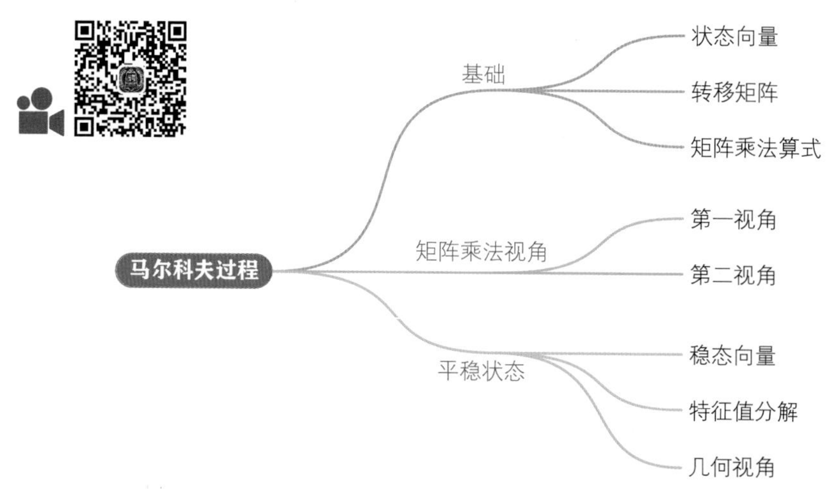

25.1 鸡兔互变奇妙夜

怪哉，怪哉！

接连数月，村民发现一件奇事——夜深人静时，同笼鸡兔竟然互变！一些小兔变成小鸡，而一些小鸡变成小兔。

村民奔走相告，大家都惊呼："我们都疯了！"

而一众村民中，农夫则显得处变不惊。在农夫眼里，村里发生的鸡兔互变像极了老子说的"祸兮，福之所倚；福兮，祸之所伏"。

农夫对村民说："大家不要怕，恐惧都是来自于未知。我们必须知道，我们终将知道！福祸相生，是福不是祸，是祸躲不过。"

面对这个鸡兔互变的怪相，农夫决定用线性代数这个利器探究一番。

鸡兔互变过程图

农夫先是连续几日统计村里的鸡兔数量，他有个意想不到的发现——每晚有30%的小鸡变成小兔，其他小鸡不变；与此同时，每晚有20%小兔变成小鸡，其余小兔不变。变化前后鸡兔总数不变。

他先画了图25.1这幅图，用来描述鸡兔互变的比例。这个比例也就是概率值，即发生变化的可能性。

矩阵乘法

农夫想试试用矩阵乘法来描述这一过程。

第k天，鸡兔的比例用列向量 $\boldsymbol{\pi}(k)$ 表示，比如

$$\boldsymbol{\pi}(k)=\begin{bmatrix}0.3\\0.7\end{bmatrix} \tag{25.1}$$

其中：$\boldsymbol{\pi}(k)$ 第一行元素代表小鸡的比例 (0.3, 30%)；$\boldsymbol{\pi}(k)$ 第二行元素代表小兔的比例 (0.7, 70%)。

第$k+1$天，鸡兔的比例用列向量 $\boldsymbol{\pi}(k+1)$ 表示。鸡兔互变的比例写成方阵$\boldsymbol{T}$，这样$k \to k+1$变化过程可以写成

$$k \to k+1:\quad \boldsymbol{T}\boldsymbol{\pi}(k)=\boldsymbol{\pi}(k+1) \tag{25.2}$$

农夫翻阅线性代数典籍时发现$\boldsymbol{T}$和$\boldsymbol{\pi}$都有自己专门的名称：$\boldsymbol{T}$叫**转移矩阵** (transition matrix)；列向量$\boldsymbol{\pi}$叫作**状态向量** (state vector)。

而整个鸡兔互变的过程也有自己的名称——**马尔可夫过程** (Markov process)。

转移矩阵

鸡兔互变中，转移矩阵$\boldsymbol{T}$为

$$\boldsymbol{T}=\begin{bmatrix}0.7 & 0.2\\0.3 & 0.8\end{bmatrix} \tag{25.3}$$

图25.2所示为转移矩阵$\boldsymbol{T}$每个元素的具体含义。

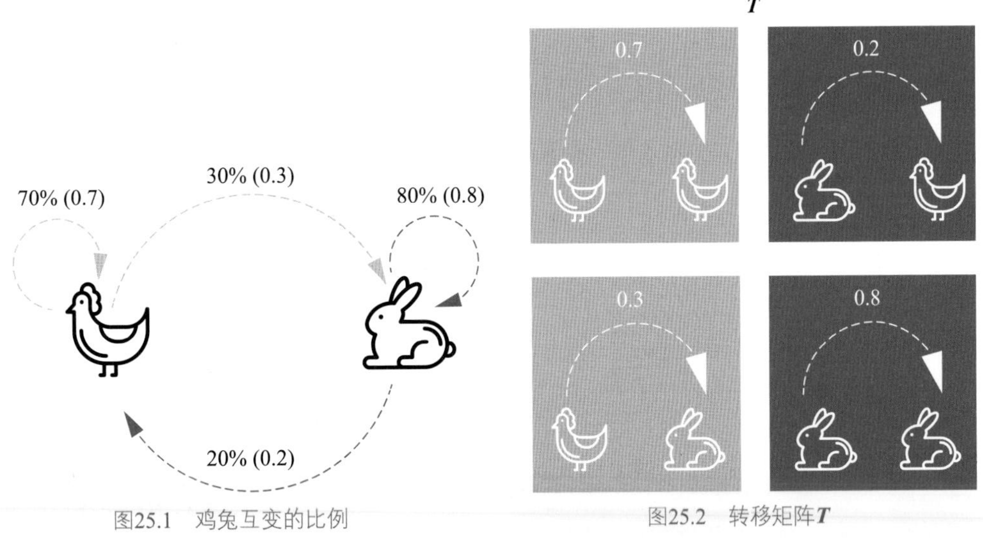

图25.1 鸡兔互变的比例

图25.2 转移矩阵$\boldsymbol{T}$

图25.3所示为用矩阵运算描述$k \to k+1$鸡兔互变过程。

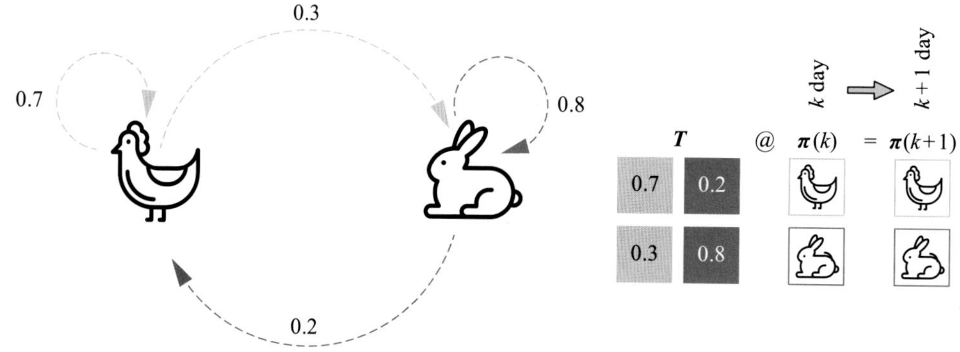

图25.3　用矩阵运算描述鸡兔互变

农夫注意到$\boldsymbol{T}$矩阵的每一列概率值相加为1。也就是，这个2 × 2的方阵$\boldsymbol{T}$还可以写成

$$\boldsymbol{T}=\begin{bmatrix} p & q \\ 1-p & 1-q \end{bmatrix} \tag{25.4}$$

其中：$p=0.7$；$q=0.2$。

代入具体数值

农夫假设，第k天鸡兔的比例为60%和40%，$\boldsymbol{\pi}(k)$ 为

$$\boldsymbol{\pi}(k)=\begin{bmatrix} 0.6 \\ 0.4 \end{bmatrix} \tag{25.5}$$

第$k+1$天，鸡兔比例为

$$k \to k+1:\quad \boldsymbol{T\pi}(k)=\underbrace{\begin{bmatrix} 0.7 & 0.2 \\ 0.3 & 0.8 \end{bmatrix}}_{\boldsymbol{T}}\underbrace{\begin{bmatrix} 0.6 \\ 0.4 \end{bmatrix}}_{\boldsymbol{\pi}(k)}=\begin{bmatrix} 0.5 \\ 0.5 \end{bmatrix}=\boldsymbol{\pi}(k+1) \tag{25.6}$$

农夫想到这一计算可以用热图表达，于是他画了图25.4所示的热图。

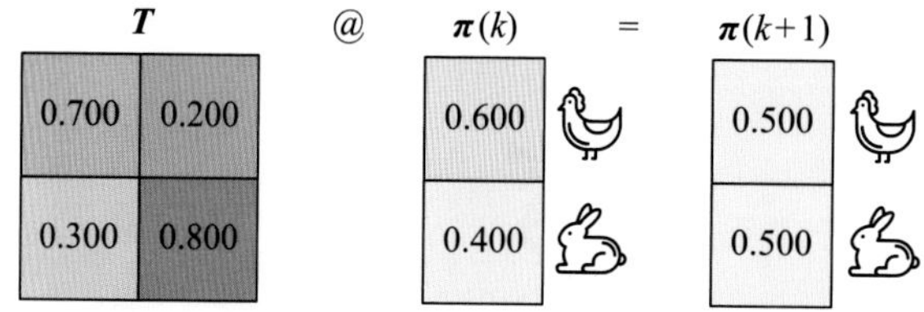

图25.4　第k天 → 第$k+1$天，状态转换运算热图

而第$k+2$天状态向量$\boldsymbol{\pi}(k+2)$ 和第$k+1$天状态向量 $\boldsymbol{\pi}(k+1)$ 关系为

$$k+1 \to k+2:\quad \boldsymbol{T\pi}(k+1)=\boldsymbol{\pi}(k+2) \tag{25.7}$$

联立式 (25.2) 和式 (25.7)，得到第$k+2$天状态向量$\boldsymbol{\pi}(k+2)$ 与第k天状态向量 $\boldsymbol{\pi}(k)$ 的关系为

$$k \to k+2:\quad \boldsymbol{T}^2\boldsymbol{\pi}(k)=\boldsymbol{\pi}(k+2) \tag{25.8}$$

图25.5所示为第k天到第$k+2$天，状态转换运算热图。

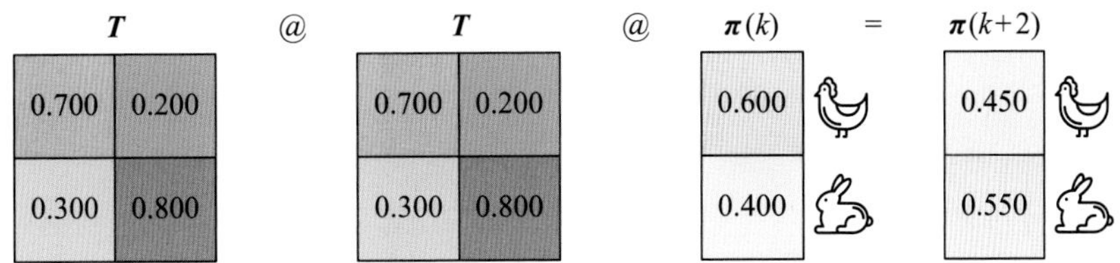

图25.5　第k天 → 第$k+2$天，状态转换运算热图

另一种形式

农夫在查找参考书时发现，也有很多典籍用行向量表达状态向量，即对等式 (25.2) 左右转置，有

$$\boldsymbol{\pi}(k)^{\mathrm{T}}\boldsymbol{T}^{\mathrm{T}}=\boldsymbol{\pi}(k+1)^{\mathrm{T}} \tag{25.9}$$

这样，式 (25.6) 可以写成

$$\boldsymbol{\pi}(k+1)^{\mathrm{T}}=\begin{bmatrix}0.6 & 0.4\end{bmatrix}\begin{bmatrix}0.7 & 0.3\\0.2 & 0.8\end{bmatrix}=\begin{bmatrix}0.5 & 0.5\end{bmatrix} \tag{25.10}$$

这种情况，转移矩阵的每一行概率值相加为1。对应的矩阵运算热图如图25.6所示。

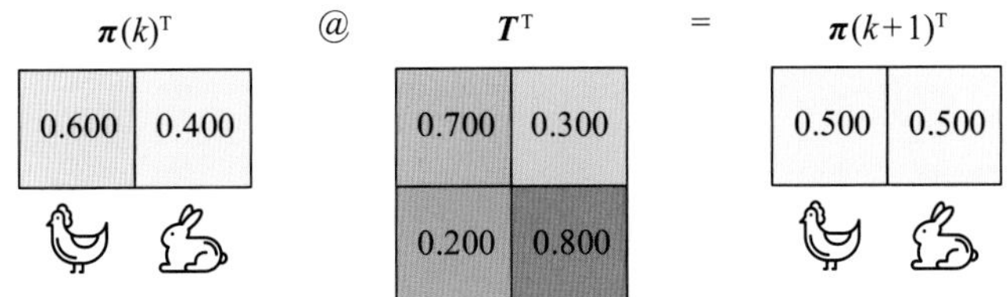

图25.6　第k天 → 第$k+1$天，状态转换运算热图 (注意状态向量为行向量)

Bk3_Ch25_1.py计算状态向量转化，并绘制图25.4和图25.5两幅热图。

25.2 第一视角：“鸡/兔→鸡”和“鸡/兔→兔”

农夫想到自己学习矩阵乘法时，书上讲过矩阵乘法有两个主要视角。他想先用矩阵乘法第一视角来分析式 (25.2) 的矩阵运算式。

他把$\boldsymbol{T}$写成两个行向量$\boldsymbol{t}^{(1)}$和$\boldsymbol{t}^{(2)}$上下叠加，代入式 (25.2) 得到

$$\underbrace{\begin{bmatrix} \boldsymbol{t}^{(1)} \\ \boldsymbol{t}^{(2)} \end{bmatrix}}_{\boldsymbol{T}} \boldsymbol{\pi}(k) = \begin{bmatrix} \boldsymbol{t}^{(1)}\boldsymbol{\pi}(k) \\ \boldsymbol{t}^{(2)}\boldsymbol{\pi}(k) \end{bmatrix} = \underbrace{\begin{bmatrix} \pi_1(k+1) \\ \pi_2(k+1) \end{bmatrix}}_{\boldsymbol{\pi}(k+1)} \tag{25.11}$$

鸡/兔→鸡

农夫发现只看式 (25.11) 第一行运算的话，它代表的转化是“鸡/兔 → 鸡”，如图25.7所示。

$$\begin{bmatrix} \boldsymbol{t}^{(1)} \\ \end{bmatrix} \boldsymbol{\pi}(k) = \begin{bmatrix} \boldsymbol{t}^{(1)}\boldsymbol{\pi}(k) \\ \end{bmatrix} = \begin{bmatrix} \pi_1(k+1) \\ \end{bmatrix} \tag{25.12}$$

也就是说，上式代表第k天的鸡、兔，在第$k+1$天变为鸡。

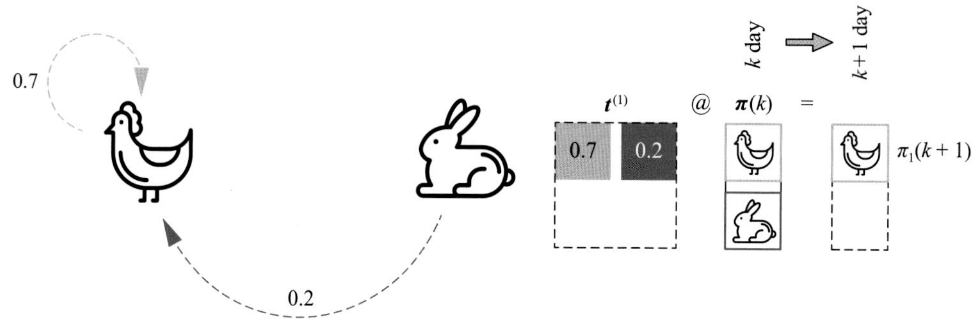

图25.7 鸡/兔→鸡

代入具体值，得到

$$\begin{bmatrix} 0.7 & 0.2 \\ & \end{bmatrix} @ \underbrace{\begin{bmatrix} 0.6 \\ 0.4 \end{bmatrix}}_{\boldsymbol{\pi}(k)} = \begin{bmatrix} 0.5 \\ \end{bmatrix} \tag{25.13}$$

第k天的鸡兔的比例分别为60%和40%，到了$k+1$天，鸡的比例为50%。图25.8所示为上述运算的热图。

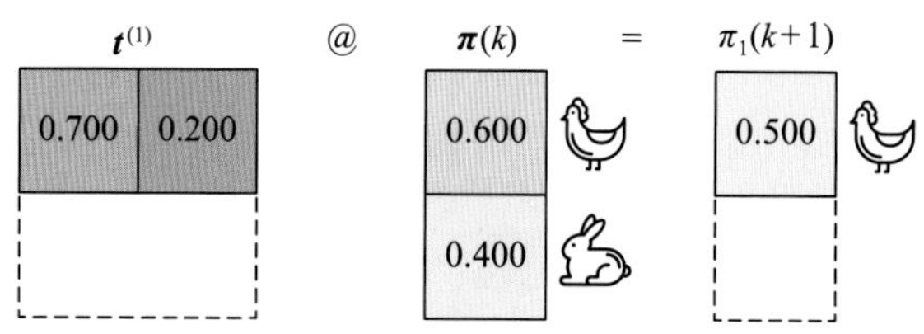

图25.8 第k天 → 第$k+1$天，鸡/兔→鸡

鸡/兔→兔

图25.9所示为式 (25.11) 第二行运算，它代表“鸡/兔 → 兔”。也就是说，第k天的鸡、兔，第$k+1$天变为兔，即

$$\begin{bmatrix} \\ \boldsymbol{t}^{(2)} \end{bmatrix} \boldsymbol{\pi}(k) = \begin{bmatrix} \\ \boldsymbol{t}^{(2)} \boldsymbol{\pi}(k) \end{bmatrix} = \begin{bmatrix} \\ \pi_2(k+1) \end{bmatrix} \tag{25.14}$$

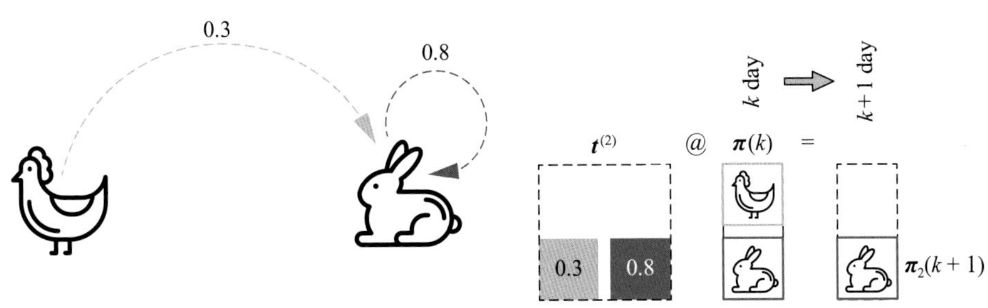

图25.9 鸡/兔 → 兔

图25.10所示为第k天的鸡兔的比例分别为60%和40%，到了$k+1$天，兔的比例也为50%，即

$$\begin{bmatrix} & \\ 0.3 & 0.8 \end{bmatrix} @ \underbrace{\begin{bmatrix} 0.6 \\ 0.4 \end{bmatrix}}_{\boldsymbol{\pi}(k)} = \begin{bmatrix} \\ 0.5 \end{bmatrix} \tag{25.15}$$

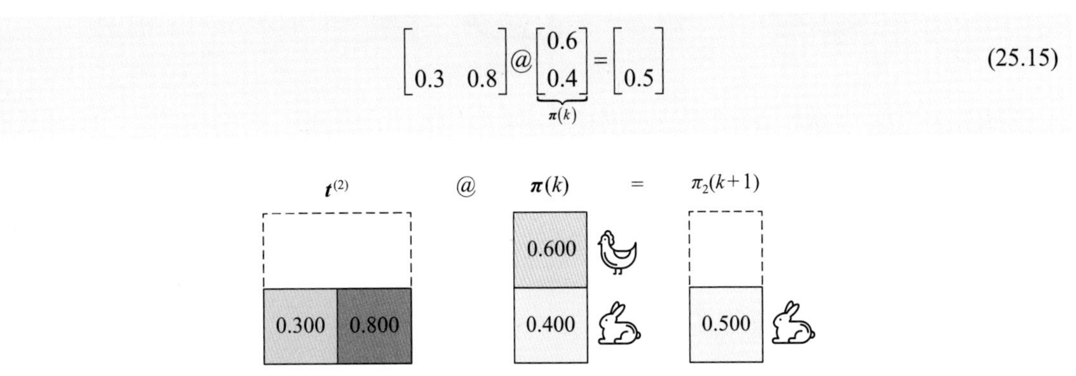

图25.10 第k天 → 第$k+1$天，鸡/兔→鸡

这就是利用矩阵乘法第一视角来分析状态转化运算。

25.3 第二视角：“鸡→鸡/兔”和“兔→鸡/兔”

农夫继续用矩阵乘法第二视角分析式 (25.2) 的矩阵运算式。

他将转移矩阵$\boldsymbol{T}$写成左右排列列向量$\boldsymbol{t}_1$和$\boldsymbol{t}_2$，代入式 (25.2) 展开得到

$$\underbrace{\begin{bmatrix} \boldsymbol{t}_1 & \boldsymbol{t}_2 \end{bmatrix}}_{\boldsymbol{T}} \underbrace{\begin{bmatrix} \pi_1(k) \\ \pi_2(k) \end{bmatrix}}_{\boldsymbol{\pi}(k)} = \pi_1(k)\boldsymbol{t}_1 + \pi_2(k)\boldsymbol{t}_2 = \underbrace{\begin{bmatrix} \pi_1(k+1) \\ \pi_2(k+1) \end{bmatrix}}_{\boldsymbol{\pi}(k+1)} \tag{25.16}$$

其中：π_1为鸡的比例；π_2为兔的比例。

矩阵乘法第二视角将矩阵乘法$\boldsymbol{T\pi}(k) = \boldsymbol{\pi}(k+1)$ 转化为矩阵加法 $\pi_1(k)\boldsymbol{t}_1 + \pi_2(k)\boldsymbol{t}_2$。农夫考虑分别分析$\pi_1(k)\boldsymbol{t}_1$和$\pi_2(k)\boldsymbol{t}_2$代表的具体含义。

式 (25.16) 这个式子让农夫看着头大，他决定代入具体鸡兔数值。

鸡→鸡/兔

假设第k天，鸡兔的比例仍为60%、40%，有

$$\boldsymbol{\pi}(k) = \begin{bmatrix} \pi_1(k) \\ \pi_2(k) \end{bmatrix} = \begin{bmatrix} 0.6 \\ 0.4 \end{bmatrix} \tag{25.17}$$

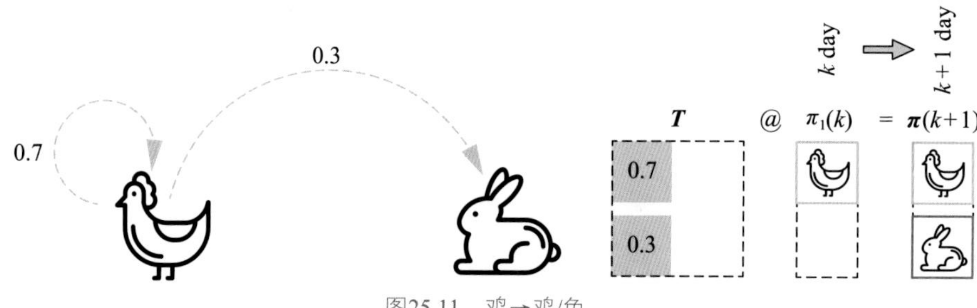

图25.11　鸡→鸡/兔

如图25.11所示，$\pi_1(k)\boldsymbol{t}_1$代表“鸡 → 鸡/兔”。第k天，鸡的比例为0.6，这些鸡在第$k+1$天变成占总体比例0.42的鸡和0.18的兔，即

$$\pi_1(k)\boldsymbol{t}_1 = 0.6 \times \begin{bmatrix} 0.7 \\ 0.3 \end{bmatrix} = \begin{bmatrix} 0.42 \\ 0.18 \end{bmatrix} \tag{25.18}$$

图25.12所示为式 (25.18) 的运算热图。

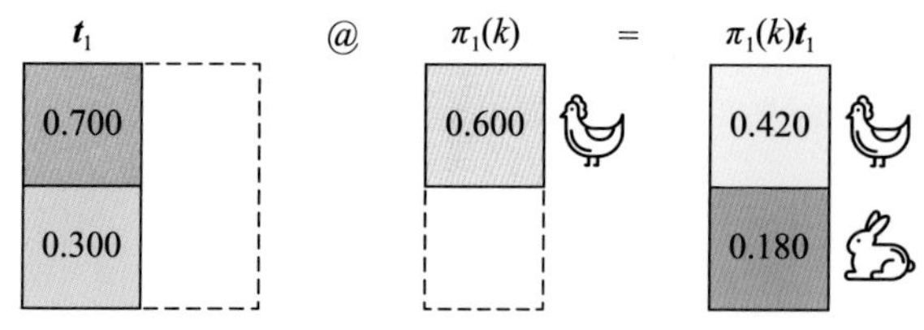

图25.12　第k天 → 第$k+1$天，鸡→鸡/兔

兔→鸡/兔

如图25.13所示，$\pi_2(k)\boldsymbol{t}_2$代表“兔 → 鸡/兔”。第k天，兔的比例为0.4，这些兔在第$k+1$天变成占总体比例0.08的鸡和0.32的兔，即

$$\pi_2(k)\boldsymbol{t}_2 = 0.4 \times \begin{bmatrix} 0.2 \\ 0.8 \end{bmatrix} = \begin{bmatrix} 0.08 \\ 0.32 \end{bmatrix} \tag{25.19}$$

图25.14所示热图对应式 (25.19) 的运算。

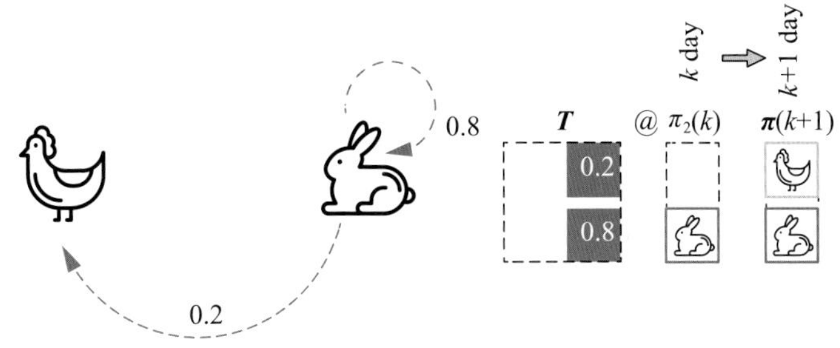

图25.13　兔→鸡/兔

如图25.15热图所示，将式 (25.18) 和式 (25.19) 相加，得到第$k+1$天状态向量$\boldsymbol{\pi}(k+1)$为

$$\boldsymbol{\pi}(k+1)=\begin{bmatrix}0.42\\0.18\end{bmatrix}+\begin{bmatrix}0.08\\0.32\end{bmatrix}=\begin{bmatrix}0.5\\0.5\end{bmatrix} \tag{25.20}$$

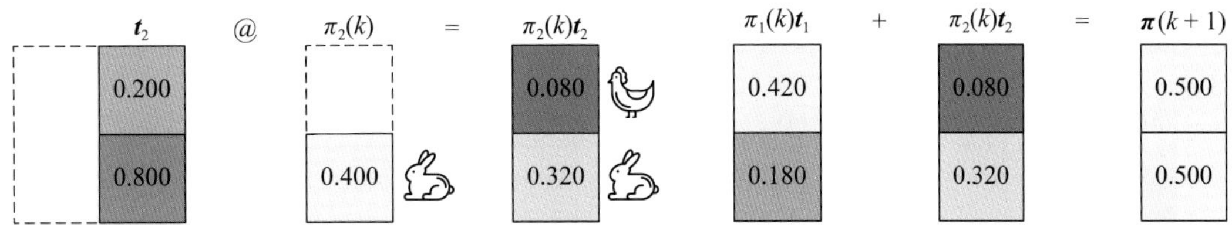

图25.14　第k天 → 第$k+1$天，兔→鸡/兔　　　图25.15　第k天 → 第$k+1$天，鸡/兔→鸡/兔

这就是利用矩阵乘法第二视角来分析状态转化运算。

25.4 连续几夜鸡兔转换

农夫把自己所学所想和村民分享后，大家都觉得线性代数有趣，认为农夫的分析有道理。大家纷纷加入农夫成立的“线代探秘小组”，学线代、用线代，并继续探究鸡兔互变这个疑难杂症。

有“线代探秘小组”成员发现，虽然连日来各家鸡兔互变没有停止，但是全村的鸡兔比例似乎达到了某种平衡。真是丈二和尚摸不着头脑！

农夫想用线性代数方法来看看连续几晚鸡兔互变有何有趣特征。

第0天，为初始状态，记作 $\boldsymbol{\pi}(0)$。

第1天，状态向量 $\boldsymbol{\pi}(1)$ 为

$$0\to 1:\quad \boldsymbol{T}\boldsymbol{\pi}(0)=\boldsymbol{\pi}(1) \tag{25.21}$$

第2天，状态向量 $\boldsymbol{\pi}(2)$ 与 $\boldsymbol{\pi}(0)$ 的关系为

$$0\to 2:\quad \boldsymbol{T}\boldsymbol{\pi}(1)=\boldsymbol{T}^2\boldsymbol{\pi}(0)=\boldsymbol{\pi}(2) \tag{25.22}$$

第3天，状态向量 $\boldsymbol{\pi}(3)$ 与 $\boldsymbol{\pi}(0)$ 的关系为

$$0\to 3:\quad \boldsymbol{T}\boldsymbol{\pi}(2)=\boldsymbol{T}^3\boldsymbol{\pi}(0)=\boldsymbol{\pi}(3) \tag{25.23}$$

这样$0 \to k$变化过程可以写成

$$0 \to k:\quad \boldsymbol{T}^k \boldsymbol{\pi}(0) = \boldsymbol{\pi}(k) \tag{25.24}$$

12夜

农夫想算算连续12夜，在不同鸡兔初始比例状态 $\boldsymbol{\pi}(0)$ 条件下，鸡兔达到平衡时比例特点。

图25.16所示的五种情况为鸡的初始比例更高，经过连续12夜的变化，农夫发现鸡兔的比例都达到了40%、60%，也就是4:6。

$\boldsymbol{\pi}(0)$	$\boldsymbol{\pi}(1)$	$\boldsymbol{\pi}(2)$	$\boldsymbol{\pi}(3)$	$\boldsymbol{\pi}(4)$	$\boldsymbol{\pi}(5)$	$\boldsymbol{\pi}(6)$	$\boldsymbol{\pi}(7)$	$\boldsymbol{\pi}(8)$	$\boldsymbol{\pi}(9)$	$\boldsymbol{\pi}(10)$	$\boldsymbol{\pi}(11)$	$\boldsymbol{\pi}(12)$
1.000	0.700	0.550	0.475	0.437	0.419	0.409	0.405	0.402	0.401	0.401	0.400	0.400
0.000	0.300	0.450	0.525	0.563	0.581	0.591	0.595	0.598	0.599	0.599	0.600	0.600

$\boldsymbol{\pi}(0)$	$\boldsymbol{\pi}(1)$	$\boldsymbol{\pi}(2)$	$\boldsymbol{\pi}(3)$	$\boldsymbol{\pi}(4)$	$\boldsymbol{\pi}(5)$	$\boldsymbol{\pi}(6)$	$\boldsymbol{\pi}(7)$	$\boldsymbol{\pi}(8)$	$\boldsymbol{\pi}(9)$	$\boldsymbol{\pi}(10)$	$\boldsymbol{\pi}(11)$	$\boldsymbol{\pi}(12)$
0.900	0.650	0.525	0.462	0.431	0.416	0.408	0.404	0.402	0.401	0.400	0.400	0.400
0.100	0.350	0.475	0.538	0.569	0.584	0.592	0.596	0.598	0.599	0.600	0.600	0.600

$\boldsymbol{\pi}(0)$	$\boldsymbol{\pi}(1)$	$\boldsymbol{\pi}(2)$	$\boldsymbol{\pi}(3)$	$\boldsymbol{\pi}(4)$	$\boldsymbol{\pi}(5)$	$\boldsymbol{\pi}(6)$	$\boldsymbol{\pi}(7)$	$\boldsymbol{\pi}(8)$	$\boldsymbol{\pi}(9)$	$\boldsymbol{\pi}(10)$	$\boldsymbol{\pi}(11)$	$\boldsymbol{\pi}(12)$
0.800	0.600	0.500	0.450	0.425	0.412	0.406	0.403	0.402	0.401	0.400	0.400	0.400
0.200	0.400	0.500	0.550	0.575	0.588	0.594	0.597	0.598	0.599	0.600	0.600	0.600

$\boldsymbol{\pi}(0)$	$\boldsymbol{\pi}(1)$	$\boldsymbol{\pi}(2)$	$\boldsymbol{\pi}(3)$	$\boldsymbol{\pi}(4)$	$\boldsymbol{\pi}(5)$	$\boldsymbol{\pi}(6)$	$\boldsymbol{\pi}(7)$	$\boldsymbol{\pi}(8)$	$\boldsymbol{\pi}(9)$	$\boldsymbol{\pi}(10)$	$\boldsymbol{\pi}(11)$	$\boldsymbol{\pi}(12)$
0.700	0.550	0.475	0.438	0.419	0.409	0.405	0.402	0.401	0.401	0.400	0.400	0.400
0.300	0.450	0.525	0.562	0.581	0.591	0.595	0.598	0.599	0.599	0.600	0.600	0.600

$\boldsymbol{\pi}(0)$	$\boldsymbol{\pi}(1)$	$\boldsymbol{\pi}(2)$	$\boldsymbol{\pi}(3)$	$\boldsymbol{\pi}(4)$	$\boldsymbol{\pi}(5)$	$\boldsymbol{\pi}(6)$	$\boldsymbol{\pi}(7)$	$\boldsymbol{\pi}(8)$	$\boldsymbol{\pi}(9)$	$\boldsymbol{\pi}(10)$	$\boldsymbol{\pi}(11)$	$\boldsymbol{\pi}(12)$
0.600	0.500	0.450	0.425	0.412	0.406	0.403	0.402	0.401	0.400	0.400	0.400	0.400
0.400	0.500	0.550	0.575	0.588	0.594	0.597	0.598	0.599	0.600	0.600	0.600	0.600

图25.16　连续12夜鸡兔互变比例，鸡的初始比例更高

这个结果让农夫和“线代探秘小组”组员都眼前一亮！

而图25.17对应的一种情况是，鸡兔的初始比例相同，都是50%；12夜之后，鸡兔比例还是40%、60%。

图25.18所示的五种情况是，初始状态 $\boldsymbol{\pi}(0)$ 时，兔的比例更高。有趣的是，12夜之后，鸡兔比例最终还是达到40%、60%。

农夫觉得可以初步得出结论，在给定的转移矩阵$\boldsymbol{T}$前提下，不管鸡兔初始比例 $\boldsymbol{\pi}(0)$ 如何，结果都达到了一定的平衡，也就是 $\boldsymbol{T\pi}(n) = \boldsymbol{T\pi}(n+1)$，简记为

$$\boldsymbol{T\pi} = \boldsymbol{\pi} \tag{25.25}$$

$\pi(0)$	$\pi(1)$	$\pi(2)$	$\pi(3)$	$\pi(4)$	$\pi(5)$	$\pi(6)$	$\pi(7)$	$\pi(8)$	$\pi(9)$	$\pi(10)$	$\pi(11)$	$\pi(12)$
0.500	0.450	0.425	0.412	0.406	0.403	0.402	0.401	0.400	0.400	0.400	0.400	0.400
0.500	0.550	0.575	0.588	0.594	0.597	0.598	0.599	0.600	0.600	0.600	0.600	0.600

图25.17　连续12夜鸡兔互变比例，鸡和兔的初始比例一样高

$\pi(0)$	$\pi(1)$	$\pi(2)$	$\pi(3)$	$\pi(4)$	$\pi(5)$	$\pi(6)$	$\pi(7)$	$\pi(8)$	$\pi(9)$	$\pi(10)$	$\pi(11)$	$\pi(12)$
0.400	0.400	0.400	0.400	0.400	0.400	0.400	0.400	0.400	0.400	0.400	0.400	0.400
0.600	0.600	0.600	0.600	0.600	0.600	0.600	0.600	0.600	0.600	0.600	0.600	0.600

$\pi(0)$	$\pi(1)$	$\pi(2)$	$\pi(3)$	$\pi(4)$	$\pi(5)$	$\pi(6)$	$\pi(7)$	$\pi(8)$	$\pi(9)$	$\pi(10)$	$\pi(11)$	$\pi(12)$
0.300	0.350	0.375	0.387	0.394	0.397	0.398	0.399	0.400	0.400	0.400	0.400	0.400
0.700	0.650	0.625	0.613	0.606	0.603	0.602	0.601	0.600	0.600	0.600	0.600	0.600

$\pi(0)$	$\pi(1)$	$\pi(2)$	$\pi(3)$	$\pi(4)$	$\pi(5)$	$\pi(6)$	$\pi(7)$	$\pi(8)$	$\pi(9)$	$\pi(10)$	$\pi(11)$	$\pi(12)$
0.200	0.300	0.350	0.375	0.387	0.394	0.397	0.398	0.399	0.400	0.400	0.400	0.400
0.800	0.700	0.650	0.625	0.613	0.606	0.603	0.602	0.601	0.600	0.600	0.600	0.600

$\pi(0)$	$\pi(1)$	$\pi(2)$	$\pi(3)$	$\pi(4)$	$\pi(5)$	$\pi(6)$	$\pi(7)$	$\pi(8)$	$\pi(9)$	$\pi(10)$	$\pi(11)$	$\pi(12)$
0.100	0.250	0.325	0.362	0.381	0.391	0.395	0.398	0.399	0.399	0.400	0.400	0.400
0.900	0.750	0.675	0.638	0.619	0.609	0.605	0.602	0.601	0.601	0.600	0.600	0.600

$\pi(0)$	$\pi(1)$	$\pi(2)$	$\pi(3)$	$\pi(4)$	$\pi(5)$	$\pi(6)$	$\pi(7)$	$\pi(8)$	$\pi(9)$	$\pi(10)$	$\pi(11)$	$\pi(12)$
0.000	0.200	0.300	0.350	0.375	0.388	0.394	0.397	0.398	0.399	0.400	0.400	0.400
1.000	0.800	0.700	0.650	0.625	0.613	0.606	0.603	0.602	0.601	0.600	0.600	0.600

图25.18　连续12夜鸡兔互变比例，兔的初始比例更高

求解平衡状态

农夫把式 (25.25) 代入式 (25.4)，得到

$$\begin{bmatrix} p & q \\ 1-p & 1-q \end{bmatrix}\begin{bmatrix} \pi_1 \\ \pi_2 \end{bmatrix} = \begin{bmatrix} \pi_1 \\ \pi_2 \end{bmatrix} \tag{25.26}$$

另外，状态向量本身元素相加为1，由此农夫得到两个等式

$$\begin{cases} p\pi_1 + q\pi_2 = \pi_1 \\ \pi_1 + \pi_2 = 1 \end{cases} \tag{25.27}$$

求解二元一次线性方程组得到

$$\begin{cases} \pi_1 = \dfrac{q}{1-p+q} \\ \pi_2 = \dfrac{1-p}{1-p+q} \end{cases} \tag{25.28}$$

农夫记得他假设$p = 0.7$，$q = 0.2$，代入式 (25.28) 得到

$$\begin{cases} \pi_1 = 0.4 \\ \pi_2 = 0.6 \end{cases} \tag{25.29}$$

也就鸡兔互变平衡时，稳态向量$\boldsymbol{\pi}$为

$$\boldsymbol{\pi} = \begin{bmatrix} \pi_1 \\ \pi_2 \end{bmatrix} = \begin{bmatrix} 0.4 \\ 0.6 \end{bmatrix} \tag{25.30}$$

这和农夫之前做的模拟实验结果完全一致！真可谓“山重水复疑无路，柳暗花明又一村”。

也就是说，$\boldsymbol{T}$乘上式 (25.30) 中的稳态向量$\boldsymbol{\pi}$，结果还是稳态向量$\boldsymbol{\pi}$，即

$$\boldsymbol{T\pi} = \boldsymbol{\pi} \quad \Rightarrow \quad \underbrace{\begin{bmatrix} 0.7 & 0.2 \\ 0.3 & 0.8 \end{bmatrix}}_{\boldsymbol{T}} \underbrace{\begin{bmatrix} 0.4 \\ 0.6 \end{bmatrix}}_{\boldsymbol{\pi}} = \underbrace{\begin{bmatrix} 0.4 \\ 0.6 \end{bmatrix}}_{\boldsymbol{\pi}} \tag{25.31}$$

农夫突然记起这就是前几日他读到的**特征值分解** (eigen decomposition)！书上反复提到特征值分解的重要性，农夫今天也见识到这个数学利器的伟力。

Bk3_Ch25_2.py绘制本节11幅热图。

在Bk3_Ch25_2.py基础上，我们做了一个App用热图展示不同的初始状态到稳态向量的演变过程。请参考Streamlit_Bk3_Ch25_2.py。

25.5 有向量的地方，就有几何

农夫学习线性代数时，总结了几句真经。其中一句就是——有向量的地方，就有几何。

他决定透过几何这个视角来看看状态向量的变化。

农夫把图25.16、图25.17、图25.18对应的11种状态向量的初始值画在平面直角坐标系中，用“有方向的线段”代表具体向量数值。在他画的图25.19所示的11幅子图中，紫色向量代表鸡兔初始比例状态 $\boldsymbol{\pi}(0)$，红色向量代表经过12夜鸡兔互变后 $\boldsymbol{\pi}(12)$ 的位置。

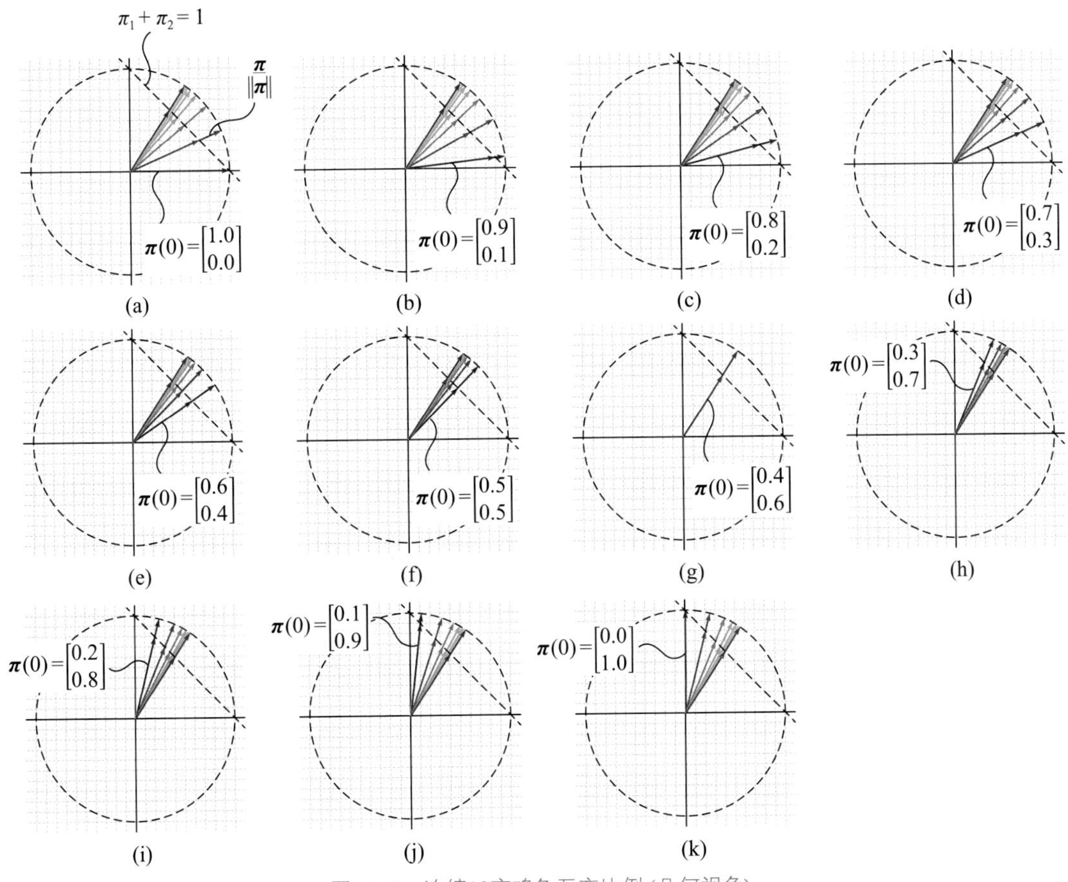

图25.19　连续12夜鸡兔互变比例（几何视角）

农夫发现不管初始比例状态 $\boldsymbol{\pi}(0)$ 如何，也就是紫色向量位于任何方位，经过12夜持续变化，红色向量 $\boldsymbol{\pi}(12)$ 的位置几乎完全一致。

特别地，如图25.19 (g) 所示，当初始比例 $\boldsymbol{\pi}(0)$ 就是稳态向量时，有

$$\boldsymbol{\pi}(0)=\begin{bmatrix}0.4\\0.6\end{bmatrix} \tag{25.32}$$

转移矩阵$\boldsymbol{T}$没有改变 $\boldsymbol{\pi}(0)$ 的方向。农夫查阅典籍发现，这个向量也有自己的名字，它叫作$\boldsymbol{T}$的**特征向量** (eigenvector)。

而且，他发现变化过程，向量终点都落在一条直线上。这条直线代表——鸡、兔比例之和为1。

农夫在图25.19中还画了另外一组向量，这些向量都是**单位向量** (unit vector)，对应

$$\frac{\boldsymbol{\pi}}{\|\boldsymbol{\pi}\|} \tag{25.33}$$

这一组向量终点都落在单位圆上，因为它们的模都是1。

Bk3_Ch25_3.py绘制图25.19。

在Bk3_Ch25_3.py基础上，我们做了一个App用箭头图展示不同的初始状态到稳态向量的演变过程。请参考Streamlit_Bk3_Ch25_3.py。

25.6 彩蛋

至此，小村村民心中的一块大石头算是落地了。对于“鸡兔互变”这个奇事，大伙儿也都见怪不怪了！

前后脚的事儿，村民发现鸡兔互变也停了。笑容在大伙儿脸上绽开，农夫把全村老少都邀到自家菜园，要好好欢庆一番！

大伙儿都没闲着，摘果蔬，网肥鱼，蒸米饭，摆桌椅，置碗筷，取美酒，嘉宾纷沓，鼓瑟吹笙，烹羊宰牛且为乐，会须一饮三百杯……

这阵仗吓坏了的一笼鸡兔，它们蜷缩一团，瑟瑟发抖。农夫见状，撸着一只毛绒兔耳朵说：“你们这次立了大功，留着过年吧！”

欢言酌春酒，摘我园中蔬。微雨从东来，好风与之俱。

变与不变

书到用时方恨少，腹有诗书气自华，农夫这次让大伙儿理解了这两句话的精髓。

经过这场线性代数风暴之后，小村村民白天田间耕作时都会怀揣一本数学典籍，一得片刻休息，大伙儿分秒必争、手不释卷。夜深人静时，焚膏继晷、挑灯夜读者甚多。学数学，用数学，成了小村新风尚。

大伙儿似乎也不再惧怕未知，因为“我们必须知道，我们终将知道”。

渐渐地，这个曾经与世隔绝的小村处处都在变化，村民们也都肉眼可见地变化。你让我说，小村和村民哪里发生了变化？我也说不上。反正，时时刻刻都在变化，感觉一切都在变得更好。

而不变的是，小村还是那个小村，村民还是咱们这五十几户村民。

云山青青，风泉泠泠。山色依旧可爱，泉声更是可听。

(镜头拉远拉高) 一川松竹任横斜，有人家，被云遮。

东风升，云雾腾。

紫气东来，祥云西至。

鸡兔同笼引发的思想风暴，似乎给这个沉睡数百年的村庄带来了什么，也似乎带走了什么。

好像什么都没有发生，又好像要发生什么。

往时曾发生的，来日终将发生。

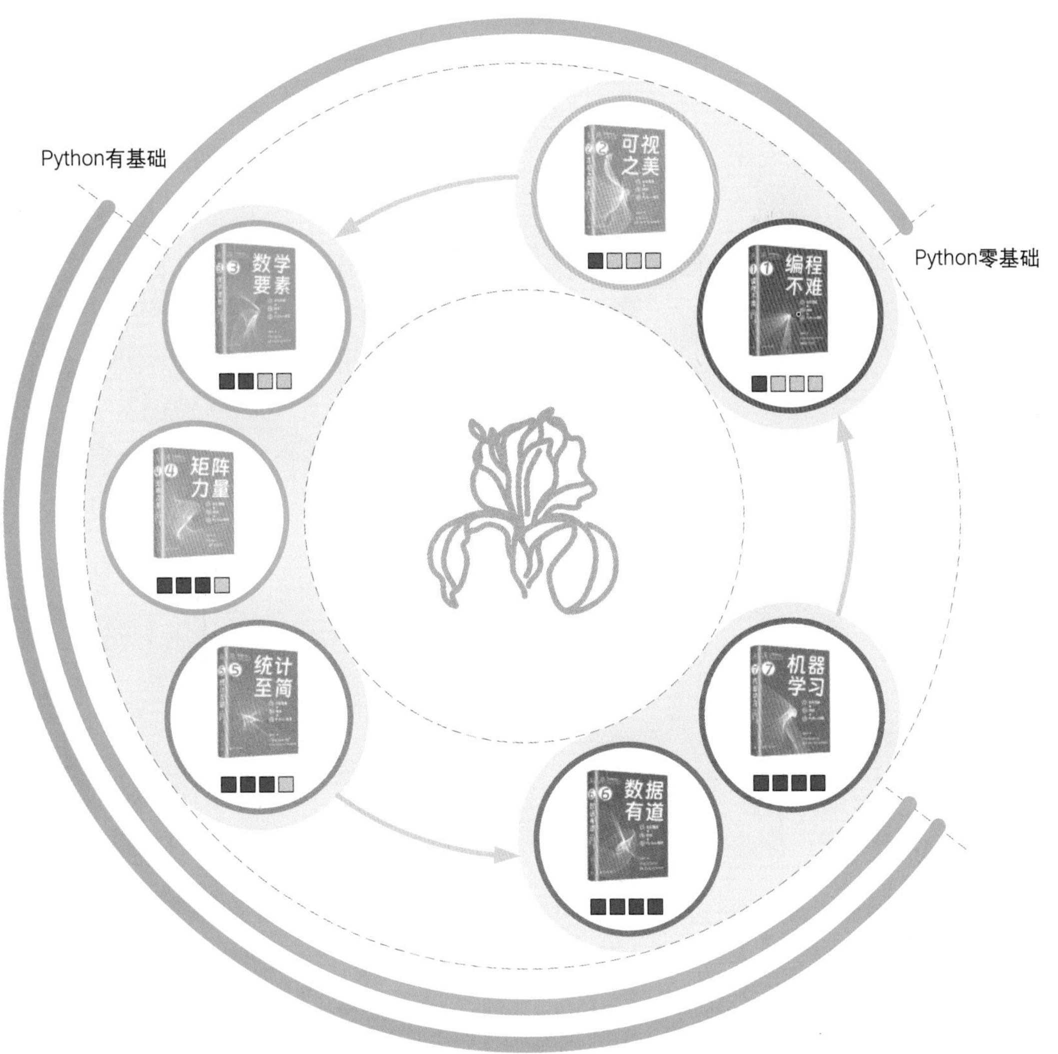

Python有基础
Python零基础
可视之美
编程不难
数学要素
矩阵力量
统计至简
数据有道
机器学习